K.-H. Schulz / J. Kugler / M. Schedlowski (Hrsg.)

Psychoneuroimmunologie

Karl-Heinz Schulz
Joachim Kugler
Manfred Schedlowski
(Herausgeber)

Psychoneuro-immunologie

Ein interdisziplinäres Forschungsfeld

Verlag Hans Huber
Bern · Göttingen · Toronto · Seattle

Die Deutsche Bibliothek – CIP-Einheitsaufnahme
Psychoneuroimmunologie : ein interdisziplinäres
Forschungsfeld / Karl-Heinz Schulz . . . (Hrsg.). – Bern ;
Göttingen ; Toronto ; Seattle : Huber 1997
ISBN 3-456-82763-6
NE: Schulz, Karl-Heinz [Hrsg.]

Satz: Jung Satzcentrum, Lahnau
Druck: AZ Druckhaus, Kempten
Printed in Germany

Inhalt

Teil II
Neuroendokrine Modulation immunologischer Funktionen

Teil III
Klinischer Bezug psychoneuroimmunologischer Forschung

Psychoneuroimmunologie als interdisziplinäres Feld

Karl-Heinz Schulz, Joachim Kugler und Manfred Schedlowski

Bereits die Bezeichnung des hier vorgestellten Forschungsfeldes mit dem Titel «Psychoneuroimmunologie» weist auf verschiedene wissenschaftliche Disziplinen hin, welche sich zusammen einem komplexen Forschungsgegenstand nähern: den Wechselbeziehungen der informationsverarbeitenden und -übertragenden körperlichen Systeme, d. h. des Nervensystems, des endokrinen und des Immunsystems. Das Ausmaß der interdisziplinären Zusammenarbeit innerhalb dieses Forschungsfeldes wird mit dieser Bezeichnung allerdings nur sehr ungenügend charakterisiert. Über die Psychologie, die Neurowissenschaften und die Immunologie hinaus engagieren sich Wissenschaftler zahlreicher weiterer Fachrichtungen an der Vervollständigung des dynamischen Puzzles, welches sich mit zunehmender Erkenntnis der wechselseitigen Verbindungen in einigen Bereichen unerwartet vereinfacht, in anderen aber weitaus komplizierter wird, als vorhergesehen. In diesem Buch legen Anatomen, Biochemiker, Endokrinologen, Entwicklungspsychologen, Immunologen, Neurowissenschaftler, Pathologen, Psychiater, biologische, klinische und medizinische Psychologen, Sportwissenschaftler, Tiermediziner und Tierphysiologen ihre Arbeiten dar. Diese, trotz der Vielfalt noch nicht komplette, Aufzählung verdeutlicht das Spektrum der Disziplinen, welche heute die Wechselbeziehungen der informationsverarbeitenden und -übertragenden körperlichen Systeme erforschen. Psychologie, Biologie sowie Grundlagen- und Klinische Wissenschaften der Medizin gehen dabei eine überaus fruchtbare Liaison ein, um der Komplexität ihres Gegenstandes gerecht werden zu können.

Interdisziplinarität impliziert auch wechselseitige Abhängigkeit der beteiligten Wissenschaftler und Forschergruppen, die jeweils auf Kooperation und Informationen aus anderen Domänen angewiesen sind. Die notwendige Kommunikation der Forscher entspricht dabei derjenigen zwischen den von ihnen jeweils untersuchten Systemen: so wachsen wissenschaftliche Disziplinen wieder zusammen, welche jeweils nur einzelne Subsysteme fokussierten. Die verbindende Erforschung psychoneuroimmunologischer Zusammenhänge bietet einerseits ein außerordentliches innovatives Potential und unterstreicht die Notwendigkeit, über die jeweils begrenzten Perspektiven der Einzeldisziplinen hinauszuschauen, andererseits liegt gerade hier ein Haupthemmnis dieses Forschungsgebietes: ohne bereitwillige Kooperation ist diese Forschung kaum durchführbar – und dieser Bereitwilligkeit sind Grenzen gesetzt. Die Wissenschaftler, die ihre Arbeiten in diesem Band zusammen vorstellen, haben diese Barrieren überschritten und prägen so das Bild der hier vorgestellten interdisziplinären Wissenschaft, der Psychoneuroimmunologie.

Vorwiegend im deutschsprachigen Raum tätige Wissenschaftler stellen ihre Arbeiten vor dem Hintergrund des jeweils aktuellen Forschungsstandes ihres Fachgebietes in drei Forschungsbereichen dar: der Teil I «Verhalten und Immunsystem» trägt Einflüssen des Erlebens und Verhaltens auf das Immunsystem Rechnung, welche über neuroendokrine Mediatoren und deren Wirkung auf Immunfunktionen zu immunologischen Veränderungen führen können. Der Einfluß psychischer und körperlicher Belastung auf das Immunsystem, das Phänomen der klassischen Konditionierung von Immunfunktionen und die Entwicklungspsychoneuroimmunologie werden genauer beschrieben. Auch die umgekehrte Perspektive, nämlich der Einfluß immunologischer Vorgänge auf das Verhalten, wird in zwei Kapiteln erörtert. Der Teil II «Neuroendokrine Modulation immunologischer Funktionen» beschreibt Kommunikationswege des Nervensystems und des neuroendokrinen Systems mit dem Immunsystem. Die Innervation der lymphatischen Organe und die Wirkung verschiedener Hormone auf Immunfunktionen werden detailliert beschrieben. Der Abschnitt III «Klinischer Bezug psychoneuroimmunologischer Forschung» schließlich ergänzt die primär grundlagenwissenschaftliche Perspektive der vorangegangenen Kapitel um den Aspekt der Relevanz psychoneuroimmunologischer Forschung für die Diagnostik, Therapie und Prävention verschiedener Krankheitsgruppen.

Im folgenden geben wir eine kurze zusammenfassende Übersicht der einzelnen Beiträge.

Der *Teil I «Verhalten und Immunsystem»* beginnt mit einem Aufsatz zum heutigen Erkenntnisstand des Einflusses kurzfristiger Stressoren auf immunologische Parameter *(Schulz und Schulz)*. Die zu diesem Problem vorliegenden Studien werden in Tabellenform detailliert beschrieben und einer statistischen Metaanalyse unterzogen. Hervorgehoben werden des weiteren Ergebnisse zu speziellen Fragestellungen, die über die Hauptfragestellung eines bestehenden Einflusses psychischer Belastung auf Immunfunktionen hinausgehen. So werden z. B. Hormon-Rezeptorenblocker verwendet, um zugrundeliegende Mechanismen der Vermittlung dieses Einflusses zu erforschen, oder es wird der Frage nachgegangen, ob sich akuter Streß bei vorliegender chronischer Belastung in besonderer Weise auswirkt.

Lötzerich, Peters und Uhlenbruck geben in der folgenden Zusammenstellung eine Übersicht zur empirischen Evidenz des Einflusses körperlicher Belastung auf Immunfunktionen. Zunächst werden quantitative Veränderungen, d. h. Veränderungen von Lymphozytensubpopulationen – prozentual oder absolut – im peripheren Blut beschrieben, gefolgt von qualitativen Funktionsänderungen einzelner Subpopulationen nach körperlicher Belastung. Aus dieser Übersicht ergibt sich die Hypothese einer Hemmung spezifischer Immunfunktionen zugunsten unspezifischer nach kurzfristiger körperlicher Belastung. Weiterhin wird der Kenntnisstand zum Einfluß längerdauernden Trainings auf Immunfunktionen beschrieben. In einem abschließenden Kapitel stellen Lötzerich et al. Forschungen zum Einsatz von Sport als immunstabilisierende Maßnahme in der Rehabilitation und Therapie verschiedener Krankheitsgruppen vor. Dieses Kapitel beinhaltet schon in ersten klinischen Studien umgesetzte Anwendungsaspekte grundlagenwissenschaftlicher Erkenntnisse.

In den beiden folgenden Kapiteln *(von Holst, Hutzelmeyer, Kaiser und Vitek; Gärtner, Haemisch und Lecher)* werden tierexperimentelle Arbeiten vorgestellt. Wie von Holst und Mitarbeiter darstellen, haben die in diesen Arbeiten untersuchten sozialen Stressoren als Bestandteil jeder Sozialbeziehung jedoch durchaus Implikationen auch für zwischenmenschliche Beziehungen. Dominanzbeziehungen sowie Unsicherheit und Hilflosigkeit bei unterlegenen Individuen, Rivalitätsbeziehungen sowie disharmonische Paarbeziehungen werden hinsichtlich ihrer immunologischen Auswirkungen in einem eleganten Tiermodell untersucht. Auch die Arbeitsgruppe von Gärtner und Mitarbeitern geht in ihren tierexperimentellen Arbeiten Auswirkungen sozialer Stressoren nach. Überbevölkerung wird erzeugt durch ein Streßmodell sozialer Rotation, d. h., durch das tägliche Wechseln der Käfigpartner wird eine der Überbevölkerungssituation vergleichbare soziale Belastung im Labor induziert. Dabei wird das bei einem crowding-Paradigma vorhandene Problem der Steigerung der Infektiosität von Erregern bei Übervölkerung vermieden, und die mit der täglichen Neukonfrontation mit fremden Artgenossen verbundene Modulation der Infektresistenz der betroffenen Tiere gegenüber viralen Infektionen kann davon unbeeinflußt beobachtet werden.

Buske-Kirschbaum und Hellhammer stellen im folgenden Kapitel das zunächst auf tierexperimenteller Grundlage entwickelte, heute aber auch schon im Humanversuch umgesetzte Modell der klassischen Konditionierung von Immunfunktionen vor. Sie beschreiben eine Vielzahl von experimentellen Arbeiten zur Konditionierung humoraler und zellulärer Immunfunktionen und belegen, daß die klassische Konditionierung von Immunfunktionen ein reliables und klinisch relevantes Phänomen darstellt. Die untersuchten Immunfunktionen erweisen sich dabei sowohl als durch Lernprozesse stimulierbar als auch supprimierbar. Beides kann bei der Umsetzung dieser Ergebnisse in die Praxis der Medizin Berücksichtigung finden. (Dieser Aspekt wird in dem Kapitel von Stockhorst und Klosterhalfen besonders herausgestellt.) Buske-Kirschbaum und Hellhammer stellen des weiteren ausführlich ihre eigenen Arbeiten zur Steigerung der Aktivität der Natürlichen Killerzellen durch klassische Konditionierung vor.

Der Einfluß von frühen Entwicklungsprozessen auf die Funktion des Immunsystems des reifen Organismus ist der Gegenstand der Entwicklungspsychoneuroimmunologie. Bisher wurden in der Psychoneuroimmunologie persistierende Effekte früher Erfahrungen auf das zentrale Nervensystem und das Immunsystem wenig berücksichtigt. *Von Hörsten, Laban, Dimitrijevic, Markovic und Jankovic* untersuchen die «Psychobiologie früher Erfahrungen» als bedeutsamen Faktor in der Individualitätsgenese. Als Streßmodell werden dabei im Tierversuch die maternale Deprivation und das postnatale Handling eingesetzt und als das Wachstum, die Reifung sowie Lernvorgänge und soziale Verhaltensweisen desynchronisierende bzw. stimulierende frühe Erfahrungen herausgearbeitet. Die mit einer Deprivation einhergehende Wachstumsretardierung ist auch verbunden mit immunsuppressiven Auswirkungen, welche wiederum mit einer deprivationstypischen Krankheitsdisposition einhergehen sollen. Die miteinander verwobenen Entwicklungsprozesse von Gehirn, Verhalten und Immunsystem stellen ein zukunftsträchtiges Forschungsfeld dar, welches den Zusammenhang von Biographie und Krankheit herausstellt.

Dieser konzeptuelle Ansatz liegt auch der komplementären Arbeit von *Schieche und Spangler* zugrunde. Das Zusammenspiel von Verhaltens- und physiologischen Systemen wird unter der Perspektive der Psychologie der Bindung beim Menschen untersucht. Sicher und unsicher gebundene Kinder werden unterschieden und in einer «fremden Situation» im Alter von 12 Monaten bzw. in einer Aufgabensituation mit 22 Monaten beobachtet und aus Speichelproben gewonnene endokrinologische und immunologische Parameter untersucht. Hierzu werden erste Ergebnisse einer laufenden Längsschnittstudie berichtet. Dieser Beitrag ist vor allem wegen seines innovativen Ansatzes, der Berücksichtigung psychoneuroimmunologischer Beziehungen in der Entwicklungspsychologie beim Menschen ergiebig und sollte diese Forschungsrichtung weiter stimulieren.

Kugler stellt anschließend in einer Übersichtsarbeit einerseits Auswirkungen von psychischer Belastung und andererseits von Entspannung auf das lokale Immunsystem der oberen Luftwege, insbesondere die Sekretion von Immunglobulin A im Speichel dar. Sowohl akute Belastung wie auch Entspannung stehen mit einer Steigerung der Sekretion von Immunglobulin A in den Speichel in Zusammenhang, während chronische Belastung mit einer Senkung der Immunglobulin A-Sekretion verbunden ist. Diese Befunde werden in einem Modell der «adaptiven Immunmodulation» integriert.

Montkowski und Schöbitz gehen in ihrer Analyse der Verhaltenseffekte von Interleukin-1 von einem bei kranken Tieren beobachteten Verhaltenssyndrom aus, bestehend aus Lethargie, Vernachlässigung der Körperpflege, reduzierter Nahrungs- und Flüssigkeitsaufnahme und Somnoleszenz, welches zusammenfassend als «sickness behavior» bezeichnet wird. Dieses Krankheitsverhalten wurde häufig als unerwünschter Nebeneffekt einer Erkrankung angesehen, heute erkennt man jedoch zunehmend dessen adaptive Bedeutung. Tierexperimentell kann Krankheitsverhalten durch Applikation von mikrobiellen Zellwandbestandteilen erzeugt werden. Als wesentlicher Mediator wurde das inflammatorische Zytokin Interleukin-1 identifiziert, welches frühzeitig nach einer solchen Infektion vermehrt sezerniert wird. Auch bei Patienten, welche therapeutisch Interleukin-1 erhielten, konnten solche Verhaltenseffekte beobachtet werden. Neben Auswirkungen von Interleukin-1 auf die Nahrungsaufnahme, den Schlaf, auf Lernvorgänge, die Nozizeption und das Explorationsverhalten wird in den Arbeiten von Montkowski und Schöbitz auch eine anxiolytische Wirkung demonstriert. Diese beruht vermutlich auf einer durch Gamma-Aminobuttersäure-(GABA) vermittelten Wirkung von Interleukin-1.

Hansen, Fehm und Born geben im folgenden Beitrag einen Überblick über Studien am Menschen, die die Beziehung zwischen Schlaf und Immunfunktionen untersuchen. Zunächst werden Studien zu Immunfunktionen während des normalen Nachtschlafes dargestellt und in einem zweiten Teil Veränderungen der Immunfunktionen in Abhängigkeit von experimenteller Beeinflussung des Schlafs. Abschließend werden Auswirkungen von Zytokinen auf den Schlaf beschrieben. Schlaf bewirkt keinesfalls allgemein eine «Stärkung» des Immunsystems, sondern greift vielmehr differentiell in die Regulation der unspezifischen und spezifischen Immunität ein. Insgesamt sprechen die Befunde für eine im Schlaf verminderte Bereitschaft vor allem der unspezifischen Immunabwehr. Schlafdeprivation führt zu einem Anstieg der Natürlichen Killerzellen und der Natürlichen-Killerzell-Aktivität, zu einer erhöhten Freisetzung von Interleukin-1 und Tumornekrosefaktor-alpha sowie zu einer Verstärkung der Mitogen-stimulierten Proliferation von B-Lymphozyten. Werden bei Schlafentzug allerdings Blutentnahmen in dreistündigen Abständen durchgeführt und Lymphozytenpopulationen während 24stündiger Wachheit und eines 24stündigen normalen Schlaf-Wach-Rhythmus verglichen, zeigte sich, daß der Schlafentzug keinen Effekt auf die durchschnittliche Anzahl der T-Zellsubpopulationen während des 24stündigen Entzugszeitraums hatte. Lediglich die Amplitude und der Zeitpunkt des Maximalwerts waren unter Deprivationsbedingungen verschoben.

Eggert und Ferstl beschreiben Forschungsarbeiten zu psychobiologischen Effekten von Histokompatibilitätsantigenen, die im Major Histocompatibility Complex (MHC) codiert werden. Histokompatibilitätsantigene ermöglichen dem Immunsystem die Selbst-/Fremddifferenzierung und dienen weiterhin der chemosensorischen Markierung der Individualität: sie bilden eine bedeutende Komponente individualspezifischer Gerüche. Die MHC-assoziierten Geruchssignale werden olfaktorisch verarbeitet und vermitteln die Informationen «Individualität» bzw. «Verwandtschaftsgrad», um die Diversifikation des MHC aufrechtzuerhalten. Die Verhaltenseffekte zielen also auf die sexuelle Selektion ab, welches an Paarungspräferenzen tierexperimentell mit Inzuchtstämmen, aber auch bei genetisch heterogenen Populationen gezeigt werden kann. Beim Menschen konnte die Arbeitsgruppe belegen, daß intensive Körpergerüche und eine höhere Geruchssensibilität mit bestimmten Ausprägungen des menschlichen MHC einhergehen, daß die Konzentration löslicher MHC-Moleküle bei Frauen im Urin abhängig von der Phase ihres Zyklus ist und daß der Bekanntheitsgrad bzw. die Valenz des Körpergeruchs bei gleichgeschlechtlicher Konstellation mit höherer Ähnlichkeit im MHC, bei gegengeschlechtlicher mit geringerer Ähnlichkeit zusammenhängen.

Insgesamt wird in Teil I die Verwobenheit von Verhaltensbedingungen und immunologischen Funktionen in den beschriebenen zehn Beiträgen eindrucksvoll dargestellt. Psychische und körperliche Belastungsbedingungen sowie durch Konditionierung erworbenes Verhalten können das aktuelle immunologische Geschehen beeinflussen. In ontogenetisch frühen Phasen eintretende Entwicklungsstörungen besitzen eine Bedeutung für die spezifische Vulnerabilität des jeweiligen Organismus. Umgekehrt werden Krankheitsverhalten, Schlaf und sexuelle Appetenz durch immunologische Abläufe beeinflußt.

In *Teil II* wird die *«Neuroendokrine Modulation immunologischer Funktionen»* genauer analysiert, d. h., auf welche Weise Veränderungen zentralnervöser und neuroendokriner Vorgänge Einfluß auf Immunfunktionen nehmen können.

Novotny stellt Forschungsergebnisse zur Innervation lymphatischer Organe in einer kritischen Übersicht umfassend dar. Er betont dabei die Ergebnisse der frühen Arbeiten zu dieser Fragestellung, zu welchen die aktuelleren Arbeiten nur wenige prinzipiell neue Erkenntnisse hinzufügten. Es wird zunächst die Innervation der primären lymphatischen Organe, des Knochenmarks und des Thymus, erläutert und anschließend die Nervenversorgung der sekundären immunologischen Organe dargestellt. Die Lymphknoteninnervation wurde z. B. durch die Arbeitsgruppe von Novotny unter funktionellen Bedingungen studiert. Nach Anregung der Antikörperproduktion wurde die Innervationsdichte der Lymphknoten untersucht. Es zeigte sich elektronenmikroskopisch eine gesteigerte Innervationsdichte der Lymphknoten nach Immunstimulation, welche auch die Anzahl der Varikositäten betraf. Das Nervensystem reagiert bei einer Immunantwort also mit einer Steigerung der Kapazität zur Einflußnahme. Weiter wird die Innervation der Milz, der Tonsillen und des Mukosa-assoziierten lymphatischen Gewebes beschrieben. In allen immunkompetenten Organen sind Nerven im Funktionsgewebe vorhanden. Es lassen sich ultrastrukturell enge räumliche Beziehungen zwischen axonalen Varikositäten und immunkompetenten Zellen nachweisen, doch zeigten sich auch überall Barrieren von Retikulumzellen zwischen axonalen Varikositäten und immunkompetenten Zellen. Es muß demnach eine Mittlerrolle der Retikulumzellen in Erwägung gezogen werden.

Rinner faßt zunächst die Arbeiten zur cholinergen Innervation der Organe des Immunsystems zusammen und stellt anschließend die Evidenz für cholinerge Rezeptoren auf immunkompetenten Zellen dar. Nur im Thymus kann eine cholinerge Innervation als gesichert gelten, und hauptsächlich auf T-Lymphozyten wurden muskarinartige Rezeptoren nachgewiesen. Das Alter und verschiedene Krankheiten beeinflussen die Expression cholinerger Rezeptoren. Anschließend beschreibt der Autor Wechselbeziehungen zwischen Immunfunktionen und dem cholinergen System. So führt eine Stimulation des Nervus vagus zu einer Erhöhung des Anteils von Thymuszellen im venösen Thymusblut. Cholinerge Agonisten und Antagonisten beeinflussen in vitro z. B. die Proliferation und die Zytotoxizität von Lymphozyten. Auch zentrale cholinerge Strukturen wie der Gyrus hippocampus sind an der Kommunikation mit dem Immunsystem beteiligt. Schließlich ist auch erwiesen, daß Lymphozyten selbst Azetylcholin produzieren können.

Schedlowski, Benschop, Rodriguez-Feuerhahn, Oberbeck, Hosch, Jacobs und Schmidt geben anschließend einen Überblick über den Einfluß der Katecholamine auf zelluläre Immunfunktionen beim Menschen. In der Ereigniskaskade «Streß-Hormone-Immunsystem» kommt den Katecholaminen eine bedeutende Vermittlerrolle zu. Dabei geht man heute davon aus, daß körperliche Belastung vornehmlich die Noradrenalinfreisetzung und psychische Belastung die von Adrenalin stimuliert. Schon frühe experimentelle Arbeiten zu Beginn des Jahrhunderts wiesen Auswirkungen von Katecholaminen auf Zellen des Immunsystems nach («Adrenalinlymphozytose»). Heute sind β-, aber auch α-adrenerge Rezeptoren vor allem auf B- und NK-Zellen nachgewiesen, und neben Umverteilungsreaktionen von Lymphozytensubpopulationen sind auch funktionelle Effekte von Katecholaminen auf Zellen des Immunsystems belegt. Ausführlich gehen Schedlowski und Mitarbeiter auf die eigenen Arbeiten zu den Mechanismen der Katecholamin-induzierten Veränderungen ein. In Katecholamininfusionsexperimenten wurden gesunde Probanden mit splenektomierten Patienten verglichen, um die Rolle der Milz bei der Lymphozytenmobilisierung zu untersuchen. Weiterhin wurde der Effekt eines nichtselektiven β-Blockers mit dem eines selektiven β_1-Blockers verglichen. Die Bedeutung der Ergebnisse insbesondere für Autoimmunerkrankungen beim Menschen wird hervorgehoben.

Der folgende Beitrag von *Wilckens* beschreibt Effekte der Glukokortikoide auf das Immunsystem und stellt das Dogma einer generellen Immunsuppression durch Glukokortikoide als deren physiologische Rolle in Frage. Zunächst stellt Wilckens Mechanismen der Freisetzung von Glukokortikoiden durch immunologische Stressoren dar. Bakterielle Endotoxine, Interleukin-1 und Interleukin-6 sind potente Signale zur Aktivierung der Hypothalamus- Hypophysen- Nebennierenrinden(HHN)-Achse. Die Darstellung der Mechanismen zur Regulation von Glukokortikoideffekten geht von einer Diskussion der Bioverfügbarkeit endogener Glukokortikoide aus und grenzt die Verwendung pharmakologischer vs. physiologischer Steroidkonzentrationen in *in-vitro*-Experimenten voneinander ab. Anschließend werden das Schlüsselenzym zur extrahepatischen Konversion von Cortisol zu inaktiven Metaboliten und die Glukokortikoidrezeptoren Typ I und Typ II sowie deren Interaktion mit verschiedenen nukleären Faktoren näher beschrieben. Ausführlich werden im folgenden Effekte von Glukokortikoiden auf das Immunsystem dargestellt. Neben allgemeinen Effekten wie Umverteilungsreaktionen von Lymphozytensubpopulationen werden Effekte auf Zytokine beschrieben. So scheinen Glukokortikoide die antagonistischen Zytokine Interleukin-2 (TH1-Reaktion) und Interleukin-4 (TH2-Reaktion) invers zu regulieren. Weiterhin werden Effekte auf B- und T-Zellen sowie die Akutphasenreaktion ausgeführt und antagonisierende Effekte von Zytokinen dargestellt. Auch ontogenetische Aspekte der Interaktion zwischen Glukokortikoiden und dem Immunsystem werden diskutiert, insbesondere im Hinblick auf das pathogene Potential von Störungen einer normalen Entwicklung. Der Nachweis einer solchen psychobiologischen Interaktion könnte Grundlage für präventive Maßnahmen insbesondere gegen autoimmunologische Erkrankungen werden.

Clement, Hasse und Wesemann beschreiben ihre Experimente zur Wechselwirkung des serotoninergen und des Immunsystems. Die Untersuchungen konzentrierten sich vor allem auf den Nucleus raphe dorsalis (NRD), in welchem die meisten serotoninergen Neurone lokalisiert sind. Sowohl Immobilisationsstreß, bakterielle Moleküle wie auch die Zytokine Interleukin-1, Tumornekrosefaktor-alpha und Interleukin-6 erhöhen die extrazellulären Spiegel des Hauptabbauprodukts des Serotonins im NRD. Diese Konzentrationserhöhung könnte die schlaffördernde Wirkung der o. g. Substanzen erklären. Die Wirkung von Interleukin-1 auf das serotoninerge System wird durch den Nachweis von Interleukin-1-Rezeptoren im NRD plausibel.

Enzmann, Drößler, Landgraf und Engelmann untersuchen immunmodulatorische Funktionen von Arginin-Vasopressin (AVP) *in vitro* und *in vivo*. AVP wird im Nucleus supraopticus (NSO) und Nucleus paraventricularis synthetisiert und kann sowohl über die Neurowie auch die Adenohypophyse sowie als Neurotransmitter innerhalb des Gehirns auf eine Vielzahl physiologischer Prozesse Einfluß nehmen, u. a. auf die Regulation der HHN-Achse. AVP ist in der Lage, eine Mitogen-induzierte Interleukin-Synthese mononukleärer Zellen sowie die Proliferationsfähigkeit von Makrophagen konzentrationsabhängig zu beeinflussen. Durch lokale osmotische Stimulation des NSO konnte die Arbeitsgruppe z. B. eine Hemmung der Interleukin-2-Synthese durch Lymphozyten feststellen. Diese Wirkung des AVP könnte entweder direkt über im Plasma zirkulierendes AVP oder indirekt über die HHN-Achse erfolgen. Eine Applikation von Interleukin-1β in den NSO stimulierte die Freisetzung von AVP. Dies könnte im Sinne eines funktionellen Antagonismus Zytokin-induzierten Effekten entgegenwirken.

Im folgenden Beitrag *(Schulz und Schulz)* wird die Funktion des Hypophysenvorderlappenhormons Prolaktin (PRL) als Immunstimulator und Streßhormon beschrieben. Die

Sekretion von PRL ist ein gut untersuchter endokrinologischer Vorgang, für welchen jedoch bisher keine spezifischen Zielgewebe – bis auf die der reproduktiven Funktion – definiert sind. Akute körperliche und psychische Belastung steigert die PRL-Sekretion, welche bei andauernder Belastung jedoch gehemmt wird. Eines der nicht-reproduktiven Zielgewebe von PRL könnten die Zellen des Immunsystems darstellen. Der PRL-Rezeptor konnte auf Leukozyten charakterisiert werden, und eine stimulierende Wirkung von PRL auf eine Vielzahl immunologischer Funktionen ist nachgewiesen. In einem Tiermodell der Multiplen Sklerose kann eine pharmakologisch erzeugte Hypoprolaktinämie den Krankheitsverlauf verbessern, und in einem Modell des sytemischen Lupus erythematodes akzeleriert eine Hyperprolaktinämie die Autoimmunität.

Zusammengefaßt illustrieren die Beiträge in Teil II dieses Bandes effektorische Einflüsse des Nerven- und Hormonsystems auf das Immunsystem und geben auch Beispiele für eine bidirektionale Kommunikation. Zunächst wird die Verbindung des zentralen Nervensystems mit den primären und sekundären immunologischen Organen beschrieben. Anschließend werden speziell die cholinerge Innervation und die Wirkungen des Azetylcholins auf immunkompetente Zellen dargestellt. Die beiden am besten untersuchten und sowohl im Streßgeschehen wie auch bei Immunfunktionen wesentlich beteiligten neuroendokrinen Systeme – das sympatho-adrenerge System und die Glukokortikoide – werden in den zwei folgenden Beiträgen ausführlich beschrieben. Empirische Arbeiten zu Wechselwirkungen des serotoninergen Systems und des AVP mit dem Immunsystem werden daran anschließend dargelegt. Abschließend wird die Rolle von PRL als Streßhormon und Immunstimulator beschrieben. Sowohl Novotny wie auch Schedlowski et al. sowie Wilckens weisen auf Arbeiten und Befunde hin, welche in der psychoneuroimmunologischen Forschung bisher «vergessen» wurden. Dieses sind Arbeiten, durchgeführt schon zu Beginn dieses Jahrhunderts, in denen heute als neu erachteten Zusammenhängen schon experimentell nachgegangen worden ist. Aufgrund der damals gegebenen methodischen und konzeptuellen Einschränkungen wurden diese jedoch nicht zusammengeführt und ihnen ausreichend Beachtung geschenkt. Die hier zusammengetragenen Beiträge schließen an die jeweilige Forschungstradition an und stellen diese bisher weniger beachteten, in unseren Augen jedoch sehr relevanten Erkenntnisse heraus. Der Beitrag von Wilckens knüpft an die entwicklungspsychoneuroimmunologischen Arbeiten aus Teil I an, indem die ontogenetische Perspektive in der Entwicklung des HHN-Systems in ihrer Bedeutung für die Disposition speziell für autoimmunologische Erkrankungen betont wird. Auch in den Kapiteln zu den Katecholaminen und zum PRL wird dieser klinische Aspekt, insbesondere auch in Hinsicht auf Autoimmunerkrankungen, herausgestellt.

Teil III, «Klinischer Bezug psychoneuroimmunologischer Forschung», schließt mit einem Beitrag zur Bedeutung des immun-neuroendokrinen Dialogs für Autoimmunerkrankungen *(Schauenstein, Haas und Liebmann)* daran an. Zunächst werden Tiermodelle zur Untersuchung dieses Zusammenhangs beschrieben. Eine Erhöhung des Plasmacortisons nach Immunisierung bleibt bei genetisch zu einer Autoimmunthyreoiditis prädisponierten Tieren aus. Weiterhin fand sich eine verminderte *in-vivo*-Verfügbarkeit von freiem Corticosteron. Dies spricht für Defekte im Glukokortikoidsystem, welche auch in Tiermodellen mit spontan auftretendem Lupus erythematodes gefunden wurden. Außerdem konnte gezeigt werden, daß die Empfänglichkeit für die experimentelle Autoimmunarthritis mit einer verminderten Ansprechbarkeit und Funktion der HHN-Achse assoziiert ist. Dies konnte auf eine primäre zentrale Nichtansprechbarkeit der CRH-Neurone im Nucleus paraventricularis des Hypothalamus zurückgeführt werden und war außerdem mit einer verminderten Freisetzung von adrenokortikotropem Hormon auf der Ebene der Hypophyse verbunden. Vergleichbare Ergebnisse wurden in einem

Tiermodell für die Multiple Sklerose, der autoallergischen Enzephalitis, gefunden. Auch Untersuchungen am Menschen – z. B. bei Patienten mit Fibromyalgie und Multipler Sklerose – weisen auf die geringere Ansprechbarkeit der HHN-Achse als ein pathogenetisch bedeutsames Bestimmungsstück für die Entwicklung von Autoimmunerkrankungen hin. Eine Insensibilität der HHN-Achse kann demnach zu «verbotenen» Immunreaktionen prädisponieren. Andererseits kommt es im Verlauf von chronisch-entzündlichen Autoimmunprozessen über die erhöhte Freisetzung von systemisch wirkenden Zytokinen zu einer Hyperaktivität der HHN-Achse.

Im Beitrag von *Scholz* wird die psychoneuroimmunologische Perspektive in bezug auf dermatologische Erkrankungen diskutiert. Juckreiz kann als Leitsymptom vieler Hauterkrankungen angesehen werden. Zentrales materielles Substrat für dieses Symptom stellt die Histaminfreisetzung aus den Mastzellen dar. Untersuchungen belegen, daß die Histaminfreisetzung auch von psychischen Faktoren determiniert sein kann. So konnte gezeigt werden, daß z. B. durch Klassische Konditionierung die Histaminfreisetzung modifiziert werden kann. Im folgenden werden einige Erklärungsansätze zur Atopischen Dermatitis, Urticaria, Psoriasis sowie Acne vulgaris diskutiert. Für die Atopische Dermatitis wird auf der Grundlage verschiedener monokausaler Theorien ein zusammenfassendes multifaktorielles pathogenetisches Modell entwickelt. Für die übrigen Krankheitsgruppen wird die Triggerfunktion psychischer Belastungsbedingungen herausgestellt, und es werden mögliche pathogenetische Mediatoren erörtert.

Dahmen und Hiemke legen die Forschungsergebnisse zur Modulation von Immunfunktionen bei neuropsychiatrischen Erkrankungen dar. Ausführlich werden die Ergebnisse zur depressiven und schizophrenen Psychose dargestellt und die Befunde zur Alzheimerschen Demenz beschrieben. Simplizistische Konzepte – etwa einer «Immunsuppression» bei der Depression – müssen zugunsten einer differenzierten Betrachtung einzelner Immunfunktionen aufgegeben werden, da auch Aktivierungen einzelner Parameter beobachtet wurden. Bei einer Subpopulation von Depressiven kommt es zu einer chronischen Aktivierung der HHN-Achse, bei der eine gestörte Plastizität des Glukokortikoidsystems mit veränderten Immunfunktionen einhergeht. Ein häufiger Befund bei depressiven Patienten ist eine verminderte Aktivität der Natürlichen Killerzellen. Bei Schizophrenen wurde eine Vielzahl von Einzelbefunden zusammengetragen, doch lassen sich Krankheitsfaktoren von Behandlungswirkungen schlecht trennen, und häufig konnten Einzelergebnisse nicht repliziert werden. Bei Alzheimer-Patienten wurden Interleukin-1 und Inteleukin-6 in den Amyloidplaques nachgewiesen und eine Erhöhung von Tumornekrosefaktor-alpha im Serum beobachtet. Solche Indikatoren einer Entzündungsreaktion legten es nahe, immunmodulierende Pharmaka therapeutisch zu verwenden. So führten nichtsteroidale Entzündungshemmer zu einer Symptomverbesserung in der Verumgruppe. Somit ist hier schon eine erste Umsetzung der Forschungsergebnisse in die klinische Praxis erfolgt.

Eines der heute am häufigsten in der klinischen Routine, nicht nur in der Psychiatrie, verwendeten Medikamente, die Tranquilizer, wurden von *Jirillo, Calvello, Greco, Caradonna, Nardini, Sarno und Maffione* auf ihre immunmodulatorischen Wirkungen hin überprüft. Immunologische Nebenwirkungen vieler Medikamente wurden bisher wenig untersucht, so auch diejenigen für die Tranquilizer. Benzodiazepinrezeptoren sind auf immunkompetenten Zellen nachgewiesen. In *in-vitro*-Experimenten konnte festgestellt werden, daß Diazepam inhibierend auf eine Reihe von Immunfunktionen wirkte, während Alprazolam einige Funktionen steigerte. Therapeutische Anwendung von Alprazolam bei Migränepatienten führte dementsprechend auch zu einer Steigerung der Phagozytoseaktivität bei diesen Patienten.

In der Arbeit von *Rose, Scholler und Klapp* werden psychoneuroimmunologische Zusammenhänge bei akuter Virushepatitis diskutiert.

Der Krankheitsverlauf der akuten Virushepatitis ist hinsichtlich des subjektiven Beschwerdebildes und der immunologischen Antwort keineswegs homogen. So läßt sich das subjektive Beschwerdebild nicht aus dem somatischen Krankheitsgeschehen ableiten. Eine vernetzte Betrachtungsweise ergibt, daß Patienten, die die Krankenrolle annehmen und dem Leberschaden entsprechende körperliche Beschwerden angeben, kürzere Genesungsverläufe zeigen als Patienten, die trotz körperlicher Dysfunktion keine subjektiven Beschwerden erkennen lassen. Werden Befindensänderungen als Ausdruck der Krankheitsverarbeitung verstanden, so scheint in einem realitätsakzeptierenden psychischen Erleben ein eher genesungsfördernder Einfluß und in einem realitätsverzerrenden Erleben eine eher ungünstige Beeinflussung des Verlaufs dieser Infektionskrankheit zu liegen.

Im Beitrag von *Stockhorst und Klosterhalfen* werden klinische Anwendungen der klassischen Konditionierung von Immunfunktionen ausführlich vorgestellt. Die einzelnen Studien werden in Tabellenform zusammengefaßt. Tierexperimentelle Arbeiten, insbesondere zum Lupus erythematodes, belegen, daß durch Effekte klassischer Konditionierung Immunsuppressiva bei gleichem Wirkungsgrad eingespart werden können. Ähnliches zeigen tierexperimentelle Studien zur Adjuvansarthritis, zu Tumorwachstum und Transplantatabstoßung. Humanstudien zu Autoimmunerkrankungen und Allergien weisen auch auf Konditionierungseffekte beim Menschen hin. Von besonderem Interesse sind Therapie-assoziierte Effekte bei Tumorpatienten wie antizipatorische Übelkeit, antizipatorisches Erbrechen und antizipatorische Immunmodulation. Die Ergebnisse quasi-experimenteller Arbeiten zur Immunmodulation im Rahmen der Chemotherapie durch klassisch konditionierte Reize sind heterogen: sowohl suppressive wie auch stimulatorische Effekte auf einzelne Parameter wurden berichtet. Abschließend werden mediierende Faktoren der konditionierten Immunmodulation diskutiert.

Insgesamt zeigen die hier vorgestellten Beiträge erste Ansätze einer Umsetzung psychoneuroimmunologischer Forschung in der klinischen Praxis der Medizin. Bei Autoimmunerkrankungen wird zunehmend die Rolle einer Beteiligung der HHN-Achse aufgeklärt und somit neue Perspektiven für die Prävention, Diagnostik und Therapie dieser Erkrankungen eröffnet. Bei Hauterkrankungen könnten durch eine systematischere Beachtung psychologischer Triggermechanismen umfassendere Therapiekonzepte entwickelt werden. Die Befundlage bei den neuropsychiatrischen Erkrankungen, insbesondere bei den Psychosen, ist uneinheitlich. Für die Alzheimersche Erkrankung dagegen zeichnen sich schon erste, aus der Grundlagenforschung heraus entwickelte Behandlungsansätze ab. Die Berücksichtigung unterschiedlicher immunologischer Nebenwirkungen der Benzodiazepine sollte in den therapeutischen Alltag – nicht nur in der Psychiatrie – ebenso Eingang finden. Eine genauere Kenntnis der Modulation des Verlaufs von Infektionskrankheiten wie der Hepatitis durch psychosoziale Bedingungen könnte einen Schritt zu einer adäquateren Behandlung bedeuten. Ebenso werden die auch im medizinischen Alltag ubiquitären Konditionierungsphänomene heute kaum systematisch beachtet. Für die immunsuppressive und zytostatische Therapie liegen empirische Ergebnisse vor, auf deren Grundlage die Toxizität dieser Therapien verringert und die Effektivität gesteigert werden könnte. Auch in den grundlagenwissenschaftlichen Beiträgen der ersten beiden Hauptkapitel sind einige Ansätze zur klinischen Anwendung des jeweils dargestellten Bereichs enthalten.

Die klinische Anwendung psychoneuroimmunologischer Forschung kann heute noch als ein «zartes Pflänzchen» betrachtet werden, jedoch mit einer kräftigen, stabilen Verwurzelung in der empirischen Grundlagenforschung. Doch falls dieser Pflanze weiterhin gute Wachstumsbedingungen gewährt werden, ist zu erwarten, daß sie auf der Basis der Erkenntnisse der beteiligten wissenschaftlichen Disziplinen gedeihlich sprießen wird. Dies könnte neben den in den Beiträgen behandelten Krankheitsgruppen auch in der Onkologie und für die AIDS-Erkrankung zunehmend bedeutsam werden. Damit ist die Psychoneuroimmunologie eine interdisziplinäre Wissenschaft par excellence: verwurzelt in den biologischen, medizinischen und psychologischen Grundlagendisziplinen mit ersten vorzeigbaren Früchten in den klinischen Wissenschaften. Wir hoffen, daß dieses Buch zu einer Fortentwicklung der Psychoneuroimmunologie beiträgt, und bedanken uns an dieser Stelle noch einmal bei allen Autoren, die das Erscheinen mit ihren Beiträgen ermöglicht haben.

Teil I

Verhalten und Immunsystem

Kurzfristige psychische Belastung und Immunfunktionen – eine metaanalytische Übersicht

Holger Schulz und Karl-Heinz Schulz

Einleitung

Einen Schwerpunkt psychoneuroimmunologischer Studien bildet die Untersuchung von Zusammenhängen zwischen Faktoren des Erlebens und Verhaltens mit Veränderungen von Immunfunktionen. Dabei steht häufig die Fragestellung im Vordergrund, inwieweit psychische Belastungen zu Veränderungen immunologischer Funktionen führen: In einer zunehmenden Zahl von Übersichten werden Studien zusammengefaßt, welche für verschiedene belastende Bedingungen, wie u. a. Verlusterlebnisse durch Tod des Ehepartners oder Scheidung, Pflege eines chronisch kranken Familienangehörigen, aber auch das Ablegen einer wichtigen Prüfung, Einschränkungen immunologischer Parameter zeigen können (Ader et al., 1995; Kiecolt-Glaser et al., 1992; O'Leary, 1990; Schulz und Schulz, 1992).

In einer ersten quantitativen Übersicht ermittelten Herbert und Cohen (1993), daß die Höhe des negativen Zusammenhanges zwischen Streß und Veränderungen funktioneller Parameter (ausgedrückt als Produkt-Moment-Korrelation) sowie der Anzahl von B-, T- und NK-Zellen gering bis moderat (d. h. $r < -.40$) ausfällt und daß für Antikörpertiter gegen latent persistierende Epstein-Barr-Viren sich ein mittlerer bis hoher Zusammenhang nachweisen läßt. Für die drei von ihnen ebenfalls einbezogenen laborexperimentellen Studien kamen sie hingegen zu dem Schluß, daß *akute Stressoren* im Vergleich zu chronischer Belastung jedoch eher zu einem Anstieg der Anzahl von CD8-positiven- und NK-Zellen führt. Kiecolt-Glaser et al. (1992) faßten ihre Übersicht von neun experimentellen Studien dahingehend zusammen, daß akute psychologische Belastung relativ konsistent zu einem vorübergehenden Anstieg von NK-Zellen und einer Abnahme der Proliferationsfähigkeit von Lymphozyten *in vitro,* insbesondere nach Stimulation mit Concanavalin A, führt. Mittlerweile hat sich die Zahl dazu vorliegender Primärstudien verdreifacht, jedoch fehlt bisher eine quantitative Aussage zum Ausmaß der beobachteten Veränderungen immunologischer Parameter.

Im folgenden soll deshalb ein kritischer Überblick derjenigen *Humanstudien* gegeben werden, die Zusammenhänge akuter psychologischer Belastung mit Veränderungen immunologischer Parameter experimentell untersucht haben und bis Ende 1995 zu dieser Fragestellung veröffentlicht wurden. Dabei sollen die vorliegenden Studien sowohl in einer *tabellarischen Übersicht* (ab S. 40) hinsichtlich des Designs, der Stichproben und der abhängigen Variablen detailliert dargestellt werden, wie auch einer *Metaanalyse* zur Bestimmung der Höhe der jeweiligen Veränderungen in den einzelnen immunologischen Parametern unterzogen werden.

Die Technik der *Metaanalyse* (Glass, 1976) kann als «Sammlung konzeptioneller und methodischer Verfahren» verstanden werden, mit deren Hilfe empirische Daten zu einer festgelegten Fragestellung in einer quantitativ orientierten Weise zusammengefaßt werden (Beelmann und Bliesener, 1994, S. 211). Metaanalysen werden zunehmend häufiger im

Bereich der Psychologie, der Sozialwissenschaften und der Medizin zur integrativen Darstellung von Forschungsergebnissen herangezogen (vgl. u. a. Bausell, 1993). Als Vorteile einer metaanalytischen gegenüber einer qualitativ-narrativen Vorgehensweise lassen sich u. a. die folgenden Punkte anführen (vgl. auch Farin, 1995):

- die explizite Angabe von Kriterien der Auswahl, der Bewertung und Gewichtung empirischer Ergebnisse
- die Berücksichtigung des Stichprobenfehlers
- die Berechnungen von Effektstärken als Maß der Höhe eines Zusammenhangs von Variablen
- die Einbeziehung von Moderatorvariablen zur Aufklärung von Variabilität von Studienresultaten
- die Verwendung gegenüber dem Auszählverfahren signifikanter Ergebnisse («vote-counting») konzeptionell und mathematisch angemessenerer statistischer Verfahren.

Als ein bedeutsames Argument gegen metaanalytische Techniken wird insbesondere diskutiert, daß durch die gleichgewichtige Berücksichtigung von methodisch sehr unterschiedlichen Primärstudien gravierende Verzerrungen auftreten können. Die Frage, ob methodisch schwächere Arbeiten deshalb nur mit einem geringeren Gewicht eingeführt werden sollten, ist jedoch bisher nicht eindeutig geklärt (Beelmann und Bliesener, 1994), wobei aber gerade metaanalytische Techniken explizit den Vergleich der integrierten Ergebnisse je nach variierender Gewichtung der einzelnen Studien erlauben. In dieser Arbeit soll jedoch eine solche Klassifikation nicht vorgenommen werden. Eine ausführliche Diskussion zu den Vorteilen, aber auch zu weiteren Problemen, sowie Hinweise zur Durchführung und Interpretation von Metaanalysen finden sich z. B. in Bangert-Drowns (1986), Cooper und Hedges (1994), Fricke und Treinies (1985), Hedges und Olkin (1985) sowie Hunter und Schmidt (1990). Eine kommentierte Bibliographie zu relevanten Veröffentlichungen über Metaanalysen legen darüber hinaus Light und Mosteller (1992) vor.

Ziel der vorliegenden Arbeit ist es zunächst, einen Überblick über Studien zu geben, in denen im Labor induzierte kurzfristige Belastungsbedingungen hinsichtlich ihres Einflusses auf die Veränderung immunologischer Parameter untersucht wurden. Es soll weiterhin mittels metaanalytischer Verfahren überprüft werden, ob diese Belastungsbedingungen zu Veränderungen immunologischer Parameter führen und, wenn dieses gezeigt werden kann, in welchen Parametern, in welcher Richtung und in welchem Ausmaß die Veränderungen erfolgen und von welchen Bedingungen diese Ergebnisse u. U. moderiert werden.

Methoden

Auswahl der Studien

Die Auswahl relevanter Studien, die bis Ende 1995 publiziert wurden, erfolgte mittels umfassender elektronischer Datenbanken (u. a. Medline, Psyndex, PsycLit, Somed, Embase, SciSearch), der Sichtung vorliegender Übersichtsartikel und Originalarbeiten sowie der Kenntnis durchgeführter Studien auf der Basis informeller Kontakte der Autoren, womit ein Großteil der u. a. von Cooper (1989) vorgeschlagenen Techniken abgedeckt ist. Ausgewählt wurden solche Studien, in denen eine kurzfristige psychologische Belastungsbedingung von weniger als einer Stunde untersucht wurde. Von dem Vorliegen einer Belastungsbedingung wird in Anlehnung an Lazarus und Folkman (1984) dann ausgegangen, wenn es wahrscheinlich ist, daß die experimentell hergestellte Situation von den Versuchsteilnehmern dahingehend bewertet wird, daß sie die eigenen Ressourcen beansprucht oder übersteigt und das eigene Wohlbefinden beeinträchtigt.

Die Festlegung der Zeitspanne von einer Stunde erfolgte pragmatisch in Anlehnung an die Metaanalyse von Herbert und Cohen (1993); bisher lassen sich auch unserer Kenntnis nach für den Bereich der Psychoneuroimmunologie keine ausreichend theoriegeleiteten Kriterien definieren (vgl. H. Schulz und K.-H. Schulz, 1996). In einem differenzierteren Modell zur Unterscheidung zwischen akutem und chronischem Streß wird zusätzlich zur Zeitdauer des Stressors (für die im übrigen keine Grenzwerte angegeben werden) noch die einer wahrgenommen Bedrohung bzw. Anforderung und der anschließenden Reaktion eingeschlossen (Baum et al., 1993). Da in vielen Studien jedoch keine Angaben dazu vorliegen, inwieweit eine wahrgenommene Bedrohung über die Zeitdauer der experimentellen Stressoren hinaus bestehen bleibt und der zeitliche Verlauf der Reaktionen auf die Stressoren als abhängige Variable selbst Gegenstand vieler Studien ist, sollen diese beiden Faktoren nicht als weitere Kriterien für die Auswahl zu analysierender Experimente herangezogen werden.

Nicht berücksichtigt wurden solche Studien, in denen keine eindeutige Operationalisierung psychosozialer bzw. immunologischer Variablen vorgenommen wurde oder in denen immunologische Ergebnisse nicht primär auf den Einfluß psychosozialer Variablen zurückzuführen sind, wie bei Schlafentzug, körperlicher Betätigung oder Weltraumflug, ebenso wie bei Erhebungen an Patienten mit potentiell immunmodulatorischen oder psychiatrischen Erkrankungen.

Es wurden weiterhin diejenigen Studien ausgeschlossen, in denen keine ausreichenden Angaben für die Berechnung der in dieser Metaanalyse verwendeten Effektmaße *d* bzw. *r* mitgeteilt wurden (siehe unten). Es wurden ebenfalls für diejenigen immunologischen Parameter keine Effektmaße berechnet, die in weniger als drei Studien verwendet wurden.

Es konnten insgesamt 29 Studien identifiziert werden, welche die Einschlußkriterien erfüllten.[1] Diese Arbeiten werden in der Tabelle im Anhang an dieses Kapitel ausführlich beschrieben. Es werden jeweils das Studiendesign, die eingesetzten Stressoren, die untersuchte Stichprobe sowie die jeweils erhobenen immunologischen, kardiovaskulären, endokrinologischen und psychologischen Parameter erfaßt. In einer weiteren Spalte («Kommentar») werden besonders hervorzuhebende Ergebnisse sowie Kritikpunkte und Probleme jeder einzelnen Studie genannt. Die Beschreibung des Designs folgt dabei einer von Cook und Campbell (1979) vorgeschlagenen Notation, wobei «*X*» für eine unabhängige Variable, also hier jeweils für die untersuchte Belastungsbedingung («*treatment*») und «*O*» («*observation*») für einen Meßzeitpunkt steht, also die Erhebung der jeweils untersuchten abhängigen Variablen, insbesondere der immunologischen. Numerische Laufindizes kennzeichnen eine Wiederholung der gleichen, alphanumerische Indizes jeweils eine davon abweichende unabhängige Variable oder Messung. Die Parameter werden mit den international üblichen Kürzeln aufgeführt. Eine diesbezügliche Liste der Abkürzungen findet sich am Ende der Tabelle im Anhang dieses Kapitels.

Statistische Modelle

Untersuchungseinheit der folgenden Metaanalyse sind immunologische Parameter von unabhängigen Stichproben der 29 Primärstudien. In insgesamt vier Veröffentlichungen wurden jeweils zwei (Dugué et al., 1993; Weisse et al., 1990; Zakowski et al., 1994) bzw. drei (Sieber et al., 1992) unabhängige Gruppen in unterschiedlichen experimentellen Bedingungen mit vergleichbaren abhängigen Variablen untersucht und deshalb jeweils einzeln analysiert, vier Publikationen (Benschop et al., 1994b; Benschop et al., 1995; Brosschot et al., 1992; Brosschot et al., 1994) bezogen sich auf die gleiche Stichprobe und wurden nur einmal berücksichtigt, weshalb im folgenden auch nur noch von 26 Studien ausgegangen wird. Insge-

[1] Nach Beendigung der Berechnungen für die Metaanalyse wurden zwei weitere Studien, welche die Einschlußkriterien erfüllen, zugänglich (Uchino, Cacioppo, Malarkey & Glaser, 1995; Zakowski, 1995), diese Arbeiten konnten nicht mehr berücksichtigt werden.

samt liegen für jeden Parameter Ergebnisse von maximal 31 Stichproben vor.

Für jeden abhängigen immunologischen Parameter wurde eine getrennte Analyse durchgeführt: Da in jeder Studie größtenteils zwischen 5 bis 11 (M = 8, SD = 3) immunologische Parameter untersucht und getrennt auf signifikante Veränderungen überprüft wurden (unterschiedliche Konzentrationsverhältnisse bei funktionellen Tests nicht mitgerechnet), gingen die Studien – je nach Anzahl abhängiger Variablen – mehrfach in die Analyse ein, was zu Verzerrungen der Ergebnisse führen kann und bei ihrer Interpretation zu berücksichtigen ist. Eine Zusammenfassung verschiedener Parameter zu einem gemeinsamen Effektmaß erschien jedoch für die meisten der untersuchten Parameter nicht sinnvoll, da zum einen explizit untersucht werden sollte, in welchen Parametern Veränderungen nach kurzfristiger Belastung auftraten, weiterhin die induzierten Veränderungen zum Teil bereits innerhalb einer Studie gegenläufig waren und schließlich für einen Großteil der Parameter auch kein theoretisches Rationale für eine Zusammenfassung vorlag. Um einen weiteren Anstieg des kumulierenden Alpha-Fehlers zu kontrollieren, wurden allerdings mehrere Vorgehensweisen eingesetzt. So wurde bei funktionellen Tests (Lymphozytenproliferationstest, Aktivität Natürlicher Killerzellen) im Falle mehrerer untersuchter Konzentrationsverhältnisse ein gemeinsamer Mittelwert pro Studie berechnet. Auch wurde für B-Zellen und NK-Zellen bei mehreren Bestimmungen pro Studie ein gemeinsamer Mittelwert berechnet (zumeist wurden CD19- und CD20- bzw. CD16-, CD56- und CD57-positive Zellen bestimmt), für die verschiedenen Gruppen der NK-Zellen aufgrund ihrer Heterogenität jedoch auch getrennte Analysen vorgenommen. Schließlich wurde in den Studien, die eine vergleichbare Belastungsbedingung im Abstand von mehreren Tagen bis Wochen untersucht haben, ebenfalls ein mittleres Effektmaß über die beiden Zeitpunkte berechnet.

In dieser Metaanalyse wurde für jeden abhängigen Parameter zunächst ein Effektmaß *d* berechnet. Dazu wurde aus den Kennwerten der Primärstudien die Differenz der Werte prä-post in der Experimentalgruppe von der Differenz der prä-post-Werte der Kontrollgruppe (KG) abgezogen und durch die zusammengefaßte Standardabweichung innerhalb der Gruppen dividiert. Wurde keine unabhängige Kontrollgruppe untersucht, wurden die prä-post-Differenzen konservativ durch die zusammengefaßte Standardabweichung aller Zeitpunkte geteilt. Wurde ein Design verwendet, in dem die Teilnehmer eine «Eigenkontrollgruppe» bildeten, wurden Effektmaße wie im Falle unabhängiger Kontrollgruppen (KG) berechnet. Fehlten Angaben zu Mittelwerten und Standardabweichungen, wurden die Werte von t- und F-Tests (beschränkt auf solche mit einem Freiheitsgrad im Zähler) bzw. ihr jeweiliges Signifikanzniveau für die Berechnung eines Effektmaßes zugrunde gelegt (vgl. Fricke und Treinies, 1985). Bei Bereichsangaben, wie z. B. $p \leq .05$, wurde konservativ der jeweils angegebene Grenzwert zur Berechnung des Effektmaßes eingesetzt. Wurde in den Primärstudien mitgeteilt, daß ein getesteter Unterschied nicht signifikant war, wurde – ebenfalls konservativ – das Effektmaß auf Null gesetzt. Das berechnete Effektmaß *d* wurde zur besseren Interpretierbarkeit und zur Vergleichbarkeit mit den Ergebnissen der Analyse von Herbert und Cohen (1993) in eine Korrelation *r* nach Rosenthal (1984) transformiert, welches annähernd gleiche Stichprobengrößen in Experimental- und Kontrollgruppe wie im Falle der hier analysierten Laborexperimente voraussetzt.

Ausgewertet wurde nur ein Poststreß-Meßzeitpunkt, und zwar die in allen Studien erfolgte Messung kurz nach Beendigung der Belastungsbedingung (wobei in vielen Studien für diesen Zeitraum keine genaueren Angaben gemacht wurden). Da nur in einigen wenigen Arbeiten auch weitere, miteinander vergleichbare Poststreß-Meßzeitpunkte untersucht wurden, wurde eine zusammenfassende Analyse längerfristiger Effekte nicht durchgeführt.

Obwohl im Rahmen laborexperimenteller Studien Verzerrungen durch größere Variationen des Stichprobenumfangs eher zu vernachlässigen sind, wurde ein gewichtetes Effektmaß nach der Methode von Hunter und Schmidt (1990) gebildet, ein Z-transformierter Mittelwert errechnet, der anschließend wieder in eine Korrelation zurücktransformiert wurde, welche in den Tabellen als Effektmaß wiedergegeben wird. Für jedes integrierte Effektmaß wird ein 95 %-Vertrauensintervall angegeben sowie das Ergebnis einer Homogenitätsprüfung.[2] Ein Ergebnis wird dann als homogen angesehen, wenn die um den Stichprobenfehler bereinigte Standardabweichung nicht größer als 25 % des berechneten Populationseffektmaßes ist (Stoffelmayr et al., 1983). Aufgrund der bisher nicht ausreichenden Anzahl vorliegender Primärstudien wurde für den Fall heterogener Ergebnisse mit Ausnahme der Bestimmungsmethode der funktionellen Test (isolierte mononukleäre Zellen vs. Vollblut) auf eine weitergehende Analyse von Moderatorvariablen verzichtet.

Schließlich wurde diejenige Anzahl notwendiger Studien ohne Effekte auf immunologische Parameter berechnet, die notwendig wäre, um das zusammenfassende Effektmaß auf ein als für diesen Bereich der Forschung unbedeutend gesetztes Maß von $r = .05$ zu reduzieren («fail-safe N», Orwin, 1983). Einer sehr konservativen Schätzung zufolge wäre dann davon auszugehen, daß die Ergebnisse durch nicht publizierte Studien ohne Effekt auf die immunologischen Parameter überschätzt werden («file-drawer»-Problem), wenn das berechnete «fail-safe N» größer ist als das Fünffache der in die Metaanalyse einbezogenen Studien plus zehn weitere Studien (Rosenthal, 1979). Für die nur mit erheblichem personellem, finanziellem und organisatorischem Aufwand durchzuführenden psychoneuroimmunologischen Experimente erscheint die Annahme einer solch hohen Anzahl nicht publizierter Studien jedoch äußerst unwahrscheinlich. Da bisher noch keine verläßlichen Richtlinien für die Festlegung eines noch zu akzeptierenden minimalen Verhältnisses zwischen publizierten Studien und dem errechneten «fail-safe N» vorliegen, wird im folgenden nur der berechnete Wert als ein Bezugspunkt zur Interpretation der Ergebnisse mitgeteilt (Carson et al., 1990).

Die Bewertung der berechneten mittleren Effektstärken soll in Anlehnung an die von Cohen (1988) konventionell festgesetzten Grenzen erfolgen und $.10 \leq |r| < .30$ als kleiner, $.30 \leq |r| < .50$ als mittlerer und $|r| \geq .50$ als großer Effekt gewertet werden.

[2] Die Berechnung der zusammenfassenden Koeffizienten dieser Metaanalyse erfolgte unter Zuhilfenahme eines Programms von Schwarzer (1989).

Ergebnisse

Stichprobenmerkmale

Experimentelle Bedingungen: Als Belastungsbedingung wurden in den analysierten 26 Studien am häufigsten soziale Stressoren (wie das Halten einer freien Rede oder ein Rollenspiel, 12 Studien), gefolgt von kognitiven Aufgaben (Wahrnehmungstests, Kopfrechnen unter Zeitdruck, 8 Studien) verwendet. In drei Studien wurden diese Stressoren kombiniert vorgegeben. Weiterhin wurden so verschiedene Bedingungen eingesetzt wie milde Elektroschocks und Lärm, Emotionsinduktion durch das Erinnern bedeutsamer Lebensereignisse oder durch ein Rollenspiel sowie das Betrachten von als belastend empfundenen Videos. In zwei Studien wurde Fallschirmspringen von Novizen untersucht. Die Zeitdauer der Belastung variierte von 6 bis 40 Minuten, der Median lag bei 20 Minuten. Von den 26 Studien bezogen 11 Kontrollgruppen ein, in denen die Teilnehmer statt eines Stressors einer neutralen Bedingung ausgesetzt wurden. Die Zuteilung auf die Gruppen erfolgte in diesen Studien randomisiert. In sechs Studien wurden zwei, in sieben Studien drei und in elf Studien vier Meßzeitpunkte untersucht sowie in jeweils einer Studie fünf bzw. zwölf Zeitpunkte.

Probanden: Die Stichprobengrößen variierten von 7 bis 110 Probanden, dabei verwendeten drei Studien weniger als 20, zwölf Studien 20 bis 30, sieben Studien 30 bis 60 und vier

Studien mehr als 60 Probanden. Insgesamt konnten n = 1008 Teilnehmer in die Auswertung einbezogen werden. Überwiegend fanden die Experimente mit männlichen Probanden statt. In fünf Studien wurden nur weibliche Probanden untersucht, in weiteren fünf sowohl weibliche als auch männliche und in den übrigen 19 nur männliche Probanden. Das Durchschnittsalter der untersuchten Probanden liegt bei 32,7 Jahren (berechnet auf der Basis von Angaben von 18 Studien), mit einer Spannweite von 17 bis 87 Jahren.

Effekte auf immunologische Parameter

Funktionstests: Tabelle 1 enthält Ergebnisse der Metaanalyse zum Effekt experimenteller Stressoren auf funktionelle immunologische Parameter. Es lassen sich zusammenfassende Effektmaße berechnen für die Proliferationsfähigkeit von Lymphozyten *in vitro* nach Stimulation mit den Mitogenen Phytohämagglutinin (PHA), Concanavalin A (Con A) und Pokeweed Mitogen (PWM) sowie für die Aktivität Natürlicher Killerzellen, welche in drei Studien zusätzlich und in einer Studie ausschließlich auch bezogen auf die Anzahl der Effektorzellen im peripheren Blut angegeben wurde (adjustierte NK-Aktivität). Für alle der hier zusammengefaßten Tests liegen signifikante bzw. für PWM tendenziell signifikante Ergebnisse vor: Dabei ergibt sich für die Lymphozytenproliferationstests eine Abnahme der Teilungsrate nach den experimentellen Stressoren mit kleiner Effektstärke, wohingegen die Aktivität der Natürlichen Killerzellen zunimmt.[3] Ein Anstieg vergleichbarer Stärke läßt sich dabei auch dann nachweisen, wenn die adjustierte NK-Aktivität berechnet wird, so daß in diesen Experimenten die Zunahme der Aktivität auch unabhängig von einer evtl. Zunahme des Anteils der NK-Zellen auftritt.

[3] In dem für diese Metaanalyse nicht mehr berücksichtigten Experiment von Uchino et al. (1995) konnte ein Anstieg der NK-Aktivität, jedoch keine verminderte Lymphozytenproliferationsfähigkeit nach Stimulation mit den Mitogenen Con A und PHA nachgewiesen werden. In der ebenfalls nicht berücksichtigten Arbeit von Zakowski (1995) wurde nach den Stressoren eine signifikant verminderte Proliferation *in vitro* nach Stimulation mit Con A nur für die Gruppe mit nichtvorhersagbaren Stressoren gefunden, für PWM ergaben sich dazu vergleichbare, aber nicht signifikante Ergebnisse.

Tabelle 1: Metaanalyse zum Einfluß experimenteller Stressoren auf immunologische Funktionstests

Parameter	Studien	N	Mittleres Effektmaß r	95% Konfidenzintervall	Z	homogen	«Fail-safe-N»
Con A	12	290	–.20	–.31 bis –.08	-3.41^{***}	nein	36
Vollblut	4	99	–.21	–.40 bis –.01	-2.10^{*}	nein	13
mononukleäre Zellen	9	191	–.19	–.34 bis –.04	-2.67^{**}	nein	26
PHA	17	432	–.19	–.28 bis –.09	-3.96^{***}	nein	47
Vollblut	8	227	–.30	–.42 bis –.17	-4.57^{***}	nein	40
mononukleäre Zellen	10	205	–.06	–.21 bis .08	–0.90	nein	3
PWM	5	137	–.13	–.30 bis .04	-1.56^{+}	nein	8
NK-Aktivität	11	252	.27	.15 bis .39	4.38^{***}	ja	49
NK-Aktivität (adj.)	4	94	.22	.01 bis .41	2.10^{*}	nein	13

Con A = Lymphozytenproliferationstest (LPT) mit Concanavalin A; PHA = LPT mit Phytohämagglutinin; PWM = LPT mit Pokeweed Mitogen; NK = Natürliche Killerzellen. $^{+}$ p < .10; * p < .05; ** p < .01; *** p < .001.

Eine Prüfung der Homogenität dieser Effekte ergibt für die NK-Aktivität homogene Ergebnisse, für die Proliferationstests hingegen läßt sich die Annahme homogener Effektmaße nicht aufrechterhalten. Aufgrund der ausreichend großen Anzahl von Studien kann eine nach der verwendeten Bestimmungsmethode getrennte Berechnung (isolierte mononukleäre Zellen vs. Vollblut) durchgeführt werden. Diese ergibt für die Tests mit dem Mitogen Con A keine Unterschiede, jedoch zeigt sich für die mit dem Mitogen PHA durchgeführten Studien ein größerer Zusammenhang bei den mit Vollblut durchgeführten Analysen.

Zellzahlen: Die Überprüfung der Effekte experimenteller Stressoren auf die Anzahl immunologisch kompetenter Zellen im peripheren Blut ergibt die in Tabelle 2 dargestellten Ergebnisse: Weder für T-Zellen insgesamt noch für T-Helferzellen und B-Zellen lassen sich auf der Grundlage der analysierten Studien von Null abweichende Effektstärken nachweisen. Für T-zytotoxische Zellen ist ein positiver Effekt geringer Stärke zu verzeichnen, es kommt zu einer Zunahme ihrer Anzahl nach laborexperimenteller Belastung. Entsprechend läßt sich zeigen, daß das Verhältnis von T-Helfer- zu T-zytotoxischen Zellen mit mittlerer Effektstärke abnimmt, was insbesondere durch die Zunahme der T-zytotoxischen Zellen zu erklären ist. Die deutlichste Veränderung läßt sich für die NK-Zellen nachweisen: Es kommt zu einem Anstieg mittlerer Effektstärke nach den Stressoren. Dabei ist auch die Wahrscheinlichkeit sehr gering, daß nicht publizierte Studien ohne einen nachweisbaren Effekt auf die Konzentration der NK-Zellen das hier berechnete Ergebnis deutlich minimieren würden.

Verteilung: Eine Analyse der Ergebnisse zur veränderten Verteilung immunkompetenter Zellen im peripheren Blut nach experimentellen Belastungssituationen ergibt die in Tabelle 3 dargestellten Koeffizienten: Erneut läßt sich für T-zytotoxische und NK-Zellen ein Anstieg nachweisen, für beide Parameter von kleiner Effektstärke. Jedoch lassen sich auch für den Prozentsatz der T-Zellen insgesamt wie für den der T-Helferzellen Effekte zeigen: Ihr Anteil nimmt mit kleiner Effektstärke ab. Für den Prozentsatz der B-Zellen hingegen liegt kein Zusammenhang mit den untersuchten experimentellen Bedingungen vor, wobei dieser Parameter allerdings auch nur in drei Studien bestimmt wurde.

Differentialblutbild: In mehreren Arbeiten wurde auch das Differentialblutbild bestimmt: Nach den bisher untersuchten experimentellen Belastungssituationen kommt es demnach zu einem Anstieg kleiner Effektstärke der Anzahl der Leukozyten insgesamt wie auch der Granulozyten. Ebenfalls läßt sich ein Anstieg der Lymphozytenzahlen nachweisen, wenngleich dieser Anstieg unter der konventionell festgesetzten Grenze für einen kleinen Effekt ($r \geq .10$) bleibt (Tab. 4).

Auf der Basis der bisher durchgeführten Experimente läßt sich *zusammenfassend* nach kurzfristiger psychischer Belastung beim Menschen ein Anstieg der Anzahl und der Aktivität Natürlicher Killerzellen nachweisen, ebenso ein Anstieg der Konzentration der T-zytotoxischen Zellen (CD8) im peripheren Blut, hingegen eine Abnahme der Teilungsfähigkeit von Lymphozyten *in vitro* nach Mitogenstimulation (Con A und PHA) und auch eine Abnahme des Prozentsatzes von T-Zellen (CD3) insgesamt und von T-Helferzellen (CD4).

Diskussion

Als ein erstes Ergebnis der vorliegenden Metaanalyse ist zunächst festzuhalten, daß mittlerweile eine ausreichende Anzahl psychoneuroimmunologischer Experimente vorliegt, welche eine relativ zuverlässige Abschätzung der Effekte kurzfristiger Belastung auf eine Anzahl immunologischer Parameter beim Menschen zulassen. Das Spektrum der untersuchten enumerativen wie auch funktionellen Parameter deckt dabei einen großen Teil der u. a. von Stites (1994) genannten Verfahren zur Beurteilung immunologischer Vorgänge ab. Die Integrität des menschlichen Immunsystems hängt im wesentlichen von einer ausrei-

Tabelle 2: Einfluß experimenteller Stressoren auf die Anzahl immunkompetenter Zellen

Parameter	Studien	N	Mittleres Effektmaß r	95% Konfidenz-intervall	Z	homogen	«Fail-safe-N»
T-Zellen (CD3)	17	544	.04	–.05 bis .12	0.81	ja	–
T-Helferzellen (CD4)	21	639	–.03	–.10 bis .05	–0.72	nein	–
T-Zytotoxische Zellen (CD8)	21	639	.19	.10 bis .27	4.83***	ja	59
T-Helfer/T-Zytotoxische Zellen	10	385	–.29	–.39 bis –.20	–5.88***	nein	49
NK-Zellen	17	432	.36	.27 bis .43	8.07***	ja	104
CD16	10	415	.30	.21 bis .29	6.34***	ja	51
CD56	12	386	.36	.27 bis .45	7.38***	ja	75
CD57	8	326	.26	.15 bis .36	4.72***	ja	33
B-Zellen (CD19, CD20)	16	519	–.02	–.10 bis .07	–0.34	nein	–

NK = Natürliche Killerzellen. *** $p < .001$.

Tabelle 3: Einfluß experimenteller Stressoren auf die Verteilung immunkompetenter Zellen

Parameter	Studien	N	Mittleres Effektmaß r	95% Konfidenz-intervall	Z	homogen	«Fail-safe-N»
T-Zellen (CD3)	6	139	–.15	–.31 bis –.03	–1.74*	nein	12
T-Helferzellen (CD4)	8	189	–.25	–.39 bis –.10	–3.47***	nein	32
T-Zytotoxische Zellen (CD8)	8	189	.17	.02 bis .32	2.36**	ja	20
T-Helfer/T-Zytotoxische Zellen	4	96	–.19	–.38 bis –.02	–1.83*	nein	11
NK-Zellen	8	189	.16	.01 bis .30	2.15*	ja	17
B-Zellen (CD19, CD20)	3	75	–.04	–.27 bis .28	–0.32	nein	–

NK = Natürliche Killerzellen. + $p < .10$; * $p < .05$; ** $p < .01$; *** $p < .001$.

Tabelle 4: Einfluß experimenteller Stressoren auf Parameter des Differentialblutbildes

Parameter	Studien	N	Mittleres Effektmaß r	95% Konfidenz-intervall	Z	homogen	«Fail-safe-N»
Leukozyten	15	554	.11	.02 bis .19	2.49**	ja	17
Granulozyten	9	189	.12	–.04 bis .27	1.61+	ja	12
Lymphozyten	10	379	.08	–.03 bis .18	1.54+	ja	6
Monozyten	11	385	.05	–.05 bis .15	1.03	ja	–

+ $p < .10$; * $p < .05$; ** $p < .01$; *** $p < .001$.

chenden Zahl funktionell kompetenter Zellen ab. Als ein zweites bedeutsames Ergebnis dieser Metaanalyse ist anzuführen, daß unter experimentellen Bedingungen untersuchte kurzfristige Stressoren zu Veränderungen sowohl der Anzahl wie auch der Funktion von Zellen des Immunsystems führen.

Diese Veränderungen unterscheiden sich zum Teil von denen, die nach mittel- oder längerfristiger Belastung nachzuweisen sind (Herbert und Cohen, 1993; H. Schulz und K.-H. Schulz, 1996): Während unter chronischer Belastung wie Verwitwung oder der Pflege eines Familienmitgliedes, das an einer Demenz leidet, *Einschränkungen* in den meisten der untersuchten Parameter gefunden wurden (mit Ausnahme des Verhältnisses von CD4- zu CD8-positiven T-Zellen), führt kurzfristige Belastung insbesondere zu einem *Anstieg* der Anzahl und der Aktivität Natürlicher Killerzellen sowie darüber hinaus auch der Anzahl von T-zytotoxischen Zellen im peripheren Blut. Vergleichbare Ergebnisse wie nach längerfristigen Stressoren zeigen sich hingegen bezüglich der Abnahme des Prozentsatzes der T-Zellen insgesamt wie auch der T-Helferzellen, aber vor allem hinsichtlich der Proliferationsfähigkeit von Lymphozyten: Sowohl unter akuten wie auch unter chronischen Belastungsbedingungen läßt sich eine verminderte Teilungsrate *in vitro* nach Stimulation mit den Mitogenen Con A und PHA nachweisen. Dieses Ergebnis bezieht sich im wesentlichen auf die mit diesen Mitogenen besonders reagierenden T-Lymphozyten, nur tendenziell signifikant und von geringerer Effektstärke gilt dieses auch für die durch PWM vornehmlich stimulierten B-Lymphozyten. Anders als im Falle längerfristiger Belastung läßt sich schließlich in den durchgeführten Experimenten keine Veränderung, d. h. auch keine Verminderung, der Anzahl von T-Lymphozyten insgesamt oder der T-Helferzellen nachweisen. Die verminderten Ergebnisse in den Mitogenstimulationstest nach experimentellen Belastungsbedingungen könnten dabei insbesondere auf den größeren Anteil von NK-Zellen – welche nicht auf die Mitogene PHA und Con A reagieren – und den gleichzeitig verminderten Prozentsatz der T-Lymphozyten zurückgeführt werden: Anders als bei chronischer Belastung wären nach akuten Stressoren die einzelnen Lymphozyten weniger in ihrer Funktion als vielmehr nur in ihrem Anteil eingeschränkt.

Wesentliche Unterschiede der Veränderungen immunologischer Parameter in Abhängigkeit von der Zeitdauer der untersuchten Belastungssituation könnten demnach dahingehend interpretiert werden, daß zu Beginn einer Belastung insbesondere eher unspezifische, sehr frühzeitig im Rahmen einer Immunantwort zu beobachtende Prozesse, d. h. Parameter der Natürlichen Killerzellen, zunächst mit einem Anstieg reagieren, der dann bei Fortdauern der Belastungssituation sich umkehrt, wohingegen Aspekte spezifischer Immunität, d. h. vor allem die Anzahl, weniger die Funktion von T-Lymphozyten, u.U. nur als Folge des größeren Anteils von NK-Zellen eingeschränkt werden und erst bei chronischer Belastung deutlicher beeinflußt werden.

Viele der berechneten Effektmaße erweisen sich als nicht ausreichend homogen: Notwendig wäre demnach eine Analyse möglicher *Moderatorvariablen,* welche jedoch bisher aufgrund der dafür noch zu geringen Anzahl vorliegender Experimente unterbleiben mußte. Dennoch sollen einige dafür relevante Bereiche kurz benannt werden: Denkbar wären getrennte Analysen hinsichtlich methodischer bzw. technischer Aspekte, wie die Berücksichtigung von unabhängigen Kontrollgruppen oder auch das Ausmaß, indem für eine Metaanalyse relevante Angaben (exakte t- oder F-Werte statt Bereichsangaben) mitgeteilt wurden. Von Bedeutung wären weiterhin Analysen, welche die untersuchten Teilnehmer nach Alter und Geschlecht, aber insbesondere auch nach dem theoretisch wichtigen Konstrukt «kardiovaskuläre Reagibilität» unterscheiden. Schließlich wären ebenfalls getrennte Analysen nach Merkmalen der eingesetzten experimentellen Belastungsbedingungen durchzuführen, so z. B. ein Vergleich eher sozialer mit eher kognitiven Stressoren, aber auch hinsichtlich der Zeitdauer oder der Kontrollierbarkeit von

Stressoren. Einige der hier genannten Variablen sollen im folgenden ausführlicher auf der Basis der im Anhang dieses Kapitels zusammengefaßten Ergebnisse diskutiert werden.

So wurde in einigen Studien der Fragestellung unterschiedlicher immunologischer Reaktivität je nach *Alter und Geschlecht* explizit nachgegangen. Für die erstgenannte Fragestellung ergaben sich dabei in der Untersuchung von Naliboff et al. (1991) Unterschiede zwischen älteren und jüngeren Probanden: Die Aktivität Natürlicher Killerzellen nahm nur in der Gruppe der jüngeren Teilnehmer nach dem Stressor zu. Demgegenüber konnten Cacioppo et al. (1995) für eine Stichprobe von Frauen mit einem hohen Durchschnittsalter von 67 Jahren Veränderungen sowohl enumerativer wie funktioneller Parameter nachweisen, u. a. auch einen Anstieg der NK-Aktivität. Gerade im Hinblick auf die Frage, welche klinische Bedeutung Veränderungen immunologischer Parameter haben, wie sie in psychoneuroimmunologischen Studien nachgewiesen werden können, ist die Kenntnis der immunologischen Reaktivität älterer Menschen von besonderer Bedeutung, und es sind weitere Studien nötig, in denen der Einfluß des Lebensalters explizit untersucht wird.

Im Gegensatz zum Alter scheint das *Geschlecht* bzw. die Phase des Menstruationszyklus bei Frauen und die damit jeweils zusammenhängenden hormonellen Differenzen auf die untersuchten Parameter bezüglich der Streßreaktivität keinen Einfluß auszuüben (Cacioppo et al., 1995; Caggiula et al., 1995; Herbert et al., 1994; Mills et al., 1995a; Naliboff et al., 1991). Während in der Studie von Herbert et al. (1994) Frauen und Männer als Probanden untersucht und die Ergebnisse direkt verglichen wurden, nahmen an den übrigen vier Studien jeweils ausschließlich weibliche Probanden teil. Die Ergebnisse vorliegender Studien legen den Schluß nahe, daß sowohl Art wie auch Ausmaß der Veränderungen durch akute Belastung bei den weiblichen Probanden jeweils vergleichbar mit den Ergebnissen der männlichen Probanden sind. Aus diesen Befunden ließe sich zum einen der forschungspragmatische Gesichtspunkt ableiten, keine ausschließlich geschlechtshomogenen Gruppen rekrutieren zu müssen, weiterhin erlauben sie, in zukünftigen Studien unterschiedliche Effekte *psychologischer* Aspekte von Belastungs- und Bewältigungssituationen zu untersuchen, z. B. einen Vergleich der Wirkung kognitiver vs. sozialer Stressoren bei Frauen und Männern. Die Befunde erlauben andererseits keine ausreichend abgesicherte Aussage, daß reproduktive Hormone, z. B. Östrogene, keinen Einfluß auf immunologische Parameter ausüben: Hierfür wären unter Umständen Studien mit postmenopausalen Frauen, die eine Hormonsubstitution erhalten, ein geeigneterer Ansatz (vgl. Mills et al., 1995a).

Ausgehend u. a. von Ergebnissen der Studie von Manuck et al. (1991), wonach endokrinologisch und kardiovaskulär stärker reagierende Probanden Veränderungen in immunologischen Parametern nach dem Stressor aufwiesen, während die weniger ausgeprägt Reagierenden keine Veränderungen zeigten, wurde in mehreren Studien untersucht, inwieweit die *sympathische Reagibilität* – operationalisiert durch kardiovaskuläre Parameter und/oder die Messung der Katecholamine – zu interindividuellen Unterschieden in der immunologischen Reaktivität auf den Stressor führt (Benschop et al., 1995; Cacioppo et al., 1995; Herbert et al., 1994; Manuck et al., 1991; Mills et al., 1995b; Naliboff et al., 1995a; Naliboff et al., 1995b; Sgoutas-Emch et al., 1994; Stone et al., 1993). Einige Studien waren dabei von vornherein auf die Untersuchung dieser Fragestellung angelegt (Manuck et al., 1991; Sgoutas-Emch et al., 1994), indem z. B. eine Gruppe von Probanden, die auf einen Stressor mit hoher Herzfrequenz (HR) reagierte, mit einer solchen, welche mit geringerer Frequenz reagierte (LR), bezüglich immunologischer Reaktivität verglichen wurde. Andere Studien gingen dieser Fragestellung post hoc in korrelativen Analysen nach (u. a. Mills et al., 1995b; Naliboff et al., 1995b).

So fanden Sgoutas-Emch et al. (1994) stärkere Veränderungen der NK-Aktivität in der nach einem Screening selektierten Gruppe der sympathisch hochreagiblen Teilnehmer. Auch Herbert et al. (1994) fanden ausgeprägtere Veränderungen immunologischer Funktionen in der Gruppe mit stärkeren kardiovaskulären Reaktionen. Cacioppo et al. (1995) hingegen fanden Unterschiede zwischen sympathisch hochreagiblen vs. niedrigreagiblen Probanden nur in der Reaktivität des Hypothalamus-Hypophysen-Nebennierenrindensystems, berichteten aber nicht von unterschiedlichen Veränderungen von Immunfunktionen dieser Gruppen. Mills et al. (1995b) zeigten regressionsanalytisch, daß Veränderungen der NK-Zellzahl am besten durch die Veränderung der Katecholaminkonzentrationen und der Sensitivität der β-Rezeptoren auf den Lymphozyten vorhergesagt werden können. Benschop et al. (1995) fanden in einer korrelativen Analyse zur Baseline keinen Zusammenhang zwischen immunologischen und kardiovaskulären Parametern. Die Veränderung der immunologischen Variablen (NK-Zellen) hingegen korrelierte mit der Veränderung der kardiovaskulären Parameter, und zwar sowohl in der Experimental- wie auch in der Kontrollgruppe. In der Studie von Naliboff et al. (1995b) korrelierte ebenfalls die durch den Stressor bedingte Veränderung der NK-Zellzahl mit der kardiovaskulären Aktivität. Davon abweichend fanden Naliboff et al. (1995a) und Stone et al. (1993) jedoch keine Unterschiede zwischen einer Gruppe kardiovaskulär stärker und einer schwächer Reagierender in immunologischen Variablen.

Insgesamt wurden durch die Berücksichtigung der Moderatorvariablen «*psychophysiologische Reagibilität*» Unterschiede auch bezüglich immunologischer Reaktivität aufgezeigt, für die im Rahmen weitergehender Metaanalysen zu prüfen ist, in welchen Parametern und mit welcher Effektstärke diese auftreten.

Als wesentliche vermittelnde Bedingungen zur Erklärung dieser Unterschiede, wie auch der Wirkung experimenteller Stressoren auf immunologische Parameter insgesamt werden hormonelle Effekte angenommen. Im Vordergrund der Untersuchungen standen dabei die Katecholamine, aber auch endogene Opiate: In bisher drei Studien wurden Blocker β-adrenerger (Bachen et al., 1995; Benschop et al., 1994a) bzw. opioiderger (Naliboff et al., 1995a) Rezeptoren in Doppelblindstudien eingesetzt. Bachen und Mitarbeiter sowie Benschop und Mitarbeiter setzten nicht-selektive β-Blocker (Lebetalol, Propranolol) in einem vergleichbaren Vier-Gruppen-Design ein. Zwei Gruppen erhielten jeweils Verum, eine von diesen wurde zusätzlich durch einen kombinierten kognitiven und/oder sozialen Stressor bzw. Lärm belastet, die andere nicht. Zwei weitere Gruppen erhielten Plazebo, wovon wiederum eine dieser Gruppen zusätzlich belastet wurde (vgl. Tab. im Kapitelanhang). In der belasteten Plazebogruppe ergaben sich Veränderungen durch den Stressor: die NK-Zell-Konzentration (CD56) sowie die NK-Aktivität im peripheren Blut stieg an, die Proliferationskapazität der Lymphozyten auf die Mitogene PHA und Con A sowie das CD4/CD8 -Verhältnis verringerten sich (Bachen et al., 1995). Diese Ergebnisse konnten in der Studie von Benschop et al. (1994a) nur zum Teil bestätigt werden: Der Anstieg der NK-Zellen und die Zunahme der NK-Aktivität stimmte mit den Ergebnissen von Bachen et al. (1995) überein. In der belasteten Plazebogruppe fand sich darüberhinaus ein Anstieg der Suppressor/zytotoxischen (CD8)- und Helfer (CD4)-Lymphozyten sowie der Gesamt-Lymphozyten (CD3). Für PHA fanden Benschop et al. (1994a) jedoch keine Unterschiede zwischen den Gruppen. Wurde die NK-Aktivität auf die Anzahl der NK-Zellen im peripheren Blut adjustiert, ergab sich in beiden Studien keine Veränderung durch den Stressor. Die erhöhte NK-Aktivität wäre demnach bedingt durch den höheren Anteil von NK-Zellen im peripheren Blut. Die in dieser Metaanalyse berechneten Ergebnisse geringer Effektstärke, auch für die adjustierte NK-Aktivität, weisen jedoch auch auf eine funktionelle Veränderung der NK-Zellen hin, so daß eine Erhöhung der NKCA nicht allein als bloßes Epiphänomen der Erhöhung der NK-Zellzahlen anzusehen ist.

Die durch die Stressoren ausgelösten immunologischen Veränderungen in den belasteten Plazebogruppen wurden in diesen Studien durch Gabe eines β-Blockers unterbunden: In der belasteten Verumgruppe traten die oben beschriebenen Veränderungen nicht auf. Dies weist darauf hin, daß die Katecholamine an der schnellen Reaktion immunologischer Funktionen auf psychische Stressoren beteiligt sind und stimmt überein mit Resultaten von Studien, in welchen β-adrenerge Agonisten Probanden infundiert wurden, was zu vergleichbaren immunologischen Veränderungen führte (Crary et al., 1983; Kirschbaum et al., 1992; van Tits et al., 1990). Da die unter akuter Belastung auftretenden Veränderungen immunologischer Funktionen vor allem NK- und CD8-positive Zellen betreffen, wird die Bedeutsamkeit der Katecholamine in der Vermittlung der akuten Belastung auf Immunfunktionen weiter unterstützt, denn die in akuten Belastungssituationen jeweils betroffenen Lymphozytensubpopulationen exprimieren eine höhere Dichte β-adrenerger Rezeptoren mit höherer Sensitivität als andere Lymphozytensubpopulationen (Mills und Dimsdale, 1993).

Verschiedene Mechanismen dieser Vermittlung werden diskutiert, nämlich zum einen die Verhinderung der Adhärenz von Leukozyten auf endothelialem Gewebe durch Katecholamine, wodurch sich deren Konzentration im Blutkreislauf erhöht (Benschop et al., 1993), zum anderen eine vermehrte Mobilisierung von Lymphozyten aus dem lymphatischen Gewebe wie z. B. der Milz (Toft et al., 1992). Jedoch fand sich auch bei splenektomierten Patienten ein Anstieg der Lymphozyten, insbesondere der NK-Zellen nach Infusion β-adrenerger Agonisten (van Tits et al., 1990), wobei Schedlowski et al. (1996) zeigen konnten, daß bei diesen Patienten der Anstieg von Anzahl und Funktion der NK-Zellen durch β_2-adrenerge Mechanismen vermittelt wurde. Schließlich wird auch eine verringerte Adhäsion der Lymphozyten an endothelialem Gewebe durch erhöhten Blutdruck und die damit einhergehende schnellere Fließgeschwindigkeit des Blutes diskutiert («mechanische Hypothese», Atherton und Born, 1972). Auch eine Beeinflussung der Signalmoleküle des Immunsystems, der Zytokine, durch adrenerge Agonisten könnte zu den beobachteten Veränderungen beitragen (Feldman et al., 1987).

Während durch β-adrenerge Blockade unter psychischem Streß erfolgende immunologische Reaktionen ausbleiben, konnten Naliboff et al. (1995a) dies in bezug auf die opioidergen Rezeptorblockade durch Naloxon nicht zeigen. Die Gabe von Naloxon veränderte die immunologische Reaktivität nicht, führte aber unabhängig von der Belastungssituation zu einem Anstieg der NK-Aktivität. Angesichts von Ergebnissen einer Studie von Fiatarone et al. (1988), wonach ein durch körperliche Belastung induzierter Anstieg der NK-Aktivität durch vorherige Gabe von Naloxon verhindert werden konnte, folgerten die Autoren, daß β-Endorphin bei eher körperlichen Stressoren eine größere Bedeutung zukommt als bei psychologischen, wobei dieses u. U. durch eine größere Freisetzung von β-Endorphin nach körperlicher Belastung erklärt werden könnte.

In zwei Studien (Benschop et al., 1994b; Brosschot et al., 1994 sowie Naliboff et al., 1995a) wurde der Frage nachgegangen, ob bestehende chronische Belastungen die immunologische Reaktivität in einer akuten Belastungssituation verändert. Dies kann zum einen deshalb erwartet werden, weil chronische Belastungen mit veränderten Basalwerten immunologischer Parameter einhergehen (vgl. Schulz und Schulz, 1996), zum anderen kann auch davon unabhängig eine veränderte Reaktivität immunologischer Funktionen z. B. durch Herauf- oder Herabregulierung adrenerger und/oder steroidaler Rezeptoren erfolgen. Die vorbestehende Belastung wurde in diesen Studien durch das Ausmaß alltäglicher Belastungen in den letzten zwei Monaten und der kritischen Lebensereignisse während des letzten Jahres bzw. das Ausmaß von Distress (Angst, Depressivität, Anspannung) zu Beginn des Experiments (Baseline) operationalisiert. Es konnte eine inverse Beziehung von chronischer Belastung und der Veränderung immunologischer Funktionen in einer akuten Belastungssituation festgestellt werden: Dies gilt für CD16- (Naliboff et al., 1995a) sowie für CD57-, für CD8- und auch für CD3-positive Lymphozyten (Brosschot et al., 1994). Diese Parameter stiegen bei stärker belasteten Probanden nicht so ausgeprägt an wie bei weniger belasteten Teilnehmern. Chronische Belastung begrenzte in diesen Studien demnach den potentiell adaptiven Anstieg von Lymphozytensubpopulationen. Höher chronisch belastete Teilnehmer unterschieden sich zur Baseline von den geringer belasteten außerdem durch einen höheren Blutdruck und eine höhere Herzfrequenz. Diese vorbestehende erhöhte kardiovaskuläre Aktivität fand keine Entsprechung in den immunologischen Parametern: Hier unterschieden sich die Gruppen zur Baseline nicht (Benschop et al., 1994b). In der Reaktion auf den Stressor wiederum konnte in beiden Gruppen ein Anstieg der kardiovaskulären Parameter festgestellt werden, für die immunologischen Parameter dagegen nur in der gering chronisch belasteten Gruppe. Da der Anstieg der immunologischen und kardiovaskulären Parameter durch eine Erhöhung der Katecholamine erklärt werden kann, läßt sich aus diesen Ergebnissen folgern, daß das Ausbleiben des Anstieges der Immunparameter bei den stärker chronisch belasteten Probanden durch eine Abnahme der Sensitivität der β-Rezeptoren bedingt sein kann. Chronisch erhöhter Blutdruck und Herzfrequenz sind indikativ für eine anhaltende Konzentrationserhöhung der Katecholamine (Maisel et al., 1990), die zu einer Desensitivierung β-adrenerger Rezeptoren führen kann (Motulsky et al., 1986; Motulsky und Insel, 1982). Das Ausbleiben möglicherweise adaptiver Veränderungen bei chronisch Belasteten nach akuten Stressoren könnte kumulierend gesundheitsrelevante Konsequenzen nach sich ziehen.

Schließlich wurden in einzelnen Studien weitere Spezialfragestellungen verfolgt. So induzierten Knapp et al. (1992) und Futterman et al. (1994) durch Hineinversetzen in emotional stark positive bzw. negative persönliche Erfahrungen bzw. durch Improvisation eines Gefühlszustandes bei Schauspielern unterschiedliche Emotionen. Während Knapp et al. (1992) sowohl bei positiver wie bei negativer Emotionsinduktion Einschränkungen in der Proliferationskapazität der Lymphozyten auf die Mitogene PHA und Con A berichteten, fanden Futterman et al. (1994) einen Anstieg für die höchste Konzentration von PHA bei positiver Emotion und einen Abfall bei negativer. Weiterhin fanden sie einen Anstieg der NK-Zellen (CD16, CD56, CD57), der T-zytotoxischen Zellen (CD8) und der NK-Aktivität unabhängig von der Art des jeweiligen Gefühlszustandes. Futterman et al. (1994) unterschieden weiterhin zwischen positiven und negativen Emotionen mit jeweils hohem bzw. niedrigem Arousal. Wurde das Ausmaß des Arousal (Ausmaß der Bewegungen, Herzrate, Cortisol) in den unterschiedlichen Emotionssituationen jeweils kontrolliert, blieb nur für CD57-positive Zellen ein vom Arousal unabhängiger Anstieg nach der Emotionsinduktion bedeutsam.

Zakowski et al. (1994) verwendeten in ihrer experimentellen Untersuchung sowohl einen Stressor, bei dem die Probanden zu maximaler kognitiver Aktivität angehalten wurden (aktiver Stressor) wie auch das Anschauen eines Videos einer Operation als «passiven Stressor», unter der Hypothese, daß sich in bezug auf die Art des Stressors differentielle Effekte auf die Immunparameter einstellen (vgl. Tab. im Kapitelanhang). Direkt nach dem aktiven Stressor verringerte sich die Proliferationskapazität der Lymphozyten auf das Mitogen Con A, während sich für den passiven Stressor erst nach einer 30minütigen Ruhephase ein Effekt auf die Proliferationskapazität bezüglich der PWM-stimulierten Lymphozyten einstellte. Die PHA-stimulierte Lymphozytenproliferation zeigte unter beiden Bedingungen keine Veränderungen. Zu fragen wäre, ob es sich bei den untersuchten Stressoren um qualitative Unterschiede handelt (aktiv vs. passiv) oder nur um graduelle, d. h. quantitative Unterschiede, derart, daß das Aktivationsausmaß unter dem passiven Stressor geringer ausfällt. Dementsprechend stiegen kardiovaskuläre Parameter unter der aktiven Bedingung auch an, unter der passiven nicht. Zusätzlich erhobene Hormonparameter (Adrenalin, Noradrenalin und Cortisol) zeigten keine Veränderungen. Einschätzungen der Probanden bezüglich ihrer Anspannung und Stimmung ergaben jedoch auch für die passive Gruppe Unterschiede zur Kontrollgruppe. Diese subjektive Belastung könnte mit anderen Mediatoren als den untersuchten katecholaminergen zusammenhängen, die die Unterschiede in der PWM-stimulierten Proliferation bedingen könnten. So zeigten von Holst und Mitarbeiter (in diesem Band), daß aktive gegenüber passiven Streßreaktionen in ihrem Tiermodell deutlich verschiedene Hormonmuster induzieren.

In bisher drei Studien wurde der Frage der Retest-Reliabilität immunologischer Parameter bzw. der Reproduzierbarkeit immunologischer Veränderungen durch psychologische Stressoren nachgegangen (Marsland et al., 1995; Mills et al. 1995a; Mills et al., 1995c). Mills und Mitarbeiter bestimmten verschiedene Subpopulationen von Lymphozyten bei weiblichen (Mills, Ziegler et al., 1995) und männlichen (Mills et al., 1995) Probanden. Es wurde zu zwei Zeitpunkten die Auswirkung einer identischen Belastungssituation (Vorbereiten und Halten einer Rede) an denselben Probanden im Abstand von sechs Wochen untersucht. Die Baseline-Werte korrelierten mit wenigen, bei Frauen und Männern unterschiedlichen, Ausnahmen in mittlerer bis hoher Ausprägung miteinander und ebenso die durch den Stressor veränderten Werte. Das bedeutet, daß nicht nur die Ausgangswerte, sondern auch die in den erhobenen Parametern erfaßten immunologischen Reaktionen zeitlich relativ stabil sind. Auch Marsland et al. (1995) bestimmten immunologische Parameter zu zwei Zeitpunkten vor und nach einem sozialen Stressor (freie Rede) bei ihren Probanden. Der Abstand zwischen den Messungen betrug hier zwei Wochen. Über die Bestimmung von Lymphozytensubpopulationen hinaus wurde in dieser Studie auch die Proliferationskapazität der Lymphozyten auf die Mitogene PHA und Con A bestimmt. Für die Subpopulationen wurden vergleichbare Resultate zu den Ergebnissen von Mills und Mitarbeitern gefunden. Die Baseline-Werte für die Mitogen-stimulierte Proliferationskapazität der Lymphozyten korrelierten nicht zwischen den Zeitpunkten, während die Post-Stressor-Werte für PHA in mittlerer Ausprägung korrelierten, die für Con A jedoch nicht. Die Korrelationen kardiovaskulärer Parameter fielen in dieser und anderen Studien (Manuck, 1994) höher aus als diejenigen zwischen den immunologischen Parametern, was zum einen auf methodische Unterschiede in der Datenerhebung beruhen kann (Ein-Punkt vs. Mehr-Punkt-Messungen), jedoch auch auf Stabilitätsunterschiede zwischen den körperlichen Subsystemen hinweisen könnte.

In einem größeren Teil der Studien wurden Lymphozytenproliferationstests nach Mitogenstimulation als immunologische Parameter verwendet, wobei überwiegend das Mitogen PHA sowie weiterhin auch Con A und PWM eingesetzt wurden. In etwas mehr als der Hälfte der Laboratorien wurde dabei die Proliferation der isolierten mononukleären Zellen untersucht, während in dem anderen Teil sogenannte «whole-blood»-Assays (Bloemena et al., 1989) verwendet wurden. Die Verwendung der unterschiedlichen Assays erfolgte insgesamt uneinheitlich ohne nähere Begründung der jeweiligen Auswahl («whole-blood» vs. mononukleäre Zellen). In der Studie von Stone et al. (1993) wurden beide Assayformen verwendet, und ihre Ergebnisse können direkt verglichen werden. Es zeigte sich, daß die jeweiligen «whole-blood»-Assays Veränderungen nach den Stressoren anzeigen, die auf den separierten mononukleären Zellen beruhenden Assays dagegen nicht. Da für einen metaanalytischen Vergleich der beiden Bestimmungsformen, insbesondere für das Mitogen PHA, eine ausreichende Anzahl von Studien vorlag, wurden sie getrennt ausgewertet: Nur für die im Vollblut durchgeführten Stimulationstests läßt sich ein integriertes Effektmaß mittlerer Stärke nachweisen, während für Tests mit separierten mononukleären Zellen in den durchgeführten Experimenten kein signifikanter Effekt nachzuweisen ist. Aufgrund der geringen Anzahl von Bestimmungen ist das für Mitogen Con A gefundene Ergebnis, daß beide Bestimmungsformen sich nicht unterscheiden, nur sehr begrenzt aussagefähig.

Da in den «whole-blood»-Assays die mononukleären Zellen nicht vor der Inkubation mit dem Mitogen von den sonstigen Blutbestandteilen separiert, sondern im Vollblut belassen wurden, können während der Inkubationszeit im Blut ablaufende zelluläre und molekulare Prozesse, wie z. B. Zell-Zell-Interaktionen und Einwirkungen von Zytokinen auf proliferative Vorgänge weiter erfolgen. Effekte experimenteller Stressoren lassen sich somit insbesondere für denjenigen Assay-Aufbau nachweisen, welcher der *in-vivo*-Situation eher angenähert ist, als der auf separierten mononukleären Zellen beruhende Test.

Weitere *in-vivo*-Tests, wie die Bestimmung der Konzentration von Zytokin-Parametern im Serum wurden bisher nur sehr vereinzelt eingesetzt, für sie ließen sich keine zusammenfassenden Effektmaße berechnen. Während sich in den Studien von Zakowski et al. (1992) und Dugué et al. (1993) keine Effekte auf die erhobenen Serumkonzentrationen der präinflammatorischen Zytokine Interleukin-1 (IL-1ß), IL-6 und Tumornekrosefaktor (TNF–α) sowie des im Serum sehr instabilen Moleküls IL-2 nachweisen ließen, wofür u. a. methodische Einschränkungen dieser Untersuchungen (geringe Stichprobengröße, unklare Festlegung der Meßzeitpunkte, nicht ausreichend reliable Bestimmungsmethoden) angeführt werden können, fanden wir in einem eigenen Experiment nach einem kognitiven und sozialen Stressor einen Anstieg des IL-2-Rezeptors (IL-2R), des IL-6 und des IL-6R sowie eine Abnahme des IL-1-Rezeptor-Antagonisten im Serum, jeweils in kleiner bis mittlerer Effektstärke (Schulz et al., 1996). Zytokine nehmen eine zentrale Bedeutung im immunologischen Netzwerk ein. Sie ermöglichen Kommunikation zwischen den Zellsubklassen des Immunsystems ohne direkten Zellkontakt und sie sind an der Regulation von Entzündungs-, Differenzierungs- und Heilungsvorgängen wesentlich beteiligt. Sie haben im allgemeinen die Funktion einer Herauf- oder Herabregulierung von Immunfunktionen. Zytokine und ihre Rezeptoren spielen auch eine wichtige Rolle in der Pathophysiologie von Infektions- und Autoimmunerkrankungen sowie verschiedener Tumorformen.

Die hier vorgenommene metaanalytische Überprüfung bezieht sich nur auf den ersten Poststreßzeitpunkt, d. h. den Zeitpunkt direkt nach Beendigung der experimentellen Stressoren. Daher gilt diese Analyse nicht für die in einigen Studien darüber hinaus untersuchten weiteren Erhebungszeitpunkte. So sank zum Beispiel in der Studie von Schedlowski et al. (1993) die NK-Aktivität eine Stunde nach dem Stressor unter das Niveau der Baseline, entgegen dem deutlichen Anstieg unmittelbar nach dem Stressor. Für eine separate Analyse weiterer Meßzeitpunkte liegt jedoch bisher keine ausreichend große Anzahl an Studien mit vergleichbaren Zeitpunkten vor. Weiterhin können die hier integrierten Effektmaße zunächst nur für die in den Primärstudien eingesetzten Belastungsbedingungen gelten. Diese decken jedoch ein breites Spektrum kognitiver, sozialer und emotionaler Stressoren ab, und es kann somit für diese von einer ausreichenden ökologischen Validität ausgegangen werden.

Die hier zusammengefaßten Ergebnisse sind nur sehr eingeschränkt mit denen zu vergleichen, die nach psychologischen Interventionen, wie z. B. Entspannung oder Hypnose, erzielt werden (Schulz und Schulz, 1996): Zum einen liegen bisher zu wenige methodisch abgesicherte Studien vor, in denen die Wirkung psychosozialer Interventionen auf immunologische Parameter untersucht wurde. Zum anderen wären für einen Vergleich gerade diejenigen Arbeiten von besonderem Interesse, die Follow-up-Erhebungen längere Zeit nach Beendigung der untersuchten Bedingungen vorgenommen haben, um zu überprüfen, ob z. B. intendierte positive Interventionseffekte, wie eine höhere Aktivität Natürlicher Killerzellen, für einen längeren Zeitraum bestehenbleiben als vergleichbare Effekte experimenteller Stressoren. Für eine solche Gegenüberstellung liegt jedoch in beiden Bereichen bisher keine ausreichende Anzahl an Studien vor.

Wie bei der Durchführung von Primärstudien sind auch bei der Erstellung von Metaanalysen eine Vielzahl von methodischen Entscheidungen zu treffen, welche einen erheblichen Einfluß auf die Zuverlässigkeit und Gültigkeit der Ergebnisse nehmen (vgl. u. a. Cooper und Hedges, 1994). Von besonderer Bedeutung für die vorliegende Analyse ist vor allem die Kapitalisierung des Zufalls: Da viele Studien mit einer größeren Anzahl abhängiger immunologischer Variablen und einige wenige darüber hinaus auch mit mehreren unabhängigen Stichproben in die Berechnung eingegangen sind, erhalten sie ein größeres Gewicht. Dieses könnte die berechneten Ergebnisse systematisch verändern, zumal in keiner der Studien eine Kontrolle des kumulierenden Alpha-Fehlers vorgenommen worden ist. Da jedoch keine Rationale für eine gemeinsame Berechnung eines globalen «Studieneffektmaßes» vorliegt und zudem der differentiellen Fragestellung, in welchen Parametern sich Effekte akuter Belastung nachweisen lassen, eine zentrale Bedeutung für die Analyse zukommt, wurde auf eine Zusammenfassung der verschiedenen Parameter weitgehend verzichtet. Sehr viel einfacher zu beurteilen ist hingegen ein möglicher «publication bias», da sich anhand des berechneten «fail-safe N» relativ leicht abschätzen läßt, inwieweit nicht publizierte Experimente ohne Effekte auf immunologische Variablen die vorliegenden Ergebnisse in Frage stellen. Für den größten Teil der hier berechneten signifikanten Effekte liegt ein solcher Bias mit großer Wahrscheinlichkeit nicht vor, da nicht davon auszugehen ist, daß, je nach Parameter, mindestens 30 bis 100 nicht publizierte psychoneuroimmunologische Experimente durchgeführt wurden.

Weitere potentielle Fehlerquellen stellen fehlende Angaben der Primärstudien dar: Bei etwa einem Drittel der Arbeiten mußten Effektmaße anhand globaler Ergebnisse von Signifikanztests berechnet werden. Insbesondere bei Studien mit geringer Fallzahl stellt die konservative Festlegung eines Effektmaßes auf Null bei der Angabe, daß keine signifikanten Unterschiede gefunden wurden, eine deutliche Unterschätzung bzw. eine sehr unsichere Schätzung des tatsächlichen Effektes dar. Als ein limitierender Faktor der durchgeführten Metaanalysen ist weiterhin anzuführen, daß bei den üblicherweise vorliegenden Prä-Post-Designs die Korrelationen zwischen den Zeitpunkten in den Metaanalysen nicht eingegangen sind, ebensowenig wie eine angemessene Berücksichtigung der unterschiedlichen Ausgangswerte erfolgte, die in vielen Primärstudien dagegen mittels Kovarianzanalysen statistisch kontrolliert wurden. Hinsichtlich der Möglichkeit, Veränderungen immunologischer Parameter kausal als Folge der untersuchten akuten Belastung zu interpretieren, ist schließlich auf die in vielen Studien fehlende zufällige Zuteilung auf eine Experimental- und Kontrollgruppe hinzuweisen.

Trotz der genannten methodischen Einschränkungen zeigen die in dieser Metaanalyse zusammengefaßten Experimente *insgesamt* relativ zuverlässig, daß kurzfristige Stressoren einen Anstieg von Anzahl und Funktion der NK-Zellen und eine Abnahme der Teilungsfähigkeit von Lymphozyten, vor allem der T-Zellen, bewirken. Ein Teil der Veränderungen immunologischer Parameter wird durch Katecholamine, die nach den Stressoren vermehrt ausgeschüttet werden, vermittelt. Es stehen jedoch weitere Metaanalysen aus, in denen diese und andere potentielle Moderatorvariablen überprüft werden, um dann auf dieser Basis ein umfassenderes theoretisches Modell zur Vorhersage der Effekte akuter psychologischer Belastung auf immunologische Parameter formulieren zu können.

Literatur

Ader R, Cohen N, Felten D: Psychoneuroimmunology: Interactions between the nervous system and the immune system. Lancet 1995, 345:99–103.

Atherton A, Born G: Quantitative investigations of the adhesiveness of circulating polymorphonuclear leucocytes to blood vessel walls. Journal of Physiology 1972; 222:447–474.

Bachen EA, Manuck SB, Marsland AL, Cohen S, Malkoff SB, Muldoon MF, Rabin BS: Lymphocyte subset and cellular immune responses to a brief experimental stressor. Psychosomatic Medicine 1992; 54:673–679.

Bachen E, Manuck SB, Cohen S, Muldoon MF, Raible R,

Herbert TB, Rabin BS: Adrenergic blockade ameliorates cellular immune responses to mental stress in humans. Psychosomatic Medicine 1995; 57:366–372.

Bangert-Drowns RL: Review of developments in meta-analytic method. Psychological Bulletin 1986; 99:388–399.

Baum A, Cohen L, Hall M: Control and intrusive memories as possible determinants of chronic stress. Psychosomatic Medicine 1993; 55:274–286.

Bausell RB: After the meta-analytic revolution. Evaluation and the Health Professions 1993; 16:3–12.

Beelmann A, Bliesener T: Aktuelle Probleme und Strategien der Metaanalyse. Psychologische Rundschau 1994; 45:211–233.

Benschop R, Oostveen F, Heijnen C, Ballieux R: β_2-adrenergic stimulation causes detachment of natural killer cells from cultured endothelium. European Journal of Immunology 1993; 23:3242–3247.

Benschop RJ, Nieuwenhuis EES, Tromp EAM, Godaert GLR, Ballieux RE, van Doornen LJP: Effects of beta-adrenergic blockade on immunologic and cardiovascular changes induced by mental stress. Circulation 1994(a); 89:762–769.

Benschop RJ, Brosschot JF, Godaert GLR, De Smet MBM, Geenen R, Olff M, Heijnen CJ, Ballieux RE: Chronic stress affects immunologic but not cardiovascular responsiveness to acute psychological stress in humans. American Journal of Physiology 1994(b); 266:R75–R80.

Benschop RJ, Godaert GLR, Geenen R, Brosschot JF, De Smet MBM, Olff M, Heijnen CJ, Ballieux RE: Relationship between cardiovascular and immunological changes in an experimental stress model. Psychological Medicine 1995; 25:323–327.

Bloemena E, Roos M, van Heijst J, Vossen J, Schellekens P: Whole-blood lymphocyte cultures. Journal of Immunological Methods 1989; 122:161–167.

Brosschot JF, Benschop RJ, Godaert GLR, De Smet MBM, Olff M, Heijnen CJ, Ballieux RE: Effects of experimental psychological stress on distribution and function of peripheral blood cells. Psychosomatic Medicine 1992; 54:394–406.

Brosschot JF, Benschop RJ, Godaert GL, Olff M, De Smet M, Heijnen CJ, Ballieux RE: Influence of life stress on immunological reactivity to mild psychological stress. Psychosomatic Medicine 1994; 56:216–24.

Cacioppo JT, Malarkey WB, Kiecolt-Glaser JK, Uchino BN, Sgoutas-Emch SA, Sheridan JF, Berntson GG, Glaser R: Heterogeneity in neuroendocrine and immune responses to brief psychological stressors as a function of autonomic cardiac activation. Psychosomatic Medicine 1995; 57:154–164.

Caggiula AR, McAllister CG, Matthews KA, Berga SL, Owens JF, Miller AL: Psychological stress and immunological responsiveness in normally cycling, follicular-stage women. Journal of Neuroimmunology 1995; 59:103–111.

Carson KP, Schriesheim CA, Kinicki A: The usefulness of the «fail-safe» statistics in meta-analysis. Educational and Psychological Measurement 1990; 50:233–243.

Cohen J: Statistical Power Analysis for the Behavioral Sciences (2nd ed.). Hillsdale, Lawrence Erlbaum, 1988.

Cook TD, Campbell DT: Quasi-experimentation. Design and Analysis Issues for Field Settings. Chicago, Rand McNally, 1979.

Cooper H, Hedges LV (eds.): The Handbook of Research Synthesis. New York, Russel Sage Foundation, 1994.

Cooper HM: Integrating Research. A Gide for Literature Reviews (2nd ed.). Newbury Park/CA, Sage, 1989.

Crary B, Hauser S, Borysenko M, Kutz I, Hoban C, Ault K, Weiner H, Benson H: Epinephrine induced changes in the distribution of lymphocyte subsets in peripheral blood of humans. Journal of Immunology 1983; 131:1178–1181.

Dugué B, Leppänen EA, Teppo AM, Fyhrquist F, Gräsbeck R: Effects of psychological stress on plasma interleukins-1 beta and 6, c-reactive protein, tumour necrosis factor alpha, anti-diuretic hormone and serum cortisol. Scandinavian Journal of Clinical and Laboratory Investigation 1993; 53:555–561.

Farin E: Eine Metaanalyse empirischer Studien zum prädikativen Wert kognitiver Variablen der HIV-bezogenen Risikowahrnehmung und -verarbeitung für das HIV-Risikoverhalten. Frankfurt/Main, Peter Lang, 1995.

Feldman R, Hunninghake G, McArdle W: β-adrenergic receptor-mediated suppression of interleukin-2 receptors in human lymphocytes. Journal of Immunology 1987; 139:3355–3359.

Fiatarone MA, Morley JE, Bloom ET, Benton D, Makinodan T, Solomon GF: Endogenous opioids and the exercise-induced augmentation of natural killer cell activity. Journal of Laboratory Clinical Medicine 1988; 112:544–552.

Fricke R, Treinies G: Einführung in die Metaanalyse. Bern, Huber, 1995.

Futterman AD, Kemeny ME, Shapiro D, Fahey JL: Immunological and physiological changes associated with induced positive and negative mood. Psychosomatic Medicine 1994; 56:499–511.

Glass GV: Primary, secondary, and meta-analysis of research. Educational Researcher 1976; 5:3–8.

Hedges LV, Olkin I: Statistical Methods for Meta-Analysis. Orlando, Academic Press, 1985.

Herbert TB, Cohen S: Stress and immunity: A meta-analytic review. Psychosomatic Medicine 1993; 55:364–379.

Herbert TB, Cohen S, Marsland AL, Bachen EA, Rabin BS, Muldoon MF, Manuck S: Cardiovascular reactivity and the course of immune response to an acute psychological stressor. Psychosomatic Medicine 1994; 56:337–344.

Hunter JE, Schmidt FL: Methods of Meta-Analysis. Newbury Park, Sage, 1990.

Kiecolt-Glaser JK, Cacioppo JT, Malarkey WB, Glaser R: Acute psychological stressors and short-term immune changes: What, why, for whom, and to what extent? Psychosomatic Medicine 1992; 54:680–685.

Kirschbaum C, Jabaaij L, Buske-Kirschbaum A, Hennig J, Blom M, Dorst K, Bauch J, DiPauli R, Schmitz G, Ballieux R, Hellhammer D: Conditioning of drug-induced immunomodulation in human volunteers: A European colloborative study. British Journal of Clinical Psychology 1992; 31:459–472.

Knapp PH, Levy EM, Giorgi RG, Black PH, Fox BH, Heeren TC: Short-term immunological effects of induced emotion. Psychosomatic Medicine 1992; 54:133–148.

Landmann RMA, Müller FB, Perini C, Wesp M, Erne P, Bühler FR: Changes of immunoregulatory cells induced by psychological and physical stress: relationship to plasma catecholamines. Clinical and Experimental Immunology 1984; 58:127–135.

Lazarus RS, Folkman S: Stress, Appraisal, and Coping. New York, Springer, 1984.

Light R, Mosteller F: Annotated bibliography of meta-analytic books and journal issues. In: Cook TD, Cooper H, Cordray DS, Hartmann H, Hedges LV, Light RJ, Louis TA, Mosteller F (eds.): Meta-Analysis for Explanation. A Casebook. New York, Sage, 1992; pp. xi-xiv.

Maisel A, Knowlton K, Fowler A, Rearden A, Ziegler M, Motulsky H, Insel P, Michel M: Adrenergic control of circulating lymphocyte subpopulations. Effects of congestive heart failure, dynamic exercise, and terbutaline treatment. Journal of Clinical Investigation 1990; 85:462–467.

Manuck SB, Cohen S, Rabin BS, Muldoon MF, Bachen EA: Individual differences in cellular immune response to stress. Psychological Science 1991; 2:111–115.

Manuck S: Cardiovascular reactivity in cardiovascular disease: Once more under the breach. International Journal of Behavioral Medicine 1994; 1:4–31.

Marsland AL, Manuck SB, Fazzari TV, Stewart CJ, Rabin BS: Stability of individual differences in cellular immune response to acute psychological stress. Psychosomatic Medicine 1995; 57:295–298.

Mills P, Dimsdale J: The promise of adrenergic receptor studies in psychophysiologic research II: Applications, limitations, and progress. Psychosomatic Medicine 1993; 55:448–457.

Mills PJ, Ziegler MG, Dimsdale JE, Parry BL: Enumerative immune changes following acute stress: effect of the menstrual cycle. Brain, Behavior, and Immunity 1995(a); 9:190–195.

Mills PJ, Berry CC, Dimsdale JE, Ziegler MG, Nelesen RA, Kennedy BP: Lymphocyte subset redistribution in response to acute experimental stress: Effects of gender, ethnicity, hypertension, and the sympathetic nervous system. Brain, Behavior, and Immunity 1995(b); 9:61–9.

Mills P, Haeri S, Dimsdale J: Temporal stability of acute stressor-induced changes in cellular immunity. International Journal of Psychophysiology 1995(c); 19:287–290.

Motulsky H, Insel P: Adrenergic receptors in man. Direct identification, physiologic regulation, and clinical alterations. New England Journal of Medicine 1982; 307:18–29.

Motulsky H, Cunningham E, Deblasi A, Insel P: Desensitization and redistribution of b-adrenergic receptors on human mononuclear leukocytes. American Journal of Physiology 1986; 250:E583–E590.

Naliboff BD, Benton D, Solomon GF, Morley JE, Fahey JL, Bloom ET, Makinodan T, Gilmore SI: Immunological changes in young and old adults during brief laboratory stress. Psychosomatic Medicine 1991; 53:121–132.

Naliboff BD, Solomon GF, Gilmore SL, Benton D, Morley JE, Fahey JL: The effects of the opiate antagonist naloxone on measures of cellular immunity during rest and brief psychological stress. Journal of Psychosomatic Research 1995(a); 39:345–59.

Naliboff BD, Solomon GF, Gilmore SL, Fahey JL, Benton D, Pine J: Rapid changes in cellular immunity following a confrontational role-play stressor. Brain, Behavior, and Immunity 1995(b); 9:207–219.

O'Leary A: Stress, emotion, and human immune function. Psychological Bulletin 1990; 108:363–382.

Orwin RG: A fail-safe N for effect size in meta-analysis. Journal of Educational Statistics 1983; 8:157–159.

Rosenthal R: The «file drawer problem» and tolerance for null results. Psychological Bulletin 1979; 86:638–641.

Rosenthal R: Meta-Analytic Procedures for Social Research. Newbury Park, Sage, 1984.

Schedlowski M, Jacobs R, Stratmann G, Richter S, Hädicke A, Tewes U, Wagner TOF, Schmidt RE: Changes of natural killer cells during acute psychological stress. Journal of Clinical Immunology 1993; 13:118–126.

Schedlowski M, Hosch W, Oberbeck R, Benschop RJ, Jacobs R, Raab HR, Schmidt RE: Katecholamines modulate human NK cell circulation and function via spleen-independent β_2-adrenergic mechanisms. Journal of Immunology 1996; 156, in press.

Schulz H, Schulz KH: Chronische Belastungen und Immunfunktionen. In: Schedlowski M, Tewes U (Hrsg.): Lehrbuch Psychoneuroimmunologie. Heidelberg, Spektrum Verlag, 1996; S. 399–422.

Schulz KH, Schulz H: Overview of psychoneuroimmunological stress- and intervention studies in humans with emphasis on the uses of immunological parameters. Psycho-Oncology 1992; 1:51–70.

Schulz KH, Schulz H: Effekte psychologischer Interventionen auf Immunfunktionen. In: Schedlowski M, Tewes U (Hrsg.): Lehrbuch Psychoneuroimmunologie. Heidelberg, Spektrum Verlag, 1996; S. 477–500.

Schulz KH, Schulz H, Albers B, Raedler A, Dahme B: Effects of acute psychological stress on different parameters of cytokines. Vortrag, 3. International Symposium on Psychoneuroimmunology, Leipzig, 1996.

Schwarzer R: Meta-analysis programs. Berlin, Freie Universität, Institut für Psychologie, 1989.

Sgoutas-Emch SA, Cacioppo JT, Uchino BN, Malarkey W, Pearl D, Kiecolt-Glaser JK, Glaser R: The effects of an acute psychological stressor on cardiovascular, endocrine, and cellular immune response: a prospective study of individuals high and low in heart rate reactivity. Psychophysiology 1994; 31:264–71.

Sieber WJ, Rodin J, Larson L, Ortega S, Cummings N: Modulation of human natural killer cell activity by exposure to uncontrollable stress. Brain, Behavior, and Immunity 1992; 6:141–156.

Stites DP: Laboratory evaluation of immune competence. In: Stites DP, Terr AI, Parslow TG (eds.): Basic and Clinical Immunology. East Norwalk/CT, Appleton and Lange, 1994; S. 256–262.

Stoffelmayr BE, Dillavou D, Hunter JE: Premorbid functioning and outcome in schizophrenia: A cumulative analysis. Journal of Consulting and Clinical Psychology 1983; 51:338–352.

Stone AA, Valdimarsdottir HB, Katkin ES, Burns J, Cox DS: Effects of mental stressors on mitogen-induced lymphocyte responses in the laboratory. Psychology and Health 1993; 8:269–284.

van Tits L, Michel M, Grosse WH, Happel M, Eigler F, Soliman A, Brodde O: Katecholamines increase lymphocyte β-adrenergic receptors via a β-adrenergic, spleen-dependent process. American Journal of Physiology 1990; 258:E191–E202.

Toft P, Tonnesen E, Svendsen P, Rasmussen JW, Christensen NJ: The redistribution of lymphocytes during adrenaline infusion. APMIS 1992; 100:593–597.

Uchino BN, Cacioppo JT, Malarkey W, Glaser R: Individual differences in cardiac sympathetic control predict endocrine and immune responses to acute psychological stress. Journal of Personality and Social Psychology 1995; 69:736–43.

Weisse CS, Pato CN, McAllister CG, Littman R, Breier A, Paul SM, Baum A: Differential effects of controllable and uncontrollable acute stress on lymphocyte proliferation and leukocyte percentages in humans. Brain, Behavior, and Immunity 1990; 4:339–351.

Zakowski SG, Mc Allister CG, Deal M, Baum A: Stress, reactivity, and immune function in healthy men. Health Psychology 1992; 11:223–232.

Zakowski SG, Cohen L, Hall MH, Wollman K, Baum A: Differential effects of active and passive laboratory stressors on immune function in healthy men. International Journal of Behavioral Medicine 1994; 1:163–184.

Zakowski SG: The effects of stressor predictability on lymphocyte proliferation in humans. Psychology and Health 1995; 10:409–425.

Wir danken cand. psych. Wiebke Busche und cand. psych. Babette Raabe für ihre Hilfe bei der Erstellung der tabellarischen Übersicht bzw. den Berechnungen der Metaanalyse.

Design	Stressor/Stichprobe	immunologische	Parameter kardiol./endokrinol.	psychol.	Kommentar
1. Landmann et al. (1984)					
$O_1\ X_A\ O_2\ X_B\ O_3$ **O_1** nach 20 min Ruhe, **O_2** nach 8 min kognitivem Stressor, **O_3** nach 15 min Fahrradergometer	**X_A** Kognitiver Interferenztest (Stroop color word test, 8 min) **X_B** Fahrradergometer (15 min) 15 Teilnehmer (4 Frauen, 11 Männer; *Md* =20; *R*=17–25 Jahre)	WBC; Granulozyten, Monozyten↑, B-Zellen↑, NK-Zellen↑; CD3, CD4, CD8, CD4/CD8 (zu **O_2**)	HR↑, SBP↑, DBP↑; Cortisol; Adrenalin, Noradrenalin (zu **O_2**)	–	Keine Veränderung der Katecholamine und des Kortisols nach kognitiver Aufgabe! Anstieg aller erhobenen Parameter zu **O_3**, außer Cortisol Negative Korrelation zwischen Adrenalin und CD4/CD8 Verhältnis vor (r =-.54) und nach (r =-.69) der kognitiven Aufgabe Immunologische Veränderungen in einem geringeren Ausmaß und in weniger Variablen als nach physischer Belastung, welche jedoch doppelt so lang dauert und damit die Vergleichbarkeit beider Bedingungen einschränkt
2. Weisse et al. (1990)					
$R\ O_{1...4}\ O_5\ X_A\ O_6\ X_B\ O_7\ O_8$ $R\ O_{1...4}\ O_5\ X_A\ O_6\ X_B\ O_7\ O_8$ Die 4 Baseline-Erhebungen (**$O_{1...4}$**) fanden entweder vor oder nach dem Experimentaltag zur gleichen Tageszeit statt, die Reihenfolge war ausbalanciert;	**X_A** Weißes Rauschen von 100 dB; Elektroschocks von 2.5 mA (30 min), mit: **X_B** Lösung einer Anagram-Aufgabe unter Zeitdruck (20 min) Guppe mit Kontrollmöglichkeit vs.	PHA, ConA; Lymphozyten, Monozyten, Granulozyten↓, B-Zellen↑; CD4, CD8, CD4/CD8 (beide Gruppen)	–	SRE SCL-90-R POMS VAS zur Belastungsstärke des Stressors und des Ausmaßes der Stress-Kontrolle	Negative Korrelationen (r =-.52) zwischen dem Ausmaß der wahrgenommenen Belastung mit der Lymphozytenproliferation (ConA) und dem Prozentsatz der Monozyten (r =-.64) Abfall immunologischer Parameter in der Stress-Kontroll-Gruppe, die während **X_A** aktiver war Rationale und Auswertung zu Bedingung **X_B** fehlen

Design	Stressor/Stichprobe	Parameter immunologische	kardiol./endokrinol.	psychol.	Kommentar
2. Weisse et al. (1990) (Fortsetzung)					
Die 4 Meßzeitpunkte des Experimentaltages lagen 60 min vor (**O_5**), direkt nach **X_A** (**O_6**), direkt nach **X_B** (**O_7**) und 150 min nach Beginn der Sitzung (**O_8**)	Gruppe ohne Kontrollmöglichkeit des Stressors (yoked control) 22 Männer (bezahlte Freiwillige: $200; *M*=27.7; *R*=21–36 Jahre)	PHA↓, ConA↓; Monozyten↓ (nur **X_A**)			
3. Manuck et al. (1991)					
O_1 X O_2 O_1 O_2 2 Zeitpunkte: direkt vor (Baseline) und nach dem Stressor	**X** mod Kognitiver Interferenz Test (Stroop color word test), Rechenaufgaben (20 min) 25 Männer (*R*=18–30 Jahre): 9 Pbn mit starker sympathischer Reaktion vs. 11 Pbn mit schwacher sympathischer Reaktion vs. 5 Kontrollpersonen	PHA; CD4, CD8, CD4/CD8; B-Zellen (beide EGs) PHA↓, CD8↑ (Pbn mit starker sympathischer Reaktion)	SBP↑, DBP↑, HR↑ Adrenalin↑, Noradrenalin↑ (Pbn mit starker symp. Reaktion) SBP↑, HR↑ (Pbn mit schwacher symp. Reaktion)	–	Veränderungen immunologischer Parameter nur in der Gruppe der Pbn mit stärkerer sympathischer Reaktion Sehr kleine Stichprobengröße der Kontrollgruppe, keine ausreichenden Informationen über die einzelnen Stichprobenzusammensetzungen Verwendung von «whole blood cultures» für den Proliferationsassay

Design	Stressor/Stichprobe	Parameter immunologische	kardiol./endokrinol.	psychol.	Kommentar
4. Naliboff et al. (1991)					
$O_1\ X_A\ O_2\ O_3\ X_B\ O_4$ 4 Zeitpunkte mit Eigenkontrollbedingung: $\mathbf{O_1}$ bzw. $\mathbf{O_3}$ direkt vor und $\mathbf{O_2}$ bzw. $\mathbf{O_4}$ direkt nach dem Stressor bzw. der Kontrollbedingung mindestens eine Woche zwischen $\mathbf{O_2}$ und $\mathbf{O_3}$ Randomisierte Reihenfolge der Bedingungen $\mathbf{X_A}$ und $\mathbf{X_B}$	$\mathbf{X_A}$ Kognitive Belastung (12 min Rechenaufgabe) vs. $\mathbf{X_B}$ Neutrales Video (Kontrollbedingung) 12 junge Frauen (*M*=30.5; *R*=22–41 Jahre) vs. 11 ältere Frauen (*M*=71; *R*=65–87 Jahre)	NKCA↑, PHA; CD3, CD4↑, CD8↑, CD16↑, CD20, CD56↑, CD57↑ (Anstieg der NKCA nur in der Gruppe der jungen Frauen)	HR↑, BP↑; Hautleitfähigkeit↑ Adrenalin, Noradrenalin, Dopamin	Stress Symptom Rating (SSR)	Aufgrund der hohen Variabilität wurden die PHA Daten von der weiteren statistischen Analyse ausgeschlossen Bei 54% der jungen Frauen nahmen die NKCA Werte nach dem Stressor mindestens um das Doppelte zu Der Prozentsatz der CD16-Zellen verdoppelte sich nach dem 12 min Stressor nahezu; die älteren Frauen gaben weniger Ärger an; Der Anstieg der NKCA bei den jüngeren Frauen ist möglicherweise durch altersbezogene Lebensstil-Variablen konfundiert
5. Bachen et al. (1992)					
$R: O_1\ X\ O_2$ $R: O_1\ \ \ O_2$ $\mathbf{O_1}$ direkt vor und $\mathbf{O_2}$ direkt nach dem Stressor bzw. der Kontrollbedingung	**X** Kognitiver Interferenz Test (Stroop color word test; 21 min) 44 männliche Studenten (*R*=19–25 Jahre): 33 Pbn (EG) vs. 11 Pbn (KG)	PHA↓; CD3, CD4, CD8↑, CD4/CD8↓, CD19, CD56↑, CD16↑ In der KG: PHA↑	SBP↑, DBP↑, HR↑	–	Abnahme der PHA induzierten Proliferation in der EG; die KG wurde instruiert, 21 min ruhig zu sitzen: Zunahme der Proliferation möglicherweise bedingt durch Entspannung

Design	Stressor/Stichprobe	Parameter immunologische	 kardiol./endokrinol.	 psychol.	Kommentar
6. Brosschot et al. (1992)					
R : O_1 X O_2 O_3 O_4 R : O_1 O_2 O_3 O_4 **O_1** direkt vor, **O_2** direkt, **O_3** 15 min und **O_4** 45 min nach dem Stressor	**X** kognitive Aufgabe (unlösbares 3D-Puzzle) Erklärung der eigenen Lösung (Eingeweihter, der vorgibt, nicht zu verstehen); Dauer: 30 min Kontrollbedingung: Lesen populärer Magazine (30 min) 86 männliche Lehrer (*M*=40.5, *R*=24–55 Jahre): 50 Lehrer (EG) vs. 36 Lehrer (KG)	PHA, PWM, Antigen Cocktail; CD3, CD4, CD8↓(**O_2**)↑(**O_4**); CD4/CD8↓(**O_2**)↑(**O_4**), NK-Zellen (CD16, CD57)↓**O_2**)↑(**O_4**); WBC, Lymphozyten **O_4**	–	GHQ Stimmung (VAS)	Biphasische Antwort: NK-Zellen und Suppressor Zellen in der Experimentalgruppe verglichen mit der Kontrollgruppe niedriger zu **O_2** jedoch höher zu **O_4** GHQ Items als Kovariaten erklärten keine zusätzliche Varianz
7. Knapp et al. (1992)					
X_C O_1 X_A/X_B O_2 X_C O_3 **O_1** nach 40 min Kontrollbedingung (**X_C**), **O_2** nach 40 min **X_A** oder **X_B** und **O_3** nach **X_C**	Emotionsinduktion: **X_A** Negative Emotionen **X_B** Positive Emotionen **X_C** Neutrale Kontrollbedingung	**X_A**: PHA↓(**O_2**), ConA↓ (**O_2**), PWM; NKCA; WBC, Granulozyten↑ (**O_2**); Monozyten; CD3, CD4↑(**O_3**), CD8	**X_A**: SBP↑(**O_2**)↓(**O_3**), DBP, HR↓(**O_3**)	Einschätzungen von sechs Emotionen (10 Punkt Skalen)	In der Bedingung **X_A** steigen SBP und HR sowie die Angst- und Erregungs-Einschätzungen an, in der Bedingung **X_B** steigt nur die Erregungs-Einschätzung an Sowohl negative wie auch positive Emotionsinduktion steht in Zusammenhang mit einer Reduktion in den Parametern PHA und ConA

Design	Stressor/Stichprobe	Parameter immunologische	kardiol./endokrinol.	psychol.	Kommentar
7. Knapp et al. (1992) (Fortsetzung)					
Ausbalancierung und Randomisierung der Bedingungen X_A und X_B	20 bezahlte ($25/Sitzung) Freiwillige (10 Frauen, 10 Männer; *R*=18-30 Jahre)	X_B: PHA↓(O_2), ConA, PWM; NKCA; WBC, Granulozyten, Monozyten; CD3, CD4, CD8	X_B: SBP, DBP, HR		Korrelationen mit psychologischen Variablen nur in Bedingung X_A: PHA (r=-.50) und ConA (r=-.47) negativ mit «Angst»; NKCA positiv mit «bedrückt» (r=.56); Lymphozyten-Anzahl positiv mit «Angst» (r=.51) und «erregt» (r=.49)
8. Sieber et al. (1992)					
R O_1 X_{A1} O_2 X_{A2} O_3 O_4 O_5 R O_1 X_{B1} O_2 X_{B2} O_3 O_4 O_5 R O_1 X_{C1} O_2 X_{C2} O_3 O_4 O_5 R O_1 O_2 O_3 O_4 O_5 O_1 15 min vor, O_2 direkt nach X_1, danach 30 min Ruhe, O_3 direkt nach X_2, O_4 nach 24 h, O_5 nach 72 h	**X** Unkontrollierbarer Stressor (Lärm von 90 dB, 3000 Hz, 20 min): X_A Kontrollierbarer Lärm vs. X_B Unkontrollierbarer Lärm, Reaktion möglich vs. X_C Unkontrollierbarer Lärm, keine Reaktion möglich vs. Kontrollbedingung: kein Lärm 64 männliche Freiwillige (*R*=18–26 Jahre); 16 Teilnehmer je Gruppe; komplette Datensätze für 55 Teilnehmer	X_A: NKCA; WBC; CD3 %↓ (O_3), CD4 %, CD8 %, CD56 % X_B: NKCA; WBC; CD3 %↓ (O_3), CD4 %, CD8 %, CD56 % X_C: NKCA↓ (O_2–O_5); WBC; CD3 %↓ (O_3), CD4 %, CD8 %, CD56 %	–	Attributions Stil Fragebogen (ASQ); Life Orientation Test (LOT); Self Control Schedule (SCS); Desire for Control (DC)	Hohe DC- und LOT-Werte sagen in der Gruppe mit unkontrollierbarem Lärm ohne Reaktionsmöglichkeit eine niedrige NKCA voraus Verminderung der NKCA zu O_4 und O_5 in der Gruppe mit unkontrollierbarem Lärm ohne Reaktionsmöglichkeit möglicherweise eine konditionierte Reaktion Die nicht veränderte NKCA in der Gruppe mit unkontrollierbarem Lärm mit Reaktionsmöglichkeit möglicherweise bedingt durch aktive Kontrollversuche, welche aus der Verhaltensbeobachtung erschlossen werden können Die unveränderte NK-Zell-Verteilung steht in Widerspruch zu den meisten anderen Laborstress-Studien

Design	Stressor/Stichprobe	Parameter immunologische	kardiol./endokrinol.	psychol.	Kommentar
9. Zakowski et al. (1992)					
R O_1 X O_2 O_3 O_4 O_5 R O_1 O_2 O_3 O_4 O_5 $\mathbf{O_1}$ 25 min vor, $\mathbf{O_2}$ 15 min nach Beginn des Stressors (während) und $\mathbf{O_3}$ 30, $\mathbf{O_4}$ 60 und $\mathbf{O_5}$ 90 min nach Beendigung des Stressors	**X** Video eines chirurgischen Eingriffs (8 min), Befragung zu Details aus dem Film (7 min); vs. Kontrollbedingung: Naturfilm 29 bezahlte männliche Freiwillige ($ 30; *M*=31.3; *R*=18–46 Jahre) 20 Männer (EG) vs. 9 Männer (KG)	PHA, ConA↓; Interleukin-1, Interleukin-2; WBC Granulozyten, Monozyten, Lymphozyten	SBP↑, DBP↑, HR↑ Cortisol↑	LCI FB zur wahrgenommenen Belastung, Kontrolle und soz. Unterstützung BDI Cook-Medley-Hostility Scale SCL-90-R Fragen zur emot. Reaktion auf den Film	Die Zytokine im Serum wurden zu den Zeitpunkten $\mathbf{O_1}$ und $\mathbf{O_5}$ gemessen; Kortisol zu $\mathbf{O_1}$, $\mathbf{O_3}$ und $\mathbf{O_5}$ Insgesamt nur wenige Unterschiede in den psychologischen, immunologischen, endokrinologischen und kardiovaskulären Parametern im Vergleich zur Baseline Signifikante Abnahme der Lymphozytenproliferation nur mit der geringeren von zwei ConA-Dosierungen; mittlere negative Korrelationen zwischen Veränderungen des sytolischen Blutdrucks und ConA; kein Zusammenhang der immunologischen Parameter mit Kortisol
10. Dugué et al. (1993)					
I. O_1 O_2 . . . O_3 X O_4 $\mathbf{O_1}$ nach 15 min und $\mathbf{O_2}$ nach weiteren 25 min Ruhe (Eigenkontrollbedingung); $\mathbf{O_3}$ nach 15 min Ruhe und $\mathbf{O_4}$ nach 25 min **X** An zwei Tagen in einer Wochen innerhalb von zwei Wochen, randomisierte Reihenfolge	**X** Kognitiver Interferenztest (modifizierter Stroop color word test, 25 min) 7 männliche Schüler (*M*=17.8; *R*=17–19 Jahre)	Interleukin-1β, Interleukin-6; Tumor-Nekrose-Faktor α; CRP	Cortisol↑, ADH	–	Sichprobe sehr klein, keine Angaben zur Stichprobengewinnung

Design	Stressor/Stichprobe	Parameter immunologische	Parameter kardiol./endokrinol.	Parameter psychol.	Kommentar
10. Dugué et al. (1993) (Fortsetzung)					
II. O_1 O_2 X **O_1** nach 15 min Ruhe einige Tage vor oder nach dem Sprung und **O_2** direkt **vor** dem Stressor	**X** Antizipation eines Erstsprungs mit einem Fallschirm aus 1000m Höhe 9 Männer und 6 Frauen (*M* =24.2; *R*=16–40 Jahre)	Interleukin-1β, Interleukin-6; Tumor-Nekrose-Faktor α; CRP	Cortisol ADH↑	–	Positive, hohe Korrelationen zwischen ADH und IL-1β, Cortisol und CRP, mittlere zwischen Cortisol und IL-1β, ADH und IL-6, IL-6 und IL-1β, sowie CRP und IL-6 Keine Erhebung nach dem Stressor
11. Schedlowski et al. (1993)					
O_1 X O_2 O_3 Erhebung immunologischer Parameter 2h vor (**O_1**), direkt nach (**O_2**) und 1h nach (**O_3**) dem Stressor	**X** Erstfallschirmsprung (im Tandem) 45 männliche Erstspringer (*M*= 25.4; *R*= 19–39 Jahre)	CD2↑, CD3↑, CD4↑, CD8↑, CD16↑, CD56↑, p75↑, CD26↑, CD25, CD2R, NKCA↑, ADCC↑ CD16, deren absolute Anzahl direkt nach dem Stressor (O_2) um über 100 % gestiegen waren, sanken 1h nach dem Sprung (O_3) auf Werte unterhalb der Baseline; ebenso CD3, CD56, CD26, p75, NKCA	Erhebung durchgehend von 2h vor bis 1h nach dem Stressor HR↑, Cortisol↑, NA↑, A↑, Dopamin Peak für HR und A im Moment des Absprungs, für NA und Cortisol verzögert 20 min nach **X** alle Werte bis auf Cortisol wieder in der Ausgangshöhe; Cortisol noch 1h nach dem Sprung erhöht	STAI↑ (Baseline und kurz vor dem Absprung)	Keine signifikanten Korrelationen zwischen immunologischen Parametern und dem STAI, HR, Cortisol NA korrelierte signifikant mit CD8, CD56, CD16 und NKCA direkt nach dem Sprung und eine Stunde danach A 30 min vor dem Sprung korrelierte mit CD56 direkt nach dem Sprung, und A 50 min nach dem Sprung korrelierte signifikant mit CD16, CD56 und NKCA 1h nach dem Sprung

Design	Stressor/Stichprobe	immunologische	Parameter kardiol./endokrinol.	psychol.	Kommentar
12. Stone et al. (1993)					
R O_1 X_A X_B O_2 O_3 R O_1 O_2 O_3 $\mathbf{O_1}$ nach 25 min Ruhephase, $\mathbf{O_2}$ direkt nach den Stressoren und $\mathbf{O_3}$ nach einer weiteren 60 min Ruhephase Ausbalancierte Reihenfolge der Stressoren	$\mathbf{X_A}$ kognitiver Interferenztest (modifizierter Stroop color word test, 5 min) $\mathbf{X_B}$ Kopfrechnen (5 min) Wiederholung beider Bedingungen Kontrollgruppe: Lesen populärer Magazine 43 gesunde männliche Freiwillige, die mit 25$ entlohnt wurden (*M*=23.4, *R*=18–44 Jahre) 30 Pbn (EG) vs. 13 Pbn (KG)	PHA (whole blood)↓ PHA ConA (whole blood)↓ ConA WBC	Hautleitfähigkeit↑, HR↑, DBP, SBP; Erhebung der Mittelwerte der letzten 2 min der Ruhephase, der jeweils ersten 2 min jeder Aufgabe	Tension Index Scale↑ VAS (Tension)↑ Nowlis Mood Adjective Checklist ↓	Whole-Blood-Assays sensitiver als Zellkulturen mit isolierten PBMC Unterschiede bestanden noch eine Stunde nach dem Stressor Pbn mit hoher autonomer Responsivität (HR, DBP, SBP, Hautleitfähigkeit) unterscheiden sich nur bezüglich ConA von Pbn mit niedrigerer Responsivität Unterschiede zur KG aber nicht zur Baseline bedingt durch erhöhtes Arousal zu $\mathbf{O_1}$

Design	Stressor/Stichprobe	Parameter immunologische	Parameter kardiol./endokrinol.	Parameter psychol.	Kommentar
13. Benschop, Brosschot et al. (1994)					
R O_1 X O_2 O_3 O_4 R O_1 O_2 O_3 O_4 **O_1** (Baseline) nach 30 min Ruhephase, **O_2** direkt, **O_3** 15 min und **O_4** 45 min nach den Stressoren Während der Zeit vor und nach den Stressoren sahen alle Vpn ein neutrales Video	**X** kognitive Aufgabe (unlösbares 3D-Puzzle) Erklärung der eigenen Lösung (Eingeweihter, der vorgibt, nicht zu verstehen); Dauer: 30 min Kontrollbedingung: Lesen populärer Magazine (30 min) Aus 86 männlichen Lehrern (*M*=40.5, *R*=24–55 Jahre) wurden 47 ausgewählt: Extremgruppen mit niedriger bzw. hoher alltäglicher Belastung Verteilung auf 4 Untersuchungsgruppen: 13 hoch belastete EG vs. 14 niedrig belastete EG vs. 10 hoch belastete KG vs. 10 niedrig belastete KG	CD3, CD4, CD8, CD20, CD57 PHA, PWM, Antigencocktail Sign. Unterschiede zwischen der hoch- (H) und der niedrigbelasteten (N) EG in CD3, CD8 und CD57: H: CD3↓, CD8, CD57 N: CD3↑, CD8↑, CD57↑	DBP↑, SBP↑, HR↑ Cortisol, β-Endorphin, ACTH, Prolaktin: alle Werte sanken während des Experimentes für alle Gruppen (circadiane Variation). In der H-Gruppe sanken die Cortisolkonzentrationen gegenüber den Ausgangswerten stärker (45 %) als in der N-Gruppe (26 %). Erhebung während einer 4 min Phase vor den Stressoren, sowie in den Minuten 16–20 der Experimentalphase erhoben	Daily Problem Checklist VAS Stimmung: Konzentration, Anspannung, Bemühen (EG>KG); Langeweile (KG>EG)	Keine signifikanten Unterschiede immunologischer und endokrinologischer Parameter in der Baseline zwischen den H und N, außer CD8 (N<H) Baseline DBP, SBP und HR erhöht in H Unveränderte NK-Zellzahl in der H-EG trotz Anstieg kardiovaskulärer Parameter, vermutlich vermittelt durch eine Desensitisierung β-adrenerger Rezeptoren aufgrund chronisch erhöhter Katecholaminkonzentrationen Sekundärauswertung derselben Stichprobe von Brosschot et al., 1992 Identische Fragestellung wie Brosschot, Benschop et al., 1994

Design	Stressor/Stichprobe	Parameter immunologische	Parameter kardiol./endokrinol.	psychol.	Kommentar
14. Brosschot, Benschop et al. (1994)					
R O_1 X O_2 R O_1 O_2 **O_1** nach einer 30 min Ruhephase, **O_2** direkt nach Darbietung der beiden Stressoren	**X** kognitive Aufgabe (unlösbares 3D-Puzzle) Erklärung der eigenen Lösung (Eingeweihter, der vorgibt, nicht zu verstehen); Dauer: 30 min Kontrollbedingung: Lesen populärer Magazine (30 min) 86 männliche Lehrer (*M*=40.5, SD=6.9 Jahre): 50 Pbn (EG) vs. 36 Pbn (KG)	CD3, HLA DR, CD57, Monozyten, CD4, CD8, PHA, PWM, AG-Cocktail	–	Questionnaire for Recently Experienced Events; Daily Problem Checklist IPC Skala (Levenson)	Inverse Beziehung des Ausmaßes von life events und daily hassles zur Veränderung von CD3 und CD57 in der EG. Keine Zusammenhänge für «locus of control» und Ergebnisse der Proliferationstests Studie untersucht nicht die Auswirkungen der Stressoren auf die immunologischen Parameter (Sekundärauswertung der selben Stichprobe von Brosschot et al., 1992) Identische Fragestellung wie Benschop, Brosschot et al., 1994
15. Benschop, Niewenhuis et al. (1994)					
R O_1 X_A O_2 X_B X_C O_3 O_4 R O_1 O_2 X_B X_C O_3 O_4 R O_1 X_A O_2 O_3 O_4 R O_1 O_2 O_3 O_4	**X_A** Verumbedingung (β-Blocker: Propranolol) **X_B** Reaktionstest, Fehler mit einem lauten Ton (1000 Hz, 85dB) bestraft (10 min) **X_C** Gedächtnisaufgabe (10 min). **X_B+X_C** ging eine Übungsphase voraus	PHA CD56↑ und NKCA↑ zu **O_3:** Plazebo > Verum (keine Veränderung der adjustierten NKCA) Lymphozyten↑, CD8↑, CD4↑, CD3↑ zu **O_4**: Verum > Plazebo	HR↑, PEP↓, SBP↑, DBP↑, (CO↑, TPR) (Plazebo-EG) HR, PEP, SBP↑, DBP↑, (CO↓, TPR↑) (Propranolol-EG)	–	Pbn der Bedingung «Verum, Stress» unterscheiden sich nicht von denen in der Bedingung «Verum, kein Stress», während die Pbn in der Bedingung «Plazebo, Stress» sich von denen in der Bedingung «Plazebo, kein Stress» in folgenden Variablen unterscheiden: Lymphozyten↑, CD8↑, CD56↑, NKCA↑

Design	Stressor/Stichprobe	Parameter immunologische	kardiol./endokrinol.	psychol.	Kommentar
15. Benschop, Niewenhuis et al. (1994) (Fortsetzung)					
$\mathbf{O_1}$ (Baseline) nach 30 min Ruhe, $\mathbf{O_2}$: 60 min nach Einnahme einer Kapsel Propranolol (40mg; $\mathbf{X_A}$) bzw. Plazebo), $\mathbf{O_3}$: nach den Stressoren ($\mathbf{X_B}$, $\mathbf{X_C}$) bzw. nach weiteren 30 min und $\mathbf{O_4}$ nach 45 min Ruhe Doppelblindstudie Fixe Reihenfolge der Stressoren	31 männliche Freiwillige (*M*= 23.4; *R*=18–32 Jahre): 16 Männer (Verum) vs. 15 Männer (Plazebo) 11 männliche Freiwillige im Kontrollexperiment ohne Stressoren: 5 Männer (Plazebo) vs. 6 Männer (Verum)				Signifikante Unterschiede zwischen Verum- umd Plazebogruppe in HR und PEP, nicht aber in SBP u.DBP, was auf unterschiedlichen Mechanismen beruht (CO↑ bzw. CO↓, TPR↑) (durch Streß freigesetzte Katecholamine stimulieren die nicht geblockten α-Rezeptoren) Ausgangswertdifferenzen für PEP (in der Propranololgruppe länger) Effekt von Propranolol: erhöht Subset- unspezifisch Lymphozytenzahlen unabhängig von Stressoren und verhindert stressbedingten Anstieg von NKCA und CD56
16. Futterman et al. (1994)					
$O_1\ X_A\ O_2\ O_3$, $O_1\ X_B\ O_2\ O_3$, $O_1\ X_C\ O_2\ O_3$, $O_1\ X_D\ O_2\ O_3$, $O_1\ X_E\ O_2\ O_3$ $\mathbf{O_1}$ nach einer 20 min Baseline Periode, $\mathbf{O_2}$ nach der 20 min Improvisationsphase, $\mathbf{O_3}$ nach weiterem 20 min Erholungsphase	halbstrukturierte Improvisation eines Gefühlszustandes: $\mathbf{X_A}$ neg. Stimmung/ hohes Arousal $\mathbf{X_B}$ neg. Stimmung/ niedriges Arousal $\mathbf{X_C}$ pos. Stimmung/ hohes Arousal $\mathbf{X_D}$ pos. Stimmung/ niedriges Arousal $\mathbf{X_E}$ neutrales Szenario (Lesen eines Zeitungsartikels)	NKCA↑, PHA, CD3, CD4, CD8↑, CD16↑, CD56↑, CD57↑, Mittel aus $\mathbf{X_A}$ bis $\mathbf{X_D}$ ausgewertet	Cortisol↑, HR↑	BSI Stimmungsliste Fremd-Rating der dargestellten Stimmung und des Aktiviertheitsgrades Affect Balance Scale (ABS) Distress Skala	Messung des Ausmaßes von Bewegungen während der in sitzender Position durchgeführten Improvisationen: Wenn diese Variable als Covariate einbezogen wird; keine Effekte für CD8 und NKCA; HR als Covariate: keine Effekte für CD8, CD16, CD56, NKCA; Cortisol als Covariate: keine Effekte für NKCA. Einzig CD57-Veränderungen unabhängig von Bewegungsausmaß, HR und Cortisol.

Design	Stressor/Stichprobe	Parameter immunologische	Parameter kardiol./endokrinol.	Parameter psychol.	Kommentar
16. Futterman et al. (1994) (Fortsetzung)					
Die 5 verschiedenen Versuchsbedingungen fanden an 5 Tagen jeweils zur gleichen Zeit 1–2 mal pro Woche statt Ausbalancierte Reihenfolge	14 männliche Schauspieler (M=35, R=24–47 Jahre; 10$ pro Stunde) (Vergleich der Baseline zu 9 gesunden Vergleichspersonen, M=29.4, R=18–43 Jahre)				Zunahme von PHA (höhere der beiden verwendeten Mitogenkonzentrationen) nach positiver Emotionsinduktion zwischen $\mathbf{O_1}$ und $\mathbf{O_2}$, Abnahme unter negativer Emotionsinduktion, kein diesbezüglicher Unterschied in allen anderen immunologischen Parametern (Veränderungen beziehen sich auf pos. **und** neg. Affekt und nicht auf spezifische Gefühle)
17. Sgoutas-Emch et al. (1994)					
O_1 X O_2 $\mathbf{O_1}$ nach einer 30 min Adaptationsphase, $\mathbf{O_2}$ direkt nach dem Stressor	**X** kognitive Aufgabe (Kopfrechnen mit zufällig eingestreutem Lärm, 100dB, ca. alle 17s; 12 min) Pre Screening: 44 gesunde männliche Studenten (R=18–31 Jahre): HR auf einen kurzfristigen Stressor (freies Sprechen) Follow-up Studie: je 11 Pbn mit der höchsten und 11 Pbn mit der niedrigsten HR (25$ Entlohnung für 2.5 h),	NKCA↑, NK↑, CD4, CD8↑, CD4/CD8↓ ConA↓, PHA	HR↑, DBP↑, SBP, NA↑, A↑, Cortisol, ACTH, kardiovaskuläre Werte wurden während einer 5 min Baseline vor dem Stressor sowie während der 12 min Stressorphase erhoben Konsistente Unterschiede der HR Reaktivität zwischen Pre-Screening und Folgeexperiment Hoch Reagible zeigten Anstieg von Cortisol	health/lifestyle questionnaire	Die im lifestyle-questionnaire erhobenen Parameter waren in ihrer Ausprägung unabhängig von der HR Aktivität Test-Retest Korrelationen zeigten hohe Werte für die HR, nicht aber für SBP und DBP die NKCA Werte stiegen in der mit hoher HR reagierenden Gruppe stärker an HR-Werte in der prescreening Studie korrelierten signifikant positiv mit Cortisol und NKCA Keine Kontrollgruppe

Design	Stressor/Stichprobe	immunologische	Parameter kardiol./endokrinol.	psychol.	Kommentar
18. Herbert et al. (1994)					
R O_1 X O_2 O_3 R O_1 O_2 O_3 $\mathbf{O_1}$ (Baseline) nach einer 30 min Ruhephase, $\mathbf{O_2}$ 5 min und $\mathbf{O_3}$ 21 min nach dem Stressor bzw. der Kontrollbedingung	**X** Kognitive Aufgabe (Stroop color word test; 21 min) 41 bezahlte Freiwillige (22 Männer, 19 Frauen, Entlohnung:40$; *M*=22.3; *R*=18–29 Jahre) 20 Pbn (10 Männer und 10 Frauen) EG vs. 21 Pbn (12 Männer und 9 Frauen) KG	PHA↓, CD4, CD8↑, CD16/56↑, CD19 (Anstieg bzw. Abfall zwischen $\mathbf{O_2}$ und $\mathbf{O_3}$)	SBP↑, DBP↑, HR↑	–	Keine Unterschiede in der Baseline der EG vs. KG., außer für CD19 (in der EG höher) Geschlechtsunterschiede in der Baseline für SBP, HR und PHA (Männer>Frauen) Keine signifikanten Interaktionen von Geschlecht und Gruppe Nach Trennung der EG in Pbn mit hoher vs. niedriger kardiovaskulärer Reaktivität zeigten die stärker Reagierenden stärkere Veränderungen in den Parametern CD8 und CD16/56, sowie PHA Kein Einfluß des Geschlechts auf immunologische Veränderungen
19. Zakowski et al. (1994)					
R O_1 X_A O_2 X_B O_3 O_4 R O_1 X_C O_2 X_D O_3 O_4 R O_1 O_2 O_3 O_4 $\mathbf{O_1}$ zu Beginn (immunologische Parameter und Cortisol) bzw. zum Abschluß (Katecholamine) einer 30 min Ruhephase, $\mathbf{O_2}$ nach 10 min $\mathbf{X_A}$, $\mathbf{O_3}$ nach 10 min $\mathbf{X_B}$, $\mathbf{O_4}$ nach 30 min Ruhephase	$\mathbf{X_A}$ mod. Stroop color word test; 10 min $\mathbf{X_B}$ Kopfrechnen; 10 min (beide aktive Stressoren) $\mathbf{X_C}$, $\mathbf{X_D}$ OP-Videos, 10 min; (passive Stressoren)	WBC (↓ in KG), ConA↓ (zu $\mathbf{O_3}$ in der Gruppe mit aktivem Stressor) PWM↓ (zu $\mathbf{O_4}$ in der Gruppe mit passivem Stressor) PHA	SBP↑, DBP↑, HR↑, Cortisol, A, NA (nur in der aktiv-Stressor Gruppe signifikante Veränderung der kardiovaskulären Werte) Nur tendenzielle Veränderungen von NA und A in der angenommenen Richtung	Perceived-Streß Skala↑ LCI FB zur wahrgenommenen Kontrolle und sozialen Unterstützung SCL-90-R, BDI	Höhere Werte der beiden Streßgruppen auf der Streßskala zu allen 3 Zeitpunkten Keine Korrelation zwischen Proliferationsratenveränderung und der Veränderung endokrinologischer Werte (prä-post) Abhängigkeit der immunologischen Veränderungen von der Art/Stärke des zugrundeliegenden Stressors; Aktivation unterschiedlicher Mechanismen durch aktive vs. passive Stressoren

Design	Stressor/Stichprobe	Parameter immunologische	kardiol./endokrinol.	psychol.	Kommentar
19. Zakowski et al. (1994) (Fortsetzung)					
	Kontrollbedingung: Naturfilm und beruhigende Musik Kontrollierbarkeitsbedingung: Abbruchmöglichkeit in der Hälfte der Pbn 67 männliche Freiwillige (*M*=30.2, *SD*=7.6, *R*=18–45 Jahre; Entlohnung: 30$) 23 Pbn (EG, aktiver Stressor) vs. 23 Pbn (EG, pass. Stressor) vs. 21 Pbn (KG)		Erhebung kardiovaskulärer baseline Werte am Ende der anfänglichen 30 min Ruhephase	Cook-Medley Hostility Skala 5 Item-FB zur Erfassung der subjektiv empfundenen Kontrolle während des Experiments	Mangelnde Katecholaminveränderungen vermutlich aufgrund der hohen Ausgangswerte Verschiedene Reaktion der Mitogene aufgrund der Stimulation verschiedener Zelltypen Kein Einfluß der wahrgenommenen Kontrolle
20. Benschop et al. (1995)					
R O_1 X O_2 R O_1 O_2 $\mathbf{O_1}$ nach 30 min Ruhe direkt vor **X**, $\mathbf{O_2}$ direkt nach dem Stressor	**X** kognitive Aufgabe (unlösbares 3D-Puzzle) Erklärung der eigenen Lösung (Eingeweihter, der vorgibt, nicht zu verstehen); Dauer: 30 min	CD57↑, CD16↑ (Bestimmung bei 24 Vpn der EG und 16 Vpn der KG), Lymphozyten	Erhebung kardiovaskulärer Parameter während einer 4 min Phase direkt vor dem Stressor und in der 16–20 min während des Stressors	–	Änderung der kardiovaskulären und der NK-Zellwerte (prä-post) korrelierten nicht nur in der EG, sondern auch in der KG, was auf einen gemeinsamen Mechanismus hindeutet; Baseline-Werte korrelierten dagegen nicht («Katecholamin-Hypothese» vs. «mechanische Hypothese»: Annahme, NK-Zellen werden duch erhöhte kardiovaskuläre Aktivität von der Gefäßwand

Design	Stressor/Stichprobe	Parameter immunologische	 kardiol./endokrinol.	 psychol.	Kommentar
20. Benschop et al. (1995) (Fortsetzung)					
	Kontrollbedingung: Lesen populärer Magazine (30 min) 70 männliche Freiwillige (*M*=40.5 Jahre, *SD*=6.9 Jahre) 30 Pbn (KG) vs. 40 Pbn (EG)		DBP↑, SBP↑, HR↑		abgelöst, wodurch sich die Zahl der frei zirkulierenden NK-Zellen im Blut erhöht) Teilstichprobe von Brosschot et al., 1992
21. Bachen et al. (1995)					
R O_1 X_A O_2 X_B X_C X_D O_3 R O_1 O_2 X_B X_C X_D O_3 R O_1 X_A O_2 O_3 R O_1 O_2 O_3 $\mathbf{O_1}$ in der 28 min einer 30 min Ruhephase, $\mathbf{O_2}$ 15 min nachdem die Vpn entweder Labetalol (Verum) oder eine Kochsalzlösung (Plazebo) intravenös erhielten und $\mathbf{O_3}$ direkt nach den drei Stressoren bzw. der Kontrollbedingung	$\mathbf{X_A}$ Verumbedingung (nicht selektiver β-Blocker) $\mathbf{X_B}$ kognitive Aufgabe (modifizierter Stroop color word test, 8 min) $\mathbf{X_C}$ kognitive Aufgabe (Kopfrechnen, 5 min) $\mathbf{X_D}$ nach 2 min Vorbereitungszeit 3 min freies Sprechen mit Videoaufzeichnung 50 männliche Freiwillige (*R*=18–30 Jahre) 25 Pbn (EG) vs. 25 Pbn (KG)	PHA↓, ConA↓, NKCA↑, CD3, CD4, CD8, CD19, CD56↑, CD4/CD8↓ (keine Veränderung der adjustierten NKCA; Veränderung durch Stressoren nur in der Plazebo-EG)	HR↑, DBP↑, SBP↑ (Gemessen in den letzten 10 min der 30 min Ruhephase, in den letzten 4 min nach der Verum- bzw. Plazeboinfusion und während der Stressorphase in 2 min Abständen)	POMS	Unterschiede in den kardiovaskulären Parametern zu $\mathbf{O_3}$ bestanden in der HR, die in der Plazebo-EG wie vorhergesagt anstieg, in den anderen drei Gruppen nicht, DBP und SBP dagegen stiegen auch in der Verum-Stress-Gruppe an Die Plazebo-EG unterschied sich in den gekennzeichneten immunologischen Parametern in der angegebenen Richtung von dem Mittelwert der drei anderen Gruppen, deren Post-Streß-Mittelwerte sich nicht voneinander unterschieden Niedrigere SBP und höhere NKCA der Verumgruppen zu $\mathbf{O_2}$ können auf die Labet-alolgabe zurrückgeführt werden, da Plazebogruppen sich zwischen $\mathbf{O_1}$ und $\mathbf{O_2}$ nicht unterschieden NKCA nicht signifikant erhöht, wenn die Werte mit der NK-Zellzahl im peripheren Blut adjustiert werden

Design	Stressor/Stichprobe	Parameter immunologische	Parameter kardiol./endokrinol.	Parameter psychol.	Kommentar
22. Cacioppo et al. (1995)					
$O_1\ X_A\ O_2\ X_B\ O_3$ **O_1** nach 30 min Baseline **O_2** nach **X_A, O_3** nach **X_B** Ausbalancierte Reihenfolge der Stressoren	**X_A** Kognitive Aufgabe (Kopfrechnen; 6 min) **X_B** Freies Sprechen (3 min nach 3 min Vorbereitung; Tonbandaufzeichnung) 22 bezahlte weibliche Freiwillige ($ 75 für 2.5h; *M*=66.9; *R*=56–73 Jahre)	CD3↑, CD4 %↓, CD8↑, CD8 %↑, CD4/CD8↓, CD4/CD8 %↓, NK↑, NK %↑, NKCA↑, ConA↓, PHA,WBC↑, Lymphozyten↑	SBP↑, DBP↑, HR↑, PEP↓,RSA↓, Cortisol, ACTH↑, A↑, NA↑, (Respirationsamplitude↓, Respirationsperiode) Respiratorische und kardiovaskuläre Messungen auch während der beiden Stressoren	Health/Life-style Inventar	PEP und DBP (und annähernd SBP) als Prädiktoren für Veränderungen im Plasma-Cortisol Spiegel. Pbn mit hoher kardio-sympathischer-Reaktivität reagieren mit größeren Veränderungen im Cortisol-Spiegel. Die Parameter PEP, DBP und SBP klären 40 % der Varianz der Veränderung im Cortisol-Spiegel auf. Die HR und RSA sind keine signifikanten Prädiktoren PEP, HR, DBP und SBP klären zusammen 70 % der Varianz streßbedingter Veränderungen des ACTH-Spiegels auf Hohes Alter der Probanden
23. Caggiula et al. (1995)					
$R\ O_1\ X_A\ X_B\ X_C\ O_2$ $R\ O_1\ \ \ \ \ \ \ \ O_2$ **O_1** in den letzten 2 min der 10 min Baseline-Erstellung, (nach 20 min Ruhe) direkt vor dem ersten Stressor und **O_2** direkt nach dem letzten Stressor (50 min später), auf jede Stressphase folgte eine 15 min Ruhepause	**X_A** Spiegelbildzeichnen (3 min) **X_B** Freies Sprechen (2 min Vorbereitung, 3 min Rede vor einer Videokamera) **X_C** Kognitiver Interferenztest (Stroop color word test; 3 min)	PHA↓, PWM ↓, CD4 %↓, CD4/CD8 %↓, CD8, CD3↑, CD20↑, NKabs.↑, NK %↑, NKCA↑, WBC↑, Lymphozyten↑, Monozyten, Granulozyten↑ In vitro: IgM↓, IgG, IL-1β–, IL-2-Produktion	SBP, DBP, HR Estradiol (nur zu **O_1** erhoben)	–	Höhere Anzahl CD20-Zellen zur Baseline in KG gegenüber der EG Anstieg der NKCA (sowohl adjustiert **wie** nicht adjustiert) in der EG

Design	Stressor/Stichprobe	Parameter immunologische	 kardiol./endokrinol.	 psychol.	Kommentar
23. Caggiula et al. (1995) (Fortsetzung)					
Ausbalancierte Reihenfolge der Stressoren	29 Frauen zum gleichen Zeitpunkt ihres Zyklus' (*M*=28.03, *R*=20–35 Jahre): 19 Frauen (EG) vs. 10 Frauen (KG)				
24. Marsland et al. (1995)					
$O_1\ X_1\ O_2\ O_3\ X_2\ O_4$ $\mathbf{O_1}$ in den letzten 6 min einer 30 min Ruhephase, $\mathbf{O_2}$ direkt nach dem Stressor, $\mathbf{O_3}$ und $\mathbf{O_4}$ nach zwei Wochen unter den gleichen Bedingungen	$\mathbf{X_1}$, $\mathbf{X_2}$ freies Sprechen mit Videoaufzeichnung (5 min); jeweils unterschiedliche Themen für Test und Retest (ausbalancierte Verteilung der Themen über die beiden Zeitpunkte) 32 freiwillig teilnehmende männliche Studierende (*R*=18–30 Jahre)	PHA ↓, ConA ↓, CD3, CD4, CD8↑, CD19 ↓, CD56↑	HR↑, SBP↑, DBP↑ (direkt vor und während des Stressors erhoben)	–	Korrelation der Baseline-, Post-Stressor- sowie der Differenz-Werte der immunologischen und kardiovaskulären Parameter: außer für CD56, PHA und ConA waren alle Korrelationen zwischen $\mathbf{O_1}$ und $\mathbf{O_3}$ signifikant, außer für ConA alle Korrelationen zwischen $\mathbf{O_2}$ und $\mathbf{O_4}$; ConA lieferte also keine reproduzierbaren Ergebnisse, obwohl die Gruppenmittelwerte in beiden Sitzungen sanken Unterschiedliche Instruktion der Pbn in der zweiten Sitzung

Design	Stressor/Stichprobe	immunologische	Parameter kardiol./endokrinol.	psychol.	Kommentar
25. Mills, Berry et al. (1995)					
O_1 X O_2 $\mathbf{O_1}$ nach 30 min Ruhe, $\mathbf{O_2}$ direkt nach dem Stressor	**X** 3 min freies Sprechen vor einer Videokamera nach 3 min Vorbereitung 110 gesunde Freiwillige (*M*=41 Jahre), davon 32 Frauen	CD3↓, CD4↓, CD8↑, CD14, CD19↓, CD16↑, CD56↑, CD57↑, CD4/CD8↓, WBC↑, Lymphozyten	A↑, NA↑, β2- adrenerge Rezeptor-Sensibilität und-Dichte auf Lymphozyten	–	Geschlecht, Alter, Rauchen, BMI (BodyMassIndex) und Blutdruck zeigen keinen Einfluß auf immunologische Veränderungen nach kurzfristigem Streß in einer multiple Regression Bedeutsam für die Vorhersage ist dagegen die Ausgangslage des sympathischen Systems und die Stärke sympathischer Aktivierung Keine Kontrollgruppe
26. Mills, Haeri et al. (1995)					
O_1 X O_2 O_3 X O_4 $\mathbf{O_1}$, $\mathbf{O_3}$ nach 30 min Ruhephase (Baseline) jeweils vor und $\mathbf{O_2}$, $\mathbf{O_4}$ nach dem Stressor, im Abstand von etwa 6 Wochen	**X** Vorbereiten (3 min) und Halten (3 min) einer freien Rede vor einer Videokamera 24 männliche Freiwillige (*M*= 30.2; SD= 7; *R*= 19–43 Jahre)	CD3↑, CD4, CD8↑, CD16↑, CD56↑, CD57↑; CD4/ CD8↓ WBC↑	–	–	Test-Restest-Stabilität der Baseline-Werte ($\mathbf{O_1}$, $\mathbf{O_3}$) für alle Variablen; die niedrigste für CD16 (*r*=.40), die höchste für WBC (*r*=.82). Ebenso für die nicht Baseline-adjustierten Post-Stressor Werte, außer für CD3 und CD8 Für die Baseline-korrigierte Post-Stressor-Stabilität zeigten nur CD16, CD56, WBC und CD4/CD8 substantielle Korrelationen

Design	Stressor/Stichprobe	immunologische	Parameter kardiol./endokrinol.	psychol.	Kommentar
27. Mills, Ziegler et al. (1995)					
O_1 X_1 O_2 O_3 X_2 O_4 $\mathbf{O_1}$, $\mathbf{O_3}$ jeweils vor und $\mathbf{O_2}$, $\mathbf{O_4}$ nach dem Stressor, im Abstand von etwa 6 Wochen Testtag 1 während der Follikularphase, Testtag 2 während der Lutealphase des Menstruationszyklus; Reihenfolge randomisiert	$\mathbf{X_1}$, $\mathbf{X_2}$: Vorbereitung (3 min) und halten (3 min) einer freien Rede vor einer Videokamera 20 weibliche Freiwillige (*M*=31, *R*= 20–41 Jahre)	CD3, CD4, CD8↑, CD16↑, CD56↑, CD57↑, CD4/CD8↓,	NA↑, A, Progesteron, 17β-Estradiol	–	Kein Effekt der Phase des Menstruationszyklus auf die untersuchten immunologischen Parameter Test-Retest-Stabilität der Baseline-Werte ($\mathbf{O_1}$, $\mathbf{O_3}$) für alle Variablen außer CD56 und NA, ebenso für die nicht Baseline-adjustierten Post-Stressor Werte, außer für CD16, CD56 und A, für Baseline-adjustierte Werte nur CD56 und CD4/CD8 Test-Restest-Korrelationen über die beiden Zyklus-Phasen waren mit den bei Männern beobachteten Werten vergleichbar (z. B. Marsland et al, 1995)
28. Naliboff, Solomon, Gilmore, Benton et al. (1995)					
O_1 X_A X_C O_2 O_3 O_4 X_B X_C O_5 O_6 O_7 X_A X_D O_8 O_9 O_1 X_B X_D O_{11} O_{12} Baseline ($\mathbf{O_1}$, $\mathbf{O_4}$, $\mathbf{O_7}$, $\mathbf{O_{10}}$) jeweils nach einer 15 min Ruhephase vor Darbietung des Stressors bzw der Kontrollbedingung sowie kurz nach $\mathbf{X_C}$ bzw. $\mathbf{X_D}$ ($\mathbf{O_2}$, $\mathbf{O_5}$, $\mathbf{O_8}$, $\mathbf{O_{11}}$) und 1 h danach ($\mathbf{O_3}$, $\mathbf{O_6}$, $\mathbf{O_9}$, $\mathbf{O_{12}}$) Randomisierte Reihenfolge der vier Bedingungen Doppelblindstudie	$\mathbf{X_A}$ Verum (Naloxon) $\mathbf{X_B}$ Plazebo $\mathbf{X_C}$ kognitive Aufgabe (Kopfrechnen; 12 min) $\mathbf{X_D}$ Kontrollbedingung (Video; 12 min) Gabe von Verum ($\mathbf{X_A}$) bzw. Plazebo ($\mathbf{X_B}$) nach der Baselinemessung 20 männliche Studenten (*M*=27.95, *R*=20–41 Jahre)	NKCA↑, CD8↑, CD4, CD57↑, CD16↑, CD56↑, CD20, CD8CD57 %↑, CD3 Zu $\mathbf{O_3}$ bzw. $\mathbf{O_6}$ (d. h. 1 h post-Stressor) nur noch CD56↑ Direkt nach dem Kopfrechnen NKCA in der Plazebo-Gruppe höher als in der Verum-Gruppe	HR↑, SBP↑, DBP↑, SCL MAP↑ Keine Effekte für Naloxon	POMS↑ SSR kein Effekt von Naloxon auf die subjektiven Parameter	Kein Effekt von Naloxon bezüglich der immunologischen Reaktivität auf den Stressor; Naloxon allein führt zu einem NKCA-Anstieg Höhere Baseline-POMS-Werte hingen mit einem kleineren Anstieg der CD16-Zellen zusammen: chronische Belastung begrenzt den adaptiven Anstieg von NK-Zellen Nach Trennung der Pbn in kardiovaskulär stärker und schwächer Reagierende (HR, SBP, DBP) keine Unterschiede in der Baseline oder der Reaktion auf den Stressor für immunologische Parameter Eigenkontrollbedingung Geringe Stichprobengröße

Design	Stressor/Stichprobe	Parameter immunologische	kardiol./endokrinol.	psychol.	Kommentar
29. Naliboff, Solomon, Gilmore, Fahey et al. (1995)					
$O_1\ X_A\ O_2\ O_3\ X_B\ O_4$ Baseline (**O_1**, **O_3**) jeweils nach einer 15 min Ruhepause; **O_2**, **O_4** direkt nach dem Stressor Die beiden Bedingungen fanden im Abstand von mindestens einer Woche statt Reihenfolge randomisiert	**X_A** Rollenspiel (Reklamation eines zuvor gekauften Gegenstandes, Dauer: *M*= 6.3, *R*=3.7 – 12.3 min) **X_B** 12 min Lehrfilm (Video) 20 männliche Studenten (*M*=29.3, *R*=20–40 Jahre)	NKCA, CD8↑, CD4 ↓, CD57↑, CD16↑, CD56↑, CD20↓, CD8CD57%, CD3 **adjustierte** NKCA↓	HR↑, SCL, DBP↑, SBP↑	POMS SSR (Stress Symptom Ratings) Rating der Videoaufnahmen des Rollenspiels im Hinblick auf Selbstsicherheit	Korrelation zwischen Veränderung der NK-Zellzahl und der HR sowie dem SBP (tendenziell auch mit DBP) Die POMS korrelierte nicht mit der Veränderung subjektiver, immunologischer oder physiologischer Parameter Das gleiche galt für die Länge des Rollenspieles, wobei hier eine Tendenz zu einer positiven Korrelation mit der NK-Zellzahl bestand Eigenkontrollbedingung

Anmerkungen. O = observation, X = stressor, R = Randomisierung.

A = Adrenalin, BP = Blutdruck, CD = Cluster of Differentiation, CD3 = T-Lymphozyten, CD4 = Helfer-Zellen, CD8 = Suppressor/Cytotoxische Zellen, CD14 = Monozyten; CD16, CD56, CD57 = Natürliche Killer-Zellen, CD19, CD20 = B-Zellen, CO = Cardiac Output, ConA = Lymphozyten Proliferations-Test mit Concanavalin A, CRP: C-reaktives Protein; DBP = diastolischer Blutdruck, FB = Fragebogen, GHQ = General Health Questionnaire, HR = Herzrate, LCI = Life Change Inventory, NA = Noradrenalin, NKCA = Natürliche Killer-Zell-Aktivität, NK-Zellen= Natürliche Killer-Zellen, Pbn = Probanden, PEP = Prä-Ejections-Periode, PHA = Lymphozyten Proliferations-Test mit Phytohämagglutinin, POMS = Profile of Mood States, PWM = Lymphozyten Proliferations-Test mit Pokeweed Mitogen, RSA = Respiratorische Sinus Arrhythmie, SBP = systolischer Blutdruck, SCL-90-R = Revised Symptom Checklist; SRE = Schedule of Recent Events, SSR = Stress Symptom Rating, TPR = Total Peripheral Resistance, WBC = White Blood Cell Count, weißes Blutbild.

Körperliche Belastung und Immunfunktionen

Helmut Lötzerich, Christiane Peters und Gerhard Uhlenbruck

Während die Arbeitsphysiologen vor Jahrzehnten noch bemüht waren, die körperlichen Belastungen im Beruf zu verringern, steht die Bevölkerung der westlichen Industrienationen vor dem Problem der Bewegungsarmut. Daher gewinnt die körperliche Aktivität in Form von Sport zunehmend an Bedeutung. Die Freizeit- und Breitensportler gleichen ihren beruflich bedingten Bewegungsmangel aus. Der Spitzensport ist schon längst zu einem Beruf mit enormen Verdienstmöglichkeiten geworden und besitzt weltweit einen großen Unterhaltungswert. Bedingt durch diese Entwicklung wird in den letzten Jahren vermehrt der Einfluß von Sport auf das Immunsystem untersucht. Die besondere Bedeutung des Immunsystems für die Gesundheit wurde einem großen Teil unserer Gesellschaft im Zusammenhang mit Aufklärungskampagnen über die Immunschwäche AIDS ins Bewußtsein gerufen. Im Mittelpunkt des Interesses steht daher heute der Einfluß von körperlicher Belastung auf das Immunsystem von Gesunden im Breiten- und Leistungssport und auch von Kranken im Bereich der Therapie bzw. Rehabilitation, insbesondere bei HIV-Infizierten und Krebspatienten.

Einfluß von körperlicher Belastung auf quantitative Veränderungen des Immunsystems

Obwohl bereits zu Beginn dieses Jahrhunderts nach einer intensiven körperlichen Belastung in Form eines Marathonlaufes eine ausgeprägte Leukozytose beobachtet wurde (Larrabee, 1902), ist die klinische Bedeutung bis heute noch nicht geklärt.

Körperliche Belastungen führen zu einer Mobilisation der Abwehrzellen aus dem nichtzirkulierenden Pool bzw. Knochenmark in das Gefäßsystem. Basierend auf den Ergebnissen der vorliegenden Untersuchungen geht man heute davon aus, daß die Belastungsleukozytose eine Reaktion auf die vermehrte Ausschüttung verschiedener Hormone ist (vgl. Abb. 1; McCarthy und Dale, 1988). In diesem Zusammenhang wird den Katecholaminen eine besondere Bedeutung bei der Induktion der Leukozytose zugeschrieben (Hanson und Flaherty, 1981). Während die Katecholamine eine relativ schnelle Leukozytenausschwemmung aus den marginalen Pools ins Blut bewirken, erfolgt eine zeitlich verzögerte Rekrutierung weiterer Leukozyten aus dem Knochenmark aufgrund des belastungsbedingten Cortisolanstieges (Keast et al., 1988).

Je nach Art, Dauer und Intensität der Belastung fallen dabei jedoch Verschiebungen innerhalb der Leukozytensubpopulationen unterschiedlich aus. Während Belastungen von kurzer Dauer eine verstärkte Lymphozytose zur Folge haben, reagieren Granulozyten ausgeprägter, wenn die Belastungsform länger und intensiver ist (Übersicht bei McCarthy und Dale, 1988; Lötzerich und Uhlenbruck, 1991).

Nach moderaten Belastungen kehren die Veränderungen im Blutbild schnell wieder auf den Ausgangswert zurück. Bei einer intensiven Belastung ist jedoch eine zeitliche Verschiebung in der Reaktion der einzelnen Leukozytensubpopulationen zu beobachten, die auch nach Belastungsende noch bis zu einigen Stunden anhält. Während die Lymphozyten schon

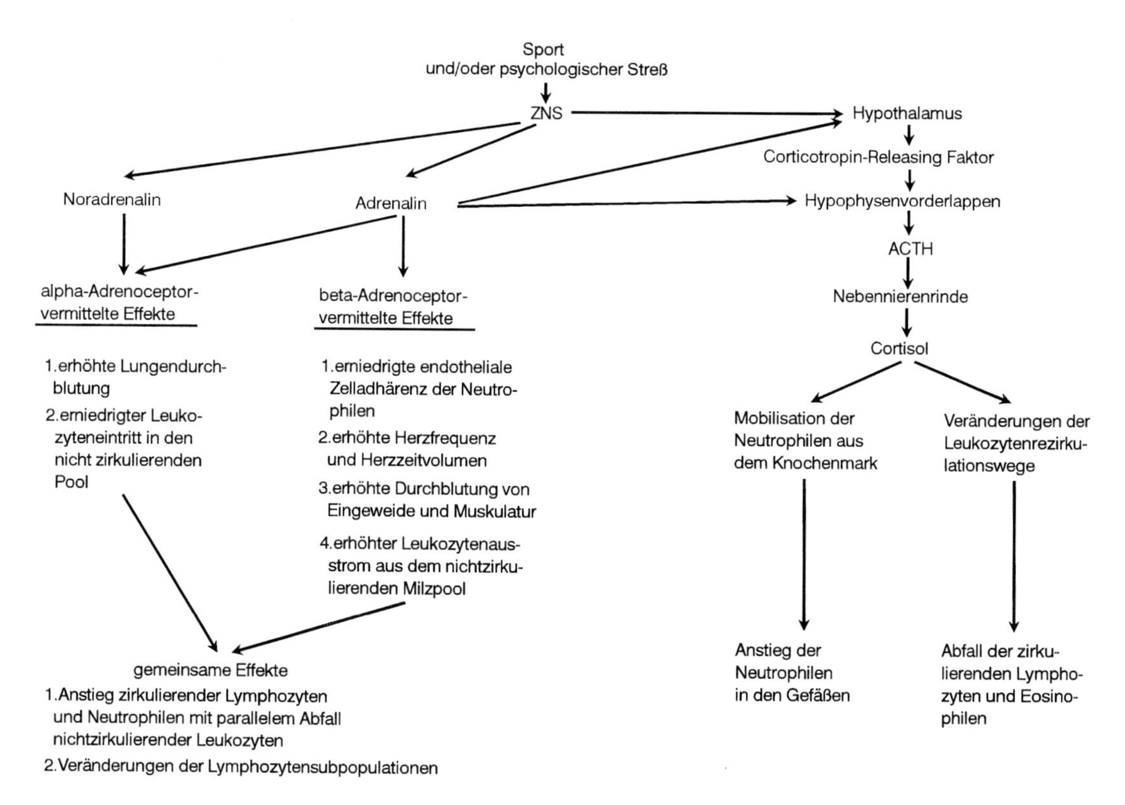

Abbildung 1: Einfluß von Sport auf die hormonelle Regulation der Belastungsleukozytose aus psychoneuroimmunologischer Sicht (verändert nach McCarthy und Dale, 1988).

zum Ende einer intensiven Belastung deutlich zunehmen (Lymphozytose), ist die parallele Zunahme der Granulozyten und Monozyten vergleichsweise gering. Nach Abschluß der Belastung erfolgt dann ein verzögerter Anstieg der Granulozyten. Zu diesem Zeitpunkt haben die Lymphozyten ihr Maximum bereits überschritten und nehmen nun ihrerseits wieder drastisch ab (Order et al., 1989), so daß zwei Stunden nach Belastung zeitweise sogar Lymphozytenzellzahlen beobachtet werden, die unter dem Ausgangsniveau liegen und einer Lymphopenie entsprechen.

Somit basiert die Leukozytose unmittelbar nach einer intensiven Belastung hauptsächlich auf einer Lymphozytose, während zwei Stunden nach Belastungsende eine Granulozytose die Ursache für die noch bestehende Leukozytose darstellt (vgl. Abb. 2). Der Anteil der Monozyten verändert sich dagegen nur geringfügig.

Die Zeitspanne bis zur Normalisierung der Leukozytose und der Leukozytenzusammensetzung ist nach intensiven Belastungen von der Belastungsdauer abhängig und kann mehrere Stunden andauern.

Eine differenzierte Betrachtung der Lymphozytensubpopulationen, mit Hilfe der Durchflußzytometrie, brachte große Fortschritte im Verständnis über mögliche belastungsbedingte Verschiebungen in der Zusammensetzung dieser Abwehrzellen. So konnte beobachtet werden, daß eine intensive Belastung zwar eine Vermehrung aller Lymphozytensubpopulationen hervorruft, die jedoch unterschiedlich stark ausgeprägt ist. Dabei ist die auftretende Lymphozytose im wesentlichen auf einen starken Anstieg der T-Lymphozytenzellzahl (CD3) zurückzuführen, während sich die B-Lymphozyten (CD19) vergleichsweise kaum verändern (vgl. Abb. 3).

Bei einer weiteren Differenzierung der T-

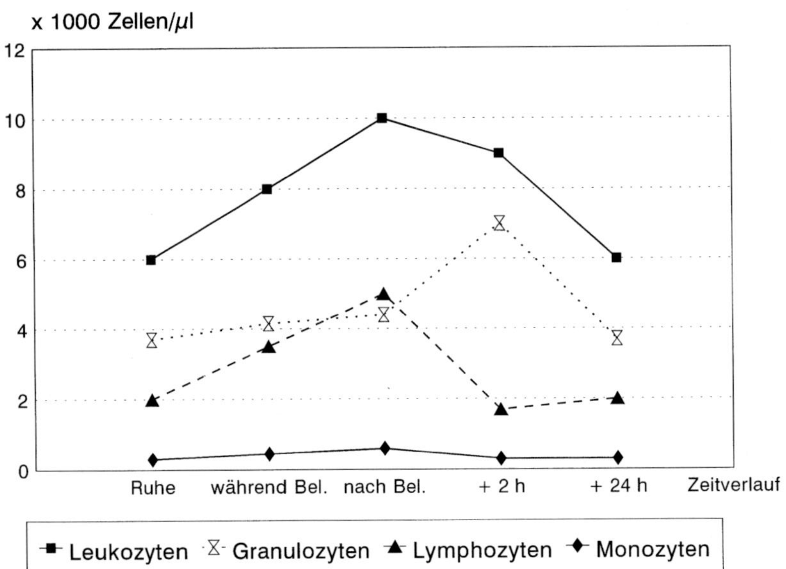

Abbildung 2: Veränderung von Leukozyten und Leukozytensubpopulationen im Zeitverlauf nach einer intensiven Belastung.

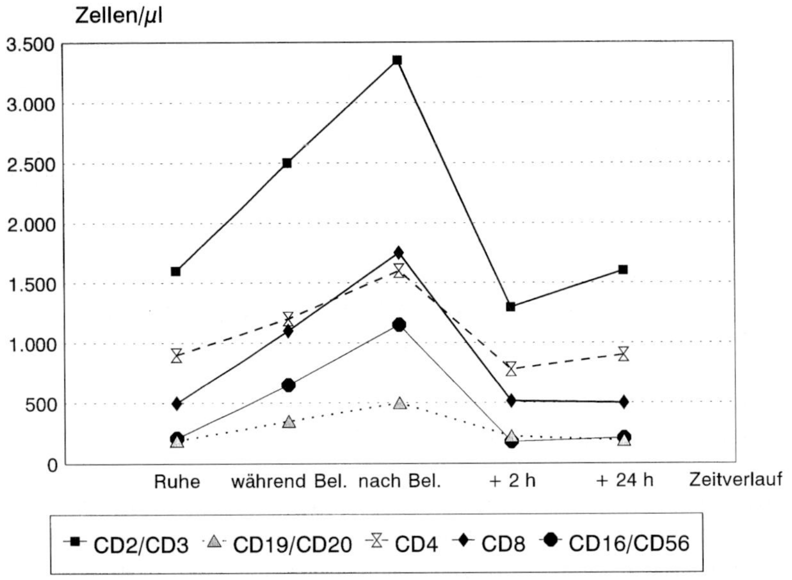

Abbildung 3: Veränderung der Zellzahlen verschiedener Lymphozytensubpopulationen im Zeitverlauf nach einer intensiven Belastung.

Lymphozyten (CD3) in T4-Helferzellen (CD4) und T8-zytotoxische/Suppressorzellen (CD8) zeigt sich nach körperlicher Belastung ein deutliches Übergewicht in der Rekrutierung der CD8-Zellen im Vergleich zu den CD4-Zellen. Eine Verkleinerung des T4/T8-Quotienten bis in pathologische Bereiche kann die Folge sein (Gabriel et al., 1991; Gray et al., 1992; Shinkai et al., 1992; Verde et al., 1992). Diese häufig beobachtete Verminderung der T4/T8-Ratio geht jedoch aufgrund der belastungsbedingten Leukozytose mit einer absoluten, jedoch unterschiedlich stark ausgeprägten Vermehrung beider T-Lymphozytensubpopulationen einher und ist somit nicht mit einer immunsuppressiven Abwehrlage von AIDS-Patienten vergleichbar, bei denen eine Abnahme der absoluten CD4-Zellen zur Abnahme der Ratio führt.

Abbildung 4: Veränderung verschiedener Lymphozytensubpopulationen im Zeitverlauf, dargestellt als prozentualer Anteil der Gesamtlymphozyten.

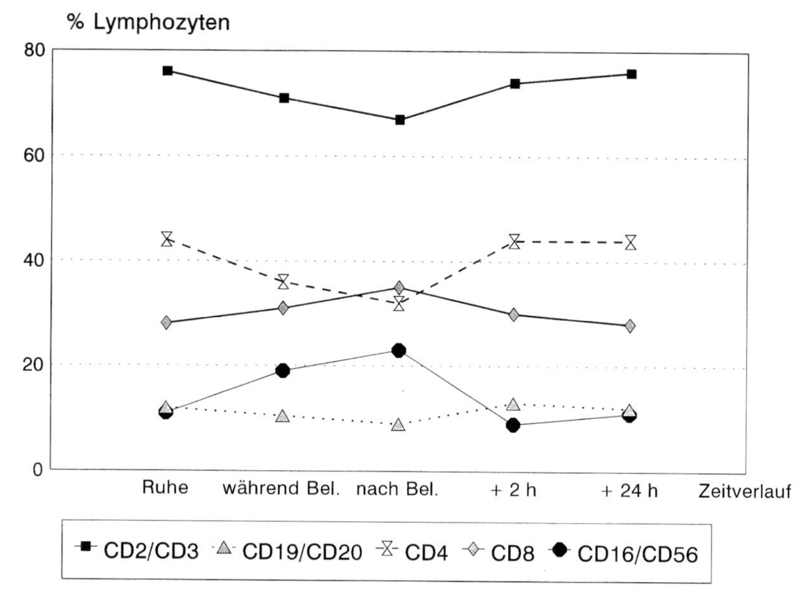

Eine Betrachtung der prozentualen Anteile der Lymphozytenzellpopulationen bei Belastungsende zeigt, daß die Verschiebungen der einzelnen Untergruppen zugunsten der natürlichen Killerzellen (CD56) erfolgen (vgl. Abb. 4; Fry et al., 1992; Tvede et al., 1993). Ihre prozentuale Zunahme im Vergleich zum Ausgangswert ist im Vergleich zu den anderen Lymphozytensubpopulationen am stärksten ausgeprägt. NK-Zellen (CD56) und CD8-Zellen werden während einer akuten körperlichen Belastung besonders stark mobilisiert. Dagegen weisen die T-Helferlymphozyten (CD4) starke Einbußen in ihrem relativen Anteil auf. In Abhängigkeit von der Belastungsintensität kann im Anschluß an die Belastung jedoch auch bei den NK-Zellen (CD56), entsprechend der Gesamtlymphozytenzahl, ein Abfall ihrer Zellzahl unter das Ausgangsniveau beobachtet werden. Die prozentualen Verschiebungen müssen jedoch immer im Kontext mit der Zunahme von absoluten Zellzahlen gesehen werden. Teilweise führen die prozentualen Veränderungen zu falschen Interpretationen.

Damit deuten die belastungsbedingten Veränderungen der Lymphozytensubpopulationen unmittelbar nach einer intensiven Belastung auf eine Aktivierung der unspezifischen Immunabwehr hin. Die darauffolgende Abnahme einiger Lymphozytensubpopulationen, z. B. der NK-Zellen, wird durch die starke Mobilisation der Granulozyten kompensiert. Im Gegensatz dazu zeigen sich kaum Veränderungen bei der spezifischen Abwehr.

Einfluß von körperlicher Belastung auf qualitative Veränderungen des Immunsystems

Aussagekräftiger als die quantitative Verschiebung der zirkulierenden Abwehrzellen ist die funktionelle Veränderung der einzelnen Zellpopulationen. Im Rahmen der unspezifischen Immunabwehr spielen hier die Phagozyten und die NK-Zellen eine herausragende Rolle. Die Phagozytose der Granulozyten und des Monozyten-Makrophagen-Systems ist die phylogenetisch älteste Abwehrfunktion auf zellulärer Ebene und stellt eine erste Barriere für Eindringlinge dar. Nach körperlicher Belastung wird die Phagozytoseleistung der Granulozyten in Untersuchungen mit verschiedenen Bakterien bzw. Pilzen (Micrococcus lysodeikticus,

Staphylococcus aureus, Candida albicans) oder Latexpartikeln quantifiziert. Dabei zeigt sich eine unveränderte oder gesteigerte Phagozytoseleistung der Granulozyten (Lötzerich et al., 1991a; Hack et al., 1992; Lötzerich, 1993; Ortega et al., 1993). Ebenso wird in der Regel das Adhärenzverhalten, die spontane Mobilität, die Chemotaxis, die Anlagerung und die zelluläre Abtötung der Bakterien gar nicht oder positiv beeinflußt. Ein Grund für die unveränderte Reaktion nach körperlicher Belastung könnte darin liegen, daß es sich bei den Granulozyten um ausdifferenzierte Zellen handelt, deren Lebensdauer auf wenige Tage begrenzt ist. Aber auch die erhöhte Elastase-Produktion und die erhöhte Produktion von immunologisch relevanten Sauerstoffspecies nach verschiedenen körperlichen Belastungen sind ein Zeichen für eine erhöhte bakterizide Wirkung dieser Abwehrzellen. Leider werden in den meisten Studien nur die Vor- und Nachbelastungswerte einander gegenübergestellt. Teilweise können erhöhte Phagozytoseleistungen noch nach 24 Stunden beobachtet werden (Hack et al., 1992).

Eine deutlichere Reaktion auf körperliche Belastung zeigt das Monozyten-Makrophagen-System. Sowohl im Tierversuch als auch beim Menschen können Anzeichen einer Aktivierung der Makrophagen beobachtet werden. Neben einer erhöhten Phagozytoseaktivität und einem gesteigerten Energiestoffwechsel werden vermehrt lysosomale Enzyme gebildet (Fehr et al., 1988; Koliada et al., 1988; Fehr et al., 1989; Woods et al., 1990; Lötzerich et al., 1991a; Lötzerich, 1993). Weiterhin sprechen erhöhte Konzentrationen von Interleukin-1 (IL-1), Interleukin-6 (IL-6), Tumornekrosefaktor (TNF), Interferonen und Neopterin nach sportlichen Belastungen für ein aktiviertes Monozyten-Makrophagen-System (Cannon et al., 1989; Espersen et al., 1990; Haahr et al., 1991; Pedersen, 1991; Weight et al., 1991; Sprenger et al., 1992). Denn diese Zytokine spielen eine wichtige Rolle bei der Kommunikation und gegenseitigen Aktivierung der Abwehrzellen untereinander. Dabei wirken die Interleukine-1 und -6 zusammen mit TNF wie Immunstimulatoren, in dem sie T-, B-Lymphozyten und NK-Zellen aktivieren, die Antikörper- und die Lymphokinproduktion steigern.

Ein weiterer Hinweis auf die Aktivierung unspezifischer Abwehrmechanismen ist die Steigerung der Zytotoxizität der NK-Zellen nach körperlicher Belastung. Die beschriebene Stimulierung ist jedoch von sehr kurzer Dauer, denn schon 30 Minuten nach moderaten Belastungen ist das Ausgangsniveau wieder erreicht. Nach sehr intensiven Belastungen fällt die NK-Aktivität nach einem kurzen steilen Anstieg so stark ab, daß sie teilweise für ein bis zwei Stunden unter dem Ausgangswert liegt (Pedersen et al., 1990; Shinkai et al., 1992; Tvede et al., 1993). In einigen Studien wird die erhöhte Cortisolkonzentration für die Suppression der NK-Zellen mitverantwortlich gemacht, obwohl sich nicht zu jedem Meßzeitpunkt eine negative Korrelation zwischen NK-Zellaktivität und Cortisolkonzentration nachweisen läßt (Berk et al., 1990). Zur Zeit ist damit noch nicht eindeutig geklärt, ob zu diesem Zeitpunkt eine echte Immunsuppression der NK-Zellen vorliegt. Zu berücksichtigen ist darüber hinaus, daß die Methodik, insbesondere die Reinheit der NK-Zellen einen Einfluß auf die Testergebnisse ausübt. Meist werden jedoch periphere mononukleäre Blutzellen (PBMC) also Mischkulturen verwendet, die Monozyten enthalten. Diese können die NK-Zellen durch Prostaglandinproduktion hemmen. Diese Vermutung wird in zweifacher Hinsicht bestätigt, denn die Suppression der NK-Zytotoxizität kann durch eine Hemmung der Prostaglandine mit Indomethacin oder durch eine Eliminierung der Monozyten aufgehoben werden. Mit Sicherheit spielen im Organismus auch noch weitere Faktoren eine wesentliche Rolle. Dazu gehört die Ausschüttung verschiedener Hormone. So können die belastungsbedingt produzierten Endorphine die Aktivität der NK-Zellen modulieren und darüber hinaus die Lymphozyten zur Produktion von Interleukinen und Interferonen anregen, die ihrerseits die NK-Zellen aktivieren.

Insgesamt betrachtet bewirkt eine körperliche Belastung auf zellulärer Ebene eine kurzzeitige Aktivierung der Phagozyten und der NK-Zellen, die als momentane Verbesserung der unspezifischen Abwehrmechanismen bewertet werden kann. Das Ausmaß und die Dauer der Aktivierung werden von der Art, Dauer und Intensität der körperlichen Belastung bestimmt.

Im Gegensatz dazu ist besonders nach intensiven Belastungen eine Hemmung auf lymphozytärer Ebene zu erkennen. Die Aktivität der Lymphozyten wird dazu anhand der Antikörperproduktion, der DNA-Synthese und der Proliferation nach mitogener Stimulation in vitro quantifiziert. Dabei nimmt die Hemmung der Lymphozytenfunktionen mit steigender Belastungsintensität zu (Fry et al., 1992; Verde et al., 1992; Tvede et al., 1993). Dementsprechend erreichen die Werte erst nach 30 Minuten oder mehreren Stunden wieder das Ausgangsniveau. Als Erklärung für diese temporäre Immunsuppression wird meist die steigende Cortisolkonzentration angegeben, obwohl sich nicht immer ein eindeutiger Zusammenhang von reduzierter Lymphozytenfunktion und steigendem Cortisolspiegel nachweisen läßt (Hickson und Boone, 1991; MacNeil et al., 1991; Sharp und Koutedakis, 1992).

Die biologische Bedeutung der gehemmten Lymphozytenantwort nach einer körperlichen Belastung ist schwer einzuschätzen. Es kann also auch auf funktioneller Ebene eine Hemmung von spezifischen Immunreaktionen zugunsten unspezifischer Abwehrmechanismen vermutet werden.

Einfluß von Training auf Immunfunktionen

Nur wenige Untersuchungen beschäftigen sich mit dem Einfluß einer länger andauernden Trainingsphase auf verschiedene Immunfunktionen. Hierbei handelt es sich in der Regel um Untersuchungen an untrainierten Probanden, die meist moderat belastet wurden. Während die Gesamtzahl der zirkulierenden Leukozyten (Janssen et al., 1989; Order et al., 1989; Nehlsen-Cannarella et al., 1991; Ndon et al., 1992; Nieman et al., 1993) sowie die Monozyten und Granulozyten (Watson et al., 1986; Janssen et al., 1989; Order et al., 1989; Ndon et al., 1992; Nieman et al., 1993) vom Training unbeeinflußt bleiben, deutet sich eine Abnahme des Lymphozytenanteils an (Order et al., 1989; Nieman et al., 1990a; Nehlsen-Cannarella et al., 1991). Diese basiert hauptsächlich auf einer Verminderung der T-Lymphozyten (CD3) bzw. T4-Helferlymphozyten (CD4) (Order et al., 1989; Nehlsen-Cannarella et al., 1991). Eine erhöhte Aktivität der Lymphozyten in funktionellen Tests könnte die Abnahme der Zellzahl kompensieren. So erhöht ein moderates Ausdauertraining nicht nur die Zytotoxizität von natürlichen Killerzellen gegenüber Tumorzellen in vitro (Nieman et al., 1990a und 1990b), sondern auch die Ansprechbarkeit der Lymphozyten auf mitogene Stimulation (Watson et al., 1986; Verde et al., 1992) und die Antikörperproduktion von B-Lymphozyten (Nehlsen-Cannarella et al., 1991; Verde et al., 1992).

Leider führt die häufig beschriebene erhöhte Infektanfälligkeit von Spitzensportlern (Simon, 1987; Fitzgerald, 1991; Liesen und Uhlenbruck, 1992) dazu, daß dem Hochleistungstraining eine immunsuppressive Wirkung zugeschrieben wird.

Dabei ist die erhöhte Infektanfälligkeit von Hochleistungssportlern jedoch wahrscheinlich die Folge einer Summation verschiedener psychischer (Erfolgserwartungen), physischer (Training, Zeit-, Wetter- und Ernährungsumstellungen, veränderte Antigenexposition bei Reisen, usw.) und sozialer Belastungen (Mannschaftskameraden) und nicht auf ein durch ein langjähriges Hochleistungstraining verschlechtertes Immunsystem der Topathleten zurückzuführen.

Eine Analyse des Immunstatus von Leistungssportlern zeigt, daß sich die Ruhewerte der Abwehrzellen in der Regel im Normbereich befinden. Ausnahmen bilden hochausdauertrainierte Sportler, bei denen in einzelnen Studien erniedrigte Gesamtleukozytenzahlen (Janssen et al., 1989) sowie eine Vermehrung der Granulozyten auf Kosten der Lymphozyten und Monozyten beobachtet werden konnte (Liesen et al., 1989a und 1989b; Gabriel et al., 1992; Peters et al., 1995). Bei einer eingehenderen Betrachtung der einzelnen Lymphozytensubpopulationen zeigt sich, daß die CD3-Zellen und hier vor allem die CD4-Zellen für die reduzierten Lymphozytenzahlen verantwortlich sind, so daß teilweise bei Sportlern niedrigere T4/T8-Ratios beobachtet werden können, ohne daß die Gefahr einer Suppression von Immunfunktionen besteht. Bei den B-Lymphozyten (CD19) und NK-Zellen (CD56) zeigen sich dagegen keine Unterschiede.

Betrachtet man dagegen jedoch die Funktion der Abwehrzellen von Sportlern im Vergleich zu Untrainierten, so weisen die Athleten in Ruhe teilweise eine erhöhte Aktivität auf (Pedersen et al., 1989; Lötzerich, 1993; Nieman et al., 1993). So läßt sich die vergleichsweise geringere Steigerung der Aktivität von Abwehrzellen nach einer akuten Belastung bei Sportlern vielleicht auch schon mit dem erhöhten funktionellen Ausgangsniveau der Zellen erklären, das keine so großen Steigerungsmöglichkeiten mehr offenläßt.

Insgesamt kann damit festgestellt werden, daß auch über mehrere Jahre betriebener Hochleistungssport nicht zu bedeutenden immunologischen Veränderungen führt.

Sport als immunstabilisierende Maßnahme in der Rehabilitation bzw. Therapie von AIDS-Kranken

Das Immunsystem spielt insbesondere bei HIV-Infizierten und Krebskranken eine wichtige Rolle, da die Überlebensdauer und -chancen von seiner Reaktionslage abhängen. Aber auch die psychische Situation der Betroffenen ist nicht zu unterschätzen, da die Diagnose dieser beiden Krankheiten oft von Todesängsten begleitet wird. Weder bei AIDS noch bei Krebs liegen sichere Therapiekonzepte vor. Viele Forschungsergebnisse aus dem Bereich der Psychoneuroimmunologie weisen auf den Zusammenhang von Psyche und Immunsystem hin. Beide Systeme können durch Sport aktiviert werden. In den USA wurde erstmals 1988 innerhalb der «Miami Exercise Intervention Study» der Einfluß von Sport auf das Immunsystem und die Psyche bei HIV-Positiven untersucht (Antoni et al., 1990; Ironson et al., 1990; LaPerriere et al., 1990a und 1990b; Antoni et al., 1991; LaPerriere et al., 1991). Die Einzigartigkeit der Studien dieser Forschergruppe liegt in dem experimentellen Design bezüglich der Auswahl der Probanden. Im Gegensatz zu der üblichen Vorgehensweise, die von einer Versuchsgruppe, bestehend aus HIV-Positiven und Menschen mit AIDS, ausgeht, nahmen an der Untersuchung Homosexuelle, also eine HIV-Risikogruppe, ohne Kenntnis über ihren HIV-Status teil. Das Trainingsprogramm dauerte zehn Wochen (3 x wöchentlich), wobei nach fünf Wochen ein HIV-Test durchgeführt wurde, dessen Ergebnis unmittelbar danach mitgeteilt wurde. Nach der positiven HIV-Diagnose fiel die Zahl der NK-Zellen in der Kontrollgruppe wesentlich stärker ab als in der Trainingsgruppe. Insgesamt bewirkte das Ausdauertrainingsprogramm auf immunologischer Ebene bei den HIV-Positiven eine Stabilisierung der Abwehrzellen. Die Autoren vergleichen die Stabilisierung und die tendenziellen Anstiege der T4-Lymphozyten und der NK-Zellen sogar mit einer AZT(Azidothymidin)-Behandlung. Parallel zu diesen immunologischen Befunden stiegen die Depressionen und Spannungsängste in der Kontrollgruppe deutlich an, während bei den Trainierten die Depressionen nur geringfügig zunahmen und die Spannungsängste sogar abnahmen. Damit übte das Ausdauertraining insgesamt eine Pufferfunktion auf die psychosozialen Variablen aus und erhöhte bzw. stabilisierte die Abwehrlage der HIV-Positiven im Vergleich zur Kontrollgruppe. Dieser Befund wurde durch weitere Studien untermauert, an denen HIV-Infizierte verschiedener Stadien teilnahmen (Schlenzig et al., 1990; Esterling et al., 1992; Rigsby et al., 1992; Florijn et al., 1993; Kraus et al., 1993). Auf immunologischer Ebene wurde meist eine

	Wirkungen einer HIV-Infektion	Wirkung von Sport bei HIV-Positiven
Immunsystem:		
T4-Helfer-lymphozyten (CD 4)	↓	↗
T4/T8-Ratio	↓	↗
natürliche Killerzellen (CD 56)	↓	↗
Aktivität der natürlichen Killerzellen	↓	↗
Epstein-Barr-Virus-Konz.	↑	↘
Psyche:		
Ängste	↑	↓
Depressionen	↑	↓

Abbildung 5: Darstellung von immunologischen Veränderungen nach einer HIV-Infektion sowie die mögliche positive Beeinflussung des Immunsystems durch Sport bei HIV-Positiven.

Aerobes Ausdauertraining

↓

Reduktion der Ängste und Depressionen

↙ ↘

Erhöhte Produktion von endogenen Opioiden

Erniedrigte Aktivierung der Hypothalamus-Hypophysen-Nebennieren-Achse and Corticosteroid-Produktion

↘ ↙

Immunologische Stimulierung

Erhöhte Zahlen von Lymphozyten und NK-Zellen

Erhöhte Lymphozyten- und NK-Zell-Funktion

↓

Verbesserte Abwehrbereitschaft gegenüber opportunistischen Infekten

↓

Verlangsamte Entwicklung der HIV-Infektion

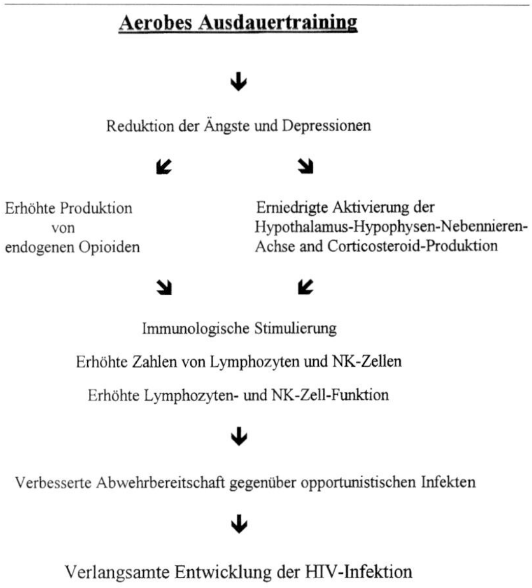

Abbildung 6: Einsatz eines aeroben Ausdauertrainings aus psychoneuroimmunologischer Sicht bei HIV-Positiven.

Stabilisierung der Anzahl und der Funktion von Lymphozyten und NK-Zellen erreicht (vgl. Abb. 5). Gleichzeitig kam es zu einer Reduktion der Ängste und Depressionen. Der Zusammenhang von psychischen und immunologischen Veränderungen wird auf eine Hemmung der «Hypothalamus-Hypophysen-Nebennieren-Achse» und eine verstärkte Produktion endogener Opioide zurückgeführt, die sich immunologisch günstig auswirkt (LaPerriere, 1994; vgl. Abb. 6). Mit Hilfe einer solchen Sporttherapie kann natürlich keine Heilung erzielt werden, doch die verbesserte körperliche Fitneß verändert die Streßbewältigung im positiven Sinne. Dies unterstützt auch die Beobachtung, daß der weit überwiegende Teil AIDS-Kranker, die sehr lange mit den Krankheitssymptomen überleben («long surviving persons with AIDS»), regelmäßig Sport treibt (Solomon, 1991). Die Spekulation einiger Autoren, daß Sport zur Verlängerung der Überlebenszeit beiträgt, kann heute noch nicht quantifiziert werden. Insgesamt kann aber mit Sicherheit behauptet werden, daß sich der positive Einfluß von Sport auf immunologischer und psychologischer Ebene nachweisen läßt und damit zur Verbesserung der Lebensqualität in dieser isolationsgefährdeten Gruppe beiträgt.

Sport als immunstabilisierende Maßnahme in der Rehabilitation bzw. Therapie von Krebspatienten

Vergleichbar mit den HIV-Infizierten ist die psychologische Situation der Krebspatienten. In vielen Tierversuchen wurde ein hemmender Einfluß von körperlicher Aktivität auf die Carcinogenese und das Wachstum von Tumoren dargestellt (siehe Übersicht bei Lötzerich und Uhlenbruck, 1995). Zur Zeit liegt jedoch weltweit erst eine Studie vor, die den Einfluß eines Ausdauertrainings auf immunologische und psychologische Parameter in der Rehabilitation von Krebskranken untersucht hat (Peters

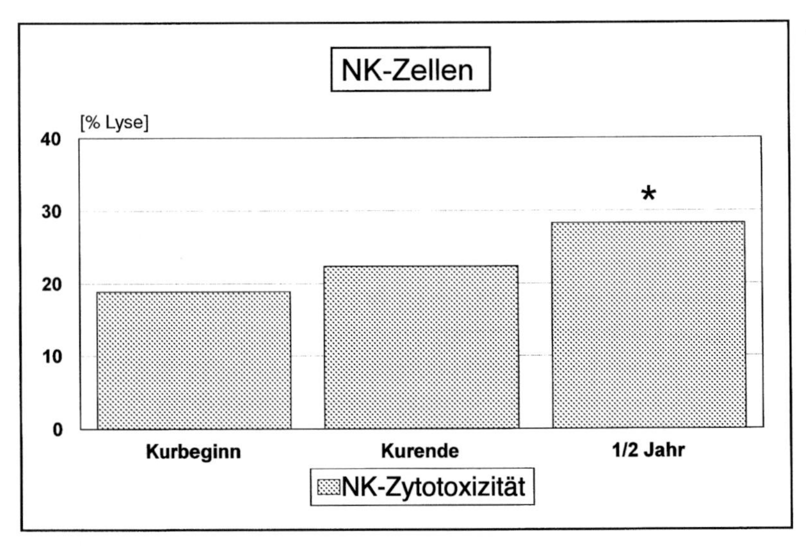

Abbildung 7: Zytotoxizität der natürlichen Killerzellen gegenüber Tumorzellen der Linie K562 bei Mammakarzinompatientinnen nach einem moderaten Ausdauertraining (*: p<0,05 vs. Kurbeginn, Peters et al. 1994).

et al., 1994 und 1995). Bei Mammakarzinompatientinnen konnte nach einem sechswöchigen stationären (Dr. B. Niemeier, Klinik Porta Westfalica, Bad Oeynhausen) und einem anschließenden halbjährigen ambulanten Ausdauertraining (Prof. Dr. K. Schüle, DSHS Köln) eine verbesserte immunologische Abwehr und eine psychische Stabilisierung beobachtet werden.

Die Patientinnen trainierten im Verlaufe der 7monatigen Studie im Mittel 2,2 mal pro Woche. Sie steigerten ihren Trainingsumfang auf 33,3 ± 5,3 Minuten pro Trainingseinheit mit einer Intensität von 67,1 ± 13,3 Watt. Der Belastungspuls lag bei 123,7 ± 14,4 Herzschlägen pro Minute.

Neben einer geringen quantitativen Vermehrung der NK-Zellen konnte in Zusammenarbeit mit Prof. Dr. G. Uhlenbruck (Institut für Immunbiologie der Universität zu Köln) im Verlauf der Untersuchung ein Anstieg ihrer Zytotoxizität beobachtet werden (vgl. Abb. 7). Die absoluten Zellzahlen sowie die prozentualen Anteile der natürlichen Killerzellen lagen im Verlauf der Studie im mittleren Normbereich und sind vergleichbar mit den Daten gesunder Sportler. Dagegen stieg die Zytotoxizität bei den untersuchten Tumorpatientinnen von 18,5 % zu Beginn der Studie auf 29,5 % am Ende der Studie signifikant an und entspricht den Vergleichswerten gesunder Probanden, die meist eine NK-Zytotoxizität von 30 bis 35 % erzielten. Im Rahmen einer verbesserten Abwehr kommt der gesteigerten Aktivität der NK-Zellen eine besondere Bedeutung zu, da sich damit der Schutz vor Metastasen oder Rezidiven erhöhen kann.

Darüber hinaus wurde in der vorliegenden Untersuchung erstmalig der Einfluß eines moderaten Ausdauertrainings auf die Phagozytoseaktivität von Monozyten bei Krebspatientinnen untersucht. Bei der Monozytenphagozytose gegen Neuraminidase-behandelte Schaferythrozyten zeigt sich ein signifikanter Anstieg von 44,9±18,4% bei Studienbeginn auf 58,3±18,6% am Ende der Kur und 67,0 ± 17,5 % am Ende der Studie (vgl. Abb. 8). Ein ähnliches Ergebnis zeigte sich auch bei der Betrachtung des Phagozytoseindexes.

Parallel zu diesen Befunden wurde eine signifikante Abnahme der von den Patientinnen wahrgenommenen körperlichen Beschwerden ermittelt (vgl. Abb. 9). Dieses Ergebnis ist positiv zu beurteilen, da es für eine höhere Belastbarkeit der Patientinnen am Projektende spricht. Am Ende der Kur konnte darüber hinaus eine gesteigerte Lebenszufriedenheit ge-

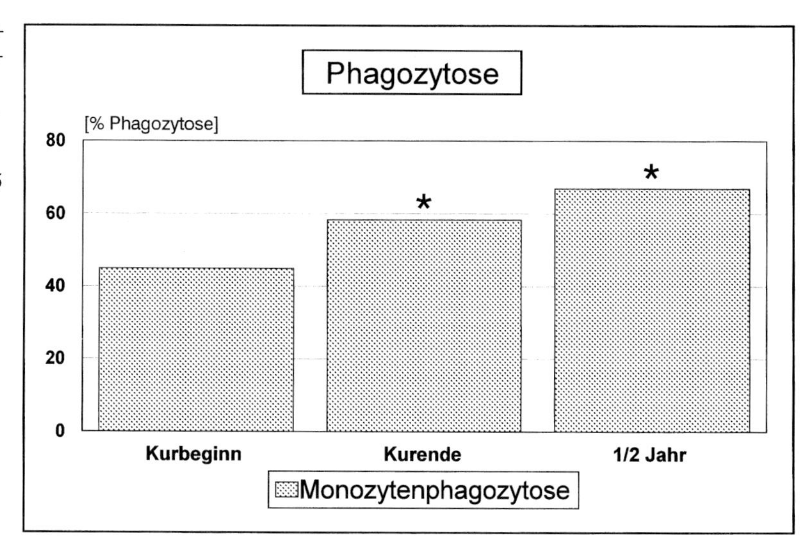

Abbildung 8: Phagozytoseaktivität von Monozyten gegenüber Neuraminidase-behandelten Schaferythrozyten bei Mammakarzinompatientinnen nach einem moderaten Ausdauertraining (*: $p < 0{,}05$ vs. Kurbeginn, Peters et al. 1995).

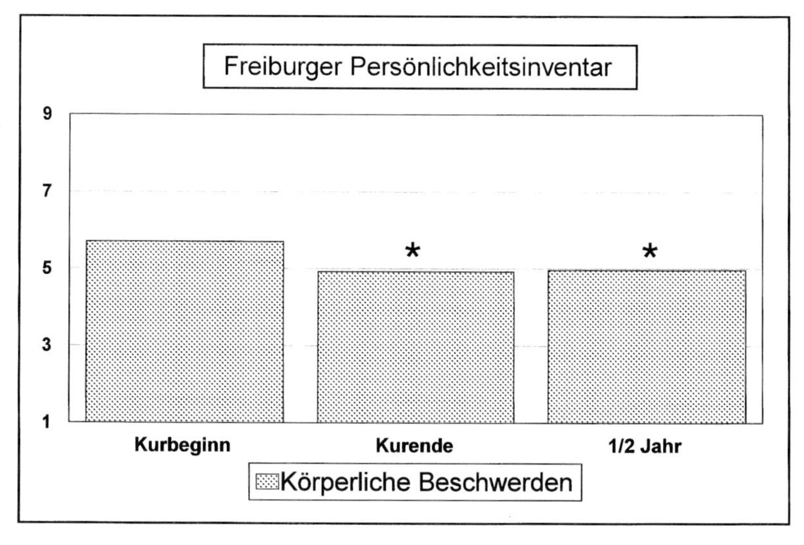

Abbildung 9: Veränderungen der Eigenschaftsdimension «Körperliche Beschwerden» des Freiburger Persönlichkeitsinventars (*: $p < 0{,}05$ vs. Kurbeginn, Peters et al., 1994).

messen werden. Sie lag jedoch bei Studienabschluß wieder im Bereich des Ausgangsniveaus. Eine mögliche Ursache für diesen Abfall könnte die erneute Einbindung der Frauen in den oft belastenden Berufsalltag und die damit verbundene Reduzierung des entspannenden Ausdauertrainings sein. Diese Erklärungsmöglichkeit muß deshalb in Erwägung gezogen werden, da wir am Ende der Untersuchung einen engen Zusammenhang zwischen Lebenszufriedenheit und Trainingshäufigkeit beobachten konnten ($r = 0{,}64$). Der Anstieg der Lebenszufriedenheit bewirkt eine psychische Stabilisierung, die eine ganz besonders wichtige Rolle in Anbetracht der schlechten bzw. begrenzten Heilungschancen von Tumorpatienten spielt.

Die vorliegenden Ergebnisse bestätigen die bereits in anderen Untersuchungen erhobene Aktivierung der NK-Zellpopulation sowie des

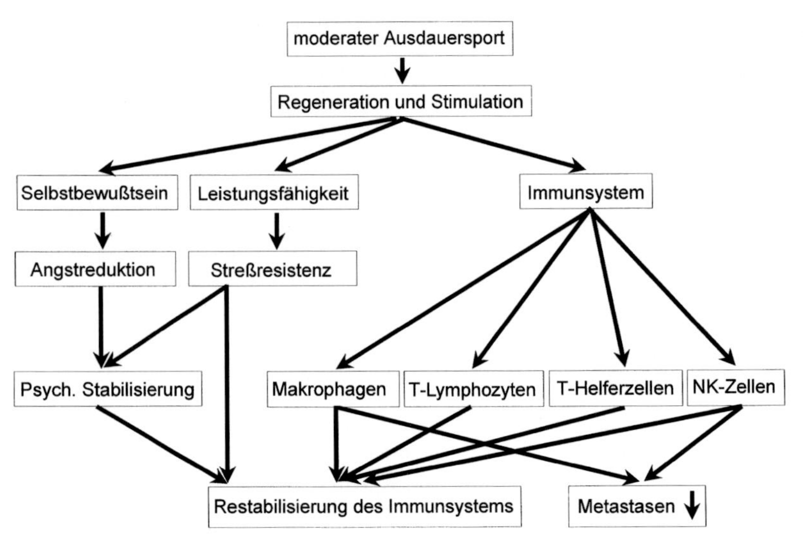

Abbildung 10: Einfluß von moderatem Ausdauersport aus psychoneuroimmunologischer Sicht bei Krebspatienten (Lötzerich et al., 1991b).

Monozyten/Makrophagen-Systems auch für Brustkrebspatientinnen (vgl. Abb. 10; Lötzerich et al., 1991b). Sie spiegeln darüber hinaus die enge Beziehung von Psyche und Immunsystem wider und zeigen die Möglichkeit, durch moderate körperliche Belastung in den Regelmechanismus des komplexen psychoneuroimmunologischen Netzwerkes einzugreifen.

Weitere positive Auswirkungen und Vorteile von regelmäßigem Sporttreiben bzgl. der allgemeinen körperlichen Leistungsfähigkeit in einer Krebsnachsorgegruppe sind bereits bekannt. Die Verbindung zwischen sportlicher Betätigung und einem positiven psychischen Befinden wird auch durch die große Anzahl der Krebssportgruppen (etwa 300) in der BRD offensichtlich.

Insgesamt wird dadurch deutlich, daß die Untersuchung dieser Thematik aus psychoneuroimmunologischer Sicht eine interdisziplinäre und institutsübergreifende Zusammenarbeit erfordert.

Literatur

Antoni MH, LaPerriere A, Schneiderman N, Fletcher MA: Stress and immunity in individuals at risk for AIDS. Stress Med 1991; 7:35–44.

Antoni MH, Schneiderman N, Fletcher MA, Goldstein DA, Ironson G, LaPerriere A: Psychoneuroimmunology and HIV-1. J Consult Clin Psychol 1990; 58:1–12.

Berk LS, Nieman DC, Youngberg WS, Arabatzis K, Simpson-Westerberg W, Lee JW, Tan SA, Eby WC: The effect of long endurance running on natural killer cells in marathoners. Med Sci Sports Exerc 1990; 22:207–212.

Cannon JG, Fielding RA, Fiatarone MA, Orencole SF, Dinarello CA, Evans WJ: Increased interleukin 1ß in human skeletal muscle. Am J Physiol 1989; 257:R451–R455.

Espersen GT, Elbaek A, Ernst E, Toft E, Kaalund S, Jersild C, Grunnet N: Effect of physical exercise on cytokines and lymphocyte subpopulations in human peripheral blood. APMIS 1990; 98:395–400.

Esterling B, Antoni M, Schneiderman N, Carver CS, LaPerriere A, Ironson G, Klimas NG, Fletcher MA: Psychosocial modulation of antibody to Epstein-Barr viral capsid antigen and human herpesvirus type-6 in HIV-1-infected and at-risk gay men. Psychosom Med 1992; 54:354–371.

Fehr HG, Lötzerich H, Michna H: The influence of physical exercise on peritoneal macrophage functions: histochemical and phagocytic studies. Int J Sports Med 1988; 9:77–81.

Fehr HG, Lötzerich H, Michna H: Human macrophage function and physical exercise: phagocytic and histochemical studies. Eur J Appl Physiol 1989; 58:613–617.

Fitzgerald L: Overtraining increases the susceptibility to infection. Int J Sports Med 1991; 12:S5–8.

Florijn YCK, Uhlenbruck G, Völker K: Physical activity as a therapeutic measure for HIV-infected persons and people with AIDS. Abstractband, Paderborn, 33. Deutscher Sportärztekongreß 1993, P 4.2.

Fry R, Morton AR, Crawford GPM, Keast D: Cell numbers and in vitro rsponses of leucocytes and lymphocyte subpopulations following maximal exercise and interval training sessions of different intensities. Eur J Appl Physiol 1992; 64:218–227.

Gabriel H, Schwarz L, Urhausen A, Kindermann W: Leukozyten- und Lymphozytensubpopulationen im peripheren Blut von Sportlerinnen und Sportlern unter Ruhebedingungen. Dt Zschr Sportmed 1992; 43:196–210.

Gabriel H, Urhausen A, Kindermann W: Circulating leucocyte and lymphocyte subpopulations before and after intensive endurance exercise to exhaustion. Eur J Appl Physiol 1991; 63:449–457.

Gray AB, Smart YC, Telford RD, Weidemann MJ, Roberts TK: Anaerobic exercise causes transient changes in leukocyte subsets and IL-2R expression. Med Sci Sports Exerc 1992; 24:1332–1338.

Haahr PM, Pedersen BK, Fomsgaard A, Tvede N, Diamant M, Klarlund K, Halkjaer-Kristensen J, Bendtzen K: Effect of physical exercise on in vitro production of interleukin 1, interleukin 6, tumor necrosis factor-α, interleukin 2 and interferon-γ. Int J Sports Med 1991; 12:223–227.

Hack V, Strobel G, Rau JP, Weicker H: The effect of maximal exercise on the activity of neutrophil granulocytes in highly trained athletes in a moderate training period. Eur J Appl Physiology 1992; 65:520–524.

Hanson PG, Flaherty DK: Immunological responses to training in conditioned runners. Clin Sci 1981; 60:225–228.

Hickson RC, Boone JB: Physical exercise and immunity. In: Plotnikoff NP, Murgo A, Faith R, Wybran J (eds.): Stress and Immunity. Boca Raton, CRC Press, 1991; pp. 211–228.

Ironson G, LaPerriere A, Antoni M, O'Hearn P, Schneiderman N, Klimas N, Fletcher MA: Changes in immune and psychological measures as a function of anticipation and reaction of news of HIV-1 antibody status. Psychosom Med 1990; 52:247–270.

Janssen GME, Van Wersch JWJ, Kaiser V, Does RJMM: White cell system changes associated with a training period of 18–20 months: a transverse and a longitudinal approach. Int J Sports Med 1989; 10:S176–S180.

Keast D, Cameron K, Morton AR: Exercise and the immune response. Sports Med 1988; 5:248–267.

Koliada TI, Abzaeva LN, Baboshko IA: Effect of exposure to physical loading, hypoxia, and hyperthermia on the cellular and anti-infection resistance factors of the body. Zhurnal Microbiol Epidemiol Immunol 1988; 2:76–79.

Kraus MF, Lamwersiek H, Reußner D: Sporttreiben als stabilisierende Maßnahme im Verlauf von HIV-Infektionen. In: Lange C (Hrsg.): AIDS – eine Forschungsbilanz. Fulda, Edition Sigma, 1993; S. 361–371.

LaPerriere A, Schneiderman N, Antoni MH, Fletcher MA: Aerobic exercise training and psychoneuroimmunology in AIDS research. In: Baum A, Temoshok L (eds.): Psychological Perspectives on AIDS. Hillsdale, Erlbaum, 1990(a); pp. 259–286.

LaPerriere AR, Antoni MH, Schneiderman N, Ironson G, Klimas N, Caralis P, Fletcher MA: Exercise intervention attenuates emotional distress and natural killer cell decrements following notification of positive serologic status for HIV-1. Biofeedback Self-Regulation 1990(b); 15:229–242.

LaPerriere A, Fletcher MA, Antoni MH, Klimas NG, Ironson G, Schneiderman N: Aerobic exercise training in an AIDS risk group. Int J Sports Med 1991; 12:S53–57.

LaPerriere A, Ironson G, Antoni MH, Schneiderman N, Klimas N, Fletcher MA: Exercise and psychoneuroimmunology. Med Sci Sports Exerc 1994; 26(2):182–190.

Larrabee RC: Leucocytosis after violent exercise. J Med Res. 1902; 7:76–82.

Liesen H, Riedel H, Order U, Mücke S, Widenmayer W: Zelluläre Immunität bei Hochleistungssportlern: Verteilungsbereiche von Leukozyten und Lymphozytensubpopulationen bei männlichen Hochleistungssportlern während einer Regenerationsphase oder im Zeitraum eines dosierten Aufbautrainings. Dt Zschr Sportmed 1989(a); 40:4–14.

Liesen H, Kleiter K, Mücke S, Order U, Widenmayer W, Riedel H: Leukozyten und Lymphozytensubpopulationen bei den Spielern der Feldhockeynationalmannschaft während der Olympiavorbereitung 1988. Dt Zschr Sportmed 1989(b); 40:41–52.

Liesen H, Uhlenbruck G: Sports Immunology. Sport Sci Rev 1992; 1:94–116.

Lötzerich H: Der Einfluß einer moderaten Ausdauerbelastung auf psychologische und immunologische Parameter. In: Deutscher Verband langlaufender Ärzte und Apotheker (Hrsg.): Ausdauersport. Schriftenreihe des Deutschen Verbandes langlaufender Ärzte und Apotheker e.V. 5, Augsburg, Presse-Druck, 1993; S. 185–199.

Lötzerich H, Uhlenbruck G: Sport und Immunologie. In: Weiß M, Rieder H (Hrsg.): Sportmedizinische Forschung. Berlin Heidelberg New York, Springer, 1991; S. 117–143.

Lötzerich H, Uhlenbruck G: Präventive Wirkung von Sport im Hinblick auf die Entstehung maligner Tumore? Dt Zschr Sportmed 1995; 46(Suppl 1):86–94.

Lötzerich H, Peters C, Appell HJ, Uhlenbruck G: Einfluß einer Ausdauerbelastung auf die Aktivität menschlicher Phagozyten. In: Bernett P, Jeschke D (Hrsg.): Sport und Medizin – Pro und Contra. München Bern Wien San Francisco, Zuckschwerdt, 1991(a); S. 621–623.

Lötzerich H, Peters C, Ledvina I, Appell HJ, Uhlenbruck G: Ausdauersport als natürliches Immunstimulans in der Krebsnachsorge. Ärztezeitschr f Naturheilverf 1991(b); 32:571–576.

MacNeil B, Hoffman-Goetz L, Kendall A, Houston M, Arumugam Y: Lymphocyte proliferation responses after exercise in men: fitness, intensity, and duration effects. J Appl Physiol 1991; 70:179–185.

McCarthy DA, Dale MM: The leucocytosis of exercise. Sports Med 1988; 6:333–363.

Ndon JA, Snyder AC, Foster C, Wehrenberg WB: Effects of chronic intense exercise training on the leukocyte response to acute exercise. Int J Sports Med 1992; 13:176–182.

Nehlsen-Cannarella SL, Nieman DC, Jessen J, Chang L, Gusewitch G, Blix GG, Ashley E: The effects of acute moderate exercise on lymphocyte function and serum immunoglobulin levels. Int J Sports Med 1991; 12:391–398.

Nieman DC, Miller AR, Henson DA, Warren BJ, Gusewitch G, Johnson RL, Davis JM, Butterworth DE,

Nehlsen-Cannarella SL: Effect of high- vs moderate-intensity excercise on natural killer cell activity. Med Sci Sports Exerc 1993; 25(10):1126–1134.

Nieman DC, Nehlsen-Cannarella SL, Markoff PA, Balk-Lamberton AJ, Yang H, Chritton DBW, Lee JW, Arabatzis K: The effects of moderate exercise training on natural killer cells and acute upper respiratory tract infections. Int J Sports Med 1990(a); 11:467–473.

Nieman DC, Nehlson-Cannarella SL, Markoff PA: The effects of moderate exercise training on natural killer (NK) activity, and upper respiratory tract infections (URI). Int J Sports Med 1990(b); 11:323–324.

Order U, Riedel H, Liesen H, Widenmayer W, Hellwig T, Geist S: Leukozyten und Lymphozytensubpopulationen. Dt Zschr Sportmed 1989; 40:22–29.

Ortega E, Barriga C, De la Fuente M: Study of the phagocytic process in neutrophils from elite sportswomen. Eur J Appl Physiol 1993; 66:37–42.

Pedersen BK: Influence of physical activity on the cellular immune system: mechanisms of action. Int J Sports Med 1991; 12:S23–29.

Pedersen BK, Tvede N, Klarlund K, Christensen LD, Hansen FR, Galbo H, Kharazmi A, Halkjaer-Kristensen J: Indomethacin in vitro and in vivo abolishes post-exercise suppression of natural killer cell activity in peripheral blood. Int J Sports Med 1990; 11:127–131.

Peters C, Lötzerich H, Niemeier B, Schüle K, Uhlenbruck G: Influence of moderate exercise training on natural killer cytotoxicity and personality traits in cancer patients. Anticancer Res 1994; 14:1033–1036.

Peters C, Lötzerich H, Niemeier B, Schüle K, Uhlenbruck G: Exercise, cancer and the immune response of monocytes. Anticancer Res 1995; 15:175–180.

Rigsby LW, Dishman RK, Jackson AW, Maclean GS, Raven PB: Effects of exercise training on men seropositive for the human immunodeficiency virus-1. Med Sci Sports Exerc 1992; 24:6–12.

Schlenzig C, Jäger H, Rieder H: Einfluß von Sporttherapie auf die zelluläre Immunabwehr und die Psyche HIV-infizierter Männer. Dt Zschr Sportmed 1990; 41:156–160.

Sharp NCC, Koutedakis Y: Sport and the overtraining syndrome: immunological aspects. Br Med Bull 1992; 48:518–533.

Shinkai S, Shore S, Shek PN, Shephard RJ: Acute exercise and immune function: relationship between lymphocyte activity and changes in subset counts. Int J Sports Med 1992; 13:452–461.

Simon HB: Exercise and infection. Physician Sportsmed 1987; 15:135–141.

Solomon GF: Psychosocial factors, exercise, and immunity: athletes, elderly persons, and AIDS patients. Int J Sports Med 1991; 12:S50–52.

Sprenger H, Jacobs C, Nain M, Gressner AM, Prinz H, Wesemann W, Gemsa D: Enhanced release of cytokines, interleukin-2 receptors, and neopterin after long-distance running. Clin Immunol Immunolpath 1992; 63:188–195.

Tvede N, Kappel M, Halkjaer-Kristensen J, Galbo H, Pedersen BK: The effect of light, moderate and severe bicycle exercise on lymphocyte subsets, natural and lymphokine activated killer cells, lymphocyte proliferative response and interleukin 2 production. Int J Sports Med 1993; 14:275–282.

Verde TJ, Thomas SG, Moore R.W, Shek P, Shephard RJ: Immune response and increased training of the elite athlete. J Appl Physiol 1992; 73:1494–1499.

Watson RR, Moriguchi S, Jackson JC, Werner L, Wilmore JH, Freund BJ: Modification of cellular immune functions in humans by endurance exercise training during ß-adrenergic blockade with atenolol or propranolol. Med Sci Sports Exerc 1986; 18:95–100.

Weight LM, Alexander D, Jacobs P: Strenuous exercise: analogous to the acute-phase response? Clin Sci 1991; 81:677–683.

Woods JA, Bacro T, Mayer E, Davis JM, Galiano FJ, Pate RR: The effects of exercise on murine macrophage phagocytosis. Int J Sports Med 1990; 11:401–402.

Auswirkungen sozialer Kontakte auf Endokrinium und Immunsystem von Tupajas

Dietrich v. Holst, Hans Hutzelmeyer, Christiane Kaiser und Andreas Vitek

Einleitung

Beziehungen zwischen psychischen Belastungen und dem Eintritt von Erkrankungen werden seit der Antike vermutet, und unzählige Ergebnisse epidemiologischer Untersuchungen der letzten Jahrzehnte stützen diese Annahme. Nachdem Hans Selye eine Hemmung immunologischer Funktionen im Rahmen seines Allgemeinen Anpassungssyndroms nachweisen konnte (Zusammenfassung: Selye, 1950), wurden diese Beziehungen zunächst auf die bei allen Selyeschen Streßreaktionen vorhandene Aktivierung der Nebennierenrindenachse zurückgeführt. Die Entdeckung der engen Verknüpfung des Immunsystems mit der Tätigkeit des Zentralnervensystems hat jedoch diese Sicht wesentlich erweitert: Nicht nur können immunologische Prozesse die Tätigkeit des Endokriniums – und damit letztlich auch die Aktivität des Zentralnervensystems – verändern, emotionale Prozesse können bei Tier und Mensch auch direkt das Immunsystem und damit die Vitalität von Tier und Mensch beeinflussen (Übersichten z. B. Ader et al., 1991; Anisman et al., 1993; Rabin et al., 1989).

Eine der frühesten tierexperimentellen Bestätigungen für diese Beziehungen stammt aus den Untersuchungen von Vessey (1964), der die Antikörperbildung von Labormäusen gegen Rinderserum untersuchte. Individuen, die täglich vier Stunden lang zu Kämpfen mit Artgenossen zusammengesetzt wurden, hatten im Vergleich zu einzeln gehaltenen Kontrolltieren deutlich verringerte Antikörpertiter. Zugleich zeigte Vessey auch erstmals rangabhängige Unterschiede dieser immunologischen Veränderungen: Individuen, die in den Auseinandersetzungen siegreich waren, hatten wesentlich höhere Antikörpertiter als ihre unterlegenen Rivalen. Entsprechende Untersuchungen wurden in der Folge von vielen anderen Arbeitsgruppen ebenfalls vorwiegend an Labortierarten wie Mäusen und an Ratten durchgeführt, doch sind die Befunde keineswegs einheitlich. So fand z. B. Fauman (1987) bei in Gruppen gehaltenen («gestreßten») Mäusen deutlich höhere Antikörpertiter gegen ein Antigen (KLH) als bei einzeln gehaltenen; zudem hatten dominante Individuen niedrigere Antikörpertiter als ihre unterlegenen Rivalen. Im Gegensatz dazu fanden Hardy et al. (1990) bei unterlegenen Mäusen eine niedrige T-Zellproliferation und Interleukin-2-Bildung als bei dominanten. Die möglichen Gründe für diese und weitere Widersprüche sind vielfältig. Zum Teil handelt es sich sicherlich um Unterschiede zwischen den verschiedenen Labortierstämmen, doch dürften ebenso auch Unterschiede der Haltungsbedingungen und Versuchsdurchführung daran beteiligt sein. Häufig fehlen zudem geeignete Kontrollgruppen und vielfach detailierte Verhaltensbeobachtungen, die zuverlässige Aussagen über Rangbeziehungen und Belastung zulassen würden (s.a. Bohus und Kohlhaas, 1991). Unabhängig von diesen teilweise widersprüchlichen Befunden zeigen jedoch alle Untersuchungen eine starke Ansprechbarkeit immunologischer Parameter auf sozial belastende Situationen.

Im Gegensatz zu den meisten endokrinologisch-immunologisch arbeitenden Gruppen, die sich mit den verschiedensten Stämmen von Labornagern beschäftigen, untersuchen wir eine Wildform aus Thailand – Tupajas. Diese Tierart lebt in der Natur einzeln oder paarweise in Territorien, die sie sehr heftig gegen fremde Artgenossen verteidigt (Cantor, 1846; Kawamichi und Kawamichi, 1979). Ziel unserer Untersuchungen ist es, die Bedeutung der verschiedensten Sozialkontakte für die Gesundheit der Tiere besser zu verstehen. Entsprechend kommt neben detailierten Verhaltensuntersuchungen der Erfassung endokriner und immunologischer Parameter eine besondere Bedeutung zu. Insbesondere interessiert uns hierbei die Frage, inwieweit psychische Prozesse an den physiologischen Auswirkungen sozialer Kontakte beteiligt sind: Beruhen z. B. die Folgen eines Kampfes um eine Rangposition bzw. den Besitz eines Reviers primär auf den physischen Anstrengungen beim Kampf und auf Verwundungen, oder sind sie auf emotionale Prozesse wie «Angst» oder «Wut» zurückzuführen, die während oder auch nach dem Kampf auftreten können.

Im folgenden sollen zunächst Ergebnisse aus Konfrontations-Experimenten mit männlichen Tupajas vorgestellt werden, die die zentrale Bedeutung emotionaler Prozesse für die immunologischen und sonstigen Folgen von Konfrontationen zeigen. Sodann wird auf die Bedeutung der Qualität von Paarbeziehungen für den Gesundheitszustand der Individuen eingegangen.

Material und Methoden

Die Untersuchungen wurden mit männlichen Tupajas (Tupaia belangeri) durchgeführt – tagaktiven, etwa eichhörnchengroßen Tieren aus Thailand. Während sie ursprünglich den Primaten zugeordnet wurden, werden sie heute als Ordnung der Scandentia geführt, die als Stammform aller plazentalen Säugetiere besonders enge verwandtschaftliche Beziehungen zu den Affen besitzt (Starck, 1978).

Die Versuchstiere stammten größtenteils aus unserer eigenen Zucht; vereinzelt wurden auch Wildfänge eingesetzt. Alle Tiere waren geschlechtsreif, ausgewachsen und annähernd gleichaltrig; sie wurden in voll klimatisierten Haltungsräumen mit einer 12stündigen Lichtperiode (= Aktivitätsphase der Tiere) ohne Sichtkontakt zueinander einzeln in Käfigen mit Schlafkästen und Kletterstangen gehalten. Futter (Tupaja-Diät: Firma Altromin) und Wasser standen stets ad libitum zur Verfügung.

Die Untersuchungen wurden in Versuchsräumen mit denselben klimatischen Bedingungen wie in den Haltungsräumen durchgeführt. In jedem dieser Räume befand sich ein Versuchskäfig, der durch einen Trennschieber in zwei gleichgroße Abteile unterteilt werden konnte, die in Größe und Ausstattung jeweils den Käfigen der Haltungsräume entsprachen. Das Verhalten der Tiere konnte während der Versuche durch eine Einwegscheibe aus einem angrenzenden Raum beobachtet bzw. zur anschließenden computerunterstützten Auswertung mittels Videokameras aufgezeichnet werden (Auswertprogramm: The Observer, Firma Noldus). Einzelheiten über die Anzahl der Versuchstiere und die Durchführung der Versuche sind bei den Ergebnissen angegeben.

Ziel unserer Untersuchungen ist es, Veränderungen physiologischer Parameter auf individueller Ebene in Langzeituntersuchungen zu verfolgen. Entsprechend wurden alle immunologischen Parameter aus Blutproben bestimmt, da diese bei Tupajas ohne erkennbare Auswirkungen in wöchentlichem Abstand entnommen werden können.

Die Blutentnahmen fanden stets zwei Stunden vor Beginn der Lichtphase statt. Hierzu wurden die Tiere in ihren Schlafkästen zu einem benachbarten Labor transportiert, wo ihnen etwa 1,5 ml Blut aus dem Schwanzvenenplexus entnommen wurde. Die Blutentnahmen waren stets innerhalb von weniger als drei Minuten nach dem ersten Betreten des Versuchsraumes abgeschlossen.

Untersuchte Parameter

Gemessen wurden die Konzentrationen von Cortisol, Corticosteron, Testosteron und anderen Hormonen aus dem Serum mittels Radioimmunoassays ohne chromatographische Auftrennung (Einzelheiten siehe Fenske und Probst, 1982).

Tägliche Ausscheidung von Cortisol und Testosteron mit dem Urin: Hierzu befand sich unter den Bodenrosten der Käfige eine Edelstahlwanne, in der der Urin der Tiere gesammelt wurde. Der in den Wannen befindliche, teilweise eingetrocknete Urin wurde einmal täglich mit 100 ml Aqua dest. aufgenommen und durch Gefriertrocknung eingeengt. Anschließend wurde ein Aliquot dieser Lösung über Kieselgur-Minisäulen (Extrelut, Merck) aufgetrennt, mit Diethylether (Testosteron) bzw. Dichlormethan (Glukokortikoide) extrahiert und die Hormonkonzentrationen mittels Radioimmunoassays bestimmt (Einzelheiten siehe Fenske, 1995).

Die Bestimmung der *Serumkonzentrationen von Adrenalin und Noradrenalin* erfolgte radioenzymatisch nach da Prada und Zürcher (1976), die der Tyrosinhydroxylase-Aktivitäten der Nebennieren nach Witte und Matthaei (1980).

Leukozyten wurden in Neubauer-Zählkammern gezählt; anhand von angefärbten Blutausstrichen wurde der Anteil der jeweiligen Leukozytenformen erfaßt. Eine Bestimmung der jeweiligen Subpopulationen der Lymphozyten anhand spezifischer Antikörper (FITC-Markierung) war nicht möglich.

Lymphozyten-Transformation (LTT): Durch Gradientenzentrifugation (Percoll: Dichte 1,077) von heparinisiertem Vollblut wurde eine Lymphozyten-Suspension gewonnen, von der 100 000 Zellen mit dem Mitogen Concanavalin A zur Proliferation angeregt wurden; nach Zugabe von radioaktiv markiertem Thymidin wurde anschließend die in die Zellen eingebaute Radioaktivität gemessen (Gilman et al., 1982).

Bei Tupajas ergibt diese Gradientenzentrifugation von Vollblut eine «Bande», in der neben etwa 80 % T- und 20 % B-Lymphozyten auch Granulozyten und Monozyten enthalten sind. Mittels eines Ausstrichs der Zellsuspension aus dieser «Bande» und einer anschließenden Peroxidase-Färbung wurde der prozentuale Anteil der Lymphozyten bestimmt und die Ergebnisse aus den Lymphozyten-Transformationstests (ebenso wie bei der Bestimmung der Phagozytose-Kapazität) auf die tatsächlich eingesetzte Zellzahl umgerechnet.

Phagozytose-Aktivität der Granulozyten und Monozyten, gewonnen mittels Gradientenzentrifugation (siehe oben): Die Freisetzung reaktiver Sauerstoffradikale nach Kontakt der Zellen mit Zymosan wurde mit einem Photomultiplier (Lumineszenzanalysator, Berthold) gemessen. Angegeben ist hierbei als «counts» jeweils das Integral einer 30minütigen Messung.

Interferon-gamma: Der Interferon-gamma-Gehalt der Überstände der Concanavalin-A-stimulierten Zellen wurde durch einen zytopathischen Bioassay anhand der Zerstörung einer virusinfizierten L929-Fibroblasten-Zellinie bestimmt; die Auswertung erfolgt semiquantitativ durch Bestimmung der Konzentration, bei der 50 % der Zellen überlebten.

Interleukin-1: Der Interleukin-1-Gehalt der Überstände der Concanavalin-A-stimulierten Zellen wurde mit einem zytoproliferativen Bioassay über die Einbaurate radioaktiv markierten Thymidins in von IL-1-abhängigen Target-Zellen (hier: D10 G4.1) bestimmt.

Immunglobulin G im Serum wurde mittels eines ELISA (Antikörper gegen Kaninchen) bestimmt.

In den Abbildungen sind physiologische Parameter als Mittelwerte mit ihren Standardfehlern angegeben; Verhaltensdaten sind als Mediane dargestellt. Für die statistische Bearbeitung physiologischer Daten wurden parametrische, für die ethologischer nichtparametrische Verfahren angewendet; signifikante Unterschiede sind gekennzeichnet als * = $p < 0{,}05$; ** = $p < 0{,}01$; *** = $p < 0{,}001$. Falls nicht anders angegeben ist, sind signifikante Unterschiede immer im Vergleich zu den Ausgangswerten dargestellt.

Ergebnisse

Auswirkungen von Dominanzbeziehungen zwischen Männchen

Entsprechend ihrer sozialen Organisation kann man die territorialen Tupajas in Gefangenschaft langfristig nur einzeln oder unter gewissen Voraussetzungen auch paarweise in einem Gehege oder Käfig halten. Setzt man zu einem solchen Paar ein fremdes Männchen, so wird dieser Eindringling augenblicklich attackiert und innerhalb weniger Minuten unterworfen. Obwohl der Eindringling nach Erstellung der Dominanzbeziehungen von dem Revierbesitzer kaum noch attackiert wird, stirbt er innerhalb weniger Tage, falls man ihn nicht rechtzeitig aus dieser Situation entfernt (v. Holst, 1986 und 1994).

Anders ist die Situation, wenn man zwei einander unbekannte Männchen in einem für beide fremden Versuchskäfig zusammenbringt. In dieser Situation begannen beide zunächst den Käfig zu erkunden und zu markieren. In der Regel fanden jedoch auch hier nach einiger Zeit Kämpfe statt, die spätestens nach vier Tagen zu klaren Dominanzbeziehungen zwischen den Rivalen führten. Von diesem Zeitpunkt an beachteten die Sieger die Unterlegenen kaum noch; Attacken waren selten oder fehlten sogar vollständig. Die Verlierer veränderten hingegen ihr Verhalten grundlegend. Aufgrund ihres Verhaltens konnten hierbei zwei Gruppen von Unterlegenen unterschieden werden: Subdominante und Submissive.

Submissive Tiere verkrochen sich in irgendeinem Versteck des Käfigs, das sie nur noch zum Fressen und Trinken verließen. Selbst die seltenen Attacken des Siegers ließen sie in der Regel ohne Gegenwehr oder Fluchtversuche über sich ergehen. Ebenso wie die obenerwähnten Verlierer starben auch sie stets innerhalb von drei Wochen, wenn man sie nicht rechtzeitig aus dieser Situation entfernte.

Subdominante Tiere zeigten hingegen ein entgegengesetztes Verhalten: Sie hatten eine deutlich erhöhte Aktivität, beobachteten ständig die Bewegungen des Siegers und versuchten, jede Auseinandersetzung durch Ausweichen oder Flucht zu vermeiden; war eine Konfrontation nicht zu umgehen, verteidigen sie sich sogar. Subdominante Tupajas konnten in dieser Situation wochenlang überleben.

In etwa 10 % aller Konfrontationen hatten diese keine Ausbildung einer Dominanzbeziehung zur Folge: Beide Kontrahenten führten vielmehr immer wieder kurze Attacken gegen die Rivalen aus, die jedoch nicht zu ernsthaften Kämpfen führten. Da sich diese Tiere in ihrem Verhalten und in allen von uns gemessenen physiologischen Parametern nicht von den klar unterlegenen Subdominanten unterschieden, wurden sie dieser Gruppe zugezählt.

Parallel zu diesen Verhaltensveränderungen fanden sich bei den Tieren ausgeprägte Veränderungen in ihren Körpergewichten und in den verschiedensten physiologischen Parametern. Ganz im Sinne des Selyeschen Streßkonzeptes hatte die Konfrontation eine sofortige Aktivierung der Sympathikus-Nebennierenmark- und Hypophysen-Nebennierenrindensysteme beider Rivalen zur Folge: Entsprechend stiegen die Serumkonzentrationen der Katecholamine und Glukokortikoide auf Werte an, die teilweise mehrfach über den Ausgangswerten lagen; gleichzeitig waren ihre Herzraten maximal erhöht. Sobald jedoch die Dominanzbeziehung zwischen den Kontrahenten geklärt war, verschwanden bei siegreichen Tieren trotz gelegentlicher Streitigkeiten nicht nur alle Streßreaktionen, ihre Glukokortikoidwerte im Blut sanken sogar geringfügig unter die Ausgangswerte ab (Abb. 1), und ihre Körpergewichte und Gonadenfunktionen nahmen zu: Nach etwa drei Wochen waren daher dominante Tiere signifikant schwerer als vor der Konfrontation und hatten um mehr als 100 % erhöhte Serum-Testosteronkonzentrationen (v. Holst, 1986 und 1994; Stöhr, 1988).

Unterlegene Tupajas waren hingegen durch verringerte Körpergewichte und eine Reihe hormoneller und sonstiger physiologischer Veränderungen gekennzeichnet; unter anderem nahmen die Serumkonzentrationen von Testosteron, Insulin und Schilddrüsenhormo-

Abbildung 1: Physiologische Parameter von Kontrolltieren sowie von Männchen 10 Tage nach Beginn einer Dauerkonfrontation. K: Kontrollen (n = 10); D: Dominante (n = 20); SD: Subdominante (n = 34); SM: Submissive (n = 12). Nebennierengewichte und Tyrosinhydroxylaseaktivitäten: jeweils 10 Werte pro Gruppe.

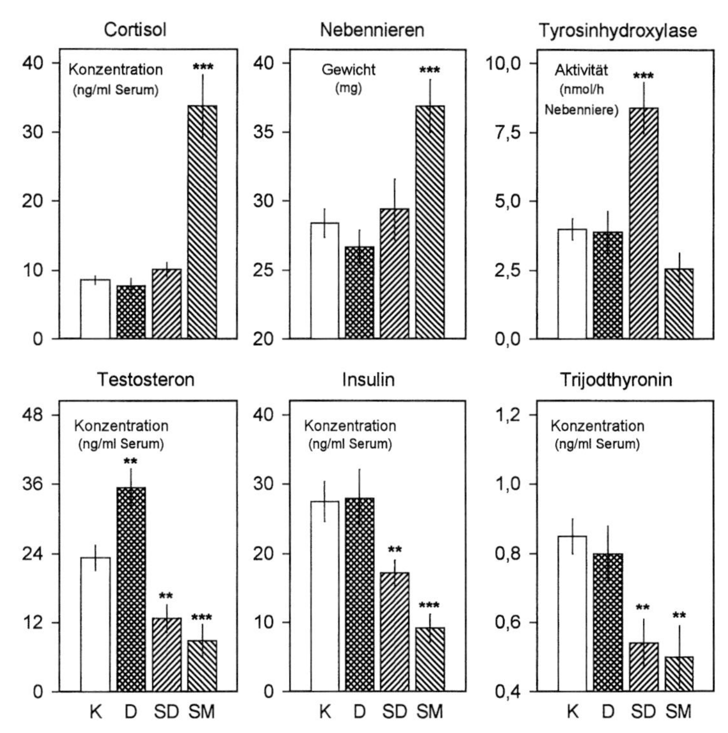

nen stark ab. Insgesamt waren hierbei die Auswirkungen bei subdominanten und submissiven Unterlegenen gleich, sie unterschieden sich nur in ihrem Ausmaß. Qualitative Unterschiede fanden sich jedoch in ihren Sympathikus-Nebennierenmark- bzw. Hypophysen-Nebennierenrindenfunktionen (Abb. 1).

Aktive und passive Streßreaktionen

Subdominante Tiere hatten eine bleibend erhöhte Sympathikus-Nebennierenmarkaktivität, die sich unter anderem in ihrer Herzrate äußerte (Abb. 2): Während die Herzrate bei den siegreichen Tieren nach Herstellung der Dominanzbeziehung wieder auf die Ausgangswerte zurückkehrte, blieb sie bei den Subdominanten nicht nur am Tag, wenn ein Angriff des Siegers niemals auszuschließen war, ständig mehr oder minder erhöht, sondern auch in der Nacht, wenn sie in einem vom Sieger getrennten Versteck schliefen; ihre Herzrate erreichte hierbei nahezu Tageswerte, so daß der ursprünglich vorhandene Tag-Nacht-Rhythmus weitgehend aufgehoben war. Entsprechend war auch die Tyrosinhydroxylaseaktivität ihrer Nebennieren – ein Index ihrer Sympathikus-Aktivität – um im Mittel etwa 100 % gegenüber der von Dominanten oder Kontrolltieren erhöht (Abb. 1). Entgegen dem Selyeschen Streßkonzept nahm jedoch ihre Nebennierenrindenaktivität nach Herstellung der Dominanzbeziehung wieder ab – ihre Cortisol- und Corticosteronwerte erreichten Ausgangs- bzw. Kontrollwerte (Abb. 1).

Submissive Tiere zeigten hingegen die entgegengesetzten Reaktionen: eine niedrigere Sympathikus-Nebennierenmarkaktivität als bei Kontrolltieren und Dominanten (s.a. Herzrate Abb. 2) und einen starken Anstieg ihrer Nebennierenrindenaktivität (Abb. 1), der vermutlich den gesteigerten Abbau von Muskulatur und Fettgewebe und den dramatischen Gewichtsverlust von im Mittel 5 % täglich bedingte.

Bisher liegen aus diesem Versuchsansatz erst wenige immunologische Daten vor – und zwar insbesondere über Veränderungen der verschiedenen Leukozytenformen (Abb. 3). Die Gesamtzahl der Leukozyten im Blut und ihrer verschiedenen Formen veränderte sich bei Dominanten und Subdominanten nicht. Auch die Proliferationsfähigkeit der Lymphozyten war bei den bisher untersuchten zwei Dominanten nicht beeinträchtigt, hingegen lag sie bei Subdominanten (n = 4) nach 10tägiger Konfrontation im Mittel um 50 % unter ihren Ausgangswerten. Bei den Submissiven fanden sich hingegen ausgeprägte Veränderungen bei den Leukozytenformen, die auf eine starke Immunsuppression hinweisen (siehe Abb. 3).

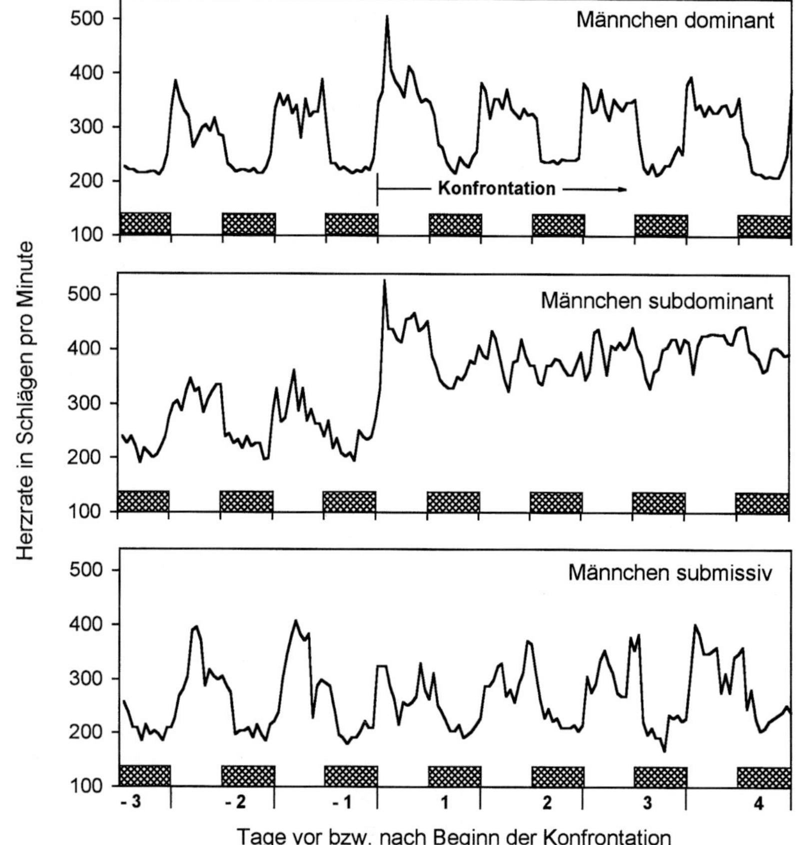

Abbildung 2: Herzraten männlicher Tupajas vor und nach Beginn einer Dauerkonfrontation. Die Herzraten wurden telemetrisch mittels ca. 1 g schwerer Miniatursendern erfaßt, die den Tieren Wochen vor Beginn der Versuche subkutan zwischen den Schulterblättern implantiert wurden. Sie erlaubten die kontinuierliche Aufzeichnung von EKG und Herzrate über ca. 5 Monate (Einzelheiten: Stöhr, 1988). Angegeben sind jeweils Mittelwerte über 60 Minuten-Intervalle. Gerasterte Balken zeigen die Dunkelphasen an.

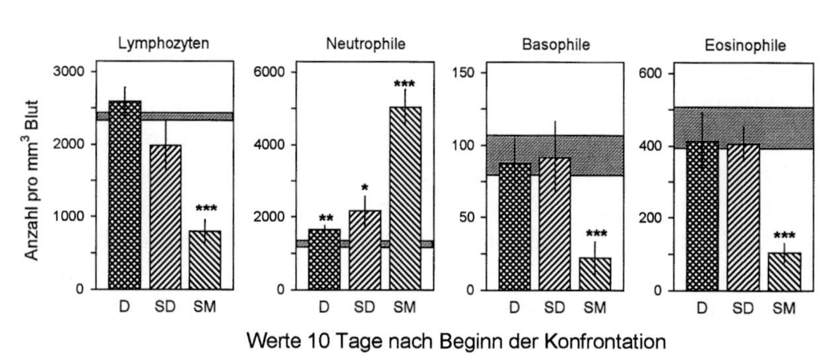

Abbildung 3: Leukozyten im Blut männlicher Tupajas 10 Tage nach Beginn einer Dauerkonfrontation. Der Ausgangswert aller Individuen (M ± SE) betrug 4420 ± 250 Leukozyten/mm³ Blut, von denen die hier dargestellten Formen 93,2 % ausmachen. Angegeben sind in den Abbildungen als graue Querbalken jeweils die Ausgangswerte ± SE. Abkürzungen wie in Abbildung 1. Anzahl der Tiere: D: 27; SD und SM jeweils 20.

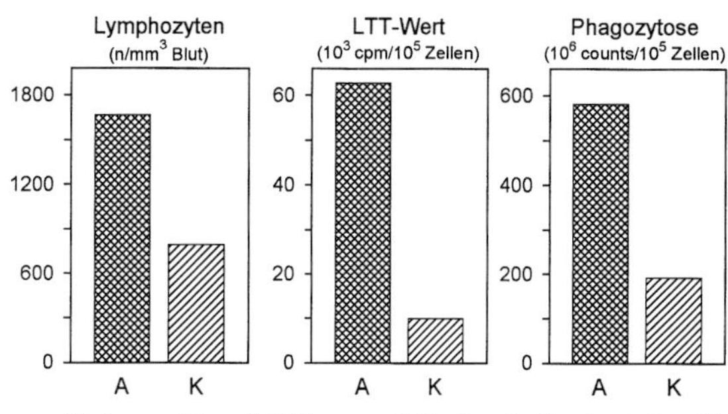

Abbildung 4: Immunologische Parameter eines Männchens vor (A) und 10 Tage nach Beginn einer Dauerkonfrontation (K), in der das Tier bereits am ersten Tag submissiv wurde. Die Herzrate dieses Individuums ist in Abbildung 2 unten dargestellt.

Entsprechend ihrem Verhalten in der Situation zeigten also unterlegene Tupajas unterschiedliche physiologische Reaktionen: Nur die Veränderungen bei den passiven Submissiven entsprachen hierbei den Selyeschen Vorstellungen. Diese Ergebnisse bestätigen daher das Konzept von zwei unterschiedlichen Streßreaktionen bei Säugetieren (Zusammenfassung: Henry und Stephens, 1977; Henry und Meehan, 1981): Cannons «Notfallreaktion» mit gesteigerter Sympathikusaktivität (Cannon, 1929) und Selyes «Streßreaktion» (Selye, 1950) mit vorwiegender Aktivierung der Nebennierenrinde. Während Cannons Reaktionsmuster bei einer aktiven Auseinandersetzung mit der belastenden Situation auftritt, findet sich Selyes Reaktionsmuster bei dem Fehlen jeder Kontrollmöglichkeit und dem passiven Erdulden einer Belastung. Entsprechend werden diese beiden Streßformen als «aktiver» und «passiver» Streß bezeichnet. Beide Streßformen hatten Auswirkungen auf das Immunsystem, die sich in ihrem hemmenden Einfluß auf die Teilungsfähigkeit der Lymphozyten qualitativ entsprachen, in der Verteilung der Leukozytenformen im Blut jedoch unterschieden: Generelle Aussagen über mögliche qualitative Unterschiede immunologischer Reaktionen bei diesen zwei grundsätzlich verschiedenen Streßformen sind jedoch aufgrund der wenigen Daten nicht möglich.

In den bisher geschilderten Versuchen blieben beide Kontrahenten über die gesamte Versuchsperiode zusammen, so daß die Effekte auf die physischen Anstrengungen sowie auf kleinere Verletzungen durch die Auseinandersetzungen ebenso wie auf die durch die Dominanzbeziehungen hervorgerufenen emotionalen Prozesse zurückzuführen sein könnten. Zwar scheinen Kämpfe per se nicht von so großer Bedeutung für die beschriebenen Effekte zu sein, da bei den Dominanten im Gegensatz zu den Unterlegenen keine entsprechenden Auswirkungen vorhanden waren, jedoch läßt sich ein potentiell schädigender Einfluß der Unterwerfung nicht ausschließen. Um daher die psychischen Aspekte von den physischen differenzieren zu können, wurde ein anderer Versuchsansatz durchgeführt.

Es wurden jeweils zwei Männchen aus ihren Haltungsräumen in den Versuchsraum überführt, in dem sie für zehn Tage in dem Versuchskäfig eingewöhnt wurden; beide Tiere waren hierbei durch eine Holzwand voneinander getrennt. Anschließend wurden sie zehn Tage lang täglich für jeweils zehn Minuten durch Entfernung der Trennwand miteinander konfrontiert; die übrige Zeit wurde die eine Hälfte der Tiere wieder durch eine Holzwand voneinander getrennt, die andere durch eine Gitterwand, so daß die Rivalen sich gegenseitig sehen, aber nicht attackieren konnten.

Auswirkung psychischer Faktoren auf Verhalten und physiologische Parameter

Während Tupajas bei Konfrontationen in ihnen unbekannten Käfigen mehr oder minder heftig um die Dominanz kämpften, hatte die vorangegangene Eingewöhnung der Tiere nur

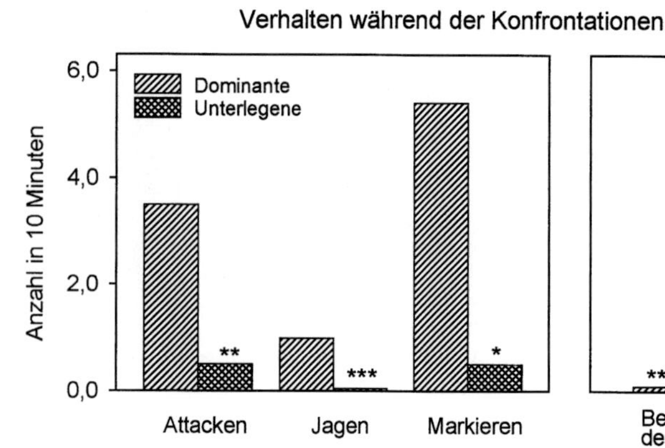

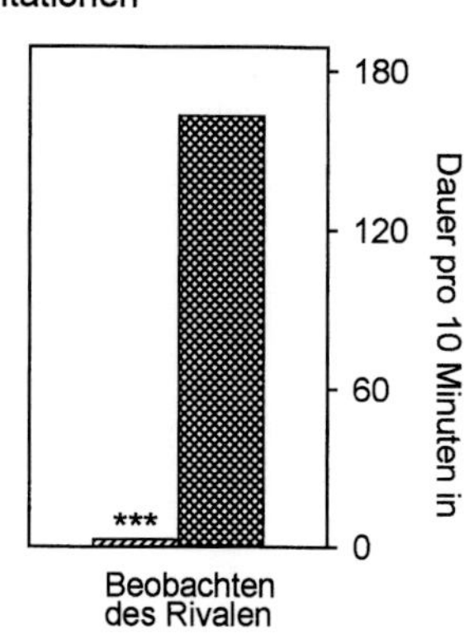

Abbildung 5: Verhaltensweisen von jeweils 14 dominanten und unterlegenen Männchen während der täglichen zehnminütigen Konfrontationen. Dargestellt sind die Mediane aus den insgesamt 10 Konfrontationsperioden der Individuen. Signifikante Unterschiede zwischen den Rivalen sind angegeben.

sehr leichte Auseinandersetzungen zur Folge, die jedoch in allen Fällen eine eindeutige Unterscheidung von dominanten und unterlegenen Individuen zuließen. Das Verhalten der Dominanten war während der Konfrontationen durch häufigeres Attackieren und Jagen des Rivalen gekennzeichnet, während die unterlegenen Individuen überwiegend in einer Ecke des Käfigs saßen und den Rivalen beobachteten (Abb. 5).

Außerhalb der Konfrontationsperioden unterschied sich das Verhalten von Individuen mit bzw. ohne Sichtkontakt nur geringfügig: Dominante Individuen mit ständigem Sichtkontakt zu ihren unterlegenen Rivalen wiesen eine um etwa 10 % verminderte lokomotorische Aktivität und entsprechend längere Ruhezeiten im Vergleich zu ihrer Eingewöhnungsphase auf; dasselbe war erstaunlicherweise auch bei unterlegenen Individuen ohne Sichtkontakt zu ihren Rivalen der Fall. Bei den beiden anderen Gruppen änderte sich das Verhalten nicht (Abb. 6).

Erwartungsgemäß veränderten sich die Cortisolkonzentrationen im Serum aller Individuen während der Konfrontation nicht wesentlich, jedoch nahm die tägliche Cortisolausscheidung bei den Dominanten leicht ab (Abb. 7), während ihre Testosteronausscheidung ebenso wie die Proliferationskapazität ihrer Lymphozyten anstieg (Abb. 6).

Dominante ohne Sichtkontakt zu ihren Rivalen unterschieden sich hingegen in ihrem Verhalten und in ihren physiologischen Parametern nicht von ihren Ausgangswerten: Nicht der erfolgreiche Ausgang einer Konfrontation, sondern der ständige Anblick des Unterlegenen bzw. die ständige «Information» über den eigenen überlegenen Zustand ist somit offensichtlich für die positiven Auswirkungen auf Verhalten und Physiologie dominanter Individuen verantwortlich.

Erwartungsgemäß zeigten unterlegene Individuen mit Sichtkontakt zu ihren überlegenen Rivalen die entgegengesetzten Reaktionen (siehe Abb. 6). Bei ihnen – und nur bei ihnen – war auch die Cortisolausscheidung trotz unveränderter Serum-Cortisolwerte deutlich erhöht. Dies dürfte auf einer vermehrten Urinabgabe beruhen, deren Ursache bisher nicht bekannt ist (Abb. 7).

Wider Erwarten entsprachen unterlegene Tiere ohne Sichtkontakt zu ihren Rivalen in ihrem Verhalten sowie in ihren physiologischen Werten prinzipiell dominanten Individuen mit Sicht zu ihren Rivalen (Abb. 6 und 7): Die täglichen kurzen Kämpfe mit Unterwerfung hatten für sie keine negativen Folgen; die Daten deuten sogar eher auf eine verbesserte Vitalität. Dieser Befund läßt sich am ehesten durch das hohe Maß an Kontrolle erklären, das die Tiere in dieser bedrohlichen Situation haben bzw. zu haben scheinen: Sie überstanden täglich eine insgesamt harmlose Konfrontation mit dem Rivalen, ohne dadurch in ihrem Verhalten den restlichen Tag über eingeschränkt zu werden.

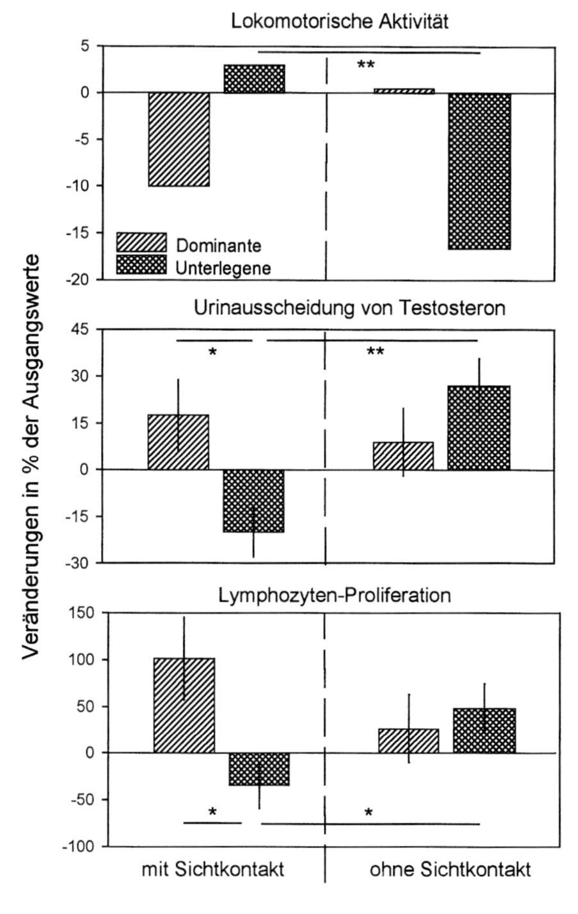

Abbildung 6: Lokomotorische Aktivität, Testosteronausscheidung und Lymphozytenproliferation männlicher Tupajas; jeweils 7 Individuen pro Versuchsgruppe. Das Verhalten aller Individuen wurde vor Beginn der Konfrontationen an 4 Tagen und während der Konfrontationsperiode an 5 Tagen jeweils 3 Stunden lang ausgewertet. Die Testosteronausscheidung jedes Individuums wurde täglich bestimmt; angegeben sind die Mittelwerte aus den mittleren Ausscheidungsraten der Individuen während der gesamten Konfrontationszeit. Blutproben zur Bestimmung der LTT-Werte wurden allen Tieren 10 Tage vor sowie am 10. Tag nach Beginn der Konfrontation entnommen.

Zusammenfassend zeigen die Befunde deutliche ethologische und physiologische Veränderungen je nach dem Status der Tiere (dominant bzw. unterlegen) und der Situation (Rivale sichtbar oder nicht sichtbar). Diese Befunde weisen auf ausgeprägte, ausschließlich psychische Beeinflussung der Proliferationsfähigkeit der Lymphozyten hin.

Im Vergleich zu Versuchen, in denen die Tiere ohne Eingewöhnungszeit konfrontiert wurden, waren die sonstigen physiologischen Parameter insgesamt wenig oder überhaupt nicht verändert. Unsere Vermutung war daher, daß die Tiere durch die längere Eingewöhnungszeit so mit ihren Käfigabteilen vertraut waren, daß sie diese als ihre Gebiete betrachteten und die der Rivalen entsprechend mehr oder minder akzeptierten; dies könnte die geringe Intensität der Kämpfe und als deren Folge die nur schwach ausgebildeten Dominanzbeziehungen (mit entsprechend geringeren physiologischen Reaktionen) erklären. Diese Frage wurde in einem weiteren Versuchsansatz untersucht.

Hierzu wurden Versuchstiere – wie oben geschildert – jeweils zu zweit in Versuchskäfige überführt; die ersten 20 Tage im Versuchsraum waren beide Individuen durch eine Holzwand voneinander getrennt, anschließend wurden sie durch Entfernen der Zwischenwand drei Wochen lang direktem Sozialkontakt ausgesetzt. Allen Individuen wurde vor dem Umsetzen sowie in den Eingewöhnungs- und Konfrontationsphasen Blut entnommen sowie ihr Verhalten zur Erstellung von Tagesethogrammen aufgezeichnet.

Auch in dieser Situation kam es nur zu Beginn der Konfrontationsphase zu wenigen

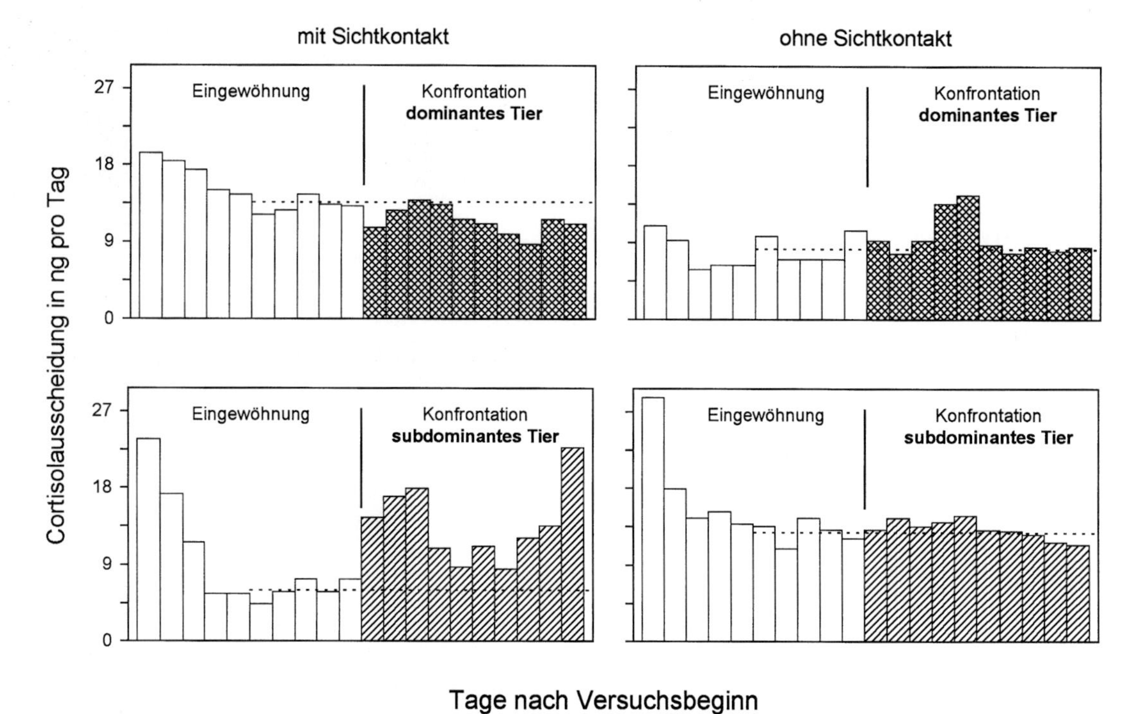

Abbildung 7: Tägliche Cortisolausscheidung von 4 Männchen vor und während der Konfrontationsperiode; das Mittel der letzten 5 Tage vor Beginn der Konfrontation ist als unterbrochene Linie eingezeichnet. Wie aus der Abbildung auch ersichtlich ist, stellt das Umsetzen in den Versuchsraum für alle Individuen eine Belastung dar, die mit einer erhöhten Ausscheidung von Cortisol einhergeht.

leichteren Auseinandersetzungen; eindeutige Dominanzbeziehungen mit entsprechenden Auswirkungen auf das Verhalten wurden nur in einem Fall aufgebaut. In den übrigen sieben Konfrontationen versuchten die Individuen nach wenigen leichteren Auseinandersetzungen im wesentlichen den Kontakt mit dem Rivalen zu vermeiden: Beide entsprachen daher in ihrem Verhalten subdominanten Individuen. Doch trotz des nahezu vollständigen Fehlens von aggressiven Auseinandersetzungen hatte diese Situation ausgeprägte immunmodulatorische Wirkungen:

Anwesenheit von Rivalen ohne physischen Kontakt und deren Auswirkungen

Während sich die immunologischen Parameter (siehe Abb. 8) im Mittel bei den beiden Blutentnahmen im Haltungsraum nicht voneinander unterschieden, waren sie bei der Konfrontation deutlich gegenüber den Ausgangsbedingungen verändert. Dies war jedoch nicht eine Folge des direkten Kontaktes der Tiere miteinander, vielmehr veränderten sich die Parameter bereits während der «Eingewöhnung» an den Versuchskäfig in Richtung der Werte, wie sie bei der eigentlichen Konfrontation vorlagen.

Nachdem Vorversuche gezeigt hatten, daß ein Umsetzen der Tiere in den Versuchsraum ohne Anwesenheit eines männlichen Artgenossen keine Veränderung immunologischer Parameter zur Folge hat, muß diese Immunmodulation auf die Anwesenheit des Rivalen zurückgeführt werden, den die Versuchstiere zwar nicht sehen, aber zweifellos hören und insbesondere riechen konnten: Offensichtlich stellt also bereits die Information von der Anwesenheit eines potentiell bedrohlichen Riva-

Abbildung 8: Immunologische Parameter von 16 männlichen Tupajas. Blutentnahmen fanden jeweils in zehntägigem Abstand statt; im Haltungsraum (H) an Tag 0 und 10; 8 Tage später wurden die Tiere in den Versuchsraum (V) überführt und ihnen am 2. und 12. Tag nach dem Umsetzen Blut entnommen; Entsprechendes gilt für den 2. und 12. Tag der Konfrontationsphase (K).

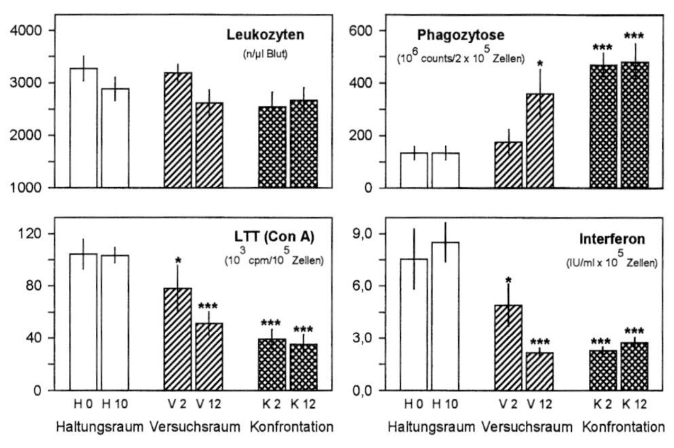

len eine ebenso starke Belastung dar wie die direkte Konfrontation mit diesem.

Wie bereits oben erwähnt wurde, führte der Kontakt zwischen den Tieren nur in einem Fall zu einer eindeutigen Dominanzbeziehung. Während in allen sonstigen Versuchen beide Individuen gleichsinnige physiologische Veränderungen zeigten, war in diesem Fall die Richtung der Veränderungen bei beiden Individuen entgegengesetzt: Der spätere Verlierer entsprach hierbei den übrigen (subdominanten) Tieren, während bei dem späteren Sieger bereits in der «Eingewöhnungsphase» entgegengesetzte immunmodulatorische Wirkungen auftraten.

Um diesen Befund näher zu analysieren, wurde der Versuch mit geringen Abänderungen wiederholt: Die Tiere wurden in den Versuchsraum überführt und zunächst zehn Tage ohne Sichtkontakt und dann weitere zehn Tage durch Einfügung einer Gittertrennwand mit Sichtkontakt zueinander gehalten; anschließend wurden sie jeweils an drei aufeinanderfolgenden Tagen zehn Minuten miteinander konfrontiert, was – im Gegensatz zum vorherigen Versuch mit Dauerkontakt zwischen den Tieren – in allen Fällen zu eindeutigen Dominanzbeziehungen führte. Außerhalb der Konfrontationszeiten waren die Rivalen durch Holzwände voneinander getrennt. Im Anschluß an die dritte Konfrontation wurden die Tiere in ihre Haltungsräume zurückgesetzt.

Grundsätzlich stimmten die Befunde dieses Versuchsansatzes mit denen des letzten überein: Anwesenheit eines Rivalen in dem Versuchsraum hatte bereits ohne direkten Kontakt der Tiere miteinander immunologische Auswirkungen (Abb. 9). Bedeutsam war hierbei die Richtung dieser Veränderungen: Die Reaktionen der Tiere, die sich in späteren Konfrontationen als dominant erwiesen, verliefen entgegengesetzt zu denen der Individuen, die unterlegen wurden: Prospektiv Dominante verbesserten Immunfunktionen, prospektiv Unterlegene zeigten Verschlechterungen.

Wie aus Abbildung 9 zu ersehen ist, unterschieden sich bereits die Ausgangswerte (H) zwischen den späteren Dominanten und Unterlegenen. Es lag daher die Vermutung nahe, daß der Kampfausgang durch eine unterschiedliche Konstitution der Tiere bestimmt sei, und die entgegengesetzten physiologischen Reaktionsmuster Ausdruck dieser Konstitutionsunterschiede seien. Um dies zu überprüfen, wurde der Versuch drei Monate später mit allen Versuchstieren in anderer Kombination wiederholt (ehemals Dominante mit Dominanten sowie ehemals Unterlegene mit Unterlegenen). Hierbei stellten die Tiere in allen Fällen neue Dominanzbeziehungen her, mit den identischen immunologischen Konsequenzen auf die späteren Sieger und Verlierer wie im ersten Versuchsdurchgang: Die unterschiedlichen Reaktionen der Individuen beruhen somit

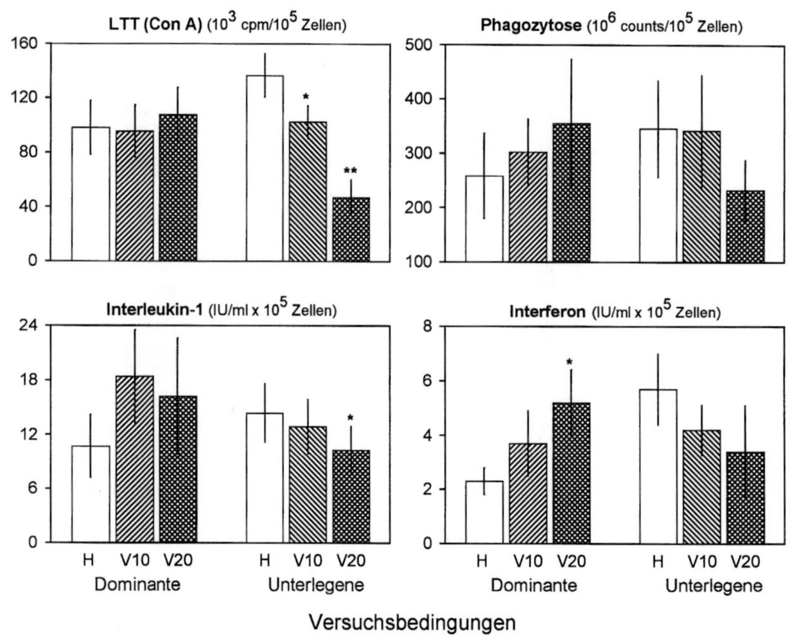

Abbildung 9: Immunologische Werte männlicher Tupajas vor den eigentlichen Konfrontationen; dargestellt getrennt nach späteren Dominanten und Unterlegenen (n = jeweils 9 (obere Abbildungen) bzw. 7 (untere Abbildungen)). Blutentnahmen fanden jeweils in zehntägigem Abstand statt, und zwar im Haltungsraum (H) sowie am 10. und 20. Tag im Versuchsraum (V); anschließend wurden die Tiere an 3 Tagen täglich 10 Minuten miteinander konfrontiert und die Dominanzbeziehungen festgestellt.

ausschließlich auf der jeweiligen Situation und sind – zumindest in diesem Kontext – nicht von bestimmten Prädispositionen verhaltensmäßiger oder physiologischer Art bestimmt.

Tupajas erkennen somit – vermutlich olfaktorisch – nicht nur die Anwesenheit eines potentiellen Rivalen, sie erkennen auch die zwischen ihnen jeweils herrschende Dominanzbeziehung, bevor sie miteinander gekämpft haben, und – was noch erstaunlicher ist – sie reagieren auf den potentiell überlegenen oder unterlegenen Rivalen mit physiologischen Reaktionen, die denen nach einer direkten Konfrontation entsprechen. Ein entsprechend eindrucksvoller Beleg für rein psychisch ausgelöste, langanhaltende Veränderungen des Immunsystems ist uns aus anderen tierexperimentellen Untersuchungen nicht bekannt.

Qualität einer Paarbeziehung bei Tupajas und deren Auswirkungen

Wie bereits eingangs erwähnt wurde, leben Tupajas in der Natur paarweise in Revieren. Im Labor hat erstaunlicherweise das Zusammensetzen eines Männchens mit einem Weibchen nur in etwa 20 % der Fälle eine «harmonische» Paarbildung zur Folge, die lebenslang bestehen kann. Aggressive Auseinandersetzungen fehlen hierbei gänzlich, vielmehr markieren sich beide Tiere von Beginn an immer wieder gegenseitig. Besonders auffällig ist eine Verhaltensweise, die sonst nur zwischen Eltern und ihren Jungen auftritt – das «Küssen». Hierbei stößt ein Tier seinem Partner mit der Schnauze in den Mundwinkel und leckt dann den in großen Tropfen abgegebenen Speichel ab. Tagsüber ruhen die Tiere in der Regel gemeinsam, und nachts schlafen sie zusammen in demselben Schlafkasten.

In 80 % aller Fälle führt die «Verpaarung» hingegen zu einer unharmonischen Beziehung: Von Beginn an kommt es zu gelegentlichen Streitigkeiten, meist versuchen jedoch beide Tiere möglichst jeder Konfrontation aus dem Wege zu gehen. Die Qualität einer Paarbeziehung beruht hierbei auf individuellen Sympathien bzw. Antipathien der Tiere zueinander: So kann zum Beispiel ein Männchen,

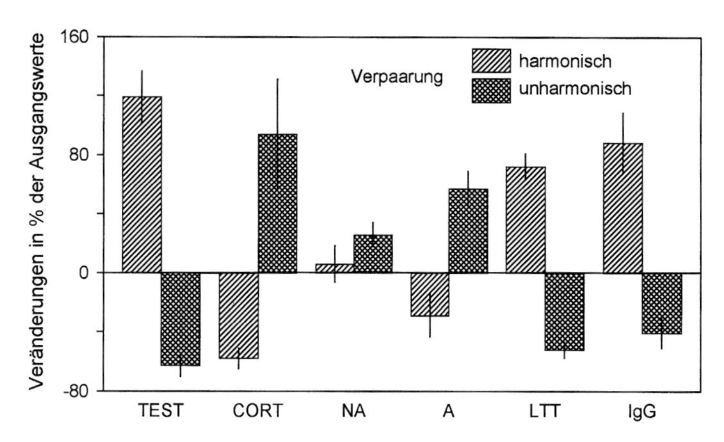

Abbildung 10: Physiologische Werte im Blut von 11 männlichen Tupajas jeweils 10 Tage nach Beginn einer harmonischen bzw. unharmonischen Paarbeziehung. Die Werte sind als Veränderungen in Prozent der Ausgangswerte dargestellt, die von allen Individuen 10 Tage vor Beginn der Verpaarungen bestimmt wurden. Da Verhaltensreaktionen der Weibchen auf Duftmarken der Männchen Hinweise auf die Qualität einer späteren Verpaarung zulassen, konnten alle Männchen jeweils einmal harmonisch und einmal unharmonisch verpaart werden, sie dienten daher als eigene Kontrollen. Zwischen den beiden Verpaarungen lebten alle Tiere einzeln in ihren Haltungsräumen. Unterschiede zwischen den beiden Verpaarungen mit Ausnahme von Noradrenalin jeweils $p < 0{,}001$. TEST: Testosteron; CORT: Cortisol; NA: Noradrenalin; A: Adrenalin; LTT: Proliferation von Lymphozyten nach Zugabe von Concanavalin A; IgG: Immunglobulin G.

das von dem einen Weibchen heftig attackiert wird, von einem anderen sofort als «geliebter» Partner akzeptiert werden.

Unharmonische Paare zeigen keine der für harmonische Partner typischen Verhaltensweisen (wie gemeinsames Ruhen, gegenseitiges Markieren und Küssen), dennoch können sie über Monate hin weitgehend aggressionsfrei zusammenleben. Im Gegensatz zu harmonisch verpaarten Individuen haben sie jedoch eine deutlich verminderte Gonadenfunktion und bekommen nur selten Junge, die sie zudem niemals aufziehen. Daneben finden sich bei ihnen die verschiedensten endokrinen und immunologischen Veränderungen, die auf eine ständige Belastung – einen chronischen aktiven Streß – hinweisen: Die Serumkonzentrationen der Glukokortikoide und Katecholamine sind permanent erhöht; auf Störungen reagieren sie zudem mit wesentlich stärkeren und länger anhaltenden Nebennierenrindenantworten; zugleich sind ihre Herzraten ebenso wie bei den subdominanten Verlierern in Konfrontationsexperimenten zwischen Männchen permanent erhöht (v. Holst, 1994). Besonders auffallend ist jedoch eine je nach Paar-Beziehung unterschiedlich starke Abnahme der Proliferationskapazität ihrer Blut-Lymphozyten und ihrer Serum-IgG-Titer (Abb. 10). Werden die Partner eines derartigen Paares wieder getrennt, stellt sich innerhalb weniger Tage bis Wochen wieder ihr Ausgangszustand ein.

Das Gegenteil findet man bei harmonisch zusammenlebenden Partnern (Abb. 10): Ihre Serumkonzentrationen der Glukokortikoide und Katecholamine sinken deutlich ab; ihre Herzrate wird bleibend um bis zu 25 % erniedrigt (v. Holst, 1994; Stöhr, 1988), und zugleich tritt eine deutliche Verbesserung immunologischer Werte ein.

Insgesamt deuten die Befunde auf eine deutliche Verbesserung der Vitalität harmonisch verpaarter Individuen, während bei unharmonisch verpaarten das Gegenteil der Fall ist. Bedeutsam erscheint uns hierbei zum einen die bleibende Reduzierung der Herzraten harmonisch verpaarter Individuen (nicht dargestellt), da beim Menschen Personen mit erhöhten Herzraten besonders gefährdet sind, an Herzversagen zu sterben (u. a. Dyer et al., 1980; Kannel et al., 1987). Zum anderen dürften die immunologischen Auswirkungen die in harmonischer Paarbeziehung lebenden Individuen auch vor parasitären und infektiösen Erkrankungen schützen, wie es vom Menschen aus epidemiologischen Untersuchungen über die Bedeutung der sozialen Unterstützung naheliegt (z. B. Broadhead et al., 1983; Perrson et al., 1994; Ursin, 1991; s.a. v. Holst, 1994).

Schlußbemerkungen

Wie die hier geschilderten Befunde von Tupajas zeigen, können psychische Prozesse, wie sie Bestandteil jeder Sozialbeziehung sind, deutliche Auswirkungen auf das Immunsystem haben. Die Richtung der Auswirkungen ist hierbei bidirektional: Unsicherheit, Hilflosigkeit oder Angst, wie sie bei unterlegenen Individuen in Anwesenheit des überlegenen Rivalen oder in einer unharmonischen Paarbeziehung vorhanden sein dürften, haben langanhaltende Beeinträchtigungen der zellulären und humoralen Anteile des Immunsystems zur Folge; zugleich nimmt in der Regel auch die Phagozytose-Kapazität der Monozyten und Granulozyten ab, was die Abwehrlage der Individuen zusätzlich verschlechtern könnte. Diese Effekte treten gleichermaßen bei passiven und aktiven Streßreaktionen auf, obwohl letztere ohne gleichzeitige Erhöhung der Glukokortikoidwerte im Serum der Tiere ablaufen. Ob sich die beiden unterschiedlichen Streßreaktionen quantitativ in ihrer immunsuppressiven Wirkung unterscheiden, kann bislang nicht entschieden werden. Die starke Abnahme der Lymphozyten, eosinophilen und basophilen Granulozyten sowie Monozyten im Blut bei passiven Streßreaktionen (submissive Tupajas) deutet jedoch auf eine stärkere Immunsuppression bei dieser Streßform hin.

Im Gegensatz zu den negativen Auswirkungen sozialer Belastungen hat eine harmonische Paarbeziehung sowie eine dominante Position gegenüber einem Rivalen eine Verbesserung von Immunfunktionen zur Folge; Voraussetzung ist hierbei jedoch die ständige Anwesenheit oder zumindest Sicht des Sozialpartners. Erstaunlicherweise findet sich derselbe positive immunologische Effekt auch dann, wenn ein Tier zwar täglich unterworfen wird, doch in der übrigen Zeit nicht dem Anblick des Rivalen ausgesetzt ist. Auch hier vermuten wir eine Beteiligung subjektiver Prozesse – das Gefühl, Kontrolle über eine Situation erlangt zu haben, bzw. Erleichterung.

Wohl der interessanteste Befund dieser Untersuchungen ist die starke Reaktion des Immunsystems bereits schon allein auf die Anwesenheit eines potentiellen Rivalen. Hierbei erkennen Tupajas nicht nur den Ausgang einer späteren Konfrontation, sondern sie reagieren auf die Anwesenheit des potentiell überlegenen oder unterlegenen Rivalen auch mit immunologischen Veränderungen derselben Intensität, wie sie bei einer direkten Konfrontation auftreten. Immunologische Veränderungen – insbesondere die Stimulierbarkeit der Lymphozyten durch Con A – sind hierbei im Vergleich zu allen sonstigen von uns erfaßten physiologischen Daten die weitaus empfindlichsten Indikatoren für das Vorhandensein emotionaler Belastungen.

Hieraus ergibt sich die Frage nach dem adaptiven Wert dieser immunologischen Reaktionen. Während emotional ausgelöste Veränderungen als Folge der Aktivierung des Sympathikus-Nebennierenmarksystems im Sinne einer Cannonschen Notfallreaktion – als Vorbereitung für Kampf oder Flucht – ebenso sinnvoll erscheinen wie die unterstützende Aktivierung des Nebennierenrindensystems mit gleichzeitiger Hemmung der Fertilität der Individuen und aller Wachstumsprozesse, fehlen bisher überzeugende Erklärungen für die emotional bedingte Immunsuppression. Zwar kann letztere bei einer akuten Infektion eine überschießende – und damit gegebenenfalls schädliche – Überreaktion des Organismus hemmen, wie bereits von Selye postuliert wurde, doch erscheint uns diese Erklärung für eine langfristige, emotional bedingte Immunmodulation nicht sehr plausibel zu sein.

Eine andersartige Erklärung könnte auf der Ebene der Population liegen: Unterlegene oder anderweitig gestreßte Individuen könnten als

Folge einer Immunsuppression vermehrt von parasitären oder sonstigen Erkrankungen befallen werden und so vorzeitig sterben, was eine Entfernung schwächerer oder überzähliger Individuen zur Folge hätte (vgl. auch Gärtner, Hämisch und Lecher, in diesem Band). Ein besonders eindrucksvoller Befund für diese Möglichkeit stammt von den in Australien lebenden räuberischen Breitfußbeutelmäusen. Alle Männchen dieser Beuteltiergattung sterben stets vor Erreichen ihres ersten Lebensjahres am Ende einer zwei- bis dreiwöchigen Fortpflanzungsperiode. Der Tod beruht hierbei auf einem dramatischen Anstieg der freien Anteile der Glukokortikoide in ihrem Blut und einem damit einhergehenden Zusammenbruch immunologischer Funktionen: Magen-Darmblutungen, Anämie, schwerster Parasitenbefall, bakterielle Lebernekrosen und andere Infektionen bedingen innerhalb kürzester Zeit das Ende der Männchen, während die Weibchen ohne die Konkurrenz der Männchen optimale Nahrungsbedingungen für die Jungenaufzucht vorfinden.

Die zum Tod führenden physiologischen Veränderungen beruhen im wesentlichen auf der extrem gesteigerten Aggression unter den Männchen. Verhindert man entsprechend Kämpfe, indem man Männchen vor der Paarungszeit einfängt und einzeln hält, so können sie ebenso wie die Weibchen in der Natur einige Jahre alt werden (Bradley et al., 1980; Mc Donald et al., 1981 und 1986).

Immunologische Begleiterscheinungen emotionaler Belastungen könnten somit im Verlauf der Evolution auf der Ebene von Populationen selektioniert worden sein, um an deren Selbstregulation mitzuwirken. Zwar soll Gruppenselektion nach den heutigen Konzepten der Evolutionsbiologie eher unwahrscheinlich sein, dennoch erscheint sie uns die einzige tragfähige Erklärung für die engen Beziehungen zwischen Immunsystem und soziopsychischen Prozessen zu bieten.

Literatur

Ader R, Felten DL, Cohen N (Hrsg.): Psychoneuroimmunology. San Diego, Academic Press, 1991.

Anisman H, Zalcman S, Zacharko RM: The impact of stressors on immune and central neurotransmitter activity: bidirectional communication. Rev. Neurosci. 1993; 4:147–180.

Bohus B, Koolhaas JM: Psychoimmunology of social factors in rodents and other subprimate vertebrates. In: Ader R, Felten DL, Cohen N (Hrsg.): Psychoneuroimmunology. San Diego, Academic Press, 1991; pp. 807–830.

Bradley AJ, McDonald IR, Lee AK: Stress and mortality in a small marsupial (Antechinus stuartii, Macleay). Gen. comp. Endocrinol. 1980; 40:188–200.

Broadhead WE, Kaplan BH, James SA, Wagner EH, Schoenbach VJ, Grimson R, Heyden S, Tibblin G, Gehlbach SH: The epidemiological evidence for a relationship between social support and health. Am. J. Epidemiol. 1983; 117:521–537.

Cannon WB: Organization for physiological homeostasis. Physiol. Revs. 1929; 9:399–431.

Cantor T: Catalogue of mammalia inhabiting the Malayan pensinsula and islands. J. Asiat. Soc. Bengal. 1846; 15:171–203 und 241–279.

Dyer AR, Persky V, Stamler J, Oglesby P, Shekelle RB, Berkson DM: Heart rate as a prognostic factor for coronary heart disease and mortality: Findings in three Chicago epidemiologic studies. Am. J. Epidemiol. 1980; 112:736–749.

Fauman MA: The relation of dominant and submissive behavior to the humoral immune response in BALB/c mice. Biol. Psychiatry 1987; 22:771–776.

Fenske M, Probst B: Simultaneous release of androgens and progesterone by gerbil (Meriones unguiculatus) dispersed testicular interstitial cells under basal conditions and after stimulation with luteinizing hormone. Endokrinologie 1982; 79:190–196.

Fenske M: Rapid and efficient method for extraction and separation of glucocorticosteroids and sex steroids from urines. J. Chromatography B 1995; 670:373–375.

Gilman SC, Schwarz JM, Mulner RJ, Bloom FE, Feldmann JD: Beta-endorphin enhances lymphocyte proliferative responses. Proc. Nat. Acad. Sci. USA 1982; 79:4426–4430.

Hardy CA, Quay J, Livnat S, Ader R: Altered T-lymphocyte response following aggressive encounters in mice. Physiol. and Behav. 1990; 47:1245–1251.

Henry J, Meehan JP: Psychosocial stimuli, physiological specifity, and cardiovascular disease. In: Weiner H, Hofer MA, Stunkard AJ (Hrsg.): Brain, Behavior, and Bodily Disease. New York, Raven Press, 1981; pp. 305–333.

Henry JP, Stephens PM: Stress, health, and the social environment. A sociobiologic approach to medicine. Heidelberg, Springer, 1977.

v. Holst D: Psychosocial stress and its pathophysiological effects in tree shrews (Tupaia belangeri). In: Schmidt TH, Dembroski TM, Blümchen G (Hrsg.): Biological and Psychological Factors in Cardiovascular Disease. Heidelberg, Springer, 1986; pp. 476–490.

v. Holst D: Vegetative and somatic components of tree shrew's behavior. J. Auton. Nerv. System. 1986; Suppl. 657–670.

v. Holst D: Auswirkungen sozialer Kontakte bei Säugetieren: Zoologische Grundlagenforschung als eine Basis zum Verständnis menschlicher Erkrankungen. Biologie in unserer Zeit 1994; 24:164–174.

Kannel WB, Kannel C, Pfaffenbarger RS, Cupples LA: Heart rate and cardiovascular mortality. The Framingham Study. Am. Heart J. 1987; 116:1369–1373.

Kawamichi T, Kawamichi M: Spatial organization and territory of tree shrews (Tupaia glis). Anim. Behav. 1979; 27:381–393.

McDonald IR, Lee AK, Bradley AJ, Than KA: Endocrine changes in dasyurid marsupials with differing mortality patterns. Gen comp. Endocrinol. 1981; 44:292–301.

McDonald IR, Lee AK, Than KA, Martin RW: Failure of glucocorticoid feedback in males of a population of small marsupials (Antechinus swainsonii) during the period of mating. J. Endocr. 1986; 108:63–68.

Perrson L, Gullberg B, Hanson B. S, Moestrup T, Ostergren PO: HIV infection: social network, social support, and CD4 lymphocyte values in infected homosexual men in Malmo, Sweden. J. Epidemiol. Community Health 1994; 48:580–585.

da Prada M, Zürcher G: Simultaneous radioenzymatic determination of plasma and tissue adrenaline, noradrenalinc and dopamine within the femtomole range. Life Sci. 1976; 19:1161–1174.

Rabin B, Cohen S, Ganguli R, Lysle DT, Cunnick JE: Bidirectional interaction between the central nervous system and the immune system. Critical Reviews in Immunology 1989; 9:279–312.

Selye H: The physiology and pathology of exposure to stress. Montreal, Acta, 1950.

Starck D: Vergleichende Anatomie der Wirbeltiere auf evolutionsbiologischer Grundlage, Band 1: Theoretische Grundlagen. Stammesgeschichte und Systematik unter Berücksichtigung der niederen Chordata. Heidelberg, Springer, 1978.

Stöhr W: Longterm heartrate telemetry in small mammals: A comprehensive approach as a prerequisite for valid results. Physiol. and Behav. 1988; 43:567–576.

Ursin H: Psychobiology of stress and attachment: the biobehavioural view. WHO Reg. Publ. Eur. Ser. 1991; 37:173–186.

Vessey SH: Effects of grouping on levels of circulating antibody levels in mice. Proc. Soc. exp. Biol. Med. 1964; 115:252–255.

Witte PU, Matthaei H: Mikrochemische Methoden für neurobiologische Untersuchungen. Heidelberg, Springer, 1980.

Die Untersuchungen wurden entscheidend durch die Volkswagen-Stiftung gefördert, der wir hierfür sehr danken. Unser Dank gilt auch Herrn Professor P. Vecsei (Heidelberg) für die Überlassung der Antikörper für die Bestimmung der Steroidhormone sowie Herrn Dr. H.U. Beuscher (Erlangen), der uns die Zellen für die Interferon- und Interleukinbestimmungen zur Verfügung stellte. Letzlich danken wir Herrn Prof. Dr. K. Gärtner (Hannover) für die Durchsicht dieses Manuskriptes und seine kritischen Anmerkungen.

Immunmodulation durch die soziale Umwelt und Infektdisposition bei Übervölkerung – tierexperimentelle Befunde

Klaus Gärtner, Andreas Haemisch und Bernd Lecher

Beim Menschen findet die Hypothese, daß Streß, Angst oder Depression Immunfunktionen beeinflussen können, zunehmend Bestätigung durch die Ergebnisse kontrollierter Untersuchungen. Bei Säugetieren vermutet man aus Feldbeobachtungen an Wirbeltieren oder aus der Massentierhaltung von landwirtschaftlichen Nutztieren ähnliche Verknüpfungen, die dort erhöhte Infektdispositionen bewirken könnten. Im Tierexperiment zeigen sich die Zusammenhänge zwischen psychosozialen Belastungen und Immunsystem oder Infektresistenzen bisher wenig einheitlich. Sowohl ältere Untersuchungen aus den siebziger Jahren als auch aktuelle Experimente zeigen, daß chronische psychosoziale Belastungen bei Labornagern Infektverläufe sowohl aktivieren wie supprimieren können. Die vergleichsweise geringe Anzahl von Studien mit experimentellem Infekt reicht für ein gutes Verständnis der zugrundeliegenden Mechanismen nicht aus. Weitaus zahlreicher sind Studien an einzelnen Komponenten der Vernetzungen des psychoneuroendokrinen mit dem immunologischen Geschehen am nicht infizierten Tier. Dem gilt der erste Teil dieses Beitrages. Sie zeigen, daß zwischen den Effekten von chronischem und akutem Streß unterschieden werden muß. Während chronischer Streß Immunfunktionen überwiegend supprimiert, kann akuter Streß insbesondere zelluläre Immunfunktionen auch aktivieren. Die klinische Relevanz solcher singulär beobachteter Immunfunktionen bleibt jedoch spekulativ.

Studien, die gleichzeitig sowohl Streßeffekte auf endokrine Immunmediatoren und Immunfunktionen an Tieren messen, die einer Infektion ausgesetzt sind, förderten überraschende Beziehungen zutage. Darauf wird im zweiten Teil dieses Aufsatzes eingegangen.

Artunterschiede in der Empfindlichkeit gegenüber sozialen Belastungen

Ob eine bestimmte soziale Situation streßauslösend ist oder nicht hängt neben dem Geschlecht auch wesentlich von den sozialen Organisationsmöglichkeiten der jeweiligen Tierart ab. Im Vordergrund des experimentellen Interesses stehen Untersuchungen an männlichen Tieren.

Für die Arteigenschaften muß vor allem zwischen solitär lebenden, territorial organisierten Tierarten und in sozialen Kolonien lebenden Arten unterschieden werden. Diese Unterschiede bedingen, daß formal gleich erscheinende experimentelle Manipulationen der sozialen Umwelt bei verschiedenen Spezies von ganz unterschiedlicher streßphysiologischer Relevanz sein können. So induziert das tägliche Neuzusammensetzen von Mäusemännchen zu Käfiggruppen Körpergewichtsabnahmen und dauerhafte endokrine Verstellungen im Sinne eines Streßsyndroms (Abb. 1), während Laborratten bereits nach wenigen Tagen an die Situation der täglich wechselnden Käfigpartner adaptieren können (Abb. 2). Die-

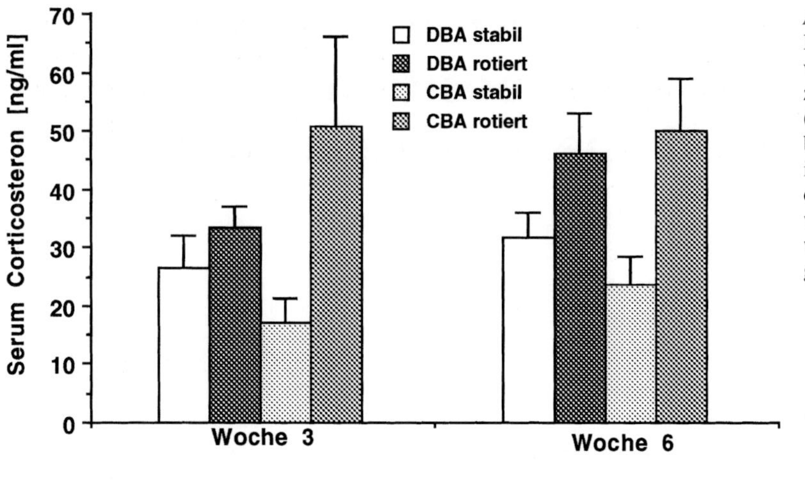

Abbildung 1: Kortikosteron-Konzentationen im Serum von männlichen Mäusen zweier Inzuchtstämme (DBA/J und CBA) nach drei- bzw. sechswöchiger Haltung in Fünf-Männchen-Gruppen, deren Zusammensetzung entweder konstant gehalten wurde (stabil) oder täglich gewechselt wurde (rotiert).

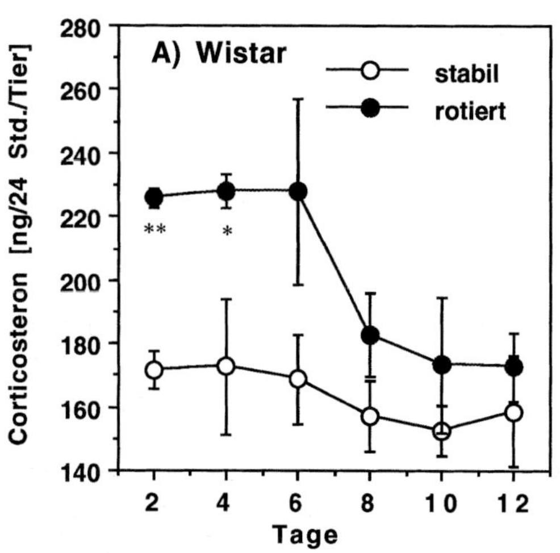

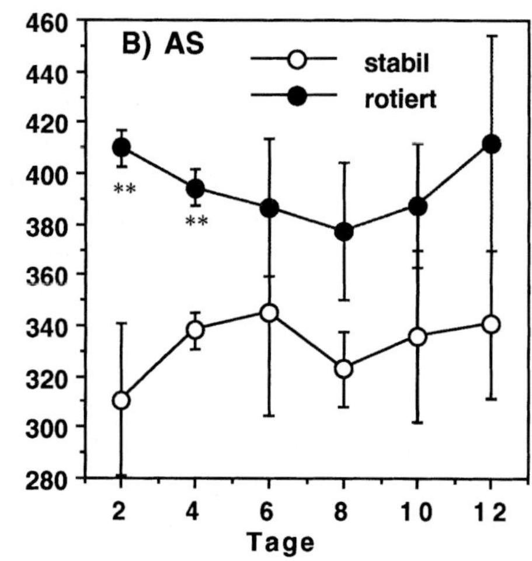

Abbildung 2: Tägliche renale Kortikosteron-Ausscheidung an sechs von zwölf aufeinanderfolgenden Tagen von Ratten zweier Stämme (Wistar und AS/Ztm), die in Gruppen zu viert entweder bei konstanter Gruppenzusammensetzung (stabil) oder zu viert bei täglich wechselnder Gruppenzusammensetzung (rotiert) gehalten wurden.

ses Verfahren imitiert soziale Belastungen, wie sie bei Übervölkerung auftreten.

Sozioethologisch bedingt Übervölkerung den Zerfall der kleinen, stabilen sozialen Organisationseinheiten vor allem zwischen den männlichen Tieren einer Gruppe. Das kann zum Finden neuer, größerer und komplizierterer sozialer Organisationsformen führen, die dann der größeren Dichte gerecht werden können. Meerschweinchen (Sachser, 1986) und Ratten sind dazu in der Lage. Die Fähigkeit zur Gruppenorganisation ist beim Meerschweinchen abhängig von bestimmten Jugenderfahrungen (Sachser, 1993). Ratten nutzen den Vorteil der größeren Gruppen, indem sie Tiere mit besonderen Befähigungen als Spezialisten für die Lösung spezieller Aufgaben einsetzen. In solchen größeren Gruppen wird die sonst eindimensionale Rangordnung durch das Nebeneinander von unterschiedlichen Hierarchien in verschiedenen Rivalitätsfeldern ersetzt. Diese Multidimensionalität der Hierarchien wird bei unterschiedlichen Anforderungen sichtbar. (Militzer et al., 1979 und 1982; Gärtner et al., 1981; Haemisch und Gärtner, 1996). Mäuse können solche neuen Organisationsformen in größerer Dichte nicht finden. Es persistieren dann die intensiven sozialen Interaktionen über Wochen, die sonst nur am Beginn von neuen Hierarchiebildungen über wenige Stunden oder Tage bestehen. Mäuseböcke sind im Freiland deutlich territorial organisiert (Mackintosh, 1970 und 1973). Auch in Bockgruppen mit konstanter individueller Zusammensetzung sind aggressive Interaktionen häufig. Das Zusammensetzen fremder Böcke führt zu stark gesteigerter Aggressivität.

Artspezifische Eigenschaften müssen ebenso berücksichtigt werden, wenn die Belastungsqualität einer bestimmten Dominanzposition oder die Konsequenz der Einzelhaltung beurteilt werden soll. Dominanzhierarchien bilden sich in der Regel in jeder Gruppe von Labornagern aus. Hinsichtlich der Stabilität solcher Hierarchien und dem Umfang, in dem sie auch den unterlegenen Tieren eine belastungsfreie Existenz erlauben, bestehen jedoch erhebliche Unterschiede. In Rattengruppen ist aggressives Verhalten unter den laborüblichen Haltungsbedingungen in der Regel kaum ausgeprägt. In Gruppen von Mäuseböcken sind ernsthafte aggressive Auseinandersetzungen dagegen eher die Regel. Entsprechend finden sich belastungsinduzierte, endokrine Basalzustände häufig bei unterlegenen Mäusen (Louch und Higginbotham, 1967; Bronson, 1973; Ely und Henry, 1978), dagegen weniger auffällig bei unterlegenen Ratten (Gärtner et al., 1991). Diese Zustände spiegeln die verschiedenen Organisationsformen der Spezies wider. Ratten sind ausgesprochene Gruppentiere (Steiniger, 1950; Lore und Schultz, 1989). In Bockgruppen sind ernsthafte aggressive Auseinandersetzungen selten. Ihr vielfältiges soziales Verhaltensrepertoire ermöglicht ihnen auch eine rasche Adaptation an die Situation permanent wechselnder Käfigpartner. Sie verfügen als gruppenlebende Spezies über ein vielfältigeres Verhaltensrepertoire, das ihnen den Aufbau und Erhalt stabiler sozialer Bezüge auch unter Käfigbedingungen erlaubt. Mäuseböcken dagegen erschwert ihre solitäre territoriale Organisation (Mackintosh, 1970) das Zusammenleben in Käfiggruppen.

Auch die von v. Holst in diesem Band vorgestellten, recht deutlichen streßphysiologischen Unterschiede zwischen verschiedenen Typen von unterlegenen und dominanten Tupajas sind als Spezifikum ihrer solitären Freilandorganisation zu verstehen (vgl. Kapitel von v. Holst et al.).

Unterschiedliche Formen sozialer Belastungen im Tierexperiment

Zur Charakterisierung psychosozialer Belastungen im Tierexperiment werden im wesentlichen drei Differenzierungskriterien verwendet: 1. Gewinnen oder Verlieren einer akuten sozialen Konfrontation, 2. Besetzen einer bestimmten Dominanzposition in der sozialen Hierarchie einer längerfristig existierenden sozialen Gruppe und 3. die Variation der Gruppengröße. Jedes der drei Differenzierungskriterien ist aus Situationen abgeleitet, die auch im Freiland für die Tiere von Bedeutung sind. Zur Erzeugung von Belastungen werden die Tiere damit Situationen ausgesetzt, die sie prinzipiell, aufgrund ihres arteigenen Verhaltensrepertoires, aktiv bewältigen und damit kontrollieren können. In dieser Hinsicht unterscheiden sich psychosoziale Belastungssituationen entscheidend von der Mehrzahl der häufig experimentell eingesetzten physikalischen Belastungen, wie Elektroschock, Lärmexposition oder Immobilisation. Sie setzen das Tier in der Regel passiv dem belastenden Reiz aus, ohne daß sein natürliches Verhaltensrepertoire ihm eine aktive Bewältigung der Situation ermöglicht.

Die Art der Bewältigung einer belastenden Situation hat auch bei Säugetieren deutliche Auswirkungen auf streßphysiologische und immunologische Prozesse. Dies gilt besonders für die Ausschüttung von Glukokortikoiden. Unterschiedliche endokrine Sekretionsmuster in Verbindung mit unterschiedlichen Bewältigungsstrategien haben deshalb zu einer Revision der Vorstellung einer stressorunspezifischen, stereotypen, adrenokortikalen Aktivierung mit der Ausschüttung von Glukokortikoiden geführt, wie sie ursprünglich von Selye (1950) konzipiert wurde. So zeigten bei Ratten (Fokkema et al., 1988; Raab et al., 1986), Tupajas (von Holst, 1986) und Hausmeerschweinchen (Haemisch, 1990) jeweils Tiere, die sich in sozialen Konfrontationen defensiv oder passiv verhielten, eine höhere Ausscheidung von Glukokortikoiden im Harn als Tiere mit einem aktiv, offensiven Verhaltensmuster. Auch Auswirkungen der Kontrollierbarkeit einer Situation auf immunologische Parameter werden berichtet. So fand sich eine erniedrigte Lymphozytenproliferation nach Verabreichung von Elektroschocks nur bei Ratten, die keine Möglichkeit hatten, den Schocks auszuweichen, nicht jedoch bei Tieren, die bei gleicher Schockintensität den belastenden Reiz aktiv kontrollieren konnten (Laudenslager et al., 1983).

Akute Niederlagen

Sie werden meist im sogenannten Intrudertest untersucht. Wiederholte Niederlagen in kurzen standardisierten Tests resultierten bei Ratten (Fleshner et al., 1989; Bohus und Koolhaas, 1991) und Mäuseböcken (Breden und Brain, 1982; Lyte et al., 1990) in einer verminderten Antikörperbildung nach Immunisierung mit Schaferythrozyten. Uneinheitlich sind Ergebnisse zur Beeinflussung der Mitogen-stimulierten T-Zell-Proliferation nach Niederlagen. Verminderte Proliferationsraten werden nach mehr als nur kurzfristigen Niederlagen gefunden. Bei Mäusen sank die Proliferationsrate nach zwei Wochen mit täglichen Niederlagen (Hardy et al., 1990) und bei Ratten nach zehntägiger paarweiser Haltung mit einem fremden Männchen (Raab et al., 1986) in den jeweils unterlegenen Tieren. Nach intensiven täglichen Niederlagen über einen Zeitraum von maximal fünf Tagen blieben die Lymphozyten-Proliferationsraten bei Mäusen dagegen unbeeinflußt (Lyte et al., 1990). Neben den immunsuppressiven Wirkungen vor allem auf die humorale Komponente werden auch immunstimulierende Effekte nach wiederholten Niederlagen berichtet. So stieg die Phagozytoseaktivität bei jedem der beiden untersuchten Mäusestämme bereits nach einer einzigen Niederlage um das 2,5- bis 4fache gegenüber niederlagennaiven Kontrollen an (Lyte et al., 1990).

Unterlegenheit in sozialen Gruppen

Nicht gleichzusetzen mit dem Erleiden einer akuten Niederlage ist die dauerhafte Einnahme einer unterlegenen Position in einer Dominanzhierarchie. Während akute Niederlagen regelmäßig von kurzfristigen endokrinen Reaktionen begleitet werden, sind bei der Beurteilung der Streßqualität einer unterlegenen Dominanzposition die o. g. artspezifischen Charakteristika sowie individuelle Eigenschaften der Tiere zu berücksichtigen. In einer frühen Studie setzte Vessey (1964) vorher isoliert gehaltene Mäuse für jeweils sechs Stunden täglich zu viert in einen Käfig und bestimmte die Dominanzverhältnisse. Die dominanten Mäuse zeigten eine höhere Produktion von Antikörpern als die unterlegenen. Erhöhte T- und B-Zell-Proliferationen wurden gefunden in den dominanten Ratten einer großen Kolonie, verglichen mit den subordinaten und outcasts (Bohus und Koolhaas, 1991). Bei experimentell erzeugten Infektionen an Ratten- oder Mäuseböcken fanden sich Unterschiede in der Schwere der Krankheitsverläufe in Abhängigkeit von ihrem sozialen Rang (Gärtner et al., 1989 und 1995; Iglauer et al., 1992). Häufig erlitten die im sozialen Rang Unterlegenen die schweren Krankeitsverläufe. Als Infektmodelle dienten entweder eine chronische, durch Mykoplasmen verursachte, murine Bronchopneumonie (M.pulmonis) oder eine chronische infektiöse Polyarthritis (M.arthritidis) bei der Ratte sowie eine akut verlaufende, virale Enzephalomyelitis (Mengo-Virus) bei der Maus. Sowohl bei Ratten als auch bei Mäusen finden sich jedoch auch Inzuchtstämme, bei denen die Infektanfälligkeit entgegengesetzt ist. Die Ranghohen haben die besonders schweren

Krankheitsverläufe. Kreuzte man Rattenstämme mit solchen gegenläufigen Dispositionen, so zeigten die Hybriden die gleiche Regulation der Infektdisposition wie sie für den Stamm der Mutter charakteristisch ist. Mögliche evolutionsbiologische Konsequenzen daraus werden angenommen (Gärtner, 1994).

Individuelle Haltung oder Gruppenhaltung

Individuell gehaltene männliche Mäuse zeigten im Vergleich mit sozialen Kontrollen eine gesteigerte Antikörperbildung, Lymphozytenproliferation und T-Zell-Antwort (Rabin et al., 1987) sowie eine gesteigerte Aktivität der NK-Zellen (Hoffman-Goetz et al., 1992). Einige der Reaktionen waren stammspezifisch. Bei fünf Mäusestämmen wurde die Produktion von Lymphozyten nach Immunisierung mit Schaferythrozyten zwischen Tieren verglichen, die entweder einzeln oder zu fünft im Käfig gehalten wurden (Rabin et al., 1987). In zwei Stämmen war die Lymphozytenproduktion erhöht bei den jeweils einzeln gehaltenen Tieren und in einem Stamm bei den sozial gehaltenen Tieren. Bei zwei Stämmen konnten keine Unterschiede festgestellt werden. Die Intensität der Lymphozytenproduktion zeigte weder einen Zusammenhang mit dem MHC-Typus der Stämme noch mit den mittleren basalen Serum-Corticosteronkonzentrationen. Eine isolationsinduzierte Steigerung der Lymphozytenproliferation wurde auch von Ratten berichtet (Jessop et al., 1987). Eine nähere Analyse zeigte eine Zeitabhängigkeit der Auswirkung von Einzelhaltung auf die Mitogen-stimulierte Lymphozytenproliferation (Jessop und Bayer, 1989) von Ratten. In den ersten sieben Tagen nach Beginn der Einzelhaltung lag die Proliferationsrate unter derjenigen von sozial gehaltenen Kontrollen. Danach stieg sie bis zum 35. Tag an, begleitet von einem Anstieg der Plasma-Corticosteronkonzentrationen auf den zweifachen Wert der sozialen Kontrollen.

In einer umfangreichen Studie untersuchten Clausing et al. (1994) die Auswirkungen individueller Haltung auf den Verlauf einer experimentellen Mengo-Virus-Infektion. Verglichen wurden einzeln gehaltene Mäuseböcke verschiedener Stämme mit Böcken, die jeweils zu fünft in Gruppen gehalten wurden. Als generelles Bild ergab sich, daß eine mindestens viertägige Einzelhaltung die Krankheitsdauer, definiert als Zeit zwischen Manifestation erster klinischer Symptome und Tod, verlängerte. Einzelhaltung hatte jedoch keinen Einfluß auf die Überlebensrate. Die Dauer der Einzelhaltung beeinflußte die Länge der Inkubationszeit, also die Zeit zwischen Virus-Inokulation und Manifestation der klinischen Symptome. Begann die Einzelhaltung am Tage der Infektion, dann war die Zeit bis zum Auftreten erster klinischer Symptome verlängert. Ging der Infektion eine Einzelhaltungphase von 10 oder 35 Tagen voraus, dann war die Inkubationszeit verkürzt.

Veränderung der Gruppengröße

Während psychosoziale Effekte auf einzelne Immunfunktionen in der Regel an unterlegenen oder akut besiegten Tieren untersucht wurden, wurden Effekte auf Infektverläufe mehrheitlich in Übervölkerungssituationen studiert. Daß die sozialen Haltungsbedingungen den Verlauf und das Ergebnis von Infektionen bei Labortieren beeinflussen können, wurde bereits vor 20 Jahren gezeigt. Abhängig von der Art des Erregers erkrankten individuell gehaltene Mäuse entweder schwerer (Plaut et al., 1969) oder weniger schwer (Friedman et al., 1969 und 1970) als in Gruppen gehaltene Mäuse. Die Erhöhung der Tierzahl pro Gruppe (30–60 Tiere) resultierte in erhöhten Todesraten nach Infektionen mit Salmonella typhimurium. In Mäusegruppen mit instabiler Dominanzhierarchie starben mehr Tiere nach einer Virusinfektion als in Gruppen mit stabiler Hierarchie. Dabei waren jeweils die dominanten Tiere weniger betroffen als die subdominanten (Ebbesen et al., 1991). Diese einfachen Modelle lassen jedoch mikrobielle Komponenten außer acht. Sie betreffen die Steigerung der

Infektiosität des Erregers, die bei Übervölkerung auch zu berücksichtigen ist. Auf sie wird unten detaillierter hingewiesen. Auch deshalb werden heute experimentelle Ansätze angewandt, die solche Einflüsse mindern. Dazu gehört das Rotationsmodell.

Das soziale Rotationsmodell

An Ratten wurde in mehreren aktuellen Arbeiten das tägliche Wechseln der Käfigpartner benutzt, um eine der Übervölkerungssituation vergleichbare soziale Belastung im Labor zu induzieren (Taylor et al., 1987; Mormede et al., 1990; Klein und Mormède, 1992; Lemaire et al., 1993). Diese Prozedur wird als soziale Rotation bezeichnet. Die tägliche Neukonfrontation mit fremden Artgenossen wird auch in der Übervölkerungssituation als eine der hauptsächlichen Streßursachen betrachtet. In Gegenwart von Weibchen führte die soziale Rotation der Männchen zu einer deutlichen adrenokortikalen Aktivierung. Die Plasma-Corticosteronkonzentrationen und Nebennierengewichte waren jeweils signifikant höher und das Thymusgewicht signifikant geringer als dasjenige von Böcken, die in stabilen Gruppen gehalten worden waren. Trotz dieser deutlichen Unterschiede ergaben sich jedoch keine Unterschiede in der Mitogen-stimulierten Lymphozyten-Proliferation und der Antikörperbildung gegen Mycoplasmen (Klein und Mormède, 1992). Ein Zusammenhang zwischen belastungsbedingt erhöhter Corticosteronausschüttung war damit weder beim hormonalen noch beim zellulären Parameter zu erkennen. Ähnlich negative Beziehungen zwischen adrenokortikaler Aktivierung und immunologischen Parametern in vivo wurden auch von anderen Autoren berichtet (Rabin et al., 1987; Jessop und Bayer, 1989). Neben den Corticosteroiden kommen auch den Katecholaminen immunmodulatorische Wirkungen zu, wobei beide Substanzklassen interagieren (Dobbs et al., 1993). Vom Rotationsmodell wurde mehrfach gezeigt, daß die tägliche Rotation der Käfigpartner zu Aktivierungen der peripheren Katecholamin-Biosynthese im Nebennierenmark führte. Das geschah insbesondere über eine Sympathikusaktivierung (Mormède et al., 1990; Lemaire et al., 1993). Ein eindeutiger Zusammenhang zwischen den inzwischen gut charakterisierten endokrinen Veränderungen und immunologischen Funktionen ist jedoch auch anhand dieses handhabbaren Belastungsmodells bei Ratten bisher nicht zu sehen.

An Mäusen haben wir das Modell der täglichen Rotation zur Induzierung endokriner Streßzustände angewandt. Abbildung 1 zeigt die Entwicklung der Serum-Corticosteronkonzentrationen für Mäuseböcke zweier Inzuchtstämme, deren Gruppenzusammensetzung entweder konstant gehalten wurde oder täglich wechselte. Das tägliche Wechseln der Käfigpartner resultierte hier in einer dauerhaften Gewichtsabnahme (Daten sind nicht gezeigt) und erhöhten Plasma-Corticosteronkonzentrationen. Beide Variablen gelten als sichere Belastungsindikatoren. Abbildung 2 zeigt täglich mit dem Harn ausgeschiedene Corticosteronmengen für Ratten in entweder stabiler oder rotierender Gruppenhaltung. Auch das zeitliche Untersuchungsfenster ist mit 14 Untersuchungstagen kürzer als der sechswöchige Untersuchungszeitraum bei den Mäusen. Im Gegensatz zu den Mäuseböcken unterschieden sich bei den Ratten bereits nach wenigen Tagen weder die Körpergewichte noch die Corticosteron-Ausscheidung signifikant zwischen Böken in stabilen oder instabilen Gruppen.

Zu verstehen sind diese Unterschiede in der Bewältigung der gleichen Situation vor dem Hintergrund der unterschiedlichen sozialen Organisationsmöglichkeiten von Ratten und Mäusen, wie sie oben dargestellt wurden.

Modulation der Infektresistenz durch soziale Rotation

Die Abwehr mikrobieller Krankheitserreger ist eine der wichtigsten Aufgaben des Immunsystems. Die Konfrontation mit diesen aktiviert das unspezifische und spezifische Immunsystem und löst über viele autonome Verknüpfungen eine dynamische Prozeßfolge aus, deren Effizienz ständig über vielfältige Rückkopplungen präzisiert wird. Am so herausgeforderten Immunsystem sind sozial bedingte Immunmodulationen anders, als aus Beobachtungen am nicht infizierten und sozial modulierten Immunsystem erwartet werden kann.

Will man sie analysieren, dann ist es erforderlich, alle anderen die Infektdisposition variierenden Größen auszuschließen. Das ist nur unter anspruchsvollen experimentellen Bedingungen möglich und erfordert aufwendige tierexperimentelle Ansätze. Ausgeschlossen werden müssen insbesondere Veränderungen der Infektiosität des Erregers, die unter Übervölkerung besonders zu erwarten sind, und andere Fehlerquellen.

Steigerung der Infektiosität des Erregers bei Übervölkerung

Von Seuchenhygienikern und Mikrobiologen werden für die gesteigerte Infektdisposition bei Übervölkerung kaum immunsuppressive Konstellationen der Infektwirte verantwortlich gemacht, sondern die Überlegenheit der mikrobiellen Anpassung an die für sie verbesserte Situation (Williams und Nesse, 1991). Die große Wirtsdichte verbessert die Verbreitungsbedingungen für den Erreger, wenn Übervölkerung nicht mit aufwendiger hygienischer Abschirmung zwischen den Wirten einhergeht. Die Virulenz der Mikroorganismen nimmt dann schnell zu. Sie spezialisieren sich für diesen, in großer Dichte vorliegenden Wirt. Wir kennen das Phänomen auch als Hospitalismus. Bakteriellen und viralen Erregern gelingt solche Anpassung genetisch sehr viel schneller als ihren Wirten, da die Generationszeiten der Infekterreger mehr als ein Millionstel derjenigen der Säugetierwirte betragen (Profot, 1991), ihre Mutationsrate größer ist und das Angebot ihrer genetischen Variabilität schon in jedem Wirt riesig groß ist. Ein Säugerwirt beherbergt mehr Mikroorganismen, als es Menschen auf der Erde gibt (Williams and Nesse, 1991). Darüber hinaus verfügen viele Mikroorganismen über andere Mechanismen, um die Abwehreinrichtungen ihrer Wirte zu überspielen. Sie können ihre Oberflächenantigene permanent ändern und sie auch denen der Wirte ähnlich machen. Alle diese mikrobiologischen Anpassungmechanismen können so beschleunigt werden, daß die Zeiten, die Säuger für die Ausbildung der spezifischen immunologischen Abwehr (7 bis 12 Tage) benötigen, unterlaufen werden. Verheerende Seuchenzüge sind dann die Folge. Um die durch psychosoziale Bedingungen bei Übervölkerung verursachten Modulationen des Infektverlaufes zu studieren, müssen diese mikrobiologischen Störmöglichkeiten mittels sozialer Rotation eliminiert werden.

Artunterschiede in der Infektdisposition bei Simulation von Übervölkerung durch soziale Rotation

Speziesunterschiede in der Infektanfälligkeit gegenüber sozialer Rotation zwischen Ratte und Maus sind deutlich und in den oben beschriebenen unterschiedlichen sozialen Bewältigungsmöglichkeiten der sozialen Dichte begründet. An Ratten gelang es, mit sozialer Rotation nur in einer von sieben ähnlich angesetzten Infektionsstudien, einen deutlichen erschwerenden Einfluß auf den Krankheitsverlauf einer experimentellen M.-pulmonis-Infektion zu beobachten (Mähler, 1991). In sechs dieser Versuchsreihen mit jeweils 30 bis 40 Rattenböcken unterschieden sich die Krankheitsverläufe nicht von denen der nicht rotierten Kontrollen (Frieg, 1993; Hinsberger, 1993). An der Maus gelang es dagegen regelmäßig, Effekte der sozialen Rotation sowohl auf einzelne Komponenten des Immunsystems nichtinfizierter Tiere als auch nach Infektkonfrontation auf das Infektionsrisiko und auf den Krankheitsverlauf zu beobachten (Weimer, 1992; Lecher, 1993). Dies wird im folgenden erläutert.

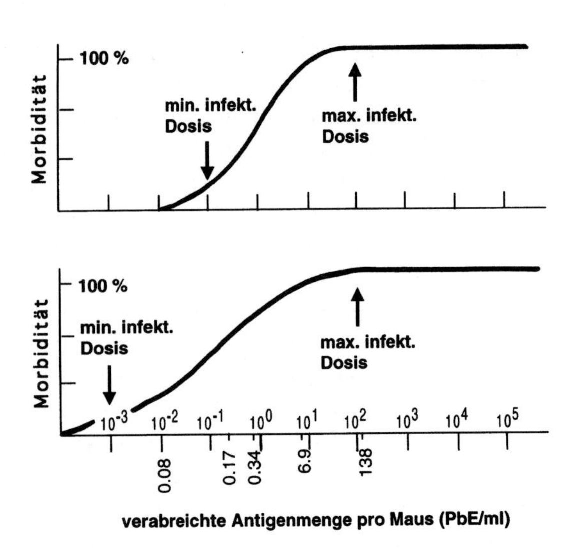

Abbildung 3: Dosisabhängigkeit der Morbidität einer experimentellen Mengo-Virus-Infektion an männlichen Mäusen. Die Mäuse wurden gehalten entweder in sozial stabilen Gruppen von je fünf Böcken (obere Kurve) oder unter sozialer Rotation (untere Kurve). PbE/ml = verabreichte Antigenmenge (Plaque-bildende Einheiten).

Soziale Rotation, Immunmodulation und gesteigerte Infektdisposition am Modell der Mengovirus-Enzephalitis der Maus

Die Mengovirus-Infektion bewirkt eine akute, nekrotisierende Enzephalomyelitis bei der Maus. Alle Tiere, bei denen Krankheitserscheinungen auftreten, sterben innerhalb von 5 bis 12 Tagen nach Virusapplikation. Vornehmlich die Mechanismen der unspezifischen Immunabwehr sind an der Bewältigung dieser so schnell verlaufenden Infektion beteiligt. Dieses Infektionsmodell birgt weitere experimentelle Vorteile. Nur nach parenteraler (intraperitonealer) Infektion kommt es zur Erkrankung. Dadurch lassen sich Fehler in der Dosierung des infektiösen Agens reduzieren. Zusätzliche Kontaktinfektionen zwischen den in Gruppen gehaltenen Tieren und Reinfektionen sind nicht möglich. Der klinische Krankheitsverlauf ist sehr ähnlich und nicht von der Dosis und kaum vom Genotyp der Mäuse abhängig. Wegen dieser und anderer Vorteile konnten die Untersuchungen an mehreren Stämmen zusammenfassend verglichen werden. Das ermöglichte die in Abbildung 3 zusammengefaßte Darstellung der Befunde an 1250 Mäusen, die im einzelnen bei Clausing et al. (1994), Weimer (1992) und Lecher (1993) beschrieben sind.

Abbildung 3 zeigt den Einfluß sozialer Rotation auf die Morbidität und die ihr bei dieser Krankheit entsprechende Mortalitätsrate nach Mengovirus-Applikation an erwachsenen, männlichen Mäusen in Abhängigkeit von der ihnen verabreichten Virusmenge. Mit zunehmender Virusdosis nimmt, von einer minimalen infektiösen Dosis aus, die Anzahl erkrankter Tiere zu und erreicht schließlich Morbiditätsraten von 100 %. Das ist die maximale infektiöse Dosis. Diese Dosis-Wirkungsabhängigkeit wird durch die soziale Rotation beeinflußt. Die minimale infektiöse Dosis ist unter sozialer Rotation geringer und die Steilheiten der Dosis-Wirkungsbeziehung flacher. Die maximale infektiöse Dosis ist bei beiden Haltungsformen ähnlich. Soziale Rotation steigert also die Infektanfälligkeit der Tiere.

Die Kinetik der unspezifischen Infektabwehr nach Virusapplikation ohne Übervölkerungsstreß

Es liegt nahe, daß vornehmlich Mechanismen der ersten, unspezifischen Infektabwehr an dieser erhöhten Infektanfälligkeit unter sozialer

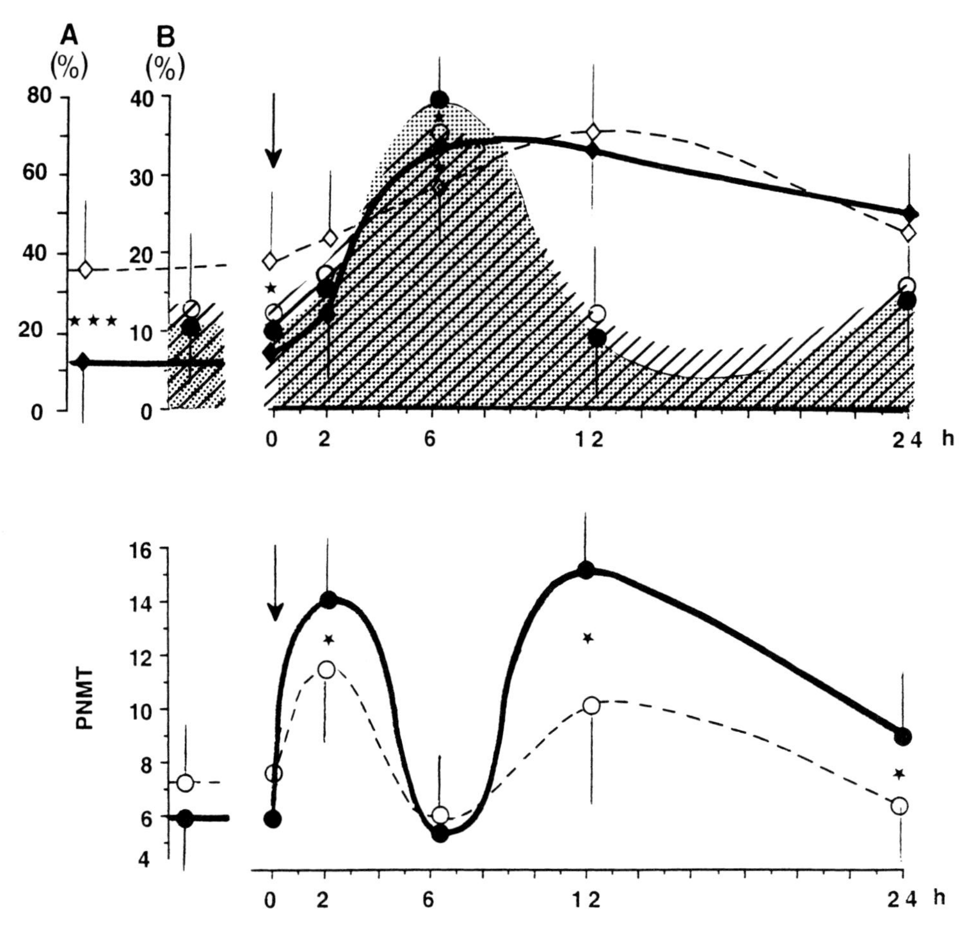

Abbildung 4: Kinetik der zellulären Abwehrreaktion in der Peritonealhöhle (oben) und adrenale Biosynthese von Adrenalin (gemessen an der Aktivität der PNMT) (unten) vor und nach der intraperitonealen Applikation von Mengo-Virus bei männlichen BXSB-Mäusen. Die Mäuse wurden gehalten entweder in stabilen sozialen Gruppen (graue Fläche, volle Zeichen, durchgezogene Linien) oder unter sozialer Rotation (schraffierte Flächen, offene Zeichen, unterbrochene Linien). Oben: Tote Zellen (B%) als Flächen, phagozytotisch aktive Zellen (A%, gemessen an der Aktivität der lavagierten Peritonealzellen zur Aufnahme von Latexpartikeln). Unten: PNMT-Aktivität in relativen Einheiten.

Rotation mitverantwortlich sind. Untersucht wurde deshalb der zeitliche Ablauf der ersten, phagozytotischen Abwehrreaktionen am Eintrittsort des experimentell verabreichten Mengo-Virus (Abb. 4), das ist die Bauchhöhle.

Zunächst werden die Abläufe an Tieren aus sozial stabilen Gruppen beschrieben. Die Rate der dort vor sowie 2, 6, 12 und 24 Stunden nach dem Infekt gefundenen toten Zellen und die Anzahl phagozytotisch aktiver Zellen wurde nach Lavage der Bauchhöhle ermittelt sowie das diese Aktivität beeinflussende Adrenalinangebot im Organismus. Es wurde an seiner Biosynthese in den Nebennieren (Phenyläthanolamin N-Methyltransferase Aktivität der Nebennieren, PNMT) bei den betroffenen Tieren zu jedem Zeitpunkt abgelesen (Abb. 4). Beobachtungen an den Tieren aus sozial stabilen Gruppen zeigen folgendes Grundmuster der Reaktionen. Der Infekt bewirkte zwischen der 2. und 6. Stunde ein drastisches Absterben von Zellen. Die Rate toter Zellen wird ihr Maximum zwischen diesen Zeitpunkten erreicht haben (gepunktete Fläche). Schon vorher, bis zur 2. Stunde, führte der Infekt jedoch zu einer auf-

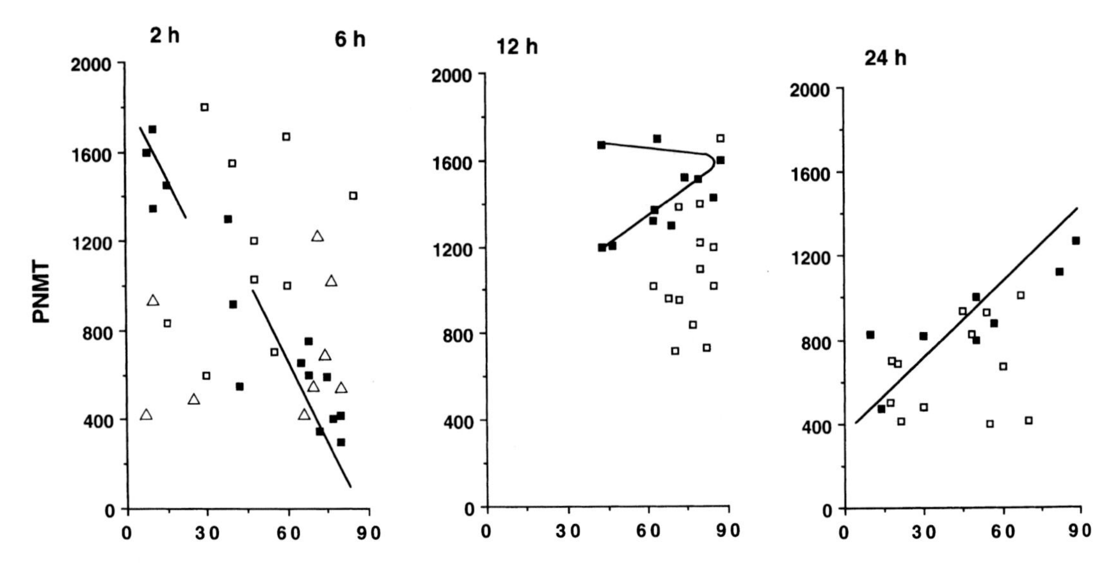

Abbildung 5: Regression zwischen phagozytotischer Aktivität der Zellen im Peritonealraum und der Biosynthese von Adrenalin in den Nebennieren (PNMT) 2 und 6 Stunden (links), 12 Stunden (Mitte) und 24 Stunden (rechts) nach Mengo-Virus-Applikation. Bei Mäusen in sozial stabilen Gruppen ergaben sich signifikante ($p < 0{,}05$ oder $p < 0{,}01$) Abhängigkeiten zu allen Zeitpunkten. Bei Mäusen in rotierten Gruppen ergaben sich keine signifikanten Abhängigkeiten.

fälligen Steigerung der adrenergen Biosynthese von Adrenalin (PNMT) und damit zur Erhöhung des Adrenalinangebotes im Organismus (Abb. 4, unten, durchgezogene Linie). Das ging der Steigerung der phagozytotischen Aktivität am Eingangsort des Infektes voraus. Wohl unter dem Einfluß des erhöhten Adrenalinangebotes kletterte die phagozytotische Aktivität in der Bauchhöhle nach der 2. bis zur 12. Stunde um das Fünffache (Abb. 4, oben, durchgezogene Linie). Die toten Zellen wurden zwischen der 6. und 12. Stunde abgeräumt. Danach blieb die phagozytotische Aktivität weiterhin hoch, die Anzahl toter Zellen persistierte auf niedrigem Niveau, und die Biosynthese von Adrenalin sank bis zur 24. Stunde in die Nähe der Ausgangswerte vor dem Infekt.

Diese Beobachtungen zeigen innerhalb der ersten 6 bis 8 Stunden eine drastische, akut verlaufende Antwort auf die Antigenkonfrontation, die eine deutliche Steuerung der Immunantwort durch Sympathikus und Adrenalin vermuten läßt. Spätestens zur 12. Stunde folgte ihr eine eher stabile Abwehrsituation.

Noch auffälliger wird dieses Steuerung, wenn die PNMT-Aktivität der Nebennieren mit der Phagozytoseleistung am Krankheitsort bei den einzelnen Tieren korrelativ verglichen wird (Abb. 5). An den sozial nicht gestreßten Tieren herrscht während der zweiten und 6. Beobachtungsstunde jeweils die gleiche, enge, negative Regression zwischen Adrenalinangebot im Organismus (abgelesen an der PNMT-Aktivität der Nebennieren) und der phagozytotischen Aktivität am Eintrittsort des Infekterregers. In der 2. Stunde ist das Angebot phagozytotisch aktiver Zellen in der Bauchhöhle noch niedrig. Schnelle Aufwärtsregulation ist erforderlich. Das Nebennierenmark reagiert mit einer massiven Adrenalinbiosynthese. In der 6. Stunde ist ein überschießendes Maximum der phagozytotischen Aktivität am Krankheitsort erreicht. Das System wird bereits wieder abwärts reguliert. Beide folgen dem gleichen Abhängigkeitsmuster.

In der 12. und insbesondere zur 24. Stunde befindet sich die phagozytotische Aktivität im Gleichgewicht zwischen Bedarf an aktiven Zellen und Zellverlusten. Das Adrenalinangebot im Organismus entspricht diesem nun eher konstanten Bedarf. PNMT-Aktivität in den Nebennieren und phagozytotische Aktivität korrelieren nun positiv miteinander. Die Biosyntheseaktivität für Adrenalin in den Nebennieren entspricht dem vor Ort benötigten großen Bedarf an aktivierten Phagozyten. Bei der Korrelationsanalyse zur 12. Stunde nach Virusapplikation gelingt es, die Daten der elf beobachteten Tiere einer parabolischen Abhängigkeit zuzuordnen. Ihren abwärtigen Schenkel beschreiben neun dieser Tiere. Sie haben schon zu diesem Zeitpunkt die zur 24. Stunde beobachtete Abhängigkeitsform erreicht. Lediglich zwei Tiere befinden sich noch im Zustand einer akuten Regelsituation.

Soziale Rotation bewirkt Desorganisation der Kinetik der unspezifischen Infektabwehr nach Virusapplikation

Tiere, die durch soziale Rotation permanent sozialen Konfrontationen ausgesetzt sind, zeigen schon vor dem Infekt höhere phagozytotische Aktivität im Peritoneum. Sie kann durch das bei diesen Tieren ebenfalls erhöhte Adrenalinangebot bedingt sein. Das Immunsystem erscheint dadurch im Zustand einer erhöhten Abwehrbereitschaft. Der Schein trügt jedoch! Verfolgt man bei diesen Tieren den Ablauf der Reaktionskinetik unter dem Infekt und vergleicht sie mit der vorher beschriebenen an nicht rotierten Tieren, dann sind die zellulären Reaktionen am Infektort gedämpft, verzögert und vermindert. Auch die in Abbildung 5 beschriebenen Korrelationen lassen sich nicht mehr auffinden.

Obwohl die phagozytotische Aktivität im Peritonealraum bei diesen Tieren schon vor dem Infekt auffällig aktiviert ist, gelingt es nicht, sie nun unter dem Infekt schnell zu vermehren. Die höchste phagozytotische Aktivität wurde hier erst zur 12. Stunde gemessen. Auffällig gedämpft ist die Reaktionskinetik der PNMT-Aktivität im Vergleich mit derjenigen der nicht rotierten Tiere. Schließlich ist die strikte Verknüpfung zwischen Adrenalin-Biosynthese in den Nebennieren und phagozytärer Reaktivität an der Infektpforte zu keiner Zeit zu erkennen (Abb. 5). Zu keiner Zeit ließen sich Regressionen sichern. Die der sozialen Rotation unterworfenen Tiere lassen eine gewisse Desorganisation des Aktivierungsablaufs des unspezifischen Immunsystems vermuten, wie er sonst nach einem Infekt geschieht. Ungestreßte Tiere konnten schneller und mit höherer Effektivität reagieren. Diese Desorganisation könnte Ursache für die erhöhte Infektdisposition der sozial permanent belasteten Tiere sein, wenn sie mit dem Mengo-Infekt konfrontiert wurden.

Untersuchungen an Mäusen mit hereditär bedingten, partiellen Defiziten des Immunsystems

Insbesondere bei der Labormaus sind schon vor der Ära der molekularen Genetik Defektmutanten züchterisch isoliert worden, bei denen Teilmechanismen des Immunsystems ausfallen. Sie erlaubten dem Immunogenetiker und Pathophysiologen schon im vergangenen Jahrzehnt interessante Versuchsansätze zur Analyse komplexer immunologischer Zusammenhänge. Unseres Wissens wurden diese genetischen Modelle in der Neuroimmunologie noch kaum genutzt. Die Grundannahme für den Einsatz solcher Tiere zum Studium psychosozialer Immunmodulation ist die folgende: Das Ausbleiben der so bedingten Modulation des Infektablaufes in einem dieser immundefizienten Stämme kann auf die Beteiligung eben dieses defizienten Systems schließen lassen. Das Auffinden dieser Modulationen auch bei den defekten Tieren weist auf die Nichtbeteiligung der defekten Systeme an der Modulation hin.

An drei solcher Defektmutanten wurde untersucht, ob die beschriebenen Modulationen von Morbiditätsrate und Inkubationszeit einer Mengo-Infektion unter sozialer Rotation und Einzelhaltung auch bei diesen Tieren auftreten oder ausbleiben. Eingesetzt wurden eine Mutante, bei der die Tiere über keine T-Lymphozyten verfügen (nu/nu), und eine andere (scid/scid), bei der sowohl B- wie T-Lymphozyten

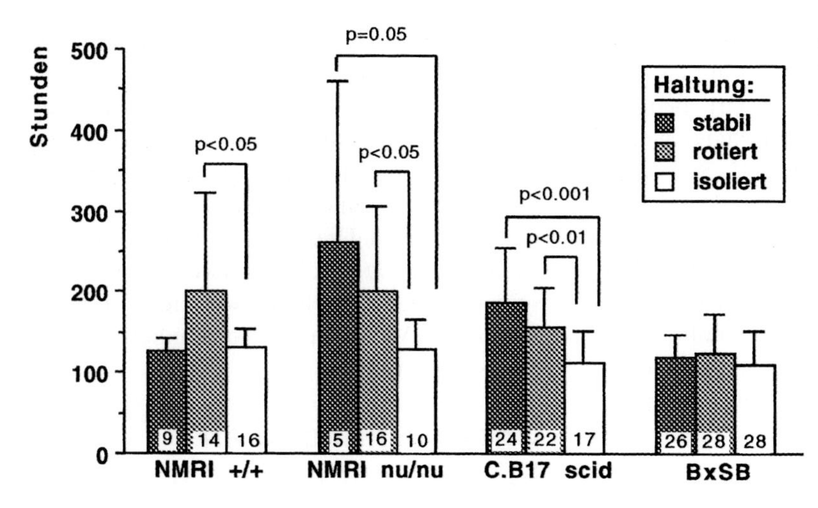

Abbildung 6: Zeit bis zum Auftreten der ersten klinischen Krankheitszeichen bei männlichen Mäusen aus drei immundefizienten Inzuchtstämmen (NMRI nu/nu = T-Zell defizient; C.B17-scid = T- und B-Zell defizient ; BXSB = reduzierte NK-Zell Aktivität) und einem nichtdefizienten (NMRI +/+) Stamm. Die Tiere wurden vor der experimentellen Infektion sowie während des Infektes gehalten entweder einzeln (isoliert), zu fünft bei konstanter Gruppenzusammensetzung (stabil) oder zu fünft bei täglich wechselnder Gruppenzusammensetzung (rotiert).

nicht funktionsfähig sind. Die Immunabwehr dieser Tiere stützt sich ausschließlich auf unspezifische Immunmechanismen. Schließlich standen noch Tiere des Stammes BxSB zu Verfügung, denen es an funktionalen Natural-Killer-Zellen (NK-Zellen) mangelt. Ausführlich werden die folgenden Resultate andernorts beschrieben (Haemisch et al., zur Publikation eingereicht). Je ein Drittel der Tiere mit einem bestimmten Immundefekt wurde in sozial stabilen Gruppen oder unter den Bedingungen der sozialen Rotation oder einzeln gehalten. Es zeigte sich, daß die soziale Rotation in allen drei Mutanten wie in den immunintakten Kontrollen (NMRI +/+) zu einer Erhöhung der Mortalität um 10 % bis zu 45 % der nicht rotierten oder einzeln gehaltenen Tiere führte. Außerdem fiel auf, daß die Haltungsunterschiede Einfluß auf die Verläufe der Krankheit hatten. Die Inkubationszeiten unterschieden sich zwischen den drei Haltungsformen (Abb. 6). Diese Unterschiede fehlten jedoch bei Tieren des Stammes BxSB, die einen Mangel an funktionellen NK-Zellen hatten. Bei diesen Tieren waren die Inkubationszeiten unter allen drei Haltungsbedingungen gleichermaßen kurz. Das läßt vermuten, daß die Aktivität der NK-Zellen durch die soziale Rotation beeinflußt wurde und für die Inkubationszeit bei diesem Infekt eine Rolle spielt. Diese Resultate bestätigen erneut die vielfältigen Beobachtungen anderer über den Einfluß soziopsychischer Effekte auf die NK-Zell-Aktivität (Irwin et al., 1988; Glaser et al., 1985; Hoffmann-Goetz et al., 1991 und 1992; Schedlowski et al., 1993). Das Auftreten der Modulation der Inkubationszeit an den beiden Mutanten mit Insuffizienz der T-Lymphozyten (nu/nu) oder mit Insuffizienz der T- und B-Lymphozyten (scid/scid) läßt vermuten, daß durch diese spezifischen Mechanismen der Immunabwehr die Modulation der Inkubationsperiode nicht erfolgt.

B- und T-Lymphozyten, aber auch die NK-Zellen werden jedoch nicht für die Erhöhung der Mortalitätsrate unter sozialer Rotation entscheidend sein. Welche modulierenden Mechanismen des Immunsystems dies bewirken, ist nicht bekannt.

Generelle Bedeutung und Übertragbarkeit der tierexperimentellen Befunde auf den Menschen

Der allgemeine Aussagewert von Resultaten, die unter tierexperimentellen Bedingungen beobachtet werden, ist immer begrenzt. Er muß mit Vorsicht diskutiert werden. Zu vier Aspekten dürften die hier referierten Resultate jedoch trotz aller Einschränkungen eine kritische Ergänzung leisten:

1. Auch bei Säugetieren gibt es modulierende Einflüsse der sozialen Lebensbedingungen auf das Immunsystem und die Infektresistenz. Das gilt sowohl für die im Kapitel von v. Holst ausführlicher dargestellten Beziehungen zwischen Immunsystem, Infektresistenz und individueller Eigenart (beim Tier z. B. durch soziale Rangdifferenzen charakterisiert) als auch für die hier ausführlicher beschriebenen Einflüsse aus dem sozialen Umfeld wie Einzelhaltung oder soziale Rotation. Diese psychosozialen Modulationen bewirken bei Ratten 10 % bis 40 % der Variabilität des klinischen Verlaufs experimentell erzeugter chronischer Infekte (Gärtner, 1989).

2. Das Auffinden solcher Modulationen an einem sonst weitgehend autonom organisierten biologischen System, wie es das Immunsystem darstellt, läßt vermuten, daß diese Modulationen sich generell als biologisch vorteilhaft evolutioniert haben. Welchen biologischen Vorteil können Modulationen des Immunsystems bewirken, von denen fast nur dämpfende Einflüsse wie z. B. auf die immunologischen Abwehrmechanismen gegenüber Infekten bekannt sind? V. Holst (in diesem Band) vermutet eine Verstärkung der Elimination sozial Unterlegener unter der Infektkonfrontation. Das wäre ein Schutz vor Selektion durch den Infekt von solchen Tieren, die schon vor dem Infekt durch größeren Selektionsvorteil ausgezeichnet waren. Es gibt aber auch Hinweise (Gärtner, 1994) dafür, daß eine Steigerung der Anfälligkeit gegenüber einem Infekt bei den Überlegenen auftritt. Das beschleunigt die Anreicherung solcher Eigenschaften in den nachfolgenden Generationen, die für das Überstehen eben dieses Infekts von Bedeutung sind. Die Enkel solcher Großeltern, die in ihrer Resistenz gegen diesen Infekt reduziert waren, werden dann am Ende die besonders Resistenten gegen eben diesen Infekt sein (Gärtner, 1994). Auch die Immunmodulation bei Übervölkerung kann finalistisch ähnlich begründet werden.

3. Schließlich ist es ungeklärt, ob und in welcher Weise die bei Übervölkerungssimulation bei der Maus erhobenen Befunde auch für den Menschen und andere Tierarten gelten. Der Mensch gehört zu den Spezies, die sich besonders gut sozial und arbeitsteilig organisieren können. Sind dann die immunmodulatorischen Effekte noch wirksam, die man an der Maus sieht? Vielleicht kommt es beim Menschen auch zur Entkopplung von Verknüpfungen zwischen den neuro-endokrinen Reaktionen bei bestimmten, permanenten sozialen Streßsituationen und dem Immunsystem. Gelegentliche Beobachtungen an Nutz- und Versuchstierpopulationen mit einer gewissen Adaptation an Massentierhaltung lassen vermuten, daß das Verhaltensinventar sich langfristig und über Generationen geändert hat. Permanent neue soziale Konfrontationen werden toleriert, sie bewirken kaum noch soziale Streßdispositionen. Permanenter sozialer Streß mag in solchen Spezies und beim Menschen auch andere Ursachen haben.

4. In der Verhaltensmedizin fehlen überzeugende Hypothesen dazu, weshalb häufig solche Personen höhere Infektdispositionen haben, bei denen man ohne Infekt unter psychischen Herausforderungen eine neurovegetativ bedingte Aktivierung der unspezifischen Immunmechanismen findet. Höhere Infektresistenz wäre hier zu erwarten (Schedlowski et al., 1993). Hier konnten die

tierexperimentellen Befunde zeigen, daß die Aktivierung von unspezifischen Immunmechanismen durch neurovegetative, insbesondere sympathische Stimulation eine Fixierung bedingt, die die schnelle Anpassung an die bei Infektkonfrontation erforderlichen Änderungen hemmt. Solche chronischen Stimulierungen dienen offenbar anderen Zielen als der gesteigerten Infektabwehr. Diese in solcher Klarheit nur im Experiment darstellbaren Zusammenhänge mögen anregen, die klinischen Befunde am Menschen zu überprüfen.

Zusammenfassung

Im Tierexperiment können gezielt soziale Belastungen induziert und ihre Auswirkungen sowohl auf einzelne Komponenten des Immunsystems als auch auf die Infektresistenz des gesamten Organismus untersucht werden. Damit kann die klinische Relevanz belastungsbedingter Veränderungen einzelner Immunfunktionen überprüft werden. Interessant erscheint dies insbesondere für solche Funktionen, wie z. B. die NK-Zell-Aktivität, die bei akuter Belastung intensiviert werden können, obwohl solche Belastungen für den gesamten Organismus eher die Infektanfälligkeit steigern.

Skizziert werden die bei der Arbeit mit Labornagern gebräuchlichen Manipulationen zur Induzierung sozialer Belastungen und ihre Konsequenzen auf einige streßphysiologische sowie immunologische Parameter. Diese Untersuchungen beziehen sich auf gesunde, nicht infizierte Versuchstiere.

Dargestellt werden dann Untersuchungen zur Auswirkung sozialer Belastungen an experimentell infizierten Labornagern. Soziale Belastungen wurden dabei erzeugt durch das tägliche Neuzusammensetzen von Käfiggruppen (soziale Rotation). Diese Prozedur erzeugt soziale Belastungen, wie sie ähnlich in übervölkerten Populationen auftreten. Gefragt wurde dabei nach den Auswirkungen dieser Belastungen auf den Verlauf einer experimentellen Mengo-Virus-Enzephalitis bei männlichen Mäusen sowie einer Mykoplasmen-Pneumonie bei männlichen Ratten. Ergänzend wurden zugrundeliegende endokrine Prozesse (Corticosteroidsekretion und adrenale Katecholamin-Biosynthese) sowie zelluläre immunologische Prozesse (phagozytotische Aktivität der Peritonealmakrophagen) erfaßt.

Die Ergebnisse dieser Studien legen nahe, daß zwischen der belastungsbedingten Aktivierung einzelner Funktionen im nicht infizierten Tier und den Auswirkungen unter Infektbedingungen klar unterschieden werden muß. Vieles deutet darauf hin, daß belastungsbedingte Aktivierungen einzelner Immunfunktionen die Effizienz der Infektabwehr des gesamten Organismus beeinträchtigen. Unsere Ergebnisse zeigen, daß die bereits durch soziale Belastungen erfolgte Vorstimulierung des Immunsystems eine flexible und effiziente Infektabwehr verhindert. Während bei nicht belasteten Mäusen ein schnelles funktionelles Zusammenspiel zwischen Phagozytose-Aktivität und dem Adrenalinangebot zu jedem Zeitpunkt der Infektion festzustellen war, verlief diese Regulierung bei den Tieren mit einer belastungsbedingten Vorstimulierung der Phagozytose-Aktivität verzögert oder fehlte.

Untersuchung der Auswirkungen von Belastungen auf endokrine und immunologische Prozeßfolgen unter Infektbedingungen stellen damit eine wesentliche Ergänzung dar, um die klinische Relevanz streßbedingter Modifikationen einzelner immunologischer Funktionen abzuschätzen.

Literatur

Bohus B, Koolhaas JM: Psychoimmunology of social factors in rodents and other subprimate vertebrates. In: Ader R, Felten DL, Cohen N (eds.): Psychoimmunology. San Diego, Academic Press, 1991; pp. 817–830.

Breden SN, Brain PF: Studies on the effect of social stress on measures of disease resistance in laboratory mice. Aggress. Behav. 1982; 8:126–129.

Bronson FH: Establishment of social rank among grouped male mice: relative effects on circulating FSH, LH, and corticosterone. Physiol. Behav. 1973; 10:947–951.

Clausing P, Bocker T, Diekgerdes J, Gärtner K, Güttner J, Haemisch A, Veckenstedt A, Weimer A: Social isolation modifies the response of mice to experimental Mengo virus infection. J. Exp. Anim. Sci. 1994; 36:37–54.

Dobbs CM, Vasquez M, Glaser R, Sheridan JF: Mechanisms of stress-induced modulation of viral pathogenesis and immunity. J. Neuroimmunol. 1993; 48: 151–160.

Ebbesen P, Villadsen JA, Heller KE: Effect of subordinance, lack of social hierarchy, and restricted feeding on murine survival and virus leukemia. Exp. Gerontol. 1991; 26:479–486.

Ely DL, Henry JP: Neuroendocrine response patterns in dominant and subordinate mice. Horm. Behav. 1978; 10:156–169.

Fleshner M, Laudenslager ML, Simons L, Maier SF: Reduced serum antibodies associated with social defeat in rats. Physiol. Behav. 1989; 45:1183–1187.

Fokkema DS, Smit K, van der Gugten J, Koolhaas JM: A coherent pattern among social behavior, blood pressure, corticosterone and catecholamine measures in individual male rats. Physiol. Behav. 1988; 42:485–489.

Friedman SB, Glasgow LA, Ader R: Psychosocial factors modifying host resistance to experimental infections. Ann. NY. Acad. Sci. 1969; 164:381–392.

Friedman SB, Glasgow LA, Ader R: Differential susceptibility to a viral agent in mice housed alone or in groups. Psychosom. Med. 1970; 32:285–299.

Frieg M: Einfluß von sozialer Rotation auf eine experimentelle Mycoplasma-pulmonis-Infektion verschiedener Rattenstämme unter Berücksichtigung klinischer, zytologischer und entzündungsmediatorischer Analysen. Tierärztliche Hochschule Hannover: Dissertation, 1993.

Gärtner K: Einfluß genetischer und sozialer Rangunterschiede auf den Verlauf chronischer Infektionen (Modellstudien an Laboratoriumsratten), 18. Kongreß der Deutschen Vet. med. Ges., Gießen, 1989.

Gärtner K: Warum bin ich krank? Bemerkungen zur evolutionsbiologischen Dimension des Krankseins. Biologie in unserer Zeit 1994; 24:234–243.

Gärtner K, Wankel B, Gaudßuhn D: The hierarchie in copulatory competition and its correlation with paternity in grouped male laboratory rats. Z. Tierpsychol. 1981; 56:243–254.

Gärtner K, Kirchhoff H, Mensing K, Velleuer R: The influence of social rank on the susceptibility of rats to Mycoplasma arthritidis. J. Behav. Med. 1989; 12:487–502.

Gärtner K, Zieseniss K, Karstens A, Mühl GI: Differences in personality of isogenic rats living under highly standardized conditions shown by behavioural patterns. Lab. Zhyvotnye 1991; 1:34–44.

Gärtner K, Diekgerdes J, Haemisch A, Lecher B, Weimer A: Zum Einfluß von sozialem Rang auf das Infektrisiko bei Virus-Erkrankungen: Experimentelle Untersuchungen an Mäusen. Psychol. Beitr. 1995; 36:164–174.

Glaser R, Rice J, Speicher CE, Stout JC, Kiecolt-Glaser JK: Stress depresses interferone production by leukocytes concomitant with a decrease in natural killer cell activity. Behav. Neuroscience 1985; 5:675–678.

Haemisch A: Coping with social conflict, and short-term changes of plasma cortisol titers in familiar and unfamiliar environments. Physiol. Behav. 1990; 47: 1265–1270.

Haemisch A, Gärtner K: Dissociation between adrenal tyrosinehydroxylase- and phenylethanolamine N-methyltransferase-activities following repeated experience of defeats in individually housed male DBA/2J mice. Physiol. Behav. 1995 (in press).

Haemisch A, Gärtner K, Lecher B: Psychosocial modulation of an experimental Mengo-Virus infection in immunedeficient mice strains. 1996 (zur Publikation eingereicht).

Hardy CA, Quay J, Livnat S, Ader R: Altered T-lymphocyte response following aggressive encounters in mice. Physiol. Behav. 1990; 47:1245–1251.

Hinsberger P: Untersuchungen über den Einfluß simulierter Übervölkerung auf den klinischen Verlauf und immunologische Merkmale einer Mykoplasma pulmonis-Infektion in gemischt-genetischen Modellpopulationen der Ratte. Dissertation, Tierärztliche Hochschule Hannover, 1993.

Hoffman-Goetz L, Randall-Simpson J, Arumugam Y: Impact of changes in housing conditions on mouse natural killer cell activity. Physiol. Behav. 1991; 49:657–660.

Hoffmann-Goetz L, MacNeil B, Arumugam Y: Effect of differential housing in mice on natural killer cell activity, Tumor Growth, and plasma corticosterone. Proc. Soc. Exp. Biol. Med. 1992; 199(3):337–344.

v. Holst D: Psychosocial stress and its pathophysiological effects in tree shrews (tupaia belangeri). In: Schmidt TH, Dembrowski T, Blümchen G (eds.): Biological and Psychological Factors in Cardiovascular Disease. Heidelberg, Springer, 1986; pp. 475–490.

Iglauer F, Deutsch W, Gärtner K, Schwarz GO: The influence of genotypes and social ranks on the clinical course of an experimental infection with Mykoplasma pulmonis in inbred rats. J. vet. Med. 1992; 39:672–682.

Irwin M, Daniels M, Craig Risch S, Bloom E, Weiner H: Plasma cortisol and natural killer cell activity during bereavement. Biol. Psychiatry 1988; 24:173–178.

Jessop JJ, Gale K, Bayer BM: Enhancement of rat lymphocyte proliferation after prolonged exposure to stress. J. Neuroimmunol. 1987; 16:261–271.

Jessop J.J, Bayer BM: Time-dependent effects of isolation on lymphocyte and adrenocortical activity. J. Neuroimmunol. 1989; 23:143–147.

Klein F, Mormède P: Prolonged increase of corticosterone by chronic social stress does not necessarily impair immune functions. Life Sci. 1992; 50:723–731.

Laudenslager M, Ryan SM, Drugan RC, Hyson RL, Maier SF: Coping and immunosuppresion: Inescapable but not escapable shock suppresses lyphocyte proliferation. Science 1983; 221:568–570.

Lecher B: Untersuchungen zur Beeinflussung psychosozialer Dispositionen auf den klinischen Verlauf einer akuten viralen Meningoenzephalitis bei immundefekten Mäusemutanten. Dissertation, Tierärztliche Hochschule Hannover, 1993.

Lemaire V, Le Moal M, Mormède P: Regulation of catecholamine-synthesizing enzymes in adrenals of Wistar rats under chronic stress. Am J Physiol 1993; 264:R957.

Lore R, Schultz LA: The ecology of wild rats: applications in the laboratory. In: Blanchard RJ, Brain PF,

Blanchard DC, Parmigiani S (eds.): Ethoexperimental Approaches to the Study of Behavior. Dordrecht, Kluver, 1989; pp. 607–622.

Louch CD, Higginbotham M: The relation between social rank and plasma corticosterone levels in mice. Gen. comp. Endocrinol. 1967; 8:441–444.

Lyte M, Nelson SG, Baissa B: Examination of the neuroendocrine basis for the conflict-incuced enhancement of immunity in mice. Physiol. Behav. 1990; 48:685–691.

Mackintosh JH: Territory formation by laboratory mice. Anim. Behav. 1970; 18:177–182.

Mackintosh JH: Factors affecting the recognition of territory boundaries by mice (Mus musculus). Anim. Behav. 1973; 21:464–470.

Mähler M: Permanenter sozialer Streß und der Verlauf einer experimentellen Mycolasma-pulmonis-Infektion der Ratte unter besonderer Berücksichtigung der Zytologie der bronchoalveolären Lavage. Dissertation, Tierärztliche Hochschule Hannover, 1991.

Militzer K, Reinhard HJ: Untersuchungen zur Rangordnung bei Laboratoriumsratten. Z. Säugetierkunde 1979; 44:256–278.

Militzer K, Reinhard HJ: Rank position in rats and their relation to tissue parameters. Physiol. Psychol. 1982; 10:251–260.

Mormède P, Lemaire V, Castanon N, Dulluc J, Laval M, Le Moal M: Multiple neuroendocrine responses to chronic social stress: Interaction between individual characteristics and situational factors. Physiol. Behav. 1990; 47:1099–1105.

Plaut SM, Ader R, Friedman SB, Ritterson AL: Social factors and resistance to malaria in the mouse: effects of group vs individual housing on resistance to Plasmodium Berghei infection. Psychosom. Med. 1969; 31:536–552.

Profot M: Pregnency sickness as adaptation. In: Barow J, Cosmides L, Tooby J (eds.): The Adapted Mind. Evolutionary Psychology and Generation of Culture. New York, Oxford Univ. Press, 1991.

Raab A, Dantzer R, Michaud B, Mormède P, Taghzouti K, Simon H, Le Moul M: Behavioural, physiological and immunological consequences of social status and aggression in chronically coexisting resident-intruder dyads of male rats. Physiol. Behav. 1986; 36:223–228.

Rabin BS, Lyte M, Hamill E: The influence of mouse strain and housing on the immune response. J. Neuroimmunol. 1987; 17:11–16.

Sachser N: Different forms of social organization at high and low population densities in guinea pigs. Behaviour 1986; 97:253–272.

Sachser N: Sozialphysiologische Untersuchungen an Hausmeerschweinchen. Schriftenreihe Versuchstierkd. 13; Berlin – Hamburg, P. Parey Verlag, 1993.

Schedlowski M, Jacobs R, Stratmann G, Richter S, Hädicke A, Tewes U, Wagner TOF, Schmidt RE: Changes of natural killer cells during acute psychological stress. J. Clin. Immunol. 1993; 2:119–126.

Selye H: The physiology and pathology of exposure to stress. Montreal, Acta, 1950.

Steiniger F: Beiträge zur Soziologie und sonstigen Biologie der Wanderratte. Z. Tierpsychol. 1950; 7:356–379.

Taylor GT, Weiss J, Rupich R: Male rats behavior, endocrinology and reproductive physiology in a mixed-sex, socially stressful colony. Physiol. Behav. 1987; 39:429–433.

Vessey SH: Effects of grouping on levels of circulating antibodies in mice. Proc. Soc. Exp. Med. 1964; 115:252–255.

Williams GC, Nesse RM: The dawn of Darwinian Medicine. The Quarlerly Review of Biology 1991; 66:1–22.

Weimer A: Zum Einfluß von individuellen Verhaltensunterschieden und von sozialen Extremzuständen auf den Verlauf der experimentellen Mengovirus-Infektionen bei Mäuseböcken verschiedener Inzuchtstämme. Dissertation, Tierärztliche Hochschule Hannover, 1992.

Klassische Konditionierung von Immunfunktionen

Angelika Buske-Kirschbaum und Dirk Hellhammer

Die klassisch konditionierte Immunmodulation – ein Paradigma der Psychoneuroimmunologie

Im Rahmen seiner frühen Untersuchungen zu den physiologischen Grundlagen des Verdauungssystems beobachtete Pavlov (1928), daß Versuchstiere, die wiederholt Futter in einem spezifischen Reizkontext erhalten hatten, in Folge bereits bei Wahrnehmung eben dieser Umgebungsreize eine Verdauungsreaktion zeigten. So führte z. B. ein Glockenton bei Hunden zu einer Speichelsekretion, wenn der Ton den Tieren zuvor mehrfach kurz vor der täglichen Futterration präsentiert worden war. Auf der Grundlage dieser Beobachtungen postulierte Pavlov wenig später die Theorie des konditionierten Reflexes. Grundlegende Annahme seines Modells war hierbei, daß ein neutraler Stimulus zu einem konditionierten Stimulus (CS) wird und eine physiologische Reaktion hervorrufen kann, wenn er sich zuvor wiederholt mit einem physiologisch wirksamen unkonditionierten Stimulus (US) in räumlicher und zeitlicher Nähe (Kontingenz) befunden hat. Die durch den konditionierten Stimulus hervorgerufene physiologische Veränderung wurde hierbei als eine durch das zentrale Nervensystem (ZNS) vermittelte Reaktion betrachtet und als konditionierte Reaktion (CR) oder als konditionierter Reflex bezeichnet.

In der Folgezeit konnten die frühen Ergebnisse einer klassisch konditionierten Speichelsekretion auf eine Vielzahl anderer physiologischer Systeme erweitert und die konditionierte Modulation u. a. von motorischen, autonomen oder viszeralen Prozessen dokumentiert werden (Miller, 1969). Die in diesen und vielen anderen Studien dokumentierten konditionierten Veränderungen einer physiologischen Reaktion wurden von den jeweiligen Autoren als Hinweis dafür gewertet, daß 1. die im Lernparadigma gezeigte Reaktion durch das ZNS kontrolliert und reguliert wird und 2. der Organismus offensichtlich in der Lage ist, auf einen spezifischen Hinweisreiz mit eben dieser physiologischen Reaktion *antizipativ* zu reagieren.

Vor dem Hintergrund dieser Überlegungen scheint es verständlich, daß eine klassische Konditionierung immunologischer Reaktionen lange nicht in Betracht gezogen wurde. So deutete die Beobachtung autoregulativer immunologischer Prozesse darauf hin, daß das Immunsystem ein autonomes System ist, das unabhängig von anderen Systemen wie dem ZNS agiert und reagiert. Diese Annahme wurde dadurch gestützt, daß eine Vielzahl von Immunfunktionen im Reagenzglas, d. h. losgelöst von anderen physiologischen Reaktionen, induziert werden kann. Auch schien die Möglichkeit einer erlernten, antizipativen Immunreaktion unwahrscheinlich, da die Präsenz eines antigenen Stimulus als eine notwendige Vorraussetzung für die Aktivierung jeglicher Immunfunktion betrachtet wurde.

Ergebnisse psychoneuroimmunologischer Forschung, wie z. B. die Innervation peripherer lymphatischer Organe (siehe Überblicksarbeit: Felten und Felten, 1991) oder der Nachweis von Rezeptoren für neuroaktive Substanzen auf immunkompetenten Zellen (siehe Überblicksarbeit: Dunn, 1989), deuteten jedoch darauf hin, daß das Immunsystem keineswegs unabhängig, sondern vielmehr in enger Kommunikation mit dem ZNS agiert (s.a. Beiträge in diesem Band). Auch wenn diese Ergebnisse auf eine Kontrolle der Immunreaktivität durch zentralnervöse Prozesse und somit auf eine mögliche Konditionierbarkeit immunologischer Reaktionen hinwiesen, so führte doch eine eher zufällige Entdeckung zur systematischen Überprüfung einer klassisch konditionierten Immunmodulation. In einem Experiment zur Geschmacks-Aversion (GA) bei Ratten beobachtete Ader (1974), daß die Versuchstiere, die mit Saccharin (CS) und der aversiven Substanz Cyclophosphamid (US) konditioniert worden waren, eine überzufällige Mortalitätsrate zeigten, wenn ihnen erneut das Saccharin dargeboten wurde. Diese Beobachtung führte Ader zu der Hypothese, daß aufgrund der engen Assoziation von Saccharin und dem ebenfalls immunsuppressiven Cyclophosphamid in Folge die Zuckerlösung allein zu einer Immunsuppression und somit zu einer erhöhten Anfälligkeit der Tiere gegenüber pathogenen Erregern geführt hatte. In einem Folgeexperiment konnte diese Annahme bestätigt und eine klassisch konditionierte Suppression der Antikörperreaktion aufgezeigt werden (Ader und Cohen, 1975). Auf der Grundlage dieser Befunde sowie in Anlehnung an die Theorie des konditionierten Reflexes von Pavlov (1928) galt in Folge eine Immunreaktion als klassisch konditionierte Reaktion (CR), wenn nach wiederholter Paarung eines immunologisch neutralen Stimulus (CS) mit einem immunmodulierenden Agens (US) die Reexposition des neutralen Reizes *allein* zu eben dieser immunologischen Veränderung (CR) führt (siehe Abb. 1).

In der Folgezeit konnte die klassisch konditionierte Modulation unterschiedlicher humoraler und zellulärer Immunfunktionen wiederholt aufgezeigt werden, wobei sich das Paradigma der klassischen Konditionierung

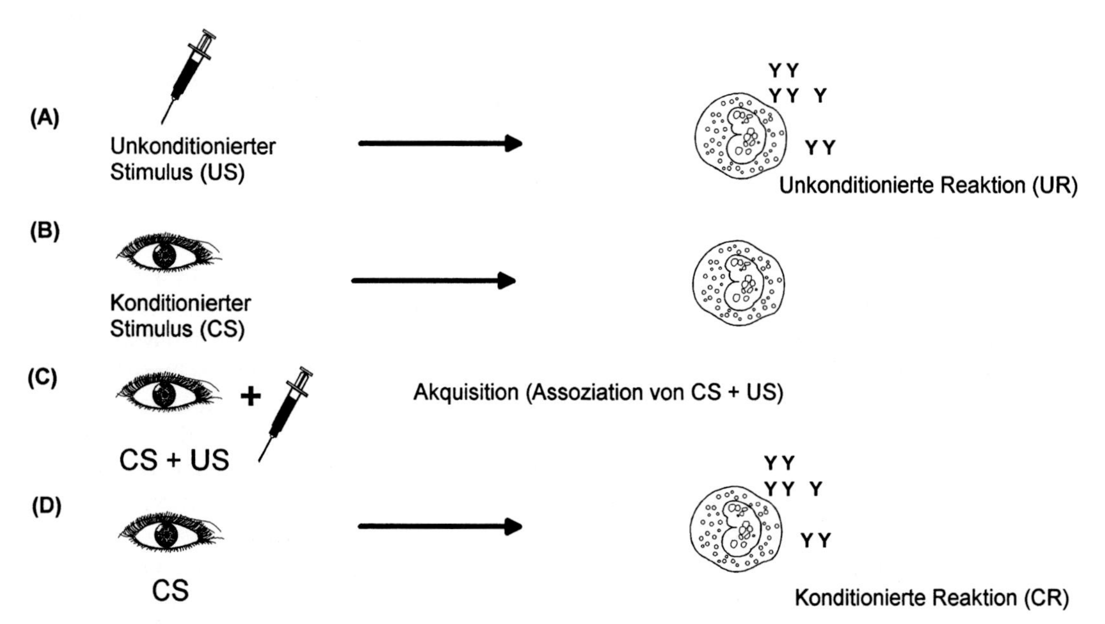

Abbildung 1: Klassische Konditionierung von Immunfunktionen. Zur Etablierung einer klassisch konditionierten Immunreaktion werden zunächst zwei Reize definiert. Der unkonditionierte Stimulus (US) ist ein immunmodulierender Reiz, der zu einer Veränderung der Immunreaktivität (unkonditionierte Reaktion) wie etwa einer erhöhten Antikörperproduktion führt (A), während der konditionierte Stimulus (CS), z. B. ein visueller Reiz, ohne immunologische Veränderung bleibt (B). Nach wiederholter Assoziation beider Reize (C) führt in Folge der konditionierte Reiz allein zu einer veränderten Immunreaktion (konditionierte Reaktion, D).

zunehmend als ein wichtiges Instrument zur Erforschung der Interaktion zwischen dem ZNS und dem Immunsystem erwies. Die Bedeutung des Paradigmas für die Psychoneuroimmunologie lag hierbei u. a. darin begründet, daß die klassische Konditionierung einer Immunfunktion die systematische Überprüfung sowohl afferenter als auch efferenter Kommunikationswege zwischen dem Gehirn und dem Immunsystem erlaubt. Neben dieser eher heuristischen Bedeutung ist die konditionierte Immunmodulation jedoch weiterhin von klinischer Relevanz. So könnte eine klassisch konditionierte Beeinflussung der Immunfunktion zum einen ein Erklärungsmodell ausgesuchter psychosomatischer Erkrankungen darstellen, zum anderen wäre eine Optimierung standardisierter Therapien von immunbedingten Störungen (z. B. Allergien) durch eine erlernte Immunreaktion denkbar. Aufgrund dieser Überlegungen ist das Interesse an experimentellen Befunden zur klassisch konditionierten Immunmodulation bei Mensch und Tier verständlich, wobei eine Auswahl dieser Ergebnisse in den folgenden Kapiteln vorgestellt und diskutiert werden soll.

Die klassische Konditionierung von Immunfunktionen im Tiermodell

Die klassisch konditionierte Immunsuppression – erlernte Reaktion oder Streßreaktion?

Erste Hinweise auf eine mögliche Beeinflussung der Immunreaktivität durch klassische Lernprozesse stammen von frühen, jedoch sehr unsystematischen Studien aus der UdSSR. Metal'nikov und Chorine (1926) berichteten erstmalig, daß Meerschweinchen, denen wiederholt ein bakterielles Antigen (*Bacillus anthratis*; US) in Kombination mit einem taktilen Reiz (Kratzen spezifischer Hautareale; CS) dargeboten wurde, in Folge auf die Hautstimulation allein einen Anstieg polynukleärer Zellen im Peritoneum zeigten. Diese ersten Befunde einer klassisch konditionierten Immunreaktion wurden wenig später repliziert und auf eine Vielzahl anderer Immunparameter wie etwa die Antikörperreaktion, die Phagozytose, die Komplementreaktion oder die Aktivität von Lysozym generalisiert. Doch wie bereits Kritiker der damaligen Zeit anmerkten, zeigten diese ersten Studien deutliche methodische Mängel wie etwa fehlende Kontrollgruppen, eine geringe Anzahl von Versuchstieren in den jeweiligen Untersuchungsgruppen oder auch den Einsatz immunmodulierender Reize als konditionierte Stimuli (siehe Überblicksarbeit: Ader, 1981a).

Als erste systematische und kontrollierte Studie zur klassischen Konditionierung einer Immunreaktion kann hingegen die bereits erwähnte Arbeit von Ader und Cohen (1975) betrachtet werden. Ratten erhielten einmalig eine Saccharinlösung (CS) kombiniert mit einer Injektion der immunsuppressiven Substanz Cyclophosphamid (US). Drei Tage später wurden die Tiere mit Schafserythrozyten immunisiert und 30 Minuten später erneut der Zuckerlösung (konditionierte Gruppen) oder der täglichen Wasserration (CS_0-Gruppe) ausgesetzt. Kontrolltiere erhielten während des Trainingstrials anstelle des Saccharins die übliche Wasserration assoziiert mit Cyclophosphamid (unkonditionierte Tiere) oder Wasser in Kombination mit einer Injektion von destilliertem Wasser (Placebo-Gruppe). Zur Kontrolle der unkonditionierten Reaktion wurde eine weitere Gruppe auch am Testtag 3 mit Cyclophosphamid behandelt (siehe Tab. 1). Wie von den Autoren erwartet, führte die o. a. Behandlung bei den konditionierten Tieren zu einem deutlich supprimierten Antikörpertiter gegen das Antigen, der sich von der Antikörperreaktion der Plazebogruppe, der nicht-konditionierten Gruppe sowie der CS_0-Gruppe deutlich unterschied. Diese Ergebnisse wurden von den Autoren als ein erster Hinweis dafür betrachtet, daß Lernprozesse den Verlauf einer Immunreaktion beeinflussen können, wobei das von Ader und Cohen vorgeschlagene Lernprotokoll sowie die eingesetzten Kontrollgruppen spätere Studien zur konditionierten Immunmodulation maßgeblich beeinflußten.

Folgeuntersuchungen zeigten, daß eine konditionierte Suppression des Antikörpertiters auch in anderen Laboratorien repliziert werden kann (Rogers et al., 1976; Wayner, Flannery und Singer, 1978) und sich auch bei Variation unterschiedlicher Variablen des Lernprotokolls (Dosis des US, Intervall zwischen Akquisition und CS-Reexposition, u. a. m.) wiederfindet (Ader, 1981 b).

Trotz der wiederholten, erfolgreichen Dokumentation einer konditionierten Suppression einer Antikörperreaktion waren die zugrundeliegenden Mechanismen einer erlernten Immunsuppression jedoch nur wenig geklärt. Vor dem Hintergrund, daß ein supprimierter Antikörpertiter zunächst im Rahmen eines aversiven, und somit belastenden GA-Protokolls beobachtet wurde, wiesen einige Autoren kritisch darauf hin, daß die im Aversionsprotokoll beobachtete Immunsuppression eher eine unspezifische, physiologische Streßreaktion und nicht eine assoziative, d. h. erlernte Immunmodulation darstellt (Kelley und Dantzer, 1986). Grundlegende Annahme war hierbei, daß die erneute Konfrontation der Versuchstiere mit dem aversiven Stimulus zu einer streßinduzierten Ausschüttung von Glukokortikoiden führt (Munck und McGuyre, 1991).

Die Ergebnisse, die zur Klärung der Frage beitragen können, ob es sich bei der im GA-Protokoll beobachteten Immunsuppression um eine assoziativ erlernte Reaktion oder eine unspezifische Streßreaktion handelt, erweisen sich bislang als recht heterogen. So wurde von einigen Autoren ein Anstieg der Glukokortikoide bei Erlernen einer GA beobachtet (Ader, 1976), andere Arbeitsgruppen hingegen fanden eine konditionierte GA ohne begleitende endokrine Veränderungen (Roudebush und Bryant, 1991). Somit scheint eine klassische Konditionierung im GA-Paradigma nicht unbedingt mit einer Aktivierung der Hypothalamus-Hypophysen-Nebennierenrinden-Achse (HHNA) einherzugehen. Demgegenüber spricht die Beobachtung von Gorczynski und Kennedy (1984), daß eine vorherige Adrenalektomie eine konditionierte Suppression der Antikörperreaktion verhindert, für die Notwendigkeit einer Aktivierung der HHNA zur Induktion einer erlernten Immunsuppression. Auf der anderen Seite blieb jedoch eine explizit herbeigeführte Erhöhung der endogenen Glukokorti-

Tabelle 1: Klassisch konditionierte Suppression der Antikörperreaktion (Ader & Cohen, 1975)

Untersuchungsgruppe	**Akquisition Tag 0**	**Untergruppe**	**Immunisierung Tag 3**	**Testung Tag 3**	**Funktion**
Konditionierte Gruppe *	Sac + CY	CS_+	SRBC	Sac + NaCl	Konditionierte Immunreaktion
	Sac + CY	CS_0	SRBC	H_2O + NaCl	Residualeffekte CY
US-Kontrolle	Sac + CY	US	SRBC	H_2O + CY	Unkonditionierte Reaktion
Unkonditionierte Gruppe	H_2O + CY	NC	SRBC	Sac + NaCl	CS-Kontrolle
Placebogruppe	H_2O + P	P	SRBC	H_2O	Antikörperreaktion bei unbehandelten Tieren

* bestehend aus zwei Untergruppen, wobei die eine Gruppe (CS_1) eine Reexposition des Saccharins am Tag 3, die andere Gruppe (CS_2) am Tag 6 erfährt

Sac = Saccharin; CY = Cyclophosphamid; H_2O = Wasser; SRBC = Schafserythrozyten
NaCl = Kochsalz; P = destilliertes Wasser

koidkonzentration zum Zeitpunkt der CS-Reexposition ohne begleitende Immunsuppression. Ein Anstieg der Konzentration dieses Hormons scheint somit keine hinreichende Bedingung für eine Suppression der Immunreaktivität im GA-Protokoll zu sein (Ader, Cohen und Grota, 1979). Auch konnte unter Verwendung von Lithiumchlorid, einer aversiven, jedoch nicht immunsuppressiven Substanz, keine konditionierte Reduktion der Antikörperreaktion erzielt werden (Ader und Cohen, 1975). Somit scheint weniger eine streßinduzierte, erhöhte Glukokortikoidkonzentration, sondern vielmehr die vorangegangene Assoziation des CS mit einem immunmodulierenden Stimulus die notwendige Variable für die beobachtete Immunsuppression im GA-Paradigma zu sein. Es sollte jedoch bedacht werden, daß in dieser Diskussion lediglich die HHNA und ihre immunmodulierende Funktion betrachtet wurde und eine mögliche, durch das GA-Paradigma induzierte Sekretion anderer, ebenfalls immunmodulierender Hormone wie etwa Katecholamine oder Endorphine (Shavit, 1991; Madden und Livnat, 1991) vernachlässigt wurde. Eine streßinduzierte Modulation der Antikörperreaktion im GA-Paradigma ist somit aufgrund der bislang in der Literatur diskutierten Ergebnisse nicht ausgeschlossen.

Die klassisch konditionierte Immunreaktion – ein reliables Phänomen?

Ziel der Forschung zur klassischen Konditionierung von Immunfunktionen war in Folge, insbesondere auch aufgrund der o. a. kritischen Diskussion, 1. eine genauere Überprüfung einer konditionierten Suppression der humoralen Immunantwort, 2. die Verwendung anderer, nicht aversiver Lernparadigmen sowie 3. der Nachweis, daß verschiedene Immunparameter des humoralen und des zellulären Systems durch Lernprozesse beeinflußbar sind. Mit diesem Hintergrund weiteten u. a. Ader und Mitarbeiter ihre frühen Befunde dahingehend aus, daß auch eine Reexposition des Saccharins (CS) *vor* der Immunisierung zu einer deutlichen Suppression des Antikörpertiters führt. Dies widersprach der anfänglichen Vermutung der Arbeitsgruppe, daß nur ein durch ein Antigen aktiviertes Immunsystem sensitiv für assoziative Lernprozesse ist (Ader, Cohen und Bovbjerg, 1982; Schulze et al., 1988). Weiterhin ließ sich zeigen, daß nicht nur eine primäre Antikörperreaktion in der Peripherie, sondern auch in einem lymphatischen Organ, wie etwa der Milz, durch klassische Lernprozesse zu reduzieren ist (McCoy et al., 1986). Hierbei wurde von anderen Autoren von einer unterschiedlichen Sensitivität verschiedener Antikörper-Isotypen berichtet. Konditionierten Mäusen (CS = Saccharin; US = Cyclophosphamid) wurden Lymphozyten der Milz entnommen und mit dem B-Zell-spezifischen Mitogen PWM (pokeweed mitogen) *in vitro* stimuliert. Im Vergleich zu entsprechenden Kontrolltieren fand sich bei den konditionierten Tieren eine signifikant erniedrigte Sekretion von Antikörpern des Isotyps IgM, während sich vergleichsweise kein Unterschied im IgA oder IgG feststellen ließ (Kusnecov et al., 1988). Von einer Suppression spezifischer Antikörper-Idiotypen (IgM, IgG) nach Etablierung einer dynamischen Stereotype, einem der klassischen Konditionierung verwandten Versuchsdesign, berichteten auch andere Autoren (Moynihan et al., 1989).

Es sollte an dieser Stelle jedoch angemerkt werden, daß in allen bislang genannten Studien Thymus-abhängige Antigene, die nur unter Beteiligung von Makrophagen und insbesondere T-Lymphozyten eine Aktivierung der B-Zelle und somit eine humorale Immunantwort initiieren können, verwandt wurden. Die konditionierte Suppression der Antikörperreaktion unter Verwendung von Thymus-abhängigen Antigenen könnte somit sowohl über 1. eine Reduktion der Funktion beteiligter T-Zellen oder 2. eine supprimierte Aktivität der B-Zelle selbst erfolgen, wobei im ersteren Fall nur von einer indirekten Modulation der humoralen Immunabwehr durch Lernprozesse ausgegangen werden dürfte. Auf die Möglichkeit einer direkten Beeinflussung beteiligter Antikörperproduzierender B-Zellen wiesen erstmalig

Cohen und Mitarbeiter (1979) hin. Sie fanden bei konditionierten Mäusen nach Immunisierung mit dem Thymus-*un*abhängigen Antigen TNP-LPS eine deutliche Suppression des Antikörpertiters. Dieser Befund steht jedoch im Widerspruch zu den Ergebnissen anderer Autoren, die eine erlernte Reduktion der Antikörperreaktion gegen ein Thymus-abhängiges, nicht jedoch gegen ein Thymus-unabhängiges Antigen feststellen konnten (Wayner, Flannery und Singer, 1978; Schulze et al., 1988). Aufgrund der widersprüchlichen Ergebnisse scheint somit eine Aussage darüber, ob eine konditionierte Modulation der humoralen Immunantwort T-Zell-vermittelt oder auf Ebene der antikörperproduzierenden B-Zelle verläuft, verfrüht.

Neben der Modulation der humoralen Immunantwort scheint auch der Verlauf *zellulärer* Immunfunktionen im Rahmen von klassischen Lernprotokollen manipulierbar zu sein. Die Beeinflussung einer lokalen Abstoßungsreaktion durch klassische Konditionierung *in vivo* beobachteten erstmalig Bovbjerg und Mitarbeiter. Ratten wurden mit Saccharin (CS) und Cyclophosphamid (US) konditioniert und erhielten sieben Wochen später eine Zellsuspension von allogenen Leukozyten in die Pfote injiziert. Die Autoren berichteten, daß die so konditionierten Tiere eine im Vergleich zu den Kontrolltieren deutlich reduzierte Schwellung der poplitealen Lymphknoten aufwiesen, wenn sie erneut der Zuckerlösung ausgesetzt wurden (Bovbjerg, Cohen und Ader, 1980). Die morphologische Veränderung der Lymphknoten, die sich insbesondere durch eine Vermehrung aktivierter T-Lymphozyten auszeichnet, gilt als ein Indikator für eine gegen das allogene Zellmaterial gerichtete Abstoßungsreaktion. In einer Folgearbeit gelang der gleichen Arbeitsgruppe der Nachweis, daß durch wiederholte Präsentation des Saccharins ohne folgende Verstärkung durch Cyclophosphamid die Extinktion der zuvor erlernten Abstoßungsreaktion herbeigeführt werden kann (Bovbjerg, Ader und Cohen, 1984). Die Extinktion einer im Lernparadigma erzielten physiologischen Veränderung gilt als ein Nachweis dafür, daß assoziative Prozesse maßgeblich für die beobachtete Veränderung verantwortlich sind (Mackintosh, 1983). Die konditionierte Suppression einer Abstoßungsreaktion *in vitro* wurde von anderen Autoren dokumentiert. So beobachtete die Arbeitsgruppe um Kusnecov nach einmaliger Paarung von Saccharin (CS) mit einer Injektion von Anti-Lymphoyztenserum (US) eine deutliche Suppression der gemischen Lymphoyztenreaktion, die sich in einer reduzierten Proliferationsrate alloreaktiver T-Lymphozyten manifestierte. Da es sich bei Anti-Lymphozytenserum um eine immunsuppressive, jedoch nicht aversive Substanz handelt, schlossen die Autoren eine möglicherweise streßinduzierte Immunmodulation aus (Kusnecov et al., 1983). Die Annahme, daß die konditionierte Suppression einer Abstoßungsreaktion nicht ausschließlich durch eine streßinduzierte Aktivierung der HNNA zu erklären ist, wurde durch den Nachweis einer konditionierten Aktivierung einer Transplantatabstoßung untermauert. So reagierten Mäuse, denen zuvor dreimalig ein allogenes Hauttansplantat (US) appliziert wurde, in Folge bereits auf die Operationsprozedur (CS) mit einer erhöhten Frequenz alloantigenspezifischer zytotoxischer T-Vorläuferzellen im Blut. Die Autoren berichteten auch hier von einer Extinktion der erlernten Aktivitätssteigerung nach wiederholter Durchführung einer Scheinoperation (Gorsczynski, Macrae und Kennedy, 1982).

Neben der konditionierten Modulation einer Abstoßungsreaktion liegen Berichte einer klassischen Konditionierung der allergischen Reaktion vom verzögerten Typ («delayed type hypersensitivity»; DTH) vor, einer ebenfalls zellulär vermittelten Immunreaktion. So ließ sich unter Verwendung eines GA-Paradigmas (CS = Saccharin; US = Cyclophosphamid) eine deutlich supprimierte DTH-Reaktion erzielen. Da sich die konditionierten Tiere zu keinem Zeitpunkt nach CS-Reexposition bezüglich ihrer Glukokortikoidkonzentration von den Kontrolltieren unterschieden, schlossen die Autoren eine streßinduzierte Modulation der DTH-Reaktion weitestgehend aus

(Roudebush und Bryant, 1991). Diese Ergebnisse stehen jedoch im Gegensatz zu Beobachtungen der Arbeitsgruppe um Kelley, die eine streßinduzierte, von Lernprozessen unabhängige Suppression der DTH-Reaktion im Aversionsprotokoll dokumentierten. Sie beobachteten nach Asssoziation von Saccharin (CS) mit Lithiumchlorid (US), einer aversiven, aber nicht immunsuppressiven Substanz, eine deutlich reduzierte DTH-Reaktion nach erneuter Präsentation der Zuckerlösung (Kelley et al., 1985).

Eine angemessene Proliferation der T- und B-Zellen nach Antigenkontakt gilt als eine notwendige Vorraussetzung sowohl für die humorale als auch für die zelluläre Immunantwort, da nur so eine ausreichende Anzahl antigenspezifischer Lymphozyten gewährleistet werden kann. Der Nachweis einer klassisch konditionierten Manipulation der Lymphozytenproliferation ist somit von besonderem Interesse, da hier die zentralnervöse Beeinflussung eines grundlegenden immunologischen Prozesses überprüft werden kann. Die Bestimmung der Proliferationsrate erfolgt nach Stimulation der Lymphozyten durch pflanzliche Mitogene wie etwa Phytohemagglutinin (PHA), Concanavalin A (ConA), Pokeweed-Mitogen (PWM) oder Lipopolysaccharid (LPS). Hierbei aktivieren PHA und ConA T-Zellen, während LPS und PWM B-Zellen zur Teilung anregen. Die Proliferationsrate läßt sich anhand der Inkorporation z. B. von ^{3}H-Thymidin in die DNA quantifizieren (Janossy und Greaves, 1972). Nach Assoziation von Saccharin (CS) und Cyclophosphamid (US) zeigten Neveu und Mitarbeiter nach Reexposition des CS eine supprimierte Proliferationsrate auf PHA und PWM, nicht jedoch auf LPS, was auf eine unterschiedliche Sensitivität der jeweiligen Lymphozytensubpopulationen gegenüber Lernprozessen hinweisen könnte (Neveu, Dantzer und LeMoal, 1986). Eine konditionierte Reduktion der Zellproliferation auf PHA und PWM, nicht jedoch auf ConA, beschrieben andere Autoren (Kusnecov, Husband und King, 1988). Demgegenüber gelang Coussons und Mitarbeitern der Nachweis einer erlernten Reduktion der Proliferation auch auf ConA, wobei sich interessanterweise eine konditionierte Suppression der Teilungsrate nur bei Lymphozyten in der Milz und im Blut, nicht jedoch in den mesenterischen Lymphknoten fand (Coussons, Dykstra und Lysle, 1993). Die unterschiedliche Sensitivität von Lymphoyzten verschiedener immunologischer Kompartimente gegenüber assoziativen Lernprozessen wurde auch von anderen Autoren beobachtet (Lysle, Cunnick, Fowler und Rabin, 1988; Lysle, Cunnick und Rabin, 1990).

Auch wenn sich natürliche Killer (NK)-Zellen von T-Zellen und B-Zellen in ihrer Morphologie und Funktion unterscheiden, so werden sie doch in der Regel zur zellulären Immunabwehr gezählt. NK-Zellen sind große, granuläre Lymphozyten, die unspezifisch und unabhängig vom MHC-Komplex (major histocompatibility complex) insbesondere entartete und viral infizierte Zellen erkennen und lysieren (Trinchieri, 1989). Im Rahmen psychoneuroimmunologischer Forschung haben sich NK-Zellen als besonders sensitiv gegenüber behavioralen Prozessen erwiesen und gelten als ein guter Indikator für eine verhaltensinduzierte immunologische Veränderung. Nach einmaliger Paarung von Saccharin (CS) und Cyclophosphamid (US) dokumentierten O'Reilly und Exon (1986) erstmalig eine konditionierte Suppression der natürlichen Killerzell-Aktivität (NKZA), ein Befund, der von anderen Autoren bestätigt wurde (Hiramoto et al., 1987). Auch wurde von einer konditionierten Steigerung der NKZA berichtet. So führte sowohl eine neunmalige wie auch eine einmalige Paarung eines Kamphergeruchs (CS) mit Poly I : C (US), einer synthetisch hergestellten viralen Ribonukleinsäure, zu einer deutlich erhöhten NKZA nach wiederholter Darbietung des Geruchs (Ghanta et al., 1985; Hiramoto et al., 1987). Die zugrundeliegenden Mechanismen einer konditionierten Steigerung der NKZA sind weitestgehend ungeklärt, jedoch scheint der Effekt auch unter Anästhesie, d. h. unter Ausschaltung höherer kortikaler Areale, möglich zu sein (Hsueh et al., 1992).

Im Hinblick auf die o. a. Ergebnisse wäre es

von Interesse, welche Transmittermoleküle für die Kommunikation zwischen dem ZNS und den NK-Zellen in dem verwandten Lernprotokoll verantwortlich sein könnten. Erste Befunde deuten auf die Beteiligung zentraler opioider Mechanismen sowie auf eine Sekretion von Interferon-beta (IFN-β) hin. So führte etwa die Applikation des opioiden Antagonisten Naltrexon vor CS-Reexposition zu einer Inhibition der konditionierten Modulation der NKZA. Interessanterweise ließ sich dieser Effekt nicht unter Verwendung von Naltrexonmethobromid, einem peripher wirkenden Antagonisten beobachten (Solvason, Hiramoto und Ghanta, 1989). Auf eine mögliche Beteiligung von IFN-β bei der Induktion einer konditionierten Steigerung der NKZA wiesen hingegen Arbeiten, die eine konditionierte Steigerung der NKZA auch unter Verwendung von IFN-β als US etablieren konnten. Die Relevanz von IFN-β zur erlernten Modulation der NKZA wird weiterhin durch die Beobachtung unterstrichen, daß die Applikation eines Antiserums gegen IFN-β 24 Stunden vor der Assoziation von CS und US eine konditionierte Steigerung der NKZA unterbindet (Solvason et al., 1991).

Die in diesem Kapitel zusammengefaßten Ergebnisse deuten darauf hin, daß die klassische Konditionierung von Immunreaktionen ein reliables Phänomen darstellt, das sich bei unterschiedlichen Immunfunktionen der humoralen und zellulären Abwehr beobachten läßt. Die Tatsache, daß verschiedene Aspekte der Immunreaktivität durch Lernprozesse stimulierbar, aber auch supprimierbar sind, läßt weiterhin vermuten, daß die Fähigkeit zur antizipativen Veränderung von Körperabwehrprozessen von biologischer Relevanz ist und somit möglicherweise einen wichtigen Aspekt im Überlebenskampf des Organismus darstellt. Diese Vermutung wird durch die Beobachtung, daß auch immunologisch relevante Prozesse wie etwa die Lymphozytenmigration (Klosterhalfen und Klosterhalfen, 1987; Buske-Kirschbaum et al., in Druck), die Fieberreaktion (Bull et al., 1990; Bull et al., 1991) oder auch die Freisetzung von Effektorsubstanzen wie z. B. Histamin (Russel et al., 1984; MacQueen und Siegel, 1989) durch Lernprozesse moduliert werden können, gestützt. Ein sicherlich eindrucksvolles Argument für die biologische Bedeutung einer konditionierten Immunreaktion sind jedoch Forschungsergebnisse, die eine Beeinflussung von Krankheitsprozessen durch erlernte Immunreaktionen aufzeigen.

Die klassisch konditionierte Immunreaktion – ein klinisch relevantes Phänomen?

Wie bereis zuvor angedeutet, ist der Nachweis, daß eine konditionierte Immunmodulation den Ausbruch und Verlauf von Erkrankungen beeinflußt, von maßgeblichem Interesse, da dies die biologische Bedeutung einer antizipativen Immunreaktion für den Organismus verdeutlichen würde. Die Modulation krankheitsrelevanter immunologischer Parameter wie z. B. der Histaminsekretion, der NKZA oder der Aktivität gegen allogenes Zellmaterial gerichteter T-Zellen wurde in der Vergangenheit wiederholt dokumentiert. Es ist jedoch nicht unbedingt davon auszugehen, daß eine Modulation dieser Parameter auch eine Beeinflussung des allergischen Asthmas, einer Tumorerkrankung oder einer Transplantatabstoßung nach sich zieht. So stehen die unterschiedlichen Komponenten der Körperabwehr in enger, komplexer Interaktion, und die Suppression oder Aktivierung eines definierten Parameters läßt nur eingeschränkt eine Aussage über die verbleibende immunologische Kompetenz und somit die mögliche Sukzeptibilität des Organismus gegenüber Erkrankungen zu. Die Methode der Wahl wäre hier der Nachweis einer konditionierten Modulation eines krankheitsrelevanten Immunparameters sowie eine gleichzeitige Modifikation eben dieser Erkrankung. Dies erweist sich jedoch häufig als schwierig, da bei vielen Krankheitsbildern die zugrundeliegenden immunologischen Pathomechanismen nur wenig aufgeklärt sind.

Trotzdem versuchten in der Vergangenheit einige Arbeitsgruppen den Nachweis, daß die erlernte Modulation ausgesuchter Immunparameter von klinischer Relevanz ist, wobei die Grundlage dieser Arbeiten Krankheitsmodelle waren, deren Ausbruch und Verlauf maßgeblich von einer inadäquaten Funktion des Immunsystems bestimmt ist.

Ein klinisches Bild, bei dem ein ausgewogenes Funktionieren der Körperabwehr nicht mehr gewährleistet ist, ist das der Autoimmunerkrankung. Die Entwicklung von Autoimmunität beruht auf dem Fehlen oder dem Zusammenbruch der immunologischen Toleranz, was sich in der Aktivierung autoreaktiver Immunzellen und einer folgenden Zerstörung körpereigenen Gewebes durch autoreaktive Effektorzellen oder Autoantikörper manifestiert. Einen modifizierten Verlauf der Adjuvans-Arthritis, einer der rheumatoiden Arthritis gleichenden Autoimmunkrankheit, im GA-Paradigma beschrieben erstmalig Klosterhalfen und Klosterhalfen (1983). Ratten, die mit einer Saccharin/ Vanille-Lösung (CS) und Cyclophosphamid (US) konditioniert worden waren, bildeten eine im Vergleich zur unkonditionierten bzw. Plazebogruppe deutlich geringere Gelenkschwellung nach Reexposition des CS aus. Von einer ebenfalls reduzierten Symptomatik der Adjuvans-Arthritis in einem Lernprotokoll berichtete auch die Arbeitsgruppe um Lysle, wobei jedoch anstelle des immunsuppressiven Agens ein Stressor (Schock; US) in einem spezifischen Experimentalkäfig (CS) als unkonditionierter Stimulus verwandt wurde. Die Modulation der Krankheitssymptomatik durch eine antizipative Streßreaktion schien hierbei durch adrenerge Mechanismen vermittelt, da eine vorherige Applikation von Propranolol, einem β-adrenergen Antagonisten, den konditionierten Effekt inhibierte (Lysle, Luecken und Maslonek, 1992).

Neben den genannten Studien ist eine Arbeit von Ader und Cohen (1982) von besonderem Interesse, da hier erstmalig die Möglichkeit einer teilweisen Substitution einer Immuntherapie durch ein Lernprotokoll dokumentiert wurde. Weibliche NZB1-Mäuse, ein standardisiertes Tiermodell mit genetischer Disposition für die Autoimmunerkrankung *Lupus erythematosus,* erhielten achtmalig eine Kombination von Saccharin (CS) und Cylcophosphamid (US; Gruppe A, traditionelle Therapie), wobei Cyclophosphamid aufgrund seiner immunsuppressiven Effekte zu einer deutlichen Verzögerung der Erkrankung führt. Eine weitere Gruppe erhielt lediglich viermal die Kombination von Saccharin und Cylcophosphamid, wurde jedoch ersatzweise an den anderen vier Behandlungstagen dem Saccharin reexponiert (Gruppe B, konditionierte Gruppe; reduzierte Therapie). Kontrollgruppen wurden mit einem Plazebo behandelt (Gruppe C) oder erhielten wie die konditionierte Gruppe viermal Saccharin und Cyclophosphamid, jedoch in nichtkontingenter Weise (Gruppe D). In Folge zeigte sich, daß die konditionierte Gruppe B, obwohl lediglich mit einer reduzierten Therapie versehen, sich bezüglich ihrer Überlebenszeit nicht von der durchgängig mit Cyclophosphamid behandelten Gruppe, jedoch von den Kontrollgruppen deutlich unterschied. Zusammenfassend läßt sich somit festhalten, daß eine konditionierte Immunsuppression von biologischer Relevanz zu sein scheint und eine sinnvolle Ergänzung immunsuppressiver Therapien darstellen könnte.

Ein Anliegen der Transplantationsmedizin ist es, vergleichbar der Therapie gegen Autoimmunität, Körperabwehrprozesse gezielt zu supprimieren und somit die Abstoßung eines Fremdtransplantats zu verhindern. Die klassisch konditionierte Modulation einer Abstoßungsreaktion und deren Folgen dokumentierte Grochowicz und Mitarbeiter. Ratten, die zuvor zweimalig Saccharin (CS) und Cyclosporin (US) in enger Assoziation erhalten hatten, zeigten nach einer Herztransplantation eine deutlich verlängerte Transplantatüberlebenszeit, wenn sie anschließend erneut den Zucker zugeführt bekamen (Grochowicz et al., 1991). Eine Reduktion der Abstoßungsreaktion nach einer Hauttransplantation im Rahmen eines vergleichbaren Lernprotokolls beschrieb auch Gorsczynski (1990). Interessanterweise ließ sich in dieser Studie bei Kombination des klassischen Lernprotokolls mit der herkömmlichen Standardtherapie (vorherige Transfusion mit dem Blut des Spendertieres) ein synergistischer Behandlungseffekt erzielen. Tiere, die eine kombinierte Therapie (Transfusion und Lernprotokoll) erhalten hatten, zeigten die beste Verträglichkeit gegenüber dem Transplantat und überlebten die transfusionierte Gruppe sowie die ausschließlich konditionierte Gruppe (Gorczynski, 1990). Die letztgenannte Arbeit kann als ein Hinweis dafür gewertet werden, daß sich, zumindest im Tiermodell, ein klassisches Lernprotokoll sinnvoll in eine Standardtherapie integrieren läßt und zur Optimierung einer Therapie beitragen kann.

Während sich im Rahmen von Autoimmunerkrankungen und der Transplantationsmedizin die klassische Konditionierung einer Immunsuppression als therapeutische Unterstützungsmaßnahme anbietet, so erscheint bei anderen Störungen, die eher durch eine Hypofunktion der Immunreaktivität charakterisiert sind, eine konditionierte Stimulation spezifischer Parameter zur Modulation des Krankheitsbildes sinnvoll. Auf die Modulation einer Tumorerkrankung durch eine erlernte Steigerung der Immunfunktion weist ein experimentelles Modell der Arbeitsgruppe um Ghanta hin. Nach zehnmaliger Paarung eines Kamphergeruchs (CS) mit der immunstimulierenden Substanz Poly I : C (US) zeigten Mäuse eine erhöhte Resistenz gegenüber einem implantierten Tumor bei regelmäßiger Reexposition des Geruchs (Ghanta et al., 1987; Ghanta et al., 1988). Es sollte bei diesen Arbeiten jedoch berücksichtigt werden, daß sich keine erhöhte Überlebensrate bei einer durchgängig mit Poly I : C behandelten Gruppe beobachten ließ, womit die Wirkung des US auf die Tumorentwicklung ungeklärt bleibt und eine lerntheoretische Erklärung der erniedrigten Mortalität bei den konditionierten Tieren nicht unbedingt zulässig ist. Eine weitaus besser kontrollierte Studie mit einem leicht abgewandelten Design führte die Arbeitsgruppe wenig später durch. Mäuse erhielten wiederholt einen Kamphergeruch (CS) kombiniert mit der Injektion von allogenen Milzzellen (US), wobei die Oberflächenstruktur der Milzzellen annähernd identisch mit der Struktur der YC-8-Tumorzelle ist. Nach Injektion der Milzzelle findet sich eine immunologische Sensibilisierung des Empfängertieres, was mit einem fast hundertprozentigen Schutz vor der Ausbreitung eines YC-8-Tumors (aktive Immuntherapie) einhergeht. Die Autoren berichteten unter Verwendung dieses Modells, daß nach viermaliger Paarung des Kamphergeruchs (CS) mit der Injektion der Milzzellen (US) die wiederholte Reexposition des Geruches zu einem reduzierten YC-8-Tumorwachstum sowie zu einer vergleichsweise geringeren Mortalität der Tiere führte (Ghanta et al., 1990; Hiramoto et al., 1991).

Zusammenfassend läßt sich festhalten, daß eine Beeinflussung unterschiedlicher Störungen wie etwa einer Autoimmunerkrankung, einer Tumorerkrankung oder der Symptomatik einer Transplantatabstoßung durch ein klassisches Lernprotokoll möglich ist. Dies deutet auf eine biologische und möglicherweise auch klinische Relevanz der klassisch konditionierten Immunmodulation hin. In den in diesem Kapitel diskutierten Arbeiten wurde sowohl die Verbesserung einer standardisierten Behandlung im Sinne eines synergistischen Therapieeffektes sowie eine mögliche Substitution des Therapeutikums durch ein Lernprotokoll berichtet. In weiteren Untersuchungen bleibt jedoch zu klären, inwieweit die beobachtete Manipulation der Symptome wirklich auf eine klassisch konditionierte Immunmodulation zurückgeführt werden kann. Hier wäre der Nachweis einer latenten Inhibition sowie der Extinktion einer erlernten Modulation der Symptomatik aufschlußreich. Auch wären standardisierte Krankheitsmodelle wie etwa die Verwendung von NK-sensitiven versus NK-insensitiven Tumoren (siehe Gorsczynski, Kennedy und Ciampi, 1985) von Interesse, da so 1. eine konditionierte Modulation der Symptomatologie spezifischer Störungen sowie 2. ein Rückschluß auf die dabei beteiligten Immunparameter ermöglicht würde. Trotz der verbleibenden Fragen sind die o. a. Befunde jedoch von heuristischer Relevanz und implizieren weiterhin die Frage nach der Möglichkeit einer praktischen Umsetzung der Konditionierung von Immunfunktionen im klinischen Setting (vgl. auch das Kapitel «Klinische Anwendungen der klassischen Konditionierung von Immunfunktionen» von Stockhorst und Klosterhalfen in diesem Band).

Die konditionierte immunologische Toleranz – ein überraschendes Phänomen

Der Vollständigkeit halber soll an dieser Stelle kurz auf ein Phänomen im Rahmen der klassisch konditionierten Immunfunktion eingegangen werden, das von einigen Autoren als nur schwer integrierbar in die allgemeine Befundlage, von anderen jedoch als Erweiterung des Spektrums klassisch konditionierter Immunreaktionen betrachtet wird – die konditionierte kompensatorische Immunreaktion bzw. die konditionierte immunologische Toleranz. Das Phänomen der erlernten, immunologischen Toleranz beinhaltet den zunehmenden Verlust der Effektivität einer immunmodulierenden Substanz bei wiederholter Applikation in einem standardisierten Setting. Die Entwicklung einer substanzspezifischen Toleranz ist hierbei offensichtlich auf assoziative Prozesse rückführbar, da der Effekt durch Extinktion sowie latente Inhibition modulierbar ist. Obwohl eine klassisch konditionierte Toleranz gegenüber unterschiedlichen Wirkstoffen in der Vergangenheit wiederholt dokumentiert wurde (Siegel, 1983), ist bislang wenig über die mögliche Etablierung einer immunologischen Toleranz bekannt. Einen ersten Hinweis auf eine klassisch konditionierte Toleranz gegenüber der immunstimulierenden Substanz Poly I : C gab die Arbeitsgruppe um Dyck (siehe Überblicksarbeit: Dyck und Greenberg, 1991). Mäuse wurden wiederholt mit einem Kompoundstimulus (Kamphergeruch/Licht; CS) und einer Injektion von Poly I : C (US) konditioniert. Wurde den so behandelten Tieren acht Wochen später das Poly I : C sowie der CS erneut dargeboten, so zeigten sie im Vergleich zu entsprechend unkonditionierten Tieren eine deutlich reduzierte NKZA auf die immunstimulierende Substanz (Dyck, Greenberg und Osachuk, 1986). Diese Befunde einer kompensatorischen Immunreaktion im Lernparadigma decken sich zwar mit früheren Berichten einer klassischen Konditionierung kompensatorischer pyhsiologischer Reaktionen (siehe oben), zum anderen stehen sie jedoch im Widerspruch zu den bereits diskutierten Ergebnissen einer konditionierten Steigerung der NKZA unter Verwendung von Poly I : C als US (Ghanta et al., 1985). Auch ist bei der o. a. Studie kritisch anzumerken, daß eine mögliche erlernte kompensatorische Immunreaktion nur indirekt aus dem Verlust der Effektivität von Poly I : C erfaßt wurde. Erst in einer späteren Studie konnten Dyck und Mitarbeiter zeigen, daß die Maskierung der Poly-I : C-induzierten Immunstimulation (in diesem Falle eine Hyperthermie) wirklich durch eine erlernte, der UR gegenläufige Reaktion (Hypothermie), verursacht wird (Dyck et al., 1986). Die klassische Konditionierung kompensatorischer Immunreaktionen wird auch von anderen Autoren beschrieben, wobei die Interpretation dieser Studien jedoch aufgrund methodischer Mängel nur mit Einschränkung möglich ist (Krank und MacQueen, 1988; MacQueen und Siegel, 1989).

Zusammenfassend läßt sich festhalten, daß sich im Rahmen von klassischen Lernprotokollen Veränderungen der Immunreaktivität erzielen lassen, die entweder in Richtung der UR oder ihr entgegengesetzt verlaufen können, wobei letzteres eher der Ausnahmefall zu sein scheint. Hierbei bleibt jedoch weitestgehend unklar, unter welchen experimentellen Bedingungen welche Form der CR zu erwarten ist. Ob das von Eikelboom und Steward (1982) vorgeschlagene Modell, daß je nachdem, ob der US am afferenten oder efferenten Schenkel eines physiologischen Regelkreises greift, eine der UR identische oder eine kompensatorische CR zu erwarten ist, auch auf das Immunsystem zu übertragen ist, bleibt in weiterer Forschung zu klären.

Die klassische Konditionierung von Immunfunktionen beim Menschen

Frühe Beobachtungen

Mit Blick auf die biologische Relevanz und insbesondere auch die möglichen klinischen Implikationen einer klassisch konditionierten Manipulation der Immunreaktivität wirft sich die Frage auf, inwieweit auch das Körperabwehrsystem des Menschen durch Lernprozesse zu beeinflussen ist. Unter heuristischen Gesichtspunkten könnte die klassische Konditionierung der Immunreaktivität beim Menschen eine Generalisierung tierexperimenteller Befunde darstellen, da hiermit die Konditionierbarkeit von Immunfunktionen bei einer weiteren Spezies aufgezeigt wäre. Demgegenüber wäre der Nachweis einer konditionierten Immunreaktion beim Menschen unter klinischen Gesichtspunkten eine logische und vor allen Dingen notwendige Fortsetzung tierexperimenteller Forschung, da die Ergebnisse im Tiermodell nur eingeschränkt auf den Humanbereich übertragbar sind und grundlegende klinische Fragestellungen auf der Basis der bisherigen tierexperimentellen Beobachtungen nicht möglich sind.

Zurückblickend finden sich nur wenige Berichte einer erlernten Veränderung der menschlichen Immunreaktivität, wobei diese wenigen Ergebnisse entweder anekdotische Einzelfallbeobachtungen sind oder sehr unsystematischen und wenig kontrollierten Studien entstammen. So wird in der Literatur immer wieder auf Einzelfallberichte hingewiesen, die von allergischen Reaktionen bei Anblick einer künstlichen Rose oder dem Photo eines Heufeldes berichten. Diese klinischen Beobachtungen könnten als ein erster Hinweis gewertet werden, daß immunbedingte Störungen wie etwa Allergien durch assoziative Prozesse beeinflußt werden (Mackenzie, 1896; Hill, 1930; Dekker, Pelser und Groen, 1957). Des weiteren berichtete Strutsovskaya (1953) in einer frühen Arbeit von einer klassisch konditionierten Steigerung der Phagozytoseaktivität bei Kindern, wobei die Interpretation der Ergebnisse jedoch aufgrund fehlender Kontrollgruppen erschwert ist.

Ein erster, systematischer Ansatz zur Überprüfung einer assoziativ erlernten Beeinflussung einer allergischen Reaktion vom Typ IV kam von Smith und McDaniel (1983). Gesunde Versuchspersonen erhielten monatlich für fünf Monate Tuberkulin in den rechten sowie Kochsalz in den linken Arm appliziert, wobei die beiden Spritzen je nach Ort der Applikation rot oder grün markiert waren. Im Rahmen einer letzten Testung wurde ohne Wissen der Versuchspersonen der Inhalt der Spritzen vertauscht, so daß nun der zuvor mit Tuberkulin behandelte Arm mit Kochsalz behandelt wurde und umgekehrt. Die Autoren beobachteten eine deutliche Suppression der Überempfindlichkeitsreaktion bei Gabe von Tuberkulin, jedoch keine immunologische Reaktion nach Kochsalzapplikation. Da dieser Studie kein klassisches Lernprotokoll zugrunde lag, diskutierten die Autoren neben einem lerntheoretischen Erklärungsmodell die Möglichkeit einer Modulation der DTH-Reaktion durch suggestive Prozesse. Vergleichbare Befunde einer durch Lernprozesse induzierten Irritation der Haut berichteten auch andere Autoren (Ikemi und Nakagawa, 1962).

Trotz dieser vereinzelten Berichte ist das Wissen über eine mögliche Beeinflussung der menschlichen Immunreaktivität durch assoziative Lernprozesse gering, was insbesondere bei der ständig wachsenden Zahl tierexperimenteller Arbeiten verwunderlich erscheint. Der Mangel an humanexperimentellen Befunden kann zum einen sicherlich durch ethische Überlegungen, die eine wiederholte Anwendung von aversiven oder immunmodulierenden Stimuli verbieten, zum anderen mit dem Wunsch, zunächst grundlegende Gesetzmäßigkeiten der konditionierten Immunmodulation im Tiermodell zu verstehen, erklärt werden. Auch führen die bislang in tierexperimentellen Arbeiten verwandten US häufig zu beträchtlichen Nebenwirkungen wie Fieber, Übelkeit oder psychomotorischen Störungen, was eine

Verwendung der bekannten US zur Induktion einer konditionierten Immunmodulation im Humanbereich ausschließt. Trotz der möglichen ethischen und methodischen Bedenken wäre es jedoch zunehmend von Interesse, die konditionierte Manipulation einer menschlichen Immunreaktion zu überprüfen, da hiermit möglicherweise 1. ein relevantes Instrument zur Erforschung afferenter und efferenter Kommunikationswege zwischen dem ZNS und dem Immunsystem beim Menschen gegeben wäre und 2. neue Perspektiven für das Verständnis und die Behandlung immunbedingter Störung eröffnet würden.

Die konditionierte Modulation der Aktivität und Anzahl Natürlicher Killerzellen

Den systematischen Nachweis, daß ein menschlicher Immunparameter im Rahmen eines klassischen, Pavlov'schen Lernprotokolls manipuliert werden kann, versuchte unsere Arbeitsgruppe (Buske-Kirschbaum et al., 1992). Ziel dieses Projektes war hierbei, 1. eine klassisch konditionierte Stimulation der NKZA beim Menschen aufzuzeigen sowie 2. die vermittelnden biologischen Mechanismen einer erhöhten NKZA im Lernprotokoll zu untersuchen. Aufgrund der bereits beschriebenen spezifischen Charakteristika von NK-Zellen wie 1. ihrer Sensitivität gegenüber zentralnervösen Prozessen, 2. ihrer schnellen Reaktivität, 3. ihrer Unspezifität und insbesondere 4. ihrer klinischen Relevanz boten sich NK-Zellen und ihre Aktivität als abhängiger, immunologischer Parameter an. Hierbei wurde eine *Steigerung* der NKZA gegen eine spezifische, definierte Zielzelle (K562) als UR definiert, da eine erhöhte NKZA offensichlich von protektiver Wirkung (Trinchieri, 1989) und eine konditionierte Aktivierung der NK-Zellen somit von klinischem Interesse ist.

In einer ersten Studie wurden gesunde Versuchspersonen (n = 24) in einem klassischen Lernparadigma konditioniert. Zu Beginn des Experimentes wurde der konditionierten Gruppe (n = 6) ein venöser Zugang gelegt und nach 30 Minuten eine erste Blutprobe (Basislinie) entnommen. Zehn Minuten später erhielten die Probanden ein neutrales Brausebonbon (CS), dem kurze Zeit später eine subkutane Injektion von 0,2 mg Adrenalin folgte. Adrenalin in der beschriebenen Dosis appliziert, führt nach 20 Minuten zu einer deutlichen Steigerung der NKZA (Toennesen, Toennesen und Christensen, 1984). Aufgrund dieser Beobachtung wurde 20 Minuten nach Stimuluspräsentation eine weitere Blutprobe entnommen und das Experiment beendet. Diese Untersuchungsprozedur wurde an fünf aufeinanderfolgenden Tagen wiederholt, wobei jedoch am Tag 5, dem kritischen Testtag, anstelle der Adrenalininjektion eine Injektion von neutralem Kochsalz verabreicht wurde. Zur Überprüfung möglicher Effekte der Untersuchungsprozedur *per se* auf die NKZA wurde eine Plazebogruppe (Plazebo; n = 6) an allen fünf Untersuchungstagen mit dem Bonbon und der Kochsalzinjektion versehen. Eine weitere Kontrollgruppe (Ungepaart; n = 6) erhielt, vergleichbar der konditionierten Gruppe, das Bonbon und die Injektion von Adrenalin, wobei jedoch in Anlehnung an die von Rescorla (1967) vorgeschlagene »truly-random-control«-Gruppe beide Stimuli in nicht-assoziierter Form dargeboten wurden. Zur Kontrolle möglicher Habituationseffekte wurde eine weitere Kontrollgruppe (US; n = 6) an allen fünf Untersuchungstagen mit dem Bonbon sowie der Adrenalinjektion versehen. Eine Zusammenfassung der Untersuchungsgruppen findet sich in Tabelle 2.

Die Analyse der NKZA am Tag 5 ergab einen deutlichen Anstieg der NKZA bei den konditionierten Personen. Obwohl die Plazebogruppe sowie die ungepaarte Kontrollgruppe, vergleichbar der konditionierten Gruppe, ebenfalls an diesem Tag mit dem Brausebonbon und einer Kochsalzinjektion behandelt worden waren, zeigten die Personen dieser Gruppen keine Veränderung der NKZA (siehe Abb. 2). Die beiden letztgenannten Beobachtungen deuten darauf hin, daß nicht die Untersuchungsprozedur *per se,* sondern offensicht-

Tabelle 2: Klassisch konditionierte Modulation der NKZA (Buske-Kirschbaum et al., 1992)

Gruppe	Behandlung					Postulierte Veränderung (NKZA) am Tag 5
	Tag 1	Tag 2	Tag 3	Tag 4	Tag 5	
Konditionierte Gruppe	CS[a] + AD[b]	CS + AD	CS + AD	CS + AD	CS + NaCl[c]	↑
Kochsalz-kontrollgruppe	CS + NaCl	CS + NaCl	CS + NaCl	CS + NaCl	CS + NaCl	→
Adrenalin-kontrollgruppe	CS + AD	CS + AD	CS + AD	CS + AD	CS + AD	↑
Ungepaarte Kontrollgruppe	CS* + AD	CS + AD	CS + AD	CS + AD	CS + NaCl	→

CS[a] = konditionierter Stimulus (Brausebonbon)
AD[b] = Adrenalin
NaCl[c] = Kochsalz
CS* = Präsentation von CS und US in nichtkontingenter Form

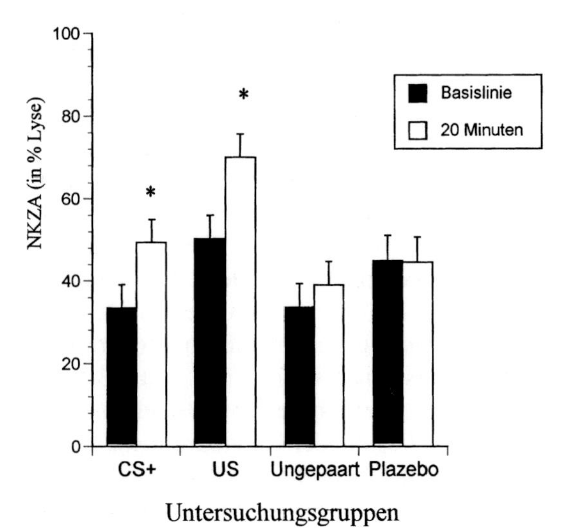

Abbildung 2: Veränderung der NKZA (in % Lyse; E: T-Ratio 50:1) in der konditionierten Gruppe (CS+), der Adrenalinkontrolle (US), der ungepaarten Kontrolle (ungepaart) und der Plazebogruppe (Plazebo) am Testtag 5 (* $p < 0{,}05$).

lich die wiederholte Paarung des CS mit der immunstimulierenden Adrenalininjektion für die Steigerung der NKZA am Testtag verantwortlich war.

Diese Beobachtungen weisen darauf hin, daß 1. die in unserem Lernparadigma beobachtete Steigerung der NKZA eine klassisch konditionierte Modulation dieses Parameters darstellt und 2. auch die menschliche Immunabwehr durch assoziative Lernprozesse beeinflußt zu werden scheint. Mit Blick auf eine mögliche klassisch konditionierte Veränderung der NKZA stellt sich jedoch die Frage, welche Mechanismen zu der erhöhten Lysekapazität der NK-Zellen in unserem Lernparadigma führten. So läßt sich ein Anstieg der NKZA

Abbildung 3: Veränderung der Anzahl NK^+ Zellen nach Präsentation des CS^+ (Tag 11), des CS^- (Tag 12) sowie nach zweiter Reexposition des CS^+ (Tag 13) in der Testphase (* $p < 0,05$).

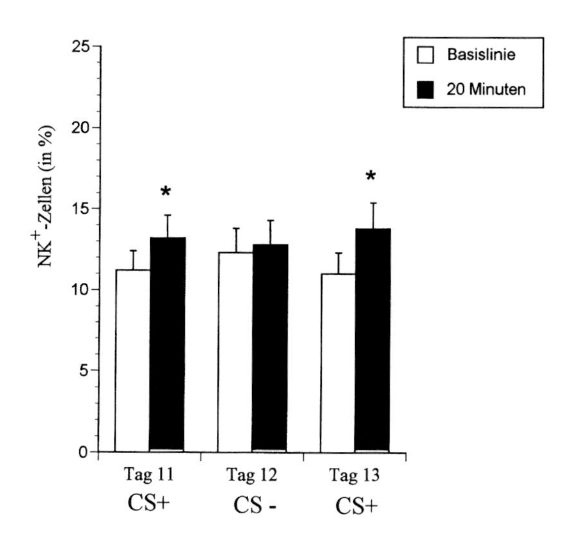

durch 1. eine Aktivierung der einzelnen Zelle oder 2. eine erhöhte Anzahl der NK-Zellen erreichen, wobei letzteres die Konditonierbarkeit der Migration der NK-Zellen implizieren würde. Im Rahmen einer zweiten Studie sollte daher überprüft werden, ob die am Testtag 5 beobachtete Steigerung der NKZA auf eine konditionierte Aktivierung der Einzelzelle oder auf eine erlernte Ausschüttung von NK-Zellen zurückzuführen ist.

Mit diesem Ziel wurden in einer Folgestudie wiederum gesunde Versuchspersonen ($n = 20$) rekrutiert und im Rahmen eines differentiellen Protokolls konditioniert (Buske-Kirschbaum et al., 1994). Ein differentielles Lernprotokoll unterscheidet sich von einem klassischen, Pavlov'-schen Paradigma dahingehend, daß *zwei* konditionierte Stimuli präsentiert werden, wobei ein Stimulus verstärkt wird (CS^+), während der andere Stimulus (CS^-) ohne Verstärkung bleibt. Infolge gilt eine Reaktion dann als differenziert erlernt, wenn ausschließlich der CS^+, nicht aber der CS^- zu einer konditionierten Reaktion führt. Auf dem Hintergrund dieses Modells wurde den Probanden fünfmal, auf einen Zeitraum von zehn Tagen zufällig verteilt, ein neutrales Brausebonbon und ein akustisches Signal (weißes Rauschen; CS^+) in Kombination mit einer subkutanen Injektion von 0,2 mg Adrenalin (US) präsentiert. Hierbei wurde ein vergleichbares experimentelles Protokoll wie in der zuvor beschriebenen Studie verwandt. An den übrigen fünf Untersuchungstagen erhielten die Probanden eine alternative Reizkombination bestehend aus einem Kräuterbonbon und einem spezifischen Ton (CS^-), die jedoch ohne jegliche immunologische Verstärkung blieben. Nach den zehn Akquisitionen folgte die Testphase, wobei die Probanden am Testtag 11 eine Reexposition des CS^+, am Testtag 12 eine Reexposition des CS^- und am Testtag 13 wiederum eine Reexposition des CS^+ erhielten. Hierbei diente die erste Reexposition des CS^+ am Tag 11 dem Nachweis einer klassisch konditionierten Modulation der Zahl der NK-Zellen, während die erneute Darbietung des CS^- am Tag 12 die Kontrolle des am Tag 11 beobachteten Effektes darstellen sollte. Im Gegensatz zu den ersten beiden Testungen diente die zweite Reexposition des CS^+ am Tag 13 der Überprüfung eines möglichen Extinktionseffektes.

Wie in Abbildung 3 dargestellt, führte eine erste Reexposition des CS^+ zu einem deutlichen Anstieg der Zahl der NK-Zellen im peripheren Blut, während sich am darauffolgenden Testtag 12 keine bedeutsame quantitative Veränderung der Zellzahl feststellen ließ. Entgegen der Erwartung einer Extinktion des konditionierten Effektes, ließ sich am Testtag 13 nach einer erneuten Reexposition des CS+ wiederum eine deutlich erhöhte Präsenz von NK-Zellen verzeichnen.

Zusammenfassend läßt sich festhalten, daß die an den Testtagen 11 und 13 beobachtete Veränderung der Anzahl von NK-Zellen als eine konditionierte Immunmodulation interpretiert werden kann. Der fehlende Effekt am Testtag 12 spricht weiterhin dafür, daß es sich hierbei um eine differentiell erlernte Immunreaktion handelt. Der menschliche Organismus ist somit also nicht nur in der Lage, eine Immunreaktion zu erlernen, sondern er besitzt auch die Fähigkeit, zwischen zwei Reizen unterschiedlicher immunologischer Konsequenz zu differenzieren und bei einer erneuten Konfrontation mit den jeweiligen Reizen antizipativ mit einer Immunreaktion oder einer Nullreaktion zu reagieren.

Literatur

Ader R: Letter to the editor. Psychosomatic Medicine 1974; 36:183–184.

Ader R: A historical account of conditioned immunobiologic responses. In: Ader R (Hrsg.): Psychoneuroimmunology. New York, Academic Press, 1981(a); pp. 321–352.

Ader R, Cohen N: Behaviorally conditioned immunosuppression. Psychosomatic Medicine 1975; 37:333–340.

Ader R, Cohen N: Conditioned immunopharmacologic responses. In: Ader R (Hrsg.): Psychoneuroimmunology. San Diego, Academic Press, 1981(b); 185–228.

Ader R, Cohen N, Bovbjerg D: Conditioned suppression of humoral immunity in the rat. Journal of Comparative and Physiological Psychology 1982; 96:517–521.

Ader R, Cohen N, Grota L: Adrenal involvement in conditioned immunosuppression. Journal of Immunopharmacology 1979; 1:141–145.

Bovbjerg D, Ader R, Cohen N: Acquisition and extinction of conditioned suppression of a graft-vs-host response. Journal of Immunology 1984; 132:111–113.

Bovbjerg D, Cohen N, Ader R: Conditioned suppression of a cellular immune response. Psychosomatic Medicine 1980; 42:73.

Bull DF, Brown R, King MG, Husband AJ: Modulation of body temperature through taste aversion conditioning. Physiology and Behavior 1991; 49:1229-1233.

Bull DF, King MG, Pfister P, Singer G: Alpha-melanocyte-stimulating hormone conditioned suppression of a lipopolysaccharide-induced fever. Peptides 1990; 11:1027–1031.

Buske-Kirschbaum A, Kirschbaum C, Stierle H, Lehnert H, Hellhammer DH: Conditioned increase of natural killer cell activity (NKCA) in humans. Psychosomatic Medicine 1992; 54:123–132.

Buske-Kirschbaum A, Kirschbaum C, Stierle H, Jabaijj L, Hellhammer DH: Conditioned manipulation of natural killer (NK) cells in humans using a discriminative learning protocol. Biological Psychology 1994; 38:143–155.

Buske-Kirschbaum A, Grota L, Kirschbaum C, Bienen T, Moy-nihan J, Ader R, Hellhammer DH, Felten DL: Conditioned increase in peripheral blood mononuclear cell (PBMC) number and corticosterone secration in the rat. Pharmacoloy, Biochemistry and Behavior (in Druck).

Cohen N, Ader R, Green N, Bovbjerg D: Conditioned suppression of a thymus-independent antibody response. Psychosomatic Medicine 1979; 41:487–491.

Coussons ME, Dykstra LA, Lysle DT: Pavlovian conditioning of morphine-induced alterations of immune function. Journal of Neuroimmunology 1993.

Crary B, Hauser SL, Borysenko M, Kutz I, Hoban C, Ault KA, Weiner HL, Benson H: Epinephrine-induced changes in the distribution of lymphocyte subjects in peripheral blood in humans. Journal of Immunology 1983; 131:1178–1181.

Dantzer R, Crestani F: Conditioning of immune responses. In: Delacour J, Levy JCS (Hrsg.): Systems with Learning and Memory Ability. North Holland, Elsevier Science Publishers, 1988.

Dekker E, Pelser HE, Groen J: Conditioning as a cause of asthmatic attacks. Journal of Psychosomatic Research, 1957; 2:97–108.

Dunn AJ: Psychoneuroimmunology for the psychoneuroendocrinologist: A review of animal studes of nervous system–immune system interactions. Psychoendocrinology 1989; 14:251–274.

Dyck DG, Greenberg AH: Immunopharmacological tolerance as a conditioned response: Dissecting the brain-immune pathways. In: Ader R, Felten DL, Cohen N (Hrsg.): Psychoneuroimmunology. San Diego, Academic Press, 1991; pp. 663–684.

Dyck DG, Greenberg AH, Osachuk TAG: Tolerance to drug-induced (Poly I : C) natural killer cell activation: Congruence with a Pavlovian conditioning model. Journal of Experimental Psychology 1986; 12:25–31.

Eikelboom R, Steward J: Conditioning of drug-induced physiological responses. Psychological Review 1982; 89:507–528.

Felten DL, Felten SY: Innervation of lymphoid tissue. In: Ader R, Felten DL, Cohen N (Hrsg.): Psychoneuroimmunology. Academic Press, San Diego, 1991; pp. 3–25.

Ghanta VK, Hiramoto RN, Solvason HB, Spector NH: Neural and environmental influences on neoplasia and conditioning of NK activity. Journal of Immunology 1985; 135:848s–852s.

Ghanta VK, Hiramoto RN, Solvason B, Spector H: Influence of conditioned natural immunity on tumor growth. Annals of the New York Academy of Sciences 1987; 496:637–646.

Ghanta VK, Hiramoto NS, Lolvason HB, Soong SJ, Hiramoto RN: Conditioning: A new approach to immunotherapy. Cancer Research 1990; 50:4295–4299.

Ghanta VK, Miura T, Hiramoto NS, Hiramoto RN: Augmentation of natural immunity and regulation of tumor growth by conditioning. Annals of the New York Academy of Sciences 1988; 521:29–42.
Gorczynski RM: Conditioned enhancement of skin allografts in mice. Brain, Behavior and Immunity 1990; 4:85–92.
Gorczynski RM, Kennedy M: Associative learning and regulation of immune response. Progress in Neuro-Psychopharmacology and Biological Psychiatry 1984; 8:593–600.
Gorczynsky RM, Kennedy M, Ciampi A: Cimetidine reverses tumor growth enhancement of plasmacytoma tumors in mice demonstrating conditioned immunosuppression. Journal of Immunology 1985; 134:4261–4266.
Gorczynski RM, Macrae S, Kennedy M: Conditioned immune response associated with allogeneic skin grafts in mice. Journal of Immunology 1982; 129:704–709.
Grochowicz PM, Schedlowski M, Husband AJ, King MG, Hibberd AD, Bowen KM: Behavioral conditioning prolongs heart alllograft survival in rats. Brain, Behavior and Immunity 1991; 5:349–356.
Hill LE (Hrsg.): Philosophy of a Biologist. London, Arnold, 1930.
Hiramoto RN, Hirsmoto NS, Rish ME, Soong SJ, Miller DM, Ghanta VK: Role of immune cells in the pavlovian conditioning of specific resistence to cancer. International Journal of Neuroscience 1991; 59:101–117.
Hiramoto RN, Hiramoto NS, Solvason HB, Ghanta VK: Regulation of natural immunity (NK activity) by conditioning. New York, Academy of Sciences, 1987; 496:545–552.
Hsueh C, Lorden JF, Hiramoto RN, Ghanta VK: Acquisition of enhanced natural killer cell activity under anesthesia. Life Sciences 1992; 50:2067–2074.
Janossy G, Greaves MF: Lymphocyte activation. II. Discriminating stimulation of lymphocyte subpopulations by phytomitogens and heterologous antilymphocyte sera. Clinical and Experimental Immunology 1972; 10:525–536.
Kelley KW, Dantzer R: Is conditioned immunosuppression really conditioned? Behavioral and Brain Sciences 1986; 9:758–760.
Kelley KW, Dantzer R, Mormede P, Salmon H, Anyaud JM: Conditioned taste aversion suppresses induction of delayed-type hypersensitivity immune reactions. Physiology and Behavior 1985; 34:189–193.
Klosterhalfen S, Klosterhalfen W: Classically conditioned effects of cyclophosphamide on white blood cell counts in rats. Annals of New York Academy of Sciences, 1987; 496:569–577.
Klosterhalfen S, Klosterhalfen W: Conditioned cyclosporine effects but not conditioned taste aversion in immunized rats. Behavioral Neuroscience 1983; 97:663–666.
Krank MD, MacQueen GM: Conditioned compensatory responses elicited by environmental signals for cyclophosphamide-induced suppression of antibody production in mice. Psychobiology 1988; 16:229–235.
Kusnecov AW, Husband AJ, King MG: Behaviorally conditioned suppression of mitogen-induced proliferation and immunoglobin production: Effect of time span between conditioning and reexposure of the conditioned stimulus. Brain, Behavior and Immunity 1988; 2:198–211.
Kusnecov AW, Sivyer M, King MG, Husband AJ, Cripps AW, Clancy RL: Behaviorally conditioned suppression of the immune response by antilymphozycyte serum. Journal of Immunology 1983; 130:2117–2120.
Lysle DT, Cunnick JE, Fowler H, Rabin BB: Pavlovian conditioning of shock-induced suppression of lymphocyte reactivity: Acquisition, extinction and preexposure effects. Life Sciences 1988; 42:2185–2194.
Lysle DT, Cunnick JE, Kucinski BJ, Fowler H, Rabin BS: Characterization of immune alterations induced by a conditioned aversive stimulus. Psychobiology 1990; 18:220–226.
Lysle DT, Cunnick JE, Fowler H, Rabin BB: Pavlovian conditioning of shock-induced suppression of lymphocyte reactivity: Acquisition, extinction and preexposure effects. Life Sciences 1988; 42:2185–2194.
Lysle DT, Luecken LJ, Maslonek KA: Suppression of the development of adjuvans arthritis by a conditioned aversive stimulus. Brain, Behavior and Immunity 1992; 6:64–73.
Mackenzie JN: The production of the so-called »rose cold« by means of an artificial rose. American Journal of Medical Science 1896; 91:45–57.
Mackintosh NJ (Hrsg): Conditioning and Associative Learning. Oxford, Clarendon Press, 1983.
MacQueen GM, Siegel S: Conditional immunomodulation following training with cyclophosphamide. Behavioral Neuroscience 1989; 103:638–647.
Madden KS, Livnat S: Katecholamine action and immunologic reactivity. In: Ader R, Felten DL, Cohen N (Hrsg.): Psychoneuroimmunology (2nd ed.). San Diego, Academic Press, 1991; pp. 283–310.
McCoy DF, Roszman TL, Miller JS, Kelly KS, Titus MJ: Some parameters of conditioned immunosuppression: Species difference and CS-US delay. Physiology and Behavior 1986; 36:731–736.
Metal'nikov CL, Chorine V: Role des reflexes conditionnels dans l'immunite. Annales de l'Institute Pasteur Paris 1926; 40:893–900.
Miller NE: Learning of visceral and glandular responses. Science 1969; 163:434–445.
Moynihan J, Grota D, Brenner G, Cohen N, Ader R: Repeated intraperitoneal injections of saline attenuate the antibody response to a subsequent intraperitoneal injection if antigen. Brain, Behavior and Immunity 1989; 3:90–96.
Munck A, Guyre P: Glucocorticoids and immune function. In: Ader R, Felten DL, Cohen N (Hrsg.): Psychoneuroimmunology. New York, Academic Press, 1991; pp. 447–475.
Neveu PJ, Dantzer R, Le Moal M: Behaviorally conditioned suppression of of mitogen-induced lymphoproliferation and antibody production in mice. Neuroscience letters 1986; 653:293–298.
O'Reilly CA, Exon JH: Cyclophosphamide-conditioned suppression of the natural killer cell response in rats. Physiology and Behavior 1986; 37:759–764.
Pavlov I: Lectures on Conditioned Reflexes. New York, Liveright, 1928.

Rescorla RA: Pavlovian conditioning and its proper control procedures. Psychological Reviews 1967; 74:71–80.

Rogers P, Reich P, Strom TB, Carpenter CB: Behaviorally conditioned immunosuppression: Replication of a recent study. Psychosomatic Medicine 1976; 38:447–451.

Roudebush RE, Bryant HU: Conditioned immunosuppression of a murine delayed type hypersensitivity response: Dissociation from corticosterone elevation. Brain, Behavior and Immunity 1991; 5:308–317.

Russel M, Dark KA, Cummins RW, Ellman G, Callaway E, Peeke HVS: Learned histamine release. Science 1984; 225:733–734.

Schulze GE, Benson RW, Paule MG, Roberts DW: Behaviorally conditioned suppression of murine T-cell dependant but not T-cell independant antibody response. Pharmacology, Biochemistry and Behavior 1988; 30:859–865.

Shavit Y: Stress induced immune modulation in animals: Opiates and endogenous opioid peptides. In: Ader R, Felten DL, Cohen N (Hrsg.): Psychoneuroimmunology (2nd ed.). San Diego, Academic Press, 1991; pp. 789–806.

Siegel S: Classical conditioning, drug tolerance, and drug dependence. In: Israel Y, Glaser FB, Kalant H, Popham RE, Schmidt W, Smart RG (Hrsg.): Research Advantages in Alcohol and Drug Problems. New York, Plenum Press, 1983; pp. 207–246.

Smith GR, McDaniel SM: Psychologically mediated effect on the delayed hypersensitivity reaction to tuberculin in humans. Psychosomatic Medicine 1983; 45:65–70.

Solvason HB, Ghanta V, Soong SJ, Hiramoto RM: Interferon interaction with the CNS is required for the conditioning of NK cell response. Progress in Neuroendocrinimmunology 1991; 4:258–264.

Solvason HB, Hiramoto RN, Ghanta VK: Naltrexone blocks the expression of the conditioned elevation of natural killer cell activity in Balb/c mice. Brain, Behavior and Immunity 1989; 3:247–262.

Toennesen E, Toennesen J, Christensen NJ: Augmentation of cytotoxity by natural killer (NK) cells after adrenaline administration in man. Acta Pathologica et Microbiologika Immunologica Scandinavia 1984; C92:81–83.

Trincheri G: Biology of natural killer cells. Advances in Immunology 1989; 47:187–376.

Wayner EA, Flannery GR, Singer G: Effects of taste aversion conditioning on the primary antibody response to sheep red blood cells and Brucella abortus in the albino rat. Physiology and Behavior 1978; 21:995–1000.

Entwicklungspsychoneuroimmunologie: Postnatale Determinierung späterer immunologischer Reaktionen

Stephan von Hörsten, Olgica Laban, Mirjana Dimitrijevic, Branislav M. Markovic und Branislav D. Jankovic

Die Entwicklung eines Säugetierorganismus während der frühen postnatalen Periode beinhaltet vermehrt Wachstums-, Reifungs- und Lernprozesse. Neben dem Muttertier sind die verschiedenen Organsysteme des Jungtieres an der Aufrechterhaltung von Homöostase (Cannon, 1975) beteiligt und zeigen eine untereinander abhängige Ontogenese (Jankovic et al., 1981). Stimuli und Pflegeverhalten durch das Muttertier sind dabei für eine normale Entwicklung und das Überleben unbedingt notwendig (Hofer, 1984 a; Schanberg et al., 1984), weswegen ein junges Säugetier auch als offenes homöostatisches System betrachtet werden kann. Das Teilgebiet der Psychoneuroimmunologie, welches Einflüsse von modifizierten Entwicklungsprozessen auf Struktur und Funktion des Immunsystems zum Untersuchungsgegenstand hat, wurde als Entwicklungspsychoneuroimmunologie bezeichnet (Ader, 1983).

In der physiologischen Grundlagenforschung und auch in der Immunologie wird der Rolle von «Erfahrung» bisher wenig Beachtung geschenkt. Hier soll der Versuch unternommen werden, eine Einführung und Übersicht der Grundlagenforschung zu persistierenden Effekten früher Erfahrungen auf Gehirn, Verhalten und Immunsystem zu vermitteln. Dabei beschränken wir uns auf tierexperimentelle Ansätze und beschreiben nach den Grundlagen zu den Themen Deprivation und Stimulation drei Experimente (Dimitrijevic et al., 1994; von Hörsten et al., 1993; Laban et al., 1995), welche dann diskutiert und in Verbindung zu anderen entwicklungsbiologischen Theorien gesetzt werden.

Forschungsansätze über maternale Deprivation (Deprivation in der Kindheit)

«Die Bedeutung der Mutter und der Familie für die Entwicklung des Menschen ist, wenn auch unterschiedlich definiert und praktiziert, seit altersher in allen menschlichen Kulturen unumstritten», heißt es bei Nissen (1988) in seiner Abfassung über «Frühe Deprivationssyndrome», in der eine umfassende Darstellung der Deprivationsforschung aus kinder- und jugendpsychiatrischer Sicht vorliegt und über mögliche Auswirkungen von Deprivation auf den Menschen und teilweise auch auf Primaten berichtet wird. Welche Bedeutung der Mutter auf der phylogenetischen Ebene von Nagetieren zukommt und welche akuten Auswirkungen und persistierenden Folgen aus welchen Gründen heraus als Effekt maternaler Deprivation zu erwarten sind, soll im folgenden Text dargestellt werden.

In maternalen Deprivationsstudien führt die Durchbrechung von Mutter-Jungtier-Interaktionen sowohl zu deutlichen Verhaltensänderungen, als auch zum Auftreten angeborener physiologischer Streßreaktionen der Nachkommen vieler Säugetierarten und des Menschen. Die direkte Beobachtung dieser frühen Erfahrung «maternale Deprivation» wird im allgemeinen durch den Beobachter als für das betroffene Lebewesen traumatisch, als Distreß oder generell als negative Erfahrung bewertet. Das mögliche Spektrum an psychologischen und physiologischen Beobachtungen in jungen Lebewesen unter maternaler Deprivation reicht von einer Abnahme des Körpergewichts, der Körpertemperatur, der Herzfrequenz (Hofer, 1978), der Lernfähigkeit (Hennessy und Weinberg, 1990), motorischer Hyperaktivität (von Hörsten et al., 1993) sowie biochemischer Vorgänge (Schanberg et al., 1984) während kurzer Trennungsperioden bis hin zu ausgeprägter Wachstumsverlangsamung, Entwicklungsverzögerung (Schanberg und Kuhn, 1980; Powell et al., 1967), Verhaltensänderungen (Powell et al., 1987) und Krankheit und Tod (Spitz, 1945) nach Langzeitdeprivation. Beim Menschen finden sich Wachstumsverlangsamung, Entwicklungsverzögerung und Immunsuppression (zumindest in den Studien von Spitz) als charakteristische Probleme von maternal deprivierten Kindern. Es mangelt diesen Kindern an adäquater Stimulation und Pflege. Es fehlt – wie es Winnicott 1966 bezeichnete – eine «hinreichend fürsorgliche Mutter». Ein vergleichbarer Zustand von mehr oder weniger ausgeprägter Deprivation an unterschiedlichen Reizaspekten aus der Umwelt trifft z. B. ebenso auf Frühgeborene in Inkubatoren (Scafidi et al., 1986; Schanberg und Field, 1987) wie auch auf Kinder zu, die psychosozialen Minderwuchs als Zeichen ihrer Vernachlässigung durch das soziale Umfeld aufweisen (Powell et al., 1987).

Forschungsergebnisse über die akuten physiologischen Reaktionen junger Ratten auf maternale Deprivation ermöglichen eine veränderte Betrachtungsweise mütterlicher und kindlicher Verhaltensweisen, die wir im folgenden als «maternale Regulationstheorie» bezeichnen wollen. In dieser durch eine Reihe von Tierexperimenten belegten Theorie Myron Hofers (1984 a; 1987) kommt der Mutter innerhalb der Mutter-Jungtier-Beziehung die Funktion zu, den Organismus ihrer Jungen in zeitabhängiger und spezifischer Weise zu regulieren (vgl. Tab. 1).

Bisher bekannt ist, daß dabei u. a. Kontaktdauer (Stanton et al., 1987), Lecken, Berührungsreize (Schanberg et al., 1984), Geruch (Leon und Moltz, 1973), Muttermilchversorgung (Hofer, 1984 b) und Temperaturkontrolle (Stone et al., 1976) als mütterliche Verhaltensvariablen eine Rolle spielen und sehr spezifisch für die Konstanterhaltung einer jeweils dem mütterlichen Stimulus zugeordneten physiologischen Funktion des Kindes verantwortlich sind. So konnte beispielsweise gezeigt werden, daß das Belecken der Rückenregion junger Ratten durch die Mutter ein Regulator für die Wachstumshormonausschüttung (GH) und auch für ein Enzymsystem des Hirnstoffwechsels (Ornithin-Decarboxylase, OCD) der Jungtiere ist. Erstaunlicherweise war es möglich, einen durch maternale Deprivation bedingten GH-Abfall in jungen Ratten durch «Ersatzstimulation» der Tiere zu normalisieren, einfach indem man ihnen mit einer Bürste über den Rücken strich, was der mütterlichen Zunge entsprechen sollte (Evoniuk et al., 1979; Kuhn et al., 1978; Schanberg et al., 1984). Diese Ergebnisse legen es nahe, daß körperliche Wachstumsverzögerung und Entwicklungsverzögerung des reifenden Gehirns als typische Auswirkungen von maternaler Deprivation nicht auf das Fehlen der Mutter im allgemeinen zurückzuführen sind, sondern vielmehr auf das Fehlen eines spezifischen Teilaspekts aus dem Repertoire der «hinreichenden» mütterlichen Fürsorge. Die bisher «nur» als Fellpflegeverhalten durch die Mutter betrachtete Stimulation der Rückenpartie der Jungen durch Belecken beinhaltet also eine verborgene spezifische und zeitabhängige Regulationsfunktion für Wachstums- und Entwicklungsvorgänge. Die erfolgreiche Übertragung der Folgerungen aus diesen tierexperimentellen Beobachtungen auf die Pflege von inkubatorpflichtigen Frühgeborenen in Form von zusätzlicher taktiler Stimulation ist ein Beispiel für die Wichtigkeit der genaueren Erforschung und Berücksichtigung von frühen Mutter-Kind-Interaktionen (Field et al., 1986). Obwohl es noch nicht untersucht wurde, ist nicht auszuschließen, daß auch die Entwicklung des kindlichen Immunsystems solchen spezifischen Regulationsmechanismen zwischen Mutter und Kind unterworfen ist.

Aus immunologischen Studien ist bekannt, daß maternale Deprivation akut bei Affen eine abgeschwächte Lymphozytenproliferationsreaktion gegenüber Mitogenen direkt während des Trennungserlebnisses sowohl im Kind als auch in der Mutter bewirkt (Laudenslager et al., 1982 a; b). Persistierende Effekte von maternaler Deprivation junger Affen auf das Immunsystem sind ebenfalls berichtet worden (Coe et al., 1985; Laudenslager et al., 1985). Bei Maus und Ratte ist über die akuten und persistierenden Auswirkungen von täglich wiederkehrender maternaler Deprivation auf Immunparameter wenig bekannt. Lediglich die Effekte von «early weaning», also von zu früher permanenter Trennung bzw. Entwöhnung der Jungtiere von ihrer Mutter, sind untersucht worden (Akkerman et al., 1988; Michaut et al., 1981). Außer immunologischen Auswirkungen bewirkt maternale Deprivation auch andere langanhaltende physiologische Effekte (Gallegos et al., 1990; Jones et al., 1985; Schreiber et al., 1978).

Tabelle 1: Die «Maternale Regulationstheorie»: spezifische und zeitabhängige Mutter-Kind-Interaktion.

Kindliche Systeme bzw. Funktionen kindlicher Systeme:	**Mütterliche Verhaltensweisen bzw. Regulatoren kindlicher Systeme:**
– Verhaltensfunktionen z. B. Aktivität; Saugen	Temperaturkontrolle, Pheromone, Milch[1]
– Neurobiochemie und Wachstum z. B. Dopamin oder Growth Hormone	Taktile Stimulation u. a. sensorische Einflüsse[2]
– Autonome Funktionen z. B. Schlaf, Herzfrequenz	Periodik, Milch, Berührung[3]
– Endokrine Funktionen z. B. Nebennierenachse	Mutterkontakt (nicht bestimmt, aber nichtnutritiv)[4]
– Endogene Rhythmik z. B. Cortisolschwankung	Periodik des Säugens[5]
– Immunfunktionen: ? z. B. Thymusentwicklung?	Mutterkontakt in der dritten postnatalen Woche[6]
z. B. Konditionierbarkeit?	Mütterliche Aktivität[7]

Die spezifische und zeitabhängige Regulation kindlicher Systeme durch mütterliche Verhaltensweisen ist dargestellt und mit Literaturstellen belegt. Die Mutter-Jungtier-Interaktion führt wechselseitig bei Jungtier und Mutter zu Bedürfnisbefriedigung und bald darauf zu erneuten Bedürfnissen und Bedürfnisäußerungen beim Jungtier. Die Mutter interpretiert und reguliert erneut, und so weiter. Die Entwicklungsspirale «schreitet» fort. Die Mutter wirkt als externer Regulator der kindlichen Entwicklungsprozesse, und Trennung bedeutet für das Jungtier den Verlust von spezifischer und zeitabhängiger Regulation durch die Umwelt. Trennung bewirkt somit einen Abbruch des Entwicklungsprozesses. Funktioniert die Interaktion aber, so entwickeln sich beide Seiten über wechselseitige Reizinterpretationsvorgänge fort. Das Bild des Funktionskreises, als Modellvorstellung für sich rückkoppelnde Verhaltensprozesse läßt sich hierauf anwenden (J. v. Uexküll, 1921, pp. 44–49).

Der Begriff «Maternale Regulationstheorie» ist im Rahmen dieser Arbeit aus der Intention heraus entstanden, eine beschreibende Formulierung für ein spezifisches Bild der Interaktion zwischen Mutter und Kind zu schaffen, wie es aus den Veröffentlichungen Myron Hofers hervorgeht (z. B. Hofer, 1978, 1984). Diese oder eine ähnliche Formulierung für jenes spezifische und zeitabhängige Wechselspiel innerhalb der Mutter-Kind-Dyade ist nach unserem Wissen bisher noch nicht in den deutschen Sprachraum eingeführt worden. Eine kurze Beschreibung des Sachverhaltes findet sich bei Meyer (1989) und etwas ausführlicher bei Uexküll und Wesiak (1991, pp. 352 ff).

Referenzen: [1]Hofer, 1978; Leon und Moltz, 1973; [2]Scharnberg et al., 1984; [3]Hofer und Shair, 1982 a; Compton et al., 1977; [4]Stanton et al., 1987; [5]Shimoda et al., 1986; [6]von Hoersten et al., 1993 (Gruppe MD3); [7]Gorczynski und Kennedy, 1987.

Forschungsansätze über Handling (Stimulation in der Kindheit)

Um mögliche Auswirkungen von zusätzlicher früher Stimulation zu untersuchen, sind in vielen frühen Arbeiten «in die Hand nehmen» (im engeren Sinne aus engl.: handling) und streicheln (engl.: gentle stroking, gentling, caressing) als experimentelle Manipulation eingesetzt worden. Bereits «auf den ersten Blick» erscheint Handling in der Kindheit die gegenüber maternaler Deprivation gegenteilige «positive Erfahrung» zu sein. Es ist jedoch unklar, was sich hinter dem Begriff verbirgt. Im Gegensatz zu dem potentiell traumatischen Erlebnis einer maternalen Deprivation ist frühes Handling lange Zeit als ein Modell für Eustreß oder zusätzliche, vorteilhafte Stimulation in der Kindheit betrachtet worden (Levine, 1960). Diese Betrachtungsweise setzte sich durch, obwohl innerhalb der Handlingprozedur auch eine kurzfristige Trennung von der Mutter beinhaltet ist – d. h. Deprivation zugeführt wird – und obwohl die in der Prozedur ebenfalls beinhaltete Störung der Mutter lange Zeit noch nicht einmal in theoretischen Erwägungen zum Handlingphänomen Berücksichtigung fand.

Smotherman et al. (1983) zeigten dann, daß Handling von zwei Tage alten Ratten zu einer Aktivierung der Nebennierenachse führt, und zwar in Abhängigkeit von der mütterlichen Anwesenheit nach dem Handling. Folglich favorisiert Smotherman die Mutter-Kind-Interaktion als Verursacher der Effekte von Handling. Ganz ähnlich der maternalen Regulationstheorie Hofers ändert sich durch frühe Stimulation sowohl das Verhalten des Jungtieres – seine Stimuluscharakteristik – (Bell et al., 1974), als auch das mütterliche Verhalten (Smotherman et al., 1977). Interessanterweise ist es möglich, über die Intensität der Stimulation des Jungtieres eine Vorhersage über das resultierende mütterliche Verhalten zu machen (Bell et al., 1974). Das veränderte mütterliche Verhalten wirkt über die eigentliche direkte Stimulationsdauer hinaus eine ganze Weile lang fort und kann im Falle von periodisch wiederholter Stimulation noch Tage später verändert sein (Villescas et al., 1977). Nach Smotherman und Bell (1980) ist es schließlich diese mütterliche Verhaltensänderung, die dann indirekt die akuten Auswirkungen von Handling auf das kindliche Verhalten und seine physiologischen Reaktionen auslöst. Diese Beobachtungen begründen eine Hypothese der mütterlichen Mediation für Handlingeffekte.

Um ein besseres Verständnis der langfristigen Effekte von Handling auf Verhalten, ZNS und endokrines System der Jungratten zu erlangen, sind bisher zahlreiche Experimente durchgeführt worden (z. B. Ader et al., 1967; Altman et al., 1968; Denenberg und Bell, 1960; Levine et al., 1967; Meaney, 1988; Wiener und Levine, 1983). Das Streicheln (gentling) von jungen Ratten täglich für 10 Minuten während der ersten 21 postnatalen Tage führte sowohl zu langanhaltenden physiologischen Konsequenzen, wie erhöhtem Körpergewicht und geringeren Organschäden als Folge von schwerem Streß, als auch zu Verhaltensänderungen, wie einer gesteigerten open-field-Aktivität (Weininger, 1953; 1956). Später verglich McClelland (1956) diese frühen Studien über Stimulation von Ratten in Form von «gentling», «handling», «tactile stimulation» und fand in allen Studien einen vermehrten Gewichtszuwachs der stimulierten Tiere. Denenberg und Karas (1961) faßten die Resultate einer Serie von Handlingexperimenten wie folgt zusammen: Die Tiere «wogen am meisten, lernten am besten und überlebten am längsten». An diesen frühen Untersuchungen ist kritisiert worden, daß nur selten der Versuch unternommen wurde, den verantwortlichen Stimulus zu spezifizieren (Levine und Lewis, 1959).

Auf die Fragestellung nach dem vorherrschenden Stimulus und nach dem vermittelnden Mechanismus für Handlingeffekte auf Entwicklungsprozesse, sind bisher zwei Ansatzpunkte für ein weitergehendes Verständnis entwickelt worden:

a. In maternalen Deprivations-Experimenten durch die Arbeitsgruppe um Schanberg et al.

(1984) wurde durch direkte taktile Stimulation der Rückenregion junger Ratten eine erhöhte Wachstumshormonauschüttung nachgewiesen (Evoniuk et al., 1979). Beobachtungsdaten von frühgeborenen Kindern geben Anlaß zu der Vermutung, daß 1. auch beim Menschen zusätzlich taktile Stimulation sowohl die Entwicklung beschleunigt, daß 2. als spontane Reaktion auf Stimulation die Kinder aktiver sind und daß 3. diese Effekte die frühe Kindheit über fortdauern (Field et al., 1986; Scalfidi et al., 1986).

b. Experimentell direkt nachgewiesen wurde als ein Handlingeffekt die Modifikation einer Achse «Limbisches System-Hypothalamus-Hypophysen-Nebennieren» durch die Arbeitsgruppe um Michael Meaney (Meaney et al., 1988). Dieser möglicherweise vielen Stimulationseffekten zugrunde liegende Mechanismus basiert auf einer lebenslang persistierenden Veränderung der Hypophysen-Nebennieren-Streßreaktion. Handling in der Kindheit führt zu geringerer Glukokortikoidsekretion unter Streß (Levine, 1962 a) und zu einem beschleunigten Abfall erhöhter Werte auf Normalniveau (Hess, 1969; Meaney et al., 1988). Diese Effekte sind in zwei Jahre alten Ratten noch nachweisbar (Meaney et al., 1988). Die gesteigerte Effizienz des negativen Feedbackmechanismus für Glukokortikoide (Meaney et al., 1985) könnte evolutionsbiologisch betrachtet von Vorteil sein, denn als Folge verkürzt sich der dem Streß nachfolgende Zeitraum mit Suppression von Immunfunktionen und katabolem Metabolismus durch Glukokortikoideffekte (Munck, 1984). Auch Verhaltensänderungen können durch sich schneller regulierende und kumulativ niedrigere Glukokortikoidspiegel verursacht werden. So ist z. B. geringere Angst in unbekannten Situationen (reduced novelty induced fear) durchaus auf eine sich schnell negativ rückkoppelnde Nebennierenachse zurückzuführen (Bodnoff et al., 1987). Es ist jedoch auch denkbar, daß neben der verringerten Angst in unbekannten Situationen auch die verkürzte immunsuppressive Phase nicht unbedingt von biologischem Vorteil im Sinne der Arterhaltung sein muß. Denn ebenso ist es möglich, daß durch diese veränderte Regulation beispielweise überschießende Immunreaktionen im Sinne von Autoimmunreaktionen (Amkraut et al., 1971) und allergischen Reaktionen begünstigt werden (Persinger und Falter, 1992).

Ob die Entwicklung der Immunkompetenz eines Organismus während der Kindheit in ähnlicher Weise spezifisch einem mütterlichen Stimulus bzw. auch zusätzlicher Stimulation unterliegt, wie es die maternale Regulationstheorie Myron Hofers bzw. die Hypothese der mütterlichen Mediation für Handlingeffekte nahelegen, ist eine bisher ungeklärte Frage. Immerhin ließen sich mögliche Veränderungen im Immunstatus auch über die beiden bereits aufgeführten Mechanismen erklären, da sowohl Wachstumshormon (Kelley, 1991) als auch Glukokortikoide (Gisler und Schenkel-Hullinger, 1971) als Immunmodulatoren wirken können. Auf tierexperimenteller Ebene ist in einer Arbeit von Solomon et al. (1968) beschrieben worden, daß Handling von Ratten während 21 postnataler Tage deren Antikörperproduktion im Alter von neun Wochen erhöht. Auch scheint es möglich zu sein, die Tumorempfänglichkeit von herangewachsenen BALB/c Mäusen durch frühes Handling zu modifizieren (Dechambre und LaBarba, 1978).

In welcher Weise durch periodisch wiederholte, kurzzeitige Trennungserlebnisse bzw. Stimulationserlebnisse in der postnatalen Periode persistierende Auswirkungen sowohl auf Verhaltensparameter als auch auf Immunfunktionen im späteren Leben von Ratten auftreten, wurde von unserer Arbeitsgruppe untersucht (Dimitrijevic et al., 1994; von Hörsten et al., 1993; Laban et al., 1995).

Aktuelle Forschungsergebnisse zum Thema «Frühe Erfahrungen»

Ziel unserer Experimente war es, akute und persistierende Einflüsse von postnatalem Handling (HA) und maternaler Deprivation (MD) (Experiment 1), von postnataler maternaler Deprivation und Soundstreß (SS) (Experiment 2) und von postnatalem Handling (HA) und Gentling (GE) (Experiment 3) auf psychologische und physiologische Variablen bei Wistar-, Lewis- und DA-Ratten zu untersuchen. Folgende Beobachtungen wurden durchgeführt: 1. akute Verhaltensreaktion der Jungtiere auf MD bzw. HA, 2. drei open-field-(OF)-Verhaltenstests im Alter von 43, 44 und 45 Tagen (Experiment 1), 3. Messung des Körpergewichts, 4. des Organgewichts von Milz, Thymus, Nebennieren und ZNS, 5. Histologie dieser Organe, 6. Klinische Untersuchung der Experimentellen Allergischen Enzephalomyelitis (EAE; Experiment 2 und 3), 7. Plaque-Forming-Cell-(PFC) Antwort und Serumantikörpertiterbestimmung (Experiment 1) und 8. Anti-Myelinbasic-Protein-Antibody-ELISA (Experiment 2 und 3).

Das Design der Experimente 1 bis 3 ist vergleichbar. In der frühen postnatalen Phase wurden die Jungtiere und ihre Mütter unterschiedlichen frühen Erfahrungen ausgesetzt. Anschließend wurden an den herangewachsenen Tieren Verhalten, Entwicklung und verschiedene Immunparameter untersucht (siehe Abb. 1).

Die Methodik der Experimente bestand aus folgenden Prozeduren bzw. Tests: Während der HA-Prozedur wurden die Jungtiere während 28 postnataler Tage (Gruppe HA28) täglich für 3 min bzw. 15 min in einen neuen Käfig ohne Mutter gesetzt. Gentling zeichnete sich durch Handling in Verbindung mit taktiler dorsaler Stimulation (Streicheln) der Tiere von 3 min täglich aus. Die maternale Deprivations-Prozedur erfolgte durch Herausnehmen der Mutter aus dem Nestkäfig entweder täglich während 28 postnataler Tage (Gruppen MD28) oder ausschließlich an den postnatalen Lebenstagen 15, 18 und 21 (Gruppen MD3) jeweils für eine bzw. zwei Stunden pro Tag. Die Soundstreßprozedur erfolgt an denselben Lebenstagen für eine Stunde pro Tag (60mal lautes Schrillen einer Feueralarmglocke; Gruppen SS3 bzw. MDSS3). Das Open-Field-Verhalten in Experiment 1 wurde für 3 min an den postnatalen Tagen 43, 44 und 45 getestet. Die Tests der Immunantwort in Expriment 1 erfolgten am 56. postnatalen Tag durch einen PFC-Assay und eine Mikrohämagglutinationsreaktion. In Experiment 2 und 3 wurde im Alter von 63 Tagen eine experimentelle Enzephalomyelitis (EAE) induziert und bis zum 84. Tag der klinische Verlauf beobachtet.

Die Resultate aus Experiment 1 sind in Tabelle 2 semiquantitativ dargestellt. Weibliche HA28-Ratten sind geprägt durch vermehrte «Neugier» und erhöhte Antikörperproduktion. Im Verhalten der HA28-Männchen sind zusätzlich die Putz- und Defäkationshäufigkeit erhöht, jedoch ist die PFC-Antwort erniedrigt. Das Ergebnismuster der Gruppe MD28 ist durch «ungerichtete» Hyperaktivität im OF, Minderwuchs am 56. Tag gemessen und ausgeprägter Suppression von Immunfunktionen gekennzeichnet. Die Gruppe MD3 zeigt eine Suppression von Immunfunktionen. Die MD28-Tiere weisen ein maternales Deprivationssyndrom auf und die H28-Tiere «erlernte Kompetenz».

Die Resultate aus Experiment 2 und 3 demonstrieren, daß Soundstreß und/oder Trennung von der Mutter (Experiment 2) für insgesamt drei Stunden in der dritten postnatalen Lebenswoche, bzw. Handling und Gentling (Experiment 3) während 28 postnataler Tage für 15 min täglich den Verlauf der Autoimmunenzephalitis EAE bei zweieinhalb Monate alten Lewis- bzw. DA-Ratten beeinflussen können (siehe Tab. 3). Dabei erwiesen sich besonders die postnatalen Stimulationserfahrun-

Abbildung 1: Experimentelle Designs von drei Untersuchungen über den Effekt von unterschiedlichen frühen postnatalen Erfahrungen auf späteres Verhalten und Immunität von Laborratten. An den Zeitachsen sind jeweils die entsprechenden Manipulationen und späteren Tests aufgetragen.
Oben: Experiment 1 (von Hörsten, Dimitrijevic, Markovic und Jankovic, 1993)
Mitte: Experiment 2 (Dimitrijevic, Laban, von Hörsten, Markovic und Jankovic, 1994)
Unten: Experiment 3 (Laban, Dimitrijevic, von Hörsten, Markovic und Jankovic, 1995)

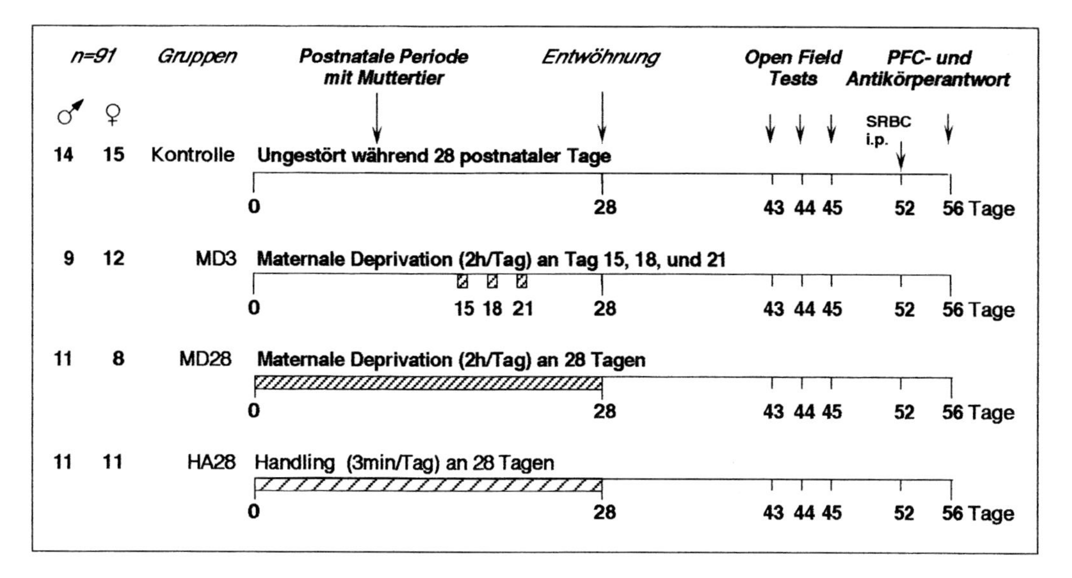
n=91
Gruppen
Postnatale Periode mit Muttertier
Entwöhnung
Open Field Tests
PFC- und Antikörperantwort
SRBC i.p.
♂ ♀
14 15 Kontrolle
Ungestört während 28 postnataler Tage
0 28 43 44 45 52 56 Tage
9 12 MD3
Maternale Deprivation (2h/Tag) an Tag 15, 18, und 21
0 15 18 21 28 43 44 45 52 56 Tage
11 8 MD28
Maternale Deprivation (2h/Tag) an 28 Tagen
0 28 43 44 45 52 56 Tage
11 11 HA28
Handling (3min/Tag) an 28 Tagen
0 28 43 44 45 52 56 Tage

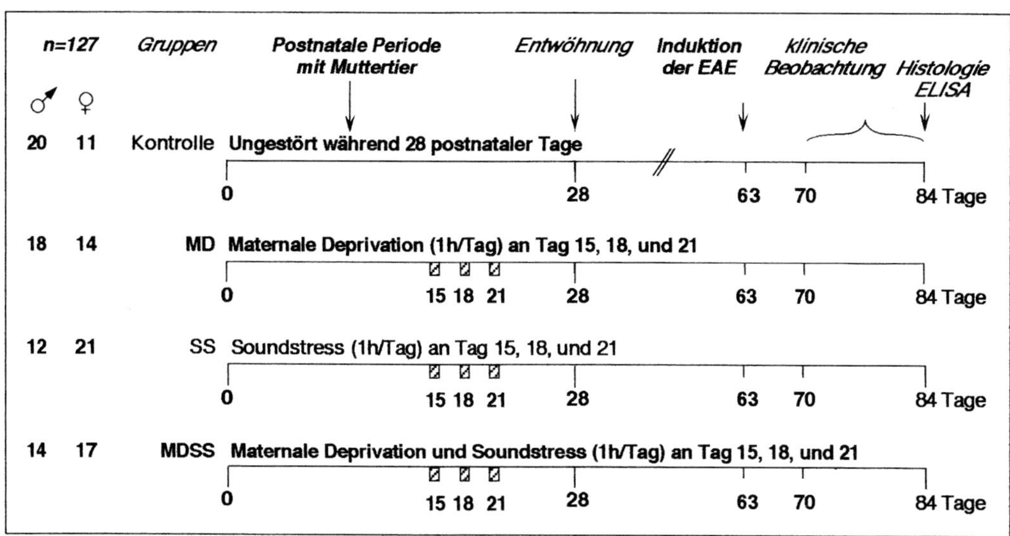
n=127
Gruppen
Postnatale Periode mit Muttertier
Entwöhnung
Induktion der EAE
klinische Beobachtung
Histologie ELISA
♂ ♀
20 11 Kontrolle
Ungestört während 28 postnataler Tage
0 28 63 70 84 Tage
18 14 MD
Maternale Deprivation (1h/Tag) an Tag 15, 18, und 21
0 15 18 21 28 63 70 84 Tage
12 21 SS
Soundstress (1h/Tag) an Tag 15, 18, und 21
0 15 18 21 28 63 70 84 Tage
14 17 MDSS
Maternale Deprivation und Soundstress (1h/Tag) an Tag 15, 18, und 21
0 15 18 21 28 63 70 84 Tage

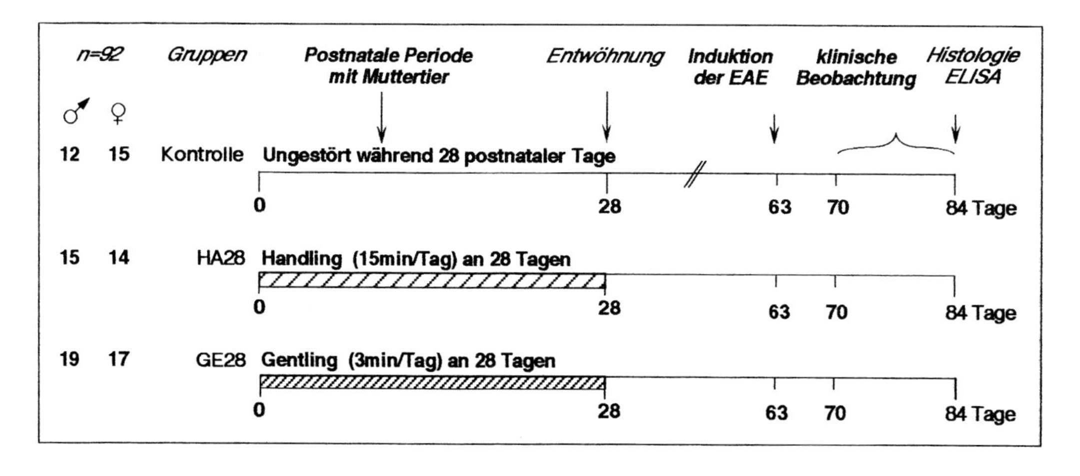
n=92
Gruppen
Postnatale Periode mit Muttertier
Entwöhnung
Induktion der EAE
klinische Beobachtung
Histologie ELISA
♂ ♀
12 15 Kontrolle
Ungestört während 28 postnataler Tage
0 28 63 70 84 Tage
15 14 HA28
Handling (15min/Tag) an 28 Tagen
0 28 63 70 84 Tage
19 17 GE28
Gentling (3min/Tag) an 28 Tagen
0 28 63 70 84 Tage

Tabelle 2: Psychologische und immunologische Reaktionen von herangewachsenen Wistar-Ratten mit den postnatalen Erfahrungen maternale Deprivation oder Handling

Exp. Gruppe	Geschlecht	Verhalten					Körper- und rel. Organgewichte					Immunantwort	
		Aktivität	Neugier	Putzen	Defä-kation	Schreck-zeit	Tag 28	Tag 56	Milz	Thymus	Neben-nieren	Anti-körper	PFC
MD3	Männchen	↔	↔	↔	↔	↔	↑	↔	↔	↓	↔	↔	↓↓
	Weibchen	↔	↔	↔	↔	↔	↑	↔	↔	↔	↔	↔	↓
MD28	Männchen	↑	↔	↔	↔	↓	↔	↓↓	↑↑	↑	↔	↔	↓↓
	Weibchen	↑↑	↔	↔	↔	↓	↔	↓↓	↑	↔	↔	↔	↓↓
HA28	Männchen	↑↑	↑	↑↑	↑↑	↓↓	↑	↔	↔	↔	↔	↔	↓
	Weibchen	↑	↑↑	↔	↔	↓↓	↑↑	↔	↔	↔	↔	↑	↔

Semiquantitative Darstellung der Ergebnisse aus Experiment 1 (von Hörsten et al., 1993): Im Vergleich zu den Kontrollen: kein Unterschied = ↔; höher = ↑; niedriger = ↓; sehr hoch = ↑ ↑; sehr niedrig = ↓ ↓. Ein Pfeil (↑ oder ↓) = $p < 0.05$; zwei Pfeile (↑ ↑ oder ↓ ↓) = $p < 0.001$. Die Verhaltensergebnisse wurden nur in die Tabelle aufgenommen, wenn $p < 0.01$ (= ↑ oder ↓). Zur Erläuterung der einzelnen experimentellen Gruppen siehe bitte Abbildung 1.

Tabelle 3: Verlauf der Experimentellen Allergischen Enzephalomyelitis (EAE) in Lewis- und DA-Ratten mit den postnatalen Erfahrungen Soundstreß, Maternale Deprivation, Handling oder Gentling

Experiment	Gruppe	Geschlecht	Inzidenz	Erkrankungs-beginn	Erkrankungs-dauer	Erkrankungs-ausprägung	histologische Läsionen	Sterblichkeit	Anti-MBP Antikörper
Exp. 2	MDSS	Männchen	↔	↔	↔	↔	↔	↑	↑
		Weibchen	↑	↔	↔	↔	↔	↑	↔
Exp. 2	SS	Männchen	↑	↔	↔	↑	↑	↑↑	↔
		Weibchen	↔	↔	↑↑	↔	↔	↓↓	↔
Exp. 2	MD	Männchen	↔	↔	↔	↔	↔	↔	↔
		Weibchen	↑	↔	↑	↔	↔	↔	↔
Exp. 3	HA28	Männchen	↑	↑	↑	↑↑	↔	↔	↑
		Weibchen	↔	↔	↔	↔	↔	↔	↓
Exp. 3	GE28	Männchen	↑	↓	↔	↑↑	↑	↔	↔
		Weibchen	↔	↔	↔	↔	↔	↔	↔

Semiquantitative Darstellung der Ergebnisse aus Experiment 2 und 3 (Dimitrijevic et al., 1994; Laban et al., 1995): Im Vergleich zu den Kontrollen: kein Unterschied = ↔; höher = ↑; niedriger = ↓; sehr hoch = ↑ ↑; sehr niedrig = ↓ ↓. Ein Pfeil (↑ oder ↓) = $p < 0.05$; zwei Pfeile (↑ ↑ oder ↓ ↓) = $p < 0.01$. Zur Erläuterung der einzelnen experimentellen Gruppen siehe bitte Abbildung 1.

gen und postnataler Soundstreß als Auslöser von schwereren autoimmunologischen Erkrankungsverläufen (Dimitrijevic et al., 1994; Laban et al., 1995).

Diskussion aktueller Ergebnisse

Zusammengefaßt belegen die Ergebnisse der Experimente die Annahme, daß früheste Erfahrungen die Homöostase eines Organismus im späteren Leben sowohl in Form von modifiziertem Wachstum und modifizierten physiologischen Reaktionen, als auch in Form von veränderten Verhaltensweisen beeinflussen. Mit Hilfe des Tierexperiments wird es möglich, spezifische «Erfahrungen» in der postnatalen Periode klar zu definieren und sowohl deren akute, als auch spätere Auswirkungen auf psychologische und physiologische Parameter zu beobachten. Schon relativ bedeutungslos erscheinende Ereignisse in der Kindheit können ausgeprägte Auswirkungen im späteren Leben zur Folge haben. Möglicherweise formen Erlebnisse in der Kindheit auch eine erfahrungsabhängige Krankheitsdisposition.

In der folgenden Diskussion werden die experimentellen Beobachtungen hervorgerufen durch Deprivation bzw. Stimulation zuerst jeweils getrennt betrachtet, anschließend miteinander verglichen und daraus Schlußfolgerungen gezogen.

Analyse von maternaler Deprivation: Verlust als frühe Erfahrung

Der Stressor «periodische maternale Deprivation», ein experimentelles Paradigma für wiederholte Trennungs- bzw. «Verlusterlebnisse», führt zu einer modifizierten psychobiologischen Reaktionsweise des Organismus auf Umweltreize sowohl akut als auch im späteren Leben. Wir beobachteten bei von kontinuierlicher, periodischer maternaler Deprivation (für 28 Tage, 2 h/Tag) betroffenen Wistar-Ratten im Alter von zwei Monaten eine generelle Entwicklungsstörung bestehend aus Hyperaktivität, Minderwuchs, dysproportionalen Organgrößenverhältnissen und Suppression von Immunfunktionen (von Hörsten et al., 1993). Dieses Muster aus experimentellen Beobachtungen beschreibt ein maternales Deprivationssyndrom bei der Ratte, das ein Tiermodell für das Syndrom des psychosozialen Minderwuchses bei Kindern darstellen könnte (Powell et al., 1967). Diskontinuierliche maternale Deprivation an den Tagen 15, 18, und 21 führt zu Suppression von Immunfunktionen ohne wesentliche Verhaltensänderungen (von Hörsten et al., 1993) bzw. zu einem modulierten klinischen Verlauf der Autoimmunenzephalitis EAE bei weiblichen Lewis-Ratten (Dimitrijevic et al., 1994).

Die Frage nach den Ursachen der verschiedenen maternalen Deprivations-Effekte verlangt auf den verschiedenen Systemebenen nach unterschiedlichen Antworten (siehe Abb. 2). Nach der maternalen Regulationstheorie (Hofer) und von der psychosozialen Systemebene «Mutter und Jungtier» aus betrachtet, bedeutet maternale Deprivation für die jungen Ratten und ihre Mutter den akuten Verlust mütterlicher spezifischer und zeitabhängiger regulierender Interaktionen (z. B. Füttern und Fellpflege). Die Diskontinuität in der Mutter-Kind-Dyade führt somit auf der psychosozialen Ebene der Jungtiere zu einer Desynchronisation mit der Mutter und der Umwelt durch multiple Reizdeprivation (siehe z. B. Shimoda et al., 1986). Trennung bedeutet den Verlust des multiplen Zeitgebers «Mutter». Es resultiert für die Jungtiere ein Kontrollverlust über die Umwelt, woraus folgt, daß die eigenzeitlichen Entwicklungsprozesse der Jungtiere stillstehen und sie nicht mehr aktiv mit der jetzt diffusen, reizverarmten Umwelt kommunizieren. Dabei führt maternale Deprivation zu direkten und indirekten Folgen. Desynchronisation und Kontrollverlust direkt während der maternalen Deprivationsperiode führen zuerst zu Aktivierung (nach John Bowlby, 1969: «Protest») und anschließend nach vergeblichem Suchen zu einer «chronischen» Trennungsreaktion (nach

Bowlby: «Verzweiflung») mit minimaler intrinsischer Eigenaktivität und Katabolismus als Deprivationsfolge (nach Réné A. Spitz, 1945: «anaklitische Depression»). Auf der psychosozialen Ebene ergibt sich nach Rückkehr der Mutter die Notwendigkeit für einen Kommunikationsprozeß zwischen der Mutter und ihren Jungen mit dem Ziel der erneuten Synchronisation. Diese sich anschließende Phase nennen wir Resynchronisationsphase. Indi-

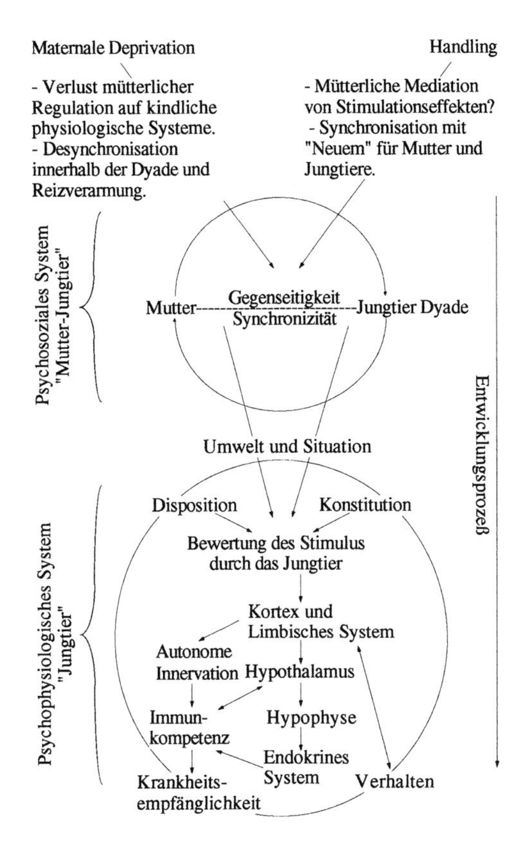

Abbildung 2: Illustration einer bio-psycho-sozialen Hypothese (siehe Uexküll und Wesiak, 1991) über die Effekte früher Erfahrungen auf Verhalten und Immunität. Eine primäre Störung der Mutter-Kind-Interaktion auf der psychosozialen Systemebene durch z. B. Handling oder Deprivationsprozeduren führt zu persistierenden sekundären psychophysiologischen Veränderungen des Verhaltens und der Krankheitsempfänglichkeit. Die «Erfahrungsspeicherung» erfolgt dabei auf der psychophysiologischen Systemebene durch Wachstums-, Reifungs- und Lernprozesse, wie im Text näher erläutert. Diese persistierenden psychophysiologischen Veränderungen des Individuums sind als bio-psycho-soziale Mediatoren der Deprivations- bzw. Stimulationseffekte zu betrachten.

rekte Deprivationsfolgen resultieren aus einem subjektiven Fortwirken der Deprivationserfahrung in Mutter und Kind während einer Resynchronisationsphase. Die Bedürfnisse der Jungtiere werden noch nicht optimal erfüllt, und es kommt noch nicht zu anabolen Vorgängen auf der psychophysiologischen Ebene, so daß die Deprivation eigenzeitlich in den Jungtieren fortwirkt, bis schließlich wieder Synchronizität mit Mutter und Umwelt und ein Anabolismus möglich sind. Auf der psychosozialen Ebene läuft ein Zyklus aus Synchronizität, Desynchronisationsphase, Resynchronisationsphase und erneuter Synchronizität als maternaler Deprivations-Effekt ab.

Auf psychophysiologischer Ebene der Jungtiere resultiert aus der psychosozialen Erfahrung «Trennung vom Muttertier» eine Diskontinuität in der Eigenzeit des Individuums durch Zeitgeberverlust. Dies bewirkt eine Wachstumsverlangsamung, Reifungsstörung und eine Beeinträchtigung von Lernvorgängen. Diese aus dem Ablauf des Zyklus aus Desynchronisations- und Resynchronisationsvorgängen zwischen Mutter und Kind resultierenden psychophysiologischen Veränderungen werden zeitabhängig und spezifisch über eine Reihe von Regulationsmechanismen über Growth-Hormone (Schanberg et al., 1980; 1984), Opioide (Greer, 1991; Winslow und Insel, 1991), Corticoide (Stanton, et al., 1987) und andere bisher nicht identifizierte Mediatoren vermittelt. Es ist nicht bekannt, ob auch Lernvorgänge, bei denen die aktive Antwort und Reaktion auf externe Reize im Vordergrund stehen, in den deprivierten Jungtieren eine Rolle spielen. Es ist denkbar, daß die Reaktion der Jungtiere auf eine Desynchronisationserfahrung und auf einen Kontrollverlust durch einen Lernvorgang im Sinne einer gelernten Reaktion «fixiert» wird. Diese für ein späteres Leben «suboptimal» gelernte Reaktion auf ein frustrierendes Verlusterlebnis läßt sich mit «Passivität und Rückzug auf intrinsische Eigenrhythmik» oder auch «Erlernte Hilflosigkeit» (Seligman, 1986) umschreiben und erhält später im Sinne «depressiver Reaktionsweisen» möglicherweise Krankheitswert.

So wird es nachvollziehbar, daß aus dem periodischen Entzug der Mutter eine tiefgreifende, durch Desynchronisation hervorgerufene Störung der postnatalen anabolen Phase, des postnatalen Wachstums (Organogenese: z. B. Thymus, Gehirn), der postnatalen Reifung (Rezeptorexpression und -sensitivität: HPA-Achse) und der postnatalen Lernvorgänge (z. B. soziale Verhaltensweisen, Kontingenzerleben) resultiert, die schließlich zu den langfristigen Folgen von maternaler Deprivation, wie Wachstumsretardierung, Hyperaktivität und Immunsuppression führt. Das Individuum wird zeitlebens durch die Deprivationserfahrung beeinflußt und entwickelt eine «deprivationstypische» Krankheitsdisposition.

Analyse der Handlingeffekte: Stimulation als frühe Erfahrung

Postnatales Handling, ein Paradigma für frühe Stimulation, befähigt zu schnellerer Anpassung an neue Reize. Handling bewirkt über die veränderte Bewertung von «Neuem» eine deutlich modifizierte Reaktionsweise des Organismus auf Umwelteinflüsse sowohl akut in der Kindheit als auch im späteren Leben. Stimulationstypische Veränderungen können an anatomischen (Körpergröße), physiologischen (Immunantwort, Hypothalamus-Nebennieren-Achse, Schreckzeit) und psychologischen (Kennenlernen der akuten Prozedur, Verhalten im OF, Neugier) Aspekten festgemacht werden. Diese Komplexität der Effekte früher Erfahrungen wird aufgrund der viele Untersuchungsparameter einschließenden experimentellen Designs besonders verdeutlicht. Wir beobachteten als Folge früher Stimulation eine Steigerung des Körpergewichts, sich veränderndes akutes Verhalten, gesteigertes Explorationsverhalten («Neugier») im open field, geschlechtsspezifisch modulierte humorale Immunantworten (von Hörsten et al., 1993; Exp. 1) und schwereren Verlauf der Autoimmunenzephalitis EAE in Männchen (Laban et al., 1995; Exp. 3). So bietet sich ein weitgefächertes Bild der persistierenden Auswirkungen von postnataler Stimulation auf junge Wistar- und DA-Ratten.

So breit gefächert die Einflüsse durch Handling auf den Entwicklungsprozeß sind, so vielfältig sind die möglichen Mediatoren akuter und langfristiger Effekte von Stimulation. Es ist bei der Analyse dieser Veränderungen hilfreich, mögliche Mediatoren nach Systemebenen und nach den einzelnen jeweils durch Stimulation beeinflußten Entwicklungsvorgängen einzuteilen (siehe Abb. 2). Wir entwikkeln eine bio-psycho-soziale Hypothese über komplexe Stimulationseffekte: Die Untersuchungen über postnatale Stimulation von Ratten haben bisher nicht klar belegen können, ob die Ursache für das Handlingphänomen auf der psychosozialen Systemebene «Mutter und Kind» durch Stimulation der Jungtiere, durch Störung der Mutter oder durch beide Einflüsse hervorgerufen werden (Smotherman et al., 1983). Auf der psychophysiologischen Systemebene des Jungtieres beeinflußt die frühe Erfahrung «Handling» die Entwicklung des Individuums auf jeder einzelnen der Entwicklungsdimensionen nach Remschmidt (1988), – also Wachstum, Reifung und Lernen – und führt so zu einer komplexen Veränderung in der Homöostase des Organismus. Handling wirkt auf das Wachstum (Hypothese der direkten Stimulation vermittelt über Wachstumshormon), auf Reifungsvorgänge (schnellere Rückregulation für Glukokortikoide durch veränderte Rezeptorexpression) und auch über Lernvorgänge (Generalisierung der spezifischen Situation des Handlings auf jede «Neues» bietende Situation).

Es ist außerdem sinnvoll, zeitliche Aspekte bei der Analyse sowohl der akuten, als auch der persistierenden Veränderungen durch Handling zu berücksichtigen. Die Störungen der Mutter-Kind-Beziehung können als Kontinuitätsunterbrechung mit kurzfristigen Desynchronisationszyklen und sich anschließendem Kontinuitätserleben interpretiert werden: Stimulation durch Handling führt in der Eigenzeitlichkeit des Individuums akut zu der wiederholten Notwendigkeit, sich mit der neuen Umgebung und anschließend nach der Prozedur mit der verstörten Mutter zu synchronisieren. Die Jungtiere durchlaufen zwei Synchronisationszyklen. Es ist anzunehmen, daß als persistierender Effekt die Fähigkeit zu schneller Synchronisation mit veränderten Umweltbedingungen erhalten bleibt. Die Testergebnisse in der veränderten Umgebung «open field» und die Neugier der Handling-Ratten in Experiment 1 sind unter diesem Aspekt als «schnellere Resonanz mit Neuem» zu betrachten.

So entsteht insgesamt der Eindruck, als ließen sich die Handlingeffekte unter der Gemeinsamkeit «schnelle Synchronisation mit veränderten Bedingungen» oder «schnellere Reaktion auf Neues» summieren. Es ist also eine veränderte Reaktionsfähigkeit oder auch «Streßbeantwortbarkeit» auf zukünftige «Neues» bietende Situationen, die durch Handling moduliert wird. Dabei ist es primär für den Einfluß der frühen Stimulationserfahrungen nicht entscheidend, ob es sich bei diesem «Neuen» um räumliche (open field), gegenständliche (Antigene, z. B. SRBC) oder zeitliche (Mutter-Kind-Kontakt) Veränderungen in der Umwelt handelt. In generalisierter und komplexer Weise reagiert der stimulierte Organismus auf «Neues» unter Berücksichtigung der durch Wachstums-, Reifungs- und Lernprozesse «gespeicherten» frühen Erfahrungen. Wir bezeichnen diesen Effekt als «erlernte Kompetenz» in Analogie zu Seligmans Begriff der «erlernten Hilflosigkeit». So führt postnatales Handling, als Paradigma für frühe Stimulation, zu einer spezifischen Psychobiologie des Individuums. Diese besonders gegenüber dem Aspekt des «Neuen» in Erscheinung tretenden Charakteristika des stimulierten Individuums prägen in seinen Verhaltensdimensionen besonders die Emotionen wie «gesteigerte Neugier» und «verringerte Angst» und in den physiologischen Dimensionen sowohl die schnellere Adaptation der Nebennierenantwort, als auch die Immunkompetenz.

Vergleich von frühen Deprivations- mit Stimulationserfahrungen

Im Rahmen des vorliegenden Textes sind eine Reihe von Ergebnissen, Theorien und Hypothesen über Stimulation und Deprivation von Nagetieren und auch des Menschen in jeweils getrennten Textabschnitten zusammengetragen worden. Diese Ergebnisse seien jetzt in Tabelle 4 einander gegenübergestellt. Dabei stehen sich zuerst die allgemeinen Eigenschaften gegenüber, und Hypothesen zu den akuten Folgen schließen sich an. Eine Gegenüberstellung der langfristigen Auswirkungen von Stimulation und Deprivation mit Blick auf unsere Experimente findet sich am Ende der Tabelle.

Im Anschluß an diese Gegenüberstellung ziehen wir Schlußfolgerungen aus den Unterschieden in den Immunantworten und stellen eine Hypothese über die Mediatoren für Erfahrungseffekte auf das Verhalten und die Immunkompetenz auf. Diese bio-psycho-soziale Hypothese stellt eine Zusammenfassung der vorliegenden Diskussion dar.

Modifizieren frühe Erfahrungen langfristig Verhaltensweisen?

Als Methode zur Erfassung emotionaler Unterschiede durch frühe Erfahrungen ist der open-field-Test wie in Experiment 1 angewandt gut geeignet (Gallegos et al., 1990; von Hörsten et al., 1993; Whimbey und Denenberg, 1967). Dabei stellt das in seiner Ausprägung eindrucksvolle «ungerichtete» und hyperaktive Verhalten der über 28 Tage täglich für zwei Stunden deprivierten Tiere in Verbindung mit der verkürzten Schreckzeit eine bisher noch nicht beschriebene Beobachtung dar. Das Verhalten der stimulierten Tiere unterscheidet sich durch den Aspekt des neugierassoziierten Verhaltens grundsätzlich von dem Verhalten nichtstimulierter Tiere und ermöglicht eine eindeutige verhaltensgestützte Differenzierung zwischen den unterschiedlichen frühen Erfahrungen maternale Deprivation und Handling. Es scheint daher möglich zu sein, von Verhaltenscharakteristika im Open Field auf die zugrundeliegende frühe Erfahrung zurückzuschließen. In klar definierten experimentellen Verhaltenstests spiegeln die einzelnen Verhaltensmuster spezifisch frühe Erfahrungen wider. Dabei beeinflussen außer genetisch konstitutionellen Faktoren (z. B. Wistar outbred), auch Habituationseffekte, der soziale Rang, die Testreihenfolge, die Lernfähigkeit usw., wie auch alle vor der Testsituation gemachten Erfahrungen ihre letztendliche Ausprägung. Unsere Ergebnisse belegen, daß Verhalten in gewissen Grenzen auch durch frühe Erfahrungen determiniert wird.

Wie modifizieren frühe Erfahrungen langfristig Immunfunktionen?

Zur Frage der Mediatoren von Erfahrungseffekten auf spätere Immunfunktionen seien hier grundlegende Ansätze aus der psychoneuroimmunologischen Grundlagenforschung kurz zusammengefaßt und einige Erweiterungen, die sich aus der entwicklungsbiologischen Perspektive ergeben, hinzugefügt.

Bei der Beantwortung der Frage, wie sich der psychologische Status auf das Immunsystem überträgt, ist bisher drei Theorien vermehrt Aufmerksamkeit gewidmet worden:

Tabelle 4: Vergleich der Effekte von postnatalen Stimulations- mit Deprivationserfahrungen

Stimulation (Handling)	**Deprivation (Maternale Deprivation)**
bedeutet initial:	
experimentell erzeugte Situation ohne natürliche Parallelen objektiv kurzzeitig Mutterentzug, taktile und vestibuläre Stimulation, «Neues» Zunahme von Umwelt- und Gewinn an Sinnesreizen taktile, psychologische und soziale Manipulation	experimentell erzeugte Situation ähnlich natürlichen Ereignissen objektiv langzeitig Entzug der Mutter Abnahmen von Umwelt- und Verlust an Sinnesreizen psychologische und soziale Manipulation
führt akut zu:	
Aktivierung (Bowlby: Protest) und Anabolismus Verhaltensreaktion mit dem Ziel, die Mutter wiederzufinden Aktivität, die belohnt wird. Eigenaktivität wird verstärkt erhöhte Kontingenz Durchlaufen mehrerer Synchonisationszyklen Beschleunigung eigenzeitlicher Prozesse Entwicklungsbeschleunigung subjektiv: Kontrollgewinn, Konfliktlösung, Eustreß	Inaktivität (Bowlby: Verzweiflung) und Katabolismus Verhaltenreaktion, um mütterliche Abwesenheit zu überleben Aktivität, die subjektiv erfolglos bleibt. Passivität wird verstärkt Kontingenzunterbrechung Zeitgeberverlust, Desynchronisation mit der Mutter Verlangsamung eigenzeitlicher Prozesse, z. B. Stoffwechsel Entwicklungsverlangsamung subjektiv: Kontrollverlust, Konfliktfortdauer, Disstreß
führt langfristig zu:	
schnellerer Adaptation an Neues Aktive Reaktion auf «Neues an sich» (Umgebung, Antigene) erlernte Kompetenz Körpergewichtssteigerung, Hyperaktivität, Neugier Immunmodulation, begünstigt allergische und autoimmunologische Reaktionen Neigung, sich in gefährliche Situationen zu begeben	langsamerer Adaptation an Neues bzw. Veränderung Passive Reaktion auf «Neues an sich» (Umgebung, Antigene) erlernte Hilfslosigkeit Minderwuchs, Deprivationssyndrom Immunsuppression, begünstigt Tumorentstehung Psychosozialer Minderwuchs, Depression, Hospitalismus, Tod

Die Tabelle bietet eine direkte Gegenüberstellung der bisher im Text angeführten Stimulations- bzw. Deprivationseffekte. Dabei wurden sowohl unsere tierexperimentellen Ergebnisse als auch Beobachtungen, Theorien und klinische Syndrome beim Menschen berücksichtigt.

1. Veränderungen im ZNS führen zu immunologischen Veränderungen über Stimulation einer Hypothalamus-Hypophysen-Hormon-Achse, z. B. durch Auslösung der klassischen Streßantwort (Besedovsky et al., 1985).
2. Das autonome Nervensystem ist gegenüber dem emotionalen Status sensibel und überträgt mittels direkter Innervation der primären und sekundären Immunorgane immunmodulatorische Effekte (Ackerman et al., 1991).
3. Paarung eines neutralen Stimulus (US) mit dem immunsuppressiven Effekt eines anderen Stimulus (CS) führt zu konditionierter Immunsuppression bei Exposition gegenüber dem ehemals neutralen Stimulus (Ader und Cohen, 1985).

Diese drei psychophysiologischen Reaktionswege werden durch den Einfluß früher Erfahrungen auf Wachstumsprozesse (z. B. Organgröße), Reifungsprozesse (z. B. Nebennieren-Achse oder Streßantwort) und Lernprozesse (z. B. erlernte Hilflosigkeit oder erlernte Kompetenz) während der Entwicklung langfristig moduliert. Wir haben in den Experimenten und der Diskussion eine Reihe von Hinweisen für diese Hypothese gesammelt und die Annahmen mit Literaturstellen belegt. Mögliche Ergänzungen der oben angeführten drei «etablierten» Theorien um den Effekt von postnatalen Erfahrungen auf den Entwicklungsprozeß der Immunkompetenz möchten wir nun zusammenfassen. Dabei unterteilen wir in Wachstumsbeeinflussung, Reifungsbeeinflussung, gelernte Reaktionen und andere Einflüsse.

1. Wachstum: Über eine Wachstumsbeeinflussung anatomischer Variablen, wie z. B. der Organgröße und dem Differenzierungsgrad der Organe oder ihrem Maß der autonomen Innervation, werden die Grundvoraussetzungen für spätere Immunkompetenz beeinflußt. Wie bereits gezeigt werden konnte (Greer et al., 1991; Kuhn et al., 1978), verlaufen einige durch Deprivation ausgelöste Mechanismen über Veränderungen sowohl der Wachstumsfaktorenspiegel als auch der Zielorgansensitivität für diese Faktoren. Wenn es auch noch nicht direkt geprüft wurde, so spricht doch wenig dagegen, daß diese Einflüsse auch die Entwicklung der Immunorgane betreffen könnten. Die unterschiedlichen Organgrößen der einzelnen experimentellen Gruppen in Experiment 1 weisen darauf hin.

2. Reifung: Über den Einfluß unterschiedlicher früher Erfahrungen auf Reifungsvorgänge wird die Regulationsfähigkeit der endokrinen bzw. neurokrinen Systeme für z. B. Glukokortikoide (Meaney, 1988; Stanton et al., 1987), Opioide (Greer et al., 1991; Winslow und Insel, 1991), Dopamin (Gallegos et al., 1990; Schreiber et al., 1978) und Wachstumshormon (Schanberg et al., 1984; Schanberg und Field, 1987) zeitweise oder persistierend verändert. Die veränderten Hormonspiegel können dann direkt oder indirekt eine Immunmodulation bewirken. Dabei sind bisher nur akute bis mittelfristige Effekte durch GH und zentrales β-Endorphin als Folge von maternaler Deprivation nachgewiesen worden. Hingegen ist die Theorie, daß Handling langfristig die Regulationsfähigkeit für Corticoide modifiziert, gut belegt (Bodnoff, 1987; Hamamura und Onaka, 1989; Meaney et al., 1985, 1988, 1992; Wiener und Levine, 1983). Im Falle von maternaler Deprivation sind nur akute bis mittelfristige Effekte auf die Glukokortikoidregulation bekannt (Stanton et al., 1987). Außerdem finden sich Hinweise für die Hypothese, daß Störungen der Mutter-Kind-Beziehung, wie z. B. maternale Deprivation das dopaminerge/monaminerge System permanent modifizieren (Gallegos et al., 1990; Schreiber et al., 1978; Spear und Scalzo, 1985).

3. Lernen: Die Konditionierbarkeit einer medikamentösen Immunsuppression wird durch frühe Erfahrungen (mütterliches Verhalten) beeinflußt (Gorczynski und Kennedy, 1987), und es ist möglich, daß durch frühe Erfahrungen komplexe Reaktionsweisen erlernt werden. So wird z. B. durch die wiederholte Erfahrung maternaler Deprivation erlernt, daß über aversive Situationen subjektiv kaum/keine Kontrollierbarkeit existiert (Seligman, 1986). Diese «erlernte Hilflosigkeit» oder «Passivität» führt zu verstärkten Streßreaktionen und Depression, was mit einer Suppression von Immunfunktionen im späteren Leben einhergehen könnte. Hingegen erlernt eine junge Ratte aus wiederholten Handlingerfahrungen, daß über «Neues» mittels eigener Aktivitätsleistungen subjektiv Kontrolle erlangt werden kann. Die Generalisation könnte soweit gehen, daß auf alles «Neue» – auch auf Antigene – aktiver reagiert wird. Wir haben diese vermehrte aktive Reaktionsbereitschaft auf Unbekanntes als «erlernte Kompetenz» bezeichnet. Sie könnte zu einer Verstärkung immunologischer Funktionen (von Hörsten et al., 1993; Lown und Dutka, 1987; Solomon et al., 1968) führen, prädisponiert aber möglicherweise auch für autoimmunologische (Laban et al., 1995) und allergische (Persinger und Falter, 1992) Reaktionen.

4. Andere Hypothesen: Weiterhin ist es denkbar, daß durch postnatalen Streß oder frühkindliche Traumata Autoimmunprozesse aktiviert werden. Es ist bekannt, daß z. B. sozialer Streß in herangewachsenen Tieren zu vermehrter Bildung von Anti-Gehirn-Antikörpern führt (Djordjevic et al., 1992), welche auf das Verhalten wirken (Markovic und Jankovic, 1983; Jankovic et al., 1968). Es kann nicht ausgeschlossen werden, daß z. B. die Berührung mit der menschlichen Hand während der Handlingprozedur eine zusätzliche Antigenquelle darstellt und so – vermittelt über das Magen-Darm-Trakt assoziierte lymphatische Gewebe – immunmodulierende Effekte wirksam werden können. Ebenso könnten Veränderungen der postnatalen Antigenpräsentation durch die veränderten Mutter-Kind-Interaktionen oder durch Streß hervorgerufen werden.

Somit stellt sich nach wie vor die vor mehr als zehn Jahren von Robert Ader (1983) formulierte Frage nach genau identifizierbaren Entwicklungsfaktoren und deren Auswirkung auf die späteren Funktionen des Immunsystems. Im Hinblick auf diese Frage liegt bisher nur eine sehr begrenzte Zahl von experimentellen Resultaten an Ratten und Mäusen vor, und unsere eigenen Ergebnisse und Analysen der Stimulations- und Deprivationseffekte tragen ebenfalls nur einen kleinen Teil zur Beantwortung der Frage bei. Trotzdem belegt das sich ergebende Bild die Annahme, daß frühe Erfahrungen die Immunkapazität eines Individuums später in dessen Leben maßgeblich beeinflussen können. Diese wichtige Beobachtung behält jedoch auch weiterhin ihren ausgeprägt phänomenologischen Charakter, obwohl sich einige schlüssige und teilweise experimentell belegte Theorien und Hypothesen (Glukokortikoidachse; Wachstumshormonachse, Opioide, Lernen, Mutter-Kind-Interaktionen) nennen lassen. Wir haben diese Erklärungsansätze beschrieben und sind mit Blick auf die vorangegangene Diskussion davon überzeugt, daß die «Psychobiologie früher Erfahrungen» einen nicht zu unterschätzenden und in seinem Ausmaß weitgehend unerforschten Faktor für die Individualitätsgenese darstellt und insgesamt als «psychoneuroimmunologischer Entwicklungsprozeß» beschrieben werden sollte. Wir könnten sagen, daß die Wirkung früher Erfahrungen auf das Immunsystem darin besteht, zu einer individuellen psychophysiologischen Vernetzung dieses Subsystems innerhalb des Gesamtorganismus zu führen. Das Immunsystem darf also aufgrund komplexer, in der Zeit gewachsener Verknüpfungen mit dem ZNS und dem Endokrinium nicht isoliert betrachtet werden. Wir haben versucht, einen nach systemtheoretischen Gesichtspunkten geordneten Ansatz innerhalb einer bio-psycho-sozialen Betrachtungsweise zu entwickeln, der geeignet scheint, der Komplexität des Phänomens gerecht zu werden (siehe Abb. 2).

Als Folge der primären Störung der Mutter-Kind-Interaktionen auf einer psychosozialen Systemebene bewirken sowohl Handling (Smotherman, 1983), als auch maternale Deprivation (Hofer, 1987) sekundäre psychophysiologische Veränderungen, die zu einer persistierenden Veränderung in der Reaktionsbereitschaft des Individuums auf Umweltreize in dessen weiterem Leben führen. Es kommt in Abhängigkeit von unterschiedlichen frühen Erfahrungen zu veränderten Verhaltensweisen und physiologisch-immunologischen Reaktionen.

Biographie und Krankheit

Es bleibt dem Leser überlassen, unter dem Eindruck der hier vorgestellten tierexperimentellen Evidenz Vermutungen darüber anzustellen, ob und inwieweit die aus der individuellen Kindheit resultierenden psychologischen und physiologischen Veränderungen des Individuums Anlaß geben zu einer vertieften Berücksichtigung dieses Lebensabschnittes in Hinblick auf eine individuelle Krankheitsdisposition. Die Entwicklungsprozesse von Gehirn, Verhalten und Immunsystem sind auf vielen Ebenen empfänglich für Erfahrungseinflüsse auf Wachstum, Reifung und Lernen. Die Immunreaktionen selbst sind Ausdruck eines «Gewordenseins» des gesamten Organismus. Geht der heutige humanmedizinische Ansatz ausreichend auf die Geschichtlichkeit der Person, den eigenzeitlichen Aspekt von Individualität und «Krankengeschichte» ein?

Literatur

Ackerman KD, Bellinger DL, Felten SY, Felten DL: Ontogeny and senescence of noradrenergic innervation of the rodent thymus and spleen. In: Ader R, Felten DL, Cohen N. (Hrsg.): Psychoneuroimmunology (2nd ed.). San Diego, Academic Press, 1991; pp. 72–125.

Ackerman SH, Keller SE, Schleifer SJ, Shindledecker RD, Camerino M, Hofer MA, Weiner H, Stein M: Premature maternal separation and lymphocyte function. Brain Beh Imm 1988; 2:161–165.

Ader R: Developmental psychoneuroimmunology. Dev Psychobiol 1983; 16(4):251–267.

Ader R, Cohen N: CNS-immune system interactions: Conditioning phenomena. Beh Brain Sci 1985; 8:379–394.

Ader R, Friedman SB, Grota LJ, Schaefer A: Attenuation of the plasma corticosterone response to handling and electric shock stimulation in the infant rat. Physiol Behav 1967; 3(2):327–331.

Altman T, Das GD, Anderson WJ: Effects of infantile handling on morphological development of the rat brain: An exploratory study. Dev Psychobiol 1968; 1:10–20.

Amkraut AA, Solomon GF, Kraemer HC: Stress, early experience and adjuvant-induced arthritis in the rat. Psychosom Med 1971; 33(3):203–214.

Bell RW, Nitschke W, Bell NJ, Zachman TA: Early experience, ultrasonic vocalizations and maternal responsiveness in rats. Dev Psychobiol 1974; 7:235–242.

Besedovsky HO, del Rey AE, Sorkin E: Immune-neuroendocrine interactions. J Immunol 1985; 135:750–754.

Bodnoff SR, Suranyi-Cadotte B, Quirion R, Meaney MJ: Postnatal handling reduces novelty-induced fear and increases (3H)flunitrazepam binding in rat brain. Eur J Pharmacol 1987; 144:105–107.

Bowlby J (Hrsg.): Attachment and Loss. New York, Basic Books, 1969.

Cannon WB (Hrsg.): Wut, Hunger, Angst und Schmerz – eine Physiologie der Emotionen. München, Wien, Baltimore, Urban & Schwarzenberg, 1975.

Coe LC, Wiener SG, Rosenberg LT, Levine S: Endocrine and immune responses to separation and maternal loss in nonhuman primates. In: Reite M, Field T (Hrsg.): The Psychobiology of Attachment and Separation. Ontario, Academic Press, 1985; pp. 163–197.

Compton RP, Koch MD, Arnold WJ: Effect of maternal odor on the cardiac rate of maternally separated infant rats. Physiol Behav 1977; 18:769–773.

Dechambre RP, LaBarba RC: The effect of neonatal tactile stimulation on the adult response to Ehrlich carcinoma in mice. IRCS Med Sci 1978; 6:337–340.

Denenberg VH, Bell RW: Critical periods for the effects of infantile experience on adult learning. Science 1960; 131:227–228.

Denenberg VH, Karas GG: Interactive effects of infantile and adult experience upon weight gain and mortality in the rat. J Comp Physiol Psychol 1961; 54:658–659.

Dimitrijevic M, Laban O, von Hörsten S, Markovic BM, Jankovic BD: Neonatal sound stress and development of experimental allergic encephalomyelitis in Lewis and DA rats. Int J Neurosci 1994; 78:135–143.

Djordjevic S, Bukilica M, Dimitrijevic M, Markovic BM, Jankovic BD: Anti-myelin basic antibodies in rats stressed by overcrowding. Ann N Y Acad Sci 1992; 650:302–306.

Evoniuk GE, Kuhn CM, Schanberg SM: The effect of tactile stimulation on serum growth hormone and tissue ornithine decarboxylase activity during maternal deprivation in rat pups. Commun Psychopharmacol 1979; 3:363–370.

Field T, Schanberg SM, Scalfidi F, Bauer CR, Vega-Lahr N, Garcia R, Nystrom J, Kuhn CM: Effects of tactile/kinesthetic stimulation on preterm neonates. Pediatrics 1986; 77:654–658.

Gallegos G, Salazar L, Ortiz M, Marquez W, Davis A, Sanchez S, Conner D, Schreiber HL: Simple disturbance of the dam in the neonatal period can alter haloperidol-induced catalepsy in the adult offspring. Behav Neural Biol 1990; 53:172–188.

Gisler RH, Schenkel-Hullinger L: Hormonal regulation of the immune response. II. Influence of pituitary and adrenal activity on immune responsiveness. Cell Immunol 1971; 2:646–657.

Gorczynski RM, Kennedy M: Behavioral trait associated with conditioned immunity. Brain Behav Immun 1987; 1:72–80.
Greer NL, Bartolome JV, Schanberg SM: Further evidence for the hypothesis that beta-endorphin mediates maternal deprivation effects. Life Sci 1991; 48(7):643–648.
Hamamura M, Onaka T: Pre-weaning handling reduces adrenocorticotropin response to novel but not to noxious stimuli in adult rats. Neurosci Lett 1989; 105(3):312–315.
Hennessy MB, Weinberg J: Adrenocortical activity during conditions of brief social separation in preweaning rats. Behav Neural Biol 1990; 54:42–55.
von Hörsten S, Dimitrijevic M, Markovic BM, Jankovic BD: Effect of early experience on behavior and immune response in the rat. Physiol Behav 1993; 54(5):931–940.
Hofer MA: Hidden regulatory processes in early social relationships. In: Bateson PPG, Klopfer PH (Hrsg.): Perspective in Ethiology (Vol. 3). New York, Plenum Press, 1978; pp. 135–166.
Hofer MA: Relationships as regulators: A psychobiologic perspective on bereavement. Psychosom Med 1984(a); 46:183–197.
Hofer MA: Early stages in the organization of cardiovascular control. Proc Soc Exp Biol Med 1984(b); 175:147–157.
Hofer MA: Early social relationships: A psychobiologist's view. Child Dev 1987; 58:633–647.
Hofer MA, Shair H: Control of sleep-wake states in the infant rat by features of the mother-infant relationship. Dev Psychobiol 1982; 15(3):229–43.
Jankovic BD, Isakovic K, Micic M, Knzevic Z: The embryonic lympho-neuro-endocrine relationship. Clin Immunol Immunopathol 1981; 18:108–120.
Jankovic BD, Rakic L, Veskov R, Horvat J: The effect of intraventricular injection of antibrain antibody on defensive conditioned reflexes. Nature 1968; 218:270–271.
Jones BC, Goldstine RN, Kegel M, Gurley M, Reyes E: The influence of handling, age, and strain on alcohol selection in mice. Alcohol 1985; 2(2):327–331.
Kelley KW: Growth hormone in immunobiology. In: Ader R, Felten DL, Cohen N (Hrsg.): Psychoneuroimmunology (2nd ed.). San Diego, Academic Press, 1991; pp. 377–396.
Kuhn CM, Butler SR, Schanberg SM: Selective depression of serum growth hormone during maternal deprivation in rat pups. Science 1978; 201:1034–1036.
Laban O, Dimitrijevic M, von Hörsten S, Markovic BM, Jankovic BD: Experimental allergic encephalomyelitis in adult DA rats subjected to neonatal handling or gentling. Brain Res 1995; 676:133–140.
Laudenslager M, Capitanio JP, Reite M: Possible effects of early separation experiences on subsequent immune function in adult macaque monkeys. Am J Psychiatry 1985; 142(7):862–4.
Laudenslager M, Reite MD, Harbeck R: Immune status during mother-infant separation. Psychosom Med 1982(a); 44(3):303.
Laudenslager ML, Reite M, Harbeck RJ: Suppressed immune response in infant monkeys associated with maternal separation. Behav Neural Biol 1982(b); 36(1):40–8.
Leon M, Moltz H: Endocrine control of the maternal pheromone in the postpartum female rat. Physiol Behav 1973; 10:65–67.
Levine S: Stimulation in infancy. Sci Am 1960; 202:80–86.
Levine S, Haltmeyer GG, Karas GC, Denenberg VH: Physiological and behavioral effects of infantile stimulation. Physiol Behav 1967; 2:55–59.
Levine S, Lewis GW: The relative importance of experimenter contact in an effect produced by extra-stimulation in infancy. J Comp Physiol Psychol 1959; 52:368–369.
Lown BA, Dutka ME: Early handling enhances mitogen responses of splenic cells in adult C3H mice. Brain Behav Immun 1987; 1:356–360.
Markovic BM, Jankovic BD: The effect of anti-brain antibodies on open field behaviour in rats. Period Biol 1983; 85(Suppl.3):67–68.
McClelland WJ: Differential handling and weight gain in the albino rat. Can J Psychol 1956; 10:19–22.
Meaney MJ, Aitken DH, Bhatnagar S, Van Berkel C, Sapolsky RM: Postnatal handling attenuates neuroendocrine, anatomical, and cognitive impairments related to the aged hippocampus. Science 1988; 238:766–768.
Meaney MJ, Aitken DH, Sharma S, Viau V: Basal ACTH, corticosterone and corticosterone-binding globulin levels over the diurnal cycle, and age-related changes in hippocampal type I and type II corticosteroid receptor binding capacity in young and aged, handled and nonhandled rats. Neuroendocrinol 1992; 55(2):204–13.
Meaney MJ, Aitkin DN, Bodnoff SR, Iny LJ, Taterwicz JE, Sapolsky RM: Early postnatal handling alters glucocortical receptor concentrations in selected brain regions. Behav Neurosci 1985; 99:765–770.
Meyer AE: Zur Psychologie der Trennung: Tierversuche in der psychosomatischen Medizin. Psychother Psychosom Med Psychol 1989; 39(3–4):106–109.
Michaut RJ, Dechambre RP, Doumerc S, Lesourd B, Devillechabrolle A, Moulias R: Influence of early maternal deprivation of adult humoral immune response in mice. Physiol Behav 1981; 26:189–191.
Munck A, Guyre PM, Holbrook NJ: Physiological functions of glucocorticoids in stress and their relations to pharmacological actions. Endocr Rev 1984; 5:25–44.
Nissen G: Frühe Deprivationssyndrome. In: Kisker KP et al. (Hrsg.): Psychiatrie der Gegenwart. Bd. 7 (Kinder- und Jugendpsychiatrie), 3. Auflage. London Paris New York, Springer Verlag, 1988; S. 29–57.
Persinger MA, Falter H: Infantile stimulation produces mild enhancement in a primary humoral response of adult albino rats. Psychol Rep 1992.
Powell GF, Brasel JA, Blizzard RM: Emotional deprivation and growth retardation simulation idiopathic hypopituitarism I. Clinical evaluation of the syndrome. New Engl J Med 1967; 276(23):1271–1278.
Powell GF, Low JF, Speers MA: Behavior as a diagnostic aid in failure to thrive. J Dev Behav Pediatr 1987; 8:18–28.

Reite M, Kaufman IC, Pauley JD, Stynes AJ: Depression in infant monkeys: physiological correlates. Psychosom Med 1974; 36(4):363–7.
Remschmidt H: Die Rolle der Entwicklungsdimensionen: Entwicklung-Reifung-Lernen. In: Remschmidt H et al. (Hrsg.): Lehrbuch der Kinder- und Jugendpsychiatrie. Stuttgart, Thieme, 1988; S. 130–137.
Scafidi F, Field T, Schanberg SM, Bauer C, Vega-Lahr N, Garcia R, Poirier J, Nystrom G, Kuhn CM: Effects of tactile/kinesthetic stimulation on the clinical course and sleep/wake behavior of preterm neonates. Inf Behav Develop 1986; 9:91–105.
Schanberg SM, Evoniuk G, Kuhn CM: Tactile and nutritional aspects of maternal care: Specific regulators of neuroendocrine function and cellular development. Proc Soc Exp Biol Med 1984; 175:135–146.
Schanberg SM, Field TM: Sensory deprivation stress and supplemental stimulation in the rat pup and preterm human neonate. Child Dev 1987; 58:1431–1447.
Schanberg SM, Kuhn C: Maternal deprivation: An animal model of psychosocial dwarfism. In: Usdin E, Sourkes TL, Youdin MBH (Hrsg.): Enzymes and Neurotransmitters in Mental Disease. New York, Wiley, 1980.
Schreiber H, Bell R, Wood G, Carlson R, Wright L, Kufner M, Villescas R: Early handling and maternal behavior: Effect on d-amphetamine responsiveness in rats. Pharm Biochem Behav 1978; 9:785–789.
Seligman MEP (Hrsg.): Erlernte Hilflosigkeit. (Engl. übers. Rockstroh B: Helplessness. On Depression, Development and Death. San Francisco, N.H. Freeman and Company, 1975). 3., veränd. Auflage. München, Urban & Schwarzenberg, 1986.
Shimoda K, Hanada K, Yamada N, Takahashi K, Takahashi S: Periodic exposure to mother is potent zeitgeber of rat pups' rhythm. Physiol Behav 1986; 36(4):723–30.
Smotherman WP: Mother-infant interaction and the modulation of pituitary-adrenal activity in rat pups after early stimulation. Dev Psychobiol 1983; 16(3):169–176.
Smotherman WP, Bell RW: Maternal mediation of early experience. In: Bell RW, Smotherman WP (Hrsg.): Maternal Influences and Early Behavior. New York, Spectrum Publications, 1980.
Smotherman WP, Wiener SG, Mendoza SP, Levine S: Maternal pituitary-adrenal responsiveness as a function of differential treatment of rat pups. Dev Psychobiol 1977; 10:113–122.
Solomon GF, Levine S, Kraft JK: Early experience and immunity. Nature 1968; 220:821–822.
Spear LP, Scalzo FM: Ontogenetic alterations in the effects of food and/or maternal deprivation on 5-HT, 5-HIAA, and 5-HIAA/5-HT ratios. Dev Brain Res 1985; 18:143–157.
Spitz RA: Hospitalism: An inquiry into the genesis of psychiatric conditions in early childhood. Psychoanal Study Child 1945; 1:53–74.
Stanton ME, Wallstrom J, Levine S: Maternal contact inhibits pituitary-adrenal stress responses in preweanling rats. Dev Psychobiol 1987; 20(2):131–145.
von Uexküll J (Hrsg.): Umwelt und Innenwelt der Tiere (2. Auflage). Berlin, Verlag Julius Springer, 1921.
Villescas R, Bell RW, Wright L, Kufner M: Effect of handling on maternal behavior following return of pups to the nest. Dev Psychobiol 1977; 10:323–329.
Weininger O: Mortality of albino rats under stress as a function of early handling. Canad J Psychol 1953; 7:111–114.
Whimbey AE, Denenberg VH: Two independent behavioral dimensions in open-field performance. J Comp Physiol Psychol 1967; 63:500–504.
Wiener SG, Levine S: Influence of perinatal malnutrition and early handling on the pituitary-adrenal response to noxious stimuli in adult rats. Physiol Behav 1983; 31(3):285–291.
Winnicott DW: Die hinreichend fürsorgliche Mutter. In: Winnicott DW (Hrsg.): Das Baby und seine Mutter. (Aus dem Engl. übers. von U. Stopfel, Babies and their Mothers; Wokingham, Berks.; Addison-Wesley Publ. Company, 1987). Stuttgart, Klett-Cotta, 1990; S. 15–26.
Winslow JT, Insel TR: Endogenous opioids: Do they modulate the rat pup's response to social isolation? Behav Neurosci 1991; 105(2):253–263.

Psychoneuroimmunologie und Verhalten aus entwicklungspsychologischer Sicht

Michael Schieche und Gottfried Spangler

Die rapiden Individualisierungstendenzen der Gesellschaft spiegeln sich auch in der modernen Entwicklungspsychologie wider. Stärker als je zuvor steht das individuelle Erleben und Erfahren des einzelnen Menschen im Mittelpunkt des Interesses. Die Forschung konzentriert sich zunehmend auf die Entwicklung und Entwicklungsbedingungen individueller Fähigkeiten, die Lebensaufgaben der verschiedenen Altersabschnitte zu meistern. «Der Begriff der Bewältigung oder ‹Coping› spielt [...] eine zentrale Rolle» (Grossmann, 1993; S. 49). Entwicklungsbedingte Veränderungsprozesse des Individuums stehen im Vordergrund, die sowohl ontogenetische, kulturelle, aber auch phylogenetische Ursprünge haben könnten. Monokausale Ursache-Wirkungsketten werden zugunsten komplexerer Erklärungsmodelle und einer systemischen Sichtweise des Organismus größtenteils aufgegeben. In der Forschung zur Intelligenzentwicklung sind beispielsweise einfache Anlage-Umwelt-Erklärungsmodelle von Interaktionsmodellen (Sameroff und Chandler, 1975; Dunn und Plomin, 1990) abgelöst worden. Kraemer (1992) und Spangler (1991) forderen darüber hinaus eine bio-psycho-soziale Perspektive, also einen integrativen, interdisziplinären Ansatz, der biologische Prozesse, psychologische Komponenten, individuelle Dispositionen, soziale Faktoren und deren wechselseitige Beeinflussung berücksichtigt.

Dabei wird im allgemeinen der Mensch als kompetent bezeichnet, der die Lebensaufgaben auf den verschiedenen Entwicklungsstufen erfolgreich löst. Die Entwicklungspsychologie betrachtet heute nicht mehr nur die frühe Kindheit, sondern durchaus die gesamte Lebensspanne (Baltes, 1990), wenn es um individuelle Anpassungsleistungen geht. Somit steht die Funktionalität von Verhaltensweisen im zentralen Fokus der Aufmerksamkeit vor allem bei sogenannten «kritischen Lebensereignissen» (Filipp, 1990) oder bei hohen Anforderungen, wenn individuelle Copingressourcen besonders gefordert sind.

Entwicklungspsychologische Forschung und Psychoneuroimmunologie

Wenn man sich mit individuellen Anpassungsleistungen in streßvollen Lebensabschnitten und zu Zeiten hoher Belastung beschäftigt, bietet sich eine Einbeziehung psychoneuroimmunologischer bzw. psychobiologischer Forschung an. Denn auch die Psychoneuroimmunologie beschäftigt sich ganz zentral mit Auswirkungen von verschiedensten Stressoren oder Belastungen auf Immunparameter.

Auf der anderen Seite kommt insbesondere der Kindheit, wenn sich Immunfunktionen entwickeln und stark verändern, besondere Bedeutung für das spätere Funktionieren des Immunsystems zu (Coe, Lubach und Erschler, 1994). So gehen Coe und Mitarbeiter von der Hypothese aus, daß insbesondere massive Belastungen während der frühen Entwicklungsphasen neben kurzfristigen Effekten längerfristige Konsequenzen auf die Immunfunktionen des Organismus haben und unter Umständen die Vulnerabilität für Krankheiten erhöhen.

Erste Belege für diese These existieren bereits, zumindest im Tier- bzw. Primatenbereich.

Als Streßparadigma wurde meist Trennung von und Verlust der Mutter verwendet. Dabei wurde bei den Affenkindern in den ersten Wochen nach der Trennung eine erhöhte Aktivität im autonomen Nervensystem und im Nebennierenrindensystem festgestellt. Aber auch immunologische Veränderungen wurden beobachtet (im Überblick: Coe et al., 1985). Mark Laudenslager konnte als erster nachweisen, daß bei Affenkindern, die von ihren Müttern getrennt worden waren, die Proliferationsraten der Lymphozyten nach Mitogen-Stimulierung bis zu zwei Wochen nach dem Ende der Trennungen erniedrigt bzw. eingeschränkt waren (Laudenslager et al., 1982). Obwohl am ersten Tag die drastischsten Veränderungen im Immunsystem auftraten, hielten einige der Veränderungen bis zu zwei Wochen an. Unter anderem wiesen 6 bis 12 Monate alte Affenkinder in der Woche nach der Muttertrennung eine eingeschränkte Antikörperantwort nach Virusinokulation auf.

Dabei modifizieren die Modalitäten, unter denen die Trennung stattfindet, insbesondere die Anwesenheit von Artgenossen, die Effekte auf das Immunsystem deutlich (Coe et al., 1994; Coe, 1993). Trennungen, bei denen das Affenbaby total isoliert in eine fremde Umgebung gebracht wurde, wiesen drastischere Effekte auf, als wenn die Kinder in der vertrauten Umgebung blieben. Genauso pufferte die Anwesenheit vertrauter Artgenossen die negativen Konsequenzen der Trennungserfahrung nicht nur auf das Immunsystem deutlich.

Langfristige Konsequenzen früher Entwicklungsbedingungen

Aber auch weiterreichende Konsequenzen früher Trennungserfahrungen bzw. der Pflege- und Fürsorgebedingungen bis ins Erwachsenenalter hinein wurden bei Primaten bereits festgestellt. So wiesen Affen, die im ersten Lebensjahr zwei Wochen von ihrer Mutter isoliert wurden, als Erwachsene niedrigere Proliferationsraten bei Mitogen-Stimulierung auf als Artgenossen, die die ersten 1½ Jahre nicht von ihrer Mutter getrennt wurden (Laudenslager et al., 1985). Außerdem zeigten Affen, die durch Menschenhand aufgezogen wurden, also ein ungewöhnliches soziales Umfeld bzw. kein «normales» mütterliches Pflegeverhalten erfuhren, neben Verhaltensauffälligkeiten zahlreiche Veränderungen und Abnormalitäten in verschiedenen Immunparametern bis in das 3. Lebensjahr, was sich z. B. in einer erhöhten Anfälligkeit für Darminfektionen bemerkbar machte (Coe, 1993).

Aber auch schon pränatale Belastungen scheinen längeranhaltende Konsequenzen für die Immunkompetenz bis zumindest in die mittlere Kindheit zu haben. Bei Affenkindern verschiedener Spezies, deren Mütter in der Mitte der Schwangerschaft psychologisch (Gruppenwechsel, aversiver Lärm für 10 min/Tag) oder physiologisch (ACTH-Gabe) gestreßt wurden, führte diese pränatale Streßbelastung zu Einschränkungen in unterschiedlichen Immunfunktionen bis zu 18 Monaten nach der Geburt (Coe, 1994; Schneider, 1992a; Schneider, Coe und Lubach, 1992; Schneider, 1992b). Klinisch von großer Bedeutung führten diese pränatalen Belastungen auch zu einem veränderten Verlauf bei Infektionen. Im Alter von 7 bis 8 Monaten wurde den Affenkindern Typhuserreger (Salmonella typhimurium) appliziert. Während die Affenkinder, deren Mütter eine ungestörte Schwangerschaft verlebten, die Bakterien innerhalb kürzester Zeit ausschieden, mußten die pränatal gestreßten Affenkinder nach einer Woche mit Antibiotika behandelt werden, da die Infektion andauerte (Coe, 1994).

Ähnlich langfristige Konsequenzen prä- und auch perinataler Belastungen bis ins Erwachsenenalter hinein sind auch auf neuronaler Ebene in Studien mit Ratten zu beobachten (im Überblick: Benes, 1994). Angesichts der massiven Beeinträchtigung der Reorganisationsfähigkeit und der Plastizität neuronaler Systeme durch Streßbelastungen während ihrer frühen Entwicklungsphasen folgert Benes (1994), daß frühe Streßbelastungen ein Individuum zu einem erhöhten Risiko auch für psychopathologische Erkrankungen prädisponieren.

Pränatale Belastungen und Einschränkungen in der Verhaltensorganisation

Parallel zu den Einschränkungen auf immunologischer und neuronaler Ebene traten in den Studien zahlreiche Defizite in der Verhaltensorganisation der Tiere auf. So wogen die pränatal gestreßten Affenkinder unmittelbar nach der Geburt weniger, zeigten Defizite sowohl in der neuromotorischen Reifung als auch in der Motorik. Zudem wiesen sie eine kürzere Aufmerksamkeitsspanne und eine geringere Koordinationsfähigkeit auf, waren irritierbarer und ließen sich weniger leicht beruhigen als Kinder von Müttern mit ungestörter Schwangerschaft (Schneider, 1992a; Schneider, Coe und Lubach, 1992). Außerdem explorierten die vorgeburtlich belasteten Äffchen mit sechs Monaten in neuen Situationen weniger als die Kontrollen. Die Hälfte von diesen Äffchen reagierte in der neuen, fremden Umgebung sogar mit Einschlafen, einem extrem inadäquaten und evolutionär betrachtet sehr gefährlichen Verhalten, während sich keines der Kontrolläffchen so verhielt (Schneider, 1992b).

Zusammenspiel von Verhaltens- und physiologischen Systemen

Nach diesen Befunden scheinen Verhaltensauffälligkeiten und physiologische bzw. immunologische Veränderungen infolge von langanhaltenden Belastungen, Trennungen und in Abhängigkeit von sozialen Unterstützungsfaktoren zumindest im subhumanen Bereich gleichzeitig aufzutreten. Muß dies so sein?

Grundsätzlich existieren zwei Hypothesen, wie physiologische Ebene und Verhaltensebene im Organismus zusammenwirken können. Das Aktivierungskonzept (Lindsley, 1970) geht von einem korrelativen Zusammenhang zwischen Verhaltensebene und physiologischer Ebene aus. Es ist aber auch ein Alternativmodell denkbar. Erst wenn auf der Verhaltensebene keine (effektiven) Bewältigungs- bzw. Reaktionsmöglichkeiten zur Verfügung stehen, werden die physiologischen Systeme aktiviert und reagieren. Dabei kann es vor allem dann zu einer entgegengesetzten Wirkrichtung (inversen Beziehung) von Verhaltens- und physiologischer Ebene kommen, wenn massive Streßreize auftreten, keine Bewältigungsstrategien vorliegen oder Unsicherheit darüber herrscht, welche man einsetzen soll, wobei gleichzeitig eine aktive Auseinandersetzung mit der Belastungssituation erforderlich ist.

Zusammenhänge zwischen Verhalten und Physiologie – Empirische Befunde

Welche empirischen Belege lassen sich für diese beiden Konzepte, Coping- oder Aktivierungsmodell, finden? Im Hinblick auf die Zusammenhänge zwischen Verhaltensebene und physiologischer Ebene zeigten sich in vergleichenden Studien gleichsinnige und auch inverse Beziehungen. Levine und seine Mitarbeiter trennten junge Äffchen von ihren Müttern und hielten sowohl das Vokalisationsverhalten als auch physiologische Reaktionen des Nebennierenrindensystems und des Immunsystems fest (Levine, Wiener, Coe, Bayart und Hayashi, 1987; Coe et al., 1985). In ihren Studien zeigten sich gleichgerichtete Effekte nur zu Beginn der Trennung, wenn die Affenkinder in eine fremde Umgebung gebracht wurden. Ansonsten traten mit steigender Trennungsdauer eher inverse Beziehungen auf. So war die Vokalisationsrate der Jungtiere dann am höchsten, wenn die Mutter zwar sicht- und hörbar, aber nicht erreichbar war. Ein Cortisolanstieg blieb aus. Bei totaler Isolierung in neuer Umgebung dagegen zeigte sich die geringste Vokalisationsrate bei gleichzeitig höchstem Cortisolanstieg. Die adrenokortikale Reaktion war signifikant reduziert, wenn während der Trennung von der Mutter soziale Unterstützung vorhanden war. Mehrere aufeinanderfolgende Trennungen erzeugten eine konsistente Cortisolerhöhung, während die Vokalisationsrate über die Trennungen hinweg drastisch absank. Diese Vokalisation scheint demnach eine aktive Bewältigungsstrategie zu sein, um Reaktionen zumindest des adrenokortikalen Systems zu reduzieren bzw. zu eliminieren. Damit reflektiert dieses Verhalten einen aktiven Versuch im Sinne eines Copingmodells, die aversive Situation zu verändern. Sind dem Individuum solche Verhaltensstrategien nicht verfügbar bzw. erweisen sie sich als unwirksam, kommt es zu physiologischen Reaktionen.

Auf immunologischer Ebene trat bei Äffchen nach einem Tag Trennung von ihrer Mutter ein Abfall in den meisten untersuchten Immunparametern (Eosinophile, Lymphozyten, Monozyten) auf. Gleichzeitig wurde auch die Multidirektionalität der Immunantwort deutlich. Die Anzahl von Neutrophilen nahm zu (Coe, Rosenberg und Levine, 1988). Interessanterweise zeigten sich dieselben Ergebnisse, wenn die infolge der Trennungen typischerweise auftretenden erhöhten Cortisolwerte pharmakologisch vermindert wurden (Crouch et al., 1986; nach Coe et al., 1988).

Die differenzielle Wirkung des Stressors infolge unterschiedlicher Verfügbarkeit von Verhaltens- und Bewältigungsstrategien, z. B. der Kontrollierbarkeit, werden auch durch die Untersuchungen von Mark Laudenslager und seinen Mitarbeitern gezeigt (Laudenslager et al., 1983; Maier und Laudenslager, 1988).

Des weiteren reduzieren psychosoziale Faktoren, wie soziale Unterstützung, die Auswirkungen der Trennungsbelastung auf das Immunsystem. So konnte der Abfall in Immunglobulinwerten und eine Reduktion von verschiedenen Komplementproteinen, die eine bedeutende Rolle bei der Zerstörung von körperfremden Zellen spielen, durch Anwesenheit von Artgenossen bzw. eine bekannte Umgebung reduziert werden. Die meisten Befunde zeigten sich speziesübergreifend bei Totenkopfäffchen und Rhesusaffen (Coe et al., 1985 und 1988).

Während Levine, Laudenslager und ihre Mitarbeiter die Verfügbarkeit der Strategien experimentell variierten und dadurch unterschiedliche physiologische Reaktionen hervorriefen, fand von Holst (1986; von Holst und Scherer, 1988) bei Untersuchungen an Tupajas individuell unterschiedliche Verhaltenstrategien. In Abhängigkeit von den Bewältigungsstrategien kommt es zu dauerhaften physiologischen Veränderungen (vgl. Kapitel von Holst et al. in diesem Band).

Insgesamt scheint es sich beim Verhaltenssystem und den physiologischen Systemen, dem Nebennierenrindensystem oder dem Immunsystem, um primär separate Einheiten zu handeln, die je nach Situationsanforderungen gemeinsam oder einzeln reagieren (Levine et al., 1987). Während das Verhaltenssystem eher eine aktive Umgestaltung der Umwelt beinhaltet, bedeuten die physiologischen Reaktionen eher eine Anpassung des Körpers an die Anforderungen der Situation. Im Sinne des Komplementaritätsprinzips von Fahrenberg (1983) kann der Organismus, wenn ihm auf der Verhaltensebene keine Bewältigungsstrategien zur Verfügung stehen oder diese nicht mehr effektiv sind, auf der physiologischen Ebene eine Veränderung vornehmen, um die Homöostase zu gewährleisten.

Diese Sichtweise wird durch Befunde im Humanbereich unterstützt. So zeigten bei Gunnar (1987) Neugeborene mit minimalen Gesundheitsbeeinträchtigungen während eines Säuglingstests (Brazelton, 1984) einen Cortisolanstieg und erhöhte Irritierbarkeit. Spangler und Scheubeck (1993) fanden bei zwei bzw. vier Tage alten Säuglingen einen signifikanten Cortisolanstieg bei niedriger Orientierungsfähigkeit während des Brazeltontestes. Derselbe Zusammenhang zwischen Orientierungsfähigkeit und Cortisolreaktion zeigte sich auch in einer früheren Studie von Spangler, Meindl und Grossmann (1988). Ebenso zeigten neun Monate alte Kinder, die während einer 30minütigen Trennung von der Mutter von einer Babysitterin betreut wurden, in Abhängigkeit von Temperament und sozialem Kontext Unterschiede in der adrenokortikalen Reaktion (Gunnar et al., 1992). Wenn die Babysitterin nur auf die Versorgung des Kindes achtete, zeigten alle Säuglinge einen Cortisolanstieg, der signifikant reduziert wurde, wenn die Betreuungsperson warm, responsiv und interaktiv quasi als Spielpartnerin handelte.

Mit anderen Worten scheint das Coping-Modell (keine physiologische Reaktion bei Kindern, die adäquate Verhaltensstrategien besitzen) solange zuzutreffen, wie die Streßintensität der Situation nicht zu stark zunimmt. Reichen die eigenen Copingfähigkeiten nicht mehr aus, reagiert das physiologische System. Belege für das Copingmodell lassen sich auch in früheren Altersabschnitten, wenn die autonome Verhaltensregulation für die Kinder noch besonders schwierig und damit die Feinfühligkeit der kindlichen Bezugsperson als externale Organisationsinstanz (Sander, 1965) besonders gefordert ist, finden. So wiesen Kinder, die im Alter von drei, sechs und neun Monaten in einer freien Spielsituation mit ihrer Mutter beobachtet wurden, mit drei und sechs Monaten signifikant, mit neun Monaten tendentiell häufiger einen Cortisolanstieg während des Spiels auf, wenn ihre Mutter unfeinfühlig war (Spangler et al., 1994). Dagegen fanden sich keine systematischen Zusammenhänge zwischen emotionalen Ausdrucksverhalten der Kinder und Nebennierenrindenaktivität, wie man es nach dem Aktivierungsmodell erwarten müßte.

Psychoneuroimmunologische Forschung im Humanbereich

In der psychoneuroimmunologischen Forschung konnten langfristige negative Folgen von Trennungen und auch Tod von nahen Angehörigen auf verschiedene Immunparameter nachgewiesen werden (Bartrop et al., 1977; Schleifer et al., 1983). Auch scheint soziale Unterstützung bzw. Einsamkeit die Auswirkungen des belastenden Ereignisses auf das Immunsystem zu beeinflussen (McClelland et al., 1985; Kiecolt-Glaser et al., 1984; Jemmott III und Magloire, 1988). So wiesen Medizinstudenten während der Prüfungszeit, die in einem Fragebogen höhere Einsamkeitswerte ankreuzten, eine signifikant geringere NK-Zellenaktivität und höhere Plasma-IgA-Werte auf als Studenten, die sich weniger einsam einschätzten (Kiecolt-Glaser et al., 1984). Bei Jemmott III und Magloire (1988) zeigten alle Studenten während der Prüfungszeit geringere s-IgA-Konzentrationen im Speichel, wobei die Studenten, die ihre soziale Unterstützung höher einschätzten, generell höhere s-IgA-Werte aufwiesen als ihre Mitstudenten.

Insgesamt scheinen langanhaltende psychosoziale Stressoren wie Prüfung, Trennung und Tod meist negative Effekte auf verschiedene Aspekte des Immunsystems zu haben, wobei bei geschilderter und tatsächlicher sozialer Unterstützung einen Milderung der Effekte eintritt. Der Einfluß der Kontrollierbarkeit der Belastung deutet sich auch im Humanbereich an. So wiesen Männer, die ihre Scheidung/Trennung selbst initiiert hatten und ihre Familie verließen, zunächst eine geringere Anfälligkeit für einen EBV-Herpesvirus auf als Männer, die die Scheidung nicht selbst initiierten (Kiecolt-Glaser et al., 1988).

Psychobiologie der Bindung

Nicht nur die Psychoneuroimmunologie beschäftigt sich mit den Auswirkungen von streßvollen Situationen wie Trennung, Verlust und Tod. Auch in der Bindungstheorie stehen Reaktionen von Individuen bei Trennung bzw. Verlust von engen Bindungspersonen im Mittelpunkt des Interesses, wobei aber die psychischen Auswirkungen wie Trauer, Depression u. ä. vorrangig behandelt werden (Bowlby, 1976). Die Bindungstheorie, die von John Bowlby (1973) entwickelt und von Mary Ainsworth (1967, 1969) systematisiert und operationalisiert wurde, basiert auf Psychoanalyse, Systemtheorie und ist stark ethologisch ausgerichtet. Sie fußt auf den Erkenntnissen Bowlbys aus seiner eigenen klinischen Praxis (Bowlby, 1951, 1976), auf Beobachtungen an Heimkindern (Spitz, 1945, 1946) bzw. den Deprivationsstudien von Harlow an Primatenjungen (Harlow, 1971). Bowlby wollte damit die psychopathologischen Störungen seiner eigenen und der Patienten anderer Psychiater erklären, bei denen sehr häufig in den frühen Lebensjahren entweder keine Bezugspersonen vorhanden waren oder ein häufiger Wechsel der primären Bezugspersonen stattfand (Bowlby, 1988). Generell standen die negativen Auswirkungen von Bindungslosigkeit wie Hospitalismus im Zentrum der Betrachtung, also die Frage, was geschieht, wenn es zu keiner Ausbildung einer spezifischen Bindung an eine Bezugsperson kommt.

Neben diesem klinischen Wissen geht biologisches Denken, sowohl ethologisches wie kybernetisches, in die Konzepte der Bindungstheorie ein. Da nach Dewsbury (1991) psychobiologische Fragestellungen nicht auf die Verwendung physiologischer Maße reduziert werden sollten, sondern vielmehr auch Ethologie und vergleichende Forschung mit einbeziehen sollten, kann die Bindungstheorie als Beispiel dienen für die Nützlichkeit einer Verknüpfung einer ethologisch orientierten, entwicklungspsychologischen Theorie mit psychobiologischen Konzepten, um Veränderungen, Adaptivität von Verhalten und individuelle Bewältigungsfähigkeit von schwierigen Situationen besser verstehen und erklären zu können.

Im folgenden soll deshalb auf die Bindungstheorie genauer eingegangen werden. Dabei wird mit der ethologischen Verwurzelung begonnen. In den nächsten Abschnitten werden dann die Entstehung und Bedeutung individueller Unterschiede in der Bindungsqualität und ihre Auswirkungen für folgende Lebensabschnitte anhand von empirischen Untersuchungen dargestellt. Im Anschluß daran werden die Ergebnisse der Bindungsforschung und eine aktuelle Längsschnittstudie geschildert, die psychobiologische Fragestellungen berücksichtigen, um dann im letzten Punkt einen Ausblick auf zukünftige Forschungsperspektiven geben zu können. Insgesamt wird dabei – ganz im Sinne Dewsburys (1991) – Psychobiologie als Oberbegriff gebraucht, unter dem einerseits klassische Psychophysiologie bzw. Psychoneurophysiologie, wo das Zusammenwirken von Nervensystem und psychologischen Korrelaten des Verhaltens und Erlebens im Vordergrund steht (Porges und Coles, 1976), sowie Psycho(neuro)endokrinologie und Psychoneuroimmunologie subsumiert werden.

Ethologische Verankerung der Bindungstheorie

Aufgrund evolutionstheoretischer Vorstellungen, daß Verhaltensweisen, die einen Überlebensvorteil haben, im Verlauf der natürlichen Selektion Teil eines Verhaltensrepertoires einer Species (Ainsworth, 1984) werden, betrachtet Bowlby (1973, 1995) das Bedürfnis zur Herstellung und Aufrechterhaltung von Nähe als grundlegende Komponente der menschlichen Natur, welche bereits im Neugeborenenalter besteht und bis ins (hohe) Erwachsenenalter bestehen bleibt. Die Nähe zur Bezugsperson, in der Regel ein älterer Artgenosse, bietet dem Kind zum einen Schutz vor noch unbekannten Gefahren; zum anderen schafft die Nähe zur Bezugsperson dem Kind Möglichkeiten, sich Fähigkeiten und Fertigkeiten anzueignen, die es zum Überleben braucht, weil die Bezugsperson als sichere Basis für das Handeln bzw. die Erforschung der Umgebung genutzt werden kann. Dieses Nähebedürfnis bzw. die Neigung, starke emotionale Bindungen aufzubauen, hat eine grundlegende Überlebensfunktion und somit Primärcharakter (Bowlby, 1995), im Gegensatz zur psychoanalytischen Tradition, wo sie eher als sekundäres Phänomen infolge der Nahrungsaufnahme (Primärbedürfnis Hunger) gesehen wird. Komplementär dazu existiert auf seiten der Pflegepersonen ein ebenso genetisch verankertes Pflegeverhaltenssystem mit verschiedenen intuitiven Elternverhaltensweisen (Papousek und Papousek, 1987).

Dieser ethologischen Orientierung entsprechend hat sich insbesondere die vergleichende Verhaltensforschung intensiv mit der Bindungstheorie auseinandergesetzt. Vor allem die Annahmen der Konsequenzen langfristiger Mutter-Kind-Trennungen, die primärtheoretische Konzeption, d. h. die Unabhängigkeit des Bindungsverhaltenssystems von der Nahrungsaufnahme und die Bindungs-Explorationsbalance konnte Harlow (1971) am Tiermodell in einem experimentellen Design eindrucksvoll zeigen.

So bevorzugten junge Rhesusäffchen, die nicht mit der Mutter, sondern mit Draht- bzw. Stoffattrappen aufgezogen worden waren, bei Gefahr die kuschlige Stoffattrappe, auch wenn sie von der Drahtattrappe die Nahrung erhielten.

In bezug auf die Bindungs-Explorationsbalance sei hier beispielhaft eine Szene eines Films von Harlow (1958) geschildert. Ein an einer Mutterattrappe aufgezogenes Äffchen ist von seiner «Mutter» durch eine Barriere getrennt. Zwischen die beiden wird ein angstauslösender Stimulus (Blechjeep, trommelnder Teddy, überdimensionaler Grashüpfer) gebracht. Wie die Bindungstheorie im Gegensatz zur Lerntheorie vorhersagen würde, springt das Äffchen sofort über den furchtauslösenden Reiz und klammert sich an die Mutterattrappe, stellt also die Nähe zum beschützenden Muttertier (hier der Attrappe) her. Danach riskiert es immer wieder einen Blick in Richtung des neuen Objektes, um es zuerst allmählich, dann ausgiebigst von der Mutterattrappe als sicherer Basis aus zu erkunden (vgl. Grossmann und Grossmann, 1994).

Nach Bowlby (1973) verfügt bereits der neugeborene Säugling über ein Repertoire von Bindungsverhaltensmustern, die sich im Laufe der Evolution herausdifferenziert haben. Das Bindungsverhalten besteht aus Verhaltensweisen wie Weinen, Saugen, Lächeln, Anklammern. Diese Bindungsverhaltensweisen zeigen sich besonders in emotional belastenden Situationen (Krankheit, Trennung, Müdigkeit, Hunger) oder auch in neuen, unsicheren Situationen, die bewältigt werden müssen. Zusammen mit dem genetisch verankerten Pflegeverhaltenssystem auf seiten der Bezugspersonen wird so der Aufbau einer Bindung an eine spezifische Bindungsperson ermöglicht.

Individuelle Unterschiede

Steht von Anfang an eine besondere Bezugsperson für das Kind zur Verfügung, entwickelt sich eine derartige Bindungsbeziehung innerhalb des ersten Lebensjahres. Kommt diese Bindung nicht zustande, ergeben sich einschneidende negative Folgen für das Kind, wie Kinderheim- und Hospitalismusstudien zeigen (Spitz, 1945 und 1946; Bowlby, 1988). Gleichzeitig ist noch nichts über die Qualität der Bindung, also über die individuelle Ausgestaltung dieser genetischen Programme ausgesagt. Die ontogenetische Entwicklung dieser phylogenetischen Verhaltensprogramme wird hauptsächlich auf die mütterliche Feinfühligkeit (Ainsworth et al., 1978), also auf soziale Faktoren, zurückgeführt. Nach Grossmann (1979) entwickelt sich die individuelle Bindungsqualität als Folge des interaktiven Austausches des Kindes mit seinen Eltern. Je nach Interaktionsqualität können Mutter-Kind-Paare unterschiedliche Bindungsmuster aufbauen. Auch kann das Kind aufgrund unterschiedlicher Erfahrungen mit den Bezugspersonen unterschiedliche Bindungsbeziehungen zu ihnen aufbauen.

Die Bindungsqualität kann gegen Ende des ersten Lebensjahres durch die von Ainsworth und Wittig (1969) entwickelte Fremde Situation erfaßt werden. Die Fremde Situation ist eine etwa 20 Minuten dauernde Laborsituation, die u. a. zwei kurze räumliche Trennungen des Kindes von der Mutter umfaßt. Durch die beiden Trennungen des Kindes von der Mutter und der damit verbundenen Aktivierung des Bindungssystems wird eine Beobachtung von Bindungsverhaltensweisen ermöglicht. Die Kinder zeigen ganz verschiedene Verhaltens- bzw. Copingstrategien, um mit dieser emotionalen Anforderungssituation fertigzuwerden. Dabei unterscheiden sich die Kinder vor allem in ihrer Fähigkeit, bei der Rückkehr der Mutter ihre Bedürfnisse nach Nähe mitzuteilen und somit eine Deaktivierung des Bindungssystems zu erreichen.

Traditionell werden in der Fremden Situation, je nach Verhalten der Kinder in den Wiedervereinigungsepisoden, drei verschiedene Bindungsmuster unterschieden (Ainsworth, Blehar, Waters und Wall, 1978). Die Kinder können als sicher (B), unsicher-vermeidend (A) oder unsicher-ambivalent (C) kategorisiert werden. Nach Spangler (1992) kann jede dieser Kategorien als eindeutige (wenn auch aus Sicht der Bindungstheorie nicht immer adäquate) Verhaltensstrategie interpretiert werden, die sich in der bisherigen Beziehungsgeschichte zwischen Kind und Bezugsperson bewährt hat.

Die sicher gebundenen Kinder zeichnen sich vor allem dadurch aus, daß sie nach der Trennung Nähe und Kontakt zur Bezugsperson suchen. Falls die Trennung Kummer und Verzweiflung hervorrief, können sie von ihrer Bezugsperson schnell getröstet werden. Danach können sie wieder intensiv spielen und explorieren. Die unsicher-vermeidend gebundenen Kinder zeigen während der Trennungen im Verhalten nur sehr wenig Betroffenheit und weniger Distress, wirken fast unbelastet. In den Wiedervereinigungsepisoden ignorieren sie ihre Bezugsperson oder vermeiden die Nähe oder den Kontakt, zumindest für kurze Zeit. Die unsicher-ambivalent gebundenen Kinder reagieren während den Trennungen extrem, sind verzweifelt und zeigen ein hohes Maß an Distress. In den Wiedervereinigungsphasen wollen sie sofort nach der Rückkehr der Bezugsperson auf den Arm genommen werden, zeigen dort jedoch Ärger, Kontakt- und Interaktionswiderstand und lassen sich nur schwer trösten. Sie wirken der Bezugsperson gegenüber ambivalent (Ainsworth et al., 1978; Grossmann, August et al., 1989). Mittlerweile wurde bei einer näheren Analyse ursprünglich schwer auswertbarer bzw. nicht klassifizierbarer Kinder in der Fremden Situation Desorganisation als eine weitere wichtige Verhaltensdimension (Main und Solomon, 1990) erkannt. Desorganisierte Kinder weisen keine durchgängige oder kohärente Verhaltensstrategie in ihrem Umgang mit der von der Trennung induzierten Unsicherheit, sondern Anzeichen von Verhaltensdesorientierung und -desorganisation auf. So zeigen sich bei ihnen beispielsweise Episoden von zeitlich ungeordnetem Verhaltensfluß, ein gleichzeitiges Auftreten widersprüchlicher Verhaltensmuster oder unvollendete und ungerichtete Handlungen, Stereotypien oder direkte Anzeichen von Angst und Verwirrung sowie Erstarren.

Auswirkungen unterschiedlicher Bindungsqualität

Die Bindungstheorie nimmt an, «daß die Qualität der Mutter-Kind-Bindung einen Einfluß darauf ausübt, wie das Kind Kenntnisse, Gefühle und Verhaltensstrategien in bezug auf seine Umwelt und andere Personen erwirbt» (Grossmann, 1984, S. 18). Bindungserfahrungen haben also längerfristige Konsequenzen nicht nur in primär bindungsbezogenen Anforderungssituationen. Dies wird erzielt durch die Ausprägung von sogenannten internalen Arbeitsmodellen als Mittler zwischen konkreten Interaktionserfahrungen und späterem Verhalten bzw. Erwartungen (Bretherton, 1985 und 1987). Diese internalen Arbeitsmodelle von sich selbst und der Bezugsperson entwickelt das Kind im kontinuierlichen Prozeß der gegenseitigen Beeinflussung auf der Basis von Verfügbarkeit und emotionaler Unterstützung(sfähigkeit) der Bezugsperson im ersten Lebensjahr. Ein Kind, das immer wieder adäquat unterstützt wird und erfährt, daß es sich auf seine Eltern verlassen kann, braucht sich nicht stets der Verfügbarkeit der Bezugsperson zu vergewissern. Es kann von einer sicheren Basis aus seine Umwelt erkunden und damit auf längere Sicht zu einem kompetenten Umgang mit seiner sozialen Umgebung kommen (Bretherton, 1985, 1987).

Empirische Belege der Bindungstheorie

Diese Annahmen der Bindungstheorie sind empirisch gut belegt. So richteten Kinder mit 21 Monaten, die mit 12 Monaten als sicher gebunden eingestuft wurden, im Spiel ihre Aufmerksamkeit länger und freudiger auf die Umwelt und engagierten sich mehr (Main, 1977). Zweijährige, die als Einjährige sicher gebunden waren, zeigten mehr Enthusiasmus, Ausdauer, Kooperation und Effektivität beim Lösen von anspruchsvollen Problemlöseaufgaben (Matas et al., 1978). Mit 3 Jahren wurden diese sicher gebundenen Kinder im Kindergarten als kompetenter im Umgang mit Gleichaltrigen beurteilt (Waters et al., 1979). Bei Lütkenhaus, Grossmann und Grossmann (1985) beschleunigten dreijährige Kinder, die in der Fremden Situation mit zwölf Monaten als bindungssicher eingestuft wurden, bei einem Turmbauspiel im Wetteifer mit einem Fremden angesichts einer möglichen Niederlage ihr Turmbauen. Bindungsunsichere dagegen verlangsamten ihr Tempo. Fünfjährige mit sicherer Bindung zeigten im Kindergarten doppelt so lange Konzentrationsphasen, eine höhere Spielqualität, einen kompetenteren Umgang mit Konflikten und weniger Verhaltensauffälligkeiten als unsicher gebundene (Suess et al., 1992).

Im Alter von sechs Jahren gehen Kinder mit einer sicheren Bindungsbeziehung auch anders mit Trennungen um, die sie sich anhand von Photographien vorstellen sollen. Diese Kinder gaben eher offene, realitätsorientierte Antworten, konnten ihre Betroffenheit zugeben und konstruktive Auswege und Lösungen finden, während unsicher gebundene Kinder eher pessimistisch und wortkarg waren, weniger Phantasie zeigten und keine Lösungen fanden (Wartner et al., 1994).

Bei Zehnjährigen ergaben sich signifikante Zusammenhänge zwischen Interviewdaten und Bindungssicherheit. Zehnjährige, die mit zwölf Monaten als bindungssicher klassifiziert wurden, hatten eher freien Zugang zu ihren negativen Gefühlen und äußerten eher beziehungsorientierte Strategien, wie Hilfe- oder Trostsuchen, bei emotionalen Belastungen. Unsicher-vermeidende Kinder waren im Interview hingegen eher desinteressiert und weniger ausdrucksfreudig. In bezug auf Freunde gaben sie eher an, entweder keinen oder unrealistisch viele zu haben, und schilderten eher Probleme mit ihren Gleichaltrigen (Scheuerer-Englisch, 1989; Grossmann und Grossmann, 1991).

16jährige mit einer sicheren Bindungsrepräsentation beschrieben sich eher als ich-flexibel im Umgang mit Emotionen und Impulsen, weniger hilflos und gaben ein positiveres Selbstkonzept an als Jugendliche mit einer unsicheren Bindungsrepräsentation. Weiterhin gaben sie in einem Problembewältigungsfragebogen sowohl mehr aktive Copingstrategien als auch weniger problemvermeidende Bewältigungsstrategien an (Zimmermann, 1994; Zimmermann und Grossmann, 1995). Sichere 16jährige wurden von ihren Freunden ebenfalls als eher ich-flexibel eingeschätzt und gaben bei Problemen weniger internale und weniger problemmeidende Copingstrategien an (Zimmermann et al., 1992).

Insgesamt scheint es so zu sein, daß Bindungssicherheit einerseits zu einem Vertrauen in die eigene Fähigkeit führt, Herausforderungen zu bestehen, auch unter Rückgriff auf soziale Ressourcen, während unsichere Bindung in der Tendenz resultiert, unter Leistungsdruck aufzugeben. Zum anderen scheint Bindungssicherheit auch die Sichtweise sowohl von Freundschaftsbeziehungen als auch von potentiellen Unterstützungspersonen, Eltern oder Freunde, zu beeinflussen und damit letzten Endes ein entscheidender Faktor zu sein, ob soziale Unterstützung bei Problemen überhaupt angefordert wird.

Validierung der Verhaltensanalysen durch Einbeziehung physiologischer Parameter

Inzwischen sind die Grundannahmen der Bindungstheorie empirisch relativ gut abgesichert. Die Bedeutsamkeit der frühen Eltern-Kind-Interaktionen und die langfristigen Konsequenzen einer sicheren Beziehungsqualität bzw. eines sicheren Arbeitsmodells für die sozioemotionale Entwicklung eines Individuums sind durch die hier nur zum Teil referierten Studien auch längsschnittlich belegt (im Überblick: Spangler und Zimmermann, 1995; Grossmann, Grossmann, Becker-Stoll et al., in Vorb.). Genauso nimmt die Fremde Situation zur Erfassung der Bindungsqualität seit vielen

Jahren im Bereich der Bindungs- und Emotionsforschung eine zentrale Stellung ein. Trotzdem wird immer wieder die Validität dieser Untersuchungsmethode kritisiert (Kagan, 1982; Sagi und Lewkowicz, 1987; Lamb et al., 1984). So interpretiert Kagan (1982) das in der Fremden Situation erfaßte unsicher-vermeidende Bindungsmuster im Sinne von Streßanfälligkeit in unsicheren Situationen dahingehend, daß diese vermeidenden Kinder durch die Trennungen weniger belastet sind. Main (1982) vertritt eine andere Position. Für sie ist das vermeidende Muster eine Art zweitbeste Strategie, die für das jeweilige Mutter-Kind-Paar eine gewisse Funktionalität besitzt, gleichzeitig aber gewisse psychologische Kosten verursacht.

Eine Validierung der Fremden Situation könnte durch eine Einbeziehung biologischer bzw. physiologischer Parameter geleistet werden. Denn auch für Bowlby (1973) besteht ein enger wechselseitiger Zusammenhang von Verhaltenssystemen, z. B. konkreten Bindungsverhaltensmustern, und physiologischen Systemen wie dem Nebennierenrindensystem oder dem Immunsystem. Dabei legt auch er ein Copingmodell zugrunde, «denn es ist einleuchtend, daß die Systeme zur Aufrechterhaltung gleichbleibender physiologischer Zustände entlastet werden, solange die Systeme, die ein Individuum innerhalb seiner vertrauten Umgebung erhält, erfolgreich effektiv sind. [...] In diesem Licht betrachtet, lassen sich die regulativen Systeme zur Aufrechterhaltung einer ständigen Beziehung zwischen dem Individuum und der ihm vertrauten Umwelt gewissermaßen als ‹äußerer Ring› lebenserhaltender Systeme sehen; sie ergänzen den ‹inneren Ring› von Systemen, welche die physiologische Homöostase aufrechterhalten» (Bowlby, 1973, S. 188f).

Psychobiologische Befunde der Bindungsforschung

Lassen sich ausgehend von diesen Annahmen Unterschiede bei Kindern in Abhängigkeit von unterschiedlichen Bindungsmustern auf physiologischer Ebene zeigen? Erste Antworten auf diese Fragen sind zumindest für das Nebennierenrindensystem und den Kleinkindbereich gefunden (im Überblick: Spangler und Schieche, 1995). Spangler (1992) konnte erstmalig Unterschiede in der Nebennierenrindenaktivität in Abhängigkeit von der Qualität der Bindung nachweisen, wobei die erstmalige Berücksichtigung des desorganisiert/desorientierten Musters die Unterschiede noch deutlicher machte (Spangler und Grossmann, 1993). Auf der Verhaltensebene wirkten die unsicher-vermeidenden Kinder über die ganze Situation hinweg sehr wenig betroffen, während bei den sicher gebundenen und den desorganisierten Kindern die negative Vokalisation während der zweiten Trennung deutlich anstieg. Auf der physiologischen Ebene war bei den traditionell als unsicher bezeichneten Kindern und bei den desorganisierten Kindern ein Cortisolanstieg beobachtbar, während im Gegensatz dazu die sicher gebundenen Kindern eher ein Absinken des Cortisolspiegels aufwiesen. Nachmias et al. (1996) fanden in der Fremden Situation bei unsicher gebundenen Kindern erhöhte Cortisolwerte, allerdings nur dann, wenn sie gleichzeitig eine ungünstige individuelle Disposition (Verhaltenshemmung) aufwiesen. Dies deutet auf weitere beteiligte Variablen, wie Temperamentsunterschiede der Kinder hin, die unter Umständen mit berücksichtigt werden sollten. Eine sichere Bindung oder mütterliche Feinfühligkeit fungiert bei ungünstiger emotionaler Disposition möglicherweise als eine Art Puffer. Befunde für das Immunsystem liegen bislang nicht vor.

Psychoneuroimmunologische Prozesse und Bindungsforschung

Ist man an kurzfristigen Veränderungen und den Effekten von eher milden Stressoren insbesondere im Kleinkindbereich interessiert, können nur Immunparameter verwendet werden, die nicht invasiv, d. h. aus dem Speichel, gewonnen werden können, um keine Methodenartefakte zu produzieren. Unter diesen Vorraussetzungen bietet sich das sekretorische IgA (s-IgA), das vorherrschende Immunglobulin im Speichel, als Indikator für Immunfunktionen an. S-IgA spielt eine zentrale Rolle bei der Infektabwehr als erste Verteidigungslinie gegen eindringende Antigene. Zum gegenwärtigen Zeitpunkt scheinen «längerfristige Belastungen zu s-IgA-Konzentrationsunterschieden zu führen, wobei [...] kaum Aussagen über den Zeitpunkt der Veränderung zu treffen sind» (Hennig, 1994, S. 43). Nach Hennig (1994) ist noch nicht bekannt, «ob und wann s-IgA auf sehr milde und kurz dargebotene psychische Stressoren reagiert und [...] welche emotionalen Qualitäten mit den Reduktionen assoziiert sind» (S. 43). Kugler (1994) kommt in einer Metaanalyse von 15 Studien, die sich mit Auswirkungen von kurzfristigen Belastungen bzw. Entspannung auf das s-IgA beschäftigen, zu dem Schluß, daß im Gegensatz zu Langzeitbelastungen Kurzzeitstreß und Entspannung zu einer Steigerung der s-IgA-Ausschüttung führen. Ebenso erhöhte sich bei Fallschirmspringern unmittelbar nach ihrem ersten Sprung kurzfristig die NK-Zellen-Aktivität, aber bereits 60 Minuten später befanden sich die Werte unter dem Basiswert vor dem Sprung (Schedlowski et al., 1993).

Da von einem Einfluß des Nebennierenrindensystems auf das Immunsystem auszugehen ist, könnten in Trennungssituationen im Kleinkindalter bei vorliegenden Cortisolreaktionen (Spangler und Grossmann, 1993) auch Immunreaktionen der Kinder sowohl in der Fremden Situation als auch in anderen kurzfristigen Anforderungssituationen erwartet werden. Allerdings ist angesichts der Komplexität des Immunsystems und dessen vielfältigen Reaktionsmöglichkeiten eine lineare Beziehung zwischen diesen beiden Systemen unwahrscheinlich (Munck und Guyre, 1991; Coe et al.,1988; Shavit, 1991). Für das möglicherweise Vorliegen differentieller Immunreaktionen lassen sich einige Hinweise anführen. Für die Entwicklung individueller Unterschiede in der Bindungsqualität sind, wie oben bereits angeführt, insbesondere die Erfahrungen mit der Bezugsperson in emotional belastenden Situationen, also Streßsituationen, in denen auch eine physiologische Aktivierung zu erwarten ist, von Bedeutung. Aufgrund der Beeinflußbarkeit des Immunsystems für Erfahrungslernen (vgl. Ader und Cohen, 1993; Ader, Grota und Cohen, 1987) könnten Verbindungen zwischen Bindungsverhalten und Immunreaktionen entstehen. Da auch psychosoziale Prozesse eine Rolle für das Immunsystem spielen (McClelland et al., 1985; Kiecolt-Glaser et al., 1984; Jemmott III und Magloire, 1988), entweder als Belastungsfaktor oder als Puffer gegen Streß (soziale Unterstützung), könnte ein sehr unfeinfühliges Verhalten der Bezugsperson als psychosozialer Belastungsfaktor bzw. ein feinfühliges Eingehen auf die kindlichen Bedürfnisse als Unterstützungsfaktor wirksam sein. Wegen der Bedeutung der Kontrollierbarkeit einer Situation für die Funktion des Immunsystems (Laudenslager et al., 1983; Maier und Laudenslager, 1988) könnte auch die unterschiedliche Angemessenheit der einzelnen Bindungsgruppen für die Verhaltensregulation in der Fremden Situation Konsequenzen für eventuell auftretende Immunreaktionen haben.

Psychobiologie der Bindung: Befunde aus einer laufenden Längsschnittstudie

In einer derzeit laufenden Längsschnittstudie wurden über hundert Kinder im Alter von zwölf Monaten in der Fremden Situation beobachtet (Schieche und Spangler, 1994). Aus vorher und nachher entnommenen Speichelproben wurde sowohl Cortisol als auch s-IgA bestimmt, wobei in diesem Projekt auch die Basalwerte, d. h. vor allem die Morgenwerte der Kinder stärker und systematischer ins Auge gefaßt wurden.

Grundlegendes Ziel war es, zum einen die Befunde zur differenziellen Aktivierung des Nebennierenrindensystems in Abhängigkeit von unterschiedlichen Verhaltensstrategien in der Fremden Situation (Spangler und Grossmann, 1993) an einer größeren Stichprobe zu replizieren. Erste Analysen deuten im Zusammenhang mit der Fremden Situation auf eine erhöhte Nebennierenaktivität vor allem bei den unsicher-ambivalent gebundenen Kindern hin. Jedoch wurde keine Aktivierung bei den desorganisierten Kindern beobachtet (Schieche und Spangler, 1994).

Zweitens, da sich individuelle Unterschiede zwischen Organismen nicht nur in Unterschieden in einem System, bis jetzt Verhaltenssystem und adrenokortikales System, sondern auch in einem unterschiedlichen Zusammenwirken verschiedenener Systeme manifestieren können, bietet sich die Erweiterung um einen Immunparameter an. In bezug auf das s-IgA als Indikator für Immunfunktionen sollte dabei auch die generelle Verwendbarkeit dieses Immunparameters für entwicklungspsychologische Forschung, Wertebereich, Tagesrhythmus, Alters- und Situationsabhängigkeit und die Zusammenhänge zum Nebennierenrindensystem untersucht werden.

Nach ersten Analysen zeigen unsicher gebundene (insbesondere die desorganisierten) Kinder im s-IgA etwas höhere Morgenwerte. Diese Unterschiede sind allerdings vor der Fremden Situation nicht mehr erkennbar. In den ersten Morgenstunden bis zur Fremden Situation zeigten alle Kinder einen Abfall im s-IgA. Diese Abnahme konnte während der Fremden Situation nur noch bei den B3-Kindern festgestellt werden, also der Untergruppe von sicher gebundenen Kindern, die die sichere Verhaltensstrategie eindeutig und in typischer Weise zeigen. Bei den anderen Gruppen kam es zu einer Unterbrechung der abfallenden Tendenz, was auf eine Aktivierung im Hinblick auf s-IgA hindeutet.

Auf der Basis einer sicheren Bindung kann das Kind im Verlauf des zweiten Lebensjahres die Umwelt zunehmend aktiv erkunden und sich mit sozialen und kognitiven Herausforderungen auseinandersetzen, indem es sich zum einen die Ressourcen der Bezugsperson verfügbar hält und sich zum anderen zunehmend auf eigene Ressourcen verläßt, also autonomer wird (Sroufe, 1979; Waters und Sroufe, 1983). Dabei ist das Suchen von Herausforderungen und das Vermeiden von zu schweren Aufgaben eine Verhaltensdimension, die im zweiten Lebensjahr wichtig wird (Kagan, 1981). Demzufolge haben wir eine Aufgabensituation geschaffen, wo die Kinder dieser Längsschnittstudie im Alter von 22 Monaten mit Aufgaben von steigendem Schwierigkeitsgrad konfrontiert wurden. Dabei sollen die Auswirkungen unterschiedlicher Bindungsqualitäten aufkompetente Verhaltensstrategien in anderen, nicht primär bindungsbezogenen Anforderungssituationen im zweiten Lebensjahr betrachtet werden. Außerdem sollen die Effekte von unterschiedlichen Problemlösestrategien auf das Nebennierenrindensystem und das Immunsystem der Zweijährigen analysiert werden, um daraus Schlußfolgerungen für die Adaptivität dieser Verhaltensstrategien abzuleiten. Gemäß dieser Zielsetzung wurden Aufgabenorientierung, Orientierung auf die Mutter hin, Hilfeaufforderungen und Ausweichverhalten der Kinder während dieser Problemlösesituation erfaßt. S-IgA und Cortisolkonzentration wurden aus Speichelproben der Kinder gemessen. Von einem Copingmodell ausgehend sollten dabei effektive Problemlösestrategien wie Aufgabenorientierung und Problemlösung unter Rückgriff auf soziale Ressourcen zu keinen oder nur geringen physiologischen Reaktionen führen, während unproduktives Ausweichverhalten eher mit Veränderungen im Nebennierenrindensystem und im Immunsystem einhergehen sollte. Aus einer Bindungsperspektive wird erwartet, daß bindungssichere Kinder eine äquatere Verhaltensorganisation auch in nicht bindungsbezogenen Anforderungssituationen aufweisen und somit keine oder geringere Veränderungen in den physiologischen Systemen als bindungsunsichere Kinder während der Problemlöseaufgabe zeigen. Erste Analysen deuten darauf hin, daß einerseits Bindungssicherheit mit adäquateren Verhaltensstrategien während den Problemlösesituationen zusammenhängt, andererseits unterschiedliches Problemlöseverhalten mit Veränderungen sowohl im Nebennierenrindensystem als auch im Immunsystem einhergeht (Schieche, 1996). So zeigten die sicher gebundenen Kinder, aber auch die unsicher-ambivalent gebundenen Kinder mit 22 Monaten ein kompetenteres Problemlöseverhalten, mehr Aufgabenorientierung, mehr Hilfeholen und weniger Ausweichen als unsicher-vermeidende bzw. desorganisierte Kinder.

Auf physiologischer Ebene erwiesen sich sowohl die Cortisolwerte als auch die s-IgA-Sekretionsraten am Morgen stabil zwischen 12 und 22 Monaten. 30 Minuten nach Ende der Problemlöseaufgaben zeigten wenig kompetente Kinder, die sich wenig auf die Aufgabe einlassen, wenig Hilfe holen, sondern viel ausweichen, höhere Cortisollevel als kompetente Kinder. Gleichzeitig hatten Kinder, die wenig zur Mutter schauten, wenn sie an den Aufgaben hantierten, am Ende höhere s-IgA-Werte als Kinder, die mehr «social referencing» zeigten. Diese ersten Hinweise deuten also ebenfalls auf ein Copingmodell hin, wonach es bei inkompetenten Verhaltensstrategien zu einer Aktivierung der physiologischen Systeme kommt.

Ausblick und zukünftige Forschungsperspektiven

Insgesamt bietet sich für die Entwicklungspsychologie im Humanbereich eine Einbeziehung psychoneuroimmunologischer Forschungsergebnisse und immunologischer Parameter an, vielleicht in ganz ähnlicher Weise wie es in der Bindungsforschung zumindest im Kleinkindbereich versucht wird. Eine Verwendung immunologischer oder auch anderer physiologischer Parameter eröffnet Möglichkeiten sowohl zur Prüfung und Validierung von Konzepten als auch dazu, Hypothesen über Adaptivität und Effektivität von Copingverhalten und Verhaltensstrategien in den verschiedensten Anforderungssituationen zu generieren. Zudem könnte die Adäquatheit der gewählten Anforderungssituationen, wenn eine Aktivierung des Organismus erzeugt werden soll, mit Hilfe physiologischer Parameter überprüft werden. Die «Einbeziehung biologischer Systeme würde [...] also zusätzlichen Informationsgewinn bringen, was zu neuen oder besseren Erklärungsansätzen für spezifisches Verhalten beziehungsweise zu einer Neubewertung oder Neuinterpretation der Funktion von Verhaltensmustern führen kann» (Spangler, 1992a, S. 117f).

Um die Bedeutung früher Erfahrungen und langfristiger Auswirkungen auf das Immunsystem besser greifen zu können, sollten dabei auch die Morgenwerte der Probanden über einen längeren Zeitpunkt hinweg erfaßt werden. Denn nach Kirschbaum (1991) spiegeln die Morgenwerte eher situationsüberdauernde psychische Momente wieder, die somit auch längsschnittlich stabil sein sollten. Zu wünschen wäre weiterhin, daß dies sowohl bei Normalstichproben als auch im Bereich der Entwicklungspsychopathologie geschieht, wo längerfristige Konsequenzen früherer Fehlanpassungen deutlich sichtbar sind und mit zahlreichen psychosomatischen Beschwerden einhergehen. Dabei sollten aber nicht nur Veränderungen im Immunsystem, sondern auch parallel dazu das Auftreten von Krankheiten dokumentiert werden, um wiederum die Relevanz der Veränderungen besser interpretieren zu können.

Aber auch die psychoneuroimmunologische Forschung könnte von der Entwicklungspsychologie profitieren. Die psychoneuroimmunologische Forschung im Humanbereich vernachlässigt bis jetzt zum Teil das konkrete Verhalten. Die Erweiterung der Fragestellungen um diese Verhaltenskomponente – über das Konditionierungsparadigma hinaus – könnte lohnenswert sein. Hier könnte auch die Bindungsforschung, in welcher sehr viel Wert auf aufwendige Verhaltensanalysen gelegt wird, Impulse für neue Forschung geben.

Außerdem könnte eine Integration einer Entwicklungsperspektive in die psychoneuroimmunologischen Modelle von beträchtlichen Erklärungswert sein für differenzielle Wirkungen eines normativen Stressors. Im Kindbereich wären dies etwa Krippen-, Kindergarten- oder Schuleintritt.

Insgesamt deutet sich bereits die Notwendigkeit und die Chance einer Integration entwicklungspsychologischen Wissens auf der einen Seite und den zahlreichen immunologischen Studien, die hier nur zum Teil referiert wurden, im Sinne einer «bio-psycho-sozialen Perspektive» an (Spangler, 1991). Denn es genügt nicht, die Effekte verschiedener Stressoren auf Organismen unter Berücksichtigung immunsuppressiver Effekte des Hypotalamus-Hypophysen-Nebennierenrindensystems zu messen. Vielmehr ist die Einbeziehung einer differenziellen Perspektive in die psychoneuroimmunologische Forschung notwendig, da unterschiedliche genetische Ausstattung, individuelle Lernerfahrungen, Persönlichkeit und unterschiedliche Verfügbarkeit von Bewältigungsmechanismen bei Veränderungen in den Reaktionen im Immunsystem beteiligt sein können.

Bei einer sorgfältigen Berücksichtigung möglichst vieler Faktoren, also von konkretem Verhalten, nicht nur im Konditionierungsparadigma, dispositionellen Faktoren, frühen Erfahrungen und auch endokrinologischer Parameter haben wir den Vorteil, die Reaktionen des Immunsystems zu nutzen, «to assess how the organism perceives the external world. These conclusions have conceptual validity» (Coe et al., 1988, S. 129). Gelingt dies, dann deutet sich ein Forschungsgebiet an, in dem die Zusammenarbeit zwischen Entwicklungspsychologen und psychoneuroimmunologischer Grundlagenforschung neue und wichtige Erkenntnisse über die Effektivität individueller Anpassungsleistungen in verschiedensten Belastungssituationen für eine gesunde Entwicklung des Individuums erbringen könnte.

Literatur

Ader R, Cohen N: Psychoneuroimmunology: Conditioning and stress. Annual Review of Psychology 1993; 44:53–85.

Ader R, Grota LE, Cohen N: Conditioning phenomena and immune function. Annals of the New York Academy of Sciences 1987; 496:532–544.

Ainsworth MDS, Wittig BA: Attachment and the exploratory behavior of one-year-olds in a strange situation. In: Foss BM (Hrsg.): Determinants of Infant Behavior. London, Methuen, 1969; Bd. 4, S. 113–136.

Ainsworth MDS, Blehar MC, Waters E, Wall S: Patterns of attachment. A psychological study of the strange situation. Hillsdale/NJ, Erlbaum, 1978.

Ainsworth MDS: Infancy in Uganda: Infant Care and the Growth of Love. Baltimore, Johns Hopkins University Press, 1967.

Ainsworth MDS: Object relations, dependency and attachment: A theoretical review of the infant-mother relationship. Child Development 1969; 40:969–1025.

Ainsworth MDS: Adaptation and attachment. Paper presented at the International Conference on Infant Studies, New York, April 1984.

Baltes PB: Entwicklungspsychologie der Lebensspanne: Theoretische Leitsätze. Psychologische Rundschau 1990; 41:1–24.

Bartrop RW, Lazarus L, Luckherst E, Kiloh LG, Penny R: Depressed lymphocyte function after bereavement. Lancet 1977; 1:834–836.

Benes M: Developmentonual changes in stress adaptation in relation to psychopathology. Development and Psychopathology 1994; 6:723–739.

Bowlby J: Maternal care and mental health. Bulletin of the World Health Organization 1951; 3:355–534.

Bowlby J: Bindung. München, Kindler, 1973. (Original: Attachment and Loss, Vol. 1. Attachment. London, Hogarth Press, 1969.)

Bowlby J: Trennung. München, Kindler, 1976. (Original: Attachment and Loss, Vol. 2. Separation: Anxiety and Anger. New York, Basic Books, 1973.)

Bowlby J: A Secure Base. Clinical Applications of Attachment Theory. London, Routledge, 1988.

Bowlby J: Bindung: Historische Wurzeln, theoretische Konzepte und klinische Relevanz. In: Spangler G, Zimmermann P (Hrsg.): Die Bindungstheorie: Grundlagen, Forschung und Anwendung. Stuttgart, Klett-Cotta, 1995.

Brazelton TB: Neonatal Behavioral Assessment Scale (2. Aufl.). London, Spastics International Medical Publications, 1984.

Bretherton I: Attachment theory: Retrospect and prospect. In: Bretherton I, Waters E (Hrsg.): Growing Points of Attachment Theory and Research. Monographs of the Society for Research in Child Development 1985; 50:3–35.

Bretherton I: New perspectives on attachment relations: Security, communication, and internal working models. In: Osofsky JD (Hrsg.): Handbook of Infant Development. New York, Wiley, 1987; pp. 1061–1100.

Coe CL: Implications of psychoneuroimmunology for allergy and asthma. In: Middleton E, Reed CE, Ellis EF, Adkinson Jr. NF, Yunginger JW, Busse WW (eds.): Allergy: Principles and Practice, 4th edition, update 19. Mosby Yearbook 1994; pp. 2–15.

Coe CL, Lubach GR, Ershler WB: Maternal influences on the development of immune competence in infancy. Psychologische Beiträge 1994; 36:15–21.

Coe CL, Rosenberg LT, Levine S: Immunological consequences of psychological disturbance and maternal loss in infancy. In: Rovee-Collier C, Lipsitt LP: Advances in Infancy Research, Vol. 5. Norwood, NJ, Ablex, 1088:98–136.

Coe CL, Wiener SG, Rosenberg LT, Levine S: Endocrine

and immune responses to separation and maternal loss in nonhuman primates. In: Reite M, Field T (eds.): The Psychobiology of Attachment and Separation. Orlando, Academic Press, 1985; pp. 163–200.

Coe CL: Psychosocial factors and immunity in nonhuman primates: a review, Psychosomatic Medicine 1993; 55(3):298–308.

Crouch D, Scanlan JM, Onufer J, Suomi SJ: Lymphocyte and neutrephil shift in response to social separation and hormonal changes in infant rhesus monkeys. Paper presented at the meetings of the International Society of Developmental Psychobiologists, Annapolis, MD, November 1986.

Dewsbury DA: Psychobiology. American Psychologist 1991; 46:198–205.

Dunn J, Plomin R: Separate Lives: Why Siblings are so Different. New York, Basic Books, 1990.

Fahrenberg J: Psychophysiologische Methodik. In: Groffmann KJ, Michel L (Hrsg.): Enzyklopädie der Psychologie. Psychologische Diagnostik, Band 4: Verhaltensdiagnostik. Göttingen, Hogrefe, 1983; S. 1–192.

Filipp SH: Kritische Lebensereignisse (2. Auflage). München, PVU, 1990.

Grossmann KE, August P, Fremmer-Bombik E, Friedl A, Grossmann K, Scheuerer-Englisch H, Spangler G, Stephan C, Suess G: Die Bindungstheorie: Modell und entwicklungspsychologische Forschung. In: Keller H (Hrsg.): Handbuch der Kleinkindforschung. Berlin, Springer-Verlag, 1989; S. 31–55.

Grossmann K: Zweijährige Kinder im Zusammenspiel mit ihren Müttern, Vätern, einer fremden Erwachsenen und in einer Überraschungssituation: Beobachtungen aus bindungs- und kompetenztheoretischer Sicht. Dissertation, Universität Regensburg, 1984.

Grossmann KE, Grossmann K: Bindungstheoretische Grundlagen psychologisch sicherer und unsicherer Entwicklung. GWG Zeitschrift der Gesellschaft für wissenschaftliche Gesprächspsychotherapie 1994; 96:26–41.

Grossmann KE: Emotionale und soziale Entwicklung im Kleinkindalter. In: Rauh H (Hrsg): Jahrbuch der Entwicklungspsychologie. Stuttgart, Klett-Cotta, 1979.

Grossmann KE: Bindungen zwischen Kind und Eltern: Verhaltensbiologische Aspekte der Kindesentwicklung. In: Kraus O (Hrsg.): Die Scheidungswaisen. Göttingen, Vandenhoeck & Ruprecht. Veröff. Joachim-Jungius-Ges. Wiss. Hamburg, 1993; 70:49–63.

Grossmann KE, Grossmann K: Attachment quality as an organizer of emotional and behavioral responses in a longitudinal perspective. In: Parkes CM, Stevenson-Hinde J, Marris P (eds.): Attachment across the Life Cycle. London/New York, Tavistock/Routledge, 1991; pp. 93–114.

Grossmann KE, Grossmann K, Becker-Stoll F, Kindler H, Schieche M, Spangler G, Zimmermann P: Die Bindungstheorie: Modell und entwicklungspsychologische Forschung. In: Keller H (Hrsg.): Handbuch der Kleinkindforschung, 2. neubearbeitete Auflage, in Vorb.

Gunnar MR: Human developmental psychoneuroendocrinology: A review of research on neuroendocrine responses to challenge and threat in infancy and childhood. In: Lamb ME, Brown AL, Rogoff B (eds.): Advances in Developmental Psychology, Vol. 4. Hillsdale, Erlbaum, 1986; pp. 51–103.

Gunnar MR: Psychobiological studies of stress and coping: an introduction. Child Development 1987; 58:1403–1407.

Gunnar MR, Larson MC, Hertsgaard L, Harris ML, Brodersen L: The Stressfulness of separation among nine-month-old infants: Effects of social context variables and infant temperament. Child Development 1992; 63:290–303.

Gunnar MR, Mangelsdorf S, Larson M, Hertsgaard L: Attachment, temperament, and adrenocortical activity in infancy: A study of psychoendocrine regulation. Developmental Psychology 1989; 25:355–363.

Harlow H: The nature and development of affection. (Film). Göttingen, Inst. für den wissenschaftlichen Film, 1958; W1467.

Harlow HF: Learning to love. San Francisco, Albion Publishing Co., 1971.

Hennig J: Die psychobiologische Bedeutung von sekretorischem IgA im Speichel. Münster/New-York, Waxmann-Verlag, 1994.

von Holst D, Scherer KR: Streß. In: Immelmann K, Scherer KR, Vogel C, Schmoock P (Hrsg.): Psychobiologie – Grundlagen des Verhaltens. Stuttgart, Fischer, 1988.

von Holst D: Vegetative and somatic components of tree shrews' behavior. Journal of the Autonomic Nervous System 1986; Suppl., 657–670.

Jemmott III JB, Magloire K: Academic stress, social support, and secretory Immunglobulin A. Journal of Personality and Social Psychology 1988; 55(5):803–810.

Kagan J: The second year. Cambridge, Harvard University Press, 1981.

Kagan J: Psychological research on the human infant: A evaluative summary. New York, W.T. Grant, 1982.

Kiecolt-Glaser JK, Garner W, Speicher CE, Penn G, Holliday J, Glaser R: Psychosocial modifiers of immunocompetence in medical students. Psychosomatic Medicine 1984; 46(1):7–14.

Kiecolt-Glaser JK, Kennedy S, Malkoff S, Fisher LD, Speicher CE, Glaser R: Marital discord and immunity in males, Psychosomatic medicine 1987; 50:213–229.

Kirschbaum C: Cortisolmessung im Speichel: Eine Methode der Biologischen Psychologie. Bern, Huber, 1991.

Kraemer GW: A psychobiological theory of attachment. Behavioral and Brain Sciences 1992; 15:493–541.

Kugler J: Stress, salivary immunoglobulin A and susceptibility to upper respiratory tract infection: Evidence for adaptive immunomodulation. Psychologische Beiträge 1994; 36:175–182.

Lamb EM, Thompson RA, Gardner WP, Charnov EL, Estes D: Security of infantile attachment as assessed in the «strange situation». The Behavioral and Brain Sciences Cambridge University Press, 1984; 7:121–171.

Laudenslager ML, Reite MR, Harbeck RJ: Suppressed immune response in infant monkeys associated with maternal separation. Behav. Neural. Biol. 1982; 36:40–48.

Laudenslager ML, Ryan SM, Drugan RC, Hyson RL, Maier S: Coping and immunosuppression: Inescapable

but not escapable shock suppresses lymphocyte proliferation, Science 1983; 221:568–570.
Laudenslager ML, Capitanio JP, Reite MR: Possible effects of early separation experiences on subsequent immune function in adult macaque monkeys. American Journal of Psychiatry 1985; 142:862–865.
Levine S, Wiener SG, Coe CL, Bayart FES, Hayashi KT: Primate vocalization: a psychobiological approach. Child Development 1987; 58:1408–1419.
Lindsley DB: The role of nonspecific reticulo-thalamocortical systems in emotion. In P. Black (ed.), Physiological correlates of emotion. New York: Academic Press, 1970.
Lütkenhaus P, Grossmann KE, Grossmann K: Infant-mother attachment at twelve months and style of interaction with a stranger at the age of three years. Child Development 1985; 56:1583–42.
Maier S, Laudenslager ML: Inescapable shock, shock controllability, and mitogen stimulated lymphocyte proliferation. Brain, Behavior and Immunity 1988; 2:87–91.
Main M, Solomon J: Procedures for identifying infants as disorganized/disoriented during the Ainsworth strange situation. In: Greenberg MT, Cicchetti D, Cummings EM (Hrsg.): Attachment in the Preschool Years. Theory, Research and Intervention. Chicago, University of Chicago Press, 1990; pp. 121–160.
Main M: Sicherheit und Wissen. In: Grossmann KE (Hrsg.): Entwicklung der Lernfähigkeit in der sozialen Umwelt. München, Kindler, 1977; S. 47–95.
Main M: Avoidance in the service of attachment: A working paper. In: Immelmann K, Barlow G, Petrinovich L, Main M (Hrsg.): Behavioral Development: The Bielefeld Interdisciplinary Project. New York, Cambridge University Press, 1982; pp. 651–693.
Matas L, Arend R, Sroufe LA: Continuity of adaptation in the second year: The relationship between quality of attachment and later competence. Child Development 1978; 49:547–556.
McClelland DC, Ross G, Patel V: The effect of an academic examination on salivary norepinephrin and immunoglobuline levels. Journal of Human Stress 1985; 11(2):52–59.
Munck A., Guyre PM: Glucocorticoids and immune function. In: Ader R, Felten DR, Cohen N (Hrsg.): Psychoneuroimmunology, 2nd ed. San Diego, Academic Press, 1991.
Nachmias M, Gunnar M, Mangelsdorf S, Parritz RH, Buss K: Behavioral inhibition and stress reactivity: The moderating role of attachment security. Child Development 1996; 67:508–522.
Papousek H, Papousek M: Intuitive parenting: A dialectic counterpart to the infant's integrative competence. In: Osofsky JD(Hrsg.): Handbook of Infant Development. New York, Wiley & Sons, 1987; 669–720.
Porges SW, Coles MGH: Psychophysiology. Benchmark papers in animal behavior; Vol. 6. Stroudsburg, Pennsylvania, Dowden, Hutchinson & Ross, 1976.
Sagi A, Lewkowicz KS: A cross-cultural evaluation of attachment research. In: Tavecchio LWC, van IJzendoorn MH (Hrsg.): Attachment in Social Networks. Amsterdam, Elsevier, 1987; 427–454.
Sameroff AJ, Chandler MJ: Reproductive risk and the continuum of caretaking casuality. In: Horowitz FD, Hetherington M, Scarr-Salapatek S, Siegel G (Hrsg.): Review of Child Development Research (Bd. 4). Chicago, University of Chicago, 1975.
Sander LW: The longitudinal course of early mother-child interaction – Cross-case comparison in a sample of mother-child pairs. In: Foss BM (Hrsg.): Determinants of Infant Behavior (Bd. IV). London, Methuen & Co, 1965.
Schedlowski M, Jacobs R, Stratmann G, Richter S, Hadicke A, Tewes U, Wagner TO, Schmidt RE: Changes of natural killer cells during acute psychological stress. Journal of Clinical Immunology 1993; 13(2):119–126.
Scheuerer-Englisch H: Das Bild der Vertrauensbeziehung bei zehnjährigen Kindern und ihren Eltern: Bindungsbeziehungen in längsschnittlicher und aktueller Sicht. Dissertation, Universität Regensburg, 1989.
Schieche M: Exploration und physiologische Reaktionen bei zweijährigen Kindern mit unterschiedlichen Bindungserfahrungen. Universität Regensburg, Dissertation, 1996.
Schieche M, Spangler G: Biobehavioral organization in one-year-olds: Quality of mother infant attachment and immunological and adrenocortical regulation. Psychologische Beiträge 1994; 36:30–35.
Schleifer SJ, Keller E, Camerino M, Thornton JC, Stein M: Suppression of lymphocyte stimulation following bereavement, JAMA 1983; 250(3):374–377.
Schneider ML: Prenatal stress exposure alters postnatal behavioral expression under conditions of novelty challenge in rhesus monkey infants. Developmental Psychobiology 1992(a); 25:529–540.
Schneider ML: The effect of mild stress during pregnancy on birthweight and neuromotor maturation in rhesus monkey infants. Infant Behavior and Development 1992(b); 15:389–403.
Schneider ML, Coe CL, Lubach GR: Endocrine activation mimics the adverse effects of prenatal stress on the neuromotor development of the infant primate. Developmental Psychobiology 1992; 25:427–439.
Shavit Y: Stress-induced immune modulation in animals: Opiates and endogenous opioid peptides. In: Ader R, Felten DL, Cohen N (Hrsg.): Psychoneuroimmunology, 2nd ed. San Diego, Academic Press, 1991; 789–806.
Spangler G, Grossmann KE: Biobehavioral organization in securely and insecurely attached infants. Child Development 1993; 64:1439–1450.
Spangler G, Scheubeck R: Behavioral organization in newborns and its relation to adrenocortical and cardiac activity. Child Development 1993; 64:622–633.
Spangler G, Schieche M: Psychobiologie der Bindung. In: Spangler G, Zimmermann P (Hrsg.): Die Bindungstheorie: Grundlagen, Forschung und Anwendung. Stuttgart, Klett-Cotta, 1995.
Spangler G, Zimmermann P: Die Bindungstheorie: Grundlagen, Forschung und Anwendung. Stuttgart, Klett-Cotta, 1995.
Spangler G: Die bio-psycho-soziale Perspektive am Beispiel der Entwicklung der emotionalen Verhaltensorganisation. Zeitschrift für Sozialisationsforschung und

Erziehungssoziologie (ZSE) 1991; 11(2):127–147.
Spangler G: Sozio-emotionale Entwicklung im ersten Lebensjahr: Individuelle, soziale und physiologische Aspekte. Habilitationsschrift, Universität Regensburg, 1992.
Spangler G, Meindl E, Grossmann KE: Behavioral organization and adrenocortical activity of newborns and infants (Poster presented at the Sixth Biennial International Conference on Infant Studies). Washington D.C., 1988.
Spangler G, Schieche M, Ilg U, Maier U, Ackermann C: Maternal sensitivity as an external organizer for biobehavioral regulation in infancy. Developmental Psychobiology 1994; 27:425–437.
Spitz RA: Hospitalism: A follow-up report. Psychoanalytic Study of the Child II, 1946; 113–117.
Spitz RA: Hospitalism. Psychoanalytic Study of the Child, 1945; 1:53–74.
Sroufe AL: The coherence of individual development: Early care, attachment and subsequent developmental issues. American Psychologist 1979; 34:834–841.
Suess GJ, Grossmann KE, Sroufe LA: Effects of Infant Attachment to Mother and Father on Quality of Adaptation in Preschool: From Dyadic to Individual Organisation of Self. International Journal of Behavioral Development 1992; 15:43–66.
Wartner UG, Grossmann K, Fremmer-Bombik E, Suess G: Attachment patterns at age six in South Germany: Predictability from infancy and implications for preschool behavior. Child Development 1994; 65:1014–1027.
Waters E, Sroufe LA: Social competence as a developmental construct. Developmental Review 1983; 3:79–97.
Waters E, Wippman J, Sroufe LA: Attachment, positive affect, and competence in the peer group: Two studies of construct validation. Child Development 1979; 40:821–829.
Zimmermann P, Grossmann KE: Attachment and adaptation in adolescence. Poster presented at the Biennal Meetings of the Society for Research in Child Development, Indianapolis, 1995.
Zimmermann P: Bindung im Jugendalter. Entwicklung und Umgang mit aktuellen Anforderungen. Unveröffentlichte Dissertation, Universität Regensburg, 1994.
Zimmermann P, Gliwitzky J, Becker F: Selbstkonzept, Ich-Flexibilität und Coping-Strategien bei Jugendlichen im Zusammenhang zur Repräsentation eigener Bindungserfahrungen. Poster präsentiert auf dem 38. Kongreß der Deutschen Gesellschaft für Psychologie in Trier, 1992.

Psychische Einflüsse auf die Sekretion von Immunglobulin A im Speichel

Joachim Kugler

Zur Pathologie der oberen Luftwege

Die oberen Luftwege des Menschen bestehen aus Nase, Nasennebenhöhlen, Mundhöhle, Rachen (Pharynx) und Kehlkopf (Larynx). Die oberen Luftwege des Menschen bilden eine wichtige Eintrittspforte für Krankheitserreger bzw. Noxen:

- der durchschnittliche Erwachsene atmet etwa 12 000 Liter Luft pro Tag;
- feste und flüssige Nahrung passiert Mundhöhle und Rachen als gemeinsames Teilstück von Respirations- und Verdauungstrakt;
- das feuchtwarme Milieu in den oberen Luftwegen bietet ein ideales Klima für Mikroorganismen.

Die verstärkte Exposition gegenüber Krankheitserregern bzw. Noxen schlägt sich in einer hohen Inzidenz von Erkrankungen der oberen Luftwege nieder, z.B:

- 62,4% der 35–54jährigen in der Bundesrepublik leiden unter Karies (Micheelis und Bauch, 1991).
- Tumore der Mundhöhle und des Rachens treten mit einer Inzidenz von 8500 Fällen pro Jahr auf. Zusammen mit Tumoren der Atmungsorgane einschließlich Lunge stellen sie die häufigste Krebslokalisation für Männer unter 60 Jahren dar (Bundesministerium für Gesundheit, 1992).
- Im Durchschnitt erleidet ein Erwachsener 2–4, Kinder 6–8 Krankheitsausbrüche einer akuten Rhinitis («common cold») pro Jahr (Gwaltney, 1990).

Psychische Belastung und Erkrankungen der oberen Luftwege

Die Inokulation von Krankheitserregern bzw. Noxen stellt eine notwendige, jedoch noch keine hinreichende Bedingung für eine Infektion dar. Für den Ausbruch einer Erkrankung ist die Immunfunktion des Organismus mitentscheidend. Immunfunktionen sowie deren modulierende Faktoren stellen ein Hauptgebiet psychoneuroimmunologischer Forschung dar.

Zusammenhänge zwischen psychischer Belastung und Erkrankungen der oberen Luftwege sind in der Laienätiologie fest verankert. In einer Multi-Center-Studie des Deutsch-Östereichisch-Schweizerischen Arbeitskreises für Tumore in der Mundhöhle (DÖSAK) wurden 1652 Patienten in 38 Zentren nach radikal intendierter Entfernung eines Mundhöhlentumors um ihre Einschätzung zur Entstehung gebeten: Streß bzw. psychische Belastung wurde am vierthäufigsten genannt (siehe Abb. 1; Kugler et al., 1995).

Andere retrospektiv-epidemiologische Untersuchungen belegen, daß Patienten mit häufigen akuten Infekten der oberen Luftwege über stärkere psychische Belastungen («stress») berichten (Graham et al., 1986). Eine Bewertung der Ergebnisse wird jedoch durch das retrospektive Design der Untersuchungen erschwert: Ob die psychische Belastung kausal für die Erkrankung ist oder ein post-hoc Beschreibungsversuch der Betroffenen, der nur

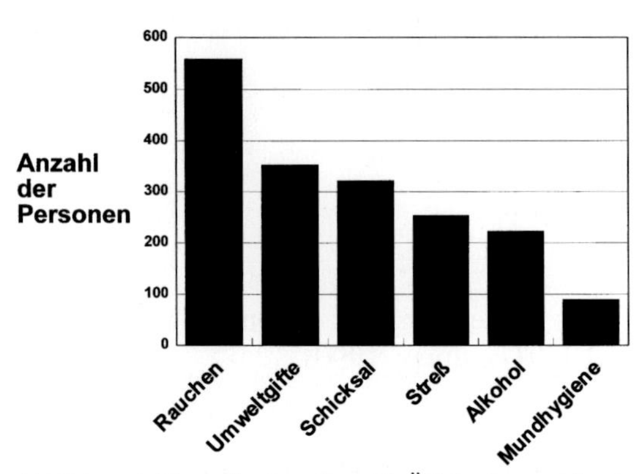

Abbildung 1: Vorstellungen über die Ätiologie von Mundhöhlentumoren aus Sicht des Patienten (n = 1652, Mehrfachnennung möglich).

auf subjektiven Evidenzerlebnissen beruht, muß offenbleiben. Zur Klärung können prospektive Studien beitragen.

Paradigmatisch sei hier die experimentell-virologische Studie von Cohen et al. (1991) geschildert: In einer spezialisierten Forschungseinrichtung, der Medical Research Council's Common Cold Unit, wurden 420 freiwillig teilnehmende Probanden untersucht. Das Durchschnittsalter war 33,6 Jahre. Nach einer medizinischen Eingangsuntersuchung wurden sie als gesund eingeschätzt. In der Eingangsuntersuchung wurde das Ausmaß psychischer Belastung («stress index») erhoben: Hierbei gingen sowohl belastende Lebensereignisse im letzten Jahr vor der Untersuchung, aktuelle Überforderungen sowie aktuelle negative Affekte ein. Nach zwei Tagen wurden den Probanden verschiedene Virustypen in niedriger infektiöser Dosierung in die Nase appliziert: Rhinovirus Typ 2 (n = 86), Rhinovirus Typ 9 (n = 122), Rhinovirus Typ 14 (n = 92), RSV (n=40), Coronavirus Typ 229E (n = 54) oder Salzlösung (n = 26). Die Dosierung wurde so gewählt, daß sie der Übertragung zwischen erkrankten Personen ähnelt.

Die Ergebnisse zeigen einen linearen Zusammenhang zwischen psychischer Belastung und Anfälligkeit für Infektionen im Sinne einer Dosis-Response-Kurve. Probanden mit hoher psychischer Belastung haben ein größeres Risiko (odds ratio: 2,16), klinische Symptome einer akuten Rhinitis («common cold») zu bekommen als Probanden mit niedriger psychischer Belastung. Nimmt man eine virologische gesicherte Infektion als Kriterium, so haben Probanden mit hoher psychischer Belastung ein um den Faktor 5,81 erhöhtes Risiko als Probanden mit geringer psychischer Belastung. Diese Zusammenhänge ließen sich für jeden verwendeten Virustyp zeigen.

Die Vermutung liegt nahe, daß durch psychische Belastung die Immunfunktion so beeinträchtigt wird, daß die Infektanfälligkeit ansteigt. Hierbei wird dem lokalen Immunsystem der oberen Luftwege eine besondere Rolle zugeschrieben.

Sekretorisches Immunglobulin A: ein Indikator für das lokale Immunsystem der oberen Luftwege

Für die oberen Luftwege lassen sich Faktoren des angeborenen und erworbenen Immunsystems unterscheiden. Das angeborene Immunsystem stellt die genetisch determinierte, für alle Antigene uniforme «First-line-defence» dar, während das erworbene Immunsystem eine antigenspezifische, von Vorexpositionen mitbestimmte Immunantwort bereitstellt.

Zum angeborenen Immunsystem gehören biochemische Faktoren (Roitt und Lehner, 1980), wie z.B:

- Lysozym, das die Zellwand von Bakterien, wie Staphylokokken, angreift;
- Peroxidase und Lactoferrin, die das Baktierenwachstum hemmen.

Zum angeborenen Immunsystem werden zudem mechanische Faktoren gezählt, wie:

- die Reinigung durch Speichelsekretion, wodurch Mikroorganismen in den Magen verschluckt oder gespült werden können, wo sie aufgrund des niedrigen pH-Wertes im Magensekret zerstört werden können;

- der Transport von Fremdkörpern oder Mikroorganismen durch das Ziliensystem in der Trachea.

Zum erworbenen Immunsystem gehört u. a. die lokale, Mukosa-assoziierte Immunfunktion der oberen Luftwege. Während das systemische Immunsystem das lymphatische Gewebe in Milz und Lymphknoten sowie die in Blut und Lymphe zirkulierenden Anteile umfaßt, beruhen lokale Immunsysteme auf Lymphgeweben, die mit Körperoberflächen in Zusammenhang stehen. Sie heißen lokal, weil sie nur auf bestimmte Teile des Körpers bezogen sind. Es läßt sich ein Haut-assoziiertes Lymphgewebe (SALT; skin associated lymphoid tissue) von einem Mukosa-assoziiertem Lymphgewebe (MALT; mucosa associated lymphoid tissue) unterscheiden. Das lokale Immunsystem der oberen Luftwege befindet sich in der Mukosa und Submukosa. Lokale Immunsysteme können als sekretorisch bezeichnet werden, da wichtige Komponenten (Antikörper, Immunzellen) in den externen Sekretionen, wie Tränenflüssigkeit, Speichel, gefunden werden. Die Einteilung in systemisch vs. lokal ist fließend, da eine lokale Immunantwort zumeist eine systemische miteinschließt und eine systemische Immunantwort lokal beginnen kann.

Obwohl auch andere Immunglobuline sezerniert werden, stellt das sekretorische Immunglobulin A die typische humorale Komponente des Mukosa-assoziierten Lymphgewebes dar (Tab. 1). Es zeigt sich hierbei auch die strukturelle Ähnlichkeit verschiedener Abschnitte des Mukosa-assoziierten Lymphgewebes. Dies wird auch durch die Tatsache belegt, daß die Exposition eines Abschnitts des Mukosa-assoziierten Lymphgewebes mit einem Antigen zu spezifischen Antikörperbildungen in anderen Abschnitten des lokalen Immunsystems führt, z. B. nahrungsabhängiger Antikörper in Tränenflüssigkeit, nicht jedoch im Serum (Mestecky, 1993). In den letzten 15 Jahren hat sich die psychoneuroimmunologische Forschung zumeist mit dieser typischen Komponente des lokalen Immunsystems der oberen Luftwege befaßt.

Synthese und Sekretion

Im sekretorischen Immunsystem spielt das Immunglobulin A eine besondere Rolle. Während nur etwa 15% der im Blut zirkulierenden Immunglobuline der Klasse A angehören, stellen sie den überwiegenden Anteil der sezernierten Immunglobuline dar, z. B. im Speichel über 80%.

Sekretorisches Immunglobulin A unterscheidet sich in einer Reihe physiko-chemischer Eigenschaften vom Immunglobulin A im

Tabelle 1: Prozentuale Verteilung Immunglobulin-produzierender Granulozyten im Mukosa-assoziierten Lymphgewebe (nach Hanson und Brandtzaeg, 1980).

Gewebe	IgA	IgM	IgG	IgD
Speicheldrüsen	77	7.2	5.8	9.7
Parotis	91	3.0	3.7	2.5
Jejunum	81	17	2.6	1
Ileum	83	11	5.0	1
Kolon	90	6	4.2	1
Laktierende Mamma	68	13	16.0	2.4

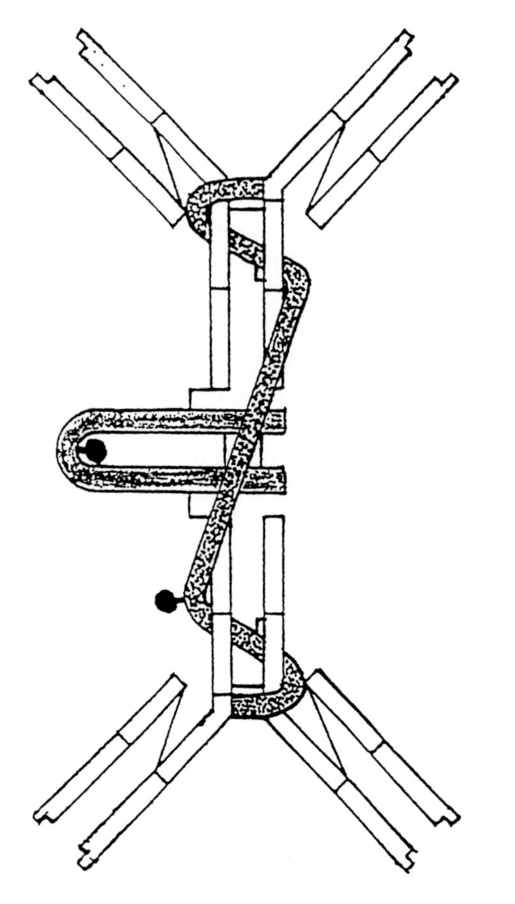

Abbildung 2: Aufbau des sekretorischen Immunglobulin A (nach Roitt und Lehner, 1980).

Serum. Es weist insbesondere ein höheres Molekulargewicht sowie einen höheren Sedimentations- und Diffusionskoeffizienten auf. Immunglobulin A im Serum besitzt typischerweise eine monomere, sekretorisches Immunglobulin A, hierzu gehört auch das Immunglobulin A im Speichel, eine dimere Struktur. Sekretorisches Immunglobulin A besteht typischerweise aus zwei IgA-Monomeren, einer J-Kette und einer sekretorischen Komponente (Abb. 2).

Ein IgA-Monomer besteht aus vier Ketten, je zwei schweren Alpha-Ketten und je zwei leichten Kappa- oder Lambda-Ketten. Die J-Kette dient der Verkettung von IgA-Monomeren. Sowohl IgA-Monomere als auch die J-Kette werden von Plasmazellen in der Submukosa der Schleimhäute und in exokrinen Drüsen gebildet und sezerniert.

Die sekretorische Komponente ist ein Glykoprotein, das über Disulfidbrücken an die schweren Ketten der beiden IgA-Monomere gebunden vom Schleimhautepithel gebildet wird. Sie dient dem Transport des Immunglobulins durch das Epithel und schützt dieses vor proteolytischem Abbau.

Die Sekretion von Immunglobulin A kann wie folgt beschrieben werden (Abb. 3): Aufgenommene Antigene gelangen durch das Schleimhautepithel in Kontakt mit B-Lymphozyten der Submukosa, die zur Produktion von Immunglobulin A angeregt werden. Je zwei IgA-Monomere werden über eine J-Kette intrazellulär miteinander verbunden. Das freigesetzte IgA-Dimer erhält bei der Passage durch das Schleimhautepithel die sekretorische Komponente. Ein anderer Teil der IgA-Dimere wandert in die Lymphbahn. Ob auch Plasmazellen in den Schleimhäuten an der Produktion von IgA-Monomeren beteiligt sind, ist noch offen.

Immunglobulin A wird nicht gleichmäßig in alle Körperflüssigkeiten pro Tag sezerniert (Tab. 2). Es zeigt sich, daß nur etwa 20 bis 30% der Gesamtimmunglobulin-A-Tagesproduktion im Serum zu finden ist, während für Immunglobulin G etwa 70% im Serum zu finden sind. Sekretionen in Abschnitte des Verdauungstraktes, unter Einschluß des Speichels, stellen quantitativ die größte Menge dar.

Die Sekretion von Immunglobulin A erfolgt aus den großen Speicheldrüsen (Gl. parotis, Gl. sublingualis, Gl. submandibularis), den kleinen Speicheldrüsen (z. B. Gll. palatinae, Gll. buccales) sowie direkt aus Lymphzellen in der Mukosa. Quantitativ spielt die Parotisdrüse nicht die wichtigste Rolle: deren seröses (d. h. wasserreiches und proteinarmes) Sekret macht zwar die Hauptflüssigkeitsmenge des Speichels aus, die Konzentration an Immunglobulinen im Parotissekret ist jedoch deutlich geringer als im Gesamtspeichel (Roitt und Lehner, 1980).

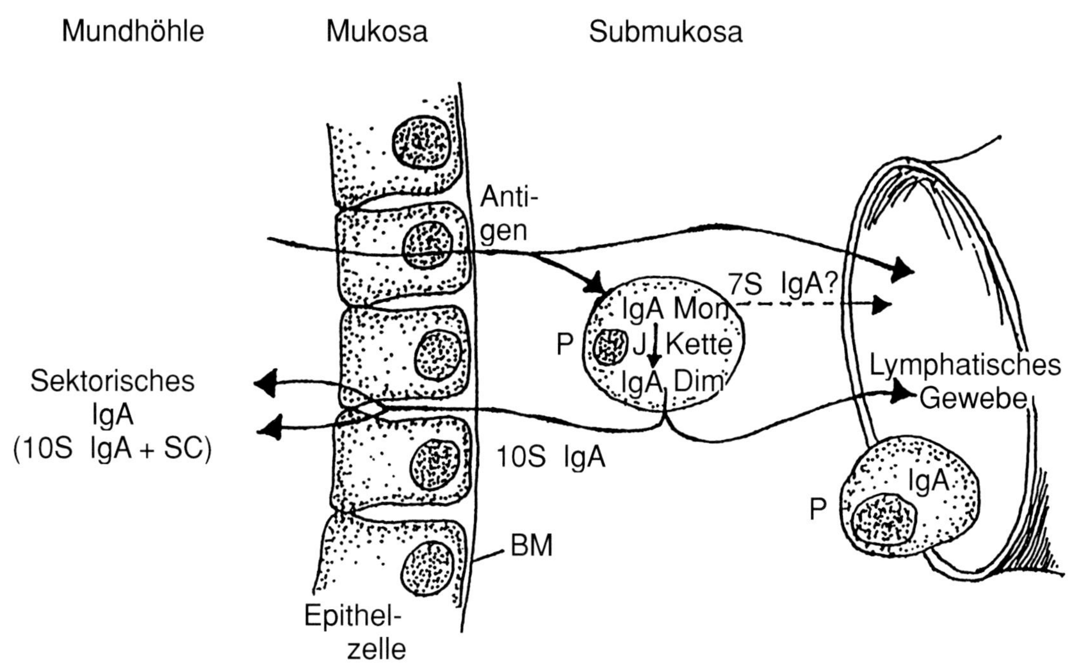

Abbildung 3: Synthese, Transport und Sekretion von Immunglobulin A in die Mundhöhle (nach Roitt und Lehner, 1980).

Tabelle 2: Schätzungen der täglichen Immunglobulin-A-(IgA-)Produktion bei einem 70 kg schweren Erwachsenen (nach Mestecky et al., 1986).

	IgA
Blut	1295–2100 mg/d
Speichel	100– 200 mg/d
Tränenflüssigkeit	1– 6 mg/d
Nasensekret	45 mg/d
Dünndarm	2100–5234 mg/d
Urin	1– 3 mg/d
Total	3598–9158 mg/d

Funktion

Die Hauptfunktionen des sekretorischen Immunglobulins A bestehen in der:

- Immunexklusion, d. h., es wird die Aufnahme des Antigens in die Mukosa verhindert (Mukosablock);
- Immunelimination, d. h., es wird die Elimination von Antigenen durch Leukozyten und Makrophagen erleichtert.

Im einzelnen lassen sich u. a. folgenden Mechanismen beschreiben (Mestecky et al., 1986):

- Agglutination von Antigenen;
- Inhibition der bakteriellen Adhärenz gegenüber epithelialen Zellen;
- Neutralisation von Viren, Toxinen, Enzymen;
- Verstärkung angeborener Immunfunktionen wie Lactoferrin und Lactoperoxidase;
- antigenabhängige zellmediierte Zytotoxizität durch Makrophagen und Leukozyten;
- Suppression von Entzündungsreaktionen.

Sekretorisches Immunglobulin A ist jedoch nur ein Faktor in der lokalen Immunität. Bei Patienten mit komplettem oder selektivem genetisch bedingtem Immunglobulin-A-Mangelsyndrom zeigt sich eine erhöhte Immunglobulin-M- und Lysozym-Sekretion (Mestecky et al., 1986), wodurch eine theoretische, erwartbare höhere Infektanfälligkeit teilweise kompensiert werden kann.

Die Bedeutung von sekretorischem Immunglobulin A bei der Abwehr von Infektionen der oberen Luftwege wird durch epidemiologische Studien unterstrichen. In einer Metaanalyse von neun Studien kommen Jemmott und McClelland (1989) zum Schluß, daß die Sekretionsmenge von Immunglobulin A einen Indikator für die Vulnerabilität gegenüber Infektionen der oberen Luftwege darstellt (kombiniertes $p = 0.00025$):

Niedrige Sekretion von Immunglobulin A in den Speichel ist mit einer größeren Anfälligkeit für Infektionen der oberen Luftwege verbunden.

Zu unterscheiden ist die Mobilisierung von der Produktion von Immunglobulin A. Die Produktion von Immunglobulin A dauert, ähnlich wie bei anderen Immunglobulinen, Tage bis Wochen. Die Sekretion von bereits produziertem Immunglobulin A findet keineswegs gleichmäßig statt. Eine Mobilisierung von Immunglobulin A kann kurzzeitig innerhalb von wenigen Minuten erfolgen.

Ziel psychoneuroimmunologischer Untersuchungen ist es zu beschreiben, inwieweit psychische Einflüsse wie Belastung bzw. Entspannung einen Einfluß auf die Sekretion von Immunglobulin A in den Speichel haben.

Psychisches Befinden und Immunglobulin A im Speichel

Psychische Entspannung

Relaxierende Verfahren zur Induktion psychischer Entspannung haben in der Psychotherapie eine lange Tradition. In mehreren Studien, die den Zusammenhang zwischen psychischer Entspannung und Sekretion von Immunglobulin A in den Speichel untersuchten, zeigten sich signifikant positive Effekte auf die Immunglobulin-A-Sekretion (Kugler, 1991; Tab. 3). Effekte wurden sowohl nach Kurzbehandlung von 20 Minuten, aber auch nach ausgedehnten Entspannungstrainings über mehrere Wochen nachgewiesen.

So verglichen Jasnoski und Kugler (1987) zwei Entspannungsverfahren: a. Progressive Muskelrelaxation und fokussiertes Atmen, b. Progressive Muskelrelaxation und fokussiertes Atmen gekoppelt mit Vorstellungen über die Funktion des Immunsystems mit c. einem Vigilanztest, der aus einer Tondiskriminierungsaufgabe bestand. Vor und nach dem Versuch, der 60 Minuten dauerte, wurde die emotionale Befindlichkeit und jeweils eine Speichelprobe erhoben. Die Stichprobe bestand aus 28 Col-

Tabelle 3: Studien über psychische Entspannung und Sekretion von Immunglobulin A im Speichel (sIgA).

Studie	Treatment	N	Dauer	Effekt auf sIgA
Jasnoski & Kugler (1987)	Relaxation Imagination Vigilanz	n = 10 n = 10 n = 10	60 min	++
Green & Green (1988)	Relaxation Visualisierung Massage Liegen Kontrolle	n = 10 n = 10 n = 10 n = 10 n = 10	20 min	++
Green, Green & Santoro (1988)	Relaxation Wartegruppe	n = 24 n = 16	22 Tage	++
Olness, Culbert & Uden (1989)	Relaxation Relaxation & Imagination Kontrolle	n = 19 n = 19 n = 19	25 min	++
Rider et al. (1990)	Musik & Imagination Musik control	n = 15 n = 15 n = 15	6 Wochen	++
Müller et al. (1994)	Musiktherapie (prä vs. post)	n = 6	5 Wochen	++

legestudenten, die in einem Screening die höchsten Suggestibilitätswerte aufwiesen. Die Ergebnisse zeigen, daß beide Entspannungstechniken im Vergleich zur Vigilanzaufgabe Entspanntheit auslösten und die Konzentration von Immunglobulin A im Speichel erhöhten.

Der Nachweis, daß imaginative Verfahren, d. h. das Vorstellen und Visualisieren von Abwehrvorgängen, essentiell für die Erhöhung der Immunglobulin-A-Sekretion sind, konnte bislang nicht erbracht werden. Entscheidend scheint jedoch die Induktion von psychischer Entspannung zu sein.

Chronische psychische Belastung

Definiert man chronisch als länger als 24 Stunden dauernd, so zeigt sich in den meisten Untersuchungen (Tab. 4), daß chronische psychische Belastung mit einem Abfall der Immunglobulin-A-Sekretion verbunden ist (Van Rood et al., 1993; Kugler, 1994).

So untersuchten Jemmott et al. (1983) Studenten der Zahnmedizin während eines akademischen Jahres hinsichtlich Streßwahrnehmung und Sekretionsrate von Immunglobulin A im Speichel. Es konnte gezeigt werden, daß Prüfungszeiten im November, April und Juni mit einer stärkeren Streßwahrnehmung und niedrigeren Sekretionsraten von Immunglobulin A einhergingen als prüfungsfreie Zeiten im September und Juli.

Es gibt jedoch auch konträre Befunde: In der Arbeit von Bosch et al. (in press) finden sich signifikante Anstiege der Immunglobulin-A-Sekretion kurz vor einem Examen im Vergleich zu streßfreien Zeiten.

Tabelle 4: Studien zu chronischer psychischer Belastung und Sekretion von Immunglobulin A im Speichel (sIgA).

Studie	Situation	N	Effekt auf sIgA
McClelland et al. (1982)	Gefangene	n = 13	–
Jemmott et al. (1983)	Examen	n = 64	–
Kiecolt-Glaser et al. (1984)	Examen	n = 75	0
Jemmot & Magloire (1988)	Examen	n = 15	–
Mouton et al. (1989)	Examen	n = 44	–
Graham et al. (1988)	Pflegepersonal	n = 114	–
Bosch et al. (in press)	Examen	n = 28	++

– signifikant erniedrigte Sekretion von sIgA
0 kein signifikanter Zusammenhang
++ signifikant erhöhte Sekretion von sIgA

Die Befunde zur chronischen Belastung stehen in Übereinstimmung mit psychoneuroimmunologischen Forschungsansätzen, in denen Persönlichkeitsmerkmale, die die Belastungsbewältigung beeinflussen, mit Immunparametern in Verbindung gesetzt werden. In bezug auf Immunglobulin A ist das von der Arbeitsgruppe um McClelland beschriebene «inhibierte Machtmotiv» häufig untersucht worden (Jemmott und McClelland, 1989). Das «inhibierte Machtmotiv» ist definiert durch ein großes Bedürfnis, Macht über andere Menschen auszuüben, bei gleichzeitiger hoher aktiver Inhibition, d.h. großer Selbstkontrolle, das Machtmotiv nicht zu zeigen. Das motivationstheoretische Gegenstück stellt das «entspannte Anschlußmotiv» dar: hierbei besteht ein großes Bedürfnis, andere Menschen kennenzulernen, bei gleichzeitiger niedriger Inhibition, d.h. das Anschlußmotiv wird aktiv ausgelebt. Untersuchungen ergaben, daß Personen mit hohem inhibierten Machtmotiv signifikant weniger Immunglobulin A sezernieren als Personen mit entspanntem Anschlußmotiv.

Untersuchungen zum Persönlichkeitsmerkmal «Neurotizismus», das als Maß für eine fehlangepaßte Belastungsbewältigung dient, ergaben, daß neurotischere Personen eine geringere Immunglobulin-A-Sekretion aufwiesen als nichtneurotische (Hennig, 1994).

Insgesamt deuten die Ergebnisse des persönlichkeitspsychologischen Ansatzes an, daß Personen mit Merkmalen, die für eine chronische Belastungsbewältigung dysfunktional sind, weniger Immunglobulin A sezernieren.

Akute psychische Belastung

Definiert man akute psychische Belastung als Situationen, die nicht länger als 24 Stunden dauern, so zeigt sich ein heterogenes Bild in bezug auf die Immunglobulin-A-Sekretion (Tab. 5). In einer Reihe von Untersuchungen zeigte sich ein signifikanter Anstieg der Immunglobulin-A-Sekretion nach akuten psychischen Belastungen. In einer Studie an 17 Fußballtrainern in der Profiliga vor, während und

Tabelle 5: Studien zu akuter psychischer Belastung und Sekretion von Immunglobulin A im Speichel (sIgA).

Studie	Situation	N	Dauer	Effekt auf sIgA
Reintjes, Tewes, Kugler & Schedlowski (1996)	Fußballtrainer während Spiel	n = 17	45 min	++
Zeier, Brauchli & Joller-Jemelka (1996)	Fluglotsen bei Arbeit	n = 199	4 Stunden	++
Evans, Bristow, Hucklebridge et al. (1993)	negative Stimmung	n = 12	2 Wochen	++
McClelland, Ross & Patel (1985)	direkt nach Examen	n = 46	1 Stunde	++
Stone, Cox, Valdimarsdottir et al. (1987a)	negative Stimmung	n = 30	25 Tage	0 / (+)
Martin, Guthrie & Pitts (1993)	trauriger Film	n = 42	18 min	0 / (+)
McClelland & Krishnit (1988)	Film	n = 132	50 min	0 / (+)
Kugler, Kuhr & Schedlowski (1993)	Phobischer Anfall	n = 15	60 min	0
Kugler, Breitfeld, Tewes & Schedlowski (1996)	Antizipation einer Kariesbehandlung	n = 15	30 min	0
McClelland, Floor, Davidson & Saron (1980)	Wahrnehmung- & Lernaufgaben	n = 27	1 Stunde	–

++ signifikanter Anstieg

– signifikanter Abfall

0 / (+) signifikanter Anstieg in Untergruppe

0 nicht signifikant

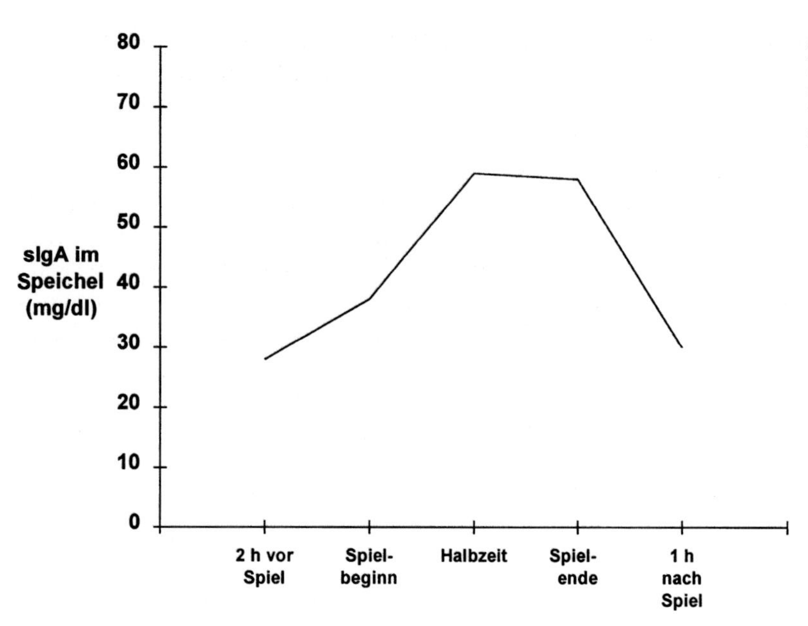

Abbildung 4: Immunglobulin-A-Konzentration im Speichel bei Fußballtrainern im Verlauf eines Spiels (nach Reintjes et al., 1996).

nach einem Spiel ergaben sich signifikante Zunahmen der Immunglobulin-A-Sekretion in den Speichel in der Halbzeitpause sowie nach Ende des Spiels (Kugler et al., 1996; Abb. 4). Eine Stunde nach Spielende war die Immunglobulin-A-Konzentration im Speichel wieder vergleichbar mit der zwei Stunden vor dem Spiel.

Die Ergebnisse sind jedoch keineswegs einheitlich. In vielen Untersuchungen zeigte sich keine signifikante Änderung nach akuten psychischen Belastungen. In einer Untersuchung an 15 Patienten mit Phobien fanden sich keine signifikanten Änderungen der Immunglobulin-A-Konzentration nach Konfrontation mit der angstbesetzten Situation, jedoch deutliche subjektive emotionale Befindlichkeitsänderungen sowie Herzfrequenzanstiege (Kugler et al., 1993).

Die Uneinheitlichkeit der Ergebnissse mag mit der Definition von akuter psychischer Belastung zusammenhängen, da diese nur auf die zeitliche Dimension, nicht jedoch auf die Intensität abzielt. Belege für einen Abfall der Immunglobulin-A-Sekretion nach akuter psychischer Belastung fehlen jedoch fast vollständig.

Theoretische Einordnung

Psychische Belastung bzw. psychische Entspannung ist durch subjektive Einschätzungen definiert. Im Gegensatz zu physischen Belastungen ergeben sich psychische Belastungen nicht ausschließlich aus Stimulusqualitäten, wie Dauer oder Intensität: Eine Prüfung kann sowohl als belastend wie als herausfordernd erlebt werden. Das Ausmaß erlebter psychischer Belastung bzw. Entspannung kann als Produkt der Interaktion zwischen Situations- und Personenbedingungen verstanden werden. In vielen Untersuchungen wird jedoch diese Bewältigungsdimension außer acht gelassen. Gerade bei komplexen Lebenssituationen, wie Examensstreß, sind aus diesen Gründen uneinheitliche Ergebnisse erwartbar.

Im Rahmen psychoneuroimmunologischer Forschung orientierte man sich zunächst an einem allgemeinen Streßmodell: In Anlehnung an Selyes Streßtheorie wurde postuliert, daß psychische Belastung sich hemmend auf die Sekretion von Immunglobulin A auswirkt (Abb. 5).

Nach nun mehr als 15 Jahren psychoneuroimmunologischer Forschung scheint die generelle Hypothese der belastungsinduzierten Immunsuppression nicht länger mit den heterogenen Untersuchungsbefunden zum Immunglobulin A vereinbar (Van Rood et al., 1993; Kugler, 1994). Unterscheidet man jedoch akute von chronischen psychischen Belastungen und bezieht man die Ergebnisse zu psychischer Entspannung mit ein, so läßt sich das Modell der adaptiven Immunmodulation postulieren (Abb. 6).

Ausgangspunkt bilden hierbei Ergebnisse, die sich auf das systemische Immunsystem beziehen. Hier zeigte sich, daß es unter akuter Belastung keineswegs zu einer generellen Immunsuppression kommt. Hinsichtlich antigenunspezifischer Immunparameter, wie die Anzahl und Aktivität von natürlichen Killerzellen im Blut, konnten deutliche Steigerungen gefunden werden (Schedlowski et al., 1993). Demgegenüber lassen sich unter chronischer Belastung durchweg suppressive Effekte im systemischen Immunsystem beschreiben (Van Rood et al., 1993).

Da sowohl psychische Entspannung wie akute psychische Belastung Steigerungen der Immunglobulin-A-Sekretion im Sinne einer «Speicherentleerung» aufweisen, kann vermutet werden, daß verschiedene Mechanismen kurzzeitig ähnliche Effekte hervorrufen. Zu denken ist hierbei an Veränderungen der Sekretionsbedingungen. Die Aufnahme und der Transport von Immunglobulin A in die Epithelzellen sowie die Sekretion sind aktive Prozesse, die sowohl durch direkte nervale Stimulation wie durch Einflüsse von Neuropeptiden, wie CCK, beeinflußt werden können (Stead et al., 1991).

Chronische Belastung oder bewältigungsdysfunktionale Persönlichkeitsmerkmale führen dazu, daß eine induzierte kurzzeitige «Speicherentleerung» nicht durch eine entsprechende Stimulation der Plasmazellen zur Synthese von Immunglobulin A kompensiert werden kann. Besonderes Interesse verdienen Untersuchungen, die nahelegen, daß mukosale Plasmazellen zentralen Einflüssen unterliegen können. Neben direkter Nerv-Plasmazell-Interaktion werden Einflüsse von Neurotransmittern und Neuropeptiden, wie Somatostatin, Noradrenalin, Substanz P, diskutiert (Stead et al., 1991).

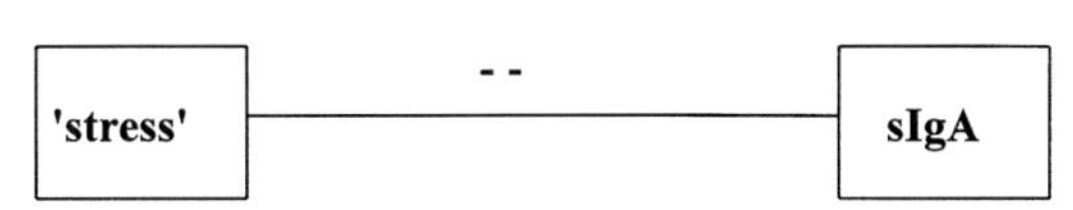

Abbildung 5: Zusammenhang zwischen psychischer Belastung («stress») und Immunglobulin A im Speichel (sIgA). Modell I: Belastungsinduzierte Immunsuppression. - - negativer Zusammenhang.

Weitere Einflußfaktoren auf die Sekretion von Immunglobulin A

Die Sekretion von Immunglobulin A zeichnet sich durch eine große interindividuelle Variabilität aus (z. B. Kugler et al., 1992). Die gemessene Sekretion von Immunglobulin A ist durch eine Reihe von Faktoren beeinflußt, z. B.:

- Speichelfluß: In einer Reihe von Untersuchungen wurden signifikant negative Korrelationen zwischen Speichelfluß und Konzentration von Immunglobulin A im Speichel berichtet (Mandel und Khurana,

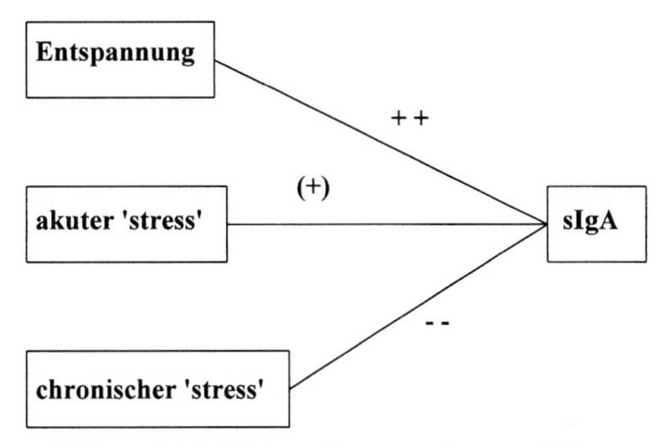

Abbildung 6: Modifizierter Zusammenhang zwischen psychischer Entspannung, akuter sowie chronischer Belastung («stress»). Modell II: Adaptive Immunmodulation. ++ positiver Zusammenhang, (+) tendenziell positiver Zusammenhang, - - negativer Zusammenhang.

1969; Kugler, Hess und Haake, 1993). Dies belegt, daß die Immunglobulin-A-Sekretion im Sinne einer «Speicherentleerung» erfolgt, wobei bei stärkerem Speichelfluß die Konzentration absinkt. Die exakte Bestimmung der Speichelflußrate ist jedoch unter nichtklinischen Bedingungen nur schwer möglich, da es z. B. durch Schlucken oder unvollständige Mundentleerung zu systematischen Fehlern kommen kann.

- Alter: Das lokale Immunsystem bildet sich erst im Laufe der Kindheit aus. Untersuchungen belegen (z. B. Kugler et al., 1992), daß Kinder unter sieben Jahren signifikant weniger Immunglobulin A sezernieren als ältere Kinder oder Erwachsene. Dies korrespondiert mit einer höheren Infektionsrate (Dolin, 1991) und einer höheren Kariesinzidenz (Micheelis und Bauch, 1991) bei Kindern in diesem Alter.
- Schleimhautveränderungen: In einer Untersuchung konnten Hess et al. (1991) zeigen, daß Patienten mit adenoiden Vegetationen eine geringere Immunglobulin-A-Sekretion aufwiesen als gematchte Gesunde.

Die Liste ist damit jedoch keineswegs vollständig. Sie soll jedoch aufzeigen, daß potentielle psychische Einflüsse auf die Sekretion von Immunglobulin A leicht durch andere Einflußgrößen maskiert werden können. Inwieweit Funktionstests des lokalen Immunsystems, z. B. spezifische Immunglobulin-A-Produktion nach Kaninchenalbumininokulation (Stone et al., 1987b), oder Aggregationstests, z. B. gegenüber Strept. gordonii (Bosch et al., in press) eine Alternative sein können zur globalen Immunglobulin-A-Bestimmung, ist derzeit eine offene Forschungsfrage.

Zusammenfassung und Ausblick

Die oberen Luftwege stellen eine wichtige Eintrittspforte für Krankheitserreger und Allergene in den Organismus dar. Erkrankungen der oberen Luftwege spielen aufgrund der hohen Inzidenz und der verbundenen Kosten für das Gesundheitssystem eine herausragende Rolle. Eine psychoneuroimmunologische Forschungsfrage ist, wie das lokale Immunsystem der oberen Luftwege durch psychische Belastung bzw. Entspannung beeinflußt wird. Paradigmatisch werden Studien vorgestellt, die die Sekretion von Immunglobulin A, einem der wichtigsten humoralen Faktoren des lokalen Immunsystems, untersuchen. Es zeigt sich, daß die Auffassung einer generellen belastungsinduzierten Immunsuppression nicht mit den berichteten Ergebnissen kompatibel ist. Vielmehr ist belegbar, daß akute psychische Belastung sowie psychische Entspannung zu einer Steigerung der Immunglobulin-A-Sekretion in den Speichel führen können, während chronische Belastungen sowie Persönlichkeitsmerkmale, die die Belastungstoleranz senken, mit einer Senkung der Immunglobulin-A-Sekretion verbunden sind. Wie die psychischen Einflüsse auf das lokale Immunsystem mediiert werden, ist derzeit Gegenstand intensiver Forschung.

Eine Zukunftsaufgabe stellt die Nutzung psychoneuroimmunologischer Ergebnisse für Prävention und Therapie dar. Essentiell wäre hierbei der Nachweis, daß Änderungen der psychischen Belastungsbewältigung sowie habitueller Persönlichkeitsmerkmale mit Änderungen der Funktion im lokalen Immunsystem einhergehen, und daß daraus eine Senkung der Anfälligkeit gegenüber Erkrankungen bzw. eine kürzere Krankheitsdauer gegeben ist.

Literatur

Bosch JA, Brand, HS, Ligtenberg TJM, Bermond B, Hoogstraten J, Amerongen AVN: Psychological stress as a determinant of protein levels and salivary induced aggregation of streptococcus gordonii in whole human saliva. Psychosomatic Medicine, in press.

Bundesministerium für Gesundheit: Statistisches Taschenbuch Gesundheit. Bonn, 1992.

Cohen S, Tyrrell DAJ, Smith A: Psychological stress and susceptibility to the common cold. New England Journal of Medicine 1991; 325:606–612.

Dolin R: Common viral infections. In: Wilson JD, Braunwald E, Isselbacher K, Petersdorf R, Martin J, Fauci A, Root R: (eds.): Harrison's Principles of Internal Medicine. New York, Mc Graw-Hill, 1991.

Evans P, Bistow M, Hucklebridge F, Clow A, Walters N: The relationship between secretory immunity, mood and life-events. British Journal of Clinical Psychology 1993; 32:227–236.

Graham NM, Douglas, RM, Ryan P: Stress and acute respiratory infection. American Journal of Epidemiology 1986; 124:389–401.

Graham NM, Bartholomeusz RC, Taboonpong N, La-Brooy JT: Does anxiety reduce the secretion rate of secretory IgA in saliva? The Medical Journal of Australia 1988; 148:131–144.

Green RG, Green ML: Relaxation increases salivary immunoglobulin A. Psychological Reports 1987; 61:623–629.

Green ML, Green RG, Santoro W: Daily relaxation modifies serum and salivary immunoglobulins and psychophysiologic symptom severity. Biofeedback and Self-Regulation 1988; 3:187–199.

Gwaltney JM: The Common Cold. In: Mandell GL, Douglas RG, Bennett JE (eds.): Principles and Practice of Infectious Diseases, 3rd edition. New York, Churchill Livingstone, 1990.

Hanson LA, Brandtzaeg P: The mucosal defense system. In: Stiehm ER, Fulginiti VA (eds.): Immunologic Disorders in Infants and Children. Philadelphia, Saunders, 1980.

Hennig J: Die psychobiologische Bedeutung des sekretorischen Immunglobulin A im Speichel. Münster, Waxman, 1994.

Hess M, Kugler J, Haake D, Lamprecht J: Reduced concentration of secretory IgA indicates changes of local immunity in children with adenoid hyperplasia and secretory otitis media. 1991; ORL 53:339–341.

Jasnoski M, Kugler J: Relaxation, imagery, and neuroimmunomodulation. Annals of the New York Academy of Sciences 1987; 496:722–730.

Jemmott JB, Magloire K: Academic stress, social support, and secretory immunoglobulin A. Journal of Personality and Social Psychology 1988; 55:803–810.

Jemmott JB, McClelland DC: Secretory IgA as a measure of resistance to infectious disease: Comments on Stone, Cox, Valdimarsdottir, and Neale. Behavioral Medicine 1989; 15:63–71.

Jemmott JB, Borysenko JZ, Borysenko M, McClelland DC, Chapman R, Meyer D, Benson H: Academic stress, power motivation, and decrease in salivary immunoglobulin A secretion rate. Lancet 1989; i:1400–102.

Kiecolt-Glaser JK, Garner W, Speicher L, Penn GM, Holliday J, Glaser R: Psychosocial modifiers of immunocompetence in medical students. Psychosomatic Medicine 1984; 46:7–14.

Kugler J: Mood and salivary immunoglobulin A: a review. Psychotherapie, Psychosomatik, Medizinische Psychologie 1991; 41:232–242.

Kugler J: Stress, salivary immunoglobulin A and susceptibility to upper respiratory tract infection: evidence for adaptive immunomodulation. Psychologische Beiträge 1994; 36:175–182.

Kugler J, Hess M, Haake D: Secretion of salivary immunoglobulin A in relation to age, saliva flow, mood states, secretion of albumin, cortisol, and catecholamines in saliva. Journal of Clinical Immunology 1992; 12:45–49.

Kugler J, Hess M, Haake D: What accounts for the interindvidual variability of salivary immunglobulin A? Annals of the New York Academy of Sciences 1993; 694:296–298.

Kugler J, Kuhr A, Schedlowski M: Are salivary cortisol and salivary immunoglobulin A marker for panic episodes ? Psychophysiology 1993; 30: S. 41.

Kugler J, Eberl A, Hallner D, Gellrich NC, Bremerich A, Krüskemper GM: Indikatoren für die Akzeptanz eines psychologischen Gesprächs bei Patienten nach der operativen Behandlung eines Mundhöhlenkarzinoms. Paper präsentiert bei der DGVM, Bad Kreuznach, 1995.

Kugler J, Breitfeld I, Tewes U, Schedlowski M: Short-term decrease of salivary immunoglobulin A concentration during caries treatment. European Journal of Oral Sciences 1996; 104:17–20.

Kugler J, Reintjes F, Tewes U , Schedlowski M: Competition stress in soccer coaches. Journal of Sports, Medicine and Physical Fitness 1996; 36:117–120.

Mandel ID, Khurana HS: The relation of human salivary IgA globulin and albumin to flow rate. Archives of Oral Biology 1969; 14:1433–1435.

Martin RB, Guthrie CA, Pitts CG: Emotional crying, depressed mood, and secretory immunoglobulin A. Behavioral Medicine 1993; 19:111–114.

McClelland DC, Krishnit C: The effect of motivational arousal through films on salivary immunoglobulin A. Psychology & Health 1988; 2:31–52.

McClelland DC, Alexander C, Marks E: The need for power, stress, immune function, and illness among male prisoners. Journal of Abnormal Psychology 1982; 91:61–70.

McClelland DC, Floor E, Davidson RJ, Saron C: Stressed power motivation, sympathetic activation, immune function, and illness. Journal of Human Stress 1980; 6(2):11–19.

McClelland DC, Ross G, Patel V: The effect of an academic examination on salivary norepinephrine and immunoglobulin levels. Journal of Human Stress 1985; 11(2):52–59.

Mestecky J, Russell MW, Jackson S, Brown TA: The Human IgA System: A Reassessment. Clinical Immunology and Immunpathology 1986; 40:105–114.

Mestecky J: Saliva as a Manifestation of the Common Mucosal Immune System. Annals of the New York Academy of Sciences 1993; 694:184–194.

Micheelis W, Bauch J (eds.): Mundgesundheitszustand und -verhalten in der Bundesrepublik Deutschland. Köln, Deutscher Ärzte-Verlag, 1991.

Mouton C, Fillion L, Tawadros E, Tessier R: Salivary IgA is a weak stress marker. Behavioral Medicine 1989; 15:179–185.

Müller A, Hörhold M, Bösel R, Kage A, Klapp, BF: Einflüsse aktiver Musiktherapie auf Stimmungen und Immunkompetenz psychosomatischer Pastienten. Psychologische Beiträge 1994; 36:198–204.

Olness K, Culbert T, Uden D: Self-regulation of salivary immunoglobulin A by children. Pediatrics 1989; 83:66–71.

Rider MS, Achterberg J, Lawlis GF, Goven A, Toledo R, Butler JR: Effect of immune system imagery on secretory IgA. Biofeedback and Self-Regulation 1990; 15:317–333.

Roitt IM, Lehner T: Immunology of Oral Diseases. Oxford, Blackwell Scientific Publishers, 1980.

Schedlowski M, Jacobs R, Stratmann G, Richter S, Hädicke A, Tewes U, Wagner TOF, Schmidt RE: Changes of natural killer cells during acute psychological stress. Journal of Clinical Immunology 1993; 13:119–126.

Stead R, Tomioka M, Pezzati P, Marshall J, Croitoru K, Perdue M, Stanisz A, Bienenstock J: Interaction of the mucosal immune and peripheral nervous system. In: Ader R, Felten DL, Cohen N. (eds.): Psychoneuroimmunology, 2nd edition. San Diego, Academic Press, 1991.

Stone A, Cox DS, Valdimarsdottir H, Jandorf L, Neale JM: Evidence that secretory IgA antibody is associated with daily mood. Journal of Personality and Social Psychology 1987(a); 52:988–993.

Stone AA, Cox DS, Valdimarsdottir H, Neale JM: Secretory IgA as a measure of immunocompetence. Journal of Human Stress 1987(b); 13:135–140.

Van Rood YR, Bogaards M, Goulmy E, Houwelingen van HC: The effects of stress and relaxation on the in vitro immune response in man: a meta-analytic study. Journal of Behavioral Medicine 1993; 16:163–181.

Zeier H, Brauchli P, Joller-Jemelka HI: Effect of work demands on salivary cortisol and sIgA in air traffic controllers. Biological Psychology 1996; 42:413–423.

Verhaltenseffekte von Interleukin-1

Alexandra Montkowski und Bernd Schöbitz

Tiere, die an Infektionen oder entzündlichen Erkrankungen leiden, zeigen Krankheitssymptome, die weder spezifisch für die zugrundeliegende Krankheit noch für die betreffende Tierart sind. Zu diesen Symptomen gehören Fieber (Kluger, 1991), die hepatische Akute-Phase-Reaktion (Heinrich et al., 1990) und eine verminderte Eisenkonzentration im Serum (Hart, 1988). Bei kranken Tieren kann man darüber hinaus verschiedene Verhaltensänderungen beobachten. Die Tiere sind lethargisch, antriebslos, zeigen wenig Interesse für ihre Umgebung, vernachlässigen ihre Körperpflege, reduzieren Nahrungs- und Flüssigkeitsaufnahme und schlafen länger (Hart, 1988; Kent et al., 1992). Diese Verhaltensänderungen wurden von Hart (1988) zusammenfassend als «Sickness Behaviour» bezeichnet (Tab. 1). Beim Menschen treten zusätzlich zu diesen Verhaltensänderungen psychische Störungen wie übermäßige Müdigkeit, Konzentrationsschwierigkeiten, Gedächtnisstörungen und Rückzug vom sozialen Leben hinzu (Rodin und Voshart, 1986). Inwiefern «Sickness Behaviour» von emotionalen beziehungsweise affektiven Reaktionen wie z. B. Angst und Depression begleitet wird, ist zur Zeit noch weitgehend unbekannt.

Tabelle 1: Unspezifische zentrale Krankheitssymptome («Sickness Behaviour»).

	Induktion durch IL-1	Induktion durch LPS
Reduzierte lokomotorische Aktivität	+	+
Reduziertes Explorationsverhalten	+*	+
Reduziertes Putzverhalten	KD	KD
Anorexie und reduziertes futtermotiviertes Verhalten	+	+
Adipsie	+	+
Verlängerte Schlafdauer	+	+

* wird durch Applikation von IL-1-Antagonisten blockiert
KD = Keine Daten

«Sickness Behaviour» wurde häufig als unerwünschter Nebeneffekt der zugrundeliegenden Erkrankung erachtet. Ein möglicher adaptiver Wert wurde nicht vermutet. Neuerdings werden jedoch auch funktionelle Aspekte erkannt (Hart, 1988; Kent et al., 1992). So ist z. B. bei erhöhter Körpertemperatur das Immunsystem des infizierten Organismus aktiviert (Tab. 2). Da die optimale Temperatur für das maximale Wachstum der meisten Mikroorganismen unterhalb von 37°C liegt, ist die Proliferation dieser Keime bei Fiebertemperaturen gehemmt. Aus diesem Grund verringert Fieber bei Versuchstieren die Mortalität nach experimenteller Induktion verschiedener Infektionskrankheiten (Kluger, 1991).

Fieber ist mit Hypermetabolismus und einer Steigerung des Sauerstoffverbrauchs und des Grundumsatzes um 10 bis 15% pro Grad Celsius verbunden (Kluger, 1979). Dies bedeutet einen Mehrverbrauch von 1200 kJ (300 kcal) pro Tag bei gleichzeitiger Reduktion der Nahrungsaufnahme und veranschaulicht, warum sich «Sickness Behaviour» in der Evolution als eine lebenswichtige Verhaltensstrategie etabliert hat. Es dient dazu, den Energiebedarf

Tabelle 2: Immunreaktionen, die durch Fieber stimuliert werden.

Antikörpersynthese
T-Zell-Proliferation und IL-2-Synthese
Zell-Lyse durch zytotoxische T-Zellen
Zell-Lyse durch neutrophile Granulozyten

kranker Tiere zu reduzieren (Hart, 1988; Kluger, 1979). Die Einstellung eines höheren Sollwerts der Körpertemperatur scheint zwar streng mit Verhaltensänderungen verknüpft zu sein, erhöhte Körpertemperatur allein erzeugt jedoch kein «Sickness Behaviour» (Hart, 1988; Rothwell, 1991; Montkowski et al., eingereicht). Wenn es bei Infektionskrankheiten zu «Sickness Behaviour» kommt, bedeutet dies nicht, daß alle Verhaltensmuster unspezifisch unterdrückt werden. Vielmehr können auch positive Verhaltensänderungen auftreten. Beispielsweise läßt sich nachweisen, daß Endotoxin-Behandlung bei Ratten, die sich in einer rotierenden Trommel befinden und gelernt haben, die Rotation durch einen Hebeldruck zu stoppen, die Anzahl der Hebelbetätigungen erhöht (Holmes und Miller, 1963; Miller, 1964).

Die Rolle von Interleukin-1 bei der Induktion von «Sickness Behaviour»

Tierexperimentell wird «Sickness Behaviour» meist nicht durch Inokulation pathogener Keime erzeugt, sondern durch Applikation von Zellwandbestandteilen aus Mikroorganismen wie z. B. Lipopolysacchariden (LPS) oder Muramylpeptiden (Hart, 1988; Kent et al., 1992; Krueger, 1990), die auch bei natürlichen Infektionen für die Induktion von «Sickness Behaviour» mitverantwortlich sein dürften. Die Freisetzung mikrobieller Bestandteile während einer Infektion beziehungsweise deren Injektion in Versuchstiere oder gesunde Probanden regt die Synthese verschiedener, inflammatorischer Zytokine an. Interleukin-1 (IL-1), IL-6 und Tumornekrosefaktor bilden hier eine Gruppe von Molekülen, die sehr schnell entzündliche Prozesse in Gang setzen, da sie die Freisetzung von Mediatoren wie Stickstoffmonoxid, Sauerstoffradikalen, Prostaglandinen usw. stimulieren (Akira et al., 1990; Heinrich et al., 1990; Dinarello, 1991; Dinarello und Wolff, 1993). Diese Gewebsmediatoren tragen u. a. wegen ihrer zytotoxischen Effekte zur raschen Elimination von Mikroorganismen bei. Außerdem kommt es unter dem Einfluß von Zytokinen im infizierten Gebiet zu Vasodilatation, Ödemen, Schmerz und Leukozytenchemotaxis.

IL-1 spielt bei der Aktivierung spezifischer und unspezifischer Immunreaktionen eine zentrale Rolle. Mit dem ständig wachsenden Verständnis über die Funktion dieses Zytokins sowie die pleiotrope Natur seiner Effekte wurden in zunehmendem Maße auch Effekte von IL-1 im ZNS nachgewiesen (Blatteis, 1990; Rothwell, 1991). Die pyrogene Aktivität von IL-1 war der erste zentrale Effekt, der bereits vor mehr als 50 Jahren beschrieben wurde, und noch heute wird IL-1 als eines der wichtigsten endogenen Pyrogene diskutiert (Kluger, 1991).

IL-1 ist ein glykosyliertes und phosphoryliertes Protein, das in den zwei Formen IL-1α (Lomedico et al., 1984) und IL-1β (Auron et al., 1984) vorkommt, die von verschiedenen Genen kodiert werden. Beim Menschen sind die beiden Proteine nur zu 25% homolog (Clark et al., 1986; Furutani et al., 1986), haben aber die gleiche biologische Aktivität (Dinarello, 1991). IL-1α bleibt nach der Synthese mit der Membran assoziiert, wogegen IL-1β sezerniert wird (Auron et al., 1984). Dennoch haben weder IL-1α noch IL-1β eine hydrophobe Signalsequenz (Blobel und Dobberstein, 1975), die die Sekretion über den Golgi-Apparat ermöglicht. Die Synthese von IL-1 ist von der Produktion eines endogenen kompetitiven Antagonisten begleitet, dem sogenannten Interleukin-1-Rezeptor-Antagonisten (Eisenberg et al., 1990). Dieses Zytokin hat keine eigene intrinsische biologische Aktivität (Dripps et al., 1991) und ist der einzig bekannte endogene kompetitive Antagonist eines Mediators.

Man geht heute davon aus, daß IL-1 bei entzündlichen Erkrankungen sowohl adaptive endokrine, metabolische als auch Verhaltensänderungen hervorruft. Diese Erkenntnis leitet sich im wesentlichen daraus ab, daß 1. die Konzentrationen von IL-1 bei Infektionen und Entzündungen erhöht sind (Akira et al., 1990; Dinarello und Wolff, 1993), 2. sich zentrale

Tabelle 3: Zentralnervöse Effekte von IL-1, IL-6 und TNF beim Menschen und nicht-menschlichen Primaten.

Fieber, Schüttelfrost
Müdigkeit und Schwäche
Appetitverlust
Übelkeit und Erbrechen
Schlaflosigkeit
Agitiertheit
Verwirrtheit
Wahnvorstellungen
Verschwommenes Sehen

Effekte von LPS durch spezifische IL-1-Antagonisten hemmen lassen (siehe Tab. 1) und 3. die Injektion von IL-1 bei Versuchstieren und Patienten, die an Krebs erkrankt waren, neuroendokrine Effekte und Verhaltensänderungen auslöst, die denen bei Infektionskrankheiten sehr ähnlich sind (siehe Tab. 3); (Blatteis, 1990; Rothwell, 1991; Besedovsky und del Rey, 1992; Schöbitz et al., 1994a). Dabei handelt es sich um Fieber, verminderte Nahrungsaufnahme und motorische Aktivität, Anstieg des nonREM-Schlafes, reduzierten Antrieb und Aktivierung des Hypothalamus-Hypophysen-Nebennieren-Systems. Die therapeutische Applikation von IL-1 führt bei fast allen Patienten zu «Sickness Behaviour» (Schöbitz et al., 1994a). Bei höheren Dosierungen treten neurologische und psychiatrische Nebenwirkungen auf (Tab. 3).

Verhaltenseffekte von Interleukin-1

Nahrungsaufnahme

Zytokine gelten als die wichtigsten endogenen Mediatoren der Anorexie, die häufig im Verlaufe von Infektionskrankheiten beobachtet werden kann. Tumornekrosefaktor-alpha wird wegen seiner potenten anorektischen Wirkung auch «Kachektin» genannt (Cerami et al., 1985). IL-1 hat eine vergleichbare Wirkung auf die Nahrungsaufnahme (Plata-Salaman, 1988). Man geht davon aus, daß die Anorexie zumindest teilweise durch zentrale Mechanismen vermittelt wird, u. a. deshalb, weil IL-1 die neuronale Aktivität Glukose-sensitiver Neurone im Hypothalamus ventromedialis, die an der Appetitregulation beteiligt sind, hemmt (Kuriyama et al., 1990). Die lokale Injektion geringer Mengen von IL-1 in dieses Hirnareal führt ebenfalls zu einer Reduktion der Nahrungsaufnahme. Darüber hinaus vermindert IL-1 bei der Ratte die Flüssigkeitsaufnahme und erhöht die Durstschwelle (Osaka et al., 1992). Dieser Effekt ist unabhängig von der verminderten Nahrungsaufnahme und der reduzierten lokomotorischen Aktivität. Die durch Applikation von IL-1 erzeugte Anorexie kann mit Dexamethason (Plata-Salaman, 1991), Cyclooxygenasehemmstoffen (Hellerstein et al., 1989; Plata-Salaman, 1991), CRH-Antagonisten (Uehara et al., 1989) und Cholecystokininantagonisten (Crawley et al., 1991) gehemmt werden.

IL-1 erzeugt bei Versuchstieren eine Geschmacksaversion, die konditionierbar ist. Paart man beispielsweise die Applikation von IL-1 (konditionierter Stimulus) mit der Zufuhr einer Saccharinlösung (unkonditionierter Stimulus) nehmen die Tiere in nachfolgenden Tests weniger von der wohlschmeckenden Lösung auf. Untersuchungen von Bluthe et al. (1989) konnten zeigen, daß IL-1 eine Futter-motivierte Verhaltensleistung reduziert. Ratten, die gelernt hatten, einen Hebel zehnmal zu drücken, um ein Futterpellet zu erhalten, reduzierten die Anzahl der Hebeldrücke nach peripherer und zentraler Applikation von IL-1.

Schlaf

Als endogene Faktoren, die bei Infektionskrankheiten erhöhte Schläfrigkeit auslösen, werden hauptsächlich Zytokine, insbesondere IL-1 verantwortlich gemacht. Wird Versuchstieren während der aktiven Phase im zirkadianen Rhythmus IL-1 injiziert, erhöht sich die Dauer des non-REM-Schlafes, während sich die Dauer der REM-Stadien reduziert (Opp et al., 1991). Da Antipyretika die durch IL-1 ausgelösten Effekte auf die Schlafarchitektur nicht beeinflussen können (Krueger et al., 1990) und pyrogene Dosen von IL-6 zumindest beim Kaninchen den Schlaf nicht verändern (Opp et al., 1989), scheinen Fieber und Schlafinduktion nach Applikation von IL-1 zwei voneinander unabhängige Effekte des Zytokins zu sein. Hohe Dosen von IL-1 können die Schlafdauer reduzieren. Dies stimmt mit der Beobachtung überein, daß leichte Infektionen von vermehrter Schläfrigkeit begleitet werden, bei schweren Infektionskrankheiten oder entzündlichen Erkrankungen des ZNS aber Schlafstörungen auftreten.

Angst und Gedächtnis

Patienten, die unter chronisch entzündlichen Erkrankungen leiden, an deren Pathologie Zytokine beteiligt sind, klagen häufig über Konzentrations- und Gedächtnisstörungen (Baum, 1982; Rodin und Voshart, 1986). Die therapeutische Applikation von Zytokinen führt zu Nebenwirkungen, die diesen Krankheitssymptomen ähnlich sind (Fent und Zbinden, 1987; Schöbitz et al., 1994a). In einer Studie von Oitzl et al. (1993) konnte gezeigt werden, daß die zentrale Applikation von IL-1β in der Ratte zu einer deutlichen Verschlechterung der räumlichen Lern- und Gedächtnisleistung im «Morris Water Maze» führt. In diesem Test (Morris et al., 1982) werden Ratten in ein Schwimmbecken gesetzt und darauf trainiert, eine unter der Wasseroberfläche verborgene Plattform zu finden. Dazu orientieren sich die Tiere an Landmarken, die außerhalb des Schwimmbeckens angebracht sind. Kontrolltiere lernen an drei Tagen in jeweils drei unmittelbar aufeinanderfolgenden Testblökken die Plattform zu finden und benötigen dazu im Mittel am 3. Testtag etwa 10 bis 20 Sekunden. Intrazerebroventrikuläre Injektion von 100 ng IL-1 in naive Kontrollratten führte dazu, daß die Tiere die erworbene Information aus den Trainingsläufen des ersten Testtages nicht mehr abrufen konnten. Diese Tiere benötigten im ersten Testblock des 2. Testtags genauso lange wie naive Kontrolltiere, um die Plattform zu finden. Der Effekt war jedoch nicht Folge einer irreversiblen Neurotoxizität, denn die Ratten konnten das Auffinden der Plattform in den zwei weiteren Testblöcken des selben Testtages wiedererlernen. Die motorische Aktivität (Schwimmdauer und Schwimmstrecke) der Tiere war durch die Behandlung mit IL-1 nicht beeinträchtigt. Wurde IL-1 nicht 1 h vor dem ersten Test, sondern unmittelbar davor gegeben, war kein Effekt auf das Lernverhalten meßbar.

Bei der Behandlung von Patienten mit Zytokinen (Fent und Zbinden, 1987; Schöbitz et al., 1994a) und bei chronisch entzündlichen Erkrankungen des zentralen Nervensystems wie z. B. der multiplen Sklerose (Minden und Schiffer, 1990) können affektive Störungen auftreten. Wir haben deshalb die Fragestellung untersucht, ob IL-1 anxiolytische oder anxiogene Eigenschaften hat. Die entsprechenden Versuche wurden durch die Analyse des Verhaltens von Ratten im «Elevated Plus-Maze» Test durchgeführt (Montkowski et al., 1994). In diesem Verhaltenstest (Handley und McBlane, 1993) wird eine Ratte auf ein 50 cm über dem Boden befindliches, symmetrisches Plastikkreuz gesetzt, das aus zwei offenen und zwei durch Seitenwände geschlossenen Armen besteht. Da Laborratten, wie viele Nager, eine angeborene Aversion gegenüber erhöhten, freien Flächen haben, bevorzugen sie die geschlossenen Arme. Dies fürt dazu, daß ein naives Kontrolltier, motiviert durch seinen Explorationstrieb, beide Arme erkundet, aber häufiger in die geschlossenen Arme eintritt und mehr Zeit dort verbringt. Verabreicht man einem Tier eine klinisch wirksame anxiolytische Substanz wie z. B. ein Benzodiazepin, so erhöht sich die Anzahl der Eintritte und die Zeit, die die Tiere in den offenen Armen verbringen. Auch IL-1 erhöhte in Abhängigkeit von der Dosierung die Zeitdauer, die die Ratten in den offenen Armen der Plus-Maze verbrachten, was auf eine anxiolytische Wirkung hinweist. Dabei konnten wir den stärksten anxiolytischen Effekt mit einer Dosis von 0,1 ng IL-1 induzieren. Eine korrekte Interpretation der Ergebnisse setzt voraus, daß die lokomotorische Aktivität der Tiere durch die IL-1-Gabe nicht verändert ist. Im Plus-Maze-Test wird die lokomotorische Aktivität durch die Anzahl der Eintritte in die geschlossenen Arme wiedergegeben. Die Auswertung dieser Daten und die radiotelemetrischer Messungen der Spontanaktivität zeigten, daß Dosierungen von weniger als 100 ng IL-1 keinen Einfluß auf die lokomotorische Aktivität 30 min nach Applikation haben. Bei einer hohen Dosierung (100 ng) war die Zeitdauer in den offenen Armen, aber auch in den geschlossenen Armen vermindert, was auf eine reduzierte lokomotorische Aktivität der Tiere schließen läßt, die vermutlich durch Induktion von «Sickness Behaviour» ausgelöst wurde.

Nozizeption

Schmerz ist ein Kardinalsymptom der Entzündung, das zu einer Veränderung des Verhaltens führen kann. IL-1 bewirkt eine durch lokale Effekte vermittelte Schmerzreaktion. Auch nach intraperitonealer Applikation ist IL-1 hyperalgetisch, vermutlich durch Stimulation der Prostaglandinsynthese (Ferreira et al., 1988). Interessanterweise zeigt IL-1 nach peripherer oder zentraler Applikation eine analgetische Wirkung, wenn der Schmerz zuvor mit Phenylchinon oder durch Hitzeeinwirkung erzeugt wird (Nakamura et al., 1988; Bianchi et al., 1992). Diese Wirkung ist sehr potent und kann weder durch Opiatantagonisten noch durch Cyclooxygenasehemmstoffe blockiert werden.

Lokomotion und Exploration

IL-1 reduziert bei Versuchstieren die spontane lokomotorische Aktivität (Miller et al., 1991; Bianchi et al., 1992) und verringert die Explorationsdauer in einer neuen Umgebung (Spadaro und Dunn, 1990). Kent et al. (1992) nutzten den Effekt von IL-1 auf die «soziale Exploration» zum Nachweis von «Sickness Behaviour». In diesem Test wird ein Jungtier der gleichen Art in den Käfig einer adulten Ratte oder Maus gebracht und die Zeit gemessen, die das adulte Tier mit der Exploration des Jungtiers verbringt. IL-1 reduziert dieses Verhalten zeit- und dosisabhängig.

Mechanismen der Verhaltenseffekte von Interleukin-1

Im allgemeinen erzeugen periphere und zentrale Applikationen von IL-1 die gleichen Verhaltenseffekte. Allerdings ist die erforderliche Dosierung bei zentraler Injektion 100- bis 1000mal geringer. Nach systemischer Applikation erreichen geringe Mengen von IL-1 über einen spezifischen Transportmechanismus das Gehirn (Banks et al., 1991). Auch über die zirkumventrikulären Organe, die keine Blut-Hirn-Schranke haben, kann IL-1 in das ZNS eindringen (Hashimoto et al., 1991). Daneben gibt es einen endogenen IL-1-Pool in Neuronen und Gliazellen des Gehirns. Bei peripherer Immmunstimulation könnte intrazelluläres IL-1 aus diesem Pool freigesetzt werden (Breder et al., 1988; Schöbitz et al., 1994b). Afferenzen des parasympathischen Nervensystems könnten für den Transfer der Information von der Peripherie in das Gehirn verantwortlich sein. Im Gehirn werden IL-1-Rezeptoren in verschiedenen Strukturen, u. a. im Hippocampus, exprimiert. Über Wechselwirkung mit diesen Bindungsstellen könnte IL-1-Verhaltensseffekte induzieren. Einerseits stimuliert IL-1 die Synthese von Entzündungsmediatoren wie Prostaglandinen und Stickstoffmonoxiden, die an der Auslösung von Verhaltensseffekten beteiligt sein könnten, andererseits entfaltet IL-1 auch elektrophysiologische Aktivitäten und führt zur Freisetzung von Neurotransmittern. Untersuchungen mit Hilfe der Mikrodialysetechnik an freibeweglichen Ratten zeigten, daß nach intrahypothalamischer Applikation von IL-1 die Konzentration aller Monoamine und ihrer Metaboliten ansteigt (Shintani et al., 1993). Auch im Hippocampus ist nach lokaler Injektion von IL-1 die Serotoninkonzentration erhöht und korreliert, im Gegensatz zur Situation bei Kontrolltieren nicht mehr mit der lokomotorischen Aktivität der Ratten (Linthorst et al., 1994). Dagegen führt die systemische Applikation von IL-1 zur Abnahme des Azetylcholingehalts im Hippocampus (Rada et al., 1991).

Die Pyramidenzellen im CA1-Feld des Hippocampus reagieren innerhalb von nur 30 s nach Gabe von IL-1 mit einer Suppression des Ca^{2+}-Influx (Plata-Salaman und French-Mullen, 1992). Werden diese Neurone durch die Schaffer-Kollateralen stimuliert, kann ein exzitatorisches postsynaptisches Potential gemessen werden, auf das ein inhibitorisches postsynaptisches Potential folgt. Dieses inhibitorische Potential wird «synaptische Inhibition» genannt und resultiert aus der Induktion einer zusätzlichen Leitfähigkeit der Membran als Folge der elektrischen Stimulation. IL-1 verstärkt für die Dauer einer Stunde die synaptische Inhibition und reduziert die Anzahl der Entladungen der Neurone nach der Stimulation (Zeise et al., 1992). Dies dürfte die Folge einer Gamma-Aminobuttersäure(GABA)-ergen Wirkung von IL-1 sein, da angenommen wird, daß die synaptische Inhibition unter dem Einfluß des inhibitorischen Neurotransmitters GABA entsteht (Siggins und Gruol, 1986). Dies wird durch die Beobachtung gestützt, daß IL-1 den Einstrom von Chloridionen in Synaptosomen verstärkt (Miller et al., 1991). Weitere mögliche GABA-erge Effekte von IL-1 sind vermutlich die Erniedrigung der Krampfschwelle (Miller et al., 1991) und die anxiolytische Wirkung (Montkowski et al., 1994).

Die Langzeitpotenzierung, ein elektrophysiologisches Modell für Lernen und Gedächtnis (Kennedy, 1989), wird durch IL-1 inhibiert (Katsuki et al., 1990).

Ausblick

Das pleiotrope inflammatorische Zytokin IL-1 erzeugt bei Infektionskrankheiten Fieber und eine Reihe von Verhaltensänderungen. IL-1 vermittelt so das Gefühl, krank zu sein. Obwohl «Sickness Behaviour» ein adaptiver Prozeß ist, der die Rekonvaleszenz nach einer Infektion beschleunigt und die Mortalität kranker Organismen reduziert, kann in bestimmten Fällen eine pharmakologische Intervention sinnvoll sein. Die Inhibition von «Sickness Behaviour» zu therapeutischen Zwecken könnte bei chronisch entzündlichen Erkrankungen, weniger bei Infektionskrankheiten, von Bedeutung sein. Besonders neurologische und chronisch entzündliche Erkrankungen wie der Schlaganfall, Lupus erythematoides, multiple Sklerose und chronische Polyarthritis sind mit depressiver Symptomatik, einschließlich übermäßiger Müdigkeit und allgemeiner Schwäche verbunden (Kaplan und Sadock, 1991; Rodin und Vosharst, 1986; Baum, 1982) und werden zum Teil als organisch affektives Syndrom bezeichnet. Eine kausale Therapie dieser Erkrankungen und der psychischen Störungen ist allerdings zur Zeit in vielen Fällen nicht oder nur unzureichend möglich. Ungünstigerweise führt die Applikation von Immunsuppressiva (z. B. hochdosierten Glukokortikoiden oder Zytostatika) zu Nebenwirkungen, die symptomatisch ebenfalls als «Sickness Behaviour» bezeichnet werden könnten (Gilman et al., 1991). Zytostatika können zur Induktion der Zytokinfreisetzung führen, was manche Nebenwirkungen dieser Arzneimittel wie Müdigkeit und Abgeschlagenheit erklären könnte (Preziosi et al., 1992). Zytokinantagonisten und -inhibitoren werden derzeit in großem Umfang entwickelt und (prä-)klinisch für einen Einsatz bei entzündlichen Erkrankung aus dem rheumatischen Formenkreis getestet (Kishimoto, 1992; Dinarello und Wolff, 1993). Wenn bekannt wäre, über welche Mechanismen IL-1 im ZNS «Sickness Behaviour» auslöst, könnten solche Antagonisten und Inhibitoren zur symptomatischen Behandlung von unspezifischen Krankheitssymptomen («Sickness Behaviour») eingesetzt werden. Eine andere Möglichkeit wäre, depressionsspezifische Therapien, die bei Patienten mit chronisch entzündlichen Erkrankungen oder Post-Infarkt-Depression durchgeführt wurden, zu testen. In diesem Zusammenhang ist auch ein Einsatz von Psychopharmaka wie

Antidepressiva oder 5-HT_{1A}-Agonisten, mit anxiolytischer und antidepressiver Wirkung erwägenswert. Nach einem Screening an mit LPS behandelten Tieren könnten diese Pharmaka dann in Tiermodellen chronisch entzündlicher Erkrankungen, wie der experimentellen allergischen Enzephalomyelits, studiert werden. Dies könnte möglicherweise klären, inwieweit ein Einsatz solcher Arzneimittel bei schwer therapierbaren Krankheiten wie z. B. der multiplen Sklerose sinnvoll sein könnte.

Literatur

Akira S, Hirano T, Taga T, Kishimoto T: Biology of multifunctional cytokines: IL6 and related molecules (IL1 und TNF) FASEB. J. 1990; 4:2860–2867.

Auron PE, Webb AC, Rosenwasser LJ, Mucci SF, Rich A, Wolff SM, Dinarello CA: Nucleotide sequence of human monocyte interleukin 1 precursor cDNA. Proc. Natl. Acad. Sci. USA 1984: 81:7907–7911.

Banks WA, Oritz L, Plotkin SR, Kastin AJ: Human interleukin (IL) 1 alpha, murine IL-1 alpha, and murine IL-1 beta are transported from blood to brain in the mouse by a shared saturable mechanism. J. Pharmac. Exp. Ther. 1991; 259:988–996.

Baum J: A review of the psychological aspects of rheumatic diseases. Sem. Arthr. Rheumat. 1982; 11:352–361.

Besedovsky HO, del Rey A: Immune-neuroendocrine networks. Frontiers Neuroendocrinol. 1992; 13:61–94.

Bianchi M, Sacerdote P, Riccardi-Castagnoli P, Mantegazza P, Penerai AE: Central effects of tumor necrosis factor alpha and interleukin-1 alpha on nociceptive thresholds and spontaneous locomotor activity. Neurosci. Lett. 1992; 148:76–80.

Blatteis CM: Neuromodulative actions of cytokines. Yale. J. Biol. Med. 1990; 63:133–146.

Blobel G, Dobberstein B: Transfer of proteins across membranes. II Reconstitution of functional rough microsomes from heterologous components. J. Cell. Biol. 1975; 67:852–862.

Bluthe RM, Dantzer R, Kelley KW: CRF is not involved in the behavioural effects of peripherally injected interleukin-1 in the rat. Neurosci. Res. Commun, 1989; 5:149–154.

Breder CD, Dinarello CA, Saper CB: Interleukin-1 immunoreactive innervation of the human hypothalamus. Science 1988; 240:321–324.

Cerami A, Ikeda Y, Le Trang N, Hoetz PJ, Beutler, B: Weight loss with an endotoxin-induced mediator from peritoneal macrophages: The role of cachectin (tumor necrosis factor). Immunol. Lett. 1985; 11:173–177.

Clark BD, Collins KL, Gandy MS, Webb AC, Auron PE: Genomic sequence for human prointerleukin 1 beta: Possible evolution from a reverse transcribed prointerleukin 1 alpha gene. Nucleic Acids Res. 1986; 14:7897–7914 (erratum, 1987, Nucleic Acids Res. 15:868).

Crawley JN, Fiske SM, Durieux C, Derrien M, Roques BP: Centrally administration of cholecystokinin suppresses feeding through a peripheral-type receptor mechanism. J. Pharmacol. Exp. Ther. 1991; 257:1076–1080.

Dinarello CA: The proinflammatory cytokines interleukin-1 und tumor necrosis factor und treatment of the septic shock syndrome. J. Infect. Dis. 1991; 163:1177–1184.

Dinarello CA, Wolff SM: The role of interleukin-1 in disease. N. Engl. J. Med. 1993; 328:106–113.

Dripps DJ, Brandhuber BJ, Thompson RC, Eisenberg SP: Interleukin-1 (IL-1) receptor antagonist binds to the 80-kDa IL-1 receptor but does not initiate IL-1 signal transduction. J. Biol. Chem. 1991; 266:10331–10336.

Eisenberg SP, Evans RJ, Arend WP, Verderber E, Brewer MT, Hannum CH, Thompson RC: Primary structure and functional expression from complementary DNA of a human interleukin-1 receptor antagonist. Nature 1990; 343:341–346.

Fent K, Zbinden G: Toxicity of interferon and interleukin. Trends Pharmacol. Sci. 1987; 8:100–104.

Ferreira SH, Lorenzetti BB, Bristow AF, Poole S: Interleukin-1 beta as a potent hyperalgesic agent antagonized by a tripeptide analogue. Nature 1988; 334:698–700.

Furutani Y, Notake M, Fukui T, Ohue M, Nomura H, Yamada M, Nakamura S: Complete nucleotide sequence of the gene for human interleukin 1 alpha. Nucleic Acids Res. 1986; 14:3167–1379.

Gilman AG, Rall TW, Nies AS, Taylor P: Goodman's und Gilman's the Pharmacological Basis of Therapeutics. New York, Program Press, 1991.

Handley SL, McBlane JW: An assessment of the elevated X-maze for studying anxiety and anxiety-modulating drugs. J. Pharmacol. Toxicol. Meth. 1993; 29:129–136.

Hart BL: Biological basis of the behaviour of sick animals. Neurosci. Biobehav. Rev. 1988; 12:123–137.

Hashimoto M, Ishikawa Y, Yokota S, Goto F, Bando T, Sakakibara Y, Iriki M: Action site of circulating interleukin-1 on the rabbit brain. Brain Res. 1991; 540:217–223.

Heinrich PC, Castell JV, Andus T: Interleukin-6 and the acute phase response. Biochem. J. 1990; 265:621–636.

Hellerstein MK, Meydani SN, Meydani MWK, Dinarello CA: Interleukin-1-induced anorexia in the rat. J. Clin. Invest. 1989; 84:228–235.

Holmes JE, Miller NE: Effects of bacterial endotoxin on water intake, food intake and body temperature in the albino rat. J. Exp. Med. 1963; 118:649–658.

Kaplan HJ, Sadock J: Synopsis of Psychiatry: Behavioral Sciences, Clinical psychiatry. Baltimore MD, Williams & Wilkins, 1991.

Katsuki H, Nakai Y, Akaji K, Satoh M: Interleukin-1 beta inhibits long-term potentiation in the CA3 region of mouse hippocampal slices. Eur. J. Pharmacol. 1990; 181:323–326.

Kennedy MB: Regulation of synaptic transmission in the central nervous system: Long-term potentiation. Cell 1989; 59:777–787.

Kent S, Bluthe M, Kelley KW, Dantzer R: Sickness behavior as a new target for drug development. Tips 1992; 13:24–29.

Kishimoto T: Interleukin-6 und its receptor in autoimmunity. J. Autoimm. 1992; 5:123–132.

Kluger MJ: Fever. Its Biology, Evolution und Function. Princeton, Princeton University Press, 1979.

Kluger MJ: Fever: role of pyrogens und cryogens. Physiol. Rev. 1991; 71:93–127.

Krueger JM: Somnogenic activity of immune response modifiers. Trends Pharmacol. Sci. 1990; 11:122–126.

Kuriyama K, Hori T, Mori T, Nakashima T: Actions of interferon alpha and interleukin-1 beta on the glucose-responsive neurons in the ventromedial hypothalamus. Brain Res. Bull. 1990; 24, 803–810.

Linthorst ACE, Flachskamm C, Holsboer F, Reul JMHM: Local administration of recombinant human interleukin-1beta in the rat hipppocampus increases serotonergic neurotransmission, hypothalamic-pituitary-adrenocortical axis activity und body temperature. Endocrinology 1994; 135:520–532.

Lomedico PT, Gubler R, Hellmann CP, Dukovich M, Giri JG, Pan YE, Collier K, Semionow R, Chua AO, Mizel SB: Cloning and expression of murine interleukin-1 cDNA in Escherichia coli. Nature 1984; 312:458–462.

Miller NE: Some psychophysiological studies of motivation and of behavioral effects of illness. Bull. Br. Psychol. Soc. 1964; 17:1–20.

Miller L, Galpern WR, Dunlap K, Dinarello CA, Turner TJ: Interleukin-1 augments gamma-aminobutyric $acid_A$ receptor function in brain. Mol. Pharmacol. 1991; 39:105–108.

Minden SL, Schiffer RB: Affective disorders in multiple sclerosis: Review and recommendations for clinical research. Arch. Neurol. 1990; 47:98–113.

Montkowski A, Landgraf R, Reul JMHM, Holsboer F, Schöbitz B: Interleukin 1, a putative anxiolytic in rat. Psychol. Beiträge 1994; 36:112–118.

Montkowski A, Yassouridis A, Landgraf R, Holsboer F, Schöbitz B: Central administration of IL-1 reduces anxiety and induces sickness behaviour in rats. Pharmacol. Biochem. Behav. (in press).

Morris RGM, Garrud P, Rawlins JNP, O'Keefe J: Place Navigation impaired in rats with hippocampal lesions. Nature 1982; 297:681–833.

Nakamura H, Nakanishi K, Kita A, Kadokawa T: Interleukin-1 induces analgesia in mice by a central action. Eur. J. Pharmacol. 1988; 149:49–54.

Oitzl MS, van Oers H, Schöbitz B, de Kloet ER: Interleukin-1ß, but not interleukin-6, impairs spatial navigation learning. Brain Res. 1993; 613:160–163.

Opp M, Obal jr. F, Cady AB, Johannsen L, Krueger JM: Interleukin-6 is pyrogenic but not somnogenic. Physiol. Behav. 1989; 45:1069–1072.

Opp M, Obal jr. F, Krueger JM: Interleukin 1 alters rat sleep: Temporal and dose-related effects. Am. J. Physiol. 1991; 29: R52–58.

Osaka T, Kannan H, Kawano S, Ueta H, Yamashita H: Intraperitoneal administration of recombinant human interleukin-1 beta inhibits osmotic thirst in the rat. Physiol. Behav. 1992; 51:1267–1270.

Plata-Salaman CR: Dexamethasone inhibits food intake suppression induced by low doses of interleukin-1 beta administered intracerebroventricularly. Brain Res. Bull. 1991; 27:737–738.

Plata-Salaman CR: Food intake suppression by immunomodulators. Neurosci. Res. Communic. 1988; 159:159–165.

Plata-Salaman CR, Ffrench-Mullen JMH: Interleukin-1 beta depresses calcium currents in CA1 hippocampal neurons at pathophysiological concentrations. Brain Res. Bull. 1992; 29:221–223.

Preziosi P, Parente L, Navarra P: Cytokines und eicosanoids in cancer drug toxicity. Trends Pharmacol. Sci. 1992; 13:226–229.

Rada P, Mark GP, Vitek MP, Mangano RM, Blume AJ, Beer B, Hoebel BG: Interleukin-1 beta decreases acetylcholine measured by microdialysis in the hippocampus of freely moving rats. Brain Res. 1991; 550:287–290.

Rodin G, Voshart K: Depression in the medically ill: an overview. Am. J. Psychiatry 1986; 143:696–705.

Rothwell NJ: Functions und mechanisms of interleukin 1 in the brain. Trends Pharmacol. Sci. 1991; 12:430–436.

Schöbitz B, de Kloet ER, Holsboer F: Gene expression and function of interleukin 1, interleukin 6 and tumor necrosis factor in the brain. Progress Neurobiol. 1994(a); 44:397–432.

Schöbitz B, Holsboer F, de Kloet ER: Cytokines in the healthy und diseased brain. News Physiol. Sci. 1994(b); 9:138–142.

Shintani F, Kanba S, Nakaki T, Nibuya M, Kinoshita N, Suzuki E, Yagi G, Kato R, Asai M: Interleukin-1 beta augments release of norepinephrine, dopamine, and serotonin in the rat anterior hypothalamus. J. Neurosci. 1993; 13:3574–3581.

Siggins GR, Gruol DL: Mechanisms of transmitter action in the vertebrate central nervous system. In: Bloom FE (Hrsg.): Handbook of Physiology: The Nervous System IV. Bethesda, The American Physiological Society, 1986; pp. 1–114.

Spadaro F, Dunn AJ: Intracerebroventricular administration of interleukin-1 to mice alters investigation of stimuli in a novel environment. Brain Behav. Immun. 1990; 4:308–322.

Uehara A, Sekiya C, Takasugi Y, Namiki M, Arimura A: Anorexia induced by interleukin 1: Involvement of corticotropin-releasing factor. Am. J. Physiol. 1989; 257: R613–R617.

Zeise ML, Madamba S, Siggins GR: Interleukin-1 beta increases synaptic inhibition in rat hippocampal pyramidal neurons in vitro. Regul. Pept. 1992; 39:1–7.

Schlaf und Immunfunktionen

Kirsten Hansen, Horst-Lorenz Fehm und Jan Born

Schlaf geht mit charakteristischen Veränderungen der zentralnervösen Aktivität und der Regulation verschiedener Körperfunktionen einher. Zahlreiche Tierexperimente, aber bedeutend weniger Humanexperimente haben Hinweise für ausgeprägte Wechselwirkungen zwischen zentralnervösen Schlafprozessen und immunologischen Funktionen erbracht. Grundlage vieler dieser Experimente war die naheliegende Vermutung, daß Schlaf Abwehrfunktionen stärkt und Schlafentzug – zumindest bei entsprechender Ausdehnung – umgekehrt die Infektabwehr schwächt. Die bisher durchgeführten Humanexperimente haben zwar den Nachweis eines regulativen Einflusses des Schlafs auf Immunfunktionen erbracht, eine generelle Stärkung der Immunabwehr durch Schlaf läßt sich aus den Befunden allerdings nicht ableiten.

Alltagsbeobachtungen wie z. B. die verstärkte Müdigkeit bei bestimmten viralen Infekten gaben Anlaß zur Vermutung, daß auch umgekehrt das Immunsystem in die Regulation zentralnervöser Schlaf-Wach-Prozesse eingreift. Tierexperimentell wurde tatsächlich gezeigt, daß durch Gabe von Zytokinen wie Interleukin-1 (IL-1) oder Tumornekrosefaktor-alpha (TNF-α) Schlaf induziert und verstärkt werden kann (Covelli et al., 1991; Krüger et al., 1987; Shoham et al., 1987; Walter et al., 1989). Die bisherigen, mit diesen Tierexperimenten vergleichbaren humanexperimentellen Studien bestätigen zwar die Existenz von Zytokinwirkungen auf den Schlaf, allerdings lassen sich aus diesen Befunden keine Schlaf-induzierenden Wirkungen der Zytokine ableiten.

Studien am Menschen haben eine Reihe interessanter Einzelergebnisse bezüglich der Interaktion zwischen Schlaf und Immunfunktion akkumuliert. Insgesamt haben diese Befunde aber noch kein schlüssiges Bild über die funktionalen Prinzipien dieser Interaktionen ergeben. Dies liegt – abgesehen von der überhaupt sehr geringen Zahl schlafimmunologischer Studien am Menschen – zumindest partiell an methodischen Problemen, die die Interpretation dieser Studien erschweren. Die Studien stützten sich vielfach nur auf sehr kleine Probandenzahlen, die keine adäquate statistische Evaluation der Daten erlauben. Vor allem bei Schlafentzugsexperimenten wurde häufig die Kontrolle zirkadianer und streßbedingter Faktoren vernachläßigt. Die Untersuchung von Schlafveränderungen nach Gabe von Zytokinen fand aus ethischen Gründen nur im Rahmen von Therapiestudien bei schwerkranken Patienten statt, die mit unphysiologisch hohen Dosen dieser Substanzen behandelt wurden.

Aber trotz der stärkeren Beschränkungen, denen das Humanexperiment im Vergleich zum Tierexperiment unterliegt, ist das Experiment am Menschen dem am Tier prinzipiell vorzuziehen, wenn klinisch-medizinisch relevante Aussagen gewonnen werden sollen. Einerseits gibt es im Tierexperiment spezielle methodische Probleme, welche im Humanversuch weniger stark zutage treten, wenn z. B. bedacht wird, daß ein Tier in einem Schlafentzugsexperiment nur gezwungenermaßen durch Konfrontation mit einem Stressor wachbleibt, während der menschliche Proband dies freiwillig tut. Andererseits gibt die Literatur eine Fülle von Hinweisen auf ausgeprägte Artspezifitäten für die verschiedensten Aspekte des Schlafs und immunologischer Funktionen. Einer Übertragbarkeit von zumeist an Nagern gewonnenen Ergebnissen auf den Menschen muß daher a priori mit Skepsis engegengetreten werden.

Die vorliegende Arbeit gibt einen Überblick über Studien am Menschen, die auf eine Klärung der Beziehung zwischen Schlaf und immunologischen Funktionen abzielten. Zunächst werden Arbeiten diskutiert, die die Immunfunktion während des normalen Nachtschlafs unter ungestörten Bedingungen untersuchen. In einem zweiten Teil werden Studien dargestellt, in denen Veränderungen der Immunfunktion in Abhängigkeit von experimentellen Manipulationen des Schlafs evaluiert wurden. Ein dritter Teil bezieht sich schließlich auf Studien, in denen Wirkungen immunologischer Manipulationen auf das zentralnervöse Schlafgeschehen analysiert wurden.

Ein Schwerpunkt der vorliegenden Arbeiten befaßt sich mit Aspekten des zellulären Immunsystems, welches einerseits von den Zellen der unspezifischen Abwehr, den Granulozyten, Monozyten, Makrophagen und Natural-Killer-Zellen (NK-Zellen), getragen wird, zum anderen durch Lymphozyten, welche die spezifische Abwehr durchführen und zusätzlich durch Produktion von Antikörpern wichtige Bereiche der humoralen Abwehr gewährleisten. Die Untersuchung zellulärer Immunfunktion erfolgte beispielsweise durch die Bestimmung von Zellzahlen und Subpopulationen aber auch von bestimmten Zellfunktionsparametern wie der Zytotoxizität, der Phagozytoserate von Immunzellen sowie der Proliferationsrate nach Inkubation mit Mitogenen.

Ein weiterer Schwerpunkt der Studien liegt in der Bestimmung von Zytokinen während Schlaf und Wachheit. Zytokine nehmen im Bereich der humoralen Abwehr vor allem interzellulär koordinative Funktionen zwischen den Teilbereichen des Immunsystems wahr, ohne die eine intakte Immunfunktion nicht gewährleistet ist. Die Freisetzung von Zytokinen wird durch endokrine Hormone wie Wachstumshormon (GH) und Cortisol beeinflußt, die aufgrund der Schlaf-spezifischen Regulation ihrer Sekretion als neuroendokrine Vermittler von Wirkungen des Schlafs auf die Zytokinfreisetzung in Frage kommen (Kelley et al., 1986). Umgekehrt sind Zytokine als humorale Faktoren dafür prädestiniert, immunologische Einflüsse auf zentralnervöse Schlafprozesse zu vermitteln. Experimentell wurden sowohl Plasmazytokinspiegel als auch die Freisetzung von Zytokinen nach in-vitro-Stimulation von Immunzellen mit entsprechenden Mitogenen im Zusammenhang mit dem Schlaf untersucht. Während Plasmazytokinspiegel die quasi spontane *endogene Freisetzung* dieser Zytokine abbilden, ist die nach Mitogenstimulation in vitro gemessene Zytokinaktivität ein Maß für die Freisetzbarkeit oder *Produktion* dieser Substanzen.

Die Immunfunktion während des ungestörten Nachtschlafs

Viele Parameter insbesondere zellulärer Immunfunktionen zeigen Veränderungen während des normalen nächtlichen Schlafs. Dabei ist jedoch zu berücksichtigen, daß der überwiegende Teil dieser Meßgrößen einer zirkadianen Rhythmik unterliegt. Zirkadiane Oszillatoren im Zentralnervensystem können synchronisierende Einflüsse auf immunologische Funktionen und Schlaf-Wach-Prozesse ausüben. Untersuchungen unter normalen Schlaf-Wachbedingungen lassen daher prinzipiell keine eindeutigen Aussagen darüber zu, ob während des Nachtschlafs auftretende immunologische Veränderungen primär schlafbedingt sind oder durch übergeordnete zirkadiane Oszillatoren hervorgerufen werden.

Schlafunabhängige zirkadiane Rhythmen von Immunfunktionen können nur im Rahmen 24stündiger Wachperioden nachgewiesen werden. Bisher liegen allerdings keine Studien vor, die auf diese Weise zirkadiane Schwankungen immunologischer Parameter beim Menschen erfaßt haben. Statt dessen wurde die Rolle des Schlafs als möglicher Vermittler zirkadianer Rhythmik vernachlässigt. So wurden in diesen Studien vielfach die nächtlichen Schlafperioden nicht exakt dokumentiert. In anderen Studien wurden nachts Blutabnahmetechniken verwendet, die zwangsläufig eine Störung des Schlafs zur Folge hatten. (Um das zu vermeiden, werden in Schlafstudien üblicherweise Blutabnahmen mittels Venenverweilkatheter und einem langen Schlauchsystem von einem benachbarten Raum aus durchgeführt.)

Zirkadiane Rhythmen immunologischer Funktionen könnten aber auch über Rhythmen hormonaler Sekretion z. B. von Cortisol und GH vermittelt sein, die ihrerseits mehr oder weniger stark durch Schlaf-Wach-Prozesse kontrolliert werden (Gatti et al., 1988; Haus, 1992; Fernandes, 1992; Takahashi et al., 1968). Die Sekretion von Cortisol, das selektiv in die Immunzellmigration eingreift und verschiedene Immunfunktionen, wie die Phagozytoseaktivität von Monozyten, die T-Zellproliferation usw. unterdrückt (Chrousos, 1995), ist zu Beginn der Nacht minimal (Cortisolnadir) und steigt bis zu den frühen Morgenstunden auf ihr zirkadianes Maximum an. Die Phase, insbesondere die Akrophase des zirkadianen Cortisolrhythmus hängt vom nächtlichen Schlaf ab, denn der nächtliche Cortisolanstieg beginnt typischerweise in der zweiten oder dritten Non-REM-Epoche (REM – «rapid eye movement») des Schlafs und akute Verzögerungen des Schlafs führen zu einer parallelen Verzögerung des Anstiegs (Born et al., 1986; Follenius et al., 1988). Die Sekretion von GH, das verschiedene Immunfunktionen wie beispielsweise die NK-Aktivität und die Proliferation und Differenzierung von T-Zellen (Kiess et al., 1985; Madden et al., 1995; Khansari et al., 1990; Timsit et al., 1992) zu stimulieren scheint, ist hinsichtlich ihrer zirkadianen Oszillationen vollkommen vom Schlaf-Wachgeschehen abhängig. Das Maximum der täglichen GH-Freisetzung wird zu Beginn des Schlafs in enger zeitlicher Assoziation mit den ersten Deltaschlafphasen erreicht, unabhängig davon, ob die Schlafepoche tagsüber oder nachts stattfindet (Born et al., 1988; Pietrowsky et al., 1994).

Zusammengefaßt legen diese Erwägungen eine direkte oder endokrin vermittelte Beteiligung des Schlafs bei der Entstehung zirkadianer Oszillationen immunologischer Parameter nahe. Unter diesem Blickwinkel sollen daher kurz und auf den Schlaf fokussierend die wichtigsten Ergebnisse von Studien zur zirkadianen Rhythmik immunologischer Funktionen dargestellt werden.

Zelluläre Immunfunktion

Tabelle 1 faßt die Charakteristika der zirkadianen Rhythmen verschiedener hämatologischer Parameter nach Untersuchungen von Haus (1992) und Ritchie et al. (1983) zusammen. Die Zahl im Blut zirkulierender neutrophiler

Tabelle 1: Zeitpunkt des Maximums (Akrophase) und Konfidenzintervall wichtiger zellulärer immunologischer Parameter (nach Haus, 1992; Ritchie et al., 1983).

Paramter	Akrophase	Konfidenzintervall
Leukozyten gesamt	22.30 h	21.00 – 0.00 h
Neutrophile Granulozyten	19.15 h	18.00 – 21.30 h
Eosinophile Granulozyten	2.00 h	0.00 – 4.30 h
Monozyten	20.30 h	16.00 – 0.30 h
Lymphozyten	0.00 h	22.00 – 2.00 h
B-Lymphozyten	4.30 h	2.00 – 10.00 h
T-Lymphozyten	1.00 h	23.30 – 3.00 h
NK-Zellen	11.15 h	10.00 – 12.30 h
NK-Zellaktivität	11.30 h	9.30 – 13.30 h
Lymphozytenfunktionen:		
PHA-Antwort	12.00 h	7.00 – 14.00 h
PWM-Antwort	11.30 h	6.00 – 14.30 h

Granulozyten und Monozyten steigt in den frühen Abendstunden an, um zwischen 18.00 h und 21.30 h Höchstwerte zu erreichen. In der zweiten Nachthälfte fällt ihre Anzahl wieder ab und erreicht in den frühen Morgenstunden ein Minimum. Im Vergleich dazu setzt die abendliche Zunahme zirkulierender Lymphozyten um etwa drei Stunden verzögert ein; zwischen 4.00 h und 8.00 h fällt die Lymphozytenzahl dann steil auf ihr Tagesminimum ab. Die verschiedenen Lymphozytensubpopulationen zeigten in mehreren Untersuchungen allerdings zum Teil deutliche Abweichungen vom Tagesverlauf der Gesamtlymphozytenzahl (Haus, 1992; Ritchie et al., 1983; Canon et al., 1992) – ein Hinweis dafür, daß die Rhythmik dieser Zellsubpopulationen und ihrer assoziierten Immunfunktionen zusätzlichen modulierenden Einflüssen unterworfen ist. Hinsichtlich der NK-Zellen berichteten mehrere Arbeitsgruppen (Gatti et al., 1988; Ritchie et al., 1983; Moldofsky et al., 1989b) einen Anstieg der Zellzahl, ihrer zytotoxischen Aktivität sowie ihrer Stimulierbarkeit durch Interferon-γ in den frühen Morgenstunden, während diese Werte abends und nachts signifikant abfielen. Eine Beteiligung des Schlafs vorausgesetzt, sprechen bereits diese Befunde gegeneinander verschobener zirkadianer Rhythmen der unterschiedlichen Immunzellpopulationen gegen eine einheitliche, unidimensionale Wirkung des Schlafs auf die diversen Aspekte der Immunfunktion.

Zytokine

Von mehreren Arbeitsgruppen wurde die spontane Freisetzung (Bauer et al., 1994; Zabel et al., 1993; Gudewill et al., 1992) bzw. die durch in-vitro-Zusatz von Mitogenen stimulierte Freisetzbarkeit verschiedener Monokine und Lymphokine während des Nachtschlafs untersucht (Zabel et al., 1990 und 1993; Hohagen et al., 1993; Späth-Schwalbe et al., 1992), jedoch mit sehr unterschiedlichen Ergebnissen. Teilweise könnten diese Diskrepanzen auf methodischen Unterschieden bei der Zytokinbestimmung beruhen. Insbesondere ist bei der Evaluation der vorhandenen Studien zu berücksichtigen, daß die spontane endogene Zytokinfreisetzung, wie sie über die Plasmaspiegel erfaßt wird, und die Messung der Freisetzbarkeit von Zytokinen nach in-vitro-Mitogenstimulation möglicherweise vollkommen unterschiedliche immunologische Prozesse widerspiegeln.

Zabel et al. (1993) zeigten einen Abfall der spontanen Monokin-Produktion (TNF-α, IL-1 und IL-6) am Abend und höchste Werte vormittags. Demgegenüber berichteten Moldofsky et al. (1986) in einer Studie an sechs Männern während des nächtlichen Schlafs hauptsächlich in der ersten Nachthälfte eine verstärkte Plasma-IL-1-Aktivität, welche mit dem Tagesminimum der Cortisolkonzentration und den ersten ausgeprägten Deltaschlafphasen assoziiert zu sein schien. Dieser Befund konnte aber in einer späteren Studie derselben Arbeitsgruppe (Moldofsky et al., 1989b) nicht repliziert werden. Auch in anderen Untersuchungen wurden während des nächtlichen Schlafs im Vergleich zu vorausgehenden oder nachfolgenden Wachphasen Hinweise für erhöhte Plasmaspiegel von TNF-α, IL-1ß und IL-6 beobachtet (Bauer et al., 1994; Gudewill et al., 1992). Die Bestimmung der spontanen Zytokinfreisetzung ist wegen der häufig sehr niedrigen und unter der Nachweisgrenze liegenden Konzentrationen im Blut recht störanfällig. Dies ist möglicherweise einer der Gründe, die die Replikation beobachteter zirkadianer Rhythmen stark erschwert.

Nach Mitogenstimulation separierter Leukozyten beobachteten Späth-Schwalbe et al. (1992) bei neun gesunden jungen Männern einen nächtlichen Abfall der Freisetzbarkeit von TNF-α mit zwei separaten Minima bei 2.00 h und 6.00 h. Auch die Produktion von IFN-γ schien in dieser Studie über die Gesamtnacht hinweg abzufallen und erreichte gegen 6.00 h niedrigste Werte. Zabel et al. (1990) zeigten einen nächtlichen Abfall der Produktion von IL-1. Im Gegensatz dazu berichteten Hohagen et al. (1993) basierend auf vier einzelnen Untersuchungsnächten einen Anstieg der Produktion von IL-1ß und IFN-γ während des nächtlichen Schlafs. Zabel et al. (1993) fanden nächtliche Zunahmen auch der Lipopolysaccharid-(LPS-) stimulierten Freisetzung von TNF-α im Zeitraum zwischen 20.00 h und 4.00 h. Die Freisetzbarkeit der Monokine IL-1 und IL-6 zeigte aber in derselben Studie einen divergenten Nachtverlauf: Die Produktion dieser Monokine schien nachts konstant erhöht zu sein, um in den Morgenstunden abzufallen.

Dieser Verlauf der stimulierten Freisetzung von IL-1 und IL-6 entspricht in etwa dem der zirkulierenden Monozyten. Es ist daher möglich, daß die Ursache der nächtlichen Veränderungen in der Monokinproduktion in parallelen Veränderungen der Zahl zirkulierender Monozyten liegt. In den meisten Untersuchungen, die die Zytokinfreisetzung nach Mitogenstimulation untersuchten, wurde zwar die Zahl der stimulierten mononukleären Zellen für die verschiedenen Tagesmeßzeitpunkte konstant gehalten. Der relative Anteil stimulierter Monozyten als Hauptquelle der Zytokine wie TNF-α und IL-1 wurde dabei aber nicht kontrolliert. Man muß jedoch erwarten, daß ein erhöhter relativer Anteil an Monozyten in nächtlich abgenommenen Blutproben zwangsläufig zu einer verstärkten Monokinfreisetzung nach entsprechender Mitogenstimulation dieser Blutproben führt. Jedoch tragen auch andere Zellen außer den Monozyten zur Monokinproduktion bei.

Zabel et al. (1993) verglichen die zirkadianen Verläufe der Freisetzung von TNF-α, IL-1 und IL-6 nach LPS-Stimulation mit den endogenen Plasma-Zytokinkonzentrationen zu den jeweiligen Meßzeitpunkten. Während die stimulierte Produktion dieser Monokine insgesamt nachts höher als tagsüber lag, waren die Verhältnisse für die Plasma-Zytokinkonzentrationen genau umgekehrt, nämlich tags höher als nachts. Dieser Befund spricht dafür, daß die endogene Monokinfreisetzung durch vollkommen andere Mechanismen reguliert wird als die Produktion dieser Monokine nach in-vitro-Mitogenstimulation. Möglich scheint angesichts dieser Befunde auch eine gegenläufige Beziehung dergestalt, daß hohe spontane Plasmazytokinspiegel mit einer geringen Mitogen-Stimulierbarkeit der Zytokinfreisetzung assoziiert sind und umgekehrt (Born et al., 1995). Auf jeden Fall kann eine positive Korrelation zwischen diesen beiden Maßen nicht a priori erwartet werden.

Insgesamt fanden zwar alle Studien, in denen Zytokinverläufe während des ungestörten Nachtschlafs evaluiert wurden, mit dem Nachtschlaf assoziierte Veränderungen der Zytokinfreisetzung oder -freisetzbarkeit. Allerdings waren die Ergebnisse zu widersprüchlich, als daß sie eindeutige Aussagen über die Relation zwischen Schlaf und Zytokinen erlauben. Für weitere Studien scheint die Differenzierung von in-vitro-stimulierter Zytokinproduktion und spontaner endogener Zytokinfreisetzung wichtig zu sein. Von Vorteil für diese Studien wäre der Einschluß größerer Probandenzahlen und eine exaktere Dokumentation des Schlafs.

Schlußfolgerungen

Die Untersuchung der zirkadianen Veränderungen zellulärer Immunfunktionen und der Zytokine zeigen, daß der nächtliche Schlaf mit einer veränderten Regulation dieser Prozesse assoziiert ist, ohne daß daraus eindeutige Effekte des zentralnervösen Schlafs auf Immunfunktionen ableitbar sind. Insofern diese Studien aber deutliche zirkadiane Rhythmen der Immunzellmigration und -funktion einschließlich der Zytokinfreisetzung und -produktion aufweisen, machen sie deutlich, daß die Evaluation dieser Funktionen im Rahmen von Schlaf- und Schlafentzugsstudien nicht auf einzelnen Meßzeitpunkten basieren sollte. Außerdem ist zu berücksichtigen, daß Wirkungen des Schlafs auf immunologische Funktionen und umgekehrt auch immunologische Einflüsse auf den zentralnervösen Schlaf mit zirkadianen Rhythmen interagieren können. So könnte beispielsweise die Empfindlichkeit bestimmter Immunparameter gegenüber Einflüssen des Schlafs am Tage geringer als in der Nacht sein.

Die Immunfunktion bei Schlafentzug

Um zu prüfen, ob Veränderungen immunologischer Funktionen während des Schlafs kausal von zentralnervösen Schlafprozessen abhängen, muß der Schlaf experimentell manipuliert werden. Die in diesem Kontext gängigste Methode ist der Vergleich von Wirkungen von Schlafentzug und normalem Schlaf. Die Schlafentzugs- und Schlafintervalle finden in solchen Experimenten zur derselben Tages- bzw. Nachtzeit statt, um den Einfluß zirkadianer Rhythmik konstant zu halten. Unter immunologischer Fragestellung wurden beim Menschen in bisher lediglich sieben Studien Wirkungen totaler Schlafdeprivation (der vollständige Entzug nächtlicher Schlafphasen) untersucht. In drei weiteren Studien wurden Wirkungen partieller Schlafdeprivation (Entzug des Schlafs in der ersten oder der zweiten Hälfte der Nacht) untersucht. Wirkungen selektiver Schlafdeprivation (Entzug des Schlafs in bestimmten Stadien, z. B. REM-Schlafentzug) wurden im Humanexperiment bisher nicht analysiert.

In Tierexperimenten wurde Schlafentzug zum Teil über mehrere Wochen durchgeführt. Sehr lang anhaltender Schlafentzug führt in der Regel zum Tod z. B. durch Infektionen (Rechtschaffen et al., 1983 und 1989). Dies läßt vermuten, daß Schlafentzug die Immunfunktion beeinträchtigt. Prinzipiell ist aber gerade bei lang andauerndem Schlafentzug nicht auszuschließen, daß der mit den wachhaltenden Maßnahmen verbundene Streß – z. B. über die sekretorische Aktivierung der Hypothalamus-Hypophysen-Nebennierenrindenachse – stärkere immunologische Wirkungen hat als der Schlafentzug per se. Beim Menschen sind Schlafentzugsphasen von maximal 96 h zwar ethisch vertretbar, aber wegen der zu erwartenden streßbedingten Kontamination gemessener immunologischer Veränderungen wenig sinnvoll, um die Rolle des Schlafs bei der Regulation immunologischer Prozesse zu erhellen.

Tabelle 2 gibt eine methodische Übersicht über die zehn Humanstudien zur Wirkung des Schlafentzugs auf die Immunfunktionen hinsichtlich Dauer des Schlafentzugs, Anzahl und Geschlecht der Probanden, Häufigkeit und Uhrzeit der Blutentnahmen sowie über die untersuchten immmunologischen Laborparameter der jeweiligen Studie.

Zelluläre Immunfunktion

Leukozyten, Granulozyten, Monozyten: Palmblad et al. (1976; 1979) fanden keine signifikanten Veränderungen der Gesamtzahl zirkulierender Leukozyten während und nach 77stündiger Schlafdeprivation. Jedoch fiel die Leukozyten-Phagozytoseaktivität während der Schlafentzugsphase ab und stieg in der Erholungsphase wieder an. Die Befunde basierten auf einer Blutentnahme pro Tag, die jeweils 12.30 h (1976) oder 8.00 h (1979) stattfand. Auch Born et al. (1995) konnten keine Veränderungen der Leukozytengesamtzahl unter Schlafentzugsbedingungen beobachten.

Im Gegensatz dazu kam es in der Studie von Dinges et al. (1994) zu einem hochsignifikanten Anstieg der Gesamtleukozytenzahl mit zunehmender Dauer der insgesamt 64stündigen Schlafdeprivation. Diese Zunahme war vor allem durch einen Zuwachs der Zahl zirkulierender Granulozyten und Monozyten bedingt. Nach dem Erholungsschlaf waren die Granulozyten- und Monozytenzahlen zwar leicht abgefallen, aber gegenüber der Baseline-Phase immer noch signifikant erhöht (Abb. 1). Dementsprechend korrelierte die Monozytenzahl mit der subjektiv eingeschätzten Müdigkeit deutlich nur während der Entzugsphase, nicht aber während der Erholungsphase, die zu einer vollständigen Reduktion der subjektiven Müdigkeit führte. Ähnlich wie in den Studien von Palmblad et al. (1976, 1979) führten auch Dinges et al. (1994) täglich nur eine Blutabnahme durch, die hier 22.00 h stattfand. Die Diskrepanz zu den Befunden von Palmblad et al. (1976, 1979) könnte daher im Tagesmeßzeitpunkt begründet sein; die Diskrepanz zu den

Tabelle 2: Methodik der 10 Humanstudien über die Wirkung von Schlafentzug auf die Immunfunktion. TSD: Totale Schlafdeprivation; PSD: Partielle Schlafdeprivation; LAK: Lymphokine Activated Killer Cells; PHA: Phytohemagglutinin; PWM: Pokeweed Mitogen; ConA: Concanavalin.

Untersucher	Anzahl der Probanden	Dauer des Schlafentzugs	Zeitpunkt der Blutentnahmen	untersuchte immunologische Laborparameter
Palmblad et al (1976)	8 Frauen	77 h	jeweils 1x am Baseline-Tag (12.30 h), nach 28 h und 76 h TSD und 5 Tage nach Erholungsschlaf	Granulozyten, Monozyten, Lymphozyten, Interferon (stimuliert), Leukozyten-Phagozytose-Aktivität
Palmblad et al (1979)	12 Männer	48 h	jeweils 1x am Baseline-Tag (8.00 h), nach 48 h TSD und 5 Tage nach Erholungsschlaf	PHA-stimulierte Lymphozytenproliferation, Granulozyten-Adhärenz, Alkalische Leukozyten-Phosphatase
Moldofsky et al (1989a)	6 Männer	64 h	tagsüber zweistündlich nachts halbstündlich	PHA- oder PWM-stimulierte Lymphozytenproliferation NK-Zell-Aktivität
Moldofsky et al (1989b)	10 Männer	40 h	tagsüber zweistündlich nachts halbstündlich	PHA- oder PWM-stimulierte Lymphozytenproliferation, NK-Zell-Aktivität, IL-1- und IL-2-Aktivität
Späth-Schwalbe et al (1992)	9 Männer	24 h	nur nachts: 23.00 – 5.00 h stündlich 5.00 – 7.00 h halbstündlich	TNF-α, IL-1α, IFN-γ (alle stimuliert)
Dinges et al (1994)*	13 Männer 7 Frauen	64 h	jeweils 1x täglich (22.00 h) am Baseline-Tag, nach 15, 39, 63 h TSD und 15 h nach Erholungsschlaf	Granulozyten, Monozyten, NK-Zellzahl und -Aktivität, Lymphozytensubpopulationen, PHA-, PWM- oder ConA-stimulierte Lymphozytenproliferation, IFN-γ, IL-1β, IL-2, IL-6, IL-12 (alle unstimuliert)
Born et al (1995)	10 Männer	40 h	3-stündlich über 2 Tage und 2 Nächte	Differentialblutbild, Lymphozytentypisierung NK-Zellzahl
Irwin et al (1994)	23 Männer	4h, zweite Nachthälfte	jeweils 1x täglich (7.00–9.00 h) nach 3 Baseline-Nächten, nach einer Nacht mit 4 Stunden PSD und nach Erholungsschlaf	NK-Zell-Aktivität
McClintick et al (1994)	16 Männer	4 h, erste Nachthälfte	jeweils 1x täglich morgens nach einer Baseline-Nacht und nach einer Nacht mit 4 h PSD	NK-Zellzahl und -Aktivität, LAK-Aktivität, IL-2-Produktion (stimuliert)
Uthgenannt et al (1995)	13 Männer	3,5 h, erste oder zweite Nachthälfte	halbstündlich während der Nacht (23.00–7.00 h)	IFN-γ, TNF-α, IL-1β, IL-2 (alle stimuliert)

* Die Daten für die Zytokine finden sich in der Veröffentlichung von 1995.

Befunden von Born et al. (1995) in der dort sehr viel kürzeren Dauer des Schlafentzugs.

NK-Zellen: Neben den Granulozyten und den Monozyten sind die NK-Zellen die wichtigsten zellulären Vermittler unspezifischer Immunabwehr. Über die Beeinflußbarkeit der NK-Zellzahl und ihrer Zytotoxizität durch Schlafentzug liegen ebenfalls Befunde aus den verschiedenen Studien vor, die auf den ersten Blick uneinheitlich wirken. Die Unterschiede in den Ergebnissen könnten aber auch eine Abhängigkeit der Schlafdeprivationswirkungen von der Dauer des Schlafentzugs widerspiegeln. Kurz dauernder Schlafentzug, d. h. vierstündige partielle Schlafdeprivation und die totale Schlafdeprivation für eine Nacht riefen konsistent eine Abnahme der NK-Zellzahl und der zytotoxischen Aktivität dieser Zellen hervor (Moldofsky et al., 1989b; Dinges et al., 1994; Irwin et al., 1994; McClintick et al., 1994). Eine längere Schlafentzugsdauer ging dagegen mit einer signifikanten Zunahme der NK-Zellzahl und -Zytotoxizität einher (Dinges et al., 1994; Moldofsky et al., 1989a). Zusammen sprechen die Befunde für einen biphasischen Verlauf der NK-Zellreaktion auf Schlafentzug.

Interessanterweise bildeten sich in zwei der genannten Studien (Moldofsky et al., 1989b; Dinges et al., 1994) die durch Schlafentzug induzierten NK-Zellveränderungen – unabhängig von ihrer Ausprägungsrichtung – nach der Erholungsnacht nicht zurück, ein Hinweis für die große Trägheit der Mechanismen, mit denen Schlaf und Schlafentzug in die Regulation dieser Zellen eingreift. Naheliegend ist daher die Vermutung, daß Schlaf nur mittelbar die NK-Zellen beeinflußt. Insbesondere die erst nach länger dauernder Schlafdeprivation einsetzende Zunahme der NK-Zellzahl und -Zytotoxizität könnte eine sekundäre Wirkung des Entzugs sein, die primär über eine Steigerung der Zahl und der Zytokinfreisetzung (siehe unten) zirkulierender Monozyten hervorgerufen wird (Abb. 2).

Lymphozyten: Mehrere Untersuchungen zeigten übereinstimmend, daß weniger die Lymphozytenanzahl als ihre Funktion durch Schlafentzug beeinflußt wird. So beobachteten Palmblad et al. (1976) bei unveränderter Lymphozytenzahl eine erhöhte lymphozytäre Interferonproduktion während der 77stündigen Schlafentzugsphase, die auch noch fünf Tage nach Beendigung der Deprivation andauerte. Auch in der Studie von Dinges et al. (1994) zeigte sich die Gesamtzahl der Lymphozyten während und nach der 64stündigen Schlafdeprivationsphase unverändert. Jedoch führte die Inkubation mit Phytohemagglutinin (PHA) mit zunehmender Dauer des Schlafentzugs zu einem erhöhten Anteil von Lymphozyten in der S-Phase des Zellzyklus. Daraus kann eine mit der Dauer des Schlafentzugs gesteigerte Proliferationskapazität der Lymphozyten geschlossen werden. Andere Studien führten in diesem Punkt aber zu abweichenden Ergebnissen: Bei Moldofsky et al. (1989b) blieb die PHA-stimulierte Lymphozytenproliferation im Rahmen einer 40stündigen Schlafentzugsphase unverändert, und bei Palmblad et al. (1979) sowie Moldofsky et al. (1989a) kam es während 64 bzw. 48stündigen Schlafentzugsphasen sogar zu signifikanten Abfällen der lymphozytären Proliferation unter PHA-Inkubation.

In der letzteren Studie (Moldofsky et al., 1989a) wurden die mononukleären Zellen zusätzlich mit Pokeweed-Mitogen (PWM) stimuliert, das vor allem B-Zellen zur Proliferation anregt. Unter Schlafentzug kam es zu einer deutlichen Verstärkung dieser Proliferationsantwort. Gleichzeitig verschob sich während des Schlafentzugs das zirkadiane Maximum der B-Zellproliferation im Vergleich zur Baseline-Nacht von der ersten in die zweite Nachthälfte (vgl. Übersicht Haus, 1992). Diese Befunde können als Hinweis dafür gewertet werden, daß Schlafentzug Subpopulationen der Lymphozyten unterschiedlich beeinflußt. Für die genaue Charakterisierung der immunologischen Effekte von Schlaf und Schlafentzug erscheint daher eine differenzierte Betrachtung von Lymphozytensubpopulationen unumgänglich.

Lymphozytensubpopulationen wurden bisher allerdings erst in zwei Studien typisiert.

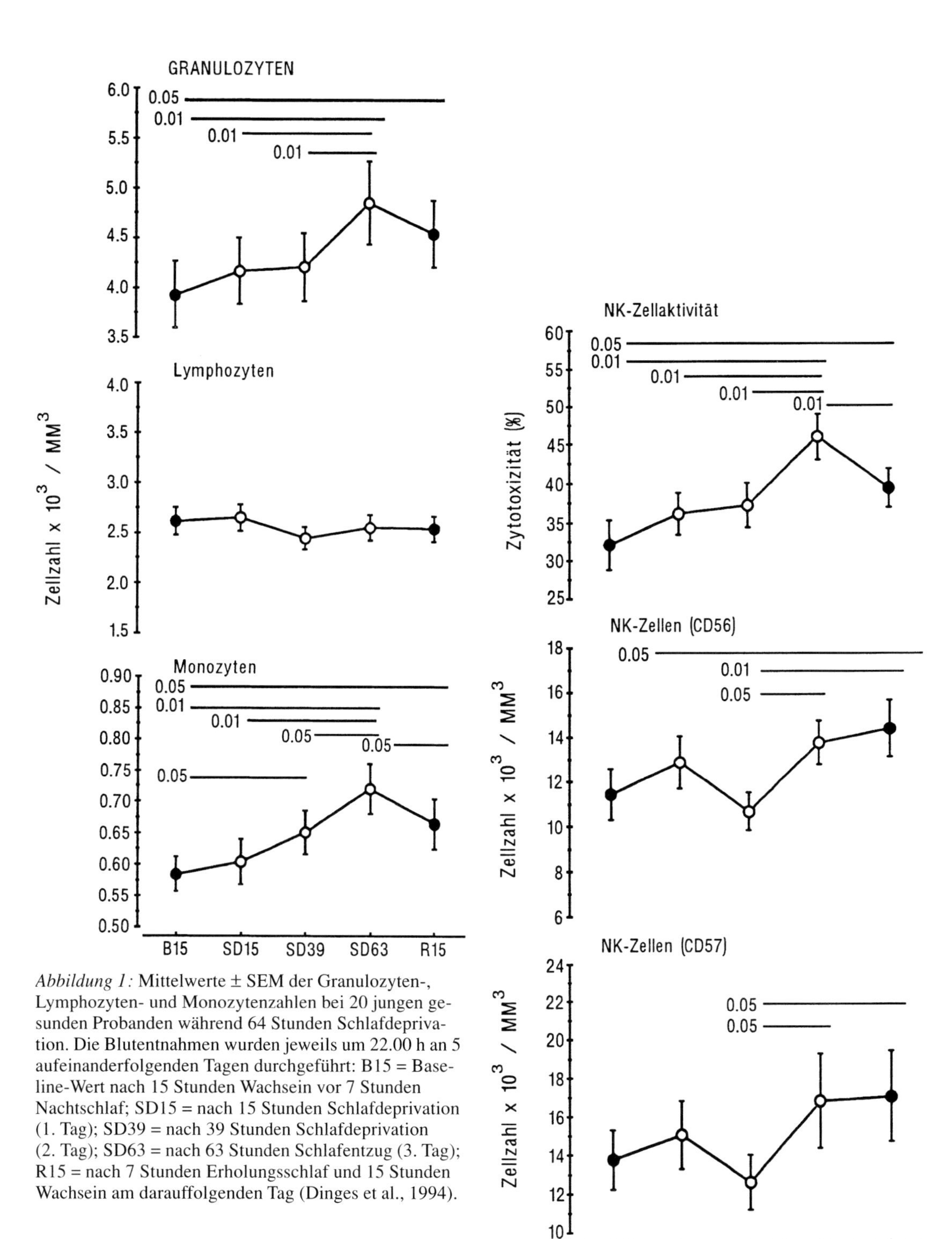

Abbildung 1: Mittelwerte ± SEM der Granulozyten-, Lymphozyten- und Monozytenzahlen bei 20 jungen gesunden Probanden während 64 Stunden Schlafdeprivation. Die Blutentnahmen wurden jeweils um 22.00 h an 5 aufeinanderfolgenden Tagen durchgeführt: B15 = Baseline-Wert nach 15 Stunden Wachsein vor 7 Stunden Nachtschlaf; SD15 = nach 15 Stunden Schlafdeprivation (1. Tag); SD39 = nach 39 Stunden Schlafdeprivation (2. Tag); SD63 = nach 63 Stunden Schlafentzug (3. Tag); R15 = nach 7 Stunden Erholungsschlaf und 15 Stunden Wachsein am darauffolgenden Tag (Dinges et al., 1994).

Abbildung 2: Mittelwerte ± SEM der NK-Zellaktivität, sowie der NK-Zellzahl (CD56- und CD57-positiv) bei 20 jungen gesunden Probanden während Schlafdeprivation. Abszisse wie in Abbildung 1 (Dinges et al., 1994).

Dinges et al. (1994) berichteten eine Abnahme der T-Helferzellen (CD4) unter Schlafentzug, während alle anderen mittels Durchflußzytometrie bestimmten Subpopulationen (B-Zellen (CD19), T-Zellen (CD3), T-Suppressorzellen (CD8), aktivierte T-Zellen (HLA-DR)) in ihrer Zahl unverändert blieben.

In einer jüngeren Arbeit (Born et al., 1995) zeigten sich allerdings für alle der hauptsächlichen T-Zellsubpopulationen konsistente Einflüsse des Schlafentzugs. Im Gegensatz zu Dinges et al. (1994), die Schlafentzugswirkungen über Blutabnahmen zu *einem* festen Tageszeitpunkt evaluierten, zielte diese Studie darauf ab, die Wirkungen des Schlafentzugs durch Veränderungen der zirkadianen Rhythmik der Immunzellmigration zu beschreiben. Dazu wurden während der gesamten experimentellen Phasen in dreistündigem Abstand Blutabnahmen durchgeführt. Mittels der Cosinormethode (Nelson et al., 1979; Haus et Touitou, 1992) wurden die zirkadianen Rhythmen der Lymphozytensubpopulationen während eines normalen 24stündigen Schlaf-Wach-Zyklus (beginnend mit 23.00 h, Kontrollbedingung) und während einer 24stündigen Phase andauernder Wachheit (Experimentalbedingung) verglichen. Der Schlafentzug hatte keinen Effekt auf die durchschnittlichen Zahlen («Mesor») der T-Zellsubpopulationen während des 24stündigen Meßzeitraums. Die 24stündige Wachphase hatte aber deutliche Einflüsse auf die Amplitude, definiert über die Differenz zwischen dem Maximal- und dem Minimalwert, und die Akrophase der Rhythmen, definiert über den Zeitpunkt des Maximalwerts. Die Amplitude der zirkadianen Rhythmik der CD4-Helferzellen und der T-Zellen insgesamt war unter Schlafentzugsbedingungen signifikant vermindert. Die Zahlen zirkulierender Lymphozyten insgesamt, der T-Zellen, der CD4-Helferzellen und der CD8⁻Suppressorzellen erreichten ihr Maximum unter Schlafdeprivationsbedingung signifikant später als während des normalen Schlaf-Wach-Zyklus (Abb. 3). Dagegen wurden die Maxima aktivierter T-Zellen und NK-Zellen unter Schlafentzug früher erreicht (Tab. 3).

Die sehr deutlichen Effekte des Schlafentzugs auf die Phase der zirkadianen Rhythmen der Immunzellen in dieser Untersuchung lassen prinzipiell Zweifel an der Aussagekraft früherer Studien zur immunologischen Wirkung des Schlafentzugs aufkommen, in denen die entsprechenden Parameter nur einmal täglich bestimmt wurden. Auf keinen Fall können in derartigen Studien beobachtete Amplitudenunterschiede für eine bestimmte immunologische Variable zwischen Schlaf- und Schlafentzugsbedingung im Sinne eines stimulierenden bzw. hemmenden Effekts einer der Experimentalbedingungen gedeutet werden. Darüber hinaus stellt sich natürlich angesichts der ubiquitär auftretenden Phaseneffekte die Frage, ob tatsächlich Schlaf und Schlafentzug per se die Immunfunktion beeinflussen. Die Effekte könnten ebensogut durch einen Einfluß auf übergeordnete zirkadiane Oszillatoren vermittelt sein, deren Aktivität durch Schlafentzug geschwächt und durch Schlaf gestärkt wird (Aschoff et Wever, 1981).

Schlafentzug und Zytokine

In mehreren Humanstudien wurden Wirkungen von Schlafentzug auf die Monokinfreisetzung dokumentiert. Die endogenen IL-1- bzw. IL-1ß-Plasmaspiegel scheinen durch längeren (totalen) Schlafentzug erhöht zu werden und im Rahmen des Erholungsschlafs wieder abzufallen (Moldofsky et al., 1989b; Dinges et al., 1995). Erhöhungen der LPS-stimulierten Produktion von IL-1ß wurden auch während partieller Schlafdeprivation beobachtet (Uthgenannt et al., 1995). Schlafentzug hatte in dieser Studie einen parallelen Effekt auf die stimulierte Freisetzung von TNF-α. Beide Monokine reagierten aber relativ träge auf die Schlafdeprivation, so daß die Unterschiede zwischen der Schlaf- und Schlafentzugsbedingung erst am Ende der insgesamt 3,5 Stunden dauernden Entzugsphase Signifikanz erreichten. Bemerkenswert ist, daß dasselbe Muster einer erhöhten LPS-stimulierten Freisetzung von IL-1ß und TNF-α während des Schlafs alter Menschen in einer Studie gefunden wurde, die die Zytokinproduktion während des nächtlichen Schlafs bei jungen (< 30 Jahre) und alten Menschen (> 65 Jahre) verglich (Born et al., 1995b). Die alten Menschen zeigten das typische Muster eines chronisch gestörten Schlafs. Möglich ist daher, daß altersbedingte Veränderungen der Immunfunktion Folgen einer chronischen Verschlechterung ihres Schlafs sind.

Unverändert blieb nach totalem Schlafent-

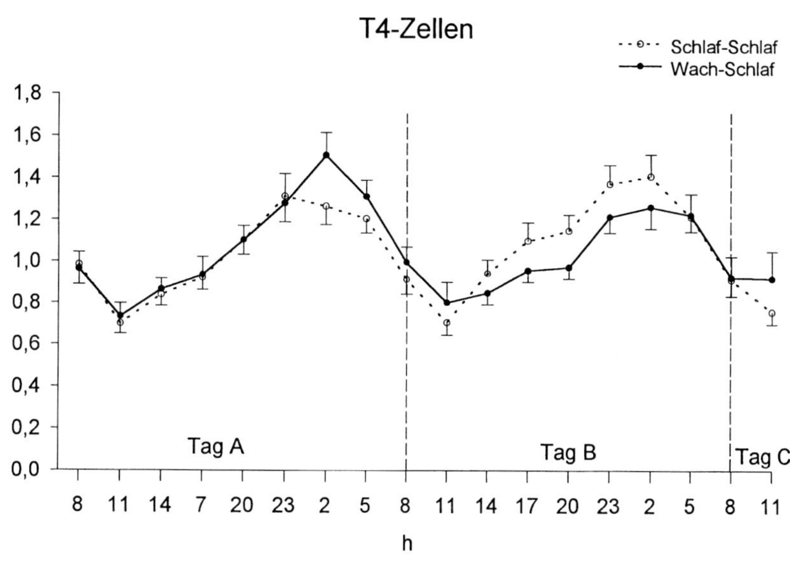

Abbildung 3: Verlauf der Zahl zirkulierender T-Helferzellen (CD4) ± SEM bei 10 jungen gesunden Probanden während 40 Stunden Schlafdeprivation und anschließendem Erholungsschlaf (durchgezogene Linie) im Vergleich zum ungestörten Nachtschlaf (gestrichelte Linie). Die Blutentnahmen erfolgten dreistündlich (Born et al., 1995).

Tabelle 3: Mittelwerte ± SEM von Amplitude und Zeitpunkt des Maximums (Akrophase) der zirkadianen Rhythmik verschiedener Lymphozyten-Subpopulationen im Vergleich von Schlaf (S) und Schlafdeprivation (D). Das mittlere Niveau (Mesor) unterschied sich während der beiden Bedingungen nicht signifikant, jedoch sieht man deutliche Unterschiede zwischen den Amplituden und dem Zeitpunkt des Maximums. Diese Daten sprechen dafür, daß Schlafentzug weniger einen Anstieg oder Abfall einzelner Parameter bewirkt, als eine Modulation des zirkadianen Rhythmus (nach Born et al., 1995).

Variable		**Schlafdeprivation (D)**	**ungestörter Schlaf (S)**	**Signifikanz**
Lymphozyten (gesamt)	Amplitude Akrophase	0.56 ± 0.057 /nl 4.39 h ± 0.41 Std.	0.44 ± 0.054 /nl 2.28 h ± 0.47 Std.	D > S (p < 0.05) D später als S (p < 0.0005)
B-Zellen (CD19)	Amplitude Akrophase	0.09 ± 0.018 /nl 4.24 h ± 0.46 Std.	0.09 ± 0.013 /nl 4.26 h ± 2.0 Std.	– –
T-Zellen (CD3)	Amplitude Akrophase	0.48 ± 0.044 /nl 4.38 h ± 0.31 Std.	0.42 ± 0.12 /nl 2.59 h ± 0.41 Std.	D > S (p < 0.05) D später als S (p < 0.05)
T-Helferzellen (CD4)	Amplitude Akrophase	0.32 ± 0.031 /nl 4.40 h ± 0.38 Std.	0.25 ± 0.028 /nl 3.00 h ± 0.43 Std.	D > S (p < 0.05) D später als S (p < 0.001)
T-Supressor-Zellen (CD8)	Amplitude Akrophase	0.15 ± 0.016 /nl 4.28 h ± 0.31 Std.	0.13 ± 0.022 /nl 3.13 h ± 0.47 Std.	– D später als S (p < 0.01)
Aktivierte T-Zellen	Amplitude Akrophase	0.03 ± 0.006 /nl 5.54 h ± 1.9 Std.	0.02 ± 0.003 /nl 14.13 h ± 2.7 Std.	– D früher als S (p < 0.05)
NK-Zellen (CD56)	Amplitude Akrophase	0.05 ± 0.006 /nl 13.43 h ± 1.7 Std.	0.08 ± 0.013 /nl 18.08 h ± 0.57 Std.	D < S (p < 0.05) D früher als S (p < 0.05)

zug die stimulierte Freisetzung von IL-1α (Späth-Schwalbe, 1992). Dabei muß allerdings berücksichtigt werden, daß Il-1α auch bei optimaler Mitogenstimulation im Vergleich zu IL-1ß in nur sehr geringen Mengen freigesetzt wird. Auch die durch Schlafentzug unveränderten TNF-α-Plasmaspiegel in der Studie von Dinges et al. (1994) sind nur schwer interpretierbar, wird berücksichtigt, daß die spontane endogene TNF-α-Freisetzung in der Regel unter der Nachweisgrenze liegt. Allerdings blieben in derselben Studie auch die endogenen IL-6-Konzentrationen, die normalerweise deutlich über der Nachweisgrenze liegen, durch den Schlafentzug unbeeinflußt.

Einflüsse des Schlafentzugs auf die Lymphokine scheinen ebenfalls stark davon abzuhängen, ob endogene Plasmaspiegel oder die Mitogen-stimulierte Freisetzung erfaßt wurde: Unter partieller Schlafdeprivation (3–4 h) wurde in zwei Studien übereinstimmend eine erniedrigte stimulierte IL-2-Produktion gemessen (McClintick et al., 1994; Uthgenannt et al., 1995). Demgegenüber fanden Moldofsky et al. (1989b) im Rahmen einer längeren Entzugsphase (64 h) zwischen 1.00 h und 2.00 h nachts eine temporär verstärkte Plasma-IL-2-Aktivität, die im Erholungsschlaf wieder abfiel. In einer weiteren Studie (Dinges et al., 1995) rief Schlafentzug keine systematischen Veränderungen der IL-2-Plasmaspiegel hervor.

Die Freisetzung von IFN-γ wurde allerdings, unabhängig davon ob sie über die endogenen Plasmaspiegel oder nach in-vitro-Mitogenstimulation bestimmt wurde, durch totalen Schlafentzug verstärkt (Späth-Schwalbe et al., 1992: Palmblad et al., 1976; Dinges et al., 1995). Partieller Schlafentzug schien dagegen zu kurz, um diese Wirkung hervorzurufen (Uthgenannt et al., 1995). Divergente Effekte traten im Rahmen der Erholungsphase auf: Während die Erhöhung der Mitogen-stimulierten Freisetzung auch fünf Tage nach Beendigung des Schlafentzugs andauerte (Palmblad et al., 1976), fiel die endogene IFN-γ-Plasmakonzentration nach dem Erholungsschlaf deutlich ab (Dinges et al., 1995).

Schlußfolgerungen

Trotz einiger Diskrepanzen läßt sich aus den vorliegenden Ergebnissen die Arbeitshypothese ableiten, daß Schlaf die Freisetzbarkeit von Monokinen schwächt, während er die Produktion von Lymphokinen wie IL-2 eher stärkt. Ein solches Muster wurde vor allem in Studien sichtbar, in denen die Zytokinfreisetzung nach in-vitro-Mitogenstimulation evaluiert wurde. Die Bestimmung von Plasmazytokinspiegeln erbrachte weniger eindeutige Ergebnisse, was zunächst der unzulänglichen Empfindlichkeit der verfügbaren Assays zugeschrieben werden muß.

Aber auch die deutlicheren Veränderungen der Mitogen-stimulierten Zytokinfreisetzung infolge von Schlafdeprivation könnten sich als Konsequenz einer primären Wirkung des Schlafentzugs auf die Verteilung der Subpopulationen mononukleärer Zellen im Blut entpuppen. Wie oben berichtet (Dinges et al., 1994), erhöht Schlafentzug die Zahl im Blut zirkulierender Monozyten, als Hauptquelle der Monokinfreisetzung. Diese Zunahme der Monozyten könnte zu der verstärkten Monokinfreisetzung geführt haben, da in den diesbezüglichen Studien bei der Messung der ektop-stimulierten Monokinfreisetzung in der Regel nicht kontrolliert wurde, ob der Anteil an stimulierten Monozyten in den verschiedenen experimentellen Bedingungen tatsächlich konstant war. Dagegen war die schlafentzugsbedingte Abnahme der Produktion von Lymphokinen wie IFN-γ auch dann nachweisbar, wenn die gemessene Freisetzung auf die Zahl der T-Zellen relativiert wurde, die mit dem Mitogen stimuliert wurden (Palmblad et al., 1976).

Die Dauer des Schlafentzugs spielt eine wesentliche Rolle für die Ausprägung der Effekte. Veränderungen der Zytokinkonzentrationen und der Immunzellzahlen im Blut scheinen sich teils sehr träge zu entwickeln und sind dann unter Bedingungen kurzzeitiger, partieller Schlafdeprivation nicht nachweisbar. Biphasische Verläufe der zellulären Reaktion auf Schlafentzug wurden (z. B. für die NK-Zellzahl) erst mit längerer Deprivationsdauer erkennbar.

Biphasische Reaktionsverläufe können ein Hinweis dafür sein, daß der Effekt des Schlafentzugs primär in einer Verschiebung der Phase eines zirkadianen Rhythmus besteht, dem die immunologischen Funktionen unterliegen. Die Evaluation von Lymphozytensubpopulationen erbrachte tatsächlich Hinweise, daß Schlaf und Schlafentzug vor allem die Phase zirkadianer Rhythmen modulieren. Die Phasenverschiebungen bedingen, daß zu bestimmten Tageszeitpunkten Amplitudenunterschiede auftreten. Denkbar ist daher, daß Schlaf und Schlafentzug keine direkt hemmenden oder fördernden Wirkungen auf Immunfunktionen ausüben, sondern ihr Einfluß über eine Modulation zirkadianer Oszillatoren nur indirekt vermittelt wird.

Die Wirkung von Zytokinen auf den Schlaf

Umfangreiche Tierversuche hauptsächlich aus der Gruppe um Krüger (Covelli et al., 1991; Krüger et al., 1987 und 1990; Shoham et al., 1987; Walter et al., 1989; Opp et al., 1991) haben gezeigt, daß verschiedene Monokine und Lymphokine wie IL-1ß, TNF-α und IFN-γ schlafinduzierend wirken und zu einem erhöhten Anteil an Tiefschlafphasen führen, so daß eine Beteiligung von Zytokinen an der Schlafregulation angenommen wurde. Diesen regulativen Einfluß – so wurde vermutet – entfalten die Zytokine im Zusammenspiel mit Hormonen, wie GH-Releasing-Hormon (GHRH), Somatostatin, Corticotropin Releasing Hormon (CRH) und Glukokortikoiden, die sowohl Schlaf als auch die Zytokinfreisetzung beeinflussen. Umgekehrt kann die Sekretion dieser Hormone auch durch Zytokine gesteuert werden. Im Humanexperiment ist z. B. gezeigt worden, daß IL-6 die Freisetzung von Corticotropin und Cortisol stimuliert (Späth-Schwalbe et al., 1994).

Der Nachweis schlafinduzierender Wirkungen von Zytokinen ist beim Menschen dagegen bisher nicht gelungen. Obwohl Zytokine, wie IL-6, IFN-α, -ß und -γ, beim Menschen in zunehmendem Maße therapeutisch eingesetzt werden, gibt es bislang nur wenig Humanstudien über ihre Wirkung auf zentralnervöse Schlafprozesse.

Die hochdosierte Therapie mit IFN-γ oder IFN-α hatte bei Tumorpatienten keinen in der Ruhe-EEG-Aktivität nachweisbaren Ermüdungseffekt (Born et al., 1989). Im Gegenteil, die Leistung im α- und ß-Frequenzband war, im Vergleich zum Tag vor Behandlungsbeginn, am ersten Therapietag tendenziell und am achten Therapietag signifikant erniedrigt. Zusammen mit Veränderungen in Reiz-evozierten hirnelektrischen Potentialreaktionen unter Therapie spiegelten die IFN-Effekte eine zentralnervöse Aktivierung wider. Sie stehen damit in Kontrast zu tierexperimentellen Befunden, die somnogene Wirkungen von IFN-α zeigen. So erhöhte IFN-α bei Kaninchen den Anteil an Delta-Schlaf (Krüger et al., 1987) und führte bei Affen zu verstärkten verhaltensmäßigen Zeichen der Müdigkeit, die allerdings nicht mit entsprechenden EEG-Veränderungen assoziiert waren (Reite et al., 1987). Neben einer möglichen Artspezifität, muß bei der Bewertung der Befunde berücksichtigt werden, daß in der diskutierten Humanstudie (Born et al., 1989) Wirkungen supraphysiologischer IFN-Plasmaspiegel bei kranken Menschen untersucht wurden. Eine Übertragbarkeit auf normale physiologische Verhältnisse kann daher nicht a priori angenommen werden.

Anstelle einer Gabe von Zytokinen wurde in zwei weiteren Studien die endogene Zytokinproduktion durch Endotoxingabe stimuliert, und die Folgen dieser Stimulation für den nächtlichen Schlaf untersucht. Die abendliche intravenöse Gabe von Salmonella abortus-Endotoxin führte bei 15 gesunden jungen Männer erwartungsgemäß zu deutlichen Anstiegen der TNF-α- und IL-6-Plasmakonzentrationen (Pollmächer et al., 1993). Zusätzlich stiegen die ACTH-, Cortisol- und GH-Plasmaspiegel und die Körpertemperatur deutlich an. Der der

Endotoxingabe folgende Nachtschlaf zeichnete sich durch eine signifikante Zunahme von Schlafstadium 2 aus, während REM-Schlaf und Wachzeiten signifikant abnahmen. Der Deltaschlaf blieb unverändert. Vergleichbare Wirkungen hatte die Endotoxingabe bei sieben depressiven Patienten (Bauer et al., 1995). Die Patienten reagierten mit einen Anstieg der IL-1-, IL-6- und TNF-α-Plasmakonzentrationen und mit einer signifikanten Verminderung des REM-Schlafs. Effekte auf den Deltaschlaf waren nicht nachweisbar.

Die Untersuchungen lassen eine Modulation des menschlichen Schlafs durch Zytokine vermuten. In welchem Maße diese Effekte durch die Freisetzung verschiedener Hormone vermittelt sind, ist bisher allerdings offen. So ist zu vermuten, daß die Abnahme des REM-Schlafs nach Endotoxingabe Folge des starken Cortisolanstiegs ist (Born et al., 1989b). Zum Cortisolanstieg kommt es wahrscheinlich aufgrund der verstärkten Freisetzung von IL-1 (Späth-Schwalbe et al., 1994; Besedovsky et al., 1986; Sapolsky et al., 1987).

Zur Vermittlung von immunologischen Funktionen des Schlafs durch Hormone und zirkadiane Oszillatoren

Die diskutierten Studien zeigen beim Menschen eine Beeinflussung der Immunfunktion durch den Schlaf. Jedoch läßt sich aus den Ergebnissen keineswegs schlußfolgern, daß Schlaf eine Stärkung der körpereigenen Immunabwehr bewirkt. Vielmehr scheint Schlaf differentiell in die Regulation der verschiedenen unspezifischen und spezifischen Immunfunktionen einzugreifen.

Maße der unspezifischen zellulären Immunfunktionen wie die Zahl der neutrophilen Granulozyten und der Monozyten lassen während des ungestörten Schlafs eine Abschwächung und während Schlafentzug eine Verstärkung dieser Funktionen erkennen. Die erhöhte Freisetzung von Monokinen wie IL-1ß und TNF-α während Schlafdeprivation, die vor allem bei Bestimmung der Zytokinfreisetzung nach Mitogenstimulation beobachtet wurde, könnte eine Folge des größeren Anteils an Monozyten im Blut sein. Bei länger dauerndem Schlafentzug steigt auch die Zahl der NK-Zellen und ihre Zytotoxizität an. Möglich ist, daß dieser Anstieg durch die vermehrte Monokinproduktion der Monozyten bedingt ist. Insgesamt sprechen diese Veränderungen für eine im Schlaf verminderte Bereitschaft unspezifischer Immunabwehr. Der Regulation zirkulierender Monozyten könnte dabei eine Vermittlerfunktion zukommen.

Die Gesamtzahl der Lymphozyten als Repräsentanten der spezifischen Immunabwehr wird durch Schlafentzug nur wenig beeinträchtigt. Jedoch reagieren Lymphozytensubpopulationen und Zellfunktionen wie die Proliferationsrate und Zytokinproduktion mit charakteristischen Veränderungen auf Schlafentzug. Die Mitogen-stimulierte Proliferation von B-Zellen und IFN-γ-Produktion scheint durch Schlafentzug eher gefördert, die Freisetzung von IL-2 eher gemindert zu werden. Ob und in welchem Maße diese Wirkungen auf Veränderungen in den im Blut zirkulierenden Anteilen der verschiedenen Lymphozytensubpopulationen rückführbar sind, ist bisher nicht bekannt. Unklar bleibt auch, in welcher Beziehung das Muster der Veränderungen der spezifischen Immunabwehr zur Immunkompetenz des Gesamtorganismus steht.

Allgemein wird angenommen, daß Wechselwirkungen zwischen Schlaf und immunologischen Funktionen unter Beteiligung hormonaler Prozesse vermittelt werden. So sind z. B. REM-Schlafverminderungen, wie sie nach Gabe von Endotoxin beobachtet wurden, in demselben Ausmaß auch durch entsprechend dosierte Cortisolgaben hervorrufbar. Für die Hypothese, daß umgekehrt auch Wirkungen des Schlafs auf immunologische Funktionen über hormonelle Sekretionsprozesse vermittelt werden, liegen bisher allerdings keine konfirmierenden Daten vor. Zabel et al. (1990) untersuchten Zusammenhänge zwischen den zirkadianen Verläufen der Cortisol- und IL-1-

Plasmaspiegel, und Uthgenannt et al. (1995) korrelierten Veränderungen der Cortisolkonzentrationen im Rahmen partieller Schlafdeprivation mit Veränderungen der Mitogen-stimulierten Freisetzung von IL-1ß, TNF-α und IL-2. Beide Studien berichteten übereinstimmend, daß die Veränderungen der Zytokinfreisetzung vollkommen unabhängig vom Cortisolverlauf waren. Eine weitere Studie berichtete von negativen Korrelationen zwischen Cortisol- und IFN-γ-Plasmakonzentrationen und positiven Korrelationen zwischen Cortisol- und IL-1ß-Konzentrationen im Verlauf des nächtlichen Schlafs bei vier Probanden (Hohagen et al., 1993). Aber auch aus dieser Parallelität der Verläufe läßt sich eine ursächliche Bedeutung des Cortisols für die Zytokinschwankungen schwerlich ableiten, insbesondere wenn von einer suppressiven Wirkung des Glukokortikoids auf diese Zytokine ausgegangen wird. Diese insgesamt negativen Ergebnisse bezüglich Cortisol schließen nicht aus, daß die immunologischen Wirkungen des Schlafs durch andere Hormone (z. B. GH, TSH und Prolaktin) vermittelt wird, deren Freisetzung bekanntermaßen auch durch Schlaf-Wach-Prozesse reguliert wird.

Neben hormonellen Faktoren muß bei der Vermittlung der immunologischen Wirkungen des Schlafs auch die Rolle zirkadianer Oszillatoren berücksichtigt werden. Der Nachweis immunologischer Wirkungen des Schlafs setzt die experimentelle Manipulation des Schlafgeschehens voraus, die fast zwangsläufig auch die Aktivität zirkadianer Oszillatoren beeinflußt (Aschoff und Wever, 1981). Eigene Experimente (Born et al., 1995), in denen Wirkungen von Schlafentzug auf die zirkadiane Rhythmik der Zellzahlen für verschiedene Immunzellsubpopulationen untersucht wurden, zeigten, daß die Deprivationswirkungen primär die Phase und Amplitude der zirkadianen Rhythmik, nicht aber den Mesor (durchschnittliches Niveau während des 24-Stundenzyklus) betraf. Es ist daher prinzipiell möglich, daß sich hinter den in anderen Studien zu einem bestimmten Tageszeitpunkt beobachteten Unterschieden immunologischer Parameter zwischen den Bedingungen des ungestörten und gestörten Schlafs ähnliche Veränderungen (von Phase und Maximalamplitude) eines zirkadianen Rhythmus verbergen. Bei Berücksichtigung des zirkadianen Verlaufs dieser Immunparameter, könnte sich durchaus herausstellen, daß die Manipulation des Schlafs keinen Einfluß auf den Mesor hat, d. h. im 24-Stundenmittel die entsprechende Immunfunktion weder hemmt noch verstärkt.

Literatur

Aschoff J, Wever R: The zirkadian system of man. In: Aschoff J (Hrsg): Handbook of Behavioral Neurobiology, Vol. 4: Biological Rhythm. New York und London, Pelum Press, 1981; pp. 311–331.

Bauer J, Hohagen F, Ebert T, Timmer J, Ganter U, Krieger S, Lis S, Postler E, Voderholzer U, Berger M: Interleukin-6 serum levels in healthy persons correspond to the sleep-wake cycle. Clin Investig 1994; 72:315.

Bauer J, Hohagen F, Gimmel E, Bruns F, Lis S, Krieger S, Ambach W, Guthmann A, Grunze H, Fritsch-Montero R, Weißbach A, Ganter U, Frommberger U, Riemann D, Berger M: Induction of cytokine synthesis and fever suppresses REM sleep and improves mood in patients with major depression. Biological Psychiatry 1995; 38 (9): 611–621.

Besedovsky H, Del Rey A, Sorkin E, Dinarello CA: Immunoregulatory feedback between interleukin-1 and glucocorticoid hormones Science 1986; 233:652–654.

Born J, Kern W, Bieber K, Fehm-Wolfsdorf G, Schiebe M, Fehm HL: Night-time plasma cortisol secretion is associated with specific sleep stages. Biol Psychiat 1986; 21:1415–1424.

Born J, Muth S, Fehm HL: The significance of sleep onset and slow wave sleep for nocturnal release of growth hormone (GH) and cortisol. Psychoneuroendocrinology 1988; 13:233–243.

Born J, Späth-Schwalbe E, Pietrowsky R, Porzsolt F, Fehm HL: Neurophysiological effects of recombinant interferon-gamma and -alpha in man. Clin Physiol Biochem 1989; 7:119–127.

Born J, Späth-Schwalbe E, Schwakenhofer H, Kern W: Influences of corticotropin-releasing-hormone, adrenocorticotropin, and cortisol on sleep in normal man. J Clin Endocrinol Metab 1989(b); 68:904–911.

Born J, Lange T, Hansen K, Wagner T, Fehm HL: Effect of sleep and zirkadian rhythm on human immune cells. 1995, in Vorbereitung.

Born J, Uthgenannt D, Dodt C, Nünninghoff D, Ringvolt E, Wagner T, Fehm HL: Cytokine production and lymphocyte subpopulations in aged humans. An assessment during nocturnal sleep. Mech Ageing Dev 1995(b); 84:113–126.

Canon C, Lévi F: Immune system in relation to cancer. In:

Touitou Y, Haus E (Hrsg.): Biologic rhythms in clinical and laboratory medicine. New York, Springer-Verlag, 1992; pp. 363–374.

Chrousos GP: The hypothalamic-pituitary-adrenal axis and immune-mediated inflammation. N Engl J Med 1995; 332:1351–1362.

Covelli V, Cannuscio B, Munno I, Altamura M, Decandia P, Pellegrino NM, Maffione AB, Savastano S, Lombardi G: Somnogenic cytokines with special reference to Interleukin-1. Acta Neurol (Napoli) 1991; 13(6):520–526.

Dinges DF, Douglas SD, Zaugg L, Campbell DE, McMann JM, Whitehouse WG, Orne EC, Kapoor SC, Icaza E, Orne MT: Leukocytosis and natural killer cell function parallel neurobehavioral fatigue induced by 64 hours of sleep deprivation. J Clin Invest 1994; 93:1930–1939.

Dinges DF, Douglas SD, Hamarman S, Zaugg L, Kapoor S: Sleep deprivation and human immune function. Advances in Neuroimmunology 1995, 5(2):97–110.

Fernandes G: Chronobiology of immune functions: Cellular and humoral aspects. In: Touitou Y, Haus E (Hrsg.): Biologic Rhythms in Clinical and Laboratory Medicine. New York, Springer-Verlag, 1992; pp. 493–503.

Follenius M, Brandenberger G, Simon C, Schlienger JL: REM sleep in humans begins during decreased secretory activity of the anterior pituitary. Sleep 1988; 11:546–555.

Gatti G, Cavallo R, Sartori ML, Carignola R, Masera R, Delponte D, Salvadori A, Angeli A: Circadiane variations of interferon-induced enhancement of human natural killer cell activity. Cancer Detection and Prevention 1988; 12:431–438.

Gudewill S, Pollmächer T, Vedder H, Schreiber W, Fassbender K, Holsboer F: Nocturnal plasma levels of cytokines in healthy men. Eur Arch Psychiatry Clin Neurosci 1992; 242:53–56.

Haus E: Chronobiology of circulation blood cells and platelets. In: Touitou Y, Haus E (Hrsg.): Biologic Rhythms in Clinical and Laboratory Medicine. New York, Springer-Verlag, 1992; pp. 504–526.

Haus E, Touitou Y: Principles of clinical chronobiology. In: Touitou Y, Haus E (Hrsg.): Biologic Rhythms in Clinical and Laboratory Medicine. New York, Springer-Verlag, 1992; pp. 6–34.

Hohagen F, Timmer J, Weyerbrock A, Fritsch-Montero R, Ganter U, Krieger S, Berger M, Bauer J: Cytokine production during sleep and wakefulness and its relationship to cortisol in healthy humans. Neuropsychobiology 1993; 28:9–16.

Irwin M, Mascovich A, Gillin C, Willoughby R, Pike J, Smith TL: Partial sleep deprivation reduces natural killer cell activity in humans. Psychosomatic Med 1994; 56:493–498.

Kelley KW, Brief S, Westly HJ, Novakofski J, Bechtel PJ, Simon J, Walker EB: GH_3 pituitary adenoma cells can reverse thymic aging in rats, Proc Natl Acad Sci USA 1986; 83:5663–5667.

Khansari DN, Murgo AJ, Faith RE: Effects of stress on the immune system. Immunology Today 1990; 11:170–175.

Kiess W, Doerr H, Eisl E, Butenandt O, Belohradsky BH: Lymphocyte subsets and natural-killer activity in growth hormone deficiency. N Engl J Med 1985; 314:321.

Krüger JM, Dinarello CA, Shoham S, Davenne D, Walter J, Kubillus S: Interferon α-2 enhances slow-wave sleep in rabbits. Int J Immunopharmacol 1987; 9:23–30.

Krüger JM, Obal F, Opp M, Toth L, Johannsen L, Cady AB: Somnogenic cytokines and models concerning their effects on sleep. Yale J Biol Med 1990; 63:157–172.

Madden KS, Felten DL: Experimental basis for neural-immune interactions. Physiological Rev 1995; 75:77–106.

McClintick J, Costlow C, Fortner M, White J, Gillin C, Irwin M: Partial sleep deprivation reduces natural killer cell activity, interleukin-2 producion and lymphokine-activated killer cell activity. International Society of Psychoneuroendocrinology 1994; Abstract.

Moldofsky H, Lue F, Eisen J, Keystone E, Gorczynski RM: The relationship of Interleukin-1 and immune functions to sleep in humans Psychosomatic Medicine 1986; 48:309–318.

Moldofsky H, Lue F, Davidson J, Jephthah-Ochola J, Carayanniotis K, Gorczynski R: The effect of 64 hours of wakefulness on immune functions and plasma cortisol in humans. In: Horne J (Hrsg.): Sleep '88. Stuttgart, Gustav Fischer Verlag, 1989(a); pp. 185–187.

Moldofsky H, Lue F, Davidson J, Gorczynski R: Effects of sleep deprivation on human immune functions. FASEB J 1989(b); 3:1972–1977.

Nelson W, Tong YL, Lee JK, Halberg F: Methods for cosinor rhythmometry. Chronobiologica 1979; 6:305–323.

Opp M, Obal F, Krüger JM: Interleukin-1 alters rat sleep: Temporal and dose-related effects. Am J Physiol 1991; 260: R52–R58.

Palmblad J, Cantell K, Strander H, Froberg J, Karlsson C, Levi L, Granstrom M, Unger P: Stressor exposure and immunological responses in man: interferon producing capacity and phagocytosis. Psychosom Res 1976; 20:193–199.

Palmblad J, Petrini B, Wasserman J, Åkerstedt T: Lymphocyte and granulocyte reactions during sleep deprivation. Psychosomatic Med 1979; 41:273–278.

Pietrowsky R, Meyrer R, Kern W, Born J: Effects of diurnal sleep on secretion of cortisol, luteinizing hormone, and growth hormone in man. J Clin Endocrinol Metab 1994; 78:683–687.

Pollmächer T, Schreiber W, Gudewill S, Vedder H, Fassbender K, Wiedemann K, Trachsel L, Galanos C, Holsboer F: Influence of endotoxin on nocturnal sleep in humans. Am J Physiol 1993; 264: R1077–1083.

Rechtschaffen A, Gilliard MA, Bergmann BM, Winter JB: Physiological correlates of prolonged sleep deprivation in rats. Science 1983; 221:182–184.

Rechtschaffen A, Bergmann BM, Everson CA, Kushida CA, Gilliland MA: Sleep deprivation in the rat: Integration and discussion of the findings. Sleep 1989; 12(1):68–87.

Reite M, Laudenslager M, Jones J, Crnic L, Kaemingk K: Interferon decreases REM latency. Biol Psychiat 1987; 22:104–107.

Ritchie AWS, Oswald I, Micklem HS, Boyd JE, Elton RA,

Jazwinska E, James K: Circadian variation of lymphocyte subpopulations: a studie with monoclonal antibodies. Brit Med J 1983; 286:1773–1775.
Sapolsky R, Rivier C, Yamamoto G, Plotsky P, Vale W: Interleukin-1 stimulates the secretion of hypothalamic corticotropin-releasing factor. Science 1987; 238:522–524.
Shoham S, Davenne D, Cady AB, Dinarello CA, Krüger JM: Recombinant tumor necrosis factor and interleukin-1 enhance slow-wave sleep. Am J Physiol 1987; 253:R142–149.
Späth-Schwalbe E, Porzsolt F, Born J, Fehm HL: Differences in stimulated cytokine release between sleep and sleep deprivation. In: Freund M, Link H, Schmidt R, Welte K (Hrsg.): Cytokines in Hemopoiesis, Oncology, and AIDS II. Berlin, Springer-Verlag, 1992.
Späth-Schwalbe E, Born J, Schrezenmeier H, Bornstein SR, Stromeyer P, Drechsler S, Fehm HL, Porzsolt F: Interleukin-6 stimulates the hypothalamus-pituitary-adrenocortical axis in man. J Clin Endocrinol Metab 1994; 79:1212–1214.
Takahashi Y, Kipnis DM, Daughaday WH: Growth hormone secretion during sleep. J Clin Invest 1968; 47:2079–2204.
Timsit J, Savino W, Safieh B, Chanson P, Gagnerault MC, Bach JF, Dardenne M: Growth hormone and insulin-like growth factor-I stimulate hormonal function and proliferation of thymic epithelial cells. J Clin Endocrinol Metab 1992; 75:183–188.
Uthgenannt D, Schoolmann D, Pietrowsky R, Fehm HL, Born J: Effects of sleep on the release of cytokines in humans. Psychosom Med 1995; 57:97–104.
Walter JS, Meyers P, Krüger JM: Microinjection of interleukin-1 into brain: Separation of sleep and fever responses. Physiol Behav 1989; 45:169–176.
Zabel P, Horst HJ, Kreiker C, Schlaak M: Circadian rhythm of interleukin-1 production of monocytes and the influence of endogenous and exogenous glucocorticoids in man. Klin Wochenschr 1990; 68:1217–1221.
Zabel P, Linnemann K, Schlaak M: Zirkadiane Rhythmik von Zytokinen. Immun Infekt 1993; 21:38–40.

Major Histocompatibility Complex, olfaktorische Signale und sexuelle Selektion

Frank Eggert und Roman Ferstl

Die Fähigkeit der Selbst/Fremd-Unterscheidung ist für die wesentliche Funktion des Immunsystems der Vertebraten, die Erkennung und Abwehr potentiell pathogener Stoffe bzw. Mikroorganismen entscheidend. Aufgrund des antizipatorischen Immunsystems der Vertebraten entstehen im Rahmen der somatischen Rekombination auch immunkompetente Zellen, die auf körpereigene Epitope reagieren und damit eine Immunreaktion gegen körpereigene Strukturen auslösen können. Es ergibt sich die Notwendigkeit zur Selbst/Fremd-Unterscheidung als Voraussetzung für eine Toleranzinduktion gegenüber körpereigenen Epitopen. Die Fähigkeit zur Selbst/Fremd-Unterscheidung kann somit als zentrales Charakteristikum des Immunsystems betrachtet werden. Klinisch immunologisch relevant wird diese Fähigkeit insbesondere in der Transplantationsimmunologie, in deren Rahmen auch ihre biochemische Grundlage entdeckt wurde.

Es handelt sich dabei um transmembrane Glykoproteine, die auf allen somatischen Zellen exprimiert und von einem Gencluster, dem «major histocompatibility complex» (MHC) kodiert werden. Die MHC-Moleküle sind an der Selektion der sich entwickelnden Lymphozyten beteiligt, in deren Verlauf Zellen mit autoimmunreaktiven Rezeptoren eliminiert werden, und sie sind als antigenpräsentierende Moleküle notwendig für die Erkennung antigener Epitope durch reife Lymphozyten. Bei allen bisher untersuchten Vertebraten wurde entweder direkt oder indirekt ein genetisches System nachgewiesen, das dem MHC entspricht. Es wird bei der Maus als «H-2», bei der Ratte als «RT1» und beim Menschen als «HLA» bezeichnet. Jedes der zum MHC gehörenden Gene kann in mehreren Allelen auftreten. HLA-Allele eines Gens (z. B. des Gens HLA-A) werden durch Zahlen (z. B. HLA-A2) und H-2-Allele (z. B. des Gens H-2K) durch kleine hochgestellte Buchstaben (z. B. H-2K^k) gekennzeichnet. Eine bestimmte Kombination von Allelen auf einem Chromosom bildet den MHC-Haplotyp, dieser wird bei der Maus ebenfalls durch einen hochgestellten kleinen Buchstaben gekennzeichnet (z. B. H-2^k).

Unter natürlichen Bedingungen liegen innerhalb einer Population viele verschiedene MHC-Haplotypen vor. Denn der MHC besteht aus einer Vielzahl von Genorten (Loci), die einen stark ausgeprägten Polymorphismus aufweisen, d. h., es gibt sehr viele Allele pro Locus. In der Maus wird die Anzahl der Allele an bestimmten Loci auf etwa 100 geschätzt. Beim Menschen sind bisher etwa 40 Allele auf dem HLA-A- und etwa 60 Allele auf dem HLA-B-Locus identifiziert worden.

Der Major Histocompatibility Complex (MHC)

Aufgrund von unterschiedlichen Strukturen und Expressionsmustern und damit einhergehenden Unterschieden in der immunologischen Funktion läßt sich der MHC in zwei Klassen (I und II) unterteilen. Die von Genen der jeweiligen Subklassen a und b kodierten Polypeptide bilden miteinander Dimere, die dann ein Protein der entsprechenden Klasse (I bzw. II) darstellen.

Die von den Klasse-I-Genen kodierten Proteine werden von allen somatischen Zellen eines erwachsenen Individuums in unterschiedlicher Dichte in der Zellmembran exprimiert. Bei der Maus werden diese Proteine darüber hinaus auch auf Erythrozyten exprimiert. Klasse-II-Moleküle haben ein auf B-Lymphozyten und in einigen Spezies auf aktivierte bzw. virusinfizierte T-Lymphozyten eingeschränktes Verteilungsmuster.

Die immunologische Funktion der membranständigen MHC-Proteine besteht zum einen in ihrer restringierenden Funktion bei der Antigenerkennung durch T-Lymphozyten. T-Lymphozyten besitzen spezifische membranständige T-Zell-Rezeptoren (TCR), die ein Antigen nur in Kombination mit vom MHC kodierten Proteinen erkennen können. So erkennen die T-Helferzellen, die u. a. die Proliferation der B-Lymphozyten und damit das Sezernieren von Antikörpern unterstützen, fremdes Antigen nur in Assoziation mit Klasse-II-Proteinen auf antigenpräsentierenden Makrophagen. Zytotoxische T-Zellen, die jede Zielzelle, welche ein passendes Antigen auf der Zelloberfläche exprimiert (z. B. virusinfizierte Körperzellen) zerstören können, erkennen ein Antigen nur dann, wenn es mit einem Klasse-I-Protein verbunden ist. Diese Einschränkung der Erkennung durch die Notwendigkeit einer Beteiligung von MHC-Antigenen wird als MHC-Restriktion bezeichnet. Der MHC übt auf diese Weise eine Kontrolle über die Immunantwort aus.

Über die restringierende Funktion bei der Antigenerkennung hinaus interagieren Produkte des MHC nach heutiger Vorstellung mit Produkten rearrangierter T-Zell-Rezeptor-Gene im sich entwickelnden Thymus und restringieren dort die mögliche Vielfalt von T-Zell-Rezeptor-Antigenbindungsstellen. Diese Restriktion besteht in der Selektion von T-Zellen, die in der Lage sind, fremde Antigene in Kombination mit MHC-Produkten zu erkennen und nur eine geringe bis gar keine autoimmune Reaktivität zeigen.

Die bemerkenswerteste Eigenschaft des MHC ist der in natürlichen Populationen einiger Spezies, so auch des Menschen, an mehreren funktionellen Loci zu findende Polymorphismus. Die meisten humanen Loci sind monomorph und nur etwa 30 % oligomorph. Die HLA-Loci sind die einzigen bekannten humanen Loci, die einen Polymorphismus mit mehreren Dutzenden von Allelen je Locus zeigen, wobei die gegenwärtig bekannten Allele wohl das tatsächliche Ausmaß des Polymorphismus unterschätzen. Die kodominante Expression und mögliche Unterschiede in der Expression erhöhen die Variabilität in der individuellen Ausprägung im MHC noch weiter. Obwohl Kopplungs-Ungleichgewichte zwischen einzelnen Allelen die beobachtbare Variabilität von MHC-Phänotypen einschränken, führt der hohe Grad an Heterozygotie im MHC (bei wildlebenden Mäusen beträgt er z. B. 100 %) dazu, daß praktisch keine zwei Individuen, außer monozygoten Zwillingen, eine exakte Übereinstimmung in beiden Haplotypen aufweisen. Obwohl diese Diversifikation des MHC insbesondere bei Säugern intensiv untersucht wurde, sind sowohl die phylogenetische Entwicklung als auch die Selektionsfaktoren, die für die Entstehung und Aufrechterhaltung dieses Phänomens verantwortlich sind, nur wenig aufgeklärt (vgl. Srivastava et al., 1991).

Es wird davon ausgegangen, daß diese Diversifikation durch eine balancierende parasiten- bzw. pathogengetriebene Selektion aufrechterhalten wird (vgl. Potts und Wakeland, 1990, 1993). Diese würde im wesentlichen auf zwei verschiedenen Mechanismen beruhen: erstens einer negativen frequenzabhängigen Selektion und zweitens Überdominanz.

Aufgrund einer ganzen Reihe von Untersuchungen, die inzwischen in mehreren Paradigmata MHC-assoziierte Gerüche bei Mäusen, Ratten und Menschen haben nachweisen können, wurde die Theorie entwickelt, daß die beschriebenen natürlichen Selektionsprozesse die Herausbildung sexueller Selektionsmechanismen (z. B. entsprechender Paarungspräferenzen) begünstigen sollten (vgl. Boyse et al.,

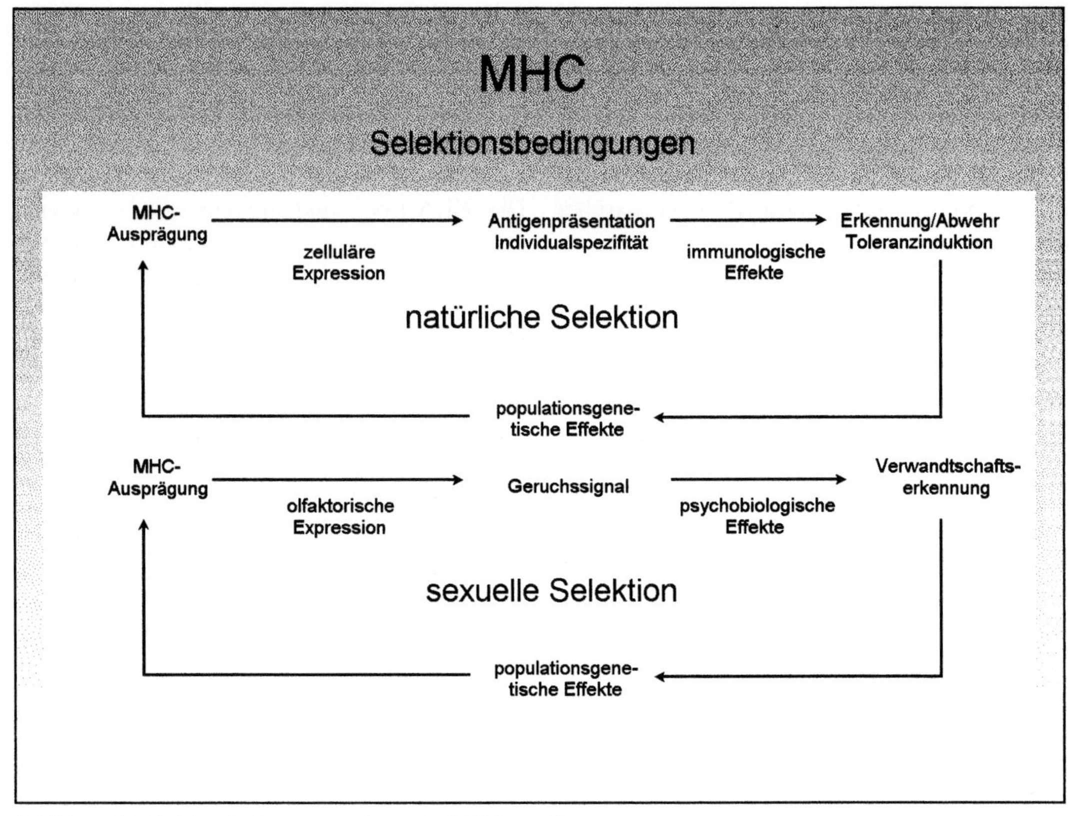

Abbildung 1: Selektionsbedingungen, denen der MHC unterliegt.

1990; Brown und Eklund, 1994; Manning et al., 1992; Potts et al., 1991), die dann an der Aufrechterhaltung der Diversifikation im MHC mitwirken (vgl. Abb. 1; Eggert und Ferstl, 1995; Eggert et al., 1994c).

Ein solcher Mechanismus setzt zu seinem Funktionieren das Vorhandensein diskriminativer Stimuli voraus, anhand derer die MHC-Ausprägungen von Artgenossen unterschieden werden können (vgl. Eggert et al., 1994a, b, c). Die Hypothese, daß es sich bei solchen mit dem MHC assoziierten Stimuli um olfaktorische Stimuli handelt, wurde zuerst von Thomas (1975) formuliert: Die MHC assoziierten Stimuli ermöglichten aufgrund des außerordentlichen Polymorphismus neben der Individualerkennung auch eine Verwandtschaftserkennung (kin recognition), der eine erhebliche Bedeutung bei der Evolution sozialen Verhaltens zugeschrieben wird. Seine Überlegungen über den phylogenetischen Ursprung des MHC führten ihn zu der Frage, ob die heutige Funktion der vom MHC kodierten Produkte nicht aus der phylogenetisch weit zurückliegenden Erfordernis von Organismen entstanden ist, ihre Integrität und Identität durch chemische Markierung zu sichern. Biologisch gesehen handelt es sich bei dem heute bei Vertebraten zu findenden Immunsystem nämlich um ein sehr weit ausdifferenziertes System, dessen phylogenetisch alte Ursprünge wohl in Zell-Zell-Erkennungsmechanismen zu sehen sind. Diese wiederum bilden die Grundlage sowohl für eine Gewebsdifferenzierung bei der Entwicklung von Vielzellern als auch für die Selbst/Fremd-Unterscheidungsfähigkeit des Organismus. Auf dieser Fähigkeit, die schon bei Schwämmen nachweisbar ist, basieren auch die immunologischen Mechanismen, die bei Vertebraten die Identität und Separiertheit einzelner Organismen gewährleisten. Thomas (1975) postulierte, daß der evolutionäre Ursprung der MHC-Gene in der chemosensorischen Markierung der Individualität auch bei phylogenetisch ausdifferenzierten Taxa, wie den Säugern, noch rezent ist.

Diese Hypothese wird von Befunden gestützt, die gezeigt haben, daß eine bedeutende Komponente der genetischen Grundlage individualspezifischer Gerüche bei Mäusen, Ratten und auch Menschen durch den MHC gebildet wird (vgl. Boyse et al., 1991; Brown et al., 1987; Ferstl et al., 1992; Yamazaki et al., 1991).

Durch den MHC kodierte Chemosignale wären über die Identifikation individueller Organismen hinaus auch geeignet, Verwandtschaftserkennung (kin recognition) zu erlauben. Auf dieser Grundlage könnte ihnen eine biologisch bedeutende Funktion etwa als Inzuchtvermeidungssignal zukommen. Betrachtet man die Involviertheit des MHC in immunologische Funktionen, so kann zudem vermutet werden, daß inzuchtvermeidende Mechanismen u. a. auch die Funktion haben, den Polymorphismus im MHC zu erhalten, wodurch die Hypothese eines durch den MHC genetisch determinierten Individualmarkers besondere Attraktivität erlangt.

Olfaktorische Expression des MHC

Der erste empirische Hinweis, daß die Ausprägung im MHC tatsächlich extern signalisiert wird, lieferten zufällige, unsystematische Beobachtungen, die, experimentell validiert, MHC-assoziierte Paarungspräferenzen bei Mäuseinzuchtstämmen belegten (Yamazaki et al., 1976). Inzwischen ist im Rahmen einer ganzen Reihe von Untersuchungen eine MHC-Assoziation spezifischer Gerüche bei Mäusen und bei Ratten nachgewiesen worden, beim Menschen existieren erste Hinweise (vgl. Abb. 2).

Der Nachweis einer Assoziation des MHC mit spezifischen Gerüchen und davon abhängig mit differentiellem Verhalten konnte geführt werden, da, insbesondere in der Maus, verschiedene Inzuchtstämme existieren, die genetisch hinreichend definiert sind. Inzuchtstämme bestehen aus homozygoten, genetisch uniformen Individuen.

Inzuchtstämme, die bis auf einen bestimmten Chromosomenbereich homozygot und genetisch uniform sind, werden congene Stämme genannt. Es sind eine Reihe von congenen Stammkombinationen verfügbar, so unter anderem Stämme, die sich nur in der Ausprägung im MHC unterscheiden, ansonsten aber genetisch identisch sind (MHC-congen) und auch solche, die sich in ihrem gesamten Genom mit Ausnahme des MHC unterscheiden (non-MHC-different). MHC-congene Stämme bieten damit die Möglichkeit, Unterschiede in der Expression stammspezifischer Gerüche eindeutig auf Unterschiede in der genetischen Ausprägung des MHC zurückführen zu können.

Psychobiologische Effekte des MHC

Welche psychobiologischen Effekte lassen sich aufgrund der oben erörterten theoretischen Analyse für MHC-assoziierte Gerüche erwarten? Ein integratives Modell soll helfen, diese Frage zu beantworten (vgl. Abb. 3).

Dieses Modell postuliert, daß die Profile flüchtiger Stoffe, die das MHC-assoziierte Geruchssignal darstellen, olfaktorisch verarbeitet werden. Die MHC-assoziierten Signale vermitteln die Informationen «Individualität» bzw. «Verwandtschaftsgrad» und regulieren Verhaltenseffekte, die an der Aufrechterhaltung der Diversifikation des MHC beteiligt sind.

Bisher wurden zwei Spezies zu selektiven Einflüssen MHC-assoziierter Geruchssignale auf das Reproduktionsverhalten untersucht. Bei Mäusen wurden prägungsabhängige H-2-

assoziierte Paarungspräferenzen nachgewiesen und zwar sowohl bei Inzuchtstämmen im Labor als auch bei seminatürlichen Populationen in Feldexperimenten (vgl. Abb. 4) (Andrews und Boyse, 1978; Beauchamp et al., 1988; Egid und Brown, 1989; Eklund et al., 1991; Potts et al., 1991; Yamaguchi et al., 1978; Yamazaki et al., 1976, 1978, 1979, 1983, 1987a, 1988a, 1991).

Ebenso konnten prägungsabhängige pregnancy-block-Effekte dokumentiert werden, die ebenfalls an der Aufrechterhaltung einer gewissen Diversifikation beteiligt sein könnten (Yamazaki et al., 1986, 1987b). Darüber hinaus zeigten Untersuchungen in seminatürlichen Populationen von Mäusen, daß Hilfeleistungen bei der Jungenaufzucht mit der Ähnlichkeit im H-2 assoziiert sind (Manning et al., 1992).

Die Ergebnisse zu der zweiten untersuchten Spezies, dem Menschen, sind bisher deutlich spärlicher (vgl. Abb. 5).

Populationsstatistische Erhebungen (wie z. B. Black und Salzano, 1981, oder Kostyu et al., 1993) haben zwar gezeigt, daß zumindest in einigen Populationen das vom Modell vorhergesagte Defizit an HLA-Homozygoten beobachtet werden kann. Die bisher vereinzelt durchgeführten populationsstatistischen Erhebungen zur Partnerwahl (Rosenberg et al., 1983; Giphart und D'Amaro, 1983; Nordlander et al., 1983; Pollack et al., 1982) ergeben bisher aber keine konklusiven Resultate. Einige Studien dokumentieren Selektionseffekte im Hinblick auf den HLA, in anderen Studien waren sie nicht nachweisbar. Befunde, die einen direkten Zusammenhang zwischen der genetischen Ausprägung im MHC, der Geruchs-

Olfaktorische Expression des MHC

Empirische Belege

untersuchte Spezies	Geruchsquelle	Paradigma	Versuchsspezies
		Y-Labyrinth	Maus
		Paarungspräferenz	Maus
	Tier, Urin, Fäzes	pregnancy block	Maus
		Feldstudie	Maus
		Olfaktometer	Ratte
		Paarvergleich	Mensch
	Urin	Habituation-Dishab.	Ratte
		Olfaktometer	Ratte
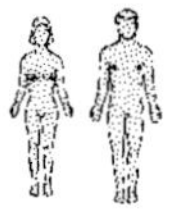	Urin, Person	Olfaktometer	Ratte
		Feldstudie	Mensch

Abbildung 2: Nachweise MHC-assoziierter Geruchsexpression.

expression und Effekten auf die soziale Wahrnehmung und damit auf das Sozialverhalten des Menschen herstellen, stammen bisher nur aus zwei von unserer Gruppe durchgeführten Feldstudien (Ferstl et al., 1992; Eggert et al., 1994c).

Psychobiologie des H-2

Den ersten empirischen Hinweis, daß MHC-assoziierte Geruchsreize in der Lage sind, selektiv in die Reproduktion einer Spezies einzugreifen, lieferten zufällige, unsystematische Beobachtungen, die dann, experimentell validiert, MHC-assoziierte Paarungspräferenzen bei MHC-congenen Mäuseinzuchtstämmen belegten (Andrews und Boyse, 1978; Yamaguchi et al., 1978; Yamazaki et al., 1976, 1978, 1979).

Nachfolgende Studien (Beauchamp et al., 1988; Egid und Brown, 1989; Eklund et al., 1991; Yamaguchi et al., 1978; Yamazaki et al., 1983, 1987a, 1988a) bestätigten, daß MHC-assoziierte Gerüche das Partnerwahlverhalten von Mäusen zu beeinflussen in der Lage sind, wobei sie eine Bastardisierung begünstigen und somit einer Inzuchttendenz entgegenwirken können. Die einzige Ausnahme von der Regel, daß die Paarungshäufigkeit zwischen H-2-congenen Tieren größer ist als die zwischen H-2-identischen (im Fall des Stammes BALB/C, vgl. Yamazaki et al., 1976) konnte auf Prägungsprozesse (siehe unten) zurückgeführt werden (vgl. Yamazaki et al., 1978, 1991).

Untersuchungen zum Phänomen des sogenannten «pregnancy block» bei Mäusen (Bruce-Effekt; Bruce, 1959 und 1960) werden in derselben Richtung interpretiert. Es handelt sich bei diesem Phänomen um eine durch ol-

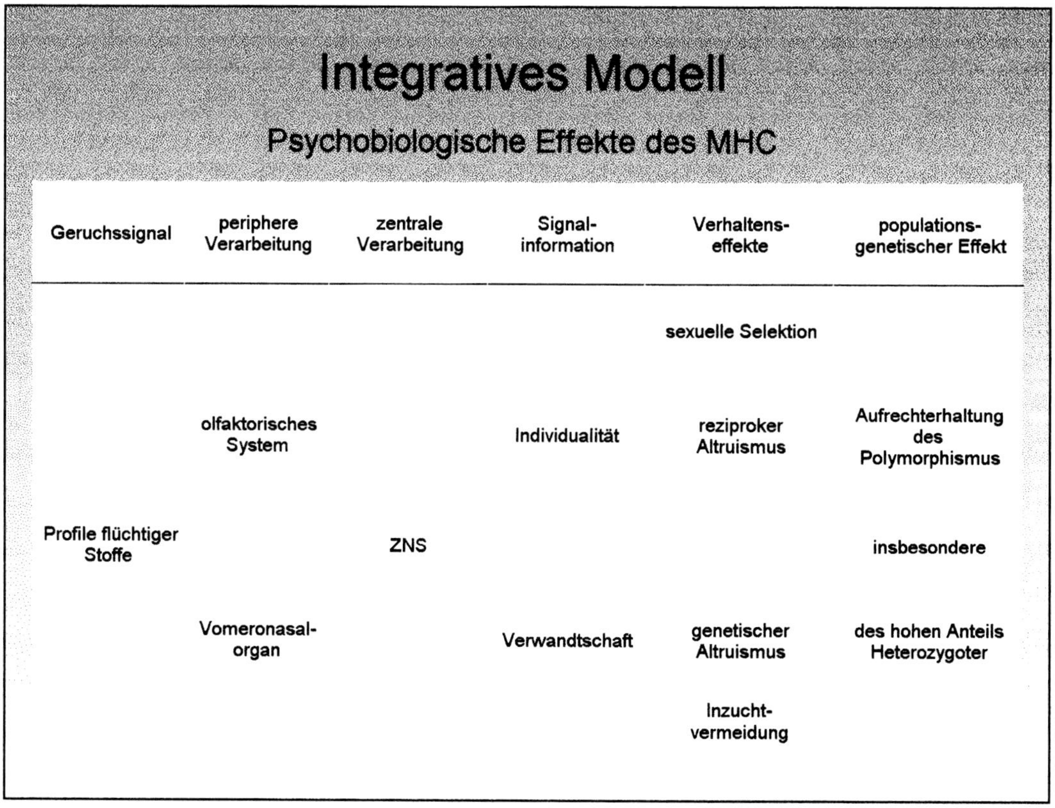

Integratives Modell

Psychobiologische Effekte des MHC

Geruchssignal	periphere Verarbeitung	zentrale Verarbeitung	Signal-information	Verhaltens-effekte	populations-genetischer Effekt
				sexuelle Selektion	
	olfaktorisches System		Individualität	reziproker Altruismus	Aufrechterhaltung des Polymorphismus
Profile flüchtiger Stoffe		ZNS			insbesondere
	Vomeronasal-organ		Verwandtschaft	genetischer Altruismus	des hohen Anteils Heterozygoter
				Inzucht-vermeidung	

Abbildung 3: Modell der psychobiologischen Effekte des MHC.

faktorische Reize von «fremden» (d. h. unbekannten, neu zu dem Weibchen gesetzten) Männchen induzierte Paarungsbereitschaft, die in einer bestimmten Phase der Reproduktion (nach der Befruchtung der Eizelle und vor deren Einnistung) zu einer Verhinderung, einem «block» der Trächtigkeit führt. Die Rate, mit der solche «pregnancy blocks» auftreten, ist abhängig davon, ob das «fremde» Männchen zu dem Weibchen und dem mit diesem gepaarten Männchen MHC-congen oder identisch in der Ausprägung im MHC ist. Im ersten Fall ist die Rate höher (Yamazaki et al., 1986a, 1987b, 1991).

Die bei Mäusen beobachteten Effekte auf das Reproduktionsverhalten wurden hinsichtlich ihrer genetischen Determiniertheit und dem Mitwirken von Prägungsprozessen weitergehend untersucht. Dabei zeigte sich, daß die Paarungspräferenzen nicht durch die Ausprägungen im MHC determiniert werden.

MHC-homozygote Mäuse der F2-Generation, deren F1-Eltern heterozygot waren, zeigten nicht in allen Fällen dieselbe H-2-differente Paarungspräferenz wie homozygote Tiere der F3-Generation, deren Eltern ebenfalls homozygot waren. Die Schlußfolgerung, die Yamazaki et al. (1978) aus dieser Beobachtung zogen, war, daß die jeweils auftretenden Paarungspräferenzen offenbar auf eine familiäre chemosensorische Prägung zurückzuführen sind. Bei Untersuchungen mit Mäusen, die nach der Geburt von MHC-congenen «Adoptiv»-Eltern aufgezogen wurden, wurde festgestellt, daß – unabhängig von ihrem eigenen MHC – die so aufgezogenen Mäuse Paarungspartner präferieren, deren MHC sich von dem der Aufzuchteltern unterscheidet (Beauchamp et al., 1988;

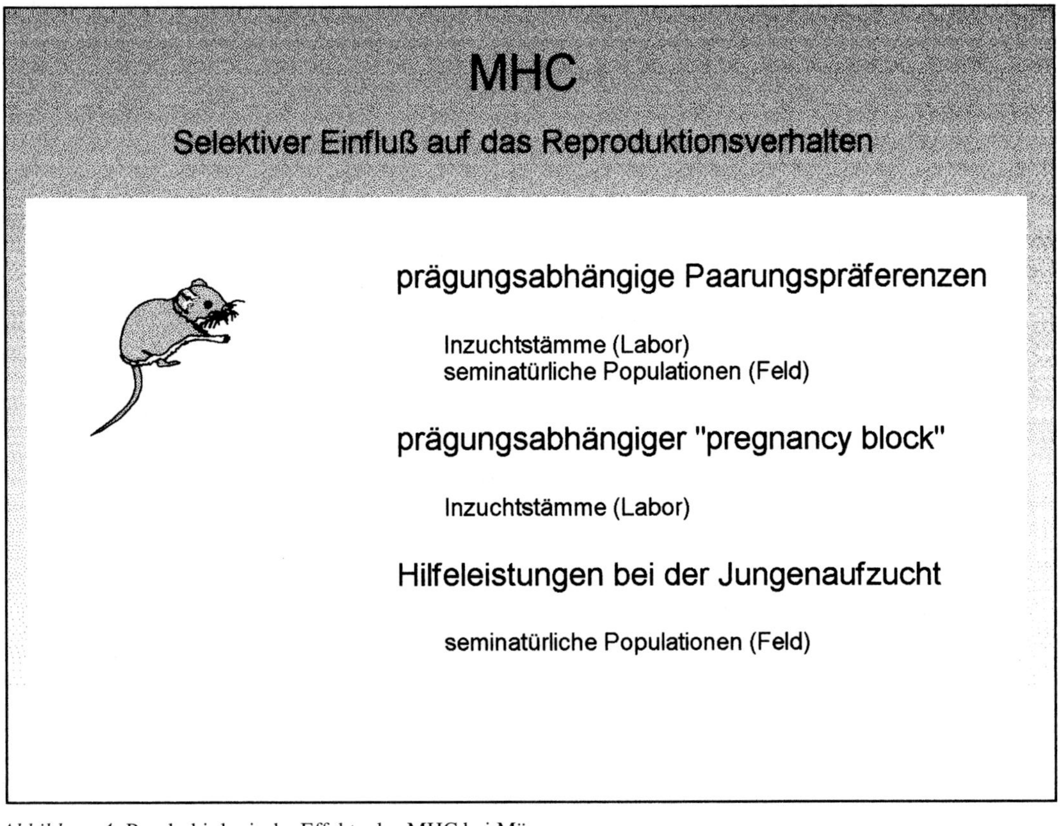

Abbildung 4: Psychobiologische Effekte des MHC bei Mäusen.

Yamazaki et al., 1987a, 1988a). Dieses Ergebnis zeigt, daß die Partnerwahl nicht direkt von der eigenen MHC-Ausprägung und der des Paarungspartners abhängig ist, sondern von frühen, postnatalen chemosensorischen Prägungen. Entsprechendes gilt für das Phänomen des «pregnancy blocks»; auch hier bestimmt ein Prägungsprozeß, was als «fremdes» Männchen gilt, da die Auswahl, welches der H-2-congenen Männchen das zur Paarung zugelassene und welches das daraufhin mit dem Weibchen konfrontierte ist, keinen Einfluß auf die Ergebnisse hat (Yamazaki et al., 1991). Dies belegt, daß es sich nicht um einen von der spezifischen Ausprägung im MHC determinierten Effekt handelt, was durch die Untersuchung von Yamazaki et al. (1989), in der eine Beeinflussung der pregnancy-block-Raten durch genetische Unterschiede allein in den Gonosomen demonstriert wurde, bestätigt wird.

Damit beruht die Interpretation, daß die beobachteten Effekte für einen vom MHC kontrollierten Einfluß auf die Reproduktion und damit für eine biologische Relevanz in dem oben angesprochenen Sinn sprechen, auf der Annahme, daß die chemosensorische Identität im wesentlichen durch die Ausprägung im MHC determiniert ist. Nur dann kann davon ausgegangen werden, daß die differentiellen Reize, auf die hin eine Prägung stattfindet, MHC-spezifisch sind.

Der MHC ist aber nicht die einzige Quelle individualspezifischer Gerüche. Auch das restliche Genom ist in der Lage, eine geruchliche Identität zu begründen (Boyse et al., 1987; vgl. etwa Lenington et al., 1988; Yamazaki et al., 1986b, 1988b, 1991). Somit stellt sich die Frage nach der Bedeutsamkeit MHC-assoziierter Geruchsexpression für die Konstituierung der chemosensorischen Identität. Zwar haben

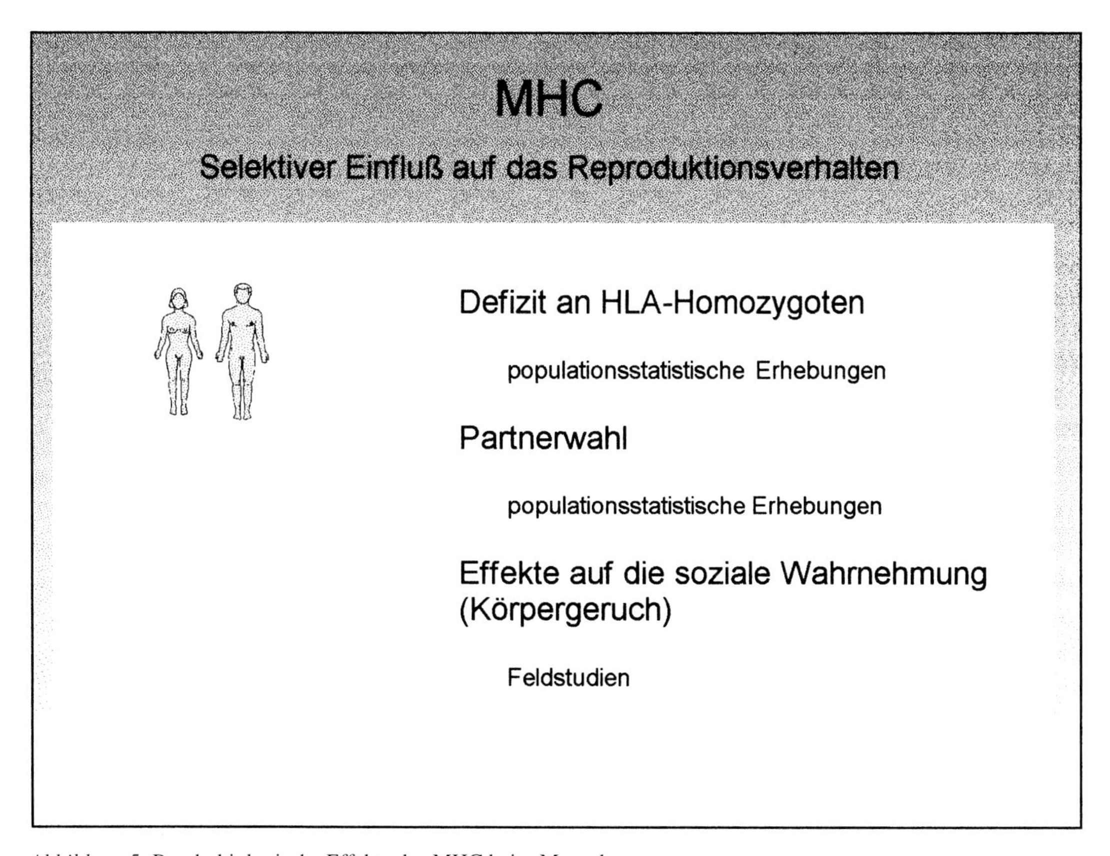

Abbildung 5: Psychobiologische Effekte des MHC beim Menschen.

Experimente, in denen die Diskriminierbarkeit von Inzuchtstämmen, die sich nur im MHC bzw. nur im restlichen Genom unterscheiden, ergeben, daß MHC-congene Stämme leichter zu diskriminieren sind (Boyse et al., 1987, 1991), doch legen Untersuchungen von Duncan et al. (1987) nahe, daß der Einfluß des genetischen Hintergrunds auf die Konstituierung der chemosensorischen Identität größer als der Einfluß des MHC ist (vgl. auch Schwende et al., 1984).

Daß darüber hinaus auch noch subtile nichtgenetische Unterschiede an der Konstitution der chemosensorischen Identität beteiligt sind, zeigen die Ergebnisse von Bowers und Alexander (1967) und von Schellinck et al. (1991), die belegen, daß genetisch identische Tiere geruchlich diskriminierbar sind, selbst wenn sie den gleichen Haltungsbedingungen unterliegen. Einen Einfluß der Diät auf die Diskriminierbarkeit von Uringerüchen zeigen die Untersuchungen von Schellinck et al. (1992).

Die für die Bewertung der bisher vorgeschlagenen Hypothesen zur biologischen Funktion MHC-assoziierter Geruchsexpression entscheidende Frage der Prägnanz MHC-assoziierter Geruchsreize wurde von Beauchamp et al. (1986) und im Detail von Eggert (1992a, 1992b) untersucht.

Wie die Ergebnisse von Eggert (1992a, 1992b, 1996, 1994d) zeigten, sind trainierte Versuchstiere zwar nach einem spezifischen Vortraining in der Lage, nicht mit dem MHC assoziierte bzw. mit der Ausprägung im MHC assoziierte Geruchsreize zu identifizieren, d. h., diese genetischen Verwandtschaftsgrade sind erkennbar. Ohne ein solches spezifisches Vortraining wird eine genetische Übereinstimmung in der Ausprägung im MHC aber nicht erkannt. Auch eine Übereinstimmung im gesamten Genom bis auf den MHC bietet keine hinreichende Grundlage für eine chemosensorische Erkennung dieser Verwandtschaft. Zwar bestätigen die Ergebnisse, daß ein Unterschied in der Ausprägung im MHC hinreichend ist, um unterschiedliche chemosensorische Identitäten zu konstituieren, doch ist eine Übereinstimmung in der Ausprägung des MHC nicht hinreichend, um die chemosensorische Identität so ähnlich werden zu lassen, daß diese genetische Übereinstimmung identifiziert werden würde. Diese Ergebnisse legen nahe, daß die Ausprägung im MHC sich nicht mit hinreichender Prägnanz in der chemosensorischen Identität exprimiert, die notwendig wäre, um generell die hypostasierte dominierende Rolle in den prägungsabhängigen Mechanismen selektiver Fortpflanzungskontrolle zu spielen.

Das heißt, daß der Einfluß des MHC auf das Reproduktionsverhalten, der experimentell bei Inzuchtstämmen nachgewiesen ist, keine konstante Bedeutsamkeit besitzt, sondern vielmehr erst dann zunehmend an Bedeutung gewinnt, wenn eine Population unter Inzucht gerät und es schon zu einer Homogenisierung des Genpools gekommen ist. In einem solchen Fall weist der MHC aufgrund seines ausgeprägten Polymorphismus immer noch eine weitgehende Diversifikation auf, die zu einer entsprechenden geruchlichen Unterscheidbarkeit führt, die dann prägnante Reize, die der Inzucht über die angedeuteten Mechanismen entgegenwirken, zur Verfügung stellt. Die Überprüfung dieser Hypothese erfordert die Betrachtung MHC-assoziierter Paarungspräferenzen bei genetisch unterschiedlich stark diversifizierten Populationen.

Einen Versuch in dieser Richtung unternahmen Potts et al. (1991) durch die Untersuchung seminatürlicher Populationen von Mäusen, die eine größere genetische Diversifikation zeigten als die bisher verwendeten Inzuchtstämme. Der von ihnen beobachtete Trend von Weibchen, bei extraterritorialen Paarungen MHC-differente Männchen zu bevorzugen, ist ein Hinweis auf das Auftreten MHC-assoziierter Paarungspräferenzen auch unter genetisch diversifizierteren Bedingungen.

Psychobiologie des HLA

Untersuchungen zu einem den MHC-assoziierten Paarungspräferenzen bei Mäusen homologen Phänomen beim Menschen, bei denen geprüft wurde, ob die Kombination der HLA-

Haplotypen bei Paaren von einer bei zufälliger Zuordnung der Partner zu erwartenden Häufigkeitsverteilung signifikant abweicht, zeigen uneinheitliche Resultate, wobei die wenigen beobachteten Abweichungen von der unter zufälliger Zuordnung zu erwartenden Häufigkeitsverteilung sich im wesentlichen auf Unterschiede in ethnischen Gruppen zurückführen lassen (Giphart und D'Amaro, 1983; Nordlander et al., 1983; Pollack et al., 1982; Rosenberg et al., 1983).

Befunde, die einen direkten Zusammenhang zwischen der genetischen Ausprägung im MHC, der Geruchsexpression und Effekten auf die soziale Wahrnehmung und damit auf das Sozialverhalten des Menschen herstellen, stammen bisher nur aus zwei von unserer Gruppe durchgeführten Feldstudien (vgl. Ferstl et al., 1992; Eggert et al., 1994c). Diese Feldstudien haben im wesentlichen drei Effekte demonstriert.

Zum einen konnte ein Zusammenhang zwischen der Konzentration löslicher HLA-Proteine in den Körperflüssigkeiten und der Auffälligkeit des Körpergeruchs gezeigt werden: Eine Gruppe von Personen, denen in der ersten Feldstudie eine intensive Körpergeruchsexpression zugeschrieben wurde, zeigte im Gegensatz zu einer Gruppe von Kontrollpersonen und im Vergleich mit Populationsdaten, überzufällig erhöhte Frequenzen im Auftreten bestimmter Ausprägungen des HLA (der Allele A9 (A23, A24) und B15 (B62, B63)). Gegenüber Personen mit anderen Spezifitäten zeigen Personen mit diesen Spezifitäten aber auch signifikant erhöhte Konzentrationen löslicher HLA-Proteine im Serum (Wobst, 1993; Zavazava et al., 1990). In einer nachfolgenden Studie (Wobst, 1993; Wobst et al., 1994) konnte darüber hinaus gezeigt werden, daß die Konzentration löslicher HLA-Proteine im Urin bei Frauen abhängig vom reproduktiven Status ist. Im Vergleich zur zweiten Zyklushälfte findet man in der ersten Zyklushälfte eine relativ höhere, von der Nierenfunktion unabhängige HLA-Ausschüttung in den Urin.

Zweitens ergaben sich Hinweise auf einen Zusammenhang zwischen der Ausprägung im HLA und Charakteristika der Geruchswahrnehmung, denen zur Zeit mit Hilfe von Methoden der objektiven Olfaktometrie nachgegangen wird. Die Ergebnisse aus den ersten hierzu durchgeführten Untersuchungen (vgl. Pause, 1994) zeigen, daß Personen mit bestimmten HLA-Spezifitäten (A24, B62) – solche Personen waren in der ersten von uns durchgeführten Feldstudie als besonders «geruchssensibel» auffällig geworden – auch in den olfaktorisch evozierten Potentialen auf einen Standardreiz hin Auffälligkeiten zeigen. Sowohl frühe als auch späte Komponenten in den olfaktorisch evozierten Potentialen zeigten bei diesen Personen deutlich größere Amplituden. Daß mit der Ausprägung im HLA assoziierte Unterschiede in der zentralnervösen Verarbeitung von Geruchsreizen nicht nur bei Personen mit den HLA-Spezifitäten A24 und B62 auftauchen, sondern solche Effekte ein generelleres Phänomen zu sein scheinen, legen korrelative Zusammenhänge zwischen Amplituden und Latenzen einzelner aus dem EEG extrahierbarer, reizassoziierter Komponenten mit den jeweiligen HLA-Phänotypfrequenzen der untersuchten Person nahe (Pause, 1994).

Über diese Befunde hinaus ergaben sich auch erste Hinweise, daß die soziale Wahrnehmung von der Ähnlichkeit im HLA abhängt: Es zeigte sich ein Zusammenhang zwischen der Ähnlichkeit im HLA und der hedonischen Bewertung des Körpergeruchs anderer Personen (Eggert et al., 1994c), dem in einer jüngeren Studie nachgegangen wurde. In dieser Untersuchung wurden Personen gebeten, Auffälligkeit und Valenz des Körpergeruchs ihnen bekannter Personen einzuschätzen und zu Aspekten ihres interpersonellen Verhaltens Auskunft zu geben. Die HLA-Ausprägungen aller Personen wurden bestimmt. Die Ergebnisse zeigten, daß die Einschätzung des Körpergeruchs als unangenehm bzw. angenehm mit unterschiedlichen Ähnlichkeiten in der HLA-Ausprägung einhergeht. Im gleichgeschlechtlichen Fall gehen angenehme Körpergerüche eher mit größerer Ähnlichkeit im HLA einher, während im gegengeschlechtlichen Fall genau der umgekehrte Trend zu beobachten ist.

Ein ähnliches Ergebnis zeigte sich, wenn man den Bekanntheitsgrad zwischen den Personen betrachtet. Auch hier scheint im gleichgeschlechtlichen Fall der Grad der Bekanntschaft mit höherer Ähnlichkeit, im gegengeschlechtlichen Fall mit geringerer Ähnlichkeit im HLA assoziiert zu sein.

Schlußfolgerung

Wie dieser Überblick gezeigt hat, sind zwar eine Reihe der von dem beschriebenen Modell vorhergesagten Effekte inzwischen empirisch belegt, aber dennoch ist die ultimate Bedeutung der MHC-assoziierten Geruchsexpression insbesondere in Spezies mit unterschiedlicher Verhaltensökologie noch weitgehend ungeklärt.

Sind die selektiven Einflüsse MHC-assoziierter Geruchsreize auf das Reproduktionsverhalten tatsächlich daran beteiligt, eine der immungenetischen Grundlagen sowohl der Antigenpräsentation als auch der Toleranzinduktion zu erhalten, dann modifizieren behaviorale Faktoren nicht nur, wie Ergebnisse aus anderen Bereichen der Psychoneuroimmunologie gezeigt haben, die Reaktionslage des Immunsystems, sondern spielen auch bei der Aufrechterhaltung einer der grundlegenden Voraussetzungen für das Funktionieren dieses Systems eine bedeutsame Rolle.

Literatur

Andrews PW, Boyse EA: Mapping of an H-2-linked gene that influences mating preference in mice. Immunogenetics 1978; 6:265–268.

Beauchamp G, Gilbert A, Yamazaki K, Boyse EA: Genetic basis for individual discriminations: The major histocompatibility complex of the mouse. In: Müller-Schwarze D, Silverstein RM (eds.): Chemical Signals in Vertebrates 4. New York, Plenum Press, 1986; pp. 413–425.

Beauchamp GK, Yamazaki K, Bard J, Boyse EA: Preweaning experience in the control of mating preferences by genes in the major histocompatibility complex of the mouse. Behavior Genetics 1988; 18:537–547.

Black FL, Salzano FM: Evidence for heterosis in the HLA system. American Journal of Human Genetics 1981; 33:894–899.

Bowers JM, Alexander BK: Mice: Individual recognition by olfactory cues. Science 1967; 158:1208–1210.

Boyse EA, Beauchamp GK, Yamazaki K: The genetics of body scent. Trends in Genetics 1987; 3:97–102.

Boyse EA, Beauchamp GK, Yamazaki K, Bard J: Genetic komponents of kin recognition in mammals. In: Hepper PG (ed.): Kin Recognition. London, Cambridge University Press, 1990; pp. 148–161.

Boyse EA, Beauchamp GK, Bard J, Yamazaki K: Behavior and the major histocompatibility complex of the mouse. In: Ader R, Felten DL, Cohen N (eds.): Psychoneuroimmunology, 2nd edition. San Diego, Academic Press, 1991; pp. 831–846.

Brown JL, Eklund A: Kin Recognition and the Major Histocompatibility Complex: An Integrative Review. American Naturalist 1994; 143:435–461.

Brown RE, Singh PB, Roser B: The major histocompatibility complex and the chemosensory recognition of individuality in rats. Physiology & Behavior 1987; 40:65–73.

Bruce H: An exteroceptive block to pregnancy in the mouse. Nature 1959; 184:105.

Bruce H: A block to pregnancy in the mouse caused by proximity of strange males. Journal of Reproduction and Fertility 1960; 1:96–103.

Duncan HJ, Beauchamp GK, Yamazaki K: Relative contribution of different genetic regions to urinary odors distinguishing inbred strains of mice. Chemical Senses 1987; 12:653.

Eggert F: Olfaktorische Expression und psychobiologische Effekte immunogenetischer Unterschiede. Kiel, Dissertation, 1992 (a).

Eggert F: Identification of genetically determined urinary chemosignals. Chemical Senses 1992(b); 17:831.

Eggert F, Ferstl R: Psychobiologie des Immunsystems: Behaviorale Faktoren bei der Aufrechterhaltung immungenetischer Variabilität. In: Pawlik K (Hrsg.): Bericht über den 39. Kongreß der Deutschen Gesellschaft für Psychologie in Hamburg 1994, Bd. 2. Göttingen, Hogrefe, 1995; S. 272–277.

Eggert F, Höller C, Luszyk D, Ferstl R: MHC-associated urinary chemosignals in mice. Advances in the Biosciences 1994(d); 93:511–516.

Eggert F, Höller C, Luszyk D, Müller-Ruchholtz W, Ferstl R: MHC-associated and MHC-independent urinary chemosignals in mice. Physiology & Behavior 1996; 59:57–62.

Eggert F, Uharek L, Müller-Ruchholtz W, Ferstl R: MHC-associated and MHC-independent urinary chemosignals in mice are expressed via the hematopoietic system. Neuropsychobiology 1994(a); 30:42–45.

Eggert F, Wobst B, Höller C, Luszyk D, Uharek L, Zavazava N, Müller-Ruchholtz W, Ferstl R: Olfactory expression of the MHC. Psychologische Beiträge 1994(b); 36:152–157.

Eggert F, Wobst B, Westphal E, Zavazava N, Müller-Ruchholtz W, Ferstl R: Psychobiology of the immune system: Behavioral factors in the maintenance of immunogenetical variability. Psychologische Beiträge 1994(c); 36:158–163.

Egid K, Brown JL: The major histocompatibility complex and female mating preferences in mice. Animal Behaviour 1989; 38:548–550.

Eklund A, Egid K, Brown JL: The major histocompatibility complex and mating preferences of male mice. Animal Behaviour 1991; 42:693–694.

Ferstl R, Eggert F, Westphal E, Zavazava N, Müller-Ruchholtz W: MHC-related odors in humans. In: Doty RL, Müller-Schwarze D (eds.): Chemical Signals in Vertebrates VI. New York, Plenum, 1992; pp.205–211.

Giphart MJ, D'Amaro J: HLA and reproduction? Journal of Immunogenetics 1983; 10:25–29.

Kostyu DD, Dawson DV, Elias S, Ober C: Deficit of HLA homozygotes in a Caucasion isolate. Human Immunology 1993; 37:135–142.

Lenington S, Egid K, Williams J: Analysis of a genetic recognition system in wild house mice. Behavior Genetics 1988; 18:549–564.

Manning CJ, Wakeland EK, Potts WK: Communal nesting patterns in mice implicate MHC genes in kin recognition. Nature 1992; 360:581–583.

Nordlander C, Hammarström L, Lindblom B, Smith CIEE: No role of HLA in mate selection. Immunogenetics 1983; 18:429–431.

Pause B: Zur Differenzierung des Einflusses endogener und exogener Modulatoren auf die zentralnervöse Geruchsverarbeitung beim Menschen: Eine Studie mit Evozierten Potentialen. Dissertation, Kiel, 1994.

Pollack MS, Wysocki CJ, Beauchamp GK, Braun D, Callaway C, Dupont B: Absence of HLA association or linkage for variations in sensitivity to the odor of androstenone. Immunogenetics 1982; 15:579–589.

Potts WK, Manning CJ, Wakeland EK: Mating patterns in seminatural populations of mice influenced by MHC genotype. Nature 1991; 352:619–621.

Potts WK, Wakeland EK: Evolution of diversity at the major histocompatibility complex. Trends in Ecology and Evolution 1990; 5:181–187.

Potts WK, Wakeland EK: Evolution of MHC Genetic Diversity: A Tale of Incest, Pestilence and Sexual Preference. Trends in Genetics 1993; 9:181–187.

Rosenberg LT, Cooperman D, Payne R: HLA and mate selection. Immunogenetics 1983; 17:89–93.

Schellinck HM, Brown RE, Slotnick BM: Training rats to discriminate between the odors of individual conspecifics. Animal Learning & Behavior 1991; 19:223–233.

Schellinck HM, West AM, Brown RE: Rats can discriminate between the urine odors of genetically identical mice maintained on different diets. Physiology & Behavior 1992; 51:1079–1082.

Schwende FJ, Jorgenson WJ, Novotny M: Possible chemical basis for histocompatibility-related mating preference in mice. Journal of Chemical Ecology 1984; 10:1603–1615.

Srivastava R, Ram BP, Tyle P (eds.): Immunogenetics of the Major Histocompatibility Complex. New York, VCH, 1991.

Thomas L: Symbiosis as an immunologic problem. In: Neter E, Milgrom F (eds.): The Immune System and Infectious Diseases. Basel, Karger, 1975; pp. 2–11.

Wobst B: Immunbiologische Charakterisierung löslicher MHC-Klasse-I-Moleküle in menschlichen Körperflüssigkeiten im Hinblick auf ihre Bedeutung bei der biologischen Verhaltensregulierung. Dissertation, Kiel, 1993.

Wobst B, Luszyk D, Zavazava N, Eggert F, Ferstl R, Müller-Ruchholtz W: Influence of the menstrual cycle on the excretion of soluble MHC-molecules in humans. Advances in the Biosciences 1994; 93:517–522.

Yamaguchi M, Yamazaki K, Boyse EA: Mating preference tests with the recombinant congenic strain BALB.HTG. Immunogenetics 1978; 6:261–264.

Yamazaki K, Boyse EA, Mike V, Thaler HT, Mathieson BJ, Abbott J, Boyse J, Zayas ZA, Thomas L: Control of mating preferences in mice by genes in the major histocompatibility complex. Journal of Experimental Medicine 1976; 144:1324–1335.

Yamazaki K, Yamaguchi M, Andrews PW, Peake B, Boyse EA: Mating preference of F2 segregants of crosses between MHC-congenic mouse strains. Immunogenetics 1978; 6:253–259.

Yamazaki K, Yamaguchi M, Baranoski L, Bard J, Boyse EA, Thomas L: Recognition among mice: Evidence from the use of a Y-maze differentially scented by congenic mice of different mayor histocompatibility types. Journal of Experimental Medicine 1979; 150:755–760.

Yamazaki K, Beauchamp GK, Wysocki CJ, Bard J, Thomas L, Boyse EA: Recognition of H-2 types in relation to the blocking of pregnancy in mice. Science 1983; 221:186–188.

Yamazaki K, Beauchamp GK, Matsuzaki O, Kupniewski D, Bard J, Thomas L, Boyse EA: Influence of a genetic difference confined to mutation of H-2K on the incidence of pregnancy block in mice. Proceedings of the National Academy of Science of the United States of America 1986(a); 83:740–741.

Yamazaki K, Beauchamp GK, Matsuzaki O, Bard J, Thomas L, Boyse EA: Participation of the murine X and Y chromosomes in genetically determined chemosensory identity. Proceedings of the National Academy of Science of the United States of America 1986(b); 83:4438–4440.

Yamazaki K, Beauchamp GK, Kupniewski D, Stahlbaum C, Bard J, Thomas L, Boyse EA: Relation of MHC-related mating preferences to post-natal chemosensory imprinting. Chemical Senses 1987(a); 12:711.

Yamazaki K, Beauchamp GK, Matsuzaki O, Kupniewski D, Bard J, Thomas L, Boyse EA: Influence of a single mutation on the incidence of pregnancy block in mice. Annals of the New York Academy of Sciences 1987(b); 510:730–731.

Yamazaki K, Beauchamp GK, Kupniewski D, Bard J, Thomas L, Boyse EA: Familial imprinting determines H-2 selective mating preferences. Science 1988(a); 240:1331–1332.

Yamazaki K, Beauchamp GK, Kupniewski D, Bard J, Thomas L, Boyse EA: Participation of the X and Y chromosomes in the individual chemosensory identity of mice according to genotype. Chemical Senses 1988(b); 13:750.

Yamazaki K, Beauchamp GK, Bard J, Boyse EA: Sex-chromosomal odor types influence the maintenance of early pregnancy in mice. Proceedings of the National

Academy of Sciences of the United States of America 1989; 86:9399–9401.
Yamazaki K, Beauchamp GK, Bard J, Boyse EA, Thomas L: Chemosensory identity and immune function in mice. In: Wysocki CJ, Kare MR (eds.): Chemical Senses. Volume 3: Genetics of Perception and Communications. New York, Marcel Dekker, 1991; pp. 211–225.
Zavazava N, Westphal E, Müller-Ruchholtz W: Characterization of soluble HLA molecules in sweat and quantitative HLA differences in serum of healthy individuals. Journal of Immunogenetics 1990; 17:387–394.

Die Arbeit an diesem Manuskript und die in ihm erwähnten eigenen Untersuchungen wurden durch Projektmittel der Volkswagen Stiftung und der Deutschen Forschungsgemeinschaft gefördert.

Teil II

Neuroendokrine Modulation immunologischer Funktionen

Innervation der immunkompetenten Organe

Gerd Novotny

In den letzten zwei Jahrzehnten sind einige Übersichten zur Literatur über die Innervation der immunkompetenten Organe veröffentlicht worden (Bulloch, 1985; Felten et al., 1987b; Felten et al., 1988; Felten und Felten, 1991; Ackerman et al., 1991a). Allen gemeinsam ist eine gewisse Skotomisierung zumindest eines größeren Teils der älteren Literatur. Dabei ist es erstaunlich, wie gering der Zuwachs an Erkenntnis gerade in den Anfangsphasen des neuerwachten Interesses an der Nervenversorgung der immunkompetenten Organe war. Erst mit den neueren Untersuchungen, die mit modernen Methoden des Transmitternachweises arbeiten, hat sich diese Sachlage bedingt verändert. Der Informationszuwachs ist auch hier ziemlich begrenzt, weil die Bedeutung der verschiedenen Transmitter für die Funktion nicht hinreichend bekannt ist. Der Nachweis einer Vielzahl von Rezeptoren an lymphatischen Zellen hat ebenfalls noch nicht zur Lösung dieser Fragen geführt, und auch die *in-vitro*- oder *in-vivo*-Wirkungen von Transmittern sind nicht ohne Widersprüche. Eine einfache Beziehung zur Innervation der lymphatischen Organe läßt sich daraus noch nicht ableiten. Dennoch gelten die Psychoneuroimmunologie und das Studium der Innervation der lymphatischen Organe heute als Forschungsbereiche, die große Fortschritte zu verzeichnen haben. Lehrreich sind diese Beispiele insofern, als sie zeigen, daß nicht der tatsächliche Informationsstand das Ausschlaggebende ist, sondern die Interpretation, welche den Fakten auferlegt wird. Die frühen Autoren haben die Innervation eindeutig belegt und auch klar zum Ausdruck gebracht, daß sie mehr als eine Gefäßinnervation sein muß. Die Fachkollegen wollten dies aber nicht zur Kenntnis nehmen. Erst die neuen Untersuchungen, die objektiv unseren Wissensstand kaum erweiterten, haben das allgemeine Klima für eine Akzeptanz dieser Tatsachen vorgefunden und teils geschaffen. Der Impetus hierzu kam von der Schlüsselarbeit von Ader und Cohen (1975).

Lymphatische Organe lassen sich in primäre und sekundäre einteilen. Als primär gelten Knochenmark und Thymus, da von ihnen aus die anderen lymphatischen Organe besiedelt werden. Alle übrigen lymphatischen Organe sind demnach sekundär. Bei den sekundären lymphatischen Organen ist zwischen den in sich geschlossenenen, von einer Kapsel umgebenen Organen (Lymphknoten und Milz) sowie den nichteinkapsulierten Lymphansammlungen (Tonsillen, Peyersche Plaques, bzw. Mucosa-Associated-Lymphatic-Tissue (MALT), Entzündung) zu unterscheiden.

Die primären lymphatischen Organe

Das Knochenmark

Wie bei den lymphatischen Organen ist die Kenntnis von Nerven im Knochenmark schon sehr alt, aber diese Nerven wurden lediglich als eine Gefäßinnervation betrachtet, obwohl sie auch im Parenchym erkannt wurden (Kölliker, 1854; Toldt, 1888; Ottolenghi, 1902; Rossi, 1932; Takase und Nomura, 1957; Miller und Kasahara, 1963). Die autonome Natur der Innervation wurde durch Castro (1929) belegt, afferente Komponenten konnten durch Kuntz und Richins (1945) nachgewiesen werden. Der erste experimentelle Ansatz zur Demonstration afferenter und efferenter Komponenten in der Innervation des Knochenmarks wurde von Kuntz und Richins (1945) vorgenommen.

Die maßgebliche, umfassende Untersuchung zur Innervation des Knochenmarks wurde von Calvo und Forteza-Vila durchgeführt (Calvo, 1968; Calvo und Forteza-Vila, 1969; Calvo und Forteza-Vila, 1970). Nach einer ersten, nur mit Versilberungsmethoden vorgenommenen Studie, welche die älteren Befunde bestätigte, ist eine Untersuchung der Verhältnisse, sogar in der Entwicklung, auf ultrastruktureller Ebene gefolgt (Calvo und Forteza-Vila, 1969). Es wird die hohe Anzahl von marklosen Axonen in den Nerven beschrieben, sowie die Bildung von Varikositäten mit Beziehungen zu Muskelzellen der Arterienwände, aber nur eine kurze Erwähnung von gelegentlichen Assoziationen zu nicht weiter identifizierten «anderen Zellen». Auf den Zusammenhang zwischen der Entwicklung der Innervation und dem Einsetzen der Hämatopoese wird hingewiesen. Eine spätere rein lichtmikroskopische Arbeit von Thurston (1982) konnte hierzu keine Erweiterung bieten.

Die erste Untersuchung zum Nachweis der adrenergen und cholinergen Nerven im Knochenmark wurde von Miller und McCuskey (1973) am Kaninchen ausgeführt. Adrenerge Fasern fanden sich an Arterien, Arteriolen und Venen, die cholinergen Fasern lagen dagegen häufiger im Parenchym. Beim adulten Tier konnten cholinerge Nerven nur in Beziehung zu Megakaryozyten häufig gesehen werden und Relationen zu anderen Zellen waren unabhängig von der hämopoetischen Aktivität. Die Autoren schließen auf eine Auswirkung der Innervation auf die Hämopoese lediglich über Einflußnahme auf die Gefäße.

Eine weitere ultrastrukturelle Untersuchung stammt von Yamazaki und Allen (1990), die perivaskuläre Retikulumzellen beschreiben, zu denen hin die Varikositäten der Axone offen sein können. Sie betrachten diese Zellen als äquivalent zu den «veiled cells» der lymphatischen Organe und führen den Begriff eines «neuro-retikulären Komplexes» ein. Diese Beobachtung weist große Ähnlichkeit auf zu den Beschreibungen von Verbindungen zwischen Nerven und Retikulumzellen im Lymphknoten und dem Thymus (Novotny und Kliche, 1986; Novotny, 1988; Novotny et al., 1990; Novotny et al., 1993b).

Elektrische Reizung des Truncus sympathicus führt zur Ausschwemmung von Retikulozyten und neutrophilen Granulozyten aus dem Knochenmark in den Blutstrom (Webber et al., 1970; DePace und Webber, 1975).

Der Thymus

Beim Thymus waren die wesentlichen Erkenntnisse zur Innervation vor der Jahrhundertwende und in den ersten Jahrzehnten dieses Jahrhunderts erhoben worden (Josifow, 1899; Sjölander und Strandberg, 1915; Brauecker, 1923; Pines und Majman, 1929; Terni, 1931; Kostowiecki, 1934). Auch die Entwicklung der Innervation wurde früh untersucht (Hammar, 1935). Die spätere Arbeit von Knoche (1955) ist geprägt vom Begriff des «nervösen Terminalretikulums» und von der Frage nach sensiblen Endformationen. Es wird insgesamt eine sehr dichte Nervenversorgung geschildert. Übereinstimmend wurde die Innervation vom Nervus vagus und Grenzstrang, die Verteilung feiner Äste in der Kapsel und den Septen sowie das Eindringen der Nerven in Cortex und Medulla beschrieben. Der Versuch, die Innervation des Thymus zu quantifizieren, wurde 1971 mittels der Elektronenmikroskopie vorgenommen (Pfoch et al., 1971). Weder bei der Ratte noch beim Menschen konnten diese Autoren Nerven innerhalb des Thymusparenchyms finden, sondern lediglich in den Septen außerhalb der Blut-Thymus-Schranke. Pfoch et al. (1971) haben als erste am Thymus Katecholaminfluoreszenz angewandt, diese Befunde aber kaum beschrieben. Eine ausführlichere Studie mit dieser Methode am Thymus von Ratte und Katze wurde von Sergeeva (1974) publiziert, wobei die äußerst dichte Innervation des Marks hervorgehoben wird.

Ein neuer Abschnitt in der Untersuchung der Innervation des Thymus mittels Katecholaminfluorenszenz begann mit den Arbeiten aus der Gruppe um Felten (Williams und Felten, 1981a; Williams et al., 1981b). Zwar führt die morphologische Seite nicht über die vorangegangenen Untersuchungen hinaus, doch sind hier die ersten experimentellen Ansätze mit chemischer Sympathektomie mittels 6-Hydroxydopamin (6-OHDA) gegeben. Von Bulloch und Pomeranz (1984) wurde die erste gleichzeitige Erfassung der cholinergen und katecholaminergen Teile der Innervation durchgeführt sowie der Versuch, die Herkunft der Nerven bei der Maus an Schnitten des gesamten Thorax zu verfolgen. Die cholinerge Innervation des Mäusethymus wurde mit dem immunozytochemischen Nachweis von Cholinacetyltransferase bestätigt (Fatani et al., 1986). Eine vollständigere morphologische Analyse der Innervation, mit Korrelation zwischen Licht- und Elektronenmikroskopie, wurde von Novotny et al. (1990) durchgeführt. Nach Ansicht dieser Autoren ist es nicht möglich, auf lichtmikroskopischer Ebene eine eindeutige Zuordnung von Nerven zu den intra- oder extraparenchymalen Kompartimenten des Thymus vorzunehmen (Abb. 1, 2, 3). Sie bestätigen die Beobachtung von Pfoch et al. (1971), daß im eigentlichen Thymusparenchym keine Nerven zu finden sind. Allerdings kommen in den Septen vielfältig immunkompetente Zellen vor, zu denen die Nerven enge Beziehungen aufnehmen könnten. Varikositäten mit Vesikel finden sich aber nur selten, die Axone vermitteln den Eindruck geringer Aktivität. Am häufigsten sind Beziehungen der Axone zu den Retikulumzellen festzustellen. Identische Befunde liefert auch die neueste Untersuchung zu dieser Fragestellung am Thymus der Maus (Nabarra und Andrianarison, 1995).

Eine rein lichtmikroskopische Untersuchung wurde dagegen von Kendall und Al-Shawaf (1991b) publiziert, mit Nachweis von verschiedenen Kategorien von Transmittern – so Acetylcholinesterase (AChE), Adrenalin, vasoactives intestinales Peptid (VIP), Neuropeptid-Y (NP-Y) und calcitonin gene related product (CGRP). Die differente Verteilung der verschiedenen Nerven auf Rinde und Mark wurde beschrieben, mit VIP- und AChE-positiven Nerven im tiefen Cortex, einen besonders dichten subkapsulären Plexus mit allen Nervenkategorien, sowie das Vorkommen von CGRP und Acetylcholin positiver Zellen in der Medulla, wo auch die entsprechenden Nerven zu beobachten waren. Es wurden auch Veränderungen der Zahlen von pyknotischen Zellen, different für Rinde und Mark nach Sympathektomie mit 6-OHDA geschildert.

Es existieren zahlreiche Veröffentlichungen über die Transmitter in den Nerven des Thymus, die alle nur auf lichtmikroskopischer Ebene durchgeführt wurden (Weihe et al., 1989; Lorton et al., 1990a; Al-Shawaf et al., 1991; Müller und Weihe, 1991). Daß derartige Untersuchungen die Gefahr einer Fehlinterpretation beinhalten, ergibt sich aus dem Nachweis von Neuropeptiden in Thymozyten, die zumindest teilweise auch über Fortsätze verfügen (Piantelli et al., 1990; Gomariz et al., 1990). Hier sind weitere Untersuchungen notwendig. Eventuell bestehen Unterschiede zwischen den in Nerven enthaltenenen Neuropeptiden und denen in den Zellen (Robert et al., 1991).

Ghali et al. (1980) haben beim menschlichen Thymus mit Versilberungsmethoden schon in der elften Woche Nerven in der Thymuskapsel und interlobulären Septen nachgewiesen. Die Innervationsdichte nahm zu und blieb bis zum fünfzehnten Lebensjahr erhalten. Im Alter von 25 Jahren wurden keine Nerven mehr registriert. Singh hat bei Mäusen die Entwicklung der adrenergen und cholinergen Nerven untersucht; beide Arten traten erst am 17. Tag der Entwicklung auf (Singh, 1984; Singh et al., 1987). Bestätigung fanden diese Befunde durch den Nachweis CGRP-positiver Nerven am 17. Embryonaltag, ebenfalls bei Mäusen, durch Bulloch et al. (1991).

Bellinger et al. (1988) benutzten Katecholaminfluoreszenz zur subjektiven Beurteilung der Innervationsdichte, sowie die biochemische Analyse von Noradrenalin, seiner Metaboliten und 5-Hydroxytryptamin (5-HT) zur quantitativen Erfassung der Innervation. Sie fanden bei Ratten zwischen dem dritten

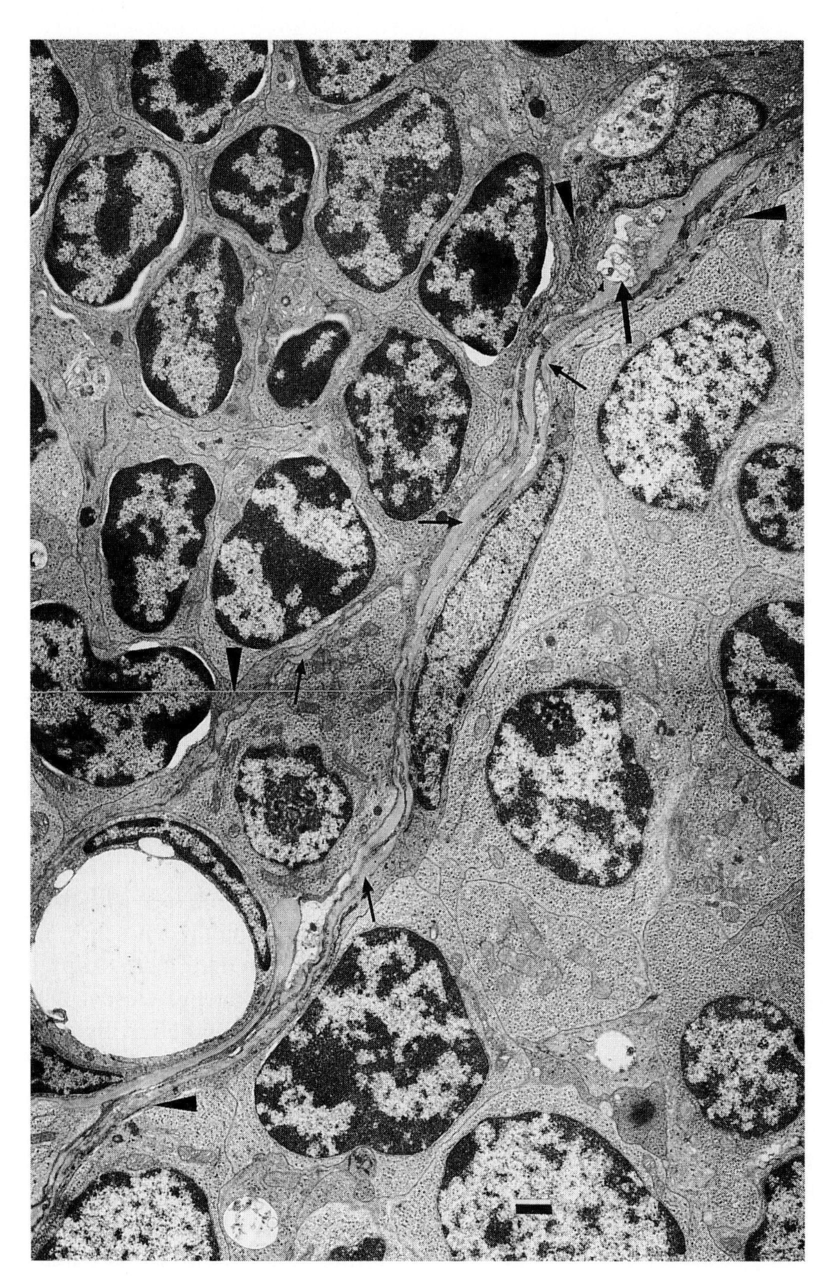

Abbildung 1: Thymus einer juvenilen Ratte. Die Maßpfeile markieren die epithelialen Retikulumzellen, die ein Septum zwischen der inneren und äußeren Rinde begrenzen. Der große Pfeil zeigt einen Nerven im Septum. Die kleinen Pfeile kennzeichnen Kollagenlamellen, deren Dicke deutlich weniger als 1 µm beträgt. Derartige Septen sind lichtmikroskopisch nicht sichtbar. Kalibrierung: 1 µm.

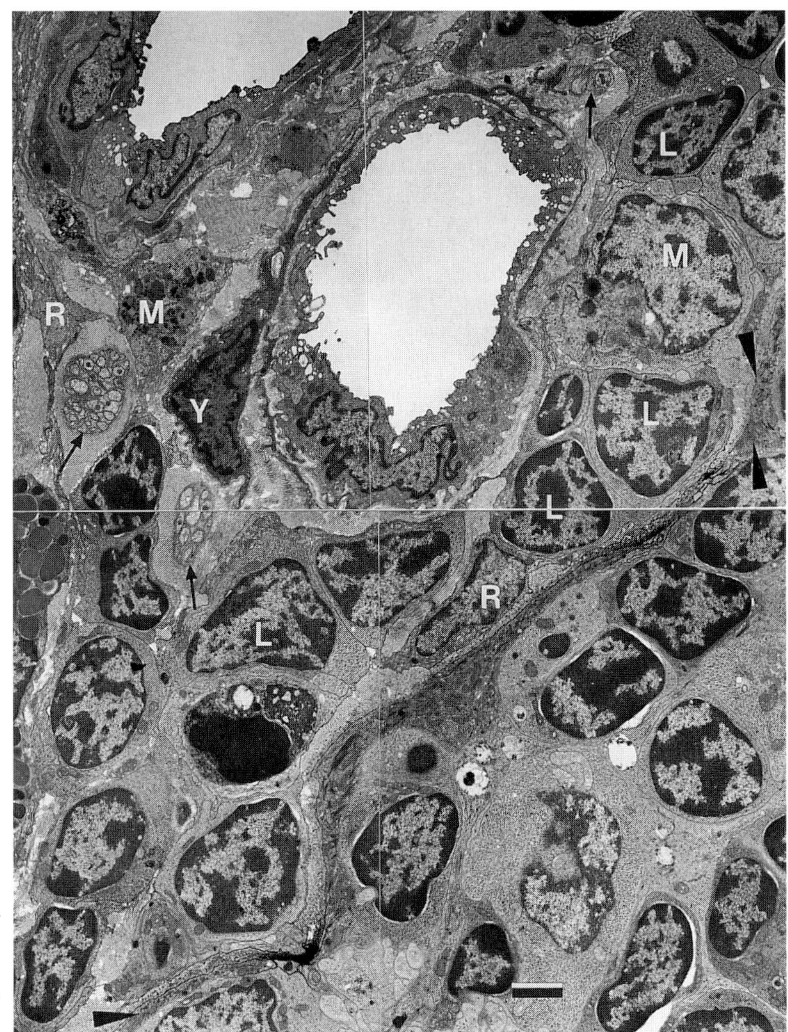

Abbildung 2: Thymus einer alten Ratte. Die Maßpfeile markieren die epitheliale Grenze zwischen einem Septum im oberen Bildbereich und dem Cortex im unteren Teil. Zu beachten sind Lymphozyten (L), Makrophagen (M), Retikulumzellen (R) und myoide Zellen (Y) im Septum. Am linken Bildrand befindet sich ein kleiner Teil einer Mastzelle. Nerven sind durch Pfeile gekennzeichnet. Auch solche Septen sind lichtmikroskopisch nicht abgrenzbar, weil ihre Zellpopulation zwischen dem Thymusparenchym nicht auffällt. Kalibrierung: 2 µm.

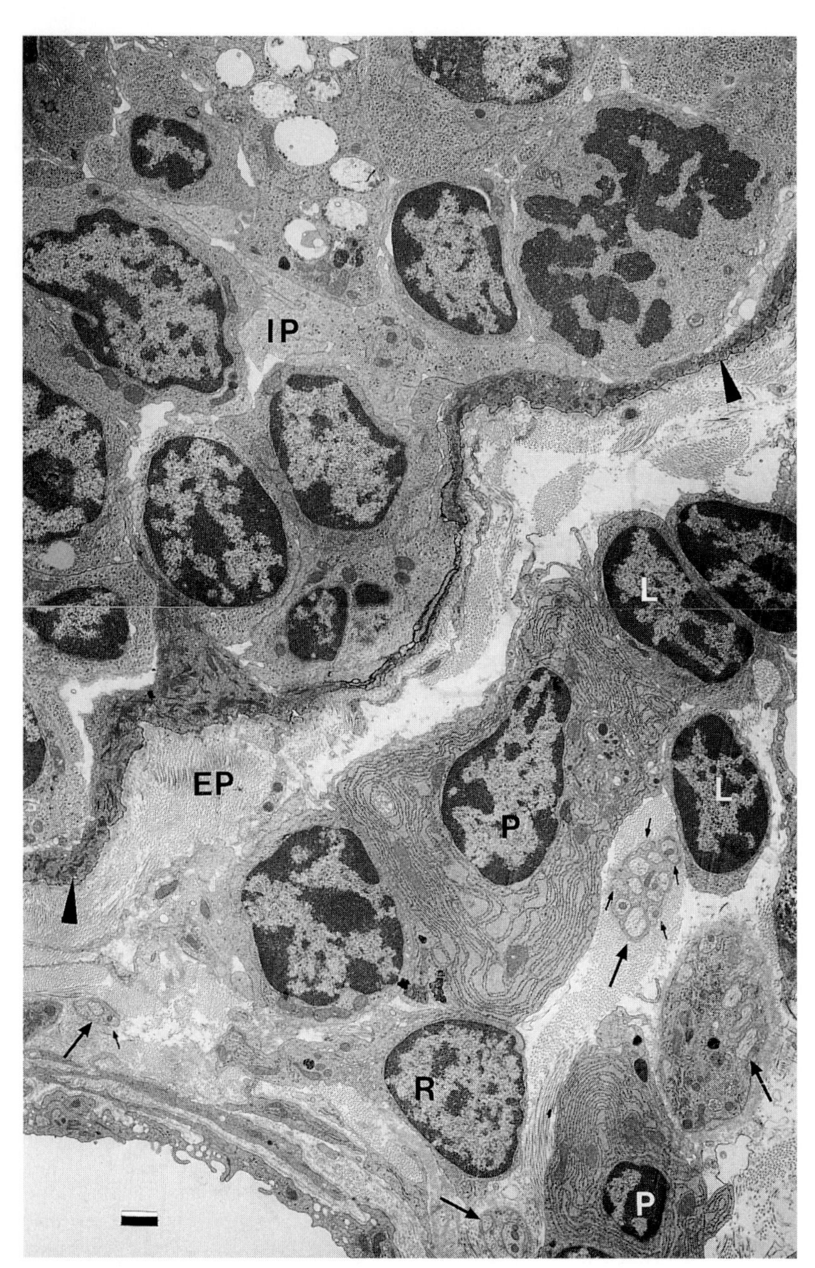

Abbildung 3: Thymus einer alten Ratte. Die Maßpfeile markieren die epitheliale Grenze zwischen den intraparenchymalen (IP) und extraparenchymalen (EP) Kompartimenten. Im extraparenchymalem Septum befinden sich hier Plasmazellen (P), Lymphozyten (L) und Retikulumzellen (R). Die Nerven sind durch Pfeile gekennzeichnet. Einige Axone sind nicht vollständig von Schwannzellzytoplasma umhüllt und könnten Beziehungen zu Zellen aufnehmen (kleine Pfeile). Kalibrierung: 1 µm.

Lebensmonat und 27 Monaten eine Zunahme der Innervationsdichte, bzw. des gemessenen Transmittergehalts. In einem anderen Labor konnte mittels morphometrischer Untersuchungen von Nervenversilberungspräparaten ebenfalls zwischen jungen und alten Ratten eine Zunahme der Innervationsdichte für den Gesamtthymus, wie auch für das geschätzte extraparenchymale Kompartiment belegt werden (Zirbes und Novotny, 1992). Im Gegensatz dazu stehen Befunde, die eine Abnahme der noradrenergen Nerven, bei Zunahme der cholinergen Nerven und des 5-HT-Gehalts des Thymus bei alten Ratten beschreiben (Micic et al., 1994).

Eine neue Qualität der Untersuchung zur Herkunft der Thymusnerven ergab sich durch den Einsatz von Meerrettichperoxidase (HRP) als neuronaler Tracer, wobei der alte Befund einer Innervation über den Nervus vagus bestätigt wurde (Bulloch und Moore, 1981). Überraschend waren direkte Afferenzen aus dem Zervikalmark und Hirnstamm. Aus dem gleichen Labor erfolgte noch die Bestätigung der sympathischen Innervation aus dem Ganglion stellatum und cervicale superius (Bulloch und Pomerantz, 1984). Die direkte Innervierung des Thymus aus dem Hirnstamm wurde angezweifelt (Nance et al., 1987), wobei die Autoren die Problematik der Diffusion von HRP demonstrierten. Der Beleg einer sensiblen Innervation über den Nervus vagus, sowie eine Bestätigung der Arbeiten von Bulloch unter Anwendung der gleichen Methoden kam aus einer anderen Gruppe (Magni et al., 1987). Aus dem Labor Bulloch folgte eine weitere Studie mit verfeinerten Tracermethoden mit HRP in einem Trägergel und mit Fluorogoldmarkierung, die zu den gleichen Ergebnissen führte wie die ursprünglich publizierten Befunde (Bulloch, 1988; Tollefson und Bulloch, 1990).

Um die Bedeutung der Innervation des Thymus für seine funktionelle Integrität zu untermauern, sind auch experimentelle Studien mit Transplantation des Thymus unter die Nierenkapsel (Bulloch et al., 1987) oder zusammen mit Grenzstrangganglien in die Vorderkammer des Auges (Singh et al., 1990) durchgeführt worden. In beiden Studien wurde das Einwachsen von Nervenfasern gezeigt. Die Studie von Singh et al. (1990) deutet darüber hinaus auf eine regulatorische Wirkung der noradrenergen Innervation hin, da die Anzahl der Lymphozyten bei stärkerer Innervation herabgesetzt war. Ein anderer Ansatz wurde von Novotny und Hsu (1993a) gewählt. In dieser Studie erfolgte eine Immunstimulation der Axillarlymphknoten von Ratten durch die subkutane Verabreichung von Antigen. Als unspezifischer Effekt fand eine Aktivierung des Thymus statt, was durch eine verminderte Mitoserate erkennbar war. Gleichzeitig nahm die elektronenoptisch registrierte Innervationsdichte in den Septen des Thymus zu. Auch hier konnte keine Innervation des eigentlichen Parenchyms entdeckt werden, wie überhaupt die Nerven bei den keimfrei gehaltenen Ratten kaum Anzeichen von funktioneller Tätigkeit in Form von Varikositäten und Vesikel aufwiesen.

Zusammenfassend ist festzuhalten, daß die Nerven, die lichtmikroskopisch im Bereich des Thymus zu finden sind, sich innerhalb des Organs verteilen und sich unter verschiedenen Bedingungen auch quantitativ verändern können. Ultrastrukturell dagegen gibt es keinen einzigen überzeugenden Beleg für eine Innervation des eigentlichen Thymusparenchyms. Der Widerspruch ergibt sich aus den sehr feinen Bindegewebssepten, die das Organ in eine große Anzahl von Mikrolobuli aufteilen (Abb. 1). Nerven konnten ultrastrukturell bislang nur innerhalb dieser Septen identifiziert werden. Die Dicke der Septen liegt jedoch unter der Auflösungsgrenze des Lichtmikroskops, wodurch sich diese Diskrepanz erklärt. Bei älteren Individuen werden die Septen von Lymphozyten, Plasmazellen und anderen immunkompetenten Zellen, wie sie auch im Lymphknotenmark vorkommen, besiedelt (Abb. 2, 3). Unter diesen Bedingungen ist es äußerst schwierig, die Grenze zwischen den extra- und intraparenchymalen Kompartimenten zu erkennen. Dies mag die Grundlage geben für Berichte einer morphologischen Diskontinuität dieser Barriere (Kendall, 1989;

Kendall, 1991a). Tracerstudien von Raviola und Karnovsky (1972), die Markierung im interstitiellen Raum um Gefäße der Medulla nachweisen, sind hier ebenfalls nicht schlüssig, weil nicht untersucht wurde, wie weit der Tracer eindringt, bzw. ob dieser Bereich überhaupt intraparenchymal war. Dagegen spricht auch die Unfähigkeit des Tracers über die Medulla in den Cortex zu gelangen, selbst nach langen Zeitintervallen. Ebenso ist die grundlegende Untersuchung von Pereira und Clermont (1971), welche die lückenlose Kontinuität der Epithelzellumscheidung des extraparenchymalen Raumes gerade an der kortiko-medullären Grenze feststellte, bislang nicht widerlegt. Unklar bleibt, ob Transmitter von den Septen direkt in das Thymusparenchym gelangen kann oder ob eine Vermittlung der Epithelzellen notwendig ist. Ein weiteres ungelöstes Problem ergibt sich aus dem äußerst geringen Anteil der Varikositäten bei den Axonen, bzw. deren geringer Gehalt an Vesikel.

Die sekundären lymphatischen Organe

Die Lymphknoten

Schon die frühen Arbeiten zur Innervation der Lymphknoten hatten eine Beschränkung auf das Mark und marknahe kortikale Gebiete beschrieben (Kölliker, 1854; Popper, 1869; Toldt, 1888; Retzius, 1893; Tonkoff, 1899; Ito, 1946; Winckler, 1966). Lediglich Takeyama meinte auch Nerven in den Reaktionszentren zu finden (Takeyama, 1936).

Makroskopische Aspekte der Innervation bilden den Schwerpunkt einer «Russischen Schule» (Makhanik, 1959a; Makhanik, 1959b; Makhanik, 1961; Volik, 1962), aus der allerdings auch die erste Studie mit Katecholaminfluoreszenz zum Nachweis adrenerger Nerven stammt (Zelenova, 1974).

Neue Impulse zur Untersuchung der Innervation der Lymphknoten wurden durch die Publikation von Giron et al. (1980) gegeben, in der die Autoren α-adrenerge Rezeptoren an den Membranen der stromalen Zellen von Lymphknoten beschrieben. Interessanterweise hat die sehr geringe Konzentration derartiger Rezeptoren an den Lymphozyten der Lymphknoten spätere Untersucher nicht davon abgehalten, Nervenverbindungen zu Lymphozyten zu suchen und als das wesentliche Element anzusehen. So meinten Felten und Mitarbeiter (Felten et al., 1984; Felten et al., 1985) mittels Katecholaminfluoreszenz bei Mäuselymphknoten, Nerven fast ausschließlich in der Rinde zu finden. Außerdem wurde bei Popliteallymphknoten eine Verringerung der Immunglobulin-M-Produktion nach Sympathektomie beschrieben. Allerdings wurden keinerlei Kontrollen zur Veränderung des Lymphflusses durchgeführt. Daß diese tatsächlich stattfinden, wird durch eine neuere Arbeit belegt (Mchale und Thornbury, 1990). Die funktionellen Aspekte der Innervation von Lymphknoten wurden am Modell der experimentellen Arthritis bei Ratten in größerem Detail ermittelt (Felten et al., 1992). Es konnte gezeigt werden, daß der zeitliche Verlauf der arthritischen Reaktion durch Zerstörung der noradrenergen Nerven beschleunigt, nach Läsion der SP-positiven Nerven aber verzögert ist.

Die erste ultrastrukturelle Untersuchung in Kombination mit Versilberungstechniken wurde von Novotny und Kliche (1986) durchgeführt. Im Gegensatz zu den Befunden von Felten et al. konnten diese Autoren bei Axillarlymphknoten der Ratte Nerven fast ausschließlich im Mark lokalisieren. Auf ultrastruktureller Ebene wurden enge räumliche Beziehungen zwischen axonalen Varikositäten und Zellen beschrieben. Solche Beziehungen fanden sich, neben denen zu glatten Muskelzellen der Gefäße, auch zu Retikulumzellen, Plasmazellen und Lymphozyten (Abb. 4). Viele Varikositäten fanden sich in größerer Entfernung (>1000 nm) von allen Zellen (Abb. 4). Diese Untersuchung erfuhr fast zeitgleich eine erste teilweise Bestätigung (Villardo et al., 1986). Diese Autoren konnten bei der Maus, außer zu Gefäßen, Varikositäten nur zu Retikulumzellen feststellen. Mittels einer

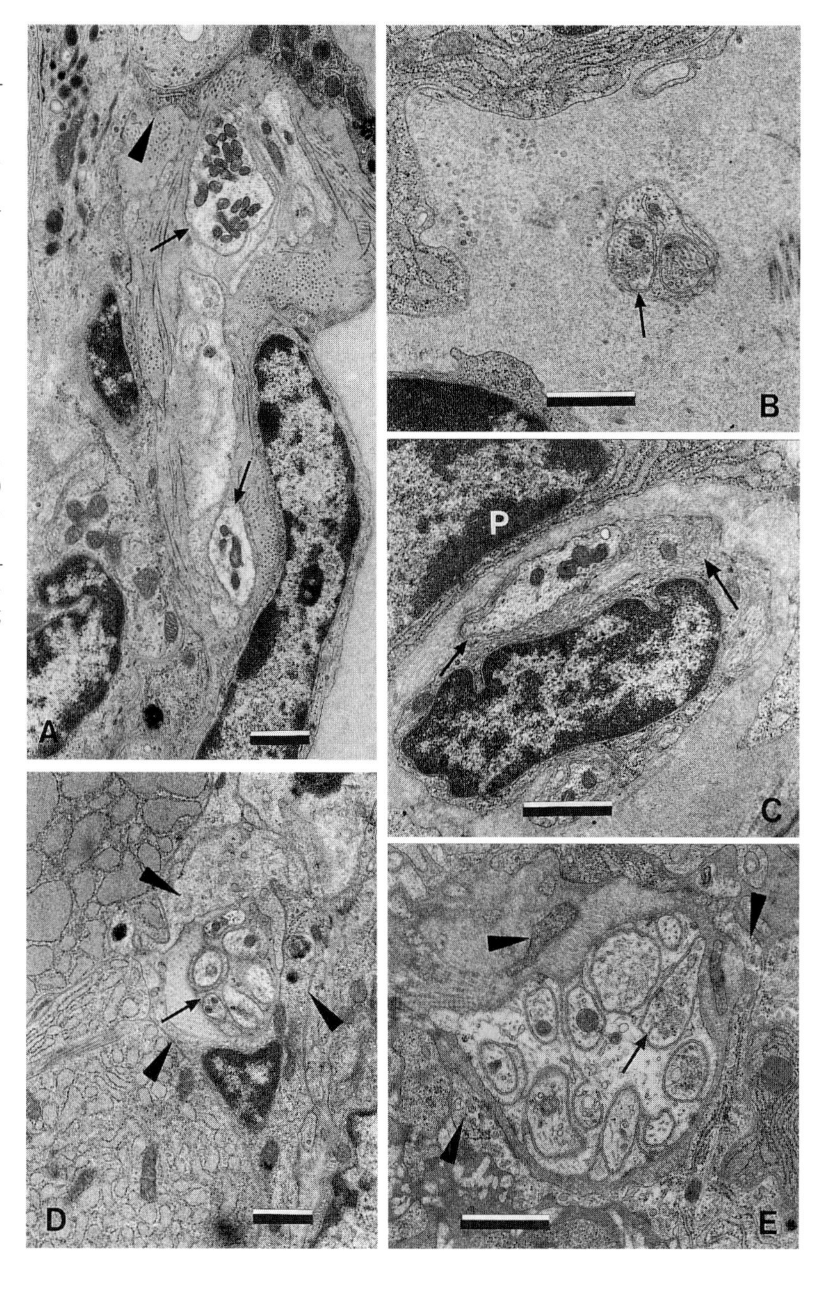

Abbildung 4: Lymphknoten der Ratte. A: Ein sensibles Axon (Pfeil) an der Wand eines Lymphsinus. Der Maßpfeil zeigt auf den Fortsatz einer Retikulumzelle. Dieses Axon könnte über die Zusammensetzung der Interzellularmatrix Information registrieren. B: Eine axonale Varikostität mit Vesikel (Pfeil), deren Abstand weit mehr als 1µm von den nächsten Zellen beträgt. C: Eine Plasmazelle (P) mit einem afferenten Axon (kleiner Pfeil) und einer vesikelhaltigen Varikosität (großer Pfeil) im Abstand von 130 bzw. 350 nm. D und E: Nerven (Pfeile) mit Varikositäten, die von den immunkompetenten Zellen durch Retikulumzellfortsätze (Maßpfeile) vollständig abgeschirmt sind. Alle Kalibrierungen: 1 µm.

detaillierten morphologischen Untersuchung und Morphometrie von Vesikeln hat Novotny (1988) eine afferente Komponente der Innervation beschrieben sowie die Möglichkeit von Neuropeptiden als Co-Transmitter erörtert. Diese Möglichkeit wurde mittels Immunzytochemie bestätigt (Fink und Weihe, 1988; Kurkowski et al., 1990), wobei über die Verteilung der Nerven keine Information geboten wird. Seltsamerweise haben Kurkowski et al. (1990) auch völlig von Schwannzellen umschlossene markierte Axone als in Beziehung zu Zellen beschrieben, was funktionell schwer vorzustellen ist.

Über Unterschiede der Innervation von Lymphknoten aus verschiedenen Bereichen liegt lediglich eine Studie vor (Kliche, 1987; Kliche und Novotny, 1987), nach welcher bei

Tabelle 1: Eine quantitative Aufstellung der Beziehungen axonaler Varikositäten zu verschiedenen Elementen im Axillarlymphknoten der Ratte (n = 6) (nach Krücken, 1993).

Alle Varikositäten			**Varikositäten <1000 nm Abstand zu Zellen (n = 284)**		
	n	**Prozent**	**Zellart**	**n**	**Prozent**
Gesamtzahl	698	100	Retikulumzellen	201	71
Mit Vesikel	260	37	Interdigitierende RZ	18	6
>1000 nm zu Zellen	414	59	Makrophagen	11	4
<1000 nm zu Zellen	284	41	Plasmazellen	43	15
<50 nm zu Zellen	165	24	Lymphozyten	11	4

der Ratte die Axillarlymphknoten die höchste Innervationsdichte aufweisen, gefolgt von den Cervikallymphknoten, während die Innervation der Mesenteriallymphknoten aus der Radix mesenterii äußerst spärlich ist.

Die quantitative ultrastrukturelle Analyse belegt eine geringe direkte Einwirkungsmöglichkeit der Innervation auf die immunkompetenten Zellen des Lymphknoten (Tab. 1). Neuere Studien belegen Veränderungen der Innervation der Axillarlymphknoten bei der Ratte mit dem Alter der Tiere (Novotny et al., 1993b; Novotny et al., 1995b). Lichtmikroskopisch läßt sich hier eine Zunahme der Innervationsdichte, mit einer Vermehrung der Nervenverzweigungshäufigkeit feststellen. Die Gesamtverteilung innerhalb der Unterteilungen des Lymphknotens verändert sich dabei nicht. Bei den alten Tieren nimmt die Gesamtzahl der Varikositäten pro Volumen zu, der Anteil mit Vesikel bleibt jedoch gleich. Der Anteil von Varikositäten innerhalb von 1000 nm zu einer Zelle nimmt insgesamt ab, aber die Varikositäten mit Beziehung zu Zellen liegen näher an diesen als bei den jungen Tieren. In den Anteilen der Varikositäten, welche zu Zellen Beziehungen aufnehmen, gibt es nur bei denen zu Plasmazellen Altersveränderungen. Bei diesen erfolgt für die alten Tiere eine Zunahme. In den Beziehungen zwischen Nerven und Zellen finden also subtile Veränderungen statt, deren funktionelle Bedeutung derzeit noch unklar ist.

Ein weiterer neuer Ansatz ist das Studium der Reaktion der Innervation der Lymphknoten auf eine funktionelle Stimulation. Auch diese Untersuchung wurde parallel auf licht- und elektronenmikroskopischer Ebene durchgeführt (Novotny et al., 1994; Novotny et al., 1995a). Nach Anregung der Antikörperproduktion der Axillarlymphknoten von keimfrei gehaltenen Ratten ergibt sich in diesen ebenfalls eine Zunahme der Innervationsdichte im Zeitraum von vier Monaten nach der Immunstimulation, wiederum ohne Veränderung der Verteilung der Nerven. Die gesteigerte Innervationsdichte betrifft auch die Anzahl der Varikositäten. Besonders interessant ist, daß schon nach zehn Tagen der Immunstimulation eine Zunahme der Varikositäten mit Vesikel, die auch Beziehungen zu Zellen besitzen, festzustellen ist. Diese Zunahme kommt durch eine Verschiebung zwischen Varikositäten mit und ohne Vesikel zustande, d. h. leere Varikositäten gewinnen Vesikel. Abgesehen von den interessanten Aspekten zur funktionellen Adaptation des vegetativen Nervensystems in den immunkompetenten Organen, zeigen diese Versuche, daß das Nervensystem in allen Phasen der Immunantwort mit einer Steigerung der Kapazität zur Einflußnahme reagiert. Wie aber schon für den Thymus festgestellt, geht praktisch die gesamte potentielle Transmitterwirkung in erster Linie auf die Retikulumzellen (Abb. 4d, 4e). Auch hier wird es notwendig sein, mögliche Wirkungen der Retikulumzellen aufzuspüren. Ob die Einflußnahme des Nervensystems auf die immunkompetenten Zellen des Lymphknotens aktivierend oder hemmend wirkt, läßt sich aus diesen Untersuchungen nicht ableiten. Anderen Studien zufolge läßt sich aber auf eine eher inhibitorische Wirkung schließen (Esquifino et al., 1991).

Die Milz

Die Milz stellt unter den lymphatischen Organen eine Ausnahme dar. Sie hat eine doppelte Funktion, mit Aufgaben in der Blutmauserung neben der immunologischen Kompetenz. Außerdem bestehen zwischen verschiedenen Spezies Unterschiede, die durch die zusätzliche Aufgabe als Blutspeicherorgan bei manchen Tieren entstehen. Deshalb ist es nicht verwunderlich, daß sich all die zahlreichen frühen Arbeiten über die Innervation der Milz mit Aspekten der Regulation von der Trabekel-, Gefäß- und «Sinusmuskulatur» befaßten. Wie bei anderen lymphatischen Organen sind die ersten Untersuchungen von der Mitte des letzten bis zur Mitte dieses Jahrhunderts durchgeführt worden. (Riegele, 1929; Tischendorf, 1948; Harting, 1952). Eine erste ultrastrukturelle Untersuchung der Nerven, die zur Milz ziehen, wurde schon von Elfvin (1958; 1961) durchgeführt, allerdings ohne Information zur möglichen Qualtität der Axone. Auch wurden die Nerven nicht in das Organ hinein verfolgt.

Obwohl ihr die Untersuchung von Tischendorf bekannt war, hat Fillenz (1970) in ihrer histochemisch-ultrastrukturellen Studie, zum Nachweis cholinerger und adrenerger Nerven in der Milz der Katze, keinerlei Bezug zu einer Innervation der weißen Pulpa genommen. Sie beschreibt lediglich die nervalen Beziehungen zur Trabekel- und Gefäßmuskulatur. Ein ähnlicher Befund konnte von Gillespie und Kirpekar (1966), ebenfalls an der Katze, mittels Katecholaminfluoreszenz und Autoradiographie erhoben werden. Eine spätere Arbeit an der Milz der Maus konnte eine cholinerge Innervation nicht bestätigen und lokalisierte adrenerge Nerven lediglich an den Arterien (Reilly et al., 1976). Eine nachfolgende Untersuchung aus dem gleichen Laboratorium an derselben Spezies (Reilly et al., 1979) bekräftigt das Fehlen einer cholinergen Innervation und beschränkt die adrenergen Nerven auf einen Bereich innerhalb von 55 µm zu Arteriolen. Hier wurde erstmals auf die enge Beziehung der Nerven zu Lymphozyten, Retikulumzellen und Makrophagen hingewiesen. Dagegen wurde in einer rein ultrastrukturellen Untersuchung der menschlichen Milz das Vorkommen von markhaltigen Axonen und eine Innervation der weißen oder roten Pulpa ausdrücklich verneint (Heusermann und Stutte, 1977). Diese Befunde fanden Bestätigung durch enzymhistochemische Studien zur adrenergen und cholinergen Innervation der menschlichen Milz, in der Nerven nur an der Grenze zwischen Media und Andventitia der Arterien der Trabekel, der Zentralarterien und der Pinselarteriolen zu finden waren (Kudoh et al., 1979). Es wurde neben der adrenergen auch eine cholinerge Innervation beschrieben. Schon 1985 wurden, zusätzlich zu noradrenergen, auch NPY-, SP- und VIP-positive-Nerven in der Milz der Katze nachgewiesen, deren Funktion jedoch ausschließlich in der Gefäß- und Kapselinnervation gesehen (Lundberg et al., 1985). Weitere rein lichtmikroskopisch durchgeführte Untersuchungen zeigten bei Ratten peptiderge Nerven mit SP- und NPY-Reaktivität in räumlicher Nähe zu Lymphozyten und Makrophagen (Felten et al., 1987a; Romano et al., 1991). Dagegen schließt die gleiche Arbeitsgruppe, daß eine cholinerge Innervation der Milz bei der Ratte bedeutungslos ist und daß das Acetylcholin mit Noradrenalin co-lokalisiert ist (Bellinger et al., 1993). Besonders gründliche ultrastrukturelle Studien der Milz von Ratte und Meerschweinchen wurden in Japan durchgeführt (Saito et al., 1988; Saito, 1990). Diese Autoren beschreiben im wesentlichen eine Innervation der Retikulinfasern bzw. Retikulumzellen, mit der Möglichkeit der Interaktion mit Plasmazellen, Lymphozyten und Makrophagen, was durch eigene Befunde bestätigt werden kann (Abb. 5). Sie entwickeln ein Konzept des Transmittertransportes entlang der Retikulinfasern und die Öffnung von Spalten zwischen Retikulumzellen, um die Modulation der immunkompetenten Zellen zu gewährleisten. Indirekte Unterstützung findet dieses Konzept durch Beobachtungen an der Reinnervierung

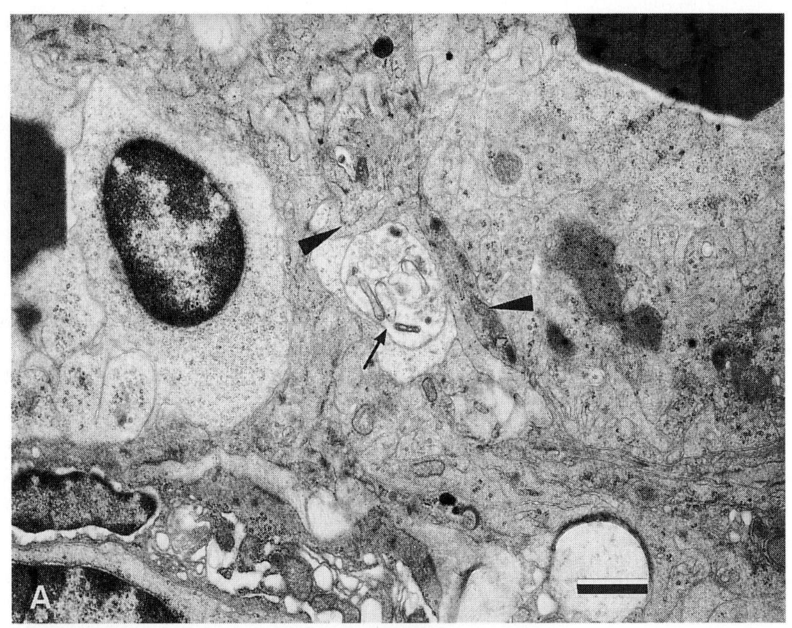

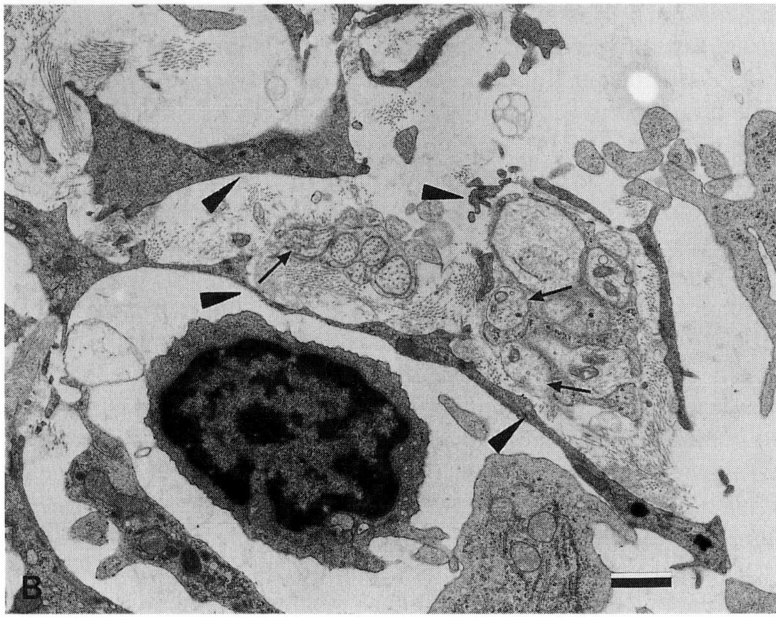

Abbildung 5: Milz der Ratte. A: Eine axonale Varikosität mit Vesikel (Pfeil) in der weißen Pulpa. Zu beachten ist die Abschirmung durch Retikulumzellfortsätze (Maßpfeile). B: Nerven der roten Pulpa. Axonale Varikositäten (Pfeile), die nur zu Retikulumzellfortsätzen (Maßpfeile) Beziehungen aufweisen. Kalibrierungen: 1 µm.

der Milz nach chemischer Sympathektomie mit 6-OHDA (Lorton et al., 1990b). Hier zeigte sich zwar eine Restitution der Gesamtmenge an Noradrenalin im Vergleich zu Kontrollen, aber eine gleichzeitige Verminderung der distal zum Hilus befindlichen Nerven der weißen Pulpa. Die Implikation ist, daß das benötigte Noradrenalin jetzt über das Retikulum zu den Zielzellen diffundiert. Eine weitere ultrastrukturelle Studie wurde von Schumacher und Welsch (1987) an Milzen von Seehunden unternommen. Die Autoren beschreiben Nerven in der Kapsel, den Trabekeln und der roten Pulpa, hier ebenfalls wieder in bezug zu Retikulumzellen. Für die weiße Pulpa werden keine Nerven erwähnt.

Mittels anterogradem WGA-HRP Transport ist die sensible Innervation der Milz aus den Segmenten T7–T12 belegt (Elfvin et al., 1992). Die Autoren weisen auch auf die gleichartige Verteilung der sensiblen Nerven zu den SP und CGRP immunreaktiven Axonen hin.

1987 veröffentlichte die Arbeitsgruppe um Felten eine Serie von Artikeln mit einer eingehenden morphologischen Untersuchung der Milzinnervation bei der Ratte unter Normalbedingungen, in der Entwicklung, beim Altern und nach experimenteller Verringerung der Lymphozytenpopulation der Milz (Felten et al., 1987a; Felten und Olschowka, 1987; Akkerman et al., 1987; Bellinger et al., 1987; Carlson et al., 1987). Auf lichtmikroskopischer Ebene wurden Verbindungen zwischen Tyrosinhydroxylase-(TH)-positiven Profilen und T-Lymphozyten, B-Lymphozyten Immunglobulin-M-positiven Zellen, Makrophagen und interdigitierenden Zellen beschrieben (Felten et al., 1987a). Ultrastrukturell wurden mit Anti-TH-Antikörpern markierte Profile in Berührung mit Lymphozyten gezeigt (Felten und Olschowka, 1987). Während der Entwicklung ergab sich bei Untersuchung mit Katecholaminfluoreszenz und Chromatographie die stärkste Zunahme der noradrenergen Innervation zwischen dem 10. und 13. Tag nach der Geburt, während im Alter von 27 Monaten eine Abnahme der Innervationsdichte um mehr als die Hälfte registriert wurde (Ackerman et al., 1987; Bellinger et al., 1987). Diese Studien wurden weiter ausgebaut, mit mehreren Altersstufen und gleichzeitiger Beurteilung immunkompetenter Zellen (Bellinger et al., 1992). Es fand sich ein Verlust an noradrenergen Nerven schon ab dem Alter von 17 Monaten, bei gleichzeitiger Verminderung der T-Lymphozyten ($OX19^+$) und Makrophagen ($ED3^+$). Die Autoren schließen auf einen engen Zusammenhang zwischen dem Abbau der Innervation und den Altersveränderungen in der Immunabwehr. Eine Reduktion der Lymphozytenpopulation durch Cyclophosphamid oder Hydrocortisonacetat führte zu keiner Verringerung des Gesamtgehaltes an Katecholaminen, mit einer gesteigerten Konzentration bei verringertem Milzvolumen (Carlson et al., 1987). Eine ebenfalls funktionell ausgerichtete Untersuchung ist von Fuchs et al. (1988) an der Mäusemilz durchgeführt worden, wobei durch Messung des Noradrenalingehaltes der Milz während der Immunantwort gezeigt wurde, daß die Sympathikusaktivität gesteigert ist. Außerdem fand sich eine Hochregulierung der β-adrenergen Rezeptoren und die Anwesenheit von Serotonin-positiven Zellen.

Es liegen mehrere Publikationen über verschiedene funktionelle Aspekte der Innervation der Milz vor. Dahlström und Zetterström (1965) haben gezeigt, daß der tödliche hämorrhagische Schock bei Hunden durch Durchtrennung der Nerven zur Milz zu verhindern ist, und daß dabei, wie auch im Schock, die Katecholaminfluoreszenz im Organ verschwindet. Sie schließen, daß die Innervation der Muskelkontraktion im Organ dient, andere funktionelle Änderungen konnten nicht beobachtet werden. Eine frühe Untersuchung mit immunologischen Implikationen wurde von Besedovsky et al (1979) durchgeführt, die zeigen konnten, daß Sympathektomie mit 6-OHDA zu einer Steigerung der Anzahl der Plaque-bildenden Kolonien in Kulturen von Milz-Zellen führt, während die Zugabe von Noradrenalin oder seines Agonisten Clonidin die Unterdrückung der Agglutinationsreaktion mit Schaferythrozyten bewirkte. Die Denervierung der Milz führt einerseits zu Störungen der Plättchenfunktion, im Sinne einer herabgesetzten Hämostase (Lindblom et al., 1990), andererseits auch zu einem veränderten in-vitro-Proliferationsverhalten von Lymphozyten aus der Milz (Ackerman et al., 1991b). In letzterer Untersuchung ergab sich eine Verminderung der B-Zell-Proliferation bei Tieren im Alter zwischen 21 und 42 Tagen, auch die IgM-Sekretion war nach neonataler Sympathektomie vom 28. bis zum 42. Tag herabgesetzt, wobei die Effekte bei weiblichen Tieren nicht so ausgeprägt waren wie bei männlichen Ratten. Ebenfalls geschlechtsspezifische Unterschiede, allerdings mit einer stärkeren Wirkung bei weiblichen Ratten, wurden nach prenataler Gabe von Diazepam berichtet, welches den

Noradrenalinumsatz nur bei den weiblichen Tieren herabsetzte (Bütikofer et al., 1993). Pränatal verabreichter Alkohol dagegen bewirkt einen gesteigerten Noradrenalinumsatz bei Mäusen mit Depression der zellulären Immunantwort und Reduktion der β-adrenergen Rezeptoren in Milz und Thymus (Gottesfeld et al., 1990). Bütikofer et al. (1993) weisen dagegen ausdrücklich darauf hin, daß die Rezeptordichte in der Milz bei ihren Versuchen unverändert bleibt.

Der enge Zusammenhang zwischen der Innervation der immunkompetenten Organe und anderen Systemen wird durch Studien an Tieren mit genetischen Abweichungen dokumentiert. Bei der spontan hypertensiven Ratte zeigt sich eine Verzögerung der Entwicklung der Milzinnervation, bei einer frühzeitig stärkeren Innervation des Thymus, allerdings nur semiquantitativ dokumentiert (Purcell und Gattone, 1992). Bei der MRL-*lpr*/*lpr*-Maus, die als genetisches Modell für die autoimmune systemische Lupus-Erythematosus-Erkrankung beim Menschen dient, wird schon vor Eintreten der resultierenden Splenomegalie eine Verminderung des Noradrenalingehaltes der Milz registriert (Breneman et al., 1993).

Diese Vielfältigkeit der Befunde zeigt deutlich, daß die hämatologischen und immunologischen Aspekte der Milz, bezüglich der Innervation nur schwer zu trennen sind. Darüber hinaus scheinen Speziesunterschiede bei der Innervation ausgeprägt zu sein.

Die Tonsillen

Untersuchungen über die Innervation der Tonsillen sind weit spärlicher als an allen anderen immunkompetenten Organen. Afferente Nerven wurden von Cuckov (1966) beschrieben. In seiner Veröffentlichung, die auch eine Übersicht über die vorangegangenen Studien bietet, zeigt er mittels der Versilberungstechnik das Vorkommen von enkapsulierten Rezeptoren in allen drei Tonsillen. Auch wird auf eine unterschiedliche Innervationsdichte hingewiesen, mit der dichtesten Innervation in der Tonsilla lingualis und der geringsten in der Tonsilla pharyngea. Altersunterschiede wurden dagegen nicht festgestellt. Nerven werden im Epithel beschrieben, Beziehungen zu Lymphozyten bzw. zum lymphatischen Gewebe an sich werden überhaupt nicht erwähnt. Eine erstere ausführliche Untersuchung der Tonsilla palatina wurde von Yamashita et al. (1984) publiziert, die adrenerge und cholinerge Nerven um Gefäße beschreiben, mit nur wenigen isolierten Nerven im Parenchym. Zusätzlich waren β-adrenerge und muskarinische-cholinerge Rezeptoren nachweisbar. Ueyama et al. (1990) untersuchten die TH- und VIP-positiven Profile der Tonsilla palatina. Sie beschreiben das Eindringen beider Nervenarten in die Marginalzone der Lymphfollikel, aber finden keine Nerven in den Reaktionszentren selbst. Auch ist die Nervendichte zwischen den Follikeln höher.

Hess et al. (1991) benutzten eine Kombination der klassischen Versilberungsmethoden mit Immunzytochemie, um Beziehungen zwischen Nerven und B- und T-Lymphozyten sowohl in der Tonsilla palatina als auch in der Tonsilla pharyngea auf lichtmikroskopischer Ebene darzustellen. Im Kapselbereich der Tonsilla palatina fanden sich in dieser Studie Ganglienzellen. In Übereinstimmung mit den vorangegangenen Untersuchungen, wurde eine geringere Innervationsdichte im Bereich der Follikel festgestellt, mit dem Großteil der Nerven in Beziehung zu Gefäßen innerhalb der Septen.

Weihe und Krekel (1991) studierten das Vorkommen von PGP 9.5, NPY, SP/CGRP und VIP/PHI (Peptide histidine isoleucine) immunreaktiver Nerven in der Tonsilla palatina zusammen mit den Beziehungen zu Leukozyten, T-Lymphozyten, B-Lymphozyten und Makrophagen. Sie stellten eine Diskrepanz zwischen der Anzahl der PGP 9.5-immunreaktiven Nerven und der Summe der übrigen Nerven fest, in dem Sinne, daß die peptidergen Nerven nur eine Teilpopulation bilden. Auch in dieser Studie wurde die Vorherrschaft der Innervation der Gefäße dokumentiert. Alle immunkompetenten Zellen wurden von allen Kategorien von Nerven innerviert, mit Ausnahme der B-Lymphozyten, die insgesamt selten mit Nerven assoziiert waren und niemals in räumlicher Beziehung zu NPY- oder VIP/PHI-positiven Fasern angetroffen wurden.

Mittels der Glyoxylsäure-Methode haben Wang et al. (1992) die sympathische Innervation der Tonsilla palatina studiert. Sie konnten keine Nerven im Bereich der Lymphozytenansammlungen finden, sondern nur an den Gefäßen.

Zusammenfassend kann festgehalten werden, daß die Innervation der Tonsillen insgesamt spärlich ist. Die lichtmikroskopischen Hinweise auf Beziehungen zwischen Nerven und immunkompetenten Zellen sind nur von geringer Aussagekraft. Es ist auf dieser Ebene nicht zu belegen, ob tatsächlich Transmitter an die Zellen gelangen kann. Eigene, längere Versuche, die interfollikuläre Innervation auch ultrastrukturell nachzuweisen, sind bislang nicht geglückt. Abbildung 6 zeigt die typischen bisherigen Ergebnisse, mit marklosen Nerven, die Varikositäten besitzen, lediglich im Bereich der Septen. Hier weisen sie die gleichen Beziehungen zu den Zellen auf, wie sie aus dem Mark der Lymphknoten bekannt sind. Im Vergleich zu anderen lymphatischen Organen muß also die Innervation der Tonsillen als von untergeordneter Bedeutung angesehen werden.

Mucosa-assoziiertes lymphatisches Gewebe (MALT)

Die erste systematische und auch gleich ultrastrukturelle Untersuchung ist die von Pfoch und Unsicker (1972). Beim Hamster konnten diese Autoren enge räumliche Beziehungen zwischen axonalen Varikositäten der Nerven und Retikulumzellen und Lymphozyten demonstrieren. Gleichzeitig wiesen sie auf die insgesamt geringe Innervationsdichte hin. Schon hier ist aber die Hypothese eines temporären Kontakts zwischen Nerven und Lymphozyten, zwecks Prägung des weiteren Verhaltens der Lymphozyten, formuliert worden.

Erst 1981 folgte eine weitere Arbeit auf diesem Gebiet, diesmal an der Appendix des Kaninchens (Felten et al., 1981). Diese Untersuchung erfolgte auf biochemischer und lichtmikroskopisch-histochemischer Ebene, mit Nachweis der Katecholamine und des Acetylcholins. Nerven fanden sich nur in den Gebieten zwischen den Lymphfollikeln, mit starken subepithelialen Verzweigungen. Vom Alter von 21 und 42 Tagen zum erwachsenen Tier erfolgte eine Zunahme der Innervationsdichte und eine Zunahme des Katecholamingehaltes. Die Autoren postulieren eine mögliche Wirkung auf T-Lymphozyten im interfollikulären Bereich oder auf Plasmazellen im subepithelialen Gebiet.

Stead et al. (1987b) haben Neuronen-spezifische Enolase (NSE) positive Nerven im Jejunum der Ratte licht- und elektronenoptisch untersucht bei Normaltieren und solchen mit einer Nematodeninfektion. Sie haben besonders auf die Beziehungen zu Mastzellen geachtet. Bei der infizierten Gruppe konnte eine nicht-zufällige gehäufte Assoziation zwischen Nerven und Mastzellen belegt werden, allerdings war ultrastrukturell nur ein geringer Anteil der Beziehungen auf direkte Kontakte zurückzuführen. Diese Studie stellt den einzigen Versuch dar, die Möglichkeit einer rein zufälligen Assoziation zwischen Nerven und Zellen, auf Grund der Häufigkeiten des Vorkommens, auszuschließen. Eine spätere Veröffentlichung stellt diese Ergebnisse in einen weiteren Rahmen, ohne wesentliche neue Befunde zur morphologischen Situation (Stead et al., 1987a). Auch Ottaway (1991) erläutert Interaktionsmechanismen zwischen Immunzellen des Darms und Nerven, ohne zusätzliche eigene morphologische Befunde beizutragen.

Ichikawa und Uchino (1992) untersuchten im Ileum von Hund und dem Affen *Macaca fuscata* SP-, CGRP- und VIP-positive Nerven. Mit Elektronenmikroskopie an nicht immunreagiertem Material und an für SP und CGRP markierten Präparaten konnten enge Beziehungen zwischen Varikositäten und Zellen dargestellt werden. Allerdings entspricht ein erheblicher Anteil der als «Lymphozyten»

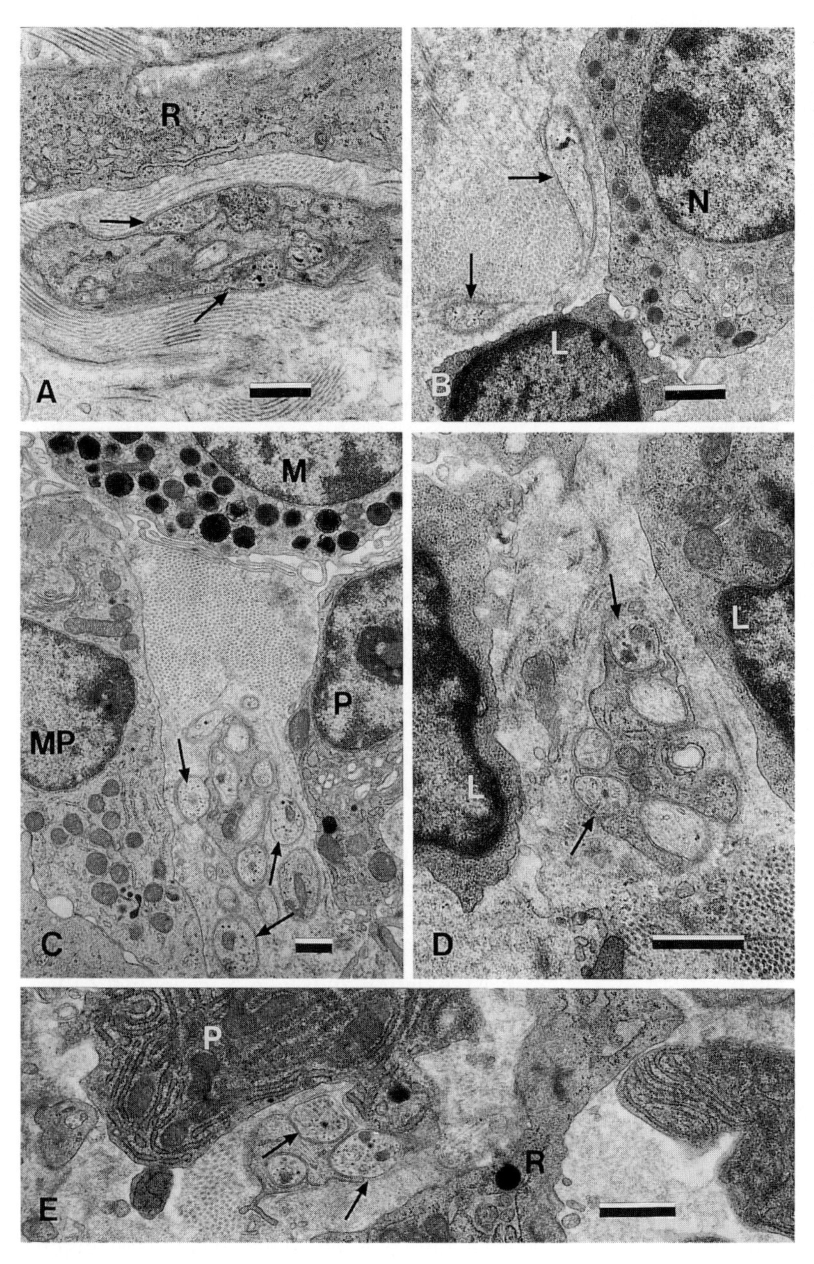

Abbildung 6: Tonsilla pharyngea vom Menschen. Alle Abbildungen sind aus dem Bereich der Septen. A: Nerv mit zwei Vesikel-tragenden Varikositäten, die obere davon innerhalb von 1000 nm zu einer Retikulumzelle (R). B: Ein nicht umscheidetes Axon in Beziehung zu einem Lymphozyten (L) und einem neutrophilen Granulozyten (N). C: Ein Nerv mit Varikositäten (Pfeile), mit Beziehungen zu einem Makrophagen (MP) und einer unreifen Plasmazelle (P). Der Abstand zu einer Mastzelle (M) beträgt mehr als 4 µm. D: Ein Nerv mit Varikositäten (Pfeile), die einen Abstand von weniger als 1000 nm zu Lymphozyten (L) aufweisen. E: Ein kleiner Nerv mit zwei Varikositäten (Pfeile), im engen Kontakt zu einer Plasmazelle (P). Alle Kalibrierungen: 1 µm.

gekennzeichneten Zellen in ihren morphologischen Kriterien nicht dem üblichen Spektrum von Lymphozyten. Die Feinstruktur dieser Zellen erinnert viel eher an Retikulumzellen. Fehér et al. (1992) führten Untersuchungen zu Somatostatin-reaktiven Nerven des Dünndarms durch. Sie studierten die Peyerschen Plaques bei jungen Katzen. Wie schon von Felten et al. (1981) beim Kaninchen beobachtet, fanden diese Autoren die Nerven auf den Bereich außerhalb der Follikel beschränkt. Ultrastrukturell werden enge Beziehungen zu Lymphozyten und Plasmazellen beschrieben.

Um die Frage der nervalen Beeinflussung von B-Zellen zu beantworten, haben Zentel und Weihe (1991) die peptiderge Innervation der Bursa Fabricii bei 1 bis 14 Wochen alten Hühnchen untersucht. Auch in dieser Studie finden sich zahlreiche Nerven zwischen lymphatischen Zellen, aber nicht im Inneren der Follikel. Die Verhältnisse sind also denen der Peyerschen Plaques vergleichbar. Arterielle Gefäße waren ebenfalls besonders intensiv innerviert, und Beziehungen zwischen Nerven und Makrophagen waren nur bei VIP-reaktiven Nerven festzustellen.

Im Bereich der Luftwege sind Beziehungen von Nerven zu Immunzellen ebenfalls beschrieben. Hier konzentriert sich das Interesse bevorzugt auf mögliche Interaktionen zwischen Nerven und Mastzellen (Kiernan, 1990; Nilsson et al., 1990; Alving, 1991; Alving et al., 1991; Nohr und Weihe, 1991). Die Studien sind entweder funktionell (Kiernan, 1990) oder lediglich auf lichtmikroskopischer Ebene, mit dem Nachweis der im übrigen Immunsystem schon bekannten Transmitter.

Es läßt sich hieraus schließen, daß in diesen Bereichen ähnliche Verhältnisse existieren wie in den eingekapselten lymphatischen Organen. Nerven nehmen auch hier Beziehungen zu Retikulumzellen, Plasmazellen und Lymphozyten auf, wobei keine Daten über die quantitativen Verhältnisse vorliegen. Als Besonderheit dürften die beschriebenen Beziehungen zwischen Nerven und Mastzellen gelten, die z. B. im Lymphknoten nicht auftreten. Diese Unterschiede mögen mit der Heterogenität von Mastzellen zusammenhängen (Theoharides, 1990), die zumindest teilweise mit einer differenten Verteilung einhergeht.

Entzündungen

Bei Entzündungen in verschiedenen Geweben sind Schmerzen eine bekannte Begleiterscheinung, was einige Autoren zu Untersuchungen der Innervation unter diesen Bedingungen angeregt hat. De Angelis et al. (1992) berichten von einer Zunahme der Nerven und Ganglienzellen im Pankreas bei chronischer Pankreatitis, allerdings ohne Angabe der Darstellungsmethode für Nerven und ohne einen Beleg für ihre Aussage. Zu einer genau gegenteiligen Schlußfolgerung kommen Konttinen et al. (1992) nach Untersuchungen der SP- und CGRP-positiven Nerven in experimentell entzündeten Gelenkkapseln. Hier fand sich im Entzündungsbereich ein Verlust an Nervenfasern, den die Autoren auf die Zerstörung dieser durch von den Entzündungszellen freigesetzten Stoffe zurückführen.

Schlußfolgerungen

Wie aus dem Vorangegangenen zu sehen ist, sind in allen immunkompetenten Organen Nerven belegt. Sie sind regelhaft verteilt. Überall lassen sich ultrastrukturell enge räumliche Beziehungen zwischen axonalen Varikositäten, mit und ohne Vesikel, und verschiedenen immunkompetenten Zellen nachweisen. Dort, wo diese Beziehungen zwischen Axonen und Zellen quantitativ untersucht worden sind, hat sich gezeigt, daß der überwältigende Anteil der Axon-Zellbeziehungen zu Retikulumzellen besteht. Ein noch größerer Anteil der Varikositäten befindet sich in sehr weiten Abständen von Zellen, über deren Funktionalität Zweifel angebracht sind. Vor allem bestehen Kenntnislücken bezüglich der tatsächlichen Diffusionsstrecke von Transmittern wie Noradrenalin. Die häufig zitierte Arbeit von Su und Bevan (1970), die eine weite Diffusionsstrecke belegen soll, ist im Ansatz unphysiologisch, weil ein kontinuierlicher Nachschub von Noradrenalin gegeben war, so daß möglicherweise vorhandene Abbaumechanismen gesättigt wurden. Ebenfalls bereitet es konzeptuelle Probleme, die beobachteten engen Kontakte zwischen Varikositäten und Zellen in eine funktionelle Einheit mit den sehr weiten Wirkungsstrecken zu bringen, die postuliert werden. Dort, wo weite Abstände zwischen Varikositäten und Zellen typisch sind, ist dieser weite Abstand auch der Normtatbestand (Burnstock, 1986). Völliges Unwissen besteht bezüglich der Wirkungsmöglichkeit der peptidergen Co-Transmitter. Vor allem zeigen funktionelle Untersuchungen, daß der Anteil von Varikositäten ohne Bezug zu Zellen veränderlich ist, was ihre Rolle als funktionelle Reserve nahelegt (Novotny et al., 1995a).

Darüber hinaus hat die ultrastrukturelle Analyse fast überall Barrieren von Retikulumzellen zwischen den Nerven und den immunkompetenten Zellen gezeigt. Über die Vollständigkeit dieser Barriere existieren zur Zeit keine genauen Daten. Diese Barriere kann nicht nur die Diffusion von Transmitter zu den immunkompetenten Zellen behindern, sondern kann über mögliche kontraktile Mechanismen (Blue und Weiss, 1981; Müller-Hermelink et al., 1981; Tablin und Weiss, 1983; Tykocinski et al., 1983; Schumacher und Welsch, 1987) die Beweglichkeit der immunkomptenten Zellen beinflussen. Versuche, die eine Mobilisierung oder Retention von Lymphozyten nach Manipulation der Innervation beschreiben (Mchale und Thornbury, 1990; Madden et al., 1994) könnten ihre Wirkung über diesen Mechanismus erzielen. Bei allen Betrachtungen zur möglichen Wirkung des autonomen Nervensystems auf das Immunsystem muß demnach eine Mittlerrolle der Retikulumzellen als Möglichkeit einbezogen werden. Die weitere Forschung wird sich intensiver mit den Eigenschaften dieser, bisher sehr wenig beachteten Zellen auseinandersetzen müssen.

Bisher stark vernachlässigt in den Betrachtungen zur Nervenversorgung der immunkompetenten Organe sind die Speziesunterschiede. Diese sind bei der Milz besonders ausgeprägt, wobei die menschliche Milz nur eine schwache Innervation zu haben scheint. Auch für den Thymus gibt es ähnliche Hinweise (Ghali et al., 1980). Eigene Untersuchungen am Lymphknoten des Menschen haben ebenfalls nur eine äußerst spärliche Innervation aufzeigen können. Es wäre also dringend erforderlich, die Relevanz der am Tier erhobenen Befunde für den Menschen zu verifizieren.

Literatur

Ackerman KD, Felten SY, Bellinger DL, Felten DL: Noradrenergic sympathetic innervation of the spleen: III. Development of innervation in the rat spleen. J. Neurosci. Res. 1987; 18:49–54.

Ackerman KD, Bellinger DL, Felten SY, Felten DL: Ontogeny and senescence of noradrenergic innervation of the rodent thymus and spleen. In: Ader R, Felten DL, Cohen N (eds.): Psychoneuroimmunology. Academic Press Inc., New York, 1991(a); pp. 71–125.

Ackerman KD, Madden KS, Livnat S, Felten SY, Felten DL: Neonatal sympathetic denervation alters the development of in vitro spleen cell proliferation and differentiation. Brain Behav. Immun. 1991(b); 5:235–261.

Ader R, Cohen N: Behaviourally conditioned immunosupression. Psychosom. Med. 1975; 37:333–340.

Al-Shawaf AA, Kendall MD, Cowen T: Identification of neural profiles containing vasoactive intestinal polypeptide, acetylcholinesterase and catecholamines in the rat thymus. J. Anat. 1991; 174:131–143.

Alving K: Airways vasodilatation in the immediate allergic reaction. Involvement of inflammatory mediators and sensory nerves. Acta Physiol. Scand. (Suppl.) 1991; 597:1–64.

Alving K, Sundstrom C, Matran R, Panula P, Hokfelt T, Lundberg JM: Association between histamine-containing mast cells and sensory nerves in the skin and airways of control and capsaicin-treated pigs. Cell Tissue Res. 1991; 264:529–538.

Bellinger DL, Felten SY, Collier RJ, Felten DL: Noradrenergic sympathetic innervation of the spleen: IV. Morphometric analysis in adult and aged F344 rats. J. Neurosci. Res. 1987; 18:55–63.

Bellinger DL, Felten SY, Felten DL: Maintenance of noradrenergic sympathetic innervation in the involuted thymus of the aged Fischer 344 rat. Brain Behav. Immun. 1988; 2:133–150.

Bellinger DL, Ackerman KD, Felten SY, Felten DL: A longitudinal study of age-related loss of noradrenergic nerves and lymphoid cells in the rat spleen. Exp. Neurol. 1992; 116:295–311.

Bellinger DL, Lorton D, Hamill RW, Felten SY, Felten DL: Acetylcholinesterase staining and choline acetyltransferase activity in the young adult rat spleen: lack of evidence for cholinergic innervation. Brain Behav. Immun. 1993; 7:191–204.

Besedovsky HO, del Rey A, Sorkin E, Daprada M, Keller HH: Immunoregulation mediated by the sympathetic nervous system. Cell Immunol. 1979; 48:346–355.

Blue J, Weiss L: Electron microscopy of the red pulp of the dog spleen including vascular arrangements, periarterial macrophage sheaths (ellipsoids), and the contractile, innervated reticular meshwork. Am. J. Anat. 1981; 161:189–218.

Brauecker W: Die Nerven des Thymus. Z. Anat. 1923; 69:309–327.

Breneman SM, Moynihan JA, Grota LJ, Felten DL, Felten SY: Splenic norepinephrine is decreased in MRL-lpr/lpr mice. Brain Behav. Immun. 1993; 7:135–143.

Bulloch K, Moore RY: Innervation of the thymus gland by brain stem and spinal cord in mouse and rat. Am. J. Anat. 1981; 162:157–166.
Bulloch K, Pomerantz W: Autonomic nervous system innervation of thymic-related lymphoid tissue in wild-type and nude mice. J. Comp. Neurol. 1984; 228:57–68.
Bulloch K: Neuroanatomy of lymphoid tissue – a review. In: Guillemin R, Cohn M, Melnechuk T (eds.): Neural Modulation of Immunity. New York, Raven Press, 1985; pp. 111–142.
Bulloch K, Cullen MR, Schwartz RH, Longo DL: Development of innervation within synergetic thymus tissue transplanted under the kidney capsule of the nude mouse: A light and ultrastructural microscopic study. J. Neurosci. Res. 1987; 18:16–27.
Bulloch K: A comparative study of the autonomic nervous system innervation of the thymus in mouse and chicken. Int. J. Neurosci. 1988; 40:129–140.
Bulloch K, Hausman J, Radojcic T, Short S: Calcitonin gene-related peptide in the developing and aging thymus. An immunocytochemical study. Ann. NY. Acad. Sci. 1991; 621:218–228.
Burnstock G: Autonomic neuromuscular junctions: current developments and future directions. J. Anat. 1986; 146:1–30.
Bütikofer EE, Lichtensteiger W, Schlumpf M: Prenatal exposure to diazepam causes sex-dependent changes of the sympathetic control of rat spleen. Neurotoxicol. Teratol. 1993; 15:377–382.
Calvo W: The innervation of the bone marrow in laboratory animals. Am. J Anat. 1968; 123:315–328.
Calvo W, Forteza-Vila J: On the development of bone marrow innervation in new-born rats as studied with silver impregnation and electron microscopy. Am. J. Anat. 1969; 126:355–372.
Calvo W, Forteza-Vila J: Schwann-cells of the bone marrow. Blood 1970; 36.
Carlson SL, Felten DL, Livnat S, Felten SY: Noradrenergic sympathetic innervation of the spleen: V. Acute drug-induced depletion of lymphocytes in the target fields of innervation results in redistribution of noradrenergic fibers but maintenance of compartmentation. J. Neurosci. Res. 1987; 18:64–69.
Castro FD: Quelques observations sur l'intervention du système nerveux autonome dans l'ossification, innervation du tissue osseux et la moelle osseuse. Trav. Lab. Rech. Biol. Univ. Madrid 1929; 26:215–244.
Cuckov CN: Vergleichende Darstellung der afferenten Innervation der den Waldeyerschen Rachenring bildenden Tonsillen beim Menschen. Z. mikrosk. -anat. Forsch. 1966; 74:1–19.
Dahlström AB, Zetterström BEM: Norandrenaline stores in nerve terminals of the spleen: Changes during hemorrhagic shock. Science 1965; 147:1583–1584.
De Angelis C, Valente G, Spaccapietra M, Angonese C, Del Favero G, Naccarato R, Andriulli A: Histological study of alcoholic, nonalcoholic, and obstructive chronic pancreatitis. Pancreas 1992; 7:193–196.
DePace DM, Webber RH: Electrostimulation and morphologic study of the nerves to the bone marrow of the albino rat. Acta Anat. 1975; 93:1–18.
Elfvin LG: The ultrastructure of unmyelinated fibers in the splenic nerve of the cat. J. Ultrastruct. Res. 1958; 1:428–454.
Elfvin LG: Electron-microscopic investigation of filament structures in unmyelinated fibers of cat splenic nerve. J. Ultrastruct. Res. 1961; 5:51–64.
Elfvin LG, Aldskogius H, Johansson J: Splenic primary sensory afferents in the guinea pig demonstrated with anterogradely transported wheat-germ agglutinin conjugated to horseradish peroxidase. Cell Tissue Res. 1992; 269:229–234.
Esquifino AI, Rosenstein RE, Stern J, Cardinali DP: Effect of cyclosporine on ornithine decarboxylase activity in rat submaxillary lymph nodes: modulation by sympathetic nerves. Eur. J. Pharmacol. 1991; 197:161–165.
Fatani JA, Qayyum MA, Mehta L, Singh U: Parasympathetic innervation of the thymus: a histochemical and immunocytochemical study. J. Anat. 1986; 147:115–119.
Feher E, Fodor M, Burnstock G: Distribution of somatostatin-immunoreactive nerve fibres in Peyer's patches. Gut 1992; 33:1195–1198.
Felten DL, Overhage JM, Felten SY, Schmedtje JF: Noradrenergic sympathetic innervation of lymphoid tissue in rabbit appendix: further evidence for a link between nervous and immune systems. Brain Res. Bull. 1981; 7:595–612.
Felten DL, Livnat S, Felten SY, Carlson SL, Bellinger DL, Yeh P: Sympathetic innervation of lymph nodes in mice. Brain Res. Bull. 1984; 13:693–699.
Felten DL, Felten SY, Carlson SL, Olschowka JA, Livnat S: Noradrenergic and peptidergic innervation of lymphoid tissue. J. Immunol. 1985; 135:755s–765s.
Felten DL, Ackerman KD, Wiegand SJ, Felten SY: Noradrenergic sympathetic innervation of the spleen: I. Nerve fibers associated with lymphocytes and macrophages in specific compartments of the splenic white pulp. J. Neurosci. Res. 1987(a); 18:28–36.
Felten DL, Felten SY, Bellinger DL, Carlson SL, Ackerman KD, Madden KS, Olschowki JA, Livnat S: Noradrenergic sympathetic neural interactions with the immune system: structure and function. Immunol. Rev. 1987(b); 100:225–260.
Felten DL, Felten SY, Bellinger DL, Lorton D: Noradrenergic and peptidergic innervation of secondary lymphoid organs: role in experimental rheumatoid arthritis. Eur. J Clin. Invest. 22 Suppl 1992; 1:37–41.
Felten SY, Olschowka J: Noradrenergic sympathetic innervation of the spleen: II. Tyrosine hydroxylase (TH)-positive nerve terminals form synapticlike contacts on lymphocytes in the splenic white pulp. J. Neurosci. Res. 1987; 18:37–48.
Felten SY, Felten DL, Bellinger DL, Carlson SL, Ackerman KD, Madden KS, Olschowka JA, Livnat S: Noradrenergic sympathetic innervation of lymphoid organs. Prog. Allergy 1988; 43:14–36.
Felten SY, Felten DL: Innervation of lymphoid tissue. In: Ader R, Felten DL, Cohen N (eds.): Psychoneuroimmunology. Academic Press Inc., New York, 1991; pp. 27–69.
Fillenz M: The innervation of the cat spleen. Proc. Roy. Soc. B 1970; 174:459–468.

Fink T, Weihe E: Multiple neuropeptides in nerves supplying mammalian lymph nodes: messenger candidates for sensory and autonomic neuroimmunomodulation? Neurosci. Lett. 1988; 90:39–44.

Fuchs BA, Campbell KS, Munson AE: Norepinephrine and serotonin content of the murine spleen: Its relationship to lymphocyte b-adrenergic receptor density and the humoral immune response in vivo and in vitro. Cell Immunol. 1988; 117:339–351.

Ghali WM, Abdel-Rahman S, Nagib M, Mahran ZY: Intrinsic innervation and vasculature of pre- and postnatal human thymus. Acta Anat. 1980; 108:115–123.

Gillespie JS, Kirpekar SM: The histological localization of noradrenaline in the cat spleen. J. Physiol. 1966; 187:69–79.

Giron jr. LT, Crutcher KA, Davis JM: Lymph nodes – a possible site for sympathetic neuronal regulation of immune response. Ann. Neurol. 1980; 8:520–525.

Gomariz RP, Lorenzo MJ, Cacicedo L, Vincente A, Zapata AG: Demonstration of immunoreactive intestinal peptide (IR-VIP) and somatostatin (IR-SOM) in rat thymus. Brain Behav. Immun. 1990; 4:151–161.

Gottesfeld Z, Christie R, Felten DL, LeGrue SJ: Prenatal ethanol exposure alters immune capacity and noradrenergic synaptic transmission in lymphoid organs of the adult mouse. Neuroscience 1990; 35:185–194.

Hammar JA: Über die Innervationsverhältnisse der Inkretorgane und des Thymus bis in den 4. Fetalmonat. Z. mikrosk.-anat. Forsch. 1935; 38:253–293.

Harting K: Vergleichende Untersuchungen über die mikroskopische Innervation der Milz des Menschen und einiger Säugetiere. Ergeb. Anat. Entw.-gesch. 1952; 34:1–60.

Hess MM, Krüger J, Novotny GEK, Thomas C, Lamprecht J: Nachweis von Nerven in Rachen- und Gaumenmandeln – Ein morphologischer Beitrag zur Neuroimmunologie der Tonsillen. Otorhinolaryngol Nova 1991; 1:62–66.

Heusermann U, Stutte HJ: Electron microscopic studies of the innervation of the human spleen. Cell Tissue Res. 1977; 184:225–236.

Ichikawa S, Eda N, Uchino S: Close association of peptidergic nerves with lymphocytes in canine and monkey ileal villi. Okajimas. Folia Anat. Jpn. 1992; 69:199–207.

Ito M: Die nervöse Versorgung der lymphatischen Apparate. Jap. J. Med. Sci. I. Anatomy 1946; 26:43–53.

Josifow C: Zur Frage über die Nerven der Gl. Thymus beim Menschen. Jahresber. Anat. Entwickl.-gesch. 1899; 5:306.

Kendall MD: The morphology of perivascular spaces in the thymus. Thymus 1989; 13:157–164.

Kendall MD: Functional anatomy of the thymic microenvironment. J. Anat. 1991(a); 177:1–29.

Kendall MD, Al-Shawaf AA: Innervation of the rat thymus gland. Brain Behav. Immun. 1991(b); 5:9–28.

Kiernan JA: Degranulation of Mast Cells in the Trachea and Bronchi of the Rat Following Stimulation of the Vagus Nerve. Int. Arch. Allergy Appl. Immunol. 1990; 91:398–402.

Kliche KO: Quantitative Studien zur Innervation des Rattenlymphknotens. Düsseldorf, Medizinische Fakultät der Heinrich-Heine-Universität Düsseldorf (Dissertation), 1987.

Kliche KO, Novotny GEK: Quantitative Studien zur Innervation der Lymphknoten. Verh. Anat. Ges. 1987; 81:767–768.

Knoche H: Zur feineren Innervation des Thymus vom Menschen. Z. Zellforsch. 1955; 41:556–593.

Konttinen YT, Hukkanen M, Segerberg M, Rees R, Kemppinen P, Sorsa T, Saari H, Polak JM, Santavirta S: Relationship between neuropeptide immunoreactive nerves and inflammatory cells in adjuvant arthritic rats. Scand. J Rheumatol. 1992; 21:55–59.

Kostowiecki M: Untersuchungen über Nervenendigungen im Thymus menschlicher Feten. Anat. Anz. 1934; 80:231–236.

Kölliker A: Mikroskopische Anatomie oder Gewebelehre des Menschen. Leipzig, Wilhelm Engelmann, 1854.

Krücken A: Eine quantitative elektronenmikroskopische Analyse der Innervation des Axillarlymphknotens der Ratte. Düsseldorf, Medizinische Fakultät der Heinrich-Heine-Universität Düsseldorf (Dissertation), 1993.

Kudoh G, Hoshi K, Murakami T: Fluorescence microscopic and enzyme histochemical studies of the innervation of human spleen. Arch. Histol. Jpn. 1979; 42:169–180.

Kuntz A, Richins CA: Innervation of the bone marrow. J. Comp. Neur. 1945; 83:213–222.

Kurkowski R, Kummer W, Heym C: Substance P-immunoreactive nerve fibers in tracheobronchial lymph nodes of the guinea pig: Origin, ultrastructure and coexistence with other peptides. Peptides 1990; 11:13–20.

Lindblom P, Zoucas E, Holmin T: Impaired hemostasis following denervation of the rat spleen. Res. Exp. Med. Berl. 1990; 190:435–441.

Lorton D, Bellinger DL, Felten SY, Felten DL: Substance P innervation of the rat thymus. Peptides 1990(a); 11:1269–1275.

Lorton D, Hewitt D, Bellinger DL, Felten SY, Felten DL: Noradrenergic reinnervation of the rat spleen following chemical sympathectomy with 6-hydroxydopamine: pattern and time course of reinnervation. Brain Behav. Immun.1990(b); 4:198–222.

Lundberg JM, Änggård A, Pernow J, Hökfelt T: Neuropeptide Y-, substance P-, and VIP-immunoreactive nerves in cat spleen in relation to autonomic vasculature and volume control. Cell Tissue Res. 1985; 239:9–18.

Madden KS, Felten SY, Felten DL, Hardy CA, Livnat S: Sympathetic nervous system modulation of the immune system. II. Induction of lymphocyte proliferation and migration in vivo by chemical sympathectomy. J Neuroimmunol. 1994; 49:67–75.

Magni F, Bruschi F, Kasti M: The afferent innervation of the thymus gland in the rat. Brain Res. 1987; 424:379–385.

Makhanik K: Sources of innervation of lymph nodes of the axillary area in man. Arkhiv Anat. 1959(a); 36:60–67.

Makhanik K: The innervation of prelaryngeal, laryngotracheal and paratracheal lymph nodes of embryos and children of early age. Vestnik oto-rino-laringologii 1959(b); 21:79–83.

Makhanik K: Innervation sources of lymphatic nodes of the free part of the upper extremity in fetuses, newborns and infants. Arkhiv Anat.1961; 40:83–90.
Mchale NG, Thornbury KD: Sympathetic stimulation causes increased output of lymphocytes from the popliteal node in anaesthetized sheep. Exp. Physiol. 1990; 75:847–850.
Micic M, Leposavic G, Ugresic N: Relationships between monoaminergic and cholinergic innervation of the rat thymus during aging. J Neuroimmunol. 1994; 49:205–212.
Miller ML, McCuskey RS: Innervation of bone marrow in the rabbit. Scand. J. Haemat. 1973; 10:17–23.
Miller MR, Kasahara M: Observations on the innervation of human long bones. Anat. Rec. 1963; 145:12–23.
Müller S, Weihe E: Interrelation of peptidergic innervation with mast cells and ED1-positive cells in rat thymus. Brain Behav. Immun. 1991; 5:55–72.
Müller-Hermelink HK, v. Gaudecker B, Drenckhahn D, Jaworsky K, Feldmann C: Fibroblastic and dendritic reticulum cells of lymphoid tissue. Ultrastructural, histochemical, and ^{3}H-thymidine labeling studies. J. Cancer Res. Clin. Oncol. 1981; 101:149–164.
Nabarra B, Andrianarison I: Thymic reticulum of mice. III. The connective compartment (innervation, vascularisation, fibrous tissues and myoid cells). Tiss. Cell 1995; 27:249–261.
Nance DM, Hopkins DA, Biegler D: Re-investigation of the innervation of the thymus gland in mice and rats. Brain Behav. Immun. 1987; 1:134–147.
Nilsson G, Alving K, Ahlstedt S, Hökfelt T, Lundberg JM: Peptidergic innervation of rat lymphoid tissue and lung: Relation to mast cells and sensitivity to capsaicin and immunization. Cell Tissue Res. 1990; 262:125–133.
Nohr D, Weihe E: The neuroimmune link in the bronchus-associated lymphoid tissue (BALT) of cat and rat: Peptides and neural markers. Brain Behav. Immun. 1991; 5:84–101.
Novotny GEK, Kliche KO: Innervation of lymph nodes: a combined silver impregnation and electron-microscopic study. Acta Anat. 1986; 127:243–248.
Novotny GEK: An ultrastructural analysis of lymph node innervation. Acta Anat. 1988; 133:57–61.
Novotny GEK, Sommerfeld H, Zirbes T: Thymic innervation in the rat: A light and electron microscopical study. J. Comp. Neurol. 1990; 302:552–561.
Novotny GEK, Hsu Y: The effect of immunostimulation on thymic innervation in the rat. J. Hirnforsch. 1993(a); 34:155–163.
Novotny GEK, Schöttelndreier A, Heuer T: A light and electron microscopical quantitative analysis of the innervation of axillary lymph nodes in juvenile and old rats. J. Anat. 1993(b); 183:57–66.
Novotny GEK, Heuer T, Schöttelndreier A, Fleisgarten C: Plasticity of innervation of the medulla of axillary lymph nodes in the rat after antigenic stimulation. Anat. Rec. 1994; 238:213–224.
Novotny GEK, Heuer T, Schöttelndreier A, Fleisgarten C: An ultrastructural quantitative analysis of the innervation of axillary lymph nodes of the rat after antigenic stimulation. Anat. Rec. 1995(a), 243:208–222.
Novotny GEK, Schöttelndreier A, Heuer T: An ultrastructural quantitative analysis of the innervation of axillary lymph nodes in juvenile and old rats. Anat. Rec. 1995(b), 243:223–233.
Ottaway CA: Neuroimmunomodulation in the intestinal mucosa. Gastroenterol. Clin. North Am. 1991; 20:511–529.
Ottolenghi D: Sur les nerfs de la moelle des os. Arch. Ital. Biol. 1902; 37:73–80.
Pereira G, Clermont Y: Distribution of cell web-containing epithelial reticular cells in the rat thymus. Anat. Rec. 1971; 169:613–626.
Pfoch M, Unsicker K, Schimmler J: Quantitative electron microscopic studies on the innervation of the human thymus. Z. Zellforsch. 1971; 119:115–120.
Pfoch M, Unsicker K: Electron microscopic study on the innervation of Peyer's patches of the Syrian hamster. Z. Zellforsch. 1972; 123:425–429.
Piantelli M, Maggiano N, Larocca LM, Ricci R, Ranelletti FO, Lauriola L, Capelli A: Neuropeptide-immunoreactive cells in human thymus. Brain Behav. Immun. 1990; 4:189–197.
Pines L, Majman R: The innervation of the thymus. J. Nerv. Ment. Dis. 1929; 69:361–384.
Popper H: Über die Nervenendigungen in den mesenterialen Lymphdrüsen. Milit. -med. Zeitschr. 1869; 92.
Purcell ES, Gattone VH: Immune system of the spontaneously hypertensive rat. I. Sympathetic innervation. Exp. Neurol. 1992; 117:44–50.
Raviola E, Karnovsky MF: Evidence for a blood-thymus barrier using electron-opaque tracers. J. Exp. Med. 1972; 136:466–498.
Reilly FD, McCuskey RS, Meineke HA: Studies of the hematopietic microenvironment VIII. Adrenergic and cholinergic innervation of the murine spleen. Anat. Rec. 1976; 185:109–118.
Reilly FD, McCuskey PA, Miller ML, McCuskey RS, Meineke HA: Innervation of the periarteriolar lymphatic sheath of the spleen. Tiss. Cell 1979; 2:121–126.
Retzius G: Zur Kenntniss der Nerven der Lymphknoten. Biol. Unters. N. F. 1893; 5:42.
Riegele L: Über die mikroskopische Innervation der Milz. Z. Zellforsch. mikrosk. Anat. 1929; 9:511–533.
Robert F, Geenen V, Schoenen J, Burgeon E, De Groote D, Defresne MP, Legros JJ, Franchimont P: Colocalisation of immunoreactive oxytocin, vasopressin and interleukin-1 in human thymic epithelial neuroendocrine cells. Brain Behav. Immun. 1991; 5:102–115.
Romano TA, Felten SY, Felten DL, Olschowka JA: Neuropeptide-Y innervation of the rat spleen: Another potential immunomodulatory neuropeptide. Brain Behav. Immun. 1991; 5:116–131.
Rossi F: L'innervazione del midollo osso. Arch. Ital. Anat. Embriol. 1932; 29:539–559.
Saito H, Yokoi Y, Watanabe S, Tajima J, Kuroda H, Namihisa T: Reticular meshwork of the spleen in rats studied by electron microscopy. Am. J. Anat. 1988; 181:235–252.
Saito H: Innervation of the guinea pig spleen studied by electron microscopy. Am. J. Anat. 1990; 189:213–235.
Schumacher U, Welsch U: Histological, histochemical, and fine structural observations on the spleen of seals. Am. J. Anat. 1987; 179:356–368.

Sergeeva VE: Histotopography of catecholamines in the mammalian thymus. Bull. Exp. Biol. Med. USSR 1974; 77:456–458.

Singh U: Sympathetic innervation of fetal mouse thymus. Eur. J. Immunol. 1984; 14:757–759.

Singh U, Fatani JA, Mohajir AM: Ontogeny of cholinergic innervation of thymus in mouse. Dev. Comp. Immunol. 1987; 11:627–635.

Singh U, Fatani J, Mehta L, Mohajir AM: Implantation of fetal thymus and sympathetic ganglion within the anterior eye chamber in mice, to study neuro-immune interaction in thymic development. Acta Anat. 1990; 137:54–58.

Sjölander A, Strandberg A: Om nervena till thymus. Upsala, Läkareförenings Förhandlingar N. Y. följd, 1915; XX:243–261.

Stead RH, Bienenstock J, Stanisz AM: Neuropeptide regulation of mucosal immunity. Immunol. Rev. 1987(a); 100:333–359.

Stead RH, Tomioka M, Quinonez G, Felten SY, Bienenstock J: Intestinal mucosal mast cells in normal and nematode-infected rat intestines are in intimate contact with peptidergic nerves. Proc. Natl. Acad. Sci. USA 1987(b); 84:2975–2979.

Su C, Bevan JA: The release of 3H NE in arterial strips studied by the technique of superfusion and transmural stimulation. J. Pharmacol. Exp. Ther. 1970; 172:62–68.

Tablin F, Weiss L: The equine spleen: An electron microscopic analysis. Am. J. Anat. 1983; 165:393–416.

Takase B, Nomura S: Studies on the innervation of the bone marrow. J. Comp. Neur. 1957; 108:421–437.

Takeyama K: Histologische Studien über die peripheren Nervenendigungen in den Lymphknoten. Mitteil. med. Akad. Kioto 1936; 17:1208–1209.

Terni T: L'innervazione del timo. Arch. Zool. Italia 1931; 16:714–716.

Theoharides TC: Mast cells: the immune gate to the brain. Life Sci. 1990; 46:607–617.

Thurston TJ: Distribution of nerves in long bones as shown by silver impregnation. J. Anat. 1982; 134:719–728.

Tischendorf F: Beobachtungen über die feinere Innervation der Milz. Köln, Kölner Universitätsverlag, 1948.

Toldt C: Lehrbuch der Gewebelehre. Stuttgart, Ferdinand Enke, 1888; pp. 392–399.

Tollefson L, Bulloch K: Dual-label retrograde transport: CNS innervation of mouse thymus distinct from other mediastinum viscera. J. Neurosci. Res. 1990; 25:20–28.

Tonkoff W: Zur Kenntnis der Nerven der Lymphdrüsen. Anat. Anz. 1899; 16:456–459.

Tykocinski M, Schinella RA, Greco MA: Fibroblastic reticulum cells in human lymph nodes. An ultrastructural study. Arch. Pathol. Lab. Med. 1983; 107:418–422.

Ueyama T, Kozuki K, Houtani T, Ikeda M, Kitajiri M, Yamashita T, Kumazawa T, Nagatsu I, Sugimoto T: Immunolocalization of Tyrosine Hydroxylase and Vasoactive Intestinal Polypeptide in Nerve Fibers Innervating Human Palatine Tonsil and Paratonsillar Glands. Neurosci. Lett. 1990; 116:70–74.

Villardo AC, Sesma MP, Vazquez JJ: Innervation of mouse lymph nodes: Nerve endings on muscular vessels and reticular cells. Am. J. Anat. 1986; 179:175–185.

Volik VY: An experimental morphological investigation of the innervation of the inguinal lymph nodes in the dog. Bull. Exp. Biol. Med. 1962; 53:224–226.

Wang HW, Chen HL, Wang JY: A histofluorescent study of sympathetic innervation of human palatine tonsils. Eur. Arch. Otorhinolaryngol. 1992; 249:340–343.

Webber RH, DeFelice R, Ferguson RJ, Powell JP: Bone marrow response to stimulation of the sympathetic trunks in rats. Acta Anat. 1970; 77:92–97.

Weihe E, Müller S, Fink T, Zentel HJ: Tachykinins, calcitonin gene-related peptide and neuropeptide Y in nerves of mammalian thymus: Interactions with mastcells in autonomic and sensory neuroimmunomodulation? Neurosci. Lett. 1989; 100:77–82.

Weihe E, Krekel J: The neuroimmune connection in human tonsils. Brain Behav. Immun. 1991; 5:41–54.

Williams JM, Felten DL: Sympathetic innervation of murine thymus and spleen. A comparative histofluorescence study. Anat. Rec. 1981(a); 199:531–542.

Williams JM, Peterson RG, Shea PA, Schmedtje JF, Bauer DC, Felten DL: Sympathetic innervation of murine thymus and spleen: Evidence for a functional link between the nervous and immune systems. Brain Res. Bull. 1981(b); 6:83–94.

Winckler G: Contribution à l'étude de l'innervation des ganglions lymphatiques. Arch. Anat.1966; 49:319–326.

Yamashita T: Autonomic nervous system in human palatine tonsil. Acta Otolaryngol. (Suppl.) 1984; 416:63–71.

Yamazaki K, Allen TD: Ultrastructural morphometric study of efferent nerve terminals on murine bone marrow stromal cells, and the recognition of a novel anatomical unit: The «neuro-reticular complex». Am. J. Anat. 1990; 187:261–276.

Zelenova IG: Adrenergic structures of the lymph nodes in cats. Arkh. Anat. Gistol. Embriol. 1974; 67:97–99.

Zentel HJ, Weihe E: The neuro-B cell link of peptidergic innervation in the Bursa Fabricii. Brain Behav. Immun. 1991; 5:132–147.

Zirbes T, Novotny GEK: Quantification of thymic innervation in juvenile and aged rats. Acta Anat. 1992; 145:283–288.

Interaktionen zwischen dem cholinergen System und dem Immunsystem

Ingo Rinner

Über die Interaktionen des parasympathischen Nervensystems mit dem Immunsystem gibt es, im Gegensatz zu den Wechselwirkungen des Abwehrsystems mit dem sympathoadrenalen System, noch keine systematischen, groß angelegten Studien. Voraussetzungen für den Nachweis einer Einflußnahme des cholinergen Systems auf Funktionen des Immunsystems sind einerseits Azetylcholinfreisetzung aus neuronalen oder nicht-neuronalen Strukturen (1) in räumlicher Nähe von cholinergen Rezeptoren auf Immunzellen (2) sowie ein Effekt dieser Transmitter-Rezeptor-Interaktion auf immunologische Parameter (3).

Methodische Schwierigkeiten, wie der histochemische Nachweis cholinerger Innervation von Immunorganen oder cholinerger rezeptiver Strukturen auf Zellen des Immunsystems führen oft zu divergierenden Ergebnissen über die Verbindung des cholinergen Systems mit dem Immunsystem.

Cholinerge Innervation von Organen des Immunsystems

Im Knochenmark der Ratte wurden Azetylcholinesterase-(AChE-)positive Fasern in den Blutgefäßwänden (De Pace und Webber, 1975) und beim Kaninchen im Parenchym (Miller und McCuskey, 1973) gefunden. Dazu muß allerdings gesagt werden, daß der Nachweis von AChE-positiven Strukturen nicht das Vorhandensein cholinerger Nerven belegt, da das Enzym auch in nicht-neuronalen Zellen vorkommt.

Es gibt eine Reihe von Untersuchungen über die cholinerge Innervation des Thymus. Nerven aus dem Vagus, dem Hirnstamm bzw. dem Rückenmark wurden im Thymus nachgewiesen (Bulloch und Moore, 1981; Bulloch, 1988). AChE-positive (Bulloch, 1988; Bulloch et al., 1987; Bulloch und Pommerantz, 1984; Kendall und al-Shawaf, 1988; Micic et al., 1992; Micic et al., 1994) und Cholinazetyltransferase-(ChAT-)positive (Fatani et al., 1986; Singh et al., 1987) Fasern befinden sich perivaskulär und, in geringem Ausmaß, auch im Parenchym des Thymus. Singh und Fatani (1988) zeigten, daß die Innervation in fötalen Thymusrudimenten von einer verstärkten Lymphopoese begleitet ist. Gegen eine vagale cholinerge Innervation des Thymus sprechen Befunde von Nance et al. (1987), die keine Abnahme der AChE-positiven Fasern im Thymus nach Vagotomie feststellen konnte. Da Nerven fast nur in Assoziation mit Blutgefäßen (Fatani et al., 1986; Singh et al., 1987) bzw. extraparenchymalem Bindegewebe nachgewiesen wurden (Novotny et al., 1990), ist die Relevanz der cholinergen Innervation des Thymus für die Thymuszellentwicklung fraglich.

Die Frage nach einer cholinergen Innervation der Milz ist infolge der technischen Probleme, cholinerge Nerven eindeutig nachzuweisen, nicht klar zu beantworten. Histochemisch nachgewiesene AChE-haltige Strukturen in der Milz (Kudoh et al., 1979; Reilly et al., 1979; Bellinger et al.,1988) wurden durch Entfernung des Ganglion coeliacus und des Ganglion mesentericus superius, nicht aber durch Vagektomie, vermindert. In neuralen Strukturen in der Milz konnte kein Nachweis für ChAT-Aktivität erbracht werden, wohl aber in nichtneuralem Gewebe der Pferde- und Rattenmilz (Stephens-Newsham et al.,1987; Rinner und Schauenstein, 1993) bzw. in Milzhomogenaten der Maus (Bulloch et al., 1994). Bellinger et al. (1993) konnten keine ChAT in der Rattenmilz nachweisen. Azetylcholin wurde in den Milzen verschiedener Spezies nachgewiesen (Dayle und Dudley, 1929; Brandon und Rand, 1961; Stephens-Newman et al., 1979; Rinner et al., Manuskript in Vorbereitung). Obwohl diese Befunde von einigen Autoren als Beleg für ein eigenes cholinerges neuronales Kompartiment in der Milz angesehen werden (Leaders und Dayrit, 1965), scheint es sich eher um nicht-cholinerge Nerven bzw. nicht-neuronale Strukturen zu handeln, die diese cholinergen Marker aufweisen (Bellinger et al., 1993).

Es gibt keinen positiven histologischen oder histochemischen Nachweis von cholinergen Nerven in Lymphknoten. Ein indirekter Hinweis auf eine cholinerge Innervation von submaxillären Lymphknoten ist die Abnahme spezifischer IgM-Produktion nach ipsilateraler parasympathischer Dezentralisation durch Durchtrennung der Chorda tympani (Alito et al., 1987).

Cholinerge Rezeptoren

Muskarinartige cholinerge Rezeptoren wurden mit Radioliganden-Bindungsstudien und Thymozyten der Maus und der Ratte nachgewiesen (Maslinski et al., 1987; Maslinski et al., 1988; Rinner et al., 1990).

An peripheren Lymphozyten verschiedener Spezies wurden ebenfalls cholinerge Rezeptoren durch funktionelle sowie durch Radioliganden-Bindungsstudien beschrieben. Strom et al. (1972, 1974, 1981) zeigten eine Steigerung der in-vitro-Zytotoxizität von Rattenlymphozyten vornehmlich über muskarinartige Rezeptoren. Als Folge der Rezeptoraktivierung kommt es zu einer Steigerung der intrazellulären Konzentration von cGMP (Hadden et al., 1975; Haddock et al., 1975; Illiano et al., 1973) bzw. von Inositolphosphat (Genaro et al., 1993; Laskowa-Bozek et al., 1993), allerdings gibt es auch Berichte, die das nicht bestätigen (Meurs et al., 1993).

Mit Hilfe von Radioligandenstudien wurden muskarinartige Rezeptoren an Lymphozyten von Mäusen (Gordon et al., 1978; Atweh et al., 1984; Ado et al., 1986; Genaro et al., 1993), Ratten (Strom et al., 1981, Shenkman et al., 1986; Maslinski et al., 1988; Costa et al., 1981) und des Menschen (Zalcman et al., 1981, Bidart et al., 1983, Rabey et al., 1986, Adem et al., 1986, Bering et al., 1987; Eva et al., 1989; Kaneda et al., 1993) dargestellt.

Die meisten Rezeptorbindungsstudien wurden an unfraktionierten Lymphozytenpräparationen durchgeführt, einige Autoren (Strom et al., 1981; Eva et al., 1989) geben an, das die muskarinartigen Azetylcholinrezeptoren hauptsächlich auf T-Zellen nachgewiesen werden können, es gibt aber auch einen Bericht über den Nachweis von muskarinartigen Rezeptoren auf B-Zellen von Mäusen (Ado et al., 1986). Die Angaben über die Dissoziationskonstante des Radioliganden (3H-N-methylscopolamine oder 3H-Quinoquinidyl Benzilat) variieren ebenso wie die über die Zahl der Bindungsstellen/Zelle (Kd: 1–480 nM, 600–6000 Bindungsstellen/Zelle). Nur wenige Studien befassen sich mit der pharmakologischen Charakterisierung der Muskarinrezeptoren an Thymo- und Lymphozyten. Auf Grund der Affinität von subtypenspezifischen Rezeptorantagonisten wurden die Rezeptoren auf Thymuszellen (Rinner et al., 1990) und peripheren Lymphozyten (Bering et al., 1987; Artz, 1989; Eva et al., 1989) als M2-Subtyp klassifiziert. Costa et al. (1994a, 1994b) konnten aber mit reverser Transkriptase PCR und Northern-Blot-Hybridisierung keine Transkription der M2, wohl aber der M3 und in geringem Maße auch der M4 mRNA nachweisen.

Wenige Arbeiten berichten von nikotinartigen Azetylcholinrezeptoren an Lymphozyten (Richman, 1979; Maslinki et al., 1980, 1992). Widersprüchliche Angaben finden sich über die Veränderung der Muskarinrezeptoren bei alten Indidviduen: Eine altersabhängige Zunahme der Rezeptoren wird bei Rattenlymphozyten (Shenkman et al., 1986) und humanen Lymphozyten (Eva et al., 1989) beschrieben, während Grabczewska et al. (1985) eine Abnahme der maximalen Bindungskapazität von 3H-QNB bei alten Ratten beobachteten.

Eine Veränderung der Bindungseigenschaften von muskarinartigen Rezeptoren auf Immunzellen wird bei rheumatoider Arthritis (Laskowa-Bozek, 1986), Morbus Alzheimer (Adem et al., 1986; Ferrero et al., 1991), Morbus Parkinson (Adem et al., 1986; Rabey et al., 1991), beim Gilles-de-la-Tourette-Syndrom (Rabey, 1992) und multipler Sklerose (Anlar et al., 1992) eine Zunahme der nikotinartigen Rezeptoren während der Adjuvans-induzierten Polyarthritis (Maslinski et al., 1992) eine Abnahme bei Myasthenia gravis (Szelenyi, 1990), Morbus Alzheimer und Morbus Parkinson (Adem et al., 1986) beschrieben.

Wechselbeziehungen zwischen den Immunfunktionen und dem cholinergen System

Der Nervus vagus scheint bei der Steuerung der Ausschwemmung von Lymphozyten aus dem Thymus beteiligt zu sein: Vagotomie führt zu einer Verminderung der Zahl von Thymuszellen im venösen Thymusblut, Stimulation des N.vagus hat den gegenteiligen Effekt, der durch Blocker von Nikotinrezeptoren aufgehoben werden kann (Antonica et al., 1994). In der Milz wird die Zahl der Granulozyten und der Lymphozyten, nicht aber der Erythrozyten im effluenten Milzblut durch Stimulation muskarinartiger Rezeptoren erhöht (Sandberg, 1994).

Viele in-vitro-Studien zeigen Effekte von cholinergen Agonisten oder Antagonisten auf Funktionen des Immunsystems. Rinner et al. (1994a, 1994b) zeigten, daß die Lymphozytendifferenzierung und die Apoptose von Thymozyten durch Stimulierung von nikotinartigen cholinergen Rezeptoren auf Thymusepithelzellen beeinflusst wird. Die Stimulation von muskarinartigen Rezeptoren mit Azetylcholin oder Carbamylcholin beeinflußt die T-Zellreifung im Thymus (Teshima et al., 1991), erhöht die Zytotoxizität von Rattenlymphozyten (Strom et al., 1972, 1974, 1981) und vermehrt die Zellteilungsrate in humanen und Rattenthymuszellen (Arzt et al., 1989; Morgan et al., 1984), während Pilocarpin die DNA-Synthese hemmt (Arzt et al., 1989). Oxotremorine steigert die Membranfluidität in humanen (Masturzo et al., 1985) und Rattenlymphozyten (Tang et al., 1993). Ebenso werden Auswirkungen auf Lymphozytenadhäsion (Kharkevich, 1987), Prostanoidsynthese (Genaro, 1993) und Zahl der plaque forming cells nach Immunisierung mit Rattenerythrozyten (Rinner et al., 1991) beschrieben. Eine systemische Erhöhung des cholinergen Tonus über mehrere Tage führt zu einer Steigerung der Con A-induzierten Proliferation von Rattenthymozyten, während eine Blockade der muskarinartigen Rezeptoren eine Hemmung der Mitogenstimulation von Milzzellen bewirkt (Rinner et al., 1991).

Auch zentrale cholinerge Strukturen sind am Dialog mit dem Immunsystem beteiligt. Läsionen des Nucleus septalis medialis verursachen eine Abnahme der T-Zell-Proliferationssteigerung durch Mitogene, während die B-Zellen nicht beeinflußt werden (Labeur et al., 1991). Veränderungen der Azetylcholinkonzentration im G.hippocampus durch Interleukin-1 (Rada et al., 1991) und eine Zunahme der muskarinen Rezeptoraffinität in diesem Teil des limbischen Systems drei Tage nach i.p. nach Immunisierung mit Schafserythrozyten (Rinner et al., 1991) weisen auf eine Beteiligung dieses Hirnareales bei der zentralen Verarbeitung von Imminformationen hin. Ein weiterer Hinweis auf eine Beteiligung des cholinergen Systems beim neuroendokrin-immunologischen Dialog ist die Beobachtung, daß durch chronische Physostigminapplikation die vier Tage nach einer Immunisierung stattfindende Steigerung des Plasmacorticosteronspiegels verhindert werden kann (Abb. 1; Rinner et al., 1991; Schauenstein et al., 1992). Es ist bekannt, das Störungen in diesem immuno-neuroendokri-

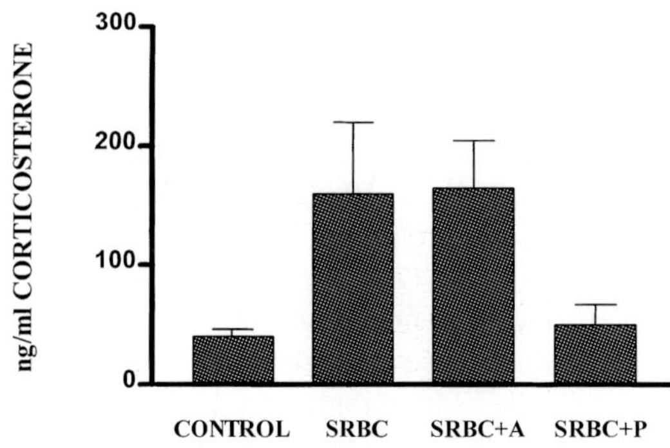

Abbildung 1: Wirkung chronischer cholinerger Stimulation auf die Erhöhung des Kortikosteron-Plasmaspiegels von Ratten als Folge einer Immunisierung mit Schafserytrozyten (SRBC). Control: i.p. Injektion von 0,9% NaCl; SRBC: Immunisierung mit 10E9 SRBC i.p.; SRBC+A: i.p. Injektion von 3 mg/kg Atropin am Tage der Immunisierung; SRBC+P: Injektion von 0,3 mg/kg Physostigmin am Tag der Immunisierung. Die Tiere wurden vier Tage nach der Immunisierung getötet und die Kortikosteronspiegel radioimmunologisch bestimmt.

nen Regelkreislauf die Wahrscheinlichkeit des Ausbruchs von Autoimmunerkrankungen bei bestimmten Tierstämmen erhöhen (siehe Scarborough, 1990).

Azetylcholin aus nicht-neuronalen Strukturen

Da nur im Thymus eine cholinerge Innervation nachgewiesen ist und diese hauptsächlich in Kontakt mit Blutgefäßen steht, erhebt sich die Frage, aus welcher Quelle der Bindungspartner für die cholinergen Rezeptoren an den Thymo- und Lymphozyten stammen. Diaz et al. (1985) finden in Kalbsthymus einen Faktor, der die Bindung von Muskarinantagonisten von Synaptosomen inhibiert. Maslinski et al. (1988) beschreiben die Freisetzung eines Proteinfaktors (<10000 Dalton) aus Thymuszellen, der Muskarinantagonisten nicht-kompetetiv von Rezeptoren auf Thymuszellen verdrängt. Tria et al. (1992) und Bulloch et al. (1994) berichten über den Nachweis von ChAT in Homogenaten von Thymus und Milz, die Enzymaktivität wird allerdings neuronalen Strukturen zugeordnet. In Homogenaten von Thymozyten und Lymphozyten sowie in humanen und murinen lymphozytären Zellinien wurde das Azetylcholin-produzierende Enzym ebenfalls nachgewiesen (Rinner et al., 1993). Extraneuronale Produktion von Azetylcholin durch Endothelzellen und nicht näher charakterisierte Blutzellen wird von Kawashima et al. (1987, 1989, 1991), Ikeda et al. (1994) und Axelsson (1991) berichtet. Mittels HPLC, enzymatischer Derivatisierung und elektrochemischer Detektion konnten wir (Rinner et al., in Vorbereitung) Azetylcholin in humanen lymphoiden Zellinien nachweisen.

Auf Thymuszellen (Topilko und Caillou, 1985) und peripheren Lymphozyten wurde Azetylcholinesterase nachgewiesen, die Expression dieses Enzyms ist vom Aktivitätszustand der Lymphozyten abhängig (Paldi-Haris et al., 1990). Immunzellen können also Azetylcholin produzieren, sie weisen Azetylcholinrezeptoren auf, die Bindungssignale in Änderungen des Zellfunktionszustandes übersetzen und können Azetylcholin abbauen, stellen also möglicherweise ein selbstständiges cholinerges System dar (Abb. 2). Weiterführende Studien müssen den Platz dieses «mobile brain» im Kontext der Immunregulation und möglicherweise auch anderer Systeme wie Blutgefäßtonus, Endothel- und Thrombozytenfunktionen untersuchen.

Zusammenfassung

Wenn auch die Innervation von immunologischen Kompartimenten durch cholinerge Nerven nicht unumstritten ist, weisen cholinerge Rezeptoren an Lymphozyten, der Nachweis des Azetylcholin-abbauenden Enzyms Azetylcholinesterase sowie des Acetylcholin-synthetisierenden Enzyms Cholinazetyltransferase an Lymphozyten auf eine enge Verknüpfung des Immunsystems mit dem cholinergen System hin. Obwohl die Bedeutung des cholinergen Systems für Entwicklung und die Homöostase des Immunsystems in vielerlei Hinsicht noch der Klärung bedarf, zeigen viele Befunde, wie

Abbildung 2: Das cholinerge System von Lymphozyten. m-R: muskarinartiger Azetylcholinrezeptor; n-R: nikotinartiger Azetylcholinrezeptor; ACh: Azetylcholin; AChE: Azetylcholinesterase; CHAT: Cholin-Azetyltransferase.

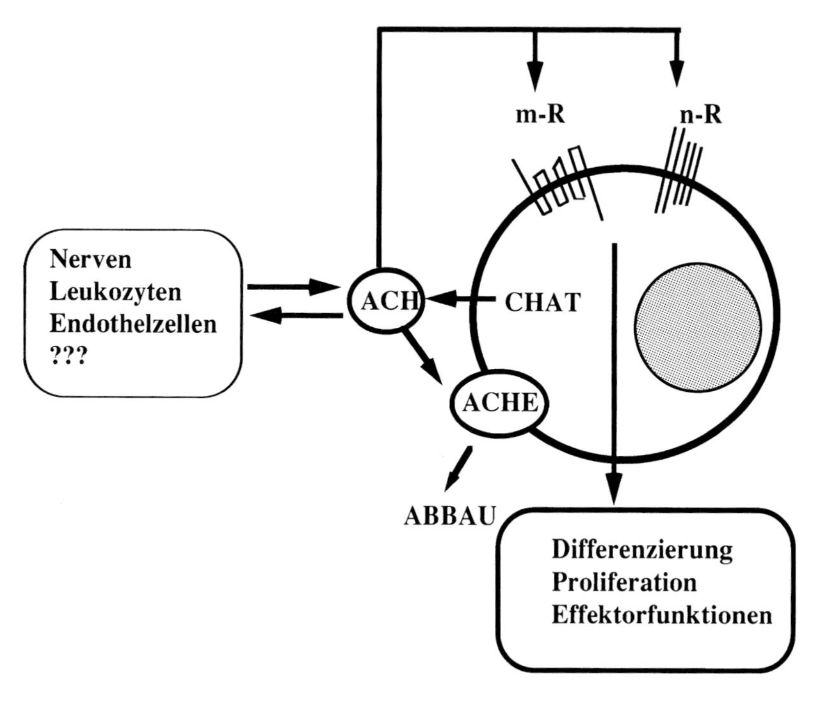

die Veränderung von cholinergen Rezeptoreigenschaften im Zusammenhang mit bestimmten Erkrankungen oder die Modulation von Immunfunktionen durch cholinerge Agentien in vivo und in vitro, daß cholinerge Mechanismen an der Immunregulation beteiligt sind. Die Veränderungen von muskarinartigen cholinergen Rezeptoren im Gyrus hippocampus und die Modulation des immuno-neuroendokrinen Regelkreises durch Physostigmin zeigen, daß auch zentrale cholinerge Strukturen in die Verarbeitung von Immuninformationen eingebunden sind. Eine Reihe von Erkrankungen, die mit Veränderungen des Azetylcholinstoffwechsel im Zentralnervensystem einhergehen (Schizophrenie, Alzheimer'sche Erkrankung), sind auch mit Störungen der Immunfunktion verbunden. Die Klärung der Frage, ob eine «cholinerge Theorie» die psychiatrischen und immunologischen Manifestationen der Erkrankungen klären kann, steht noch aus.

Die bisherigen Erkenntnisse zeigen, daß das cholinerge System, das auch Strukturen des Immunsystems einschließt, an den Wechselwirkungen zwischen dem Neuroendokrinium und dem Immunsystem in vielfältiger Weise eng beteiligt ist.

Literatur

Adem A, Nordberg A, Bucht G, Winblad B: Extraneuronal cholinergic markers in Alzheimer's and Parkinsons's disease. Prog. Neuropsychopharmacol. Biol. Psychiatry. 1986; 10:247–257.

Adem A, Nordberg A, Slanina P: A muscarinic receptor type in human lymphocytes: a comparison of 3H-QNB binding to intact lymphocytes and lysed lymphocyte membranes. Life Sci. 1986; 38:1359–1368.

Ado AD, Goldshtein MM, Kravenchenko SA, Forminova TI: M-cholinergic receptors in mice B-lymphocytes in the process of immune response. Allergol. Immunopathol. 1986; 14:237–239.

Alito AE, Romeo HE, Baler R, Chuluyan HE, Braun M, Cardinali DP: Autonomic nervous system regulation of murine immune responses as assessed by local surgical sympathetic and parasympathetic denervation. A. Physiol. Pharmacol. Latinoam. 1987; 37:305–319.

Anlar B, Karaszewski JW, Reder AT, Arnason BG: Increased muscarinic cholinergic receptor density on $CD4^{+}$ lymphocytres in progressive multiple sclerosis. J. Neuroimmunol. 1992; 36:171–177.

Antonica A, Magni F, Mearini L, Paolocci N: Vagal control of lymphocyte release from rat thymus. J. Auton. Nerv. Syst. 1994; 48:187–197.

Artz ES, Fernandez-Castello S, Diaz A, Finkielman S, Nahmod VE: The muscarinic agonist pilocarpine inhibits DNA and interferon-gamma synthesis in peripheral blood mononuclear cells. Int. J. Imunopharmacol. 1989; 11:275–281.

Atweh SF, Grayhack JJ, Richman DP: A cholinergic receptor site on murine lymphocytes with novel binding characteristics. Life Sci. 1983; 35:2459–2469.

Axelsson S: Origin and significance of acetylcholine and choline in plasma and serum from normal and paretic oxes. Zentralbl. Vetrerinärmed. A. 1991; 38: 737–748.

Bellinger DL, Felten SY, Felten DL: The origin of acetylcholinesterase positive nerve fibers in the spleen of adult rats. Society for Neurosci. 1988; 14:946.

Bellinger DL, Lorton D, Hamill RW, Felten SY, Felten DL: Acetylcholinesterase staining and choline acetyltransferase activity in the young adult rat spleen: lack of evidence for cholinergic innervation. Brain Behav. Immun. 1993; 7:191–204.

Bering B, Moises HW, Muller WE: Muscarinic cholinergic receptors on intact human lymphocytes: properties and subclass characterization. Biol. Psych. 1987; 22:1451–1458.

Bidart JM, Moigenon P, Bohuon C: Muscarinic cholinergic receptors on circulating human lymphocytes: evidence for a particulate binding site. Res. Comm. Chem. Path. Pharm. 1989; 39:169–172.

Bulloch K, Cullen MR, Schwartz RH, Longo DL: Development of innervation within syngeneic thymus tissue transplanted under the kidney capsule of the nude mouse: A light and ultrastructural microscope study. J. Neurosci. Res. 1987; 18:16–27.

Bulloch K, Damavandy T, Padamchian M: Characterization of choline O-acetyltransferase (ChAT) in the BALB/C mouse spleen. Int. J. Neurosci 1994; 76:141–149.

Bulloch K, Moore RY: Innervation of the thymus gland by brain stem and spinal cord in mouse and rat. Am. J. Anatomy 1981; 162:157–166.

Bulloch K: A comparative study of the autonomic nervous system innervation of the thymus in the mouse and chicken. Int. J. Neurosci. 1988; 40:129–140.

Costa P, Castoldi AF, Traver DJ, Costa LG: Lack of m2 muscarinic acetylcholine receptor mRNA in rat lymphocytes. J. Neuroimmunol. 1994(a); 49:115–124.

Costa P, Traver DJ, Auger CB, Costa LG: Expression of cholinergic muscarinic receptor subtypes mRNA in rat blood mononuclear cells. Immunopharmacology 1994(b); 28:113–123.

De Pace DM: Electrostimulation and morphologic study of the nerves to the bone marrow of the albino rat. Acta Anatomica 1975; 93:1–18.

Diaz-Arrestia R, Ashizawa T, Appel SH: Endogenous inhibitor of ligand binding to muscarinic acetylcholine receptor. J. Neurochem. 1985; 44:662–668.

Eva C, Ferrero P, Rocca P, Funaro A, Bergamasco B, Ravizza L, Genazzi E: [3H]N-methylscopolamine binding to muscarinic receptors in human peripheral blood lymphocytes: characterization, localization on T-lymphocyte subsets and age-dependent changes. Neuropharmacology 1989; 28:719–726.

Fatani JA, Quayyum MA, Metha L, Singh U: Parasympathetic innervation of the thymus: a histochemical and immunohistochemical study. J. Anat. 1986; 147:115–119.

Ferrero P, Rocca P, Eva C, Benna P, Rebaudengo N, Ravizza L, Genazzani E, Bergamasco B: An analysis of lymphocyte 3H-N-methyl-scopolamine binding in neurological patients. Evidence of altered binding in Alzheimer's disease. Brain 1991; 114:1759–1770.

Genaro AM, Cremaschi GA, Borda ES: Muscarinic cholinergic receptors on murine subpopulations. Selective interactions with second messenger response system upon pharmacological stimulation. Immunopharmacology 1993; 26:21–29.

Genaro AM, Sterin-Borda L, Gorelik G, Borda E: Prostanoids synthesis in lymphocyte subpopulations by adrenergic and cholinergic receptor stimulation. Int. J. Immunopharmacol. 1992; 14:1145–1151.

Gordon MA, Cohen JJ, Wilson IB: Muscarinic cholinergic receptors in murine lymphocytes: demonstration by direct binding. Proc. Natl. Acad. Sci. U.S.A. 1978; 75:2902–2904.

Grabczewska E, Maslinsi W, Ryzewsi J: Muscarinic receptors of rat lymphocytes-differences in young and old animals. Acta. Phys. Pol. 1985; 36:277–281.

Hadden JW, Johnsen EM, Coffey RG, Johnson LD: Cyclic GMP and lymphocyte activation. In: Rosenthal A (Hrsg.) Proceedings of the ninth leucocyte culture conference. New York, Academic Press, 1975.

Haddock AM, Patel K, Alston WC, Kerr JW: Response of lymphocyte guanylcyclase to propranolol, noradrenaline, thymoxamine, and acetylcholine in extrinsic bronchial asthma. Br. Med. J. 1975; 2:357–359.

Ikeda C, Morita I, Mori A, Fujimoto K, Suzuki T, Kawashima K, Sei-itsu M: Phorbol ester stimulates acetylcholine synthesis in cultured endothelial cells isolated from porcine cerebral microvessels. Brain Res. 1994; 655:147–152.

Illiano G, Tell GPE, Siegel MI, Cuatrecasas P: Guanosine 3',5' cyclic monophosphate and the actions of insulin and acetylcholine. Proc Natl. Acad. Sci. 1973; 70:2443–2447.

Kaneda T, Kitamura Y, Nomura Y: Presence of m3 subtype muscarinic acetylcholine receptors an receptor mediated increases in the cytoplasmatic concentration of Ca^{++} in Jurkat, a a human leukemic helper T lymphocyte line. Mol. Pharmacol. 1993; 43:356–364.

Karkevich DD: Effect of cholinergic stimulation on spontaneous lymphocyte adhesion in vitro. Biull. Eksp. Biol. Med. 1987; 104:69–71.

Kawashima K, Oohata H, Fujimoto K, Suzuki T: Extraneuronal localization of acetylcholine and its release upon nicotinic stimulation in rabbits. Neurosci. Lett. 1989; 104:336–339.

Kawashima K, Oohata H, Fujimoto K, Suzuki T: Plasma concentration of acetylcholine in young woman. Neurosci. Lett. 1987; 80:339–342.

Kendall MD, al-Shawaf AA: Innervation of the rat thymus gland. Brain. Behav. Immun. 1991; 5:9–28.

Kudoh G, Hoshi K, Murakami T: Fluorescence microscopic and enzyme histochemical studies of the innervation of the human spleen. Arch. Hist. Japon. 1979; 42:169–180.

Labeur M, Nahmod VE, Finkielman S, Arzt E: Lesions of the medial septal nucleus produce a long-lasting inhibition of T lymphocyte proliferation. Neurosci. Lett. 1991; 125:129–132.

Laskowa-Bozek H, Bany U, Stokarska G, Rysewski J: Accumulation of inositol phosphates in human lymphocytes after cholinergic stimulation. Acta Biochem. Pol. 1993; 40:197–209.

Laskowa-Bozek H, Grabczewska E, Maslinski W, Ryszewski J, Filipowicz-Sonowska A, Sadowska-Wroblewska M: Expression of muscarinic cholinergic receptors on lymphocytes during rheumatoid arthitis. Int. J. Tissue. React. 1986; 8:475–483.

Leaders FE, Dayrit C: The cholinergic component in the sympathetic innervation to the spleen. J. Pharm. Exp. Ther. 1965; 147:145–152.

Maslinki W, Ryzewski J, Bartfai T: Rat thymocytes release a factor which inhibits muscarinic ligand binding. J. Neuroimmunol. 1988; 17:275–285.

Maslinski,W, Grabczewska E, Rysewski J: Acetylcholine receptors of rat lymphocytes. Biochim. Biophys. A. 1980; 633:269–273.

Maslinski W, Grabczewska E, Laskowa-Bozek H, Ryzewski J: Expression of muscarinic cholinergic receptors during T cell maturation in the thymus. Eur. J. Immunol. 1987; 17:1059–1063.

Maslinski W, Kullberg M, Nordstrom O, Barfati T: Muscarinic receptores and receptor-mediated actions on rat thymocytes. J. Neuroimmunol. 1988; 17:265–274.

Maslinski W, Laskowa-Bozek H, Ryzewski J: Nicotinic receptors of rat lymphocytes during adjuvant polyarthritis. J. Neurosci. Res. 1992; 31:336–340.

Masturzo P, Salmona M, Nordstrom O, Consolo S, Ladinsky H: Intact human lymphocyte membranes respond to muscarinic receptor stimulation by oxotremorine with marked changes in microviscosity and an increase in cyclic GMP. FEBS Letters 1985; 192:194–198.

Meurs H, Timmermans A, de-Monchy JG, Zaagsma J, Kauffman HF: Lack of coupling of muscarinic receptors to phosphoinosotide metabolism and adenylcyclase in human lymphocytes and polymorphonuclear leukocytes: studies in healthy subjects and allergic asthmatic patients. Int. Arch. Allergy Immunol. 1993; 100:19–27.

Micic M, Leposavic G, Ugresic N, Bogojevic M, Isakovic K: Parasympathetic innervation of the rat thymus during the first life period: histochemical and biochemical study. Thymus 1992; 19:173–182.

Micic M, Leposavic G, Ugresic N: Relationship between monoaminergic and cholinergic innervation in the rat thymus during aging. J. Neuroimmunol. 1991; 49: 205–212.

Miller ML, McCuskey RS: Innervation of bone marrow in the rabbit. Scand. J. Haematol. 1973; 10:17–23.

Morgan JI, Wigham CG, Perrist AD: The promotion of mitosis in cultured thymic lymphocytes by acetylcholine and catecholamines. J. Pharm. Pharmacol. 1984; 36:511–515.

Novotny GEK, Sommerfeld H, Zirbes T: Thymic innervation in the rat: A light and electron microscopical study. J. Comp. Neurol. 1990; 302:552–561.

Paldi-Haris P, Szelenyi JG, Nguyen TH. Hollan SR: Changes in the expression of the cholinergic structures of human T lymphocytes due to maturation and stimulation. Thymus 1990; 16:119–122.

Rabey JM, Grynberg E, Graff B: Changes of muscarinic cholinergic binding by lymphocytes in Parkinson's disease in patients with and without dementia. Ann. Neurol. 1991; 30:847–850.

Rabey JM, Lewis A, Graff E, Korczyn A: Decreased (3H) quinuciclidy Benzilate binding to lymphocytes in Gilles de la Tourette syndrome. Biol. Psychiatry 1992; 31:889–895.

Rabey JM, Shenkman L, Gilad GM: Cholinergic muscarinic binding by human lymphocytes: changes with aging, antagonist treatment and senile dementia of the Alzheimer type. Ann. Neurol. 1986; 20:628–631.

Rada P, Mark GP, Vitek MP, Mangano RM, Blume AJ, Beer B, Hoebel BG: Interleukin-1 beta decreases acetylcholine measured by microdialysis in the hippocampus of freely moving rats. Brain. Res. 1991; 550:287–290.

Reilly FD, McCuskey PA, Miller ML, McCuskey RS, Meinke HA: Innervation of the periarteriolar lymphatic sheath of the spleen. Tissue & Cell 1979; 11:121–126.

Richman DP, Arnason GW: Nicotinic acetylcholine receptor: evidence for a functionally distinkt receptor on human lymphocytes. Proc. Natl. Acad. Sci. U.S.A. 1979; 76:46325.

Rinner I, Porta S, Schauenstein S: Characterization of 3H-N-methylscopolamine binding to intact rat thymocytes. Endocrinol. Exp. 1990; 24:125–132.

Rinner I, Schauenstein K: The parasympathetic nervous system takes part in the immuno-neuroendocrine dialogue. J. Neuroimmunol. 1991; 34:165–172.

Rinner I, Schauenstein K: Detection of choline-acetyltransferase activity in lymphocytes. J. Neurosci. Res. 1993; M35:188–191.

Rinner I, Kukulansky T, Felsner P, Skreiner E, Globerson A, Kasai M, Hirokawa K, Korsatko,W, Schauenstein K: Cholinergic stimulation modulates apoptosis and differentiation of murine thymocytes via a nicotinic effect on thymic epithelium. Biochem. Biophys. Res. Comm. 1994(a); 203:1057–1062.

Rinner I, Felsner P, Falus A, Skreiner E, Kukulansky T, Globerson A, Hirokawa K, Schauenstein K: Cholinergic signals to and from the immune system. Immunol. Lett. 1994(b); 44:217–220.

Sandberg G: Leukocyte mobilization from the guinea pig spleen by cholinergic stimulation. Experientia. 1994; 50:40–43.

Scarborough DE: Cytokine modulation of pituitary hormone secretion. Ann. N. Y. Acad. Sci. 1990; 594:169–187.

Schauenstein K, Rinner I, Felsner P, Mangge H: Bidirectional interaction between immune and neuroendocrine systems. An experimental approach. Pädiatrie und Pädologie 1992; 27:81–85.

Shenkman L, Rabey JM, Gilad GM: Cholinergic muscarinic binding to rat lymphocytes: effects of antagonist treatment, strain and aging. Brain Res. 1986; 380:303–308.

Singh U, Fatani JA, Mohajir AM: Ontogeny of cholinergic innervation of thymus in mouse. Developmental and comparative immunology 1987; 11:627–635.

Singh U, Fatani J: Thymic lymphopoesis and cholinergic innervation. Thymus 1988; 11:3–13.

Stephens-Newsham LG, Hebb C, Mann SP, Banns H: Choline acetyltransferase in the equine spleen. Gen. Pharmacol. 1979; 10:385–388.

Strom TB, Deisseroth A, Morganroth J, Carpenter CB, Merrill JP: Alteration of the cytotoxic action of sensitized lymphocytes by cholinergic agents and activators of the adenylate cyclase. Proc. Natl. Acad. Sci.1972; 69:2995–2999.

Strom TB, Lane MA, George K: The parallel, time-dependent, bimodal change in lymphocyte cholinergic binding activity and cholinergic influence upon lymphocyte-mediated cytotoxicity after lymphocyte activation. J. Immunol. 1981; 127:705–710.

Strom TB, Sytkowski AJ, Carpenter CB, Merrill JB: Cholinergic aumentation of lymphocyte-mediated cytotoxicity. A study of the cholinergic receptor of cytotoxic T lymphocytes. Proc. Natl. Acad. Sci. 1974; 71:1330–1333.

Szelenyi JG, Paldi-Haris P, Paloczi K, Pocsik E, Horusko A, Klein M, Szobor A, Hollan S: Altered function and nicotin'c acetylcholine receptor (nAChR) of lymphocytes in myasthenia gravis. Int. J. Immunopathol. Pharmacol. 1990; 3:19–27.

Tang C, Castoldi AF, Costa LG: Effects of the muscarinic agonist oxotremorine on membrane fluidity in rat lymphocytes. Biochem. Mol. Biol. Int. 1993; 29:1047–1054.

Teshima H, Sogawa H, Kihara H, Nakagawa T: Changes in T-cell subpopulations induced by autonomic neurotransmitters and hormone. Fukuoka-Igaku-Zasshi. 1991; 82:428–436.

Topilko A, Caillou B: Acetylcholinesterase in human thymus cells. Blood 1985; 66:891–895.

Tria MA, Vantini G, Fiori MG, Rossi A: Choline acetyltransferase activity in murine thymus. J. Neurosci. Res. 1992; 31:380–386.

Zalcman SJ, Neckers LM, Kaayalp O, Wyatt RJ: Muscarinic cholinergic binding sites on human lymphocytes. Life Sci. 1981; 29:69–73.

Katecholamine und Immunfunktionen

Manfred Schedlowski, Robert J. Benschop, Mario Rodriguez-Feuerhahn, Reiner Oberbeck, Waldemar Hosch, Roland Jacobs und Reinhold E. Schmidt

In der Psychoneuroimmunologie bilden die Studien über die Auswirkungen von Streß auf immunologische Funktionen bei Mensch und Tier eine Forschungsstrategie zur Analyse der komplexen Wechselwirkungen zwischen Nerven-, Hormon- und Immunsystem. Dabei hat sich die Vorstellung durchgesetzt, daß der zentralnervösen Verarbeitung des Streßsignals eine hormonvermittelte Modulation des Immunsystem folgt (Reichlin, 1993; Ottaway und Husband, 1994; Madden und Felten, 1995). Während sich die Ereigniskaskade «Streß-Hormone-Immunsystem» bei den Auswirkungen von chronischen Belastungen nur sehr schwierig untersuchen läßt, belegen Studien über die Effekte von akuten psychischen und körperlichen Belastungen, daß vornehmlich die Katecholamine Adrenalin und Noradrenalin für die Veränderungen zellulärer Immunfunktionen nach Streßexposition verantwortlich sind. Diese Beobachtungen werden durch Befunde gestützt, die im Human- und Tierexperiment ausgeprägte Veränderungen in zellulären Immunfunktionen nach der Applikation von Katecholaminen zeigen.

Katecholaminfreisetzung und Wirkung

Katecholamine sind biogene Amine, die sich von der Aminosäure Tyrosin ableiten. Durch verschiedene Syntheseschritte entstehen die drei Vertreter der Katecholaminfamilie Dopamin, Noradrenalin und Adrenalin. Diese drei Substanzen üben im Organismus weitreichende Funktionen als Hormone und Neurotransmitter aus.

Ungefähr 80 % der im Plasma meßbaren Adrenalinmenge entstammt chromaffinen Zellen des Nebennierenmarks, die über präsynaptische, cholinerge sympathische Nervenfasern zur Freisetzung von Adrenalin angeregt werden. Die restlichen 20 % des Adrenalins werden durch andere Gewebe wie beispielsweise postganglionäre periphere Nervenendigungen freigesetzt. Im Gegensatz zum Adrenalin entstammt der größte Teil des im Plasma meßbaren Noradrenalins nicht dem Nebennierenmark, sondern postganglionären, peripheren sympathischen Nervenfasern, die das Noradrenalin in terminalen Axonauftreibungen speichern. Im Rahmen einer Aktivierung des sympathischen Nervensystems kommt es zur Freisetzung von Noradrenalin aus diesen Nervenendigungen in den synaptischen Spalt. Anschließend wird zwar der größte Teil des freigesetzten Noradrenalins wieder in das Neuron aufgenommen, jedoch treten etwa 20 % des freigesetzten Noradrenalins aus dem synaptischen Spalt in die Blutbahn über, da zwischen den beiden Kompartimenten freie Austauschbarkeit besteht. Dieses «Überfließen» des Noradrenalins aus dem synaptischen Spalt in die Zirkulation findet in den verschiedenen Organsystemen unterschiedlich stark statt und ist von der Masse des Organs, der Dichte der sympathischen Innervation und der Aktivität der Nervenzellen abhängig (Axelrod und Weinshilboum, 1972; Axelrod und Reisine, 1984; Elser et al., 1984; Herd, 1991).

Die Wirkung der Katecholamine wird über spezifische Oberflächenrezeptoren auf den Zielzellen vermittelt. Diese sogenannten Adrenozeptoren werden aufgrund ihrer Affinität zu unterschiedlichen Agonisten und Antagonisten in α_1-, α_2-, β_1- und β_2-Adrenozeptoren unterteilt. Noradrenalin wirkt auf α- und β_1-Adrenozeptoren stark aktivierend und übt auf β_2-Rezeptoren nur eine geringe Wirkung aus. Adrenalin zeigt auf beide β-Rezeptorsubtypen eine ausgeprägt aktivierende Wirkung. Zu den α-Adrenozeptoren hat es grundsätzlich eine geringere Affinität, führt jedoch in höheren Konzentrationen zu einer Aktivierung von α_1- und α_2-Rezeptoren (Lands et al., 1967; Motulsky und Insel, 1982).

Vereinfacht geht man davon aus, daß die α_1- und β_1-Rezeptoren auf der postsynaptischen Membran der Zielzellen lokalisiert sind. α_2- und β_2-Adrenozeptoren sind dagegen auf der prä- und postsynaptischen Membran der sympathischen Neurone zu finden. Die postsynaptischen Rezeptoren vermitteln die Effekte auf die Zielgewebe. Bei den α-Rezeptoren führt eine Aktivierung der α_1-Adrenozeptoren vor allem zur Kontraktion der glatten Muskulatur der Gefäße und anderer Gewebe. Darüber hinaus beeinflussen aktivierte α_1- und α_2-Rezeptoren noch eine Vielzahl anderer physiologischer Prozesse. Eine Aktivierung des postsynaptischen β_2-Adrenozeptors bewirkt neben der Aktivierung verschiedener metabolischer Prozesse eine Relaxation der glatten Muskelzellen im Gefäßsystem. β_1-Adrenozeptoren haben ihren Hauptwirkort am Herzen, wo sie eine Steigerung der Frequenz, Überleitungsgeschwindigkeit und Kontraktilität bewirken (Palm et al., 1987).

Eine Aktivierung des sympathischen Nervensystems durch körperliche oder psychische Belastungen führt zu ausgeprägten Veränderungen des sympathiko-adrenalen Systems, mit einer vermehrten Freisetzung an Adrenalin und Noradrenalin. Obwohl das Ausschüttungsmuster von Adrenalin und Noradrenalin von der Art und Intensität der Belastungssituation abhängt, geht man heute davon aus, daß unter körperlicher Belastung vornehmlich Noradrenalin sezerniert wird, während psychischer Streß insbesondere mit einer vermehrten Adrenalinfreisetzung assoziiert ist (Dimsdale und Moss, 1980; Tvede et al., 1989; Herd, 1991; Schedlowski, 1994).

Hämodynamisch bewirken physische und psychische Stressoren grundsätzlich gleichartige Veränderungen der Herz-Kreislaufparameter mit einer Erhöhung des systolischen und diastolischen Blutdrucks. Diese Anstiege werden durch eine Steigerung des Herzzeitvolumens und einen veränderten peripheren Gefäßwiderstand verursacht. Eine andere Hämodynamik zeigt sich jedoch, wenn Adrenalin oder Noradrenalin exogen injiziert oder infundiert werden. Hier führt die Applikation von Adrenalin in physiologischer Dosierung zu einem Anstieg des Herzzeitvolumens und des diastolischen Blutdrucks. Durch Aktivierung von β_2-Adrenozeptoren im arteriolen Gefäßbett bewirkt Adrenalin in niedrigen Konzentrationen ein Absinken des diastolischen Blutdrucks. Wird die Konzentration des infundierten Adrenalins jedoch erhöht, so bindet dies verstärkt an konstriktorisch wirkende α-Rezeptoren, was eine die vorherige Vasodilatation sehr bald überkompensierende Vasokonstruktion mit Anstieg des diastolischen Blutdrucks zur Folge hat. Noradrenalin in physiologischen Dosen bewirkt über eine α-Rezeptor-vermittelte Vasokonstriktion einen Anstieg des systolischen und diastolischen Blutdrucks. Die Erhöhung des Mitteldrucks führt zu einer Erregung der Barorezeptoren, was eine reflektorische Bradykardie (Absinken der Herzfrequenz) auslöst. Die durch eine Katecholamininfusion verursachten hämodynamischen Prozesse können durch gezielte pharmakologische Blockaden bestimmter Adrenorezeptorgruppen manipuliert werden. Die hämodynamischen Konsequenzen dieser Blockade lassen sich aus dem Wirkungsspektrum der nicht blockierten Rezeptoren ableiten (Palm et al., 1987).

Frühe Beobachtungen zur Adrenalinwirkung auf das Blutbild

Das Nebennierenmarkhormon Adrenalin war das erste Hormon, das aus Drüsenmaterial isoliert, chemisch identifiziert und wenig später synthetisch hergestellt wurde. Damit hatte man gleichzeitig die Produktion chemischer Botenstoffe zur Regulation und Koordination von Körperfunktionen nachgewiesen. Die Nebennieren als Hauptproduktionsort des Adrenalins wurden aufgrund ihrer Unscheinbarkeit relativ spät entdeckt und erstmals 1563 vom römischen Anatom Bartolomeo Eustachi (1520–1574) beschrieben. Erste Untersuchungen mit intravenöser Applikation von Nebennierenextrakten beobachteten kurzfristige, ausgeprägte Blutdruckanstiege. Ausgehend von diesen Befunden entwickelte Otto von Fürth 1898 ein Verfahren zur Herstellung des blutdruckwirksamen Stoffes aus tierischen Nebennieren und nannte sein chemisch noch nicht einheitliches Produkt «Suprarenin». J. Takamine und T.B. Aldrich gelang es drei Jahre später fast gleichzeitig, den blutdrucksteigernden Wirkstoff in reiner, kristalliner Form zu gewinnen, wobei Takamine den Namen Adrenalin prägte und Aldrich die korrekte Summenformel ($C_9H_{13}NO_3$) zu verdanken ist. Während der ersten Untersuchungen über die biologische Wirksamkeit des Adrenalins identifizierte Johannes Biberfeld 1907 eine Substanz, die bei der Synthese des Adrenalins entstanden war und die er als Arterenin bezeichnete. Bei dieser Substanz, die 1908 als «Arterenol» in den Handel kam, handelte es sich um Noradrenalin, das hier kurioserweise rund 40 Jahre vor seiner Entdeckung im Organismus bzw. Isolierung aus dem Nebennierenmark bereits synthetisch hergestellt und therapeutisch genutzt wurde. Da Arterenol jedoch im Vergleich zum Adrenalin nur schwächer wirkte, konnte es nicht konkurrieren, und seine Produktion wurde 1910 wieder eingestellt.

Schon unmittelbar nach der synthetischen Herstellung des Adrenalins testeten unterschiedliche Arbeitsgruppen die Auswirkungen dieses Katecholamins auf Zellen des Immunsystems beim Menschen. Mangels ausgereifter labortechnischer Möglichkeiten beschränkten sich die immunologischen Analysen damals im Rahmen eines Differentialblutbildes auf das Auszählen weißer Blutzellen unter dem Mikroskop. So berichteten Loeper und Crouzon (1904) nach der subkutanen Injektion von 1 mg Adrenalin einen ausgeprägten Anstieg der Leukozyten- und Lymphozytenzahlen. In Tierexperimenten beobachtete Walter Frey eine «Zweiphasigkeit» in der Reaktion des weißen Blutbildes mit einem Anstieg der Lymphozytenzahlen bis etwa 30 Minuten nach der Adrenalingabe. Im Anschluß an diese erste Phase kam es zu einer «polymorphkernigen Hyperleukozytose» sowie zu einem Abfall der Lymphozytenzahlen. Da diese «Adrenalinlymphozytose» bei zwei splenektomierten Patienten gänzlich ausblieb, nahm Frey an, daß diese Zellen vornehmlich aus der Milz durch mechanische Auspressung rekrutiert werden (Frey, 1914). Die Arbeitsgruppe um Frey versuchte diese «Adrenalinreaktion» zur funktionellen Milzdiagnostik und zur Funktionsprobe des leukopoetischen Systems einzusetzen. Führte die Adrenalingabe zur Entwicklung einer Lymphozytose, schied die Milz als Erkrankungsherd des weißen Blutbildes aus und Lymphknoten oder andere lymphatische Strukturen mußten als Erkrankungsursache herangezogen werden. Blieb der Anstieg der Lymphozytenzahlen jedoch nach der Adrenalininjektion aus, mußte von einer Funktionsstörung der Milz ausgegangen werden (Frey, 1914; Frey und Lury, 1914; Frey und Hagemann, 1921; Frey und Tonietti, 1925).

Die Hypothese einer Rekrutierung der Lymphozyten aus der Milz nach Adrenalingabe wurde kontrovers diskutiert. Andere Arbeitsgruppen konnten bei splenektomierten Patienten ähnlich ausgeprägte adrenalinbedingte Leukozyten- und Lymphozytenanstiege im Vergleich zu gesunden Probanden beobachten (Hatigan, 1917, Patek und Daland, 1935, Behr, 1939a). In einer anderen Untersuchung zeigte sich bei Patienten vier bis neun Tage nach der

Splenektomie nur ein geringer Anstieg der Lymphozytenzahlen nach der subkutanen Gabe von 1–2 mg Adrenalin, dafür aber ein ausgeprägter Anstieg großer mononukleärer Zellen. Drei Wochen nach Splenektomie wurde bei den gleichen Patienten nach Adrenalinapplikation jedoch wieder eine «normale» Adrenalinantwort festgestellt (Schenk, 1920). Diese Befunde deuteten darauf hin, daß andere lymphatische Organe das Ausbleiben der Adrenalin-induzierten Lymphozytenmobilisierung unmittelbar nach operativer Entfernung der Milz kompensieren. Allerdings belegen andere Beobachtungen an Patienten ausgeprägte adrenalinbedingte Lymphozytenanstiege zwei Tage nach einer Milzexstirpation (Grimm, 1919; Hess, 1922).

Aufgrund dieser kontroversen Ergebnisse verwarfen viele Autoren die Hypothese, daß es sich bei der Adrenalinlymphozytose um ein rein mechanisches Phänomen handelt, bei dem Lymphozyten durch die Einwirkung von Adrenalin gleichsam aus der Milz in das periphere Blut ausgepreßt werden. Zur Erklärung der Adrenalinlymphozytose wurde sowohl eine direkte oder indirekte, über das vegetative Nervensystem vermittelte, Reizwirkung des Adrenalins auf die Blutbildungsstätten, als auch eine positive Chemotaxis postuliert (Billigheimer, 1921; Walterhöfer, 1933). Andere Autoren sahen die Ursache in einer Änderung der Strömungsverhältnisse in den Blutgefäßen (Patek und Daland, 1935) oder in einer adrenalinbedingten Veränderung der vaskulären Permeabilität, die so den Zellen des Immunsystems erleichtert, aus dem Gewebe in das periphere Blut und zurück zu gelangen (Petersen et al., 1923).

Behr (1939b) kam anhand von Untersuchungen an Patienten mit definierten hirnorganischen oder endokrinen Erkrankungen zu dem Schluß, daß Adrenalin über ein im Zwischenhirn zu lokalisierendes Regulationszentrum auf die Zellen des Immunsystems wirken muß und nicht direkt das leukopoetische System moduliert. In seinen Untersuchungen wurde 61 Patienten mit Zwischenhirnsymptomen Adrenalin injiziert. Der Anstieg der Leukozyten blieb bei solchen Krankheitsbildern (akute Enzephalitis lethargica, zerebrale Sklerose, degenerative Prozesse in der Stammhirnregion, Röntgenbestrahlung des Zwischenhirns) aus, bei denen der Schädigungsort und das vermutete «Leukozytenausschwemmungszentrum» topographisch genau oder ungefähr übereinstimmten. Ausgeprägte Leukozytenanstiege nach Adrenalingabe ließen sich jedoch bei zwischenhirnfern lokalisierten Krankheitsbildern wie Chorea major, zwischenhirnfernen Tumoren oder bei postenzephalitischem Zustand beobachten.

Diese frühen Studien sind von der «modernen» Psychoneuroimmunologie vergessen worden und genügen sicherlich auch nicht mehr den heutigen methodischen Anforderungen. Sie zeigen jedoch zum einen, daß funktionelle Zusammenhänge zwischen Nerven-, Hormon- und Immunsystem schon vor mehr als 70 Jahren nicht nur diskutiert, sondern auch schon experimentell erforscht wurden. Zum anderen bestätigen sie in eindrucksvoller Weise die schon klassische Empfehlung: «To learn new things, read old books (papers)».

Katecholamine und zelluläre Immunfunktionen

Mittlerweile belegen eine ganze Reihe von Untersuchungen, daß humane periphere Blutlymphozyten β-Adrenozeptoren exprimieren. Die wenigen Untersuchungen, die die β-Rezeptordichte auf den unterschiedlichen Lymphozytensubpopulationen analysiert haben, zeigen höhere Rezeptorzahlen auf B- und NK-Zellen im Vergleich zu $CD4^+$- und $CD8^+$-T-Zellen (Kahn et al., 1986; Van Tits et al., 1990, Maisel et al., 1990; Landmann, 1992; Mills und Dimsdale, 1993). Die Existenz von α-Adrenozeptoren auf peripheren Blutleukozyten konnte bisher in nur wenigen Bindungsstudien belegt werden (Titinchi und Clark, 1986; Spengler et al., 1990). Berichte über α-adrenerge Effekte auf immunologische Funktionen, die selektiv mit α-adrenergen Antagonisten blockiert werden konnten, deuten des weiteren darauf hin, daß α-Adrenozeptoren entweder nur von bestimmten Lymphozytensubpopulationen und/oder von Lymphozyten in Abhängigkeit ihres Aktivierungsgrades exprimiert werden (Borda et al., 1990; Felsner et al., 1992; Heilig et al., 1993, Felsner et al., 1995, Madden und Felten, 1995).

In Übereinstimmung mit der Identifikation von Adrenozeptoren auf Lymphozyten zeigen *in-vitro*-Untersuchungen Katecholamineffekte auf T- und B-Zellproliferation (Madden und Livnat, 1991) und auf die NK-Aktivität (Hellstrand et al., 1985; Hellstrand und Hermodsson, 1989). Adrenalin und Noradrenalin unterdrückten das Killing von virusinfizierten Zellen und Tumorzellen durch γ-IFN-aktivierte Makrophagen (Koff und Dunegan, 1985; Koff und Dunegan, 1986) und die NK-Aktivität wurde durch Noradrenalin inhibiert (Takamoto et al., 1991).

Katecholamineffekte in vivo

In-vivo-Daten im Humanbereich berichten in der Mehrzahl über Adrenalin-bedingte Anstiege der zellulären Immunfunktionen. Die subkutane Injektion oder kontinuierliche Infusion von Adrenalin führte bei gesunden Probanden zu ausgeprägten Anstiegen der Lymphozytenzahlen und zu einer Normalisierung zwei Stunden später (Steel et al., 1971; Eriksson und Hedfors, 1977). Ein ähnlicher vorübergehender adrenalinbedingter Anstieg wurde bei T- und B-Lymphozytensubpopulationen beobachtet (Yu und Clements, 1976). Eine weitere Differenzierung mit Hilfe monoklonaler Antikörper zeigte nach Adrenalinapplikation verringerte $CD4^+$-Zellzahlen, während sich die NK-Zellen 30 Minuten nach der Adrenalinadministration nahezu verdoppelten. Parallel zu den Veränderungen der Zellzahlen zeigte sich eine verringerte Mitogen-induzierte Proliferationsrate nach der Adrenalingabe (Crary et al., 1983a und 1983b). Im Gegensatz zu den verminderten T-Zellfunktionen führte eine Adrenalingabe jedoch zu kurzfristigen, signifikanten Anstiegen der NK-Aktivität (Tønnesen et al., 1984 und 1987; Kappel et al., 1991). Auch nach der Infusion von Isoproterenol, einem synthetischen Katecholamin, das selektiv β-Adrenozeptoren stimuliert, wurden signifikante Anstiege der NK-Zellzahlen beobachtet (Van Tits et al., 1990).

Während *in-vivo*-Effekte von Adrenalin, einem β_1/β_2-adrenergen Agonisten, auf zelluläre Immunfunktionen beim Menschen berichtet werden, liegen zwar eine Reihe von Studien über die Effekte von Noradrenalin in *in-vitro*-Systemen oder im Tiermodell auf unterschiedlichste Immunfunktionen vor (Sanders und Munson, 1985; Walker und Codd, 1985; Madden und Livnat, 1991; Felsner et al., 1992). Allerdings finden sich kaum *in-vivo*-Untersuchungen im Humanbereich über die Wirkung dieses Katecholamins, daß beim Menschen vornehmlich auf α- und β_1-Adrenozeptoren wirkt. Eine Infusion von Noradrenalin (7 μg/min über 30 min) führte 15–30 Minuten später zu einem Anstieg in den peripheren Blutlymphozyten (Gader und Cash, 1975). Die Infusion von 50 ng/kg/min über 90 min zeigte dagegen keine Effekte auf die T- und NK-Zellzahlen (Van Tits et al., 1990). Wird Noradrenalin allerdings in höherer Dosierung bis zu einer Dosis von 0,4 μg/kg/min infundiert, führte dies zu einem kurzzeitigen, signifikanten Anstieg und anschließenden Abfall in der NK-Aktivität (Locke et al., 1984).

Adrenalin im Vergleich zu Noradrenalin

In einem Experiment mit Tandemfallschirmspringern konnten streßbedingte Anstiege der NK-Zellzahlen und -Funktionen beobachtet werden, die signifikant mit den Noradrenalin-Plasmakonzentration der Springer korrelierten (Schedlowski et al., 1993a). Da jedoch wenige, dazu noch kontroverse Daten über die *in-vivo*-Effekte von Noradrenalin auf humane periphere Blutlymphozyten beim Menschen vorlagen, wurden in einem weiteren Experiment die Auswirkungen von Noradrenalin im Vergleich zu Adrenalin auf zelluläre

Immunfunktionen getestet (Schedlowski et al., 1993b).

Dazu wurde jungen gesunden Probanden eine subkutane Injektion mit entweder Kochsalz (NaCl) (n=5), Adrenalin (Suprarenin®) (n=7) (5 µg/kg) oder Noradrenalin (Arterenol®) (n=7) (10 µg/kg) gegeben. Vor (Baseline), 5, 15, 30, 60 und 120 Minuten nach der Injektion wurden Blutproben zur Bestimmung der Katecholamin-Plasmakonzentrationen und der zellulären Immunfunktionen entnommen. Gleichzeitig wurde die Herzfrequenz kontinuierlich und der Blutdruck alle fünf Minuten registriert und zu den Blutentnahmezeitpunkten ausgewertet.

Während sich nach der Applikation von NaCl keine Veränderungen in den Plasmakonzentrationen von Adrenalin und Noradrenalin beobachten ließen (Abb. 1a, 1b), stieg die Adrenalinkonzentration fünf Minuten nach der Injektion dieses Katecholamins an, blieb eine Stunde nach der Injektion auf über 200 ng/l erhöht und erreichte zwei Stunden nach der Injektion wieder die Baselinewerte (Abb. 1a). Wenn Noradrenalin appliziert wurde, stiegen die Noradrenalin-Plasmakonzentrationen 5 Minuten nach der Injektion an, erreichten 15 Minuten nach der Injektion ihr Maximum und fielen eine Stunde post iniectionem wieder auf die Ausgangswerte ab (Abb. 1b). Bei diesen Katecholaminplasmaspiegeln handelt es sich um physiologische Konzentrationen wie sie auch nach akuten psychischen oder physischen Belastungen beobachtet werden. Dies wird auch durch die aufgezeichneten hämodynamischen Daten belegt. Fünf Minuten nach der Injektion von Noradrenalin zeigte sich ein charakteristischer Abfall in den Herzfrequenzwerten, die sich 60 Minuten nach der Injektion wieder normalisierten (Abb. 2a). Parallel zu dem Herzfrequenzabfall in der Noradrenalingruppe wurden vorübergehende Anstiege im systolischen und diastolischen Blutdruck nach Noradrenalin-Applikation beobachtet (Abb. 2b, 2c). Nach Adrenalingabe blieben die Herzfrequenzwerte zwar unverändert, jedoch bedingte dieses Katecholamin einen leichten Anstieg im systolischen Blutdruck und parallel

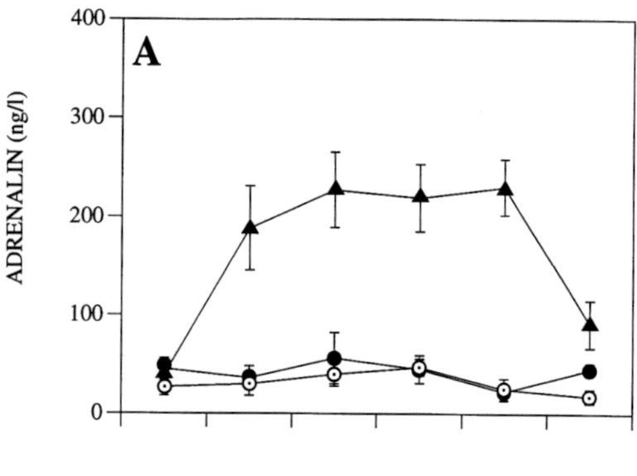

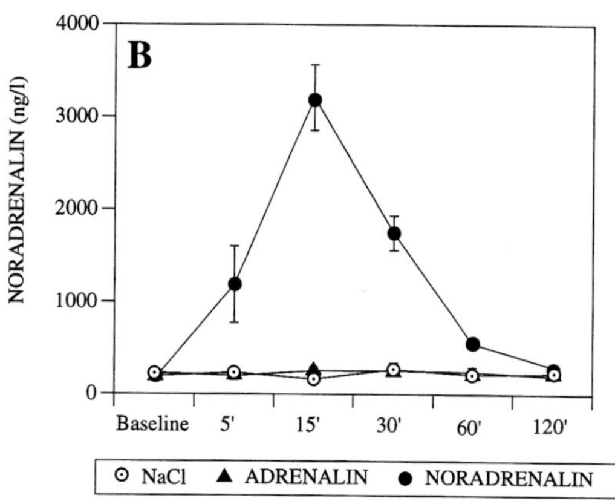

Abbildung 1: Mittelwerte (±STE) der Adrenalin- (A) und Noradrenalin- (B) Plasmakonzentrationen vor (Baseline) und 5, 15, 30, 60 und 120 Minuten nach subkutaner Injektion von NaCl, Adrenalin oder Noradrenalin (nach Schedlowski, 1994).

dazu einen Abfall im diastolischen Blutdruck (Abb. 2a-c).

Die Analyse der Lymphozytensubpopulationen zeigte einen Abfall der $CD3^+$- und $CD4^+$-prozentualen Zellzahlen nach Adrenalinapplikation, jedoch einen ausgeprägten Anstieg der prozentualen NK-Zellzahlen ($CD16^+$, $CD56^+$) schon fünf Minuten nach der Injektion dieses Katecholamins (Abb. 3a, 3b). Der prozentuale Anteil der NK-Zellen am Gesamtlymphozytenpool erreich-te 15 bzw. 30 Minuten nach der Injektion die höchsten Werte und fiel zwei Stunden nach der Injektion wieder auf die Ausgangswerte zurück. Ähnliche Veränderungen der NK-Zellzahlen wurden auch nach Noradrenalin-Applikation beobachtet, wobei sich die Werte schon 60 Minuten nach der Injektion

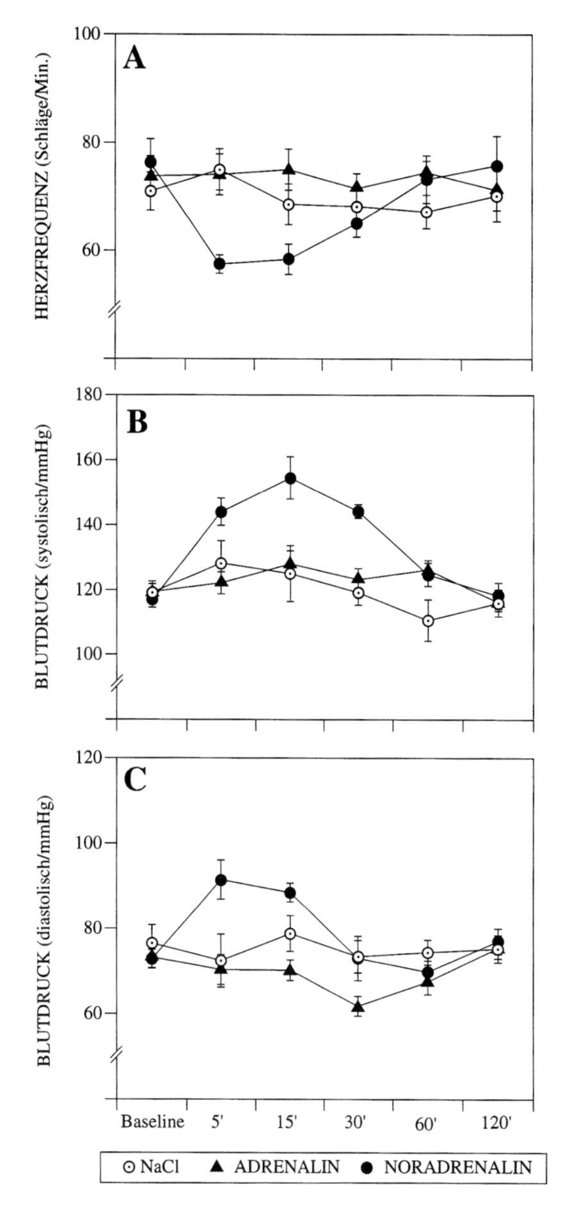

Abbildung 2: Mittelwerte (±STE) der Herzfrequenz (A), des systolischen (B) und diastolischen Blutdrucks (C) vor (Baseline) und 5, 15, 30, 60 und 120 Minuten nach subkutaner Injektion von NaCl, Adrenalin oder Noradrenalin (nach Schedlowski, 1994).

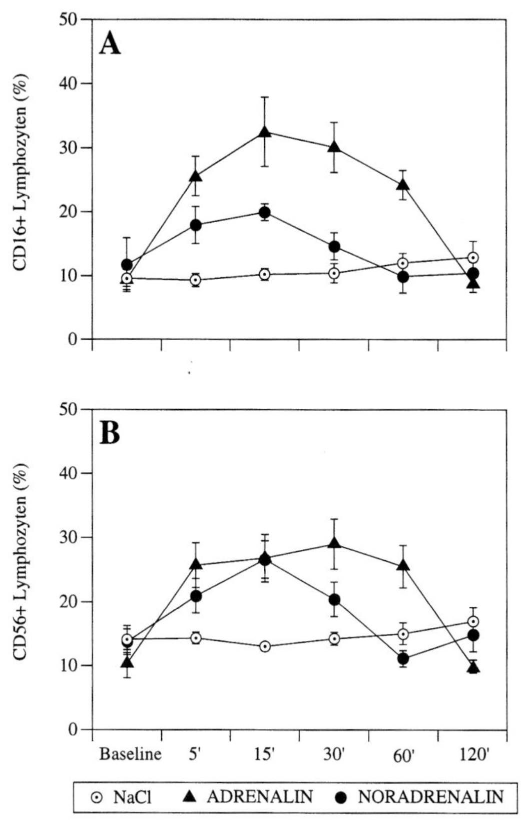

Abbildung 3: Mittelwerte (±STE) der CD16⁺- (A) und CD56⁺- (B) Lymphozyten vor (Baseline) und 5, 15, 30, 60 und 120 Minuten nach subkutaner Injektion von NaCl, Adrenalin oder Noradrenalin (nach Schedlowski et al., 1993b).

normalisierten (Abb. 3a, 3b). Ähnliche Effekte für beide Katecholamine zeigten sich auch, wenn die NK-Zellen auf ihre funktionelle Kapazität getestet wurden (Abb. 4a, 4b). NK-Aktivität und die Antikörper-abhängige zelluläre Zytotoxizität (ADCC) stiegen fünf Minuten nach Noradrenalin-Applikation an, erreichten 15 Minuten nach der Injektion die höchsten Werte und fielen 60 Minuten post Injektion wieder auf die Baselinewerte zurück. Im Vergleich dazu schien die NK-Aktivität und die ADCC auf die Adrenalingabe leicht verspätet zu reagieren, mit Maximalwerten eine Stunde nach der Injektion und einer Normalisierung auf die Ausgangswerte 120 Minuten post injektionem. Diese Befunde belegen, daß sowohl Adrenalin als auch Noradrenalin zelluläre Immunfunktionen, insbesondere NK-Zellzahlen und Funktionen beeinflussen können. Die genauen Mechanismen, insbesondere die Rolle der Milz und der unterschiedlichen Adrenozeptoren bei diesen Katecholamin-induzierten

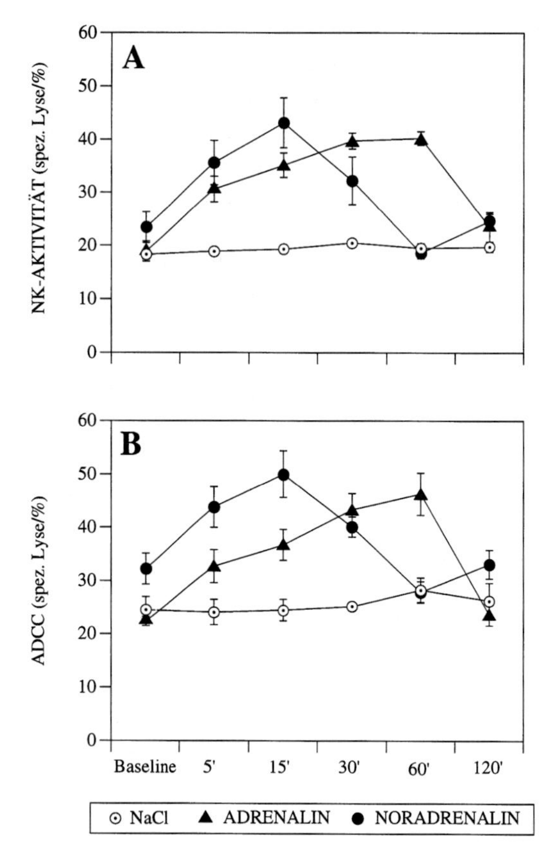

Abbildung 4: Mittelwerte (±STE) der NK-Aktivität (A) und der ADCC (B) vor (Baseline) und 5, 15, 30, 60 und 120 Minuten nach subkutaner Injektion von NaCl, Adrenalin oder Noradrenalin (nach Schedlowski et al., 1993b).

Veränderungen konnten durch diese Studie nicht geklärt werden.

Die Rolle der Milz

Auch in einigen neueren Studien wurde die Bedeutung der Milz bei der Adrenalin-induzierten Lymphozytenmobilisierung untersucht. Aber auch hier sind die Ergebnisse, ähnlich wie in den älteren Untersuchungen, keineswegs einheitlich. Die intramuskuläre oder subkutane Adrenalininjektion bedingte auch bei splenektomierten Probanden ausgeprägte Anstiege der Lymphozytenzahlen, wobei sich diese Adrenalin-induzierten Veränderungsmuster von denen normaler Probanden nicht signifikant unterschieden (Steel et al., 1971; Yu und Clements, 1976). In einer anderen Studie wurde gesunden Probanden und Patienten ein bis zwei Wochen nach der operativen Entfernung der Milz der β-selektive adrenerge Agonist Isoproterenol infundiert (Van Tits et al., 1990). Die Anstiege der T- und B-Lymphozytensubpopulationen blieben bei den splenektomierten Patienten im Vergleich zu den gesunden Probanden aus. Allerdings wurden bei den splenektomierten Patienten eine Verdoppelung der NK-Zellzahlen nach der Isoproterenolgabe beobachtet.

Vor dem Hintergrund dieser teils kontroversen Befunde wurden in einem weiteren Experiment die Mechanismen der Katecholamin-induzierten Veränderungen analysiert. Dabei stand zum einen die Frage nach der Rolle der Milz bei der Lymphozytenmobilisierung im Vordergrund. Gesunden Probanden wurde entweder NaCl, Adrenalin (0,1 µg/kg/min) oder Noradrenalin (0,15 µg/kg/min) über einen Zeitraum von 20 Minuten infundiert. Zum anderen wurde splenektomierten Probanden nach dem gleichen Infusionsprotokoll Adrenalin oder Noradrenalin appliziert. Katecholaminkonzentrationen, Lymphozytensubpopulationen, NK-Aktivität und die ADCC wurden zusammen mit den kontinuierlich registrierten Blutdruck- und Herzfrequenzwerten vor (Baseline), sowie 5, 20, 50, 80, 120 und 180 Minuten nach Beginn der Infusion analysiert (Schedlowski et al., 1996).

Ähnlich wie im ersten Experiment wurden durch die Infusionen physiologische Katecholamin-Plasmakonzentrationen erzielt, die zu marginalen Veränderungen in den peripherphysiologischen Parametern Herzfrequenz und Blutdruck führten. In der gesunden Probandengruppe stiegen die absoluten Zahlen der $CD2^+$, $CD3^+$ und $CD8^+$ Zellen 5 bis 20 Minuten nach der Infusion von Adrenalin an. Im Vergleich dazu ließ sich ein signifikanter Anstieg der NK-Zellzahlen 5 bzw. 20 Minuten nach der Adrenalininfusion beobachten, die sich 50 Minuten nach der Infusion wieder normalisierten (Abb. 5). Im Vergleich zum Adrenalin waren Noradrenalin-induzierte Anstiege der NK-Zellzahlen weit weniger ausgeprägt. Ähnliche Veränderungen wurden nach der Infusion beider Katecholamine für die NK-Aktivität und die ADCC beobachtet.

Vergleichbare Anstiege der Lymphozytensubpopulationen, insbesondere der NK-Zellzahlen, ließen sich nach der Infusion von Adrenalin oder Noradrenalin auch bei den splenektomierten Probanden beobachten (Abb. 5). Die Noradrenalin-induzierten Veränderungen der NK-Zellzahlen fielen in der splenektomierten Probandengruppe im Vergleich zu den Probanden mit intakter Milz sogar ausgeprägter aus.

Zusammengefaßt zeigen diese Resultate, daß zum einen die i.v.-Applikation von Adrenalin und Noradrenalin zu ausgeprägten, kurzfristigen Anstiegen der absoluten Zellzahlen CD2, CD3, CD8, CD16 und CD56 positiver Zellen und NK-Funktionen führt. Zum anderen scheint die Milz nicht das einzige Reservoir für diese Katecholamin-induzierte Mobilisierung der Lymphozyten zu sein.

Pharmakologische Blockade von Adrenozeptoren

Obwohl schon seit den sechziger Jahren selektive Antagonisten zur Blockade von α- und β-Adrenozeptoren zur Verfügung standen, existieren wenige Studien, die diese pharmakologische Intervention zur Analyse der genauen Mechanismen der Katecholamin-induzierten Veränderungen zellulärer Immunfunktionen einsetzten. Die β-Adrenozeptorblockade mit dem β-Antagonisten Propranolol konnte den Adrenalin-induzierten Anstieg der Leukozytenzahlen nur abschwächen, jedoch nicht verhindern. Erst bei einer kombinierten β- und α-Rezeptorblockade mit Propranolol und dem α-Antagonisten Phenoxybenzamin blieb der Anstieg der Leukozytenzahlen nach Adrenalingabe vollständig aus (French et al., 1971). In einer anderen Untersuchung differenzierten die Autoren sogenannte «Streßlymphozyten», die größer waren als die normalen Lymphozyten, ein erhöhtes Plasma-Kern-Verhältnis aufwiesen und etwa 6–8% der Gesamtlymphozyten stellten (heute weiß man, daß es sich bei diesen «Streßlymphozyten» um NK-Zellen handelt). Auf die Adrenalininfusion stiegen die Leukozytenzahlen um 100%, die Lymphozyten umd 150% und die «Streßlymphozyten» sogar um 400% an. Eine Vorbehandlung mit Propranolol schwächte den Anstieg der Lymphozyten und Leukozytenzahlen ab; der ausgeprägte Anstieg der «Streßlymphozyten» blieb dagegen vollständig aus (Gader, 1974).

Neben der Rolle der Milz bei der Katecholamin-induzierten Lymphozytenaktivierung stand in der oben beschriebenen Infusionsstudie auch die Frage im Mittelpunkt, welche Adrenozeptoren die Aktivierung der unterschiedlichen Lymphozytensubpopulationen steuern (Schedlowski et al., 1996). Darüber hinaus

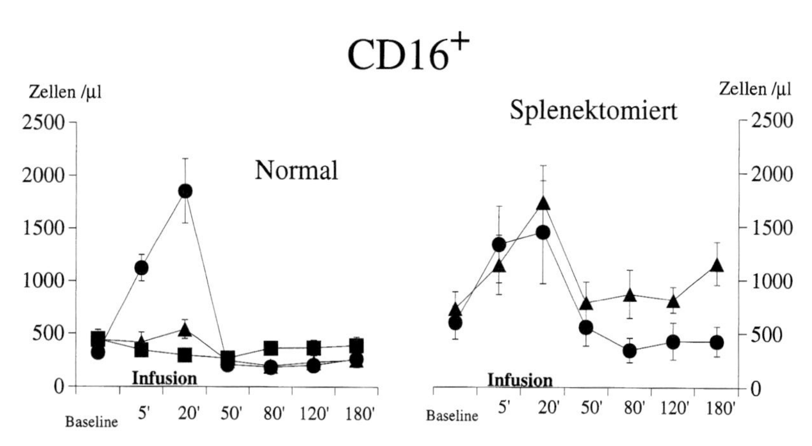

Abbildung 5: Veränderungen der CD16⁺- NK-Zellzahlen bei normalen Probanden (Normal) vor (Baseline), während (5'), unmittelbar nach (20') und 50, 80, 120 und 180 Minuten nach NaCl- (■) (n=5), Adrenalin- (●) (n=7) oder Noradrenalininfusion (▲) (n=7). Ähnlich erhielten splenektomierte Probanden (Splenektomiert) eine Adrenalin- (●) (n=5) oder Noradrenalininfusion (▲) (n=5) (nach Schedlowski et al., 1996.

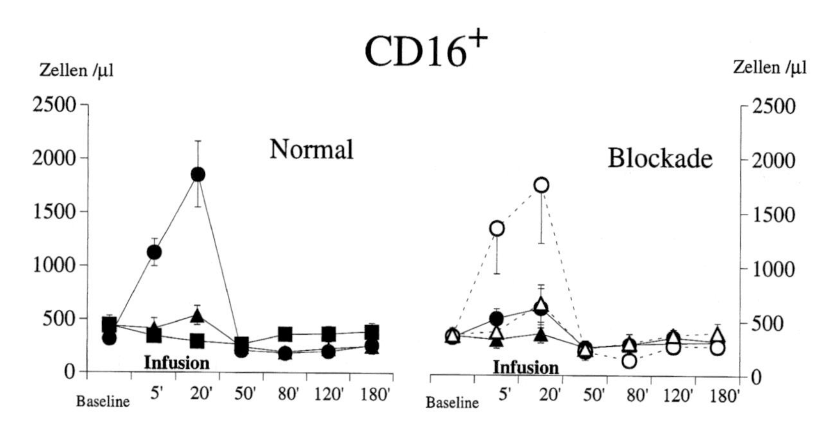

Abbildung 6: Veränderungen der CD16⁺- NK-Zellzahlen bei normalen Probanden (Normal) vor (Baseline), während (5'), unmittelbar nach (20') und 50, 80, 120 und 180 Minuten nach NaCl- (■) (n=5), Adrenalin- (●) (n=7) oder Noradrenalininfusion (▲) (n=7). Vier Gruppen pharmakologisch vorbehandelter Probanden (Blockade) erhielten Adrenalin- oder Noradrenalininfusionen. Zwei Gruppen wurden mit dem nicht selektiven ß-Blocker Propranolol vorbehandelt und erhielten Adrenalin- (●) (n=5) oder Noradrenalininfusionen (▲) (n=5). Zusätzlich erhielten zwei weitere Probandengruppen vor der Infusion den ß1-selektiven Antagonisten Bisoprolol und wurden mit Adrenalin (○) (n=3) oder Noradrenalin (△) (n=3) infundiert (nach Schedlowski et al., 1996).

wurde in einem weiteren Schritt analysiert, ob und inwieweit Veränderungen der NK-Zellzahlen mit einer veränderten Expression von Adhäsionsmolekülen auf NK-Lymphozyten assoziiert sind. So zeigten beispielsweise andere Experimente, daß eine β_2-adrenerge Stimulation humaner NK-Zellen *in vitro* die Bindungsfähigkeit dieser Lymphozytensubpopulation an Endothelzellen beeinflußte (Benschop et al., 1993; Benschop et al., 1994).

Gesunden, männlichen Probanden, die pharmakologisch entweder mit dem nicht-selektiven β-Rezeptor Antagonisten Propranolol oder mit dem β_1-selektiven Antagonisten Bisoprolol vorbehandelt waren, wurden nach dem oben beschriebenen Infusionsschema Katecholamine infundiert. Die Ergebnisse zeigten deutlich, daß die Anstiege der NK-Zellen nach Adrenalin- und Noradrenalinapplikation sich durch die Gabe des nicht-selektiven β-adrenergen Antagonisten Propranolol, nicht jedoch durch den β_1-selektiven Blocker Bisoprolol aufheben ließen (Abb. 6). Ähnliche Blockadeeffekte wurden nach der Infusion beider Katecholamine für die NK-Aktivität und die ADCC beobachtet. Doppelfluoreszenz-Untersuchungen belegten, daß die Anstiege der NK-Zellen weder mit einer veränderten Expression von Adhäsionsstrukturen (CD11a, CD11b, CD31, CD43, CD44, CD62L) auf den NK-Zellen noch mit veränderten Plasmakonzentrationen löslicher Adhäsionsstrukturen (sVCAM-1, sICAM-1, sE-Selectin) assoziiert war (Schedlowski et al., 1996). Diese Ergebnisse zeigen, daß die beobachtete Katecholamin-induzierte Lymphozytenumverteilung vornehmlich über β_2-Adrenozeptoren gesteuert zu werden scheint und die beobachtete Zirkulation der NK-Zellen nicht mit einer veränderten Expression der hier untersuchten Adhäsionsmoleküle korrespondiert.

Ausblick

Bezüglich der Mechanismen der Katecholamin-induzierten Veränderungen zellulärer Immunfunktionen, insbesondere NK-Zellzahlen und -Funktionen, stehen zur Zeit folgende Aspekte im Mittelpunkt des Forschungsinteresses. Zum einen besteht Klärungsbedarf bezüglich der an den Katecholamin-bedingten Mobilisierungsprozessen beteiligten Adhäsionsstrukturen. Zum anderen ist das genaue Migrationsverhalten der unterschiedlichen Lymphozytensubpopulationen im Organismus nach Katecholamingabe zu analysieren, um Aufschluß darüber zu erhalten, aus welchen Kompartimenten oder Organen die Zellen mobilisiert werden und wie Katecholamine die Migrationswege der Lymphozyten im Organismus beeinflussen. Und schließlich müssen die Katecholamin-induzierten intrazellulären Prozesse genauer untersucht werden, um die ablaufenden Signaltransduktionswege bei den unterschiedlichen Lymphozytensubpopulationen zu erkennen.

Erste Beobachtungen deuten des weiteren darauf hin, daß dieser katecholaminerge Verbindungsweg vom Nervensystem zum Immunsystem auch von klinischer Bedeutung zu sein scheint. Bei Ratten verläuft eine Toxoplasmoseinfektion in der Regel nicht tödlich. Wird den Ratten jedoch Propranolol in hoher Dosierung verabreicht und damit die β-Adrenozeptoren auf den Lymphozyten geblockt, zeigten die so behandelten Tiere geringere $CD4^+$- und $CD8^+$-Zellzahlen und parallel dazu eine erhöhte Mortalitätsrate im Vergleich zu den relevanten Kontrolltieren (Benedotto et al., 1993).

Diese β-Rezeptor-vermittelten immunsuppressiven Effekte können andererseits insbesondere bei Autoimmunerkrankungen Krankheitsverläufe positiv beeinflussen. Die experimentell induzierte Arthritis ist ein Tiermodell für rheumatische Erkrankungen beim Menschen. Werden Ratten mit dieser Erkrankung mit Propranolol oder Reserpin, einem Alkaloid, das die Katecholaminkonzentrationen im peripheren Blut herabsetzt, behandelt, zeigte sich bei den behandelten Tieren nicht nur ein verzögerter Ausbruch der Krankheit, sondern auch signifikant weniger Krankheitssymptome im Vergleich zu den erkrankten aber nicht behandelten Kontrolltieren (Levine et al., 1988). Beim Menschen ist bisher bekannt, daß Patienten mit rheumatoider Arthritis oder einer anderen Autoimmunerkrankung, wie dem systemischen Lupus erythematodes, signifikant weniger β_2-Adrenozeptoren auf den peripheren Blutlymphozyten im Vergleich zu gesunden Personen exprimieren (Baerwald, 1992). Ob diese Beobachtungen einmal zu einer klinischen Behandlungsstrategie bei Autoimmunerkrankungen führen kann, ist heute noch nicht abzusehen.

Literatur

Axelrod J, Weinshilboum R: Katecholamines. New England Journal of Medicine 1972; 287:237–242.

Axelrod J, Reisine TD: Stress hormones: Their interaction and regulation. Science 1984; 224:452–459.

Baerwald C, Graefe C, Muhl C, Von Wichert P, Krause A: Beta2–adrenergic receptors on peripheral blood mononuclear cells in patients with rheumatic diseases. European Journal of Clinical Investigation 1992; 22(Suppl.1);42–46.

Behr CH: Der Wirkmechanismus der Adrenalinleukocytose. Zugleich ein Beitrag zur zentralnervösen Blutregulation. Der Nervenarzt 1939(a):12:489–503.

Behr CH: Die Adrenalinleukocytose als Funktionsprobe des leukopoetischen Systems. Zeitschrift für Klinische Medizin 1939(b);136:219–231.

Benedetto N, Folgore A, Galdiero M: Impairment of natural resistence to Toxoplasma gondii infection in rats treated with β-adrenergics, β-blockers, corticosteroids or total body irradiation. Pathologie Biologie 1993; 41:404–409.

Benschop RJ, Oostveen FG, Heijnen CJ, Ballieux RE: β_2-adrenergic stimulation causes detachment of natural killer cells from cultured endothelium. European Journal of Immunology 1993; 23:3242–3247.

Benschop RJ, Nijkamp FP, Ballieux RE, Heijnen CJ: The effects of β-adrenoceptor stimulation on adhesion of human natural killer cells to cultured endothelium. British Journal of Pharmacology 1994; 113:1311–1316.

Billigheimer E: Über die Wirkungsweise der probatorischen Adrenalininjektion. Deutsches Archiv für Klinische Medizin 1921; 136:1–32.

Borda ES, de Bracco MME, Leiros P, Sterin-Borda L: Expression of a-adrenoceptor in a human transformed lymphoblastoid cell line. Journal of Neuroimmunology 1990; 29:165–172.

Crary B, Borysenko M, Sutherland DC, Kutz I, Borysenko JZ, Benson H: Decrease in mitogen responsiveness of mononuclear cells from peripheral blood after epinephrine administration in humans. Journal of Immunology 1983(a); 130:694–697.

Crary B, Hauser SL, Borysenko M, Kutz I, Hoban C, Ault KA, Weiner HL, Benson H: Epinephrine-induced changes in the distribution of lymphocyte subsets in peripheral blood of humans. Journal of Immunology 1983(b); 131:1178–1181.

Dimsdale JE, Moss J: Plasma catecholamines in stress and exercise. JAMA 1980; 243:340–342.

Elser M, Jennings G, Leonard P, Sacharias N, Burke F, Johns J, Blombery P: Contribution of individual organs to total noradrenaline release in humans. Acta Physiologica Scandinavia 1984; 527(Suppl.):11–16.

Eriksson B, Hedfors E: The effect of adrenaline, insulin and hydrocortisone on human peripheral blood lymphocytes studied by cell surface markers. Scandinavian Journal of Haematology 1977; 18:121–128.

Felsner P, Hofer D, Rinner I, Mangge H, Gruber M, Korsatko W, Schauenstein K: Continuous in vivo treatment with catecholamines suppresses in vitro reactivity of rat peripheral blood T-lymphocytes via α-mediated mechanisms. Journal of Neuroimmunology 1992; 37:47–57.

Felsner P, Hofer D, Rinner I, Porta D, Korsatko W, Schauenstein K: Adrenergic suppression of peripheral blood T cell reactivity in the rat is due to activation of peripheral α_2-receptors. Journal of Neuroimmunology 1995; 5727–34.

French EB, Steel CM, Aitchison WRC: Studies on adrenaline-induced leucocytosis in normal man. The effects of α- and β-adrenergic blocking agents. British Journal of Haematology 1971; 21:423–428.

Frey W, Hagemann E: Die Brauchbarkeit der Adrenalinlymphozytose zur Funktionsdiagnostik der Milz. Klinische und experimentelles Beweismaterial. Zeitschrift für Klinische Medizin 1921; 92:450–465.

Frey W, Tonietti F: Der Einfluß der vegetativen Nerven auf die Milz und die Lymphocyten des Bluts. Zeitschrift für die gesamte Experimentelle Medizin 1925; 44:597–608.

Frey W, Lury S: Adrenalin zur funktionellen Diagnostik der Milz? Untersuchungen an klinischem Material. Zeitschrift für die gesamte Experimentelle Medizin 1914; 2:50–64.

Frey W: Zur funktionellen Milzdiagnostik mittels Adrenalin. Zeitschrift für die gesamte Experimentelle Medizin 1914; 3:416–440.

Gader AMA, Cash JD: The effect of adrenaline, noradrenaline, isoprenaline and salbutamol on the resting levels of white blood cells in man. Scandinavian Journal of Haematology 1975; 14:5–10.

Gader AMA: The effect of β-adrenergic blockade on the responses of leucocyte counts to intravenous epinephrine in man. Scandinavian Journal of Haematology 1974; 13:11–16.

Grimm E: Der Einfluß subkutaner Adrenalininjektionen auf das Blutbild gesunder und kranker Kinder. Jahrbuch für Kinderheilkunde 1919; 39, 3. Folge, Heft 6:426–460.

Hatiegan J: Untersuchungen über die Adrenalinwirkung auf die weißen Blutzellen. Wiener Klinische Wochenschrift 1917; 30:1541–1547.

Heilig M, Irwin M, Grewal I, Sercarz E: Sympathetic regulation of T-helper cell funcion. Brain, Behavior, and Immunity 1993; 7:154–163.

Herd JA: Cardiovascular response to stress. Physiological Reviews 1991; 71:305–330.

Hess O: Suprarenin und weißes Blutbild. Deutsches Archiv für Klinische Medizin 1922; 141:151–164.

Kappel M, Tvede N, Galbo H, Haahr PM, Kjaer M, Linstow M, Klarlund K, Pedersen BK: Evidence that the effect of physical exercise on NK cell activity is mediated by epinephrine. Journal of Applied Physiology 1991; 70:2530–2534.

Khan MM, Sansoni P, Silverman ED, Engleman ED, Melmon KL: Beta-adrenergic receptors on human suppressor, helper, and cytolytic lymphocytes. Biochemical Pharmacology 1986; 35:1137–1142.

Landmann R: 1992. Beta-adrenergic receptors in human leukocyte subpopulations. European Journal of Clinical Investigation 1992; 22(Suppl.1):30–36.

Lands AM, Arnold A, McAuliff JP, Luduena FP, Brown TG Jr: Differentiation of receptor systems activated by sympathomimetic amines. Nature 1967; 214:597–598.

Levine JD, Coderre TJ, Helms C, Basbaum AI: β_2-adrenergic mechanisms in experimental arthritis. Proceedings of the National Academy of Sciences USA 1988; 854553–4556.

Locke S, Kraus L, Kutz I, Edbril S, Phillips K, Benson H: Altered natural killer activity during norepinephrine infusion in humans. In: Spector NH (ed.): Neuroimmunomodulation. Proceedings of the first international workshop on neuroimmunomodulation. Bethesda, Maryland, 1984; p. 297.

Loeper M, Crouzon O: L'action de l'adrenaline sur le sang. Archives de Médicine Experimentale et d'Anatomie Pathologique 1904; 16:83–108.

Madden KS, Felten DL: Experimental basis for neural-immune interactions. Physiological Reviews 1995; 75:77–106.

Madden KS, Livnat D: Katecholamine action and immunologic reactivity. In: Ader R, Felten DL, Cohen N (eds.): Psychoneuroimmunology. San Diego, Academic Press, 1991; 283–310.

Madden KS, Livnat S: Katecholamine action and immunologic reactivity. In: Ader R, Felten DL, Cohen N (eds.): Psychoneuroimmunology. San Diego, Academic Press, 1991; 283–310.

Maisel AS, Harris T, Rearden CA, Michel MC: β-adrenergic receptors in lymphocyte subsets after exercise. Circulation 1990; 82:2003–2010.

Mills PJ, Dimsdale JE: The promise of adrenergic receptor studies in psychophysiologic Research II: Applications, limitations, and progress. Psychosomatic Medicine 1993; 55:448–457.

Motulsky HJ, Insel PA: Adrenergic receptors in man. New England Journal of Medicine 1982; 307:18–29.

Ottaway CA, Husband AJ: The influence of neuroendocrine pathways on lymphocyte migration. Immunology Today 1994; 15:511–517.

Palm D, Hellenbrecht D, Quiring K: Pharmakologie des noradrenergen und adrenergen Systems. In: Forth W, Henschler D, Rummel W (Hrsg.): Allgemeine und spezielle Pharmakologie. Mannheim, BI Wissenschaftsverlag, 1987; S. 124–168.

Patek AJ Daland GA: The effect of adrenalin injection on the blood of patients with and without spleens. American Journal of the Medical Sciences 1935; 190:14–22.

Petersen WF, Levinson SA, Hughes TP: Studies in endothelial permeability. I The effect of epinephrin on endothelial permeability. Journal of Immunology 1923; 8:323–365.

Reichlin S: Neuroendocrine-immune interactions. New England Journal of Medicine 1993; 329:1246–1253.

Sanders VM, Munson AE: Norepinephrine and the antibody response. Pharmacological Reviews 1985; 37:229–248.

Schedlowski M: Streß, Hormone und zelluläre Immun-

funktionen. Ein Beitrag zu Psychoneuroimmunologie. Heidelberg, Spektrum Akademischer Verlag, 1994.
Schedlowski M, Jacobs R, Stratmann G, Richter S, Hädicke A, Tewes U, Wagner TOF, Schmidt RE: Changes of natural killer cells during acute pschological stress. Journal of Clinical Immunology 1993(a); 13:119–126.
Schedlowski M, Falk A, Rohne A, Wagner TOF, Jacobs R, Tewes U, Schmidt RE: Katecholamines induce alterations of distribution and activity of human natural killer (NK) cells. Journal of Clinical Immunology 1993(b); 13:344–351.
Schedlowski M, Hosch W, Overbeck R, Benschop RJ, Jacobs R, Raab HR, Schmidt RE: Katecholamines modulate Natural Killer (NK) cell circulation and function via spleen-independent β_2-adrenergic mechanisms. Journal of Immunology, 1996; 156:93–99.
Schenck P: Die Adrenalinwirkung auf das Blut des Menschen und ihre Beziehung zur Milzfunktion. Medizinische Klinik 1920; 16:279–282.
Spengler RN, Allen RM, Remick DG, Strieter RM, Kunkel SL: Stimulation of α-adrenergic receptor augments the production of macrophage-derived tumor necrosis factor. Journal of Immunology 1990; 145:1430–1434.
Steel CM, French EB, Aitchison. WRC: Studies on Adrenaline-induced Leucocytosis in normal man. British Journal of Haematology 1971; 21:413–421.
Titinchi S, Clark B: alpha$_2$-adrenoceptors in human lymphocytes: Direct characterization by [^{3}H] yohimbine binding. Biochemical and Biophysical Research Communications 1984; 121:1–7.
Tønnesen E, Tønnesen J, Christensen NJ: Augmentation of cytotoxicity by natural killer (NK) cells after adrenaline administration in man. Acta Pathologica Microbiologica et Immunologica Scandinavica Section C-Immunology and Acta Pathologica et Microbiologica Scandinavica Section C-Immunology 1984; 92:81–83.
Tønnesen E, Christensen NJ, Brinkløv MM: Natural killer cell activity during cortisol and adrenaline infusion in healthy volunteers. European Journal of Clinical Investigation 1987; 17:497–503.
Tvede N, Pedersen BK, Hansen FR, Bendix T, Christensen LD, Galbo H, Halkjaer-Kristensen J: Effect of physical exercise on blood mononuclear cell subpopulations and in vitro proliferative responses. Scandinavian Journal of Immunology 1989;2 9:383–389.
Van Tits LJH, Michel MC, Grosse-Wilde H, Happel M, Eigler FW, Soliman A, Brodde OE: Katecholamines increase lymphocyte β_2-adrenergic receptors via a β_2-adrenergic, spleen-dependent process. American Journal of Physiology 1990; 258:E191–202.
Walker RF, Codd EE: Neuroimmunomodulatory interactions of norepinephrine and serotonin. Journal of Neuroimmunology 1985; 10:41–58.
Walterhöfer G: Die Veränderung des weißen Blutbildes nach Adrenalininjektionen. Deutsches Archiv für Klinische Medizin 1933; 135:208–223.
Yu DTY, Clements PJ: Human lymphocyte subpopulations effect of epinephrine. Clinical and Experimental Immunology 1976; 25:472–479.

Glukokortikoide und Immunfunktionen

Thomas Wilckens

«Die Zeit ist wie ein Erfinder, oder wenigstens ein guter Mitarbeiter, nicht so zwar, als ob die Zeit etwas leiste, aber im Hinblick auf das, was in der Zeit geschieht...

Und auf diese Weise wachsen die Wissenschaften, indem am Anfang ein weniges gefunden wird, was hernach durch die Arbeit verschiedener Menschen allmählich in großem Umfang Fortschritte macht, weil jeder hinzufügt, was in den Untersuchungen seiner Vorgänger fehlte.

Wird aber umgekehrt das studierende Üben unterlassen, dann wird die Zeit mehr zur Ursache des Vergessens... So beobachten wir, daß viele Wissenschaften, die bei den Alten in Blüte standen, allmählich durch Unterlassung der Studien in Vergessenheit gerieten.

Thomas von Aquin (1200–1277): Kommentar zur Nikomachischen Ethik des Aristoteles

Im Rahmen der Wechselwirkungen zwischen dem Immunsystem und dem Neuroendokrinium kommt der sog. «Streßachse», bestehend aus der Hypothalamus-Hypophysen-Nebennieren-Achse (HPA-Achse) und dem sympathischen Nervensystem, mit der Freisetzung der Streßhormone Cortisol aus der Nebennierenrinde und Adrenalin aus dem Nebennierenmark wohl die bedeutendste Rolle in diesem Netzwerk zu. Der immunmodulatorische Einfluß des sympathischen Nervensystems wurde in einem vorhergehenden Kapitel bereits diskutiert.

Die essentielle Rolle der Nebennieren im Rahmen der Streßregulation wurde schon vor der Entdeckung des Cortisols vorhergesagt. Mit der Charakterisierung des Cortisols und in Folge der Tatsache, daß Cortisol in der Lage ist, inflammatorische Prozesse zu hemmen und lebensbedrohliche Situationen wie den anaphylaktischen Schock zu verhindern oder chronisch verlaufende Erkrankungen wie Rheuma und Wegenersche Granulomatose zu lindern, begann eine Revolutionierung der klinischen Therapie akut und chronisch entzündlicher Prozesse, in besonderem Maß bzgl. allergischer und autoimmunologischer Erkrankungen sowie in der Transplantationsmedizin (Chrousos, 1995; Wick et al., 1993; Wilder, 1995). In der Folge wurden mehrere Übersichtsarbeiten zur Rolle der Glukokortikoide im Immunsystem publiziert (Cupps und Fauci, 1982; Munck et al., 1984; Boumpas et al., 1993). Nachdem sich diese aus heutiger Sicht allerdings hauptsächlich mit *pharmakologischen* Effekten beschäftigten, ist es nicht erstaunlich, daß die *physiologische* Rolle endogener Glukokortikoide im Rahmen immunologischer Reaktionen immer noch falsch eingeschätzt, d. h. im allgemeinen als allein immunsuppressiv angesehen wird (Wilckens, 1995).

Inhalt dieses Kapitels soll es sein, erstens Mechanismen aufzuzeigen, die zur Verselbständigung eines Dogmas geführt haben, z. B. methodologische Probleme im Rahmen der «Cortisolstory», sowie zweitens Anregungen zu Initiierung neuer Studien zu geben, welche auf der Sichtweise einer immunintegrativen oder koordinativen und optimierenden Rolle der endogenen Glukokortikoide im Rahmen der Immunregulation basieren.

Mechanismen zur Freisetzung von Glukokortikoiden durch immunologische Stressoren

Die Vorarbeiten von Besedovsky et al., welche mit als erste die Freisetzung von Corticosteroiden durch eine experimentelle Applikation bakteriellen Endotoxins, Lipopolysaccharid (LPS), und in Folge durch Interleukin-1 (IL-1) dokumentierten (Besedovsky et al., 1986), legten den Grundstein zu einer neuen Sichtweise physiologischer Regelkreisläufe. In weiteren Versuchen wurde gezeigt, daß nicht nur IL-1, sondern auch eine Reihe weiterer Zytokine in der Lage sind, die HPA-Achse zu aktivieren (Besedovsky und Delrey, 1992; Harbuz und Lightman, 1992; Reichlin, 1993; Chrousos, 1995; Wilckens und Schulte, 1995). Die genaue Hierarchie und Abfolge der Interaktionen zwischen Zytokinen und Neurotransmittersystemen, Prostaglandinen und anderen Neuromodulatoren, welche letztendlich zur Freisetzung von ACTH bzw. Glukokortikoiden führt, sind noch nicht endgültig aufgeklärt. Allerdings kann davon ausgegangen werden, daß bei jeglicher systemischer Stimulation des Immunsystems, sei es viral, bakteriell oder durch ein massives Trauma, auch die Streßachse aktiviert wird, d. h. Glukokortikoide freigesetzt werden. Zwar wurde angenommen, daß IL-6 einer der Hauptakivatoren der HPA-Achse sei (Chrousos, 1995), die Tatsache, daß IL-6-defiziente Mäuse nach Stimulation mit LPS eine normale und nach TNF eine abgeschwächte Corticosteronsekretion zeigen (Fattori et al., 1994; Libert et al., 1994), weist allerdings auf ein sehr komplexes System mit zum Teil redundanten Regulationsmechanismen hin.

Abbildung 1 zeigt eine graphische Darstellung dieses Netzwerkes; auf die Möglichkeit, daß Zytokine, die auch direkt auf die Nebennieren einwirken könnten, auch in den Nebennieren produziert werden (Gonzalez Hernandez et al., 1995; Gonzalez Hernandez et al., 1994; O' Connell et al., 1994), wurde aus Gründen der Übersicht verzichtet. Eine direkte Stimulation der Nebenniere während einer Immunreaktion könnte allerdings ein sehr wichtiger Mechanismus im Rahmen der Immunregulation sein. Dem Autor sind des weiteren keine Berichte aus der Literatur bekannt, die auf einen eingeschränkten Immunstatus im Rahmen einer operationsbedingten Hypophyseninsuffizienz mit Hypocortisolismus hinweisen. Allerdings nach Adrenalektomie, z. B. bei Cushingpatienten (Takasu et al., 1990), wurde der Ausbruch einer Autoimmunerkrankung berichtet; dies unterstreicht eine unter bestimmten Voraussetzungen essentielle Rolle der Nebennieren; der Ausbruch einer Cushingerkrankung, d. h. ein endogener Hypercortisolismus, bewirkt so auch eine Verbesserung des Symptomatik bei rheumatoider Arthritis (Senecal et al., 1994). Dem zentralen Input könnte somit eine sekundäre Rolle zukommen.

Zahlreiche Versuche zeigten des weiteren, daß eine *in vivo*-Glukokortikoidapplikation vor Administration von LPS oder Zytokinen, wie z. B. Tumornekrosefaktor (TNF), die Induktion z. B. von IL-1 und TNF supprimiert (Barber et al., 1993). *In vitro*-Experimente bestätigten eine negative Genregulation der Zytokingenexpression durch Glukokortikoide auf molekularer Ebene (Chrousos, 1995). Somit wurde geschlossen, daß die primäre Funktion der Glukokortikoidfreisetzung im Rahmen immunologischer Prozesse darin zu suchen sei, einen Organismus vor überschießenden Immunreaktionen zu schützen (Munck et al., 1984). Da sowohl Adrenalektomie als auch pharmakologische Blockade von Glukokortikoidrezeptoren die Induktion von Lethalität durch LPS oder auch TNF potenzieren, konnte diese Hypothese weiter gestützt werden (Chrousos, 1995). Bei der Interpretation dieser Studien wurde allerdings nicht bedacht, daß diese Manipulation auch positive Immunregulation, z. B. die Induktion der Akuten Phase (siehe weiter unten), verhindert. Gleiches gilt für Glukokortikoidapplikationen im pharmakologischen Bereich. So kann eine frühzeitige, prophylaktische Glukokortikoidgabe im supraphysiologischen Bereich niemals die Abläufe bewirken, welche im Rahmen der dynamischen Streßreaktion ablaufen; d. h., zusätzliche, bisher nicht näher defi-

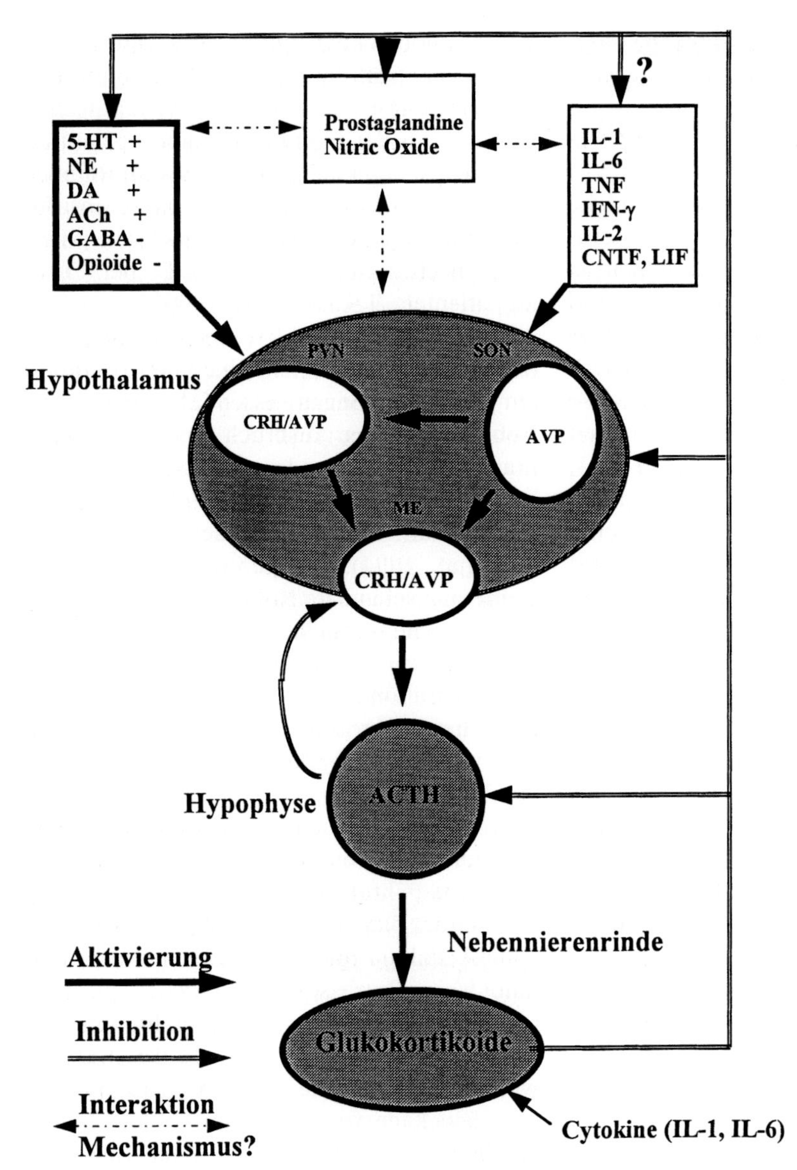

Abbildung 1: Regelkreisläufe zwischen der HPA-Achse und dem Immunsystem. 5-HT: Serotonin; NE: Noradrenalin; DA: Dopamin; ACh: Azetylcholin; GABA: gamma-Hydroxybuttersäure; IL-1: Interleukin-1; IL-6: Interleukin-6; TNF: Tumornekrosefaktor-alpha; IFN-γ: Interferon-gamma; IL-2: Interleukin-2; CNTF: Ciliary Neurotropic Factor; LIF: Leukemia Inhibitory Factor; PVN: Nucleus paraventricularis; SON: Nucleus supraopticus; ME: Mediane Eminenz; CRH: Corticotropin Releasing Hormon; AVP, ACTH: Corticotropin?. Das Fragezeichen relativiert den inhibitorischen Einfluß endogener Glukokortikoide, da dieser in vivo nur unzureichend betätigt ist (vgl. Text).

nierte protektive Effekte von Glukokortikoiden, abgesehen von der «Blockade» der Zytokininduktion, wurden nicht in diese Überlegungen einbezogen. Bevor weitere *in vivo-* oder *in vitro*-Effekte von Glukokortikoiden auf das Immunsystem aufgelistet werden, sollen deshalb im folgenden Abschnitt Mechanismen diskutiert werden, welche die physiologischen Effekte von Glukokortikoiden determinieren.

Mechanismen zur Regulation von Glukokortikoideffekten

Auf den Unterschied zwischen physiologischen, endogenen Glukokortikoiden (Cortisol, bzw. Corticosteron bei Nagern) und synthetischen Glukokortikoiden sei vorab besonders hingewiesen, da z. B. der häufig alleinige Gebrauch von z. B. Dexamethason ohne Vergleich zum endogenen Glukokortikoid einer der Hauptgründe zur Mißinterpretation verfügbarer Daten ist. So unterscheiden sich endogene und synthetische Glukokortikoide grundlegend in den im folgenden abgehandelten Punkten I, III und IV.

In Abbildung 2 werden verschiedene Mechanismen dargestellt, welche die biologischen Glukokortikoideffekte regulieren. Im Rahmen dieser Arbeit kann und soll jedoch nicht auf jede zur Zeit diskutierte Möglichkeit eingegangen werden, zumal einige davon noch umstritten sind. Die folgenden Ausführungen beziehen sich auf einen vor kurzem erschienen Aufsatz des Autors und die darin zitierten Quellen (Wilckens, 1995), welche ggf. ergänzt wurden; die Literaturangaben für nicht belegte Zitate finden sich bei Wilckens, 1995.

Bioverfügbarkeit

Endogene Glukokortikoide zirkulieren zum größten Teil an Proteine gebunden. Etwa 90 bis 97% sind davon an Transcortin (Corticosteroid bindendes Globulin, CBG) gebunden, ein sehr geringer Prozentsatz an Albumin. Somit stehen theoretisch nur etwa 5% des Gesamtcortisols zur Verfügung, d. h., freies Cortisol erreicht im Plasma kaum Konzentrationen höher als 11–43 nM (Abb. 2, Punkt 1). In Anbetracht dieser Tatsache stellt sich schon die Frage nach der physiologischen Bedeutung von Daten, die zeigen, daß viele vor allem *in vitro* beobachtete sog. immunsuppressive Effekte von Cortisol erst bei Konzentrationen erreicht werden, welche als pharmakologisch eingestuft werden müssen, inbesondere wenn sie mittels eines synthetischen Glukokortikoids erhoben wurden. So beschreibt z. B. Waage (Waage et al., 1990), daß Cortisol die IL-6-Produktion erst ab einer Konzentration höher als 10^{-7} nM hemmt; Dexamethason ist darin 50mal wirksamer. Man sollte allerdings vorsichtig bedenken, daß CBG jüngst auch als Transportprotein für Cortisol zu Entzündungsherden diskutiert wurde, d. h., lokal wären theoretisch, im Vergleich zum Plasmaspiegel des freien Cortisol, höhere Konzentrationen denkbar. Bisher zugängliche extrazelluläre Kompartments frei von CBG, wie z. B. der Speichel oder die Tränenflüssigkeit, korrellieren sehr gut mit freiem Plasmacortisol, da aber keine Untersuchungen zu Cortisolspiegeln z. B. bei Entzündungen der Speicheldrüsen oder bei Augenentzündungen vorliegen, können auch diese Kompartments nicht zur Aufklärung der oben gestellten Frage beitragen. Allerdings bietet sich die Speichelcortisolbestimmung für PNI-Studien ideal an. Dexamethason und andere synthetische Glukokortikoide binden bis auf wenige Ausnahmen nicht an CBG; daraus folgt, daß eine Definition physiologischer Plasmaspiegel für synthetische Glukokortikoide irrelevant ist.

CBG wird, neben Cortisol, durch Östrogene reguliert und seine Produktion in der Leber durch IL-6 gehemmt. Damit ergibt sich ein weiterer Regelkreis, der endogene Glukokortikoidspiegel im Rahmen immunologische Prozesse beeinflußt. CBG-Spiegel bei Erkrankungen oder in anderen Streßsituationen sind bisher nur unzureichend untersucht. Die potentielle Bedeutung dieses Proteins für die Modulation von Glukokortikoideffekten zeigt sich darin, daß sich in Tiermodellen unterschiedlicher Suszeptibilität für verschiedene experimentelle Autoimmunerkrankungen, CBG-Spiegel in Plasma, Hypophyse und auch in verschiedenen immunkompetenten Geweben deutlich unterscheiden (Dhabhar et al., 1993 und 1995a).

Der Glukokortikoidrezeptor-Heatshockprotein-Komplex

Im Zytosol ist der Glukokortikoidrezeptor (Typ I und Typ II, siehe weiter unten) an einen Komplex aus sog. Heatshockproteinen gebunden (Abb. 2, Punkt 2). Bindung des Liganden an den Rezeptor führt zu Dissoziation des Rezeptor-Liganden Komplexes von den Heatshockproteinen und zur Migration des neuen Komplexes zum Zellkern (Nukleus). Heatshockproteine, deren Bedeutung im Rahmen

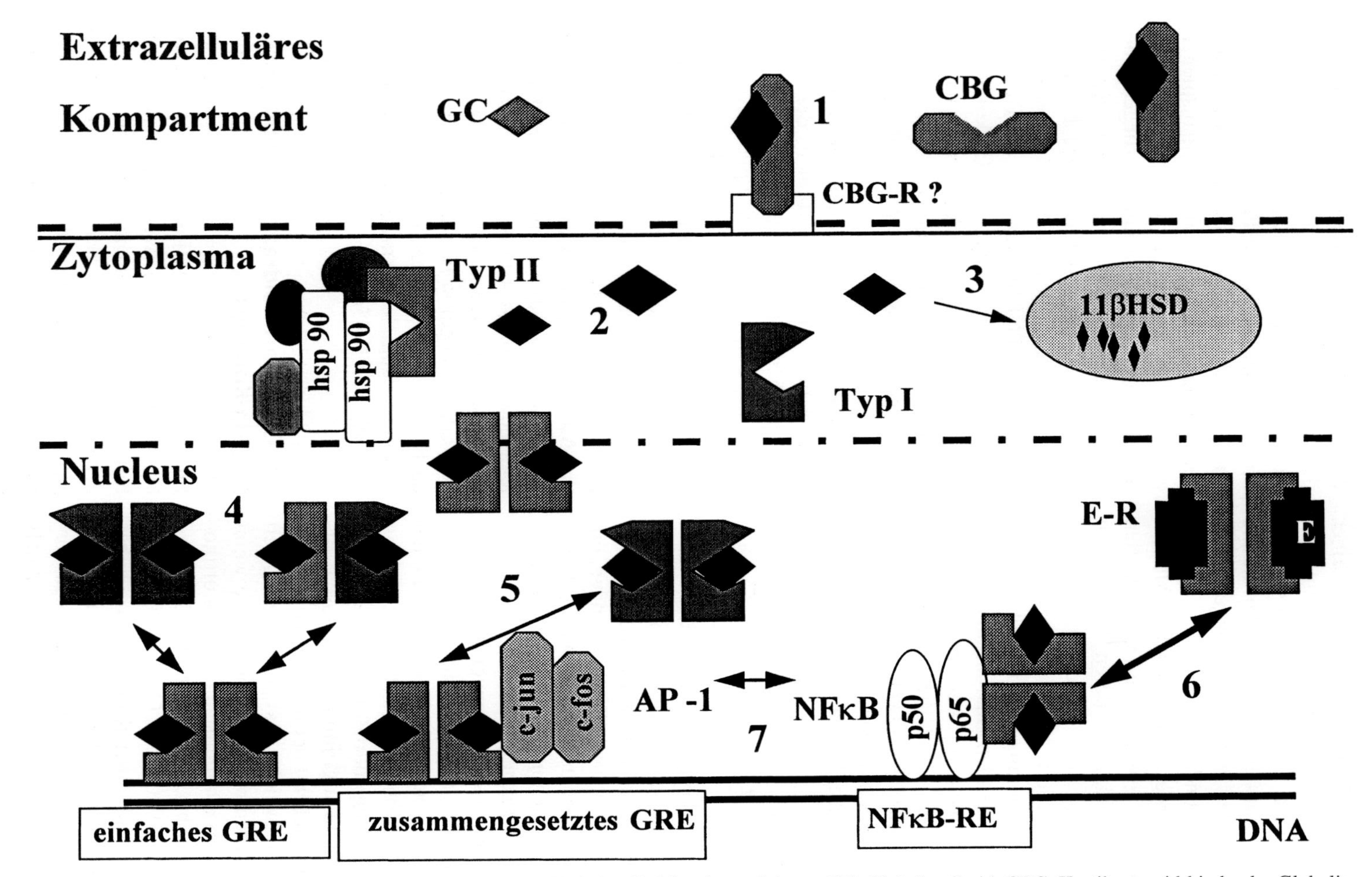

Abbildung 2: Faktoren, welche die biologische Aktivität von Glukokortikoiden determinieren. GC: Glukokortikoid; CBG: Kortikosteroid-bindendes Globulin oder Transkortin; CBG-R: CBG-Rezeptor; hsp 90: «heat shock»-Protein 90 (weitere «heat shock»-Proteine dieses Komplexes mit dem Glukokortikoidrezeptor sind nicht gezeigt); Typ I, Typ II: Glukokortikoidrezeptor bzw. Mineralokortikoid- und Glukokortikoidrezeptor; 11βHSD: 11-beta-Hydroxysteroid-Dehydrogenase; c-jun, c- fos: Proteinkomponenten des Transkriptionsfaktors AP-1; GRE: «Glucocorticoid Responsive Element»; NFκB, NFκB-RE: Transkriptionsfaktor NFκB und sein «responsives Element»; ER: Östrogenrezeptor. Die Erklärungen zu den Punkten 1–7 finden sich an entsprechender Stelle im Text.

des «Rezeptorrecyclings» zu sehen ist, zeichen sich durch eine gewebsspezifisch unterschiedliche Expression aus, welche wiederum differenzierte Effekte von Glukokortikoiden zuläßt. Autoantikörper gegen Heatshockproteine wurden z. B. bei einer Subgruppe von Patienten mit systemischem Lupus erythematodes beobachtet; ob diesen jedoch im Rahmen der Erkrankung eine kausal pathogene Bedeutung zukommt, ist offen.

Die 11-β-Hydroxysteroid-Dehydrogenase

Die 11-β-Hydroxysteroid-Dehydrogenase (11-βHSD) ist das Schlüsselenzym zur extrahepatischen Konversion von Cortisol, bzw. Corticosteron zu ihren inaktiven Metaboliten (Abb. 2, Punkt 3). Bisher ist ihre Bedeutung im Rahmen immunologischer Prozesse nicht bekannt. Die Tatsache, daß diese Gruppe von Enzymen in unterschiedlicher Form in verschiedenen Geweben exprimiert ist, läßt aber die Spekulation zu, daß z. B. ein extensiver Glukokortikoidkatabolismus in bestimmten Geweben zu lokaler Glukokortikoidresistenz führen kann. Klinische Hinweise ergeben sich aus der Tatsache, daß der Zusatz von Glyzerinsäure-Derivaten, natürlichen Inhibitoren der 11-βHSD, wie sie übrigens auch in Lakritz enthalten sind, z. B. die Effizienz Cortisol-haltiger Salben erhöht, indem der Cortisolabbau gehemmt wird. Synthetische, d. h. nicht «naturindentische» Glukokortikoide ähnlich dem Dexamethason, werden in der Regel nicht von 11-βHSD metabolisiert, wohl aber z. B. Prednison.

Zwei Glukokortikoidrezeptoren

Cortisol bindet mit 10mal höherer Affinität an den Typ I- als an den Typ II-Glukokortikoidrezeptor. Ersterer, welcher hauptsächlich als Ziel für Aldosteron in der Niere und im Kolon eingestuft wurde, wird deshalb als Mineralokortikoidrezeptor bezeichnet. Unter physiologischen Basalbedingungen ist fast ausschließlich der Typ I-Rezeptor belegt, erst bei Anstieg des Plasmacortisols werden vermehrt Typ II-Rezeptoren okkupiert. Es hat sich gezeigt, daß beide Rezeptoren in einer Vielzahl von Geweben exprimiert werden und dort miteinander interagieren; d. h. zum Bespiel in der Milz reguliert der jeweilige Plasmaspiegel von Cortisol nicht nur die Belegung der beiden Rezeptoren (Typ I und Typ II) sondern auch die Genexpression derselben dergestalt, daß der Typ I-Rezeptor die Expression des Typ II-Rezeptors in Anhängigkeit vom Plasmacortisolspiegel moduliert. Zum Beispiel verhindert eine *in-vivo*-Applikation des Typ I-Agonisten Aldosteron bei adrenalektomierten Ratten eine normalerweise nach Adrenalektomie erfolgende Aufregulierung des Typ II-Rezeptors in der Milz, einem Organ, welches beide Rezeptoren exprimiert; im gleichen Experiment konnte im Thymus (der Thymus exprimiert nur Typ II) keine Blockade der Typ II-Aufregulation beobachtet werden. Somit läßt es sich erklären, daß Glukokortikoide in verschiedenen Geweben unterschiedliche Auswirkungen auch auf die Expression der eigenenen Rezeptoren haben. In T-Lymphozyten induzieren Glukokortikoide die Expression des Typ II-Rezeptors, während sie diese in B-Lymphozyten hemmen. Ebenso wurde gezeigt, daß die Rezeptorbelegung in verschiedenen immunkompetenten Geweben, bzw. Zellsystemen nicht nur von der Rezeptorexpression abhängt, sondern auch vom Plasmaspiegel im Tagesrhythmus sowie in Streßsituationen.

Typ I und Typ II liegen zumindest im Nukleus immer als Homodimere vor. Eine neue Studie beschreibt auch die Möglichkeit einer Heterodimerisation zwischen Typ I und Typ II (Abb. 2, Punkt 4). Ob dies in irgendeiner Form auch im Rahmen der Genregulation immunologischer Komponenten von Bedeutung ist, muß derzeit noch offen bleiben.

Der sog. Glukokortikoidantagonist RU 38486 (Mifepristone) blockiert nur den Typ II-Rezeptor, d. h., sofern nicht eine Adrenalektomie vorgenommen wurde, wird der Typ I-Rezeptor weiter durch endogene Glukokortikoide belegt. Diesem Phänomen wurde bei *in-vivo*-

Experimenten nicht Rechnung getragen (Antonakis et al., 1994; Brouckaert et al., 1992; Hawes et al., 1992; Lazar et al., 1992a und 1992b).

Interaktion verschiedener nukleärer Faktoren mit dem Glukokortikoid-rezeptor

Steroidhormonrezeptoren vermitteln ihre Effekte, indem sie in den regulatorischen Bereichen der Gene an sog. «Hormone Response Elements» binden und so die Transkription entweder induzieren oder hemmen. Für Glukokortikoide wurden beide Möglichkeiten beschrieben. Des weiteren hängt ihr Einfluß neben der Zusammensetzung des Glucocorticoid Response Elements (GRE), einfach oder zusammengesetzt, z. B. von der Proximität zu anderen Transkriptionsfaktoren ab. Unter der Voraussetzung, daß der Transkriptionsfaktor AP-1 als Heterodimer aus c-fos und c-jun vorliegt, kann an einem zusammengesetztem Glucocorticoid Response Element (einem Response Element mit niedriger Affinität kombiniert mit einer Bindungsstelle für einen «nicht-Rezeptor-Transskriptionsfaktor») ein funktioneller Antagonismus zwischen dem Typ I- und Typ II-Rezeptor beobachtet werden (Abb. 2, Punkt 5). In dieser Konstellation würde Typ II die durch AP-1 induzierte Transkription eines Genes blockieren, während sich Typ I neutral verhalten würde. AP-1 ist ein Transkriptionsfaktor, welcher bei einer Vielzahl von immunologischen Prozessen aktiviert wird. Ähnliches gilt für NFκB, welcher, ebenso wie AP-1, auch ein Ziel des Östrogenrezeptors ist (Abb. 2, Punkt 6). Letzeres könnte im Rahmen geschlechtsspezifischer Merkmale der Immunregulation von Bedeutung sein. Bezüglich NFkB hat sich in jüngsten Studien gezeigt, daß die Aktiverung dieses Transriptionsfaktors neben dem oben beschriebenen Mechanismus hauptsächlich durch eine Glukokortikoid-induzierte Aufregulierung des an NFκB bindenden, inhibitorischen Proteins IκB erfolgt (Auphan et al., 1995; Scheinman et al., 1995).

Die Komplexizität der möglichen Interaktion schon auf molekularer Ebene zeigt sich auch darin, daß eine gleichzeitige Aktivation von AP-1 und NFκB eine bei separater Aktivation der einzelnen Transskriptionsfaktoren erfolgende Glukokortikoid-induzierte Inhibition der Genexpression antagonisieren kann (Abb. 2, Punkt 7). Zudem werden AP-1 Komponenten z. B. in B-Zellen in Abhängigkeit vom jeweiligen Stimulus-Rezeptorsystem unterschiedlich induziert. Glukokortikoide wiederum nehmen hierbei möglicherweise neben der oben angeführten Inhibition von AP-1 Bindung an die DNA auch Einfluß auf die Induktion der Komponenten c-fos und c-jun. Dies sind nur einige Bespiele, welche Interaktionsmöglichkeiten auf molekularer Ebene bestehen. Zieht man weitere Transkriptionsfaktoren in Betracht, die nicht nur bei der Induktion der Akuten Phase mit Glukokortikoiden interagieren, wie z. B. NF-IL-6 (vgl. VI Baumann und Gauldie, 1994), so zeigt sich, welche spezifischen Reaktionsmuster schon auf dieser Ebene möglich sind.

Sowohl die erwähnten Unterschiede zwischen synthetischen und endogenen Glukokortikoiden als auch die beschriebenen Regulationsmechanismen und deren Interaktionen haben bisher nur sehr unzureichend Eingang in die biomedizinische Forschung gefunden. Es muß jedoch angemerkt werden, daß die Beschreibung derselben oft hinter der Durchführung klinischer und experimenteller Studien hinterherhinkte, da Glukokortikoidpräparationen sehr viel früher zur Verfügung standen. Zum Beispiel gewinnt die Rolle des CBG im Glukokortikoidmetabolismus gerade erst in jüngster Zeit neue Bedeutung (Bright, 1995; Bright und Darmaun, 1995). Jefferies führt gerade dieses als einen derjenigen Gründe an, warum sich das Dogma einer generellen Immunsuppression durch Glukokortikoide als deren physiologische Rolle etablieren konnte (Jefferies, 1991; Jefferies, 1994). Die Applikation pharmakologischer Glukokortikoidkonzentrationen, die sich zum Großteil an den Gesamtglukokortikoidspiegeln orientierten, führten in der Annahme, daß ein optimaler Effekt nur bei maximaler Dosierung und geringstmöglichen Nebenwirkungen erzielt werden könnte, zu einem gravierenden Mangel an Studien zu physiologischen Glukokortikoidspiegeln im Rahmen der physiologischen Immunregulation oder besser Immunintegration. Ferner birgt der Mangel an relevanten Vergleichsstudien zur Effizienz zwischen endogenen und synthetischen Glukokortikoiden die Gefahr in sich, *in vivo* und *in vitro*, pharmakologische Effekte physiologischen gleichzusetzen. Jefferies führt weiter kommerzielle Aspekte und politische Hintergründe an, die diesen Trend begünstigten. Auf diese soll hier nicht weiter eingegangen werden. Es sei jedoch darauf hingewiesen, daß die meisten Patente für Glukokortikoide bereits ausgelaufen sind. Letzteres führt zu dem Dilemma, daß sich für Studien zu alternativen Therapiemethoden mit Glukokortikoiden, z. B. in Kombination mit Zytokinen, kaum Geldgeber für den hohen Aufwand zu experimentellen Arbeiten finden lassen, bzw. sich die Pharmaindustrie selbst nicht mehr in diesem Bereich engagiert.

Neben Munck, der in einem weniger beachteten Review von 1992 seine eigene Sichtweise von 1984 zur Rolle der Glukokortikoide im Immunsystem relativierte (Munck et al., 1984; Munck und Naray-Fejes-Toth, 1992), weist Jefferies auf die Tatsache hin, daß das Phänomen dosisanhängiger Effektumkehrung, welches für einige Hormone (z. B. Schildrüsenhormone) sehr gut dokumentiert ist, bei Glukokortikoiden fast nicht untersucht wurde, bzw. Ergebnisse, welche auch schon sehr früh auf nicht nur permissive Effekte, sondern auch verstärkende Wirkungen hinwiesen, einfach «vergessen» wurden.

Regulation von Glukokortikoidrezeptoren durch Immunfaktoren

Neben den bekannnten und zum Teil oben beschriebenen Modulatoren der Genexpression der Glukokortikoide scheinen Zytokine ebenfalls Einfluß auf Glukokortikoidrezeptoren, d. h. ihre Zahl bzw. Affinität zu besitzen. Die Studien beziehen sich allerdings fast ausschließlich auf den Typ II-Rezeptor. In Studien an verschiedenen Zelltypen (B-Zellen, Monozyten, Hepatomzellen) scheinen IL-1β, IL-6 und TNF-α die Affinität des Glukokortikoidrezeptors zu erhöhen, wobei IL-1 sogar die Translokation des Rezeptor-Ligandenkomplexes zum Nukleus verstärken soll (Rakasz et al., 1993). LPS, welches ja die vorgenannten Zytokine induziert, führt bei Mäusemakrophagen zu einer Aufregulierung der Glukokortikoidrezeptorexpression (Salkowski und Vogel,1992). IL-2 und IL-4 andererseits erniedrigen die Affinität des Typ II-Rezeptors (Kam et al., 1993). Im Zentralnervensystem konnte ferner gezeigt werden, daß IL-1 auch den Typ I-Rezeptor beeinflußt. Dabei wurde postuliert, daß IL-1 das Gleichgewicht zwischen dem Typ II und Typ I-Rezeptors zugunsten des Typ II-Rezeptors verändert, indem die Affinität des Typ I-Rezeptor vermindert wird (Schöbitz et al., 1994).

Effekte von Glukokortikoiden auf das Immunsystem

Die im folgenden beschriebenen Effekte von Glukokortikoiden beziehen sich nach obigen Ausführungen in der Regel auf pharmakologische Effekte, welche mittels natürlicher und/oder synthetischer Liganden ermittelt wurden. Selbst wenn die erhobenen Daten als physiologisch relevant eingestuft wurden, müssen sie aufgrund obiger Ausführungen bzgl. ihrer physiologischen Relevanz neu interpretiert werden. Diese Einschränkung muß zum Teil auch für die immunstimulatorischen oder verstärkenden Effekte von Glukokortikoiden getroffen werden. Die Einschätzung der Glukokortikoidspiegel als pharmakologisch beruht aber auf der Tatsache, daß bisher kein Hinweis vorliegt, daß im Extravasalraum Spiegel über 10^{-7} Molar erreicht werden. Ferner kann der Tatsache, daß sowohl die Affinität als auch die Rezeptordichte die biologischen Effekte im Fließgleichgewicht mitbestimmen können, nicht Rechnung getragen werden.

Allgemeine Effekte auf das zelluläre Immunsystem

Experimentelle Glukokortikoidinfusionen in physiologischen Konzentrationen bis hin zu Streßspiegeln haben gezeigt, daß ein Anstieg des Plasmaspiegels zu einer Umverteilung immunkompetenter Zellen führt (Cupps und Fauci, 1982; Toft et al., 1992). Hierbei konnte jüngst in einer sehr eleganten Studie dokumentiert werden, daß diese Umverteilung derjenigen, wie sie schon nach einem milden Stressor beobachtet wird, sehr ähnlich ist (Dhabhar et al., 1995b). Dies steht im Gegensatz zu Interpretationen, daß geringe Cortisolschwankungen wie zum Beispiel bei Sport keinen Einfluß auf die unter physischer Belastung beobachtete Veränderung der Zusammensetzung der Plasmazellen haben sollen (Hoffman-Goetz und Pedersen, 1994). Nachdem eine Umverteilung nach einer Glukokortikoidapplikation auch sehr schnell erfolgt, wird neuerdings auch angenommen, daß hierbei auch noch nicht näher definierte, nicht-genomische Effekte von Glukokortikoiden eine Rolle spielen könnten. Eine Redistribution von Immunzellen unter anderem in extravasale lymphatische Systeme könnte somit auch als Effizienzsteigerung gedeutet werden, da z. B. die Antigenpräsentation in diesen Kompartments erfolgt. Auch die Bereitstellung lokaler Glukokortikoidspiegel z. B. mittels CBG (vgl. oben) könnte in diesem Zusammenhang von Bedeutung sein. Das Experiment zur Streß- bzw. Corticosteron-induzierten Umverteilung von Immunzellen bei der Ratte (Dhabhar et al., 1995b) bestätigte weiter, daß diese Redistribution auch zelltypspezifisch ist; d. h., B-Zellen, «Natürliche Killerzellen» und Monozyten wurden weitaus mehr supprimiert als T-Lymphozyten. Ferner wird neben der Lymphopenie eine Neutrophilie sowohl durch Streß als auch durch Glukokortikoide induziert. Daß die Beobachtungen von der Integrität der HPA-Achse abhängen, zeigt sich auch darin, daß Adrenalektomie diese Veränderungen blockiert und zwar reversibel, d. h. Glukokortikoidsubstitution in den Bereich Streß relevanter Plasmaspiegel (130 μg/dl) liefert Resultate, die denjenigen bei intakten, gestreßten Tieren sehr ähnlich sind (Dhabhar et al., 1995b).

Zytokine

Wie bereits mehrfach erwähnt, supprimieren Glukokortikoide die Genexpression einer Reihe von Zytokinen, wie z. B. IL-1, IL-2, IL-6, TNF, Interferon-gamma und anderen (Chrousos, 1995). Hierbei fällt auf, daß z. B. Zytokine, welche als antiinflammatorisch eingestuft werden müssen (IL-6, der Interleukin-1 Rezeptorantagonist IL-1Ra, IL-8), anscheinend wesentlich weniger sensibel auf Glukokortikoide reagieren (Cominelli et al., 1994; Waage et al., 1990; Levine et al., 1993; Wilkkens, 1995). Eine sehr niedrige Konzentration von Hydrocortison (1 ng/ml) führte zudem zu einer um etwa 40% gesteigerten Bioaktivität von IL-6 in einem *in vitro*-System (Doherty et al., 1992). Dies könnte u. a. darauf zurückzuführen sein, daß Glukokortikoide sowohl den löslichen IL-6-Rezeptor als auch eine weitere Komponente des Signaltransduktionsmechanismus für IL-6 das gp130-Protein positiv regulieren. Bezüglich IL-1 scheint neben dem endogenen IL-1Ra auch der Typ II-IL-1-Rezeptor, welcher zu keiner Signaltransduktion führt, als antiinflammatorischer «Schwamm» freies IL-1 aufzufangen. Dieser Rezeptor wird ebenso durch Glukokortikoide heraufreguliert. Wichtig erscheint auch, daß Hormonentzug von einer Monozytenkultur eine gesteigerte IL-1β-mRNA-Produktion nach LPS zur Folge hat. Diese Hinweise werden dadurch unterstützt, daß sowohl IL-6 als auch IL-1Ra *in vivo* selbst unter hohen Glukokortikoidkonzentrationen nicht supprimiert sind. Das wird z. B. auch bei septischem Schock (M. Reincke, persönliche Mitteilung) oder in Experimenten unter Streß bzw. durch Glukokortikoidapplikation induziertem endogenem Hypercortisolismus beobachtet. Im Gegensatz hierzu steht ein Humanexperiment, bei dem eine Hydrocortisoninfusion, beginnend vor einer Gabe von LPS, die Produktion von IL-6 und TNF bis zu sechs Stunden nach der Cortisolinfusion hemmen konnte. Danach war ein «Rebound» Effekt zu beobachten, welcher nach 144 Stunden besonders ausgeprägt war (Barber et al., 1993). Im Tierexperiment konnte dies bestätigt und außerdem gezeigt werden, daß 48 Stunden nach einer Dexamethasonapplikation die endogene Glukokortikoidantwort auf LPS nicht inhibiert war, eine mangelnde Gegenregulation der TNF-Produktion durch Glukokortikoide also als Erklärung ausscheidet (Fantuzzi et al., 1995). Besonders erwähnenswert ist auch eine jüngste Studie, welche mittels eines Leberperfusionssystems zeigen konnte, daß physiologische Glukokortikoidspiegel bis zu streßähnlichen Spiegeln sowohl die IL-6- als auch die TNF-Produktion der Leber verstärken (Liao et al., 1995).

IL-4, ein wichtiges Zytokin im Rahmen der quantitativen Regulation der T-Zellpopulationen, erscheint ebenfalls «glukokortikoidresistent»; ganz im Gegensatz hierzu steht IL-2, der sog. T-Zell-Wachstumsfaktor, welcher entscheidend zur Ausprägung von Autoimmunität beiträgt (Daynes und Areano, 1989; Vacca et al., 1992). Diese beiden Zytokine können als antagonistisch zueinander eingestuft werden, so stimuliert IL-2 das Wachstum autoreaktiver TH-1-Lymphozyten, wohingegen IL-4 das Wachstum sog. TH-2-Lymphozyten verstärkt (Liblau et al., 1995; Miossec, 1993). Glukokortikoide scheinen IL-2 und IL-4 invers zu regulieren, d. h., nach einer *in vivo*-Applikation von Dexamethason im Mausmodell verschiebt sich das Gleichgewicht der Zytokinproduktion nach Stimulation von IL-2 mit steigender Dosis zu IL-4 (Glukokortikoidfreisetzung durch implantierte Kapseln, 0, 50, 100, 200 ng/h); bei der höchsten Infusionsrate werden beide Zytokine allerdings gehemmt, IL-4 nur auf das Ausgangsniveau (Daynes und Areano, 1989).

Zelluläre Immunantwort (nicht-lymphoide Zellen)

Glukokortikoide greifen sowohl in die Differenzierung als auch Selektionierung verschiedener immunkompetenter Zellen ein. So wird z. B. die Ausdifferenzierung von Monozyten zu Makrophagen gehemmt (Baybutt und Holsboer, 1990); nachdem sich im Rahmen dieser Veränderung des Phänotyps auch die Produktion von freigesetztem IL-1β zu intrazellulärem IL-1α verschiebt, wird so auch ein systemischer IL-1-Effekt zu einem lokalen umgewandelt (Beuscher et al., 1992). Weitere Auswirkungen auf Monozyten-Makrophagenfunktionen werden in den anderen Paragraphen besprochen.

B-Lymphozyten

Bezüglich der Aktivierung der B-Zell-mediierten Immunreaktion hemmen Glukokortikoide deren Proliferation, sofern sie während der Stimulation exponiert sind, was der natürlichen *in vivo*-Situation entspricht (Boumpas et al., 1993; Cupps und Fauci, 1982). Auf die Differenzierung zu Plasmazellen, welche dann die spezifische Immunantwort mittels Antikörperreaktion darstellen, haben Glukokortikoide nur geringen Einfluß. Ob und inwieweit dies zu der im Rahmen von Glukokortikoidtherapien beobachteten Suppression der Antikörperproduktion beiträgt, ist noch nicht weiter untersucht. Nachdem B-Zellen in engem Wechselspiel von positiven und/oder negativen Signalen, z. B. durch Zytokine, von T-Lymphoyten abhängen, sind frühe Beobachtungen von Fauci et al. von besonderer Bedeutung (Fauci et al., 1977). So führt die Präsenz von Glukokortikoiden während der Stimulation einer Co-Kultur von B- und T-Lymphozyten zu einer verstärkten Immunreaktion, d. h. Antikörperbildung (vgl. unten).

T-Zellen

T-Zellen werden auf verschiedenste Weise von Glukokortikoiden in ihrer Reifung und Funktion beeinflußt. So spielen Glukokortikoide bei intrathymalen Selektionsprozessen eine wichtige Rolle dergestalt, daß sie im Zusammenspiel mit anderen T-Zellrezeptoren das spezifische T-Zellrepertoire eines Individuums bestimmen (Nossal, 1994; von Boehmer, 1994; Weissman, 1994). Interessanterweise wurde jüngst am Mausmodell gezeigt, daß der Thymus selbst in frühen Entwicklungsphasen (Neonatalphase) Glukokortikoide synthetisiert, welche zur positiven Selektion über T-Zellrezeptoren aktivierter T-Zellklone beitragen (Vacchio et al., 1994). Dies erscheint paradox, da beide Signale (Glukokortikoide und T-Zellantigene) sehr potente Induktoren der sog. Apoptose, d. h. des programmierten Zelltodes, sind. Schon Selye beobachtete Thymusinvolution unter Streß, wobei in der Folge gezeigt werden konnte, daß diese Glukokortikoid-abhängig ist (Chrousos, 1995). Physischer Streß wie z. B. milde oder intensive Ausdauerbelastung führt im Tiermodell ebenfalls zu Thymusinvolution durch Glukokortikoide (Concordet und Ferry, 1993; Gruber et al., 1994). Trotz der Widersprüchlichkeit lassen diese Ergebnisse den Schluß zu, daß das Wechselspiel zwischen hormonell bzw. Antigen-induzierter T-Zell-Apoptose einem sehr feinen Tuning unterliegt, dessen genaue Mechanismen noch nicht verstanden werden.

Auch im Rahmen der Selektion peripherer T-Zellklone kommt Glukokortikoiden eine wichtige Rolle zu. So ist nach Aktivierung des T-Zell Rezeptors ein dynamischer Glukokortikoidanstieg notwendig, um Apoptose aktivierter T-Lymphozyten zu verhindern (Gonzalo et al., 1993). Welche Bedeutung dieser Beobachtung z. B. bei der Entwicklung einer letalen Sepsis zukommt, ist noch offen.

Neben der Selektionierung von T-Zellklonen wird deren Funktion durch Glukokortikoide reguliert. Dabei spielt sowohl der bereits beschriebene Einfluß auf die Zytokinproduktion (z. B. IL-2, Interferon-gamma, IL-4) eine Rolle als auch der direkte Einfluß auf Zytokinrezeptoren. So wurde in einer sehr eleganten Studie dokumentiert, daß frühe Glukokortikoidexposition (innerhalb von 60 Minuten) T-Zellen für die Proliferationsinduktion durch IL-2 sensibilisiert, indem vermutlich der IL-2-Rezeptor positiv reguliert wird (Wiegers et al., 1995). Welche Bedeutung der Tatsache zukommt, daß dieser *in-vitro*-Effekt erstens dosisunabhängig ist und zweitens nur bis zum maximal dritten Tag der Inkubation zu beobachten war – danach kehrt er sich um –, ist noch nicht klar. Weitere Studien dieser Gruppe zeigten, daß der Einfluß von Glukokortikoiden *in vivo* und *in vitro* sowohl durch Typ I- als auch durch Typ II-Rezeptoren moduliert wird (Wiegers et al., 1993 und 1994). Dabei scheint sich eine Rolle für Glukokortikoide im Rahmen der Modulation der T-Zellfunktion dergestalt abzuzeichen, daß frühe Ereignisse der Immunantwort evtl. unabhängig vom Plasmaspiegel potenziert werden und später (mehrere Stunden und Tage) von hohen Glukokortikoidspiegeln inhibiert werden.

Akute Phase

Die Akutphasenreaktion (APR) ist wohl eines der besten Beispiele für den differenzierten, immunointegrativen Charakter der Glukokortikoide im Immunsystem. Derjenige Teil, der eine Reaktion der Leber darstellt, repräsentiert mit der Synthese essentiell notwendiger Proteine eine Art «Fabrik», welche im Rahmen von Traumen und Entzündungen z. B. Proteine zur Absorption von Zellfragmenten oder LPS sowie andere, antiinflammatorische Proteine z. B. zur Abdichtung von Gefäßen usw. bereitstellt (Baumann und Gauldie, 1994). Andererseits werden «negative» Akutphasenproteine gehemmt; so z. B. CBG, was dessen erniedrigte Konzentration bei Sepsis erklären könnte (Perrot et al., 1993). Die Induktion eines Teils dieser Proteine ist wiederum von dem Synergismus zwischen Zytokinen der gp130-Familie, zu denen auch IL-6 zählt, abhängig. Adrenalektomie inhibiert ebenso eine komplette APR wie eine pharmakologische Glukokortikoidapplikation vor LPS-Gabe (Gelin et al., 1993). Daraus läßt sich schließen, daß ein dynamischer Glukokortikoidanstieg zu einer gut orchestrierten APR unbedingt notwendig ist.

Einflüsse auf andere Immunmodulatoren

Ein weiterer wichtiger Aspekt von Glukokortikoiden ist die Hemmung sekundärer Immunmediatoren wie Stickoxid («Nitric Oxide» NO) (Geller et al., 1993), Prostaglandinen (Crofford et al., 1994) sowie klassischer Neurotransmitter wie Serotonin und Histamin (Boumpas et al., 1993), aber auch die Beeinflussung des sympathischen Nervensytems z. B. durch Modulation von β_2-Rezeptoren, bzw. dem Umsatz von Noradrenalin zu Adrenalin (Allolio et al., 1994; Wong et al., 1992). Letzteres könnte darauf hinweisen, daß Veränderungen der Streß- und damit der Immunregulation durch das sympathische Nervensystem sekundär zur Modifikation in der HPA-Achse sind. Im Hinblick auf die enge Vernetzung dieser Systeme kann und muß diese Frage jedoch vorerst offenbleiben. Bezüglich der NO-Synthese ist zu bemerken, daß nur die induzierbare NO-Synthetase gehemmt wird, was jedoch z. B. bei der Entwicklung von Endotoxintoleranz ein wichtiger Faktor zu sein scheint (Szabo et al., 1994). Im Rahmen der Prostaglandinsynthese wird sowohl die Phospholipase A_2 als auch die induzierbare Typ-2-Cyclooxygenase negativ reguliert. Ob die Hemmung der Phospholipase direkt oder über die Induktion anderer Proteine wie Lipocortin-1 mediiert wird, ist noch strittig (Goulding und Guyre, 1992). Gesichert ist allerdings, daß Glukokortikoidmangel zu gesteigerter Aktivität der Phospholipase A_2 führt (Vishwanath et al., 1993).

In Anbetracht der Tatsache, daß es kaum Gene gibt, deren Promotoren keine Glukokortikoid-responsiven Elemente aufweisen, ist der umfangreiche Einfluß endogener Corticosteroide auf Immunreaktionen nicht verwunderlich; so gesehen ist es unmöglich, die Gesamtheit des komplexen Einflusses von Glukokortikoiden vollständig darzustellen. Der interessierte Leser wird bei einer Literatursuche eine Vielzahl von weiteren Einflußgrößen auf Immunreaktionen finden, welche von der lokalen Regulation sog. «tissue-inhibitors of metalloproteinases» (TIMP) (Roeb et al., 1993), der Induktion von Inhibitoren von Leukozytenproteinasen (Abbinantenissen et al., 1995) bis hin zur Beinflussung des Leberstoffwechsels reichen (Watkins et al., 1994).

Weiterhin nehmen Glukokortikoide bei menschlichen Zellen direkt Einfluß auf die Präsentation von Antigenen im Sinne der positiven Regulation von sog. «Major Histokompatibility Complexes» (MHC) Typ II. Diese MHC-Komplexe werden an der Oberfläche Antigen-präsentierender Zellen (Makrophagen und Neutrophile) exprimiert (Rhodes et al., 1986).

Bezüglich der lokalen Immunreaktion, der Extravasation von T-Lymphozyten und Monozyten in entzündliche Regionen wird die Möglichkeit diskutiert, daß sowohl interzelluläre als auch vaskuläre Adhäsionsmoleküle («intracellular adhesion molecule-1», ICAM-1 und «vascular adhesion molecule-1», VCAM-1), welche die Adhäsion und in Folge Extravasion inflammatorischer Zellen erhöhen, durch Glukokortikoide moduliert werden. Allerdings deuten unterschiedliche Ergebnisse (Hemmung von ICAM-1 in menschlichen Endothelzellen aus der Nabelschnur oder Fibroblasten, kein Effekt in SV 40 transformierten Mäusetubuluszellen) auf entweder Zelltyp- und/oder Spezies-spezifische Unterschiede hin (Cronstein et al., 1992; Rhodes et al., 1986; Sadeghi et al., 1992; Tessier et al., 1993; Wuthrich und Sekar, 1993). Im Tierversuch mit Ratten führt Adrenalektomie, Behandlung mit RU486 sowie mit Metyrapone, einem Blocker der Steroidsynthese, zu einer vermehrten Leukozytenextravasion (Farsky et al., 1995).

Zeitabhängige, dynamische Effekte

Schon Munck und Guyre erwähnen, daß z. B. der hemmende Einfluß von Glukokortikoiden auf die Phagozytose nur beobachtet werden kann, «wenn die Inkubationszeit mindestens 24 Stunden beträgt und dabei Glukokortikoidspiegel eingesetzt werden, welche mindestens 50% der Rezeptoren belegen (vermutlich ist

Typ II gemeint). Niedrigere Konzentrationen haben keinen oder einen induzierenden Effekt» (vgl. Munck und Guyre, 1991, S. 463–464). In Hinblick auf die oben beschriebenen Beobachtungen von Wiegers et al. zur Rolle der Glukokortikoidrezoptortypen, deren Belegung in Anhängigkeit vom Plasmaspiegel und der Expositionsdauer (Wiegers et al., 1993, 1994 und 1995) liegt somit der Schluß nahe, daß kurzfristige Glukokortikoidexpositionen immunstimulierend sein können. Da jedoch bisher in der Regel Inkubationszeiten länger als 24 Stunden für einen Großteil der vorliegenden *in vitro*-Daten eingesetzt wurden, muß man davon ausgehen, daß die Regelprozesse, welche sich in der Initialphase immunologischer Reaktionen abspielen, nicht bzw. sehr unzureichend bekannt sind. Diese Einschränkung gilt auch, wenn tatsächlich Zeitverlaufsstudien durchgeführt wurden, da sich dabei der Einsatz einer supraphysiologischen Konzentration von 10^{-6} Molar Dexamethason etabliert hat. Ferner ist unklar, in welcher Weise der dynamische Anstieg von Glukokortikoiden und die Verlaufsform dieser Kurve das Immungeschehen beeinflußt.

Antagonismus von Glukokortikoideffekten durch das Immunsystem

Neben dem Hormon DHEA, welchem eine Glukokortikoid-antagonistische Funktion im Rahmen der Immunregulation zukommt (Rook et al., 1994), hemmen ein Reihe von Zytokinen direkt oder indirekt die Wirkung von Glukokortikoiden (siehe Literaturstellen in Wilckens, 1995). So antagonisiert eine einmalige *in vivo*-Injektion des «Transforming Growth Factor-β» (TGF-β) die Glukokortikoid-induzierte Hemmung von Wundheilung. Ein «Cocktail» aus IL-1, IL-6 und IFN-γ inhibiert eine Glukokortikoid-induzierte Hemmung der T-Zellproliferation. IFN-γ antagonisiert ebenso die Blockade der IL-1β-Synthese. IL-4 bewahrt ferner spezifische T-Lymphozyten vor einer durch Glukokortikoide induzierten Apoptose (Migliorati et al., 1993).

Ontogenetische Entwicklung der Interaktion zwischen Glukokortikoiden und dem Immunsystem

Wenig ist über Entwicklungstadien der Neuroenkrin-Immuninteraktion bekannt. Die Tatsache, daß Mäuse während der Neonatalphase Glukokortikoide im Thymus produzieren, in Verbindung mit den im folgenden aufgeführten Übergangsstadien der Streßreaktion beim Menschen in der kindlichen Entwicklung weißt schon deutlich auf das pathogene Potential von Störungen einer «normalen» Entwicklung dieser Interaktion hin. So zeichnet sich die menschliche Neonatalphase durch einen relativen Hypercortisolismus mit einer gesteigerten Streßreaktion aus. Dabei ist wichtig, daß sich erst ab etwa dem sechsten Monat ein zirkadianer Rhythmus ähnlich dem des Erwachsenen beobachten läßt (Lewis und Ramsay, 1995). Während der Kindheit durchläuft dann zumindest die basale Cortisolsekretion ein Stadium relativen Hypocortisolismus, der seine stärkste Ausprägung zwischen dem vierten und achten Lebensjahr findet (Kiess et al., 1995). Mit der Pubertät setzt dann die Entwicklung des Erwachsenensekretion ein. Zieht man ferner in Betracht, daß, neben vererbten Merkmalen der Glukokortikoidfreisetzung (Kirschbaum et al., 1992; Mason, 1991), sowohl prä- als auch postnatale Stressoren Einfluß auf den funktionalen Zustand der HPA-Achse nehmen (Reul et al., 1994; Shanks et al., 1995; Walker, 1995; Walker und Dallman, 1993), so verwundert es, daß sich Wissenschaftler im PNI-Gebiet erst in jüngster Zeit für das Neugeborenen- und Kindesalter interessieren. Daß Resultate aus Tierversuchen durchaus auch für die menschliche Entwicklung des Immunstatus relevant sein könnten, wird durch aktuelle Untersuchungen an menschlichen Lymphozyten unterstrichen; so hemmt Dexamethason eine Mitogen-induzierte Zellproliferation in neonatalen Lymphozyten wesentlich potenter (etwa um den Faktor 200) als diejenige beobachtet bei Lymphozyten von erwachsenen Spendern (Kavelaars et al., 1995). Damit könnte gerade in der Entwicklung des individuellen, u. U. eines pathologischen, Immunstatus auf der Basis eine veränderten Neuroendokrin-Immuninteraktion der Schlüssel bzw. Zugang zu aktiver Prävention durch psychobiologische Maßnahmen liegen.

Methodische Überlegungen

Die dargestellten Regulationsmechanismen und deren Beeinflussung durch komplexe Netzwerke weisen auf die Problematik der Datenerhebung hin. Es wird kaum möglich sein, z. B. bei einem *in-vitro*-Ansatz allen Einfußmöglichkeiten gerecht zu werden bzw. Störfaktoren auszuschließen. Um so mehr sind komplexe Ansätze von Wissenschaftlern gefordert, die solch einer Fragestellung vor diesem Hintergrund gerecht werden. Dies wird nicht zuletzt im Hinblick auf die immer noch und zum Teil berechtigte Zurückhaltung der klassischen Naturwissenschaften gegenüber der PNI von entscheidender Bedeutung für die zukünftige Akzeptanz von Ergebnissen aus diesem Forschungsfeld sein. Mögliche Hilfen können z. B. sog. Whole-Blood-Assays sein (z. B. Dedrick und Conlon, 1995; Ertel et al., 1995; Nerad et al., 1992; Riches et al., 1992), wenn mittels spezifischer Agonisten bzw. Antagonisten pharmakologische Experimente durchgeführt werden. Ferner ist es aus Sicht des Autors gerade für den PNI-Wissenschaftler von größter Bedeutung, im Gegensatz zum reinen Molekularbiologen der nach potentiellen Regulationsmöglichkeiten sucht, sich immer bei der Planung seiner Experimente die mögliche physiologische Situation vor Augen zu halten. Um den dynamischen Prozessen Rechnung tragen zu können, müssen funktionelle Tests zur *in-vitro*- und *in-vivo*-Immunstimulation entwickelt werden. Beispielsweise könnte die Stimulation der HPA-Achse durch IL-6, welche gleichzeitig auch eine Akutphasenreaktion induziert, eine Möglichkeit sein, beide interagierenden Systeme in einem Ansatz zu erfassen. Die Überprüfung von *in-vitro*-Ergebnissen auf ihre *in-vivo*-Bedeutung ist eine der wichtigsten Aufgaben dieses Forschungsgebiets.

Zusammenfassung und Ausblick

Wie oben ausgeführt, unterliegt die Interaktion zwischen dem Immunsystem und der HPA-Achse sehr komplexen Regulationsmöglichkeiten. Aus einer Vielzahl von Studien läßt sich schon heute mit Sicherheit ableiten, daß Störungen dieser Interaktion zu pathologischen Zuständen führen können. Vorrangig umfassen diese akute oder chronisch entzündliche Pozesse wie Septischen Schock, AIDS und Autoimmunerkrankungen, wie Rheuma und Multiple Sklerose, und auch klassisch psychiatrische Erkrankungen wie Depression und die «Attention Deficit Hyperactivity Disorder» (oft auch als «Hyperaktivität» bezeichnet) (Kaneko et al., 1993; Michelson et al., 1994; Soni et al., 1995; Vago et al., 1994). Gerade milde und diskrete Störungen der HPA-Achse sowie entwicklungsbedingte Veränderugen der Interaktion zwischen dem Immunsystem und dem Neuroendokrinium könnten, wie jüngst von Jefferies und Wilckens betont (Jefferies, 1994; Wilckens, 1995), zu chronischen Krankheitszuständen führen, welche sehr wahrscheinlich auch psychobiologischen Maßnahmen zugänglich sein könnten.

Um das Wissen über die tatsächliche Rolle der Glukokortikoide im Konzert mit dem Immunsystem zu verstehen, muß jetzt Wert darauf gelegt werden, das umfangreiche Wissen um pharmakologische Effekte auf seine physiologische Bedeutung hin zu überprüfen, wobei zudem den bekannten Unterschieden zwischen dem Menschen und z. B. Nagern Rechnung getragen werden muß. So weisen Cupps und Fauci schon 1982 auf die Gefahr von Mißinterpreationen durch Vernachlässigung dieses Aspekts hin. Nager gelten eher Glukokortikoid-sensitiv, der Mensch dagegen Glukokortikoid-resistent; diese Definition bezieht sich auf die Sensibilität von T-Zellen für durch Glukokortikoide-induzierte Apoptose (Cupps und Fauci, 1982). Zusätzlich gewinnen gerade die frühen Effekte der Glukokortikoide in der Initialphase von Erkrankungen an Bedeutung. Letztere sind bisher sehr unzulänglich untersucht, was einer verstärkten Anstrengung verschiedener Disziplinen bedarf. Die Ontogenese der Neuroendokrin-Immuninteraktion speziell bei der Interaktion zwischen der Streßachse und dem Immunsystem birgt sehr wahrscheinlich vulnerable Phasen, die dringend näher definiert werden sollten.

Alle bisher verfügbaren Daten weisen darauf hin, daß die Rolle der Glukokortikoide keinesweg nur als immunsuppressiv einzustufen ist; der Schutz vor überschießenden Reaktionen ist mit Sicherheit ein wichtiger Aspekt. Die vor allem in der Frühphase der Immunreaktion beobachteten induktiven und synergistischen Effekte sprechen Glukokortikoiden aber eindeutig eine immunmodulatorische Rolle im Sinne einer Koordination und Optimierung der Immunreaktion zu. Dies entspricht auch der teleologischen Hypothese, daß Glukokortikoide generell Abwehrreaktionen im Erhalt der Homöostase optimieren.

Literatur

Abbinantenissen JM, Simpson LG Leikauf GD: Corticosteroids increase secretory leukocyte protease inhibitor transcript levels in airway epithelial cells. Am. J. Physiol. 1995; 12:L601–L606.

Allolio B, Ehses W, Steffen HM, Muller R: Reduced lymphocyte beta 2-adrenoceptor density and impaired diastolic left ventricular function in patients with glucocorticoid deficiency. Clin. Endocrinol. Oxf. 1994; 40(6):769–775.

Antonakis N, Georgoulias V, Margioris AN, Stournaras C, Gravanis A: In vitro differential effects of the antiglucocorticoid RU486 on the release of lymphokines from mitogen-activated normal human lymphocytes. J. Steroid Biochem. Mol. Biol. 1994; 51(1–2):67–72.

Auphan N, Di Donato JA, Rosette C, Helmberg A, Karin M: Immunosuppression by glucocorticoids: inhibition of NFkB activity through induction of IkB synthesis. Nature 1995; 270:286–290.

Barber AE, Coyle SM, Marano MA, Fischer E, Calvano SE, Fong YM, Moldawer LL, Lowry SF: Glucocorticoid therapy alters hormonal and cytokine responses to endotoxin in man. J. Immunol. 1993; 150(5):1999–2006.

Baumann H, Gauldie J: The acute phase response. Immunol. Today 1994; 15(2).

Baybutt HN, Holsboer F: Inhibition of macrophage differentiation and function by cortisol. Endocrinol. 1990; 127(476–480).

Besedovsky H, del Rey A, Sorkin E Dinarello CA: Immunoregulatory feedback between interleukin-1 and glucocorticoid hormones. Science 1986; 233(4764): 652–654.

Besedovsky HO, Delrey A: Immune-neuroendocrine circuits – integrative role of cytokines. Front. Neuroendocrinol. 1992; 13(1):61–94.

Beuscher HU, Rausch UP, Otterness IG, Rollinghoff M: Transition from interleukin-1β (IL-1β) to IL-1α production during maturation of inflammatory macrophages in vivo. J. Exp. Med. 1992; 175(6):1793–1797.

Boumpas DT, Chrousos GP, Wilder RL, Cupps TR, Balow JE: Glucocorticoid therapy for immune-mediated diseases: basic and clinical correlates. Ann. Intern. Med. 1993; 119(12):1198–1208.

Bright GM: Corticosteroid-binding globulin influences kinetic parameters of plasma cortisol transport and clearance. J. Clin. Endocrinol. Metab. 1995; 80:770–775.

Bright GM, Darmaun D: Corticosteroid-binding globulin modulates cortisol concentration responses to a given production rate. J. Clin. Endocrinol. Metab. 1995; 80(3):764–769.

Brouckaert P, Everaerdt B, Fiers W: The glucocorticoid antagonist RU-38486 mimics interleukin-1 in its sensitization to the lethal and interleukin-6-inducing properties of tumor necrosis factor. Eur. J. Immunol. 1992; 22(4):981–986.

Chrousos GP: The hypothalamic-pituitary-adrenal-axis and the immune/inflammatory reaction. N. Engl. J. Med. 1995; 332(20):1351–1362.

Cominelli F, Bortolami M, Pizarro TT, Monsacchi L, Ferretti M, Brewer MT, Eisenberg SP, Ng RK: Rabbit interleukin-1 receptor antagonist. Cloning, expression, functional characterisation, and regulation during intestinal inflammation. J. Biol. Chem. 1994; 269(4): 6962–6971.

Concordet JP, Ferry A: Physiological programmed cell death in thymocytes is induced by physical stress (exercise). Am. J. Physiol. 1993; 265(3 Pt 1):C626–629.

Crofford LJ, Wilder RL, Ristimaki AP, Sano H, Remmers EF, Epps HR, Hla T: Cyclooxygenase-1 and -2 expression in rheumatoid synovial tissues. Effects of interleukin-1 beta, phorbol ester, and corticosteroids. J. Clin. Invest. 1994; 93(3):1095–1101.

Cronstein BN, Kimmel SC, Levin RI, Martiniuk F, Wessman G: A mechanism for the antiinflammatory effects of corticosteroids: the glucocorticoid receptor regulates leukocyte adhesion to endothelial cells and expression of endothelial-leukocyte adhesion molecule 1 and intercellular adhesion molecule 1. Proc. Natl. Acad. Sci. USA 1992; 89:9991–9995.

Cupps TR, Fauci AS: Corticosteroid-mediated immunoregulation in man. Immunol. Rev. 1982; 65:133–155.

Daynes RA, Areano BA: Contrasting effects of glucocorticoids on the capacity of T cells to produce the growth

factors interleukin 2 and interleukin 4. Eur. J. Immunol. 1989; 19:2319–2325.
Dedrick RL, Conlon PJ: Prolonged expression of lipopolysaccharide (LPS)-induced inflammatory genes in whole blood requires continual exposure to LPS. Infect. Immun. 1995; 63:1362–1368.
Dhabhar FS, McEwen BS, Spencer RL: Stress response, adrenal steroid receptor levels and corticosteroid-binding globulin levels – a comparison between Sprague-Dawley, Fischer 344 and Lewis rats. Brain Res. 1993; 616(1–2):89–98.
Dhabhar FS, Miller AH, Mcewen BS, Spencer RL: Differential activation of adrenal steroid receptors in neural and immune tissues of Sprague Dawley, Fischer 344, and Lewis rats. J Neuroimmunol. 1995(a); 56(1):77–90.
Dhabhar FS, Miller AH, McEwen BS, Spencer RL: Effects of stress on immune cell cistribution. J. Immunol. 1995(b); 154(10):5511–5527.
Doherty GM, Jensen JC, Buresh CM, Norton JA: Hormonal regulation of inflammatory cell cytokine transcript and bioactivity production in response to endotoxin. Cytokine 1992; 4(1):55–62.
Ertel W, Kremer JP, Kenney J, Steckholzer U, Jarrar D, Trentz O, Schildberg FW: Downregulation of proinflammatory cytokine release in whole blood from septic patients. Blood 1995; 85:1341–1347.
Fantuzzi G, Galli G, Zinetti M, Fratelli M, Ghezzi P: The upregulating effect of dexamethasone on tumor necrosis factor production is mediated by a nitric oxide-producing cytochrome P450. Cell. Immunol. 1995; 160:305–308.
Farsky SP, Sannomiya P, Garcialeme J: Secreted glucocorticoids regulate leukocyte-endothelial interactions in inflammation. A direct vital microscopic study. J. Leukocyte Biol. 1995; 57:379–386.
Fattori E, Cappelleti M, Costa P, Sellito C, Cantoni L, Carelli M, Faggioni F, Fantuzzi G, Ghezzi P, Poli V: Defective inflammatory response in interleukin-6-deficient mice. J. Exp. Med. 1994; 180:1243–1250.
Fauci AS, Pratt KR Whalen G: Activation of human B lymphocytes. IV. Regulatory effects of corticosteroids on the triggering signal in the plaque-forming cell response of human peripheral blood B lymphocytes to polyclonal activation. J. Immunol. 1977; 119(2):598–603.
Gelin JL, Moldawer LL, Iresjo BM, Lundholm GK: The role of the adrenals in the acute phase response to interleukin-1 and tumor necrosis factor-alpha. J. Surg. Res. 1993; 54(1):70–78.
Geller DA, Nussler AK, Disilvio M, Lowenstein CJ, Shapiro RA, Wang SC, Simmons RL, Billiar TR: Cytokines, endotoxin, and glucocorticoids regulate the expression of inducible nitric oxide synthase in hepatocytes. Proc. Natl. Acad. Sci. USA 1993; 90(2):522–526.
Gonzalez Hernandez JA, Bornstein SR, Ehrhart Bornstein M, Gschwend JE, Gwosdow A, Jirikowski G, Scherbaum WA: IL-1 is expressed in human adrenal gland in vivo. Possible role in a local immune-adrenal axis. Clin. Exp. Immunol. 1995; 99(1):137–141.
Gonzalez Hernandez JA, Bornstein SR, Ehrhart Bornstein M, Spath Schwalbe E, Jirikowski G, Scherbaum WA: Interleukin-6 messenger ribonucleic acid expression in human adrenal gland in vivo: new clue to a paracrine or autocrine regulation of adrenal function. J. Clin. Endocrinol. Metab. 1994; 79(5):1492–1497.
Gonzalo JA, Gonzales-Garcia, Martinez C, Kroemer G: Glucocorticoid-mediated control of the activation and clonal deletion of peripheral T cells in vivo. J. Exp. Med. 1993; 177:1239–1246.
Goulding NJ, Guyre PM: Regulation of inflammation by lipocortin-1. Immunol. Today 1992; 13(8):295–297.
Gruber J, SgoncR, Hua Hu Y, Beug H, Wick G: Thymocyte apoptosis induced by elevated endogenous corticosterone levels. Eur. J. Immunol. 1994; 24:1115–1121.
Harbuz MS, Lightman SL: Review – stress and the hypothalamo-pituitary-adrenal axis – acute, chronic and immunological activation. J. Endocrinol. 1992; 134(3): 327–339.
Hawes AS, Rock CS, Keogh CV, Lowry SF, Calvano SE: In vivo effects of the antiglucocorticoid RU-486 on glucocorticoid and cytokine responses to escherichia-coli endotoxin. Infect. Immun. 1992; 60(7):2641–2647.
Hoffman-Goetz L, Pedersen BK: Exercise and the immune system: a model of the stress response. Immunol. Today 1994; 15(8):382–387.
Jefferies WM: Cortisol and immunity. Med. Hypotheses 1991; 34(3):198–208.
Jefferies WM: Mild adrenocortical deficiency, chronic allergies, autoimmune disorders and the chronic fatigue syndrome: a continuation of the cortisone story. Med. Hypotheses 1994; 42(3):183–189.
Kam JC, Szefler SJ, Surs W, Sher ER, Leung DYM: Combination IL-2 and IL-4 reduces glucocorticoid receptor-binding affinity and T cell, response to glucocorticoids. J. Immunol. 1993; 151(7):3460–3466.
Kaneko M, Hoshimo Y, Hashimoto S, Okano T, Kumashiro H: Hypothalamic,-pituitary-adrenal axis function in children with attention-deficit hyperactivity disorder. J. Autism Developmental Disorderes 1993; 23(1):59–65.
Kavelaars A, Zijlstra J, Bakker JM, Van Rees EP, Visser GH, Zegers BJ, Heijnen CJ: Increased dexamethasone sensitivity of neonatal leukocytes: different mechanisms of glucocorticoid inhibition of T cell proliferation in adult and neonatal cells. Eur. J. Immunol. 1995; 25(5):1346–1351.
Kiess W, Meidert A, Dressendorfer RA, Schriever K, Kessler U, Konig A, Schwarz HP, Strasburger CJ: Salivary cortisol levels throughout childhood and adolescence: Relation with age, pubertal stage, and weight. Ped. Res. 1995; 37:502–506.
Kirschbaum C, Wust S, Faig HG, Hellhammer DH: Heritability of cortisol responses to human corticotropin-releasing hormone, ergometry, and psychological stress in humans. J. Clin. Endocrinol. Metab. 1992; 75(6):1526–1530.
Lazar G, Duda E, Lazar G: Effect of RU-38486 on TNF production and toxicity. FEBS Lett. 1992(a); 308(2):137–140.
Lazar G, Lazar G, Agarwal MK: Modification of septic

shock in mice by the antiglucocorticoid RU-38486. Circ.Shock 1992(b); 36(3):180–184.

Levine SJ, Larivee P, Logun C, Angus CW, Shelhamer JH: Corticosteroids differentially regulate secretion of IL-6, IL-8, and G-CSF by a human bronchial epithelial cell line. Am. J. Physiol. 1993; 265(4 Pt 1):L360–368.

Lewis M, Ramsay DS: Developmental change in infants' responses to stress. Child Dev. 1995; 66(3):657–670.

Liao JF, Keiser JA, Scales WE, Kunkel SL, Kluger MJ: Role of corticosterone in TNF and IL-6 production in isolated perfused rat liver. Am. J. Physiol. 1995; 37:R699–R706.

Libert C, Takahashi N, Cauwels A, Brouckaert P, Bluethmann H, Fiers W: Response of interleukin-6-deficient mice to tumor necrosis factor-induced metabolic changes and lethality. Eur. J. Immunol. 1994; 24(9):2237–2242.

Liblau RS, Singer SM, Mcdevitt HO: Th1 and Th2 CD4(+) T cells in the pathogenesis of organ- specific autoimmune diseases. Immunol. Today 1995; 16(1):34–38.

Mason D: Genetic variation in the stress response: susceptibility to experimental allergic encephalomyelitis and implications for human inflammatory disease. Immunol. Today 1991; 12(2):57–60.

Michelson D, Stone L, Galliven E, Magiakou MA, Chrousos GP, Sternberg EM, Gold PW: Multiple sclerosis is associated with alterations in hypothalamic-pituitary-adrenal axis function. J. Clin. Endocrinol. Metab. 1994; 79(3):848–853.

Migliorati G, Nicoletti I, Pagliacci MC, D'Adamio L, Riccardi C: Interleukin-4 protects double-negative and CD4 single-positive thymocytes from dexamethasone-induced apoptosis. Blood 1993; 81(5):1352–1358.

Miossec P: Acting on the cytokine balance to control auto-immunity and chronic inflammation. Eur. Cytokine Netw. 1993; 4(4):245–251.

Munck A, Guyre PM: Glucocorticoids and immune function. In: Ader R, Felten DL, Cohen N (eds.): Psychoneuroimmunology, 2nd Edition. San Diego, Academic Press, 1991; 447–474.

Munck A, Guyre PM, Holbrook NJ: Physiological functions of glucocorticoids in stress and their relation to pharmacological actions. Endocr. Rev. 1984; 5(1):25–44.

Munck A, Naray-Fejes-Toth A: The ups and downs of glucocorticoid physiology. Permissive and suppressive effects revisited. Molec. Cell. Endoc. 1992; 90:C1–C4.

Nerad JL, Griffiths JK, Vandermeer JWM, Endres S, Poutsiaka DD, Keusch GT, Bennish M, Salam MA, Dinarello CA Cannon JG: Interleukin-1beta (IL-1-beta), IL-1 receptor antagonist, and TNF alpha production in whole blood. J. Leukocyte Biol. 1992; 52(6): 687–692.

Nossal GJ: Negative selection of lymphocytes. Cell 1994; 76(2):229–239.

O'Connell N, KumarA, Chatzipanteli K, Mohan A, Agarwal RK, Head C, Bornstein RS, Abou Samra AB, Gwosdow AR: Interleukin-1 regulates corticosterone secretion from the rat adrenal gland through a catecholamine-dependent and prostaglandin E2-independent mechanism. Endocrinol. 1994; 135(1):460–467.

Perrot D, Bonneton A, Dechaud H, Motin J Pugeat M: Hypercortisolism in septic shock is not suppressible by dexamethasone infusion. Crit. Care Med. 1993; 1(3):396–401.

Rakasz E, Gal A, Biro J, Balas G, Falus A: Modulation of glucocorticosteroid binding in human lymphoid, monocytoid and hepatoma cell lines by inflammatory cytokines interleukin (IL)-1 beta, IL-6 and tumour necrosis factor (TNF)-alpha. Scand. J. Immunol. 1993; 37(6):684–689.

Reichlin S: Neuroendocrine-immune interactions. N. Engl. J. Med. 1993; 329(17):1246–1253.

Reul JM, Stec I, Wiegers GJ, Labeur MS, Linthorst AC, Arzt E, Holsboer F: Prenatal immune challenge alters the hypothalamic-pituitary-adrenocortical axis in adult rats. J. Clin. Invest. 1994; 93(6):2600–2607.

Rhodes J, Ivanyi J, Cozens P: Antigen presentation by human monocytes: effects of modifying major histocompatibility complex class II antigen expression and interleukin 1 production by using recombinant interferons and corticoisteroids. Eur. J. Immunol. 1986; 16:370–375.

Riches P, Gooding R, Millar BC, Rowbottom AW: Influence of collection and separation of blood samples on plasma IL-1, IL-6 and TNF-alpha concentrations. J. Immunol. Methods 1992; 153(1–2):125–131.

Roeb E, Graeve L, Hoffmann R, Decker K, Edwards DR, Heinrich PC: Regulation of tissue inhibitor of metalloproteinases-1 gene expression by cytokines and dexamethasone in rat hepatocyte primary cultures. Hepatology 1993; 18(6):1437–1442.

Rook GA, Hernandez-Pando R, Lightman SL: Hormones, peripherally activated prohormones and regulation of the Th1/Th2 balance. Immunol. Today 1994; 15(7):301–303.

Sadeghi R, Feldmann M, Hawrylowicz C: Upregulation of HLA class II, but not intercellular adhesion molecule 1 (ICAM-1) by granulocyte-macrophage colony stimulating factor (GM-CSF) or interleukin-3 (IL-3) in synergy with dexamethasone. Eur. Cytokine Netw. 1992; 3(4):373–380.

Salkowski CA, Vogel SN: Lipopolysaccharide increases glucocorticoid receptor expression in murine macrophages – a possible mechanism for glucocorticoid-mediated suppression of endotoxicity. J. Immunol. 1992; 149(12):4041–4047.

Scheinman RI, Cogswell PC, Lofquist AK, Balwin AS Jr: Role of transcriptional activation of IkBa in mediation of immunosuppression by glucocorticoids. Nature 1995; 270:283–286.

Schöbitz B, Sutanto W, Carey MP, Holsboer F, de-Kloet ER: Endotoxin and interleukin 1 decrease the affinity of hippocampal mineralocorticoid (type I) receptor in parallel to activation of the hypothalamic-pituitary-adrenal axis. Neuroendocrinol. 1994; 60(2):124–133.

Senecal JL, Uthman I, Beauregard H: Cushing's disease-induced remission of severe rheumatoid arthritis. Arthritis Rheum. 1994; 37(12).

Shanks N, Larocque S, Meaney MJ: Neonatal endotoxin exposure alters the development of the hypothalamic-pituitary-adrenal axis: Early illness and later responsivity to stress. J. Neurosci. 1995; 15(1 Part 1):376–384.

Soni A, Pepper GM, Wyrwinski PM, Ramirez NE, Simon R, Pina T, Gruenspan H, Vaca CE: Adrenal insufficiency occurring during septic shock: Incidence, outcome, and relationship to peripheral cytokine levels. Am. J. Med. 1995; 98:266–271.

Szabo C, Thiemermann C, Wu CC, Perretti M, Vane JR: Attenuation of the induction of nitric oxide synthase by endogenous glucocorticoids accounts for endotoxin tolerance in vivo. Proc. Natl. Acad. Sci. USA 1994; 91(1):271–275.

Takasu N, Komiya I, Nagasawa Y, Aaswa T, Yamada T: Exacerbation of autoimmune thyroid dysfunction after unilateral adrenalectomy in patients with Cushing's syndrome due to an adrenocortical adenoma. N. Engl. J. Med. 1990; 322:1708–1712.

Tessier P, Audette M, Cattaruzzi P, McColl SR: Up-regulation by tumor necrosis factor alpha of intercellular adhesion molecule 1 expression and function in synovial fibroblasts and its inhibition by glucocorticoids. Arthritis Rheum. 1993; 36(11):1528–1539.

Toft P, Tonnesen E, Svendsen P, Rasmussen JW: Redistribution of lymphocytes after cortisol administration. APMIS 1992; 100(2):154–158.

Vacca A, Felli MP, Farina AR, Martinotti S, Maroder M, Screpanti I, Meco D, Petrangeli E, Frati L, Gulino A: Glucocorticoid receptor-mediated suppression of the interleukin 2 gene expression through impairment of the cooperativity between nuclear factor of activated T cells and AP-1 enhancer elements. J. Exp. Med. 1992; 175(3):637–646.

Vacchio MS, Papadopoulos V, Ashwell JD: Steroid production in the thymus: implications for thymocyte selection. J. Exp. Med. 1994; 179(6):1835–1846.

Vago T, Clerici M, Norbiato G: Glucocorticoids and the immune system in AIDS. Baillieres Clin. Endocrinol. Metab. 1994; 8(4):789–802.

Vishwanath BS, Frey FJ, Bradbury MJ, Dallman MF, Frey BM: Glucocorticoid deficiency increases phospholipase A_2 activity in rats. J. Clin. Invest. 1993; 92:1974–1980.

Von Boehmer H: Positive selection of lymphocytes. Cell 1994;7 6(2):219–228.

Waage A, Slupphaug G, Shalaby R: Glucocorticoids inhibit the production of IL-6 from monocytes, endothelial cells and fibroblasts. Eur. J. Immunol. 1990; 20:2439–2443.

Walker CD: Chemical sympathectomy and maternal separation affect neonatal stress responses and adrenal sensitivity to ACTH. Am. J.Physiol. 1995; 268(5 Pt 2):R1281–1288.

Walker CD, Dallman MF: Neonatal Facilitation of Stress-Induced Adrenocorticotropin Secretion by Prior Stress – Evidence for Increased Central Drive to the Pituitary. Endocrinol. 1993; 132(3):1101–1107.

Watkins KT, Dudrick PS, Copeland EM, Souba WW: Interleukin-6 and dexamethasone work coordinatively to augment hepatic amino acid transport. J. Trauma 1994; 36(4):523–528.

Weissman IL: Developmental switches in the immune system. Cell 1994; 76(2):207–218.

Wick G, Hu Y, Schwarz S, Kroemer G: Immuno-endocrine communication via the hypothalamo-pituitary-adrenal axis in autoimmune disease. Endocrine Rev. 1993; 14(5):539–563.

Wiegers GJ, Croiset G, Reul JM, Holsboer F, de-Kloet ER: Differential effects of corticosteroids on rat peripheral blood T-lymphocyte mitogenesis in vivo and in vitro. Am J Physiol 1993; 265(6 Pt 1):E825–830.

Wiegers GJ, Labeur MS, Stec IEM, Klinkert WEF, Holsboer F, Reul JM: Glucocorticoids accelerate anti T-cell receptor-induced T-cell growth. J Immunol 1995; 155(4):1893–1902.

Wiegers GJ, Reul J, Holsboer F, Dekloet ER: Enhancement of rat splenic lymphocyte mitogenesis after short term preexposure to corticosteroids in vitro. Endocrinol. 1994; 135(6):2351–2357.

Wilckens T: Glucocorticoids and immune function: physiological relevance and potential of hormonal dysfunction. Trends Pharmacol. Sci. 1995; 16(6):193–197.

Wilckens T, Schulte HM: Zur Regulation der ACTH-Freisetzung. In: Allolio B, Benker D, Schulte HM (Hrsg.): Nebenniere und Streß. Von den Grundlagen zur Klinik. Stuttgart, Schattauer Verlag, 1996; pp 101–106.

Wilder RL: Neuroendocrine-immune system interactions and autoimmunity. Ann. Rev. Immunol. 1995; 13:307–338.

Wong DL, Lesage A, Siddal B, Funder JW: Glucocorticoid regulation of phenylethanolamin N-methyltransferase in vivo. FASEB-J 1992; 6(14):3310–3315.

Wuthrich RP, Sekar P: Effect of dexamethasone, 6-mercaptopurine and cyclosporine A on intercellular adhesion molecule-1 and vascular cell adhesion molecule-1 expression. Biochem. Pharmacol. 1993; 46(8):1349–1353.

Ich danke Herrn Dr. Dr. K.-H. Schulz für seine Unterstützung bei der Erstellung des Manuskripts und für seine kritischen Anmerkungen.

Für meine Eltern.

Serotonin und Immunfunktionen

Hans-Willi Clement, Christof Hasse und Wolfgang Wesemann

Das serotoninerge System ist für Untersuchungen über die Wechselwirkungen zwischen ZNS und Immunsystem deshalb so interessant, weil es an der Regulation verschiedener Funktionen wie z. B. Schlaf-Wach-Rhythmus (Jouvet, 1969), Körpertemperatur (Myers, 1981), neuroendokrine Sekretion (Weiner und Ganong, 1978), Nahrungsaufnahme (Briesch et al., 1976), motorische Aktivität (Graham-Smith und Green, 1974) und Sexualität (Chase und Murphy, 1973) beteiligt ist, Funktionen, die auch bei einer Infektion verändert sind (Krueger et al., 1984; Plata-Salaman et al., 1988; Moldawer et al., 1988; Moldowsky et al., 1989). Nach Devoino et al. (1988 a+b) wirkt Serotonin dabei über eine Erhöhung der Corticosteronfreisetzung immunsuppressiv.

Der Neurotransmitter Serotonin (5-HT, 5-Hydroxytryptamin) wird im ZNS aus der essentiellen Aminosäure Tryptophan über das Zwischenprodukt 5-Hydroxytryptophan synthetisiert. Das Hauptabbauprodukt ist die 5-Hydroxyindolessigsäure (5-HIAA), die außerhalb der serotoninergen Neurone in Gliazellen oder nicht-serotoninergen Neuronen gebildet wird. Die Perikarya der 5-HT-Neurone befinden sich nach Dahlström und Fuxe (1964) in begrenzten Zellgruppen, B1–B9, die vor allem in den Raphekernen in der Medulla oblongata, der Pons und im Mesencephalon lokalisiert sind. Die Projektionen dieser Neurone erreichen aszendierend fast alle Bereiche des ZNS, unter anderem Cortex, Hippocampus, Thalamus und Hypothalamus sowie Cerebellum, deszendierend auch das Rückenmark.

Die hier beschriebenen Untersuchungen zum zentralen Serotoninstoffwechsel wurden mit der differentiellen Pulsvoltametrie durchgeführt. Mit Hilfe von Mikrokohlefaserelektroden wird hierbei extrazelluläre 5-HIAA gemessen, die unter physiologischen Bedingungen parallel mit freigesetztem 5-HT ansteigt oder abfällt (Cespuglio et al., 1986). Die Untersuchungen konzentrierten sich vor allem auf den Nucleus raphe dorsalis (NRD). Dort sind die meisten serotoninergen Neurone lokalisiert, und in diesem als bislang einzigem Areal konnte während unterschiedlicher Schlafphasen eine erhöhte 5-HT-Freisetzung nachgewiesen werden (Cespuglio et al., 1992).

In diesem Kapitel soll anhand eigener Ergebnisse dargestellt werden, daß die Freisetzung des Neurotransmitters 5-HT durch die Stressoren Immobilisation, aber auch Immunstimulation, die ebenfalls zu erhöhten Adrenocorticotropem Hormon (ACTH) und Corticosteron-Plasmaspiegeln führt, beeinflußt wird. Zur Immunstimulation wurden in dieser Arbeit Lipopolysaccharid und Muramyldipeptid eingesetzt. Es soll zudem gezeigt werden, daß Immobilisation das Immunsystem verändert und daß hieran auch das serotoninerge System beteiligt ist.

Zur Immunstimulation wurden die bakteriellen Moleküle Muramyldipeptid (MDP, N-Acetylmuramyl-L-alanyl-D-isoglutamin) und Lipopolysaccharid (LPS, Endotoxin, Lipid A) der Ratte intraperitoneal (i.p.) appliziert. In der narkotisierten Ratte führten MDP und LPS zu einem signifikanten Anstieg der extrazellulären 5-HIAA-Konzentration im NRD. An der wachen, frei beweglichen Ratte wurde nach LPS im NRD (Abb. 1) und im anterioren Hypothalamus ein biphasischer Verlauf der 5-HT-Freisetzung beobachtet. Ein biphasischer Verlauf wird auch für die Körpertemperatur nach LPS beschrieben (Kuhnen, 1994). Die Arbeitsgruppe um Dunn (Dunn und Chuluyan, 1994;

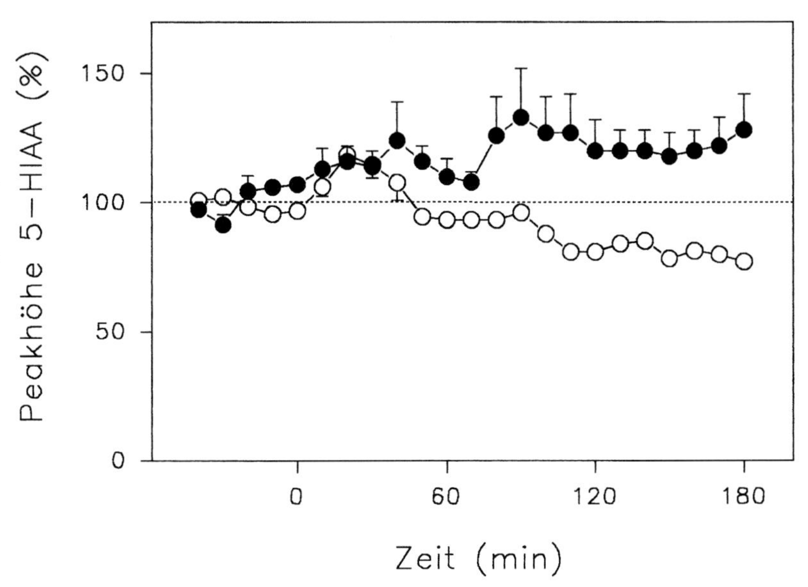

Abbildung 1: Verlauf der extrazellulären 5-HIAA-Konzentration im NRD der Ratte nach Injektion von LPS (●-●, 10 µg/kg i.p.) im Vergleich zur Kontrolle (○-○), gemessen am wachen freibeweglichen Tier. Dargestellt sind die Mittelwerte (MW ± SEM) der Peakhöhen in Prozent bezogen auf die Mittelwerte des Vorlaufs (n = 5). Die Applikationen erfolgten zur Zeit t = 0 min.

Dunn und Vickers, 1994; Dunn, 1992a+b; Dunn und Welch, 1991) führte die Effekte von LPS und anderer Immunstimulantien auf die 5-HT-Freisetzung im Cortex, Hypothalamus und Hirnstamm und eine vermutlich höhere Verfügbarkeit der Aminosäure Tryptophan im ZNS zurück. Sowohl MDP als auch LPS besitzen eine somnogene Wirkung (Krueger et al., 1982, 1986). In unseren Experimenten mit schlaffördernden und schlafreduzierenden Substanzen zeigte sich, daß schlaffördernde Substanzen unabhängig von ihrem Wirkmechanismus im NRD zu einer Erhöhung der 5-HT-Freisetzung führen.

Zu den Zielzellen von LPS zählen Makrophagen, Monozyten, Endothelzellen, Astrozyten und Mikrogliazellen. Die wichtigsten Mediatoren der LPS-Wirkung sind dabei die Zytokine Interleukin-(IL-)1, Tumornekrosefaktor-(TNF-)alpha und IL-6 (Beutler et al., 1986; Dinarello et al., 1989; Velasco et al., 1991; Feist et al., 1992). Unter Narkose erhöhte die periphere Applikation dieser drei Zytokine die extrazellulären 5-HIAA-Spiegel im NRD signifikant (Abb. 2).

In Übereinstimmung mit Literaturbefunden (Dunn, 1992a+b; Zalcman et al.,1994) erhöhten diese drei Zytokine unter Narkose die 5-HT-Freisetzung auch im NRD, während IL-2 keinen Einfluß auf die 5-HT-Freisetzung hatte (Abb. 2). Die IL-1-, IL-6- und TNF-α-induzierte 5-HT-Freisetzung kann die von Krueger und Majde (1994) beobachtete schlaffördernde Wirkung dieser Substanzen erklären, während in Übereinstimmung mit unseren Ergebnissen IL-2 keinen Einfluß auf den Schlaf besitzt. Allerdings ist letzterer Befund nicht unumstritten (De Sarro et al., 1990).

Nach Immunstimulation kommt es nicht nur in der Peripherie zu erhöhten Zytokinspiegeln, sondern auch im ZNS. Nach LPS-Applikation wurden im Gehirn sowohl erhöhte TNF-α-, IL-6- (Jansky et al., 1994) und IL-1-Werte (Schöbitz et al., 1994) als auch erhöhte mRNA-Spiegel für diese drei Mediatoren (Laye et al., 1994) beobachtet. Es ist dabei umstritten, ob die Zytokine direkt aus dem Blut ins ZNS gelangen oder ob sie dort neu gebildet werden. Waguespack et al. (1994) sowie Banks und Kastin (1992) fanden spezifische Aufnahmemechanismen für IL-1 und TNF-α und einen nicht sättigbaren Transport von IL-2 über die Blut-Hirn-Schranke. Nach IL-1-Gabe wurden jedoch nur transiente Erhöhungen von IL-1 im ZNS gefunden. Es gibt Hinweise darauf, daß an den LPS-induzierten zentralen Effekten das parasympathische und das sympathische Nervensystem beteiligt sein können. Vagotomie hebt die durch LPS verursachte Reduktion der sozialen Kontakte von Ratten auf, ohne jedoch die LPS vermittelten Effekte auf die IL-1ß-Plasmaspiegel und auf die Makrophagen zu verändern (Bluthé et al., 1994). Auch Dunn und Welch (1991) beschreiben, daß zentrale LPS-Effekte neuronal über das sympathische Nervensystem vermittelt werden.

An diesen nach Stimulierung des Immunsystems beobachteten Verhaltensänderungen sind nicht nur die peripheren, sondern auch und vermutlich direkter die Zytokine im ZNS beteiligt, deren Spiegel, wie oben beschrieben, nach Immunstimulation ansteigen. So lassen sich z. B. die nach peripherer IL-1-Gabe beobachteten Verhaltensänderungen durch intrazerebroventrikuläre (i.c.v.) Applikation von IL-1 receptor antagonist (IL-1ra) antagonisieren (Dantzer et al., 1992), so daß anscheinend die zentralen Zytokine an der Interaktion von Immunsystem und ZNS sowie an den beobachteten Verhaltensänderungen beteiligt sein können. Falls jedoch eine Immunstimulation über periphere Zytokine im ZNS Verhaltensänderungen auslöst, sollte nicht nur durch periphere Applikation von LPS, MDP oder Zytokinen, sondern auch durch direkte Applikation von Zytokinen in das ZNS in die Reizübertragung eingegriffen werden können. Diese Annahme konnte für das serotoninerge System im NRD bestätigt werden. Nach zentraler Gabe erhöhten IL-1α, IL-1ß und TNF-α die 5-HT-Ausschüttung im NRD signifikant (Abb. 3), eine Bestätigung von Befunden anderer Arbeitsgruppen (Gemma et al., 1991, 1994; Linthorst et al., 1994; Monhankumar et al., 1993; Sacerdote et al., 1994; Shintani et al., 1993). Die Verläufe der 5-HT-Freisetzungen, besonders bei IL-1ß, waren biphasisch, wobei der erste Anstieg als unspezifisch angesehen werden kann (Gemma et al., 1991, 1994). In ihren Untersuchungen im Hypothalamus fanden diese Autoren ebenfalls einen biphasischen Verlauf des voltametrischen 5-HIAA-Signals, wobei nur der 2. Anstieg durch IL-1ra zu antagonisieren war.

Der Einfluß von IL-1 auf das serotoninerge System läßt sich durch den Nachweis von IL-1-Rezeptoren im NRD erklären (Cunningham und De Souza, 1993). IL-2 hatte keinen signifikanten Effekt auf die serotoninerge Transmission (Abb. 3).

Die periphere Gabe von LPS erhöht die Plasmaspiegel von adrenokortikotropem Hormon (ACTH) und Corticosteron (Berkenbosch et al., 1992), so daß es naheliegt, LPS als Stressor zu bezeichnen. Da die Freisetzung von ACTH und Corticosteron Zytokin-vermittelt ist (Berkenbosch et al., 1992), wird die «Role of cytokines in infection-induced stress» diskutiert (Dunn et al., 1993).

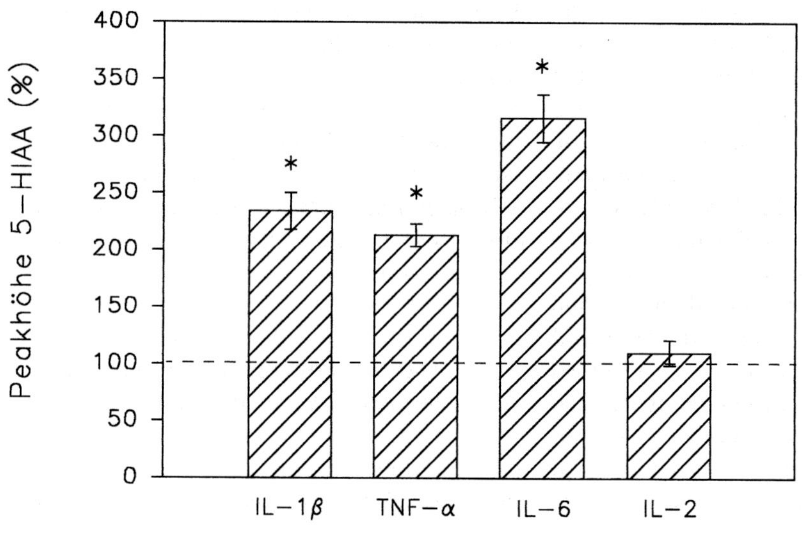

Abbildung 2: Einfluß von IL-1ß (10^5 U/kg i.v.), TNF (10 µg/kg i.v.) und IL-6 (1000 U/kg i.m.) auf die extrazelluläre 5-HIAA Konzentration im NRD der narkotisierten Ratte (Chloral Hydrat, 500 mg/kg i.p.) und IL-2 (500 ng/kg i.p.) im NRD der freibeweglichen Ratte 180 Minuten nach Injektion. Dargestellt sind die Mittelwerte (MW±SEM) im Vergleich zur Kontrolle (0,1 % Albumin) (n=5, * p<0,05, Student t-test).

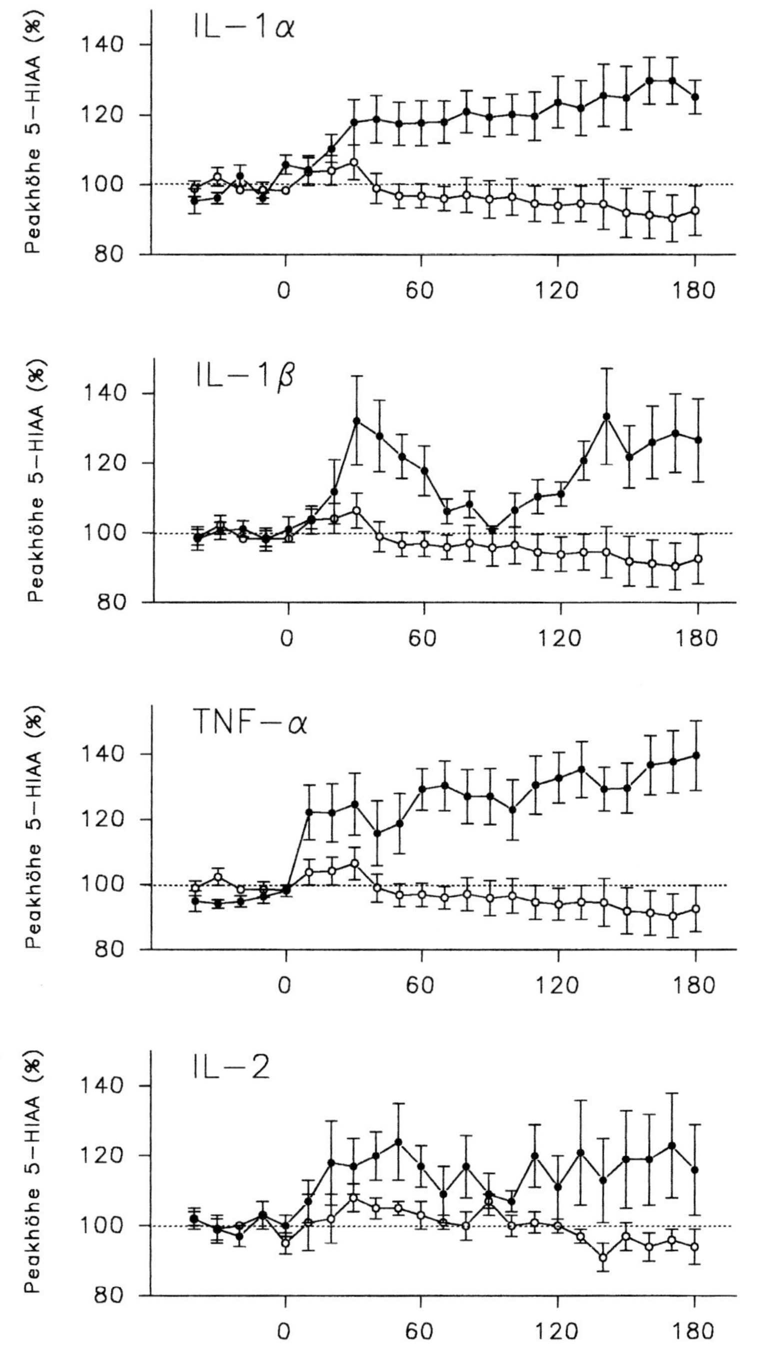

Abbildung 3: Verlauf der extrazellulären 5-HIAA Konzentrationen im NRD der Ratte nach intraventrikulären Injektion von IL-α (●-●, 50 ng), IL-1ß (●–●, 500 U), TNF-α (●–●, 50 ng) und IL-2 (●–●, 50 ng) im Vergleich zur Kontrolle (○-○, 0,1 % Albumin), gemessen am wachen freibeweglichen Tier. Dargestellt sind die Mittelwerte (MW±SEM) der Peakhöhen in Prozent bezogen auf die Mittelwerte des Vorlaufs (n=5). Die Applikationen erfolgten zur Zeit t=0 min.

Jedoch nicht nur LPS, MDP und die Zytokine IL-1, TNF-α und IL-6 («infection-induced stress») erhöhen die 5-HT-Freisetzung im NRD, sondern auch andere Stressoren wie z. B. Immobilisation (Joseph und Kennett, 1983; Roth et al., 1982; Weiss et al., 1981). Intensität und Dauer der erhöhten 5-HT-Freisetzung hängen sowohl von der Art des Stressors (Clement et al., 1993) als auch von der Streßdauer ab. So wurde bei wiederholter Anwendung des Stressors, in diesem Fall zehnminütige Immobilisation, an fünf aufeinanderfolgenden Tagen, die 5-HT Antwort reduziert, d. h. die Tiere adaptierten sich an die neue Situation (Abb. 4). Streß erhöht Synthese, Freisetzung und Stoffwechsel des 5-HT. Alle drei Parameter hängen direkt von der Verfügbarkeit von Tryptophan ab (Fernström, 1983). Die

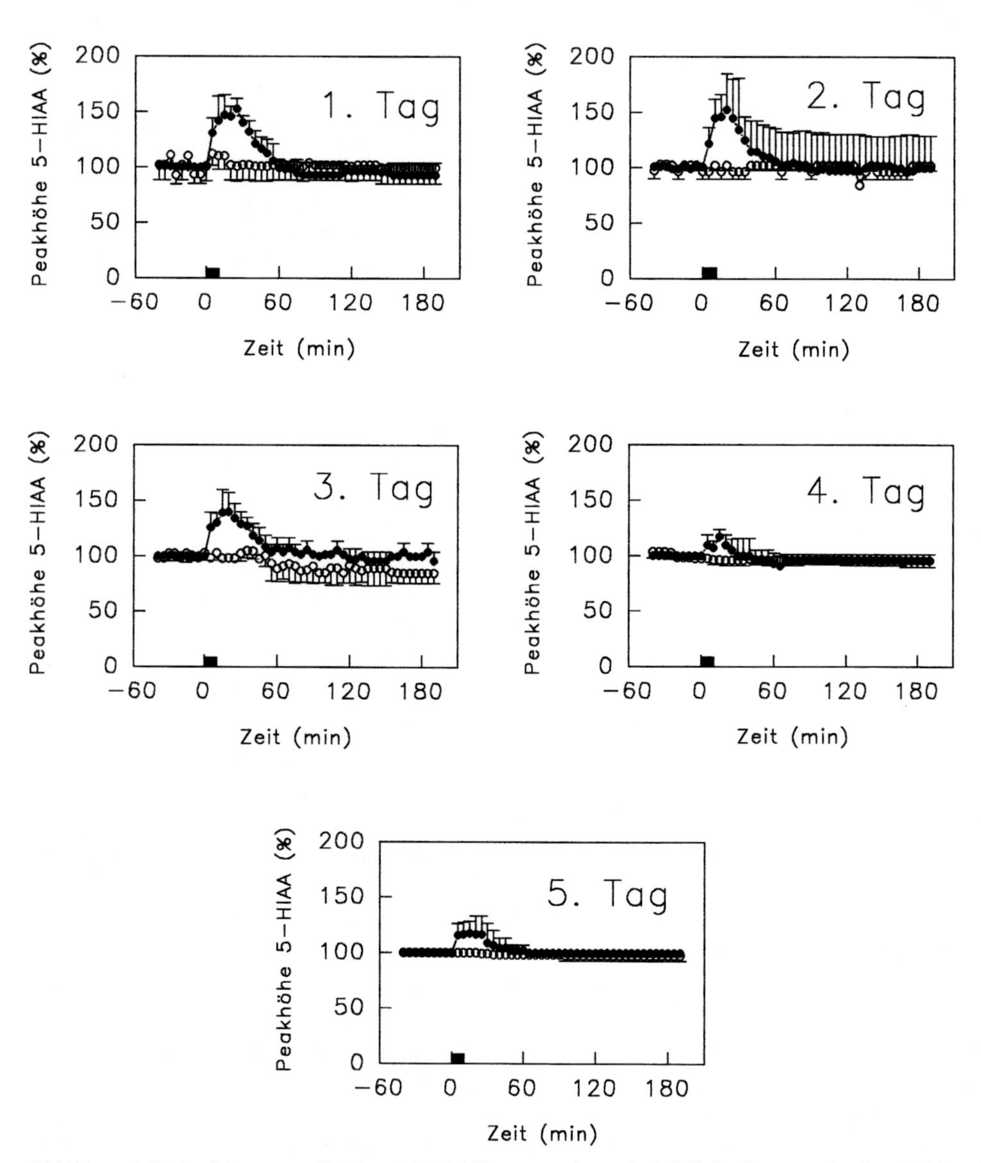

Abbildung 4: Verlauf der extrazellulären 5-HIAA Konzentrationen im NRD der Ratte nach zehnminütiger Immobilisation (●–●) im Vergleich zur Kontrolle (○-○) an fünf aufeinanderfolgenden Tagen. Dargestellt sind die Mittelwerte (MW±SD) der Peakhöhen in Prozent bezogen auf die Mittelwerte des Vorlaufs (n=5). Die Applikationen erfolgten zur Zeit t=0 min.

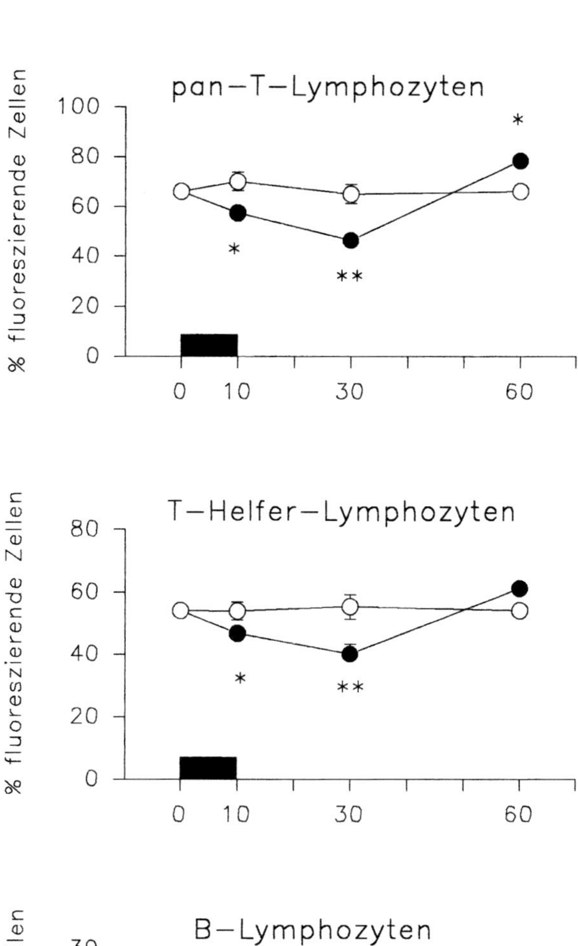

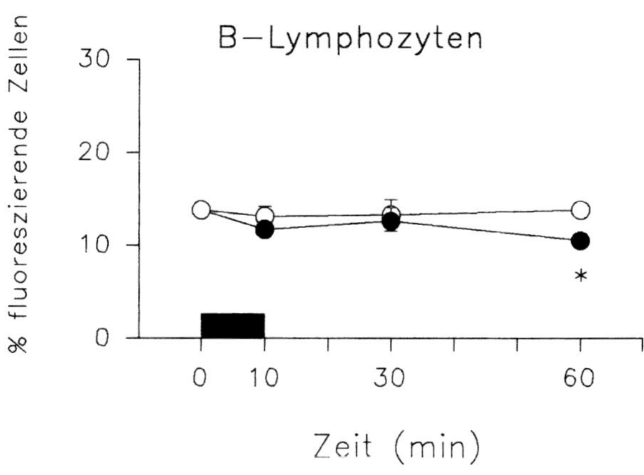

Abbildung 5: Einfluß von zehnminütiger Immobilisation (●–●) und unterschiedlichen Erholungszeiten auf die Verteilung der Lymphozytensubpopulationen im Blut der Ratte im Vergleich zur Kontrolle (○–○). Die Prozentwerte der positiv fluoreszierenden Zellen sind dargestellt als Mittelwerte (MW ± SEM) von n = 5 (* $p < 0{,}05$; ** $p < 0{,}01$, Tukey).

nach wiederholtem Streß beobachtete Reduktion der 5-HT-Synthese ist vermutlich auf eine Tryptophanverarmung zurückzuführen, die ihrerseits durch eine Corticosteron-induzierte Aktivierung der Tryptophan-Pyrrolase verursacht wird (Fernström, 1983; Chomicka, 1984). Die 5-HT-Verarmung im Gehirn nach wiederholtem Streß ist jedoch noch umstritten. So fanden Kitayama et al. (1989) nach chronischem Streß eine signifikante 5-HT-Verminderung, während Adell et al. (1990) über eine Zunahme der 5-HT-Konzentration nach chronischem Streß berichten. Bei Dauerinfusion von IL-1 mit einer osmotischen Minipumpe wurden nur zu Beginn der Infusion signifikante Verhaltensänderungen beobachtet; im Lauf der Infusion normalisierte sich das Verhalten der Tiere (Bluthé et al., 1991). Eine ähnliche Reaktion auf die IL-1-Infusion zeigten die Änderungen des Körpergewichtes. Faßt man die Beobachtungen zusammen, so können unterschiedliche Stressoren wie Immobilisation und LPS (Dantzer et al., 1992) sowie IL-1 bei längerdauernder bzw. wiederholter Applikation zur Adaptation führen.

Immobilisation und andere Stressoren greifen nicht nur in den Transmitterstoffwechsel ein, sondern verändern auch Immunparameter wie die Stimulierbarkeit von Leukozyten (Rinner et al.,1992; Bohus et al., 1993) und die Reifung von T-Lymphozyten (Teshima et al., 1991) (siehe auch Beitrag Schedlowski et al. in diesem Buch). Nach zehnminütiger Immobilisation von Ratten, gefolgt von unterschiedlichen Erholungszeiten, zeigte sich zunächst ein signifikanter Rückgang der pan-T-Lymphozyten, der vor allem auf Änderungen der T-Helfer-Zellen zurückzuführen war (Abb. 5). Dieser Effekt verstärkte sich noch bei einer Erholungszeit von 20 Minuten. 50 Minuten nach Ende der Immobilisation wurde jedoch ein signifikanter Anstieg der pan-T-Zellen beobachtet, verbunden mit einer Reduktion der B-Lymphozyten. In der Milz wurden vergleichbare Befunde erhoben. Die Umverteilung der Milz-Lymphozyten ist mit einer Abwanderung der Lymphozyten in andere lymphatische Organe wie das Knochenmark verbunden (Devoino et al., 1987). Für die Umverteilung sind Corticosteroide verantwortlich (Cohen, 1972). In Parallelexperimenten zur FACS-Analyse der Verteilung der Lymphozyten konnten wir mittels PCR-Technik zeigen, daß in den peripheren Blutleukozyten immobilisierter Tiere der Proopiomelanocortin (POMC)- und IL-2-mRNA-Gehalt nach 50 min Erholung deutlich gegenüber den Kontrollen erhöht war, während das Kontrollgen für Glycerinaldehydphosphat-Dehydrogenase (GAPDH) bei beiden Gruppen gleich exprimiert wurde. Der Anstieg der IL-2-mRNA ist vermutlich auf einen Anstieg von IL-2-mRNA in den T-Lymphozyten zurückzuführen. Eine erhöhte IL-2-Produktion wurde auch bei Kältestreß beobachtet (Shu et al., 1993). Die Exprimierung der mRNA für Interleukin-1 und Interleukin-6 war im Vergleich zu den Kontrollen unverändert. Somit findet bei kurzzeitigem Streß eine Einflußnahme des endokrinen Systems bei der Expressionsregulation dieser Gene statt.

Zusammenfassend läßt sich feststellen, daß in der Ratte nach Immunstimulation und nach peripherer Applikation der Zytokine IL-1, IL-6 und TNF-α verstärkt 5-HT im NRD freigesetzt wird und damit das serotoninerge Transmittersystem dieses Hirnareals und 5-HT-gesteuerte Verhaltensänderungen von Änderungen im Immunsystem betroffen sind. Die Immobilisationsexperimente deuten auf eine inhibierende Wirkung der 5-HT-Freisetzung auf das Immunsystem, gemessen als Lymphozytenverteilung und Zytokinproduktion, hin. Es kann jedoch nicht ausgeschlossen werden, daß das serotoninerge Neurotransmittersystem auch über das sympathische Nervensystem auf das Immunsystem wirkt.

Literatur

Adell A, Garcia-Marquez C, Armario A, Gelpi E: Effect of chronic stress on serotonin and noradrenaline in the rat brain. Biogenic Amines 1990; 7:19–26.

Banks WA, Kastin AJ: The interleukins-1alpha, 1ß and -2 do not acutely disrupt the murine blood brain barrier. Int. J. Immunopharmacol. 1992; 14:629–636.

Berkenbosch F, De Rijk R, Schotanus K, Wolvers D, Van Dam AM: The immune-hypothalamo-pituitary adrenal axis: its role in immunoregulation and tolerance to self-antigens. In: Rothwell N, Dantzer RD (Hrsg.): Interleukin-1 in the Brain. Oxford, Pergamon Press, 1992; 75–91.

Beutler BA, Krochin N, Milsark IW, Luedke C, Cerami A: Control of cachectin (tumor necrosis factor) synthesis: mechanisms of endotoxin resistance. Science 1986; 234:977–979.

Bluthé RM, Dantzer RD, Kelley KW: Dissociation between peripheral and central components of tolerance to behavioural effects of interleukin-1. C. R. Acad. Sci. 1991; 312 Ser.III:689–694.

Bluthé RM, Walter V, Parnet P, Laye S, Lestage J, Verrier D, Pooloe S, Stenning BE, Kelley KW, Dantzer R: Lipopolysaccharide induces sickness behaviour in rats by a vagal mediated mechanism. C. R. Acad. Sci. 1994; 317 Ser.III:499–503.

Bohus B, Koolhaas JM, Heijnen CJ, de Boer O: Immunological responses to social stress: dependence on social environment and coping abilities. Neuropsychobiol. 1993; 28:95–99.

Briesch ST, Zemlan FP, Hoevel BG: Hyperphagia and obesity following serotonin depletion by intraventricular para-chlorophenylalanine. Science 1976; 192:382–384.

Cespuglio R, Houdouin F, Oulerich M, El Mansari M: Axonal and somato-dendritic modalities of serotonin release: their involvement in sleep preparation, triggering and maintenance. J. Sleep Res. 1992; 1:150–156.

Cespuglio R, Sarda N, Gharib H, Faradji H, Chastrette N: Differential pulse voltammetry in vivo with working carbon fibre electrodes: 5-hydroxyindole compounds or uric acid detection? Exp. Brain Res. 1986; 64:588–595.

Chase TN, Murphy DL: Serotonin and central nervous system function. Ann. Rev. Pharmacol. 1973; 13:181–197.

Chomicka LK: Effects of stress on the activity of the pituitary-gonadal axis and brain serotonin. Acta Physiol. Pol. 1984; 35(Suppl.27):103–112.

Clement HW, Schäfer F, Ruwe C, Gemsa D, Wesemann W: Stress-induced serotonin release in the N. raphe dorsalis and the frontal cortex of the rat followed by in vivo voltammetry after different stressors. Brain Res. 1993; 614:117–124.

Cohen JJ: Thymus-derived lymphocytes sequestered in the bone marrow of hydrocortisone-treated mice. J. Immunol. 1972; 107:841–844.

Cunningham ET Jr, De Souza EB: Interleukin 1 receptors in the brain and endocrine tissues. Immunol. Today 1993; 14:171–176.

Dahlström A, Fuxe K: Evidence for the existence of monoamine containing neurons in the central nervous system. I. Demonstration of monoamines in the cell bodies of brainstem neurons. Acta Physiol. 1964; 62:Suppl.1–55.

Dantzer RD, Bluthe RM, Kent S, Kelley KW: Behavioural effects of cytokines. In: Rothwell N, Dantzer RD (Hrsg.): Interleukin-1 in the Brain. Oxford, Pergamon Press, 1992; 135–150.

De Sarro B, Masuda Y, Asciotti C, Audino MG, Nistico G: Behavioural and ECoG spectrum changes induced by intracerebral infusion of interferons and interleukin-2 in rats is antagonized by naloxone. Neuropharmacol. 1990; 29:167–170.

Devoino L, Alperina E, Idova G: Dopaminergic stimulation of the immune reaction: interaction of serotoninergic and dopaminergic systems in neuroimmunomodulation. Int. J. Neurosci. 1988(a); 40:271–288.

Devoino L, Idova G, Alperina E, Cheido M: Distribution of immunocompetent cells underlying psychoneuroimmunomodulation. Ann. N. Y. Acad. Sci. 1987; 496:293–300.

Devoino L, Mozorowa N, Cheido M: Participation of serotoninergic system in neuroimmunomodulation: intraimmune mechanisms and the pathways providing an inhibitory effect. Int. J. Neurosci. 1988(b); 40:111–128.

Dinarello CA: Biology of interleukin 1. FASEB J. 1988; 108–115.

Dunn AJ: Role of cytokines in infection-induced stress. Ann.N.Y.Acad.Sci. 1993; 697:189–202.

Dunn AJ: The role of interleukin-1 and tumor necrosis factor alpha in the neurochemical and neuroendocrine responses to endotoxin. Brain-Res. Bull. 1992; 29:807–812.

Dunn AJ: Endotoxin-induced activation of cerebral catecholamine and serotonin metabolism: comparison with interleukin-1. J. Pharmacol. Exp. Ther. 1992; 261:964–969.

Dunn AJ, Chuluyan HE: Endotoxin elicits normal tryptophan and indolamine responses but impaired catecholamine and pituitary-adrenal responses in endotoxin-resistant mice. Life Sci. 1994; 54:847–853.

Dunn AJ, Vickers SL: Neurochemical and neuroendocrine responses to Newcastle disease virus administration in mice. Brain Res. 1994; 645:103–112.

Dunn AJ, Welch J: Stress- and endotoxin-induced increases in brain tryptophan and serotonin metabolism depend on sympathetic nervous system activity. J. Neurochem. 1991; 57:1615–1622.

Feist W, Ulmer AJ, Wang M, Musehold J, Schlüter C, Gerdes J, Herzbeck H, Brade H, Kusumoto S, Diamantstein T, Rietschel ET, Flad HD: Modulation of lipopolysaccharide-induced production of tumor necrosis factor, interleukin-1, and interleukin-6 by synthetic precursor Ia of Lipid A. FEMS Microbiol. Immunol. 1992; 89:73–90.

Fernström JD: Role of precursor availability in control of monoamine biosynthesis in brain. Physiol. Rev. 1983; 63:484–546.

Gemma C, De Luigi A, De Simoni MG: Permissive role of glucocorticoids on interleukin-1 activation of the hypothalamic serotonergic system. Brain Res. 1994; 651:169–173.

Gemma C, Ghezzi P, De Simoni MG: Activation of the hypothalamic serotoninergic system by central interleukin-1. Eur. J. Pharmacol. 1991; 209:139.

Graham-Smith DG, Green AR: The role of brain 5-hydroxytryptamine in the hyperactivity produced in rats by lithium and monoamine oxidase inhibition. Br. J. Pharmacol. 1974; 52:19–26.

Jansky L, Vybiral S, Pospisilova D, Roth J, Dornand J, Zeisberger E, Kaminkova J: Zytokine levels during the early phase of the endotoxin fever. In: Zeisberger E, Schönbaum E, Lomax P (Hrsg.): Thermal Balance in Health and Disease. Basel, Birkhäuser, 1994; 359–362.

Joseph MH, Kennett GA: Stress induced release of 5-HT in the hippocampus and its dependence on increased tryptophan availability: an in vivo electrochemical study. Brain Res. 1983; 270:251–257.

Jouvet M: Biogenic amines and states of sleep. Science 1969; 163:32–41.

Kitayama I, Cintra A, Janson AM, Fuxe K, Agnati LF, Eneroth P, Aronsson M, Härfstrand A, Steinbush HWM, Visser TJ, Goldstein M, Vale W, Gustafsson JA: Chronic immobilization stress: evidence for decreases of 5-hydroxytryptamine immunreactivity and for increases of glucocorticoid receptor immunreactivity in various brain regions of the male rat. J. Neural Transm. 1989; 77:93–130.

Krueger JM, Kubillus S, Shoham S, Davenne D: Enhancement of slow-wave sleep by endotoxin and lipid A. Amer. J. Physiol. 1986; 251:R591–597.

Krueger JM, Majde JA: Microbial products and cytokines in sleep and fever regulation. Crit. Rev. Immunol. 1994; 14:355–379.

Krueger JM, Pappenheimer JR, Karnovsky ML: Sleep-promoting effects of muramyl peptides. Proc. Natl. Acad. Sci. U.S.A. 1982; 79:6102–6108.

Krueger JM, Walter J, Dinarello CA, Wolff SM, Chedid L: Sleep-promoting effects of endogenous pyrogen (interleukin-1). Amer. J. Physiol. 1984; 246:R994–999.

Kuhnen G: Selective brain cooling during fever? In: Zeisberger E, Schönbaum E, Lomax P (Hrsg.): Thermal Balance in Health and Disease. Basel, Birkhäuser, 1994; 353–358.

Laye S, Parnet P, Goujon E, Dantzer R: Peripheral administration of lipopolysaccharide induces the expression of cytokine transcripts in the brain and pituitary of mice. Brain Res. Mol. Brain Res. 1994; 27:157–162.

Linthorst AC, Flachskamm C, Holsboer F, Reul JM: Local administration of recombinant human interleukin-1 beta in the rat hippocampus increases serotonergic neurotransmission, hypothalamic-pituitary-adrenocortical axis activity, and body temperature. Endocrinology 1994; 135:520–532.

Moldawer LL, Anderson C, Gelin J, Lundholm KG: Regulation of food intake and hepatic protein synthesis by recombinant-derived cytokines. Amer. J. Physiol. 1988; 254:6450–6456.

Moldowsky H, Lue FA, Eisen J, Keystone E, Gorczynski RM: The relationship of interleukin-1 and immune functions to sleep in humans. Psychosom. Med. 1989; 48:309–318.

Monhankumar PS, Thyagarajan S, Quadri SK: Interleukin-1 beta increases 5-hydroxyindoleacetic acid release in the hypothalamus in vivo. Brain Res. Bull. 1993; 31:745–748.

Myers RD: Serotonin and thermoregulation: old and new views. J. Physiol. 1981; 77:505–513.

Plata-Salaman CR, Oomura Y, Kai Y: Tumor necrosis factor and interleukin-1ß: suppression of food intake by direct action in the central nervous system. Brain Res. 1988; 448:106–114.

Rinner I, Schauenstein K, Mangge H, Porta S, Kvetnansky R: Opposite effects of mild and severe stress on in vitro activation of rat peripheral blood lymphocytes. Brain Behav. Immun. 1992; 6:130–140.

Roth KA, Mefford IN, Barchas JD: Epinephrine, norepinephrine, dopamine and serotonin: Differential effects of acute and chronic stress on regional brain amines. Brain Res. 1982; 239:417–424.

Sacerdote P, Bianchi M, Manfredi B, Panerai AE: Intracerebroventricular interleukin-1 alpha increases immunocyte beta-endorphin concentrations in the rat: involvement of corticotropin-releasing hormone, catecholamines, and serotonin. Endocrinology 1994; 135:1346–1352.

Schöbitz B, De Kloet ER, Holsboer F: Gene expression and function of interleukin 1, interleukin 6 and tumor necrosis factor in the brain. Prog. in Neurobiol. 1994; 44:397–432.

Shintani F, Kanba S, Nakaki T, Nibuya M, Kinoshita N, Suzuki E, Yagi G, Kato R, Asai M: Interleukin-1 beta augments release of norepinephrine, dopamine, and serotonin in the rat anterior hypothalamus. J. Neurosci. 1993; 13:3574–3581.

Shu J, Stevenson JR, Zhou X: Modulation of cellular immune responses by cold water swim stress in the rat. Dev. Comp. Immunol. 1993; 17:357–371.

Teshima H, Sogawa H, Kihara H, Nakagawa T: Influence of stress on the maturity of T-cells. Life Sci. 1991; 49:1571–1581.

Velasco S, Tarlow M, Olsen K, Shay JW, McCracken GH, Perry J, Nisen D: Temperature dependent modulation of lipopolysaccharide-induced interleukin-1ß and tumor necrosis factor-alpha expression in cultured human astroglial cells by dexamethasone and indomethacin. J. Clin. Invest. 1991; 87:1674–1680.

Waguespack PJ, Banks WA, Kastin AJ: Interleukin-2 does not cross the blood-brain barrier by a saturable transport system. Brain Res. Bull. 1994; 34:103–109.

Weiner RI, Ganong WF: Monoamines and histamine in regulation of anterior pituitary secretion. Physiol. Rev. 1978; 58:905–976.

Weiss JM, Goodman PA, Losito BG, Corrigan S, Charry GM, Bailey WH: Behavioral depression produced by an uncontrollable stressor: relationship to norepinephrine, dopamin and serotonin levels in various regions of rat brain. Brain Res. Rev. 1981; 3:167–205.

Wesemann W, Clement HW, Gemsa D, Hasse C, Heymanns J, Pohlner K, Schäfer F, Weiner N: Immobilization and light-dark cycle-induced modulation of serotonin metabolism in rat brain and of lymphocyte subpopulations: in vivo voltammetric and FACS analyses. Neuropsychobiol. 1993; 28:91–94.

Zalcman S, Green-Johnson JM, Murray L, Nance DM, Dyck D, Anisman H, Greenberg AH: Zytokine-specific central monoamine alterations induced by interleukin-1, -2 and 6. Brain Res. 1994; 643:40.

Die Autoren möchten sich bei Herrn Thomas Damm für seine ausgezeichnete technische Unterstützung bedanken und bei Frau Erika Rösing für die Hilfe bei der Erstellung des Manuskripts. TNF-α war eine Spende der BASF-Knoll AG, Ludwigshafen, IL-1ß erhielten wir als Spende von Dr. F. Seiler, Behring AG, Marburg. Die Untersuchungen werden gefördert von der Stiftung Volkswagen, Nr. I/67 793.

Vasopressin und Immunfunktionen

Volker Enzmann, Karl Drößler, Rainer Landgraf und Mario Engelmann

Arginin-Vasopressin (AVP) ist ein Nonapeptid, das im Säugergehirn hauptsächlich in Neuronen distinkter Kerngebiete des Hypothalamus, insbesondere denen des Nucleus supraopticus (NSO) und Nucleus paraventricularis (NPV), synthetisiert wird. Ausgehend von diesen Kerngebieten wurden bislang drei anatomisch und funktionell relativ gut charakterisierte vasopressinerge Systeme beschrieben: 1. Axonen eines Teils dieser Neuronen projizieren in die Neurohypophyse, aus der AVP nach adäquater Stimulation (z. B. Durst, Streß) als Hormon ins Blut sezerniert wird (Cunningham und Sawchenko, 1991). Über den Blutkreislauf erreicht AVP seine peripheren Zielorgane, z. B. Niere (Antidiurese via V2-Rezeptoren) und Leber (Glycogenolyse via V1a-Rezeptoren). Neben dieser sogenannten *hypothalamo-neurohypophysären Achse* nimmt 2. AVP eine zentrale Stellung bei der Regulation des *Hypothalamo-Adenohypophysen-Nebennierenrinden (HPA)-Systems* als Releasinghormon ein (Antoni, 1993). Unter definierten Streßsituationen setzen Neuronen des NPV und NSO, die zur *Eminentia mediana* bzw. Neurohypophyse ziehen, AVP in den Portalblut-Kreislauf frei. Durch Interaktion mit einem spezifischen AVP-Rezeptorsubtyp (V1b) an Drüsenzellen der Adenohypophyse potenziert AVP die (Corticotropin-Releasinghormon-induzierte) Sekretion des Adrenocorticotropen Hormons (ACTH) und trägt somit maßgeblich zu der bekannten endokrinen Streßantwort bei (insbesondere zum Anstieg von Plasma-ACTH und -Corticosteron; Antoni, 1993). Schließlich existieren 3. umfangreiche Nachweise für eine Freisetzung von AVP als Neurotransmitter/Neuromodulator innerhalb des Gehirns. So konnten insbesondere in den Hirngebieten des limbischen Funktionskreises vasopressinerge Faserzüge nachgewiesen werden, die sowohl dem NPV als auch extrahypothalamischen Kerngebieten und möglicherweise sogar dem NSO entspringen. AVP, das aus Axon-Terminalen dieser Faserzüge als Neuropeptid freigesetzt wird, interagiert mit spezifischen AVP-Rezeptorsubtypen (hauptsächlich V1a) und ist dadurch u. a. in die Regulation von autonomen Funktionen (z. B. Körpertemperatur) und ausgewählten Verhaltensleistungen (z. B. Lernen und Gedächtnis, motorische Aktivität) einbezogen (de Wied et al., 1993). Von besonderem Interesse ist dabei, daß für AVP nicht nur eine synaptische, sondern auch eine somatisch-dendritische Freisetzung innerhalb der genannten Kerngebiete nachgewiesen wurde (Pow und Morris, 1989). Die physiologische Bedeutung dieser sogenannten intranukleären Freisetzung liegt mutmaßlich in einer Koordinierung der Aktivität vasopressinerger Neuronen, da positive Rückkopplungsmechanismen für AVP nicht nur in limbischen Arealen (Landgraf et al., 1991), sondern auch im NSO (Wotjak et al., 1994) beschrieben wurden.

Bei einer kritischen Bewertung der Verteilung und Funktion von AVP im Körper wird offensichtlich, daß dieses Nonapeptid optimale Voraussetzungen besitzt, um als Informationsüberträger in einer postulierten Kommunikation zwischen Nerven- und Immunsystem zu fungieren:

- Über den Blutstrom wird AVP ubiquitär verteilt (Ausnahme: Transport durch Blut-Hirn-Schranke). Damit ist gewährleistet, daß das Nonapeptid mit allen lymphatischen Organen und natürlich auch mit immunkompetenten Zellen im Blut in Wechselwirkung treten kann.

- Im Blut zirkulierendes, endogenes AVP ist unter physiologischen Bedingungen nicht in der Lage, die Blut-Hirn-Schranke zu passieren (Ermisch et al., 1993). Da die intrazerebrale Freisetzung von AVP nicht notwendigerweise simultan zur peripheren erfolgt (Neumann et al., 1993), ergeben sich wenigstens zwei separate Kompartimente, die in differenzierter Art und Weise in die Wechselwirkungen zwischen dem Immunsystem auf der einen Seite und AVP auf der anderen einbezogen sein können.

- Die drei vasopressinergen Systeme sind zwar morphologisch und funktionell voneinander abgrenzbar, besitzen jedoch mit ihrem gemeinsamen Ursprung in den hypothalamischen Kerngebieten entscheidende «Schnittstellen», die – u. a. auf Grund der besonderen Eigenschaften der intranukleären Freisetzung von AVP – als Kontroll- und Regelzentren des neuroendokrin-immunologischen Dialoges fungieren könnten (Engelmann und Landgraf, 1994).

Direkte Hinweise für einen Einfluß von AVP auf die Regulation von Immunreaktionen stammen aus verschiedenen *in-vitro*-Experimenten. So konnte gezeigt werden, daß AVP nicht nur die Aktivität natürlicher Killerzellen fördert, sondern auch als Helfersignal für die Interferon-gamma-Produktion muriner Milzzellen (MZ) fungieren kann und somit die Funktion von Interleukin-2 (IL-2) simuliert (Johnson und Torres, 1985). Dabei entfaltet das Nonapeptid seine Wirkung offensichtlich über an der Plasmamembran immunkompetenter Zellen befindliche V1-Rezeptoren, wie sie z. B. an humanen peripheren mononukleären Zellen (Elands et al., 1990), Zellen des Makrophagen/Monozyten-Systems (Fischer, 1988), sowie Lymphozyten (Torres und Johnson, 1988; Elands et al., 1990) nachgewiesen wurden. Darüber hinaus induziert bzw. fördert AVP die DNA-Synthese und die Zellteilungsaktivität immunkompetenter Zellen (Friedkin et al., 1979; Rozengurt et al., 1979), beeinflußt die Prostaglandinproduktion in menschlichen peripheren Blutmonozyten (Block et al., 1981) und stimuliert die Biosynthese von Proopiomelanocortin in Lymphozyten. Interessanterweise sind Zellen des Immunsystems ihrerseits in der Lage, AVP zu produzieren und freizusetzen – eine Tatsache, die als Indiz für eine bidirektionale Kommunikation zwischen Immun- und neuroendokrinem System gewertet wurde (Marwick et al., 1986).

Insbesondere Tierversuche mit anschließenden *ex-vivo*-Experimenten haben Informationen über den Einfluß verschiedener Stimuli sowohl auf neuroendokrine als auch immunologische Parameter geliefert. Verabreicht man beispielsweise Mäusen oder Ratten einen elektrischen Fußschock, wird nicht nur die zentrale und periphere AVP-Freisetzung stimuliert (Landgraf, 1995), sondern es kommt auch zu einer Abnahme der Lymphozytenreaktivität auf Mitogene (Rabin et al., 1989), zu einer Verminderung der NK-Zell-Aktivität (Shavit et al., 1984), zu einer erhöhten Tumoranfälligkeit (Lewis et al., 1983) sowie zu einer gesteigerten Abgabe von Stickstoffoxid durch Makrophagen (Rettori et al., 1994). Auch eine Verringerung der Antikörperproduktion als Sekundärantwort nach einer vorausgegangenen Immunisierung konnte nach Fußschock-Stimulation nachgewiesen werden (Moynihan et al., 1990).

Obwohl sich die Ergebnisse von *in-vitro*-Untersuchungen nur bedingt auf *in-vivo*-Bedingungen übertragen lassen, sprechen die meisten der hier vorgestellten Befunde für einen modulierenden Einfluß von AVP auf das Immunsystem. Da nur multiple methodische Ansätze hoffen lassen, die faszinierend komplexe Interaktion zwischen neuroendokrinem und Immunsystem in ihrer Konsequenz für die Sicherung der Homöostase und adäquates Verhalten von Versuchstieren zumindest in Grundzügen zu verstehen, sollen die nachfolgend beschriebenen Untersuchungen einen Beitrag zur weiteren Charakterisierung dieses Dialoges in der Körperperipherie und im Gehirn liefern. Deshalb wird in den folgenden Kapiteln nicht nur ein Überblick über die vorhandene Literatur vermittelt, sondern es werden auch die Ergebnisse neuester und zum Teil noch unpublizierter Experimente vorgestellt, wobei ein Schwerpunkt auf der Wirkung des Nonapeptides in physiologischen Konzentrationen liegt.

In-vitro-Experimente

Zur Klärung der Frage, ob AVP einen Effekt auf ruhende, d. h. nicht Mitogen-stimulierte MZ besitzt, wurde das Nonapeptid *in vitro* kultivierten Zellen in verschiedenen Konzentrationen zugegeben (von 10^{-5} bis 10^{-12} M) und 24, 48, 72 und 96 h später deren Stoffwechselaktivität bestimmt. Der Einfluß von AVP war nur im mittleren Konzentrationsbereich als geringfügige Supprimierung meßbar. Während die Freisetzung von IL-2 und IL-6 unverändert blieb, wurde die von IL-4 gesteigert (Enzmann, 1995). Aus diesen Befunden kann geschlußfolgert werden, daß AVP keine mitogenen Eigenschaften für MZ hat.

Mit Hilfe mitogener Substanzen wie Lipopolysaccharid (LPS) oder Concanovalin A (ConA) können B-Lymphozyten zu antikörperproduzierenden Plasmazellen und T-Lymphozyten zu Interleukin-sezernierenden Effektorzellen getriggert und diese mit Hilfe der ELISPOT-Technik (Czerkinsky et al., 1983) quantitativ erfaßt werden. AVP bewirkte in einer Konzentration von 10^{-5} M eine Verminderung der Zahl Antikörper-produzierender Zellen. Dieser supprimierende Effekt ließ sich über die gesamte Kulturzeit hinweg (96 h) sowohl bei optimal als auch bei suboptimal stimulierten Zellen beobachten. In einer geringeren Konzentration (10^{-8} M) wirkte AVP erst nach längerer Kultivierung (72 h) auf die Zellen hemmend (Enzmann, 1995). Auch der Einfluß von AVP auf die Anzahl von IL-2-Produzenten wurde mit Hilfe normaler Milzzellkulturen und darüber hinaus mit hoch angereicherten T-Lymphozyten untersucht. Beim Einsatz unseparierter Milzzellkulturen ließ AVP keinen Einfluß auf die Entwicklung aktiv IL-2 freisetzender Zellen erkennen. In analog dazu durchgeführten Experimenten mit gereinigten T-Zellen führte AVP in beiden Konzentrationen zu einer signifikanten Verringerung der Anzahl aktiver IL-2-Produzenten (T_H1-Zellen), allerdings nur in einer optimal stimulierten Kultur. Die Differenzierung zu aktiven T_H2-Zellen wurde von AVP (10^{-8} M) gehemmt, wenn die Stimulierung mit einer suboptimalen ConA-Dosis (2,5 µg/ml) erfolgte. Dieser Befund konnte sowohl mit unseparierten Milzzellen als auch mit gereinigten T-Zellen erhoben werden (Enzmann, 1995).

Um weitere Aussagen zur Wirkung von AVP auf die immunologische Reaktivität muriner Lymphozyten treffen zu können, wurden Untersuchungen zur Beeinflussung einer mitogeninduzierten polyklonalen Zellantwort durchgeführt. Dabei wurden sowohl LPS als auch ConA in suboptimal bzw. optimal stimulierenden Dosen eingesetzt. Die ConA-induzierte Zellaktivität war durch AVP nur geringfügig beeinflußbar, wobei kein Unterschied zwischen suboptimaler und optimaler Mitogenstimulation bestand. Signifikant erhöhte Proliferationswerte gegenüber den unbehandelten Kontrollen konnten 48 bzw. 72 h nach Versuchsbeginn gemessen werden. Wurde mit LPS stimuliert, ergab sich eine Hemmung der Proliferation der MZ durch AVP. Dieser Effekt ließ sich über den gesamten Versuchszeitraum beobachten und erwies sich bei suboptimaler Mitogengabe als statistisch signifikant. Die maximale Hemmung der Stoffwechselaktivität wurde dabei im mittleren Konzentrationsbereich (10^{-7} bis 10^{-9} M) beobachtet (Enzmann, 1995; Abb. 1).

Da diese Ergebnisse eine Wirkung von AVP auf definierte Subpopulationen von MZ implizieren, erfolgten Proliferationsversuche mit über Nylonwolle separierten T- und B-Zellen. Eine AVP-Behandlung bewirkte in einer angereicherten und mit ConA-stimulierten T-Zell-Population eine signifikante und konzentrationsabhängige Zunahme der Zellproliferation. Im Gegensatz dazu wurden mit LPS aktivierte B-Zellen in ihrer Proliferation durch AVP gehemmt. Dieser Effekt war schon nach 24 h nachweisbar und 48 h nach AVP-Gabe am stärksten ausgeprägt. Bei längerer Inkubation schlug die Hemmung in eine Förderung um, welche nach 72 h am deutlichsten war. Außer der Bestimmung der Proliferationskinetik sollte ein Nachweis von IL-2, IL-4 und IL-6 in Kulturüberständen Mitogen-stimulierter MZ als Indikator für die Wirkung von AVP auf Sekretionsleistungen definierter Immunzellen dienen. Wie in Abbildung 2 dargestellt, konnte durch eine Zugabe von AVP die IL-2-Produktion ConA-stimulierter MZ signifikant gehemmt werden.

Der Gehalt an IL-4 in den Kulturüberständen wurde weder in suboptimal noch optimal ConA-stimulierten MZ durch AVP-Behandlung beeinflußt. Obwohl auch die IL-6-Sekretion von optimal ConA-aktivierter MZ durch Zugabe von AVP unverändert blieb, konnte bei einer suboptimalen ConA-Gabe eine Hemmung der IL-6-Produktion nach 24 h, 48 h und 72 h gemessen werden. Durch eine Kultivierung von mit suboptimal LPS-aktivierten MZ mit AVP konnte die IL-6-Freisetzung nicht beeinflußt werden. Demgegenüber produzierten optimal (200 µg/ ml LPS) aktivierte MZ nach AVP-Behandlung kurzzeitig (< 96 h) deutlich mehr IL-6.

Insgesamt kann festgestellt werden, daß AVP in den von uns eingesetzten Konzentrationen (10^{-5} bis 10^{-9} M) in der Lage ist, eine mitogeninduzierte IL-Synthese von MZ zu beeinflussen. Die dabei zu beobachtenden Effekte sind sowohl vom Zelltyp (T_H1 oder T_H2) als auch von der Art der eingesetzten Mitogene und der Dauer der Inkubationszeit abhängig.

Da neben Lymphozyten auch Makrophagen

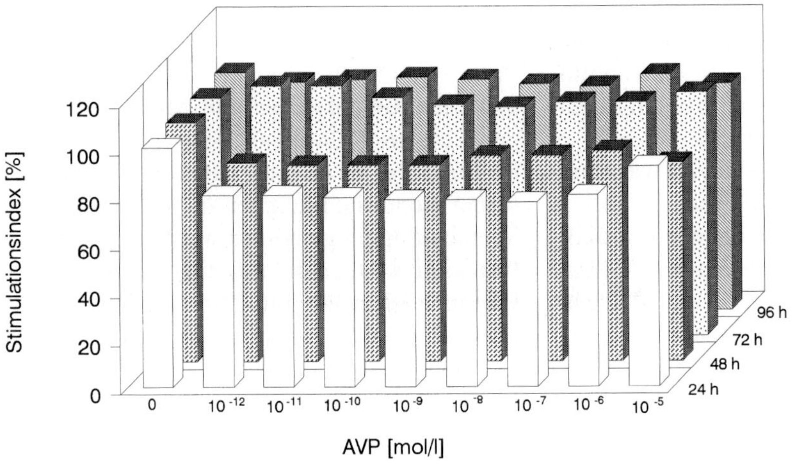

Abbildung 1: Wirkung von AVP auf die Kinetik LPS-stimulierter (100 µg/ml) MZ. Die Zellen wurden gleichzeitig mit dem Mitogen und verschiedenen Dosen AVP inkubiert. Zu den angegebenen Zeitpunkten erfolgte die Bestimmung der Stoffwechselaktivität mittels MTT-Test. Die nicht behandelte Kontrolle entspricht dabei immer 100% (3 Ansätze; SEM±10%).

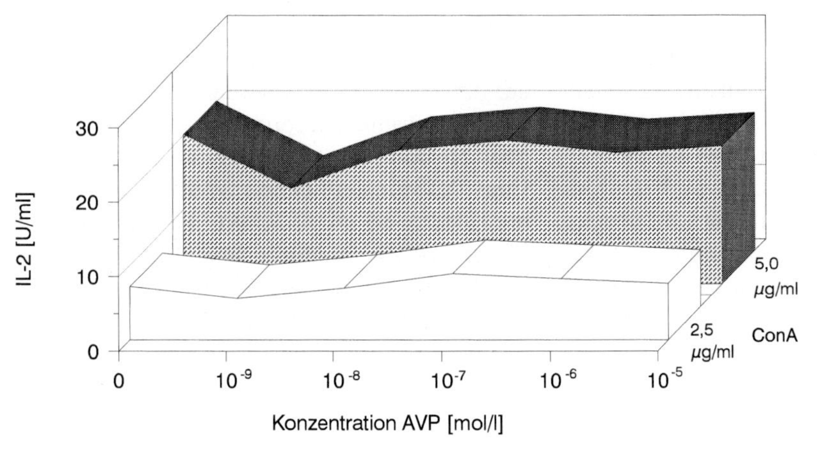

Abbildung 2: Einfluß von AVP auf eine Mitogen-induzierte IL-2-Sekretion durch MZ nach Inkubation mit unterschiedlichen Konzentrationen des Nonapeptids. Die Kultivierung erfolgte über einen Zeitraum von 24 h und mit suboptimaler (2,5 µg/ ml) bzw. optimaler (5,0 µg/ ml) ConA-Gabe; Nachweis von IL-2 mittels Bioassay.

eine wichtige Rolle beim Zustandekommen unspezifischer und spezifischer Abwehrreaktionen spielen, wurde dieser Zelltyp in die Untersuchungen zur immunmodulierenden Wirkung von AVP einbezogen. Effektorfunktionen von Makrophagen, wie die Bildung reaktiver Sauerstoffradikale als Teil des «respiratory burst» und reaktiver Metabolite des Stickstoffstoffwechsels, sind Ausdruck einer intensiven mikrobiziden Aktivität. Darüber hinaus ist die Vermehrungsrate der Zellen im Knochenmark für die Leistungsfähigkeit des gesamten Mononukleären-Phagozytären-Systems bedeutsam.

Der Kolonie-Assay (Pluznik und Sachs, 1965) ermöglicht es, Makrophagen des murinen Knochenmarks hinsichtlich ihrer Proliferationsfähigkeit mit und ohne AVP-Behandlung zu untersuchen. Die eingesetzten Zellen (1 x 10^5 Zellen/ml) inkubierten über einen Zeitraum von sieben Tagen, danach erfolgte eine lichtmikroskopische Erfassung der Zellkolonien (CFU-M; > 25 Zellen). Die Ergebnisse dieser Experimente sprechen für eine supprimierende und konzentrationsabhängige Wirkung des Nonapeptides auf frühe Makrophagen-Stadien (Abb. 3).

Da sich mittels Chemilumineszenz reaktive Sauerstoffspezies des spontanen «respiratory burst» von Peritonealexsudat-Makrophagen in

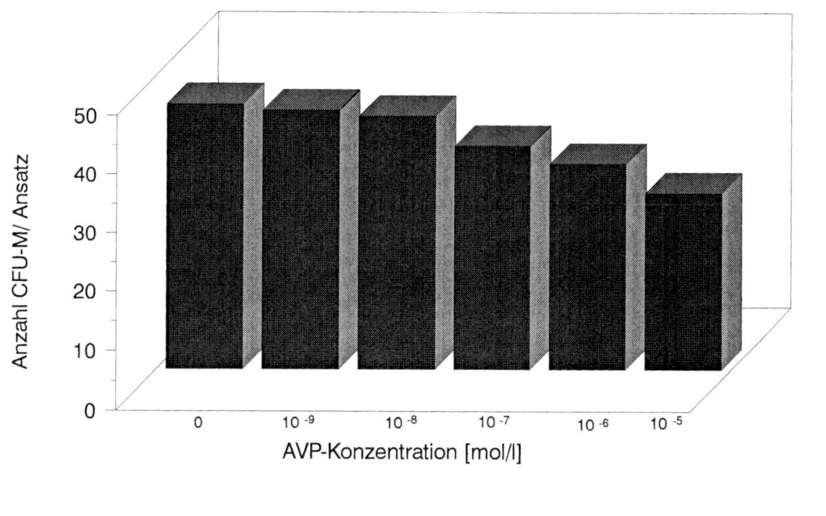

Abbildung 3: Darstellung der Anzahl CFU-M pro Ansatz mit 1x10^4 eingesäten Knochenmarks-Zellen nach 7 Tagen Inkubation mit verschiedenen Konzentrationen an AVP.

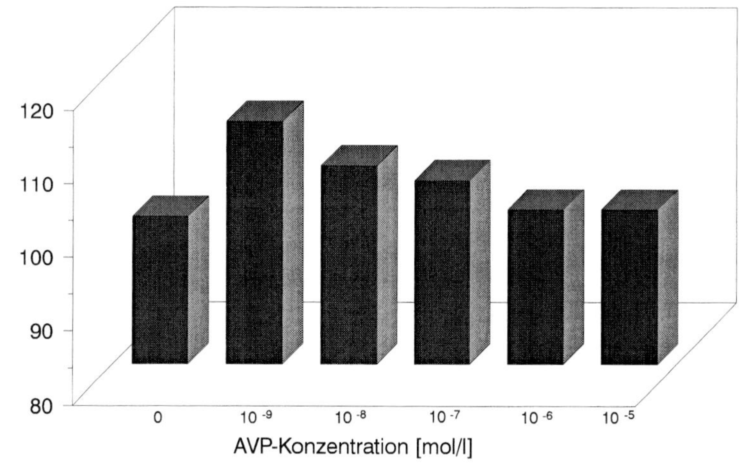

Abbildung 4: Darstellung der Beeinflussung des «respiratory burst» von Zymosan-stimulierten Peritonealexsudat-Makrophagen mit verschiedenen Konzentrationen von AVP. Stimulator- und Nonapeptidzugabe fanden zeitgleich nach einer Vorinkubation der Zellen mit dem Lichtverstärker statt, wobei die einzelnen Säulen die Summe der Lichtquanten in einen Zeitraum von 30 min repräsentieren.

Form von Lichtquanten nachweisen lassen, wurden Makrophagen (2 x10^6/ml) nach einer Vorinkubation mit Lichtverstärker mit unterschiedlichen AVP-Konzentrationen versetzt. Über einen Zeitraum von 30 min wurden anschließend die freigesetzten *relative light units* registriert. Die Ergebnisse zeigten, daß AVP auf die spontane Sauerstoffradikalbildung einen geringen Einfluß hatte. Nur in den beiden höchsten Konzentrationen war eine Erhöhung des spontanen «respiratory burst» zu beobachten. Ein starker «respiratory burst» kann durch Gabe von opsoniertem Zymosan induziert werden (Whitin et al., 1985). Wie in Abbildung 4 dargestellt, war der Einfluß von AVP auf die Zymosan-induzierte Bildung von reaktiven Sauerstoffspezies konzentrationsabhängig, wobei die fördernde Wirkung mit zunehmender Nonapeptidkonzentration abnahm, d. h. die geringere AVP-Dosis (10^{-9} M) verursachte die stärkste Erhöhung.

Reaktive Metabolite des Stickstoffstoffwechsels sind weitere mikrobizide und tumorizide Effektormoleküle des Makrophagen/ Monozyten-Systems (Zembala et al., 1994). Um etwaige Einflüsse von AVP auf die Freisetzung von Nitrit durch Makrophagen feststellen zu können, wurden unstimulierte bzw. stimulierte (LPS; LPS + IFNγ) Makrophagenkulturen mit unterschiedlichen Konzentrationen von AVP für 48 h inkubiert. Sowohl bei unstimulierten als auch optimal stimulierten (mit LPS und IFNγ) Makrophagen konnte kein Einfluß durch AVP auf die Nitritfreisetzung nachgewiesen werden. Im Gegensatz dazu zeigten nur mit LPS stimulierte Makrophagen nach der Behandlung mit AVP insbesondere im mittleren Konzentrationsbereich eine deutlich geringere Nitritproduktion (Abb. 5).

In-vivo-Experimente

Erste Hinweise auf eine mögliche Wechselwirkung zwischen intrazerebral freigesetztem AVP und dem Imunsystem ergaben sich aus dem Befund, daß die vasopressinerge Neurotransmission in limbischen Hirnarealen in die Regulation der Körpertemperatur einbezogen ist. Insbesondere in das ventrale Septum freigesetztes AVP wirkt bei der Pyrogen-induzierten Fieberantwort des Körpers als endogenes Cryogen (Naylor et al., 1985; Landgraf et al., 1990). Weitere Untersuchungen zeigten, daß das Zytokin Interleukin-1ß (IL-1ß), das als eine der kritischen Komponenten der Körperantwort bei Infektionen gilt (Kent et al., 1992) und das auch im Gehirn synthetisiert wird (Rothwell, 1991), nach peripherer bzw. zentraler Applikation als potentes Pyrogen wirkt (Kluger, 1991). Andererseits stimuliert IL-1ß die Freisetzung von AVP sowohl in den Blutkreislauf (Takahashi et al., 1992) als auch in diskrete Hirnareale (Watanobe und Takebe, 1993; Landgraf et al., 1995). Dieser Einfluß sugge-

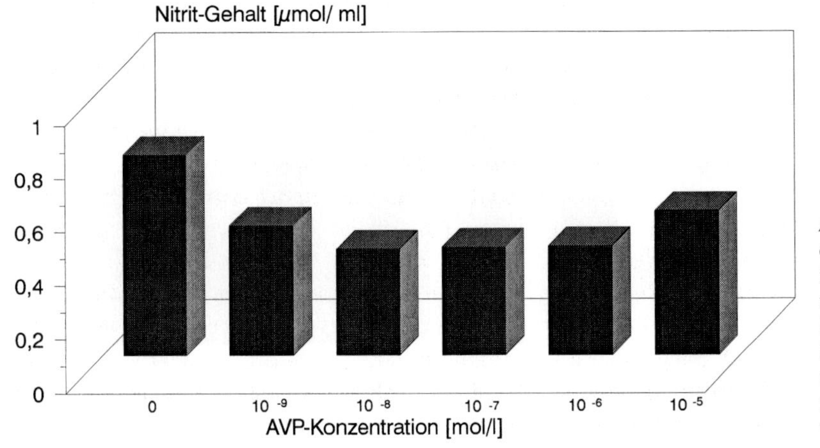

Abbildung 5: Darstellung des Nitritgehalts (µmol/ml) in Kulturüberständen von mit LPS (10 ng/ml) stimulierten Peritonealexsudat-Makrophagen, die mit verschiedenen Konzentrationen von AVP 48 h inkubiert wurden.

riert einen Mechanismus, der unter Berücksichtigung der bekannten fiebersenkenden Wirkung von zentral freigesetztem AVP in der Lage ist, die von IL-1ß-induzierten Effekte zu kontrollieren und unter bestimmten Umständen auch zu kompensieren. Folglich stand die Relevanz einer solchen Wechselwirkung zwischen Zytokinen und AVP für das Verhalten und Befinden von Versuchstieren im Mittelpunkt einer Reihe von Untersuchungen.

Es konnte gezeigt werden, daß die typischen Symptome einer IL-1ß-Behandlung, wie erhöhtes Schlafbedürfnis, Lethargie und reduziertes Interesse an sozialen Kontakten, durch Veränderungen der vasopressinergen Neurotransmission/-modulation in der Qualität ihrer Ausprägung manipulierbar sind. Eine Verminderung der Signalfunktion von endogenem AVP entweder durch Kastration oder durch Gabe eines AVP-V1-Rezeptorantagonisten führte bei Versuchstieren, die mit IL-1ß behandelt worden waren, zu einer drastischen Reduktion des Interesses an sozialen Kontakten; ein Effekt, der als Indikator von *sickness behavior* gilt (Dantzer et al., 1991; Bluthé und Dantzer, 1992). Demgegenüber blockierte die zentrale Injektion von synthetischem AVP und die daraus resultierende Verstärkung der vasopressinergen Neurotransmission weitestgehend die durch IL-1ß-Behandlung induzierbaren Verhaltenseffekte (Dantzer et al., 1991; Bluthé und Dantzer, 1992; vgl. auch das Kapitel von Montkowski und Schöbitz in diesem Band).

Weitere Hinweise für eine verhaltensrelevante Interaktion zwischen AVP und dem Immunsystem legten Croiset und Mitarbeiter (1990) vor. Sie untersuchten die Wechselwirkung von (Fußschock-motiviertem) passivem Meideverhalten und primärer Antikörperantwort in Ratten und konzentrierten sich dabei auf die Bedeutung der vasopressinergen Neurotransmission/-modulation. Die Autoren konnten nachweisen, daß Tiere, die eine durch AVP-Analogon-Applikation verbesserte Verhaltensleistung zeigten, gleichzeitig ihre Immunantwort verringerten. Demgegenüber war bei Ratten, bei denen die vasopressinerge Neurotransmission durch zentrale Gabe eines AVP-Antiserums behindert wurde, nicht nur eine verschlechterte Verhaltensleistung, sondern auch eine erhöhte Antikörperantwort nachweisbar. Obwohl nicht endgültig ausgeschlossen werden kann, daß die Beeinflussung der vasopressinergen Neurotransmission primär die Verhaltensleistung veränderte und dieses veränderte Verhalten dann sekundär auf das Immunsystem wirkte, führen die Autoren zusätzliche Hinweise (auf die hier nicht näher eingegangen werden soll) dafür an, daß intrazerebral freigesetztes AVP simultan und koordiniert Einfluß auf Verhalten und Immunantwort nimmt.

Auf der Suche nach möglichen «Schnittstellen» des neuroendokrin-immunologischen Dialoges konzentrierte sich die Arbeit unserer Forschungsgruppen in Leipzig und München auf den NSO. Ein erster experimenteller Ansatz beschäftigte sich mit der Frage, inwieweit sich ein Einfluß von Stimuli, die eine verstärkte AVP-Freisetzung in diesem hypothalamischen Kerngebiet und in die Zirkulation bewirken, auf periphere immunologische Mechanismen nachweisen läßt. Die lokale osmotische Stimulation des NSO mittels Mikrodialyse (Stimulus: 1 M NaCl in artifizieller cerebrospinaler Flüssigkeit (aCSF)) ist eine Methode, um die intranukleäre und periphere AVP-Sekretion transient zu stimulieren. Diese Technik besitzt darüber hinaus den Vorteil, daß sie auch an wachen, freibeweglichen Ratten praktiziert werden kann und das Versuchstier kaum belastet (Landgraf und Ludwig, 1991). Die polyklonal induzierte Zellproliferation von MZ von Ratten nach osmotischer Stimulierung des NSO wurde nach Gabe von suboptimalen bzw. optimalen ConA-Dosen mit der Reaktivität von Zellen unbehandelter Tiere verglichen. Die Applikation des osmotischen Stimulus resultierte in einer mittels MTT-Test (Mosmann, 1983) nachgewiesenen Reduzierung der Antwort von MZ auf Mitogene (ConA) mit signifikanten Differenzen nach 72 h Inkubation sowohl im suboptimalen als auch im optimalen Mitogenbereich (Enzmann, 1995).

Neben der Wirkung auf die Proliferation von

MZ ließ sich ebenfalls eine Beeinflussung der IL-2-Freisetzung aus stimulierten MZ durch die lokale osmotische Stimulation des NSO nachweisen. Nach 24 h Inkubation mit einer optimalen Dosis von ConA (5 μg/ ml) erfolgte die IL-2-Bestimmung in den Überständen von MZ-Kulturen von osmotisch stimulierten Ratten und deren Kontrollen. Die Messung mittels CTLL-2-Bioassay (Gillis et al., 1978) ergab für die osmotisch stimulierten Tiere eine signifikante Hemmung der IL-2-Produktion durch MZ nach 24 h Kultivierung. Der angewendete Stimulus bewirkte dabei über eine Hemmung der IL-2-Synthese durch Lymphozyten eine starke, allerdings nur kurzzeitige Verringerung der Proliferationsrate (Enzmann, 1995). Obwohl weitere Experimente (z. B. unter Einbeziehung spezifischer AVP-Antagonisten) angezeigt sind, implizieren diese Ergebnisse eine Veränderung der immunologischen Reaktivität der MZ durch eine verstärkte Freisetzung von AVP in das Plasma, die durch die lokale, intranukleäre Applikation des osmotischen Stimulus verursacht wurde. Zusätzlich dazu könnte die osmotische NSO-Stimulation über die beschriebene potenzierende Wirkung von in das Portalblut freigesetztem AVP eine Aktivierung des HPA-Systems bewirken. Eine immunsuppressive Wirkung von dadurch verstärkt ausgeschütteten Glukokortikoiden ist aus der Literatur bekannt (Schöbitz et al., 1994). So könnte im Plasma zirkulierendes AVP direkt (supprimierende Wirkung auf die Anzahl aktiver immunkompetenter Zellen und deren IL-2-Sekretion) oder indirekt (verstärkte Freisetzung von ACTH und nachfolgende Stimulierung der Nebenierenrinde) die Eigenschaften immunkompetenter Zellen beeinflussen.

Diese Befunde und Hypothesen einer Beeinflussung von peripheren immunologischen Parametern durch die lokale osmotische Stimulation des NSO ermutigten uns, das Methodenspektrum zu erweitern und mittels Mikroperfusionstechniken und Verhaltensbeobachtungen mögliche Wechselwirkungen zwischen AVP und dem Immunsystem auf der Ebene des Gehirns zu untersuchen. Zunächst wurde IL-1ß in den NSO appliziert und mittels Mikrodialyse das intranukleäre AVP-Freisetzungsprofil erfaßt. Dabei zeigte sich unmittelbar nach der Applikation des Zytokins eine signifikante Erhöhung der AVP-Freisetzung in den NSO (Landgraf et al., 1995). In einem weiteren Experiment, bei dem simultan die lokale Neuropeptidsekretion im NSO und Septum während und nach der osmotischen Stimulation des NSO untersucht wurde, konnte gezeigt werden, daß die lokale Applikation des Stimulus nicht nur zur verstärkten Freisetzung von AVP innerhalb des Kerngebietes, sondern auch im Septum führt (Engelmann et al., 1994a). Schließlich wurden die verhaltensbiologischen Konsequenzen der osmotischen NSO-Stimulation und der dadurch erhöhten intrazerebralem AVP-Freisetzung auf das olfaktorische Kurzzeitgedächtnis von adulten Rattenmännchen überprüft. Es gelang uns nachzuweisen, daß eine positive Korrelation zwischen der stimulierten intranukleären Neuropeptidsekretion und einer verbesserten Verhaltensleistung existiert, d. h. je mehr endogenes AVP im SON und Septum freigesetzt wird, desto länger vermag das Versuchstier eine olfaktorisch vermittelte Information zu speichern. Weitere Untersuchungen, bei denen mittels eines spezifischen V1-Rezeptorantagonisten die vasopressinerge Neurotransmission blockiert wurde, bestätigten die Bedeutung des Neuropeptides für die von uns beobachteten Effekte (Engelmann et al., 1994a). Versuche, intrazerebrale Sekretion mit ethologisch relevanter Verhaltensleistung zu korrelieren, sind inzwischen auch auf andere Paradigmen extrapoliert worden (Engelmann et al., 1996). In diesem Zusammenhang muß erwähnt werden, daß die Verabreichung des osmotischen Stimulus gegenüber der Stimulation der AVP-Sekretion durch lokale IL-1ß-Applikation den Vorteil hat, daß sie kein *sickness behavior* induziert (Engelmann et al., 1994b). Faßt man die Ergebnisse zusammen, erscheint die Hypothese gerechtfertigt, daß der lokalen Wechselwirkung zwischen AVP und IL-1ß im NSO eine Schlüsselrolle für den neuroendokrin-immunologischen Dialog zukommt (Engelmann und Landgraf, 1994).

Tabelle 1: Übersicht über die immunmodulatorischen Effekte von AVP in vitro.

Zelltyp		unstimuliert	suboptimale Stimulation	optimale Stimulation
T-Zellen	MTT	±	↑	↑
	IL-2	n.d.	↓	↓
	IL-4	↑	±	±
	IL-6	±	↓	±
B-Zellen	MTT	±	↓	↓
	IL-6	±	±	↑
Knochenmarks-Makrophagen	Proliferation	n.d.	n.d.	↓
Peritonealexsudat-Makrophagen	ROS	↑	n.d.	↑
	RNI	±	↓	±

ROS = reaktive Sauerstoffspezies; RNI = Nitritproduktion; ↑ = Förderung; ↓ = Hemmung; ± = unbeeinflußt; n.d. = nicht determiniert

Zusammenfassung und Ausblick

Die hier vorgestellten Ergebnisse implizieren, daß AVP eine immunmodulierende Aktivität besitzt, wobei suppressive Effekte zu dominieren scheinen (Tab. 1). Ein besonders interessanter Aspekt der vorgestellten *in-vitro*-Ergebnisse ist, daß nicht nur die Konzentration des Nonapeptides, sondern auch der Aktivierungszustand der Zielzellen für Art und Ausmaß der AVP-Effekte entscheidend sind (Tab. 1). Die Frage, ob die in den lymphatischen Organen nachgewiesenen Effekte auf im Plasma zirkulierendem und/oder lokal (d. h. von Immunzellen) gebildetem und parakrin wirksam werdendem AVP basieren, läßt sich heute noch nicht schlüssig beantworten. Neuere Ergebnisse von Chowdrey und Mitarbeitern (1994) belegen einen Anstieg der lokalen AVP-Konzentration in der Milz, wenn eine Adjuvans-Arthritis bei Ratten ausgelöst wurde. Die Autoren vermuten einen regulatorischen Einfluß des Nonapeptides auf die Autoimmun-Pathogenese bei Arthritis.

Die bisher publizierten und durch die hier vorgelegten Ergebnisse ergänzten Daten lassen vermuten, daß AVP nicht nur in der Lage ist, immunologische Reaktionen durch Stimulierung des Proopiomelanocortin-Processing und der ACTH-Sekretion zu hemmen, sondern auch direkt auf Lymphozyten zu wirken und somit deren Aktivität zu beeinflussen. In diesem Zusammenhang sind innovative und methodisch umfangreichere Ansätze gefragt, die einen tieferen Einblick in die komplexe Wechselwirkung zwischen im Plasma zirkulierendem AVP und/oder in lymphatischen Organen gebildetem Nonapeptid einerseits und immunkompetenten Zellen andererseits gestatten.

Neben der direkten bzw. indirekten Wirkung von AVP auf Parameter des Immunsystems im Kompartiment Blut als Hormon bzw. Releasing-Hormon deuten die Ergebnisse der neuroendokrinologischen Untersuchungen und Verhaltensexperimente auch auf eine regulatorische Funktion von AVP im Kompartiment Gehirn hin. Als mögliche Kommunikationspartner des Neuropeptides im neuroendokrin-immunologischen Dialog scheinen insbesondere Zytokine in Frage zu kommen. Letztere gelten als Mediatoren des Immunsystems und stellen somit das Pendant zu Neurotransmittern/Neuromodulatoren im Nervensystem dar. Bei einer z. B. infektionsbedingten Stimulierung der Immunantwort dehnt sich offensichtlich der Einflußbereich der Botenstoffe über

Tabelle 2: Effekte intrazerebraler Applikation von AVP und IL-1 auf ausgewählte autonome, verhaltensbiologische und neuroendokrine Parameter von Versuchstieren in vivo.

IL-1		AVP
↑	Körpertemperatur	↓*
↓	soziales Interesse	↑
↑	Freisetzung von AVP im NSO	↓

* nach Induktion von Fieber; ↑ = Erhöhung; ↓ = Verringerung

das jeweilige ursprüngliche System derart aus, daß (1) Zytokine in der Lage sind, die interneuronale Kommunikation und damit das Neuroendokrinium zu beeinflussen. Die daraus resultierende (2) veränderte Freisetzung von als Neurotransmitter/Neuromodulatoren wirkenden Neuropeptiden ist ihrerseits in der Lage, regulierend in das Immunsystem einzugreifen. Im konkreten Fall bedeutet das, daß eine verstärkte IL-1ß-Freisetzung im Gehirn nicht nur zu einer Erhöhung der Körpertemperatur beiträgt und *sickness behavior* induziert, sondern gleichzeitig auch die AVP-Sekretion stimuliert. Die beschriebenen Wirkungen von AVP ihrerseits verhindern ein «Überschießen» der Zytokin-induzierten Effekte, indem letztgenannte auf das biologisch notwendige und sinnvolle Maß beschränkt werden (siehe Tab. 2). Dieser funktionelle Antagonismus trägt zur Erhaltung der Homöostase sowie zur Regulation biologisch adäquaten Verhaltens bei. Die Tatsache, daß sich entscheidende Prozesse dieser Interaktion offensichtlich im NSO und NPV abspielen, zeigt zum einen, daß diese hypothalamischen Kerngebiete die intrazerebrale und periphere Freisetzung von AVP koordinieren und als Zytokin-Target fungieren können. Zum anderen impliziert dieser Befund eine komplexe und in ihrer Bedeutung noch kaum überschaubare Kontrolle des Immunsystems durch Neuropeptid-Systeme des Gehirns.

Literatur

Antoni F: Vasopressinergic control of pituitary adrenocorticotropin secretion comes of age. Front. Neuroendocrinology 1993; 14:76–122.

Block LH, Locher R, Tenschert W, Siegenthaler W, Hofmann T, Mettler R, Vetter W: ^{125}I-8-L-arginine vasopressin binding to human mononuclear phagocytes. J. Clin. Invest. 1981; 68:374–381.

Bluthé RM, Dantzer R: Chronic intracerebral infusions of vasopressin and vasopressin antagonist modulate behavioral effects of interleukin-1 in rat. Brain Res. Bull. 1992; 29:897–900.

Chowdrey HS, Lightman SL, Harbuz MS, Larsen PJ, Jessop DS: Contents of corticotropin-releasing hormone and arginine-vasopressin immunoreactivity in the spleen and thymus during a chronic inflammatory stress. J. Neuroimmunol. 1994; 53:17–21.

Croiset G, Heijnen CJ, de Wied D: Passive avoidance behavior, vasopressin and the immune system. Neuroendocrinology 1990; 51:156–161.

Cunningham ET Jr, Sawchenko PE: Reflex control of magnocellular vasopressin and oxytocin secretion. TINS 1991; 14:406–411.

Czerkinsky C, Nilsson L, Nygren H, Ouchterlony I, Tarkowski A: A solid-phase enzyme-linked immunospot (ELISPOT) assay for enumerating of specific antibody-secreting cells. J. Immunol. Meth. 1983; 65:109–121.

Dantzer R, Bluthé RM, Kelley KW: Androgen-dependent vasopressinergic neurotransmission attenuates interleukin-1-induced sickness behavior. Brain Res. 1991; 557:115–120.

Elands J, vonWoudenberg A, Resink A, deKlot ER: Vasopressin receptor capacity of human blood peripheral mononuclear cells is sex dependent. Brain Behav. Immun. 1990; 4:30–38.

Engelmann M, Landgraf R: Is the supraoptic nucleus involved in the neuroendocrine-immune dialogue? Psychol. Beiträge 1994; 36:119–125.

Engelmann M, Ludwig M, Landgraf R: Simultaneous monitoring of intracerebral release and behavior: endogenous vasopressin improves social recognition. J. Neuroendocrinol. 1994(a); 6:391–395.

Engelmann M, Wotjak CT, Landgraf R: Direct osmotic stimulation of the hypothalamic paraventricular nucleus by microdialysis induces excessive grooming in the rat. Behav. Brain Res. 1994(b); 63:221–225.

Engelmann M, Wotjak CT, Neumann I, Ludwig M, Landgraf R: Behavioral consequences of intracerebral vasopressin and oxytocin: focus on learning and memory. Neurosci. Biobehav. Rev. 1996; 20:341–358.

Enzmann V: Untersuchungen zur Wirkung von Streß auf die immunologische Reaktivität von Ratten und zum Einfluß der Neurotransmitter Arg-Vasopressin und Oxytocin auf verschiedene Leistungen immunkompetenter Zellen in vitro. Dissertation, Leipzig, 1995.

Ermisch A, Brust P, Kretschmar R, Rühle HJ: Peptides and blood-brain barrier transport. Physiol. Rev. 1993; 73:489–527.

Fischer EG: Opioid peptides modulate immune functions.

Immunopharmacol. Immunotoxicol. 1988; 10:265–326.
Friedkin M, Legg A, Rozengurt E: Antitubulin agents enhance the stimulation of DNA synthesis by polypeptide growth factors in 3T3 mouse fibroblasts. PNAS 1979; 76:3909–3912.
Gillis S, Ferm MM, Ou W, Smith KA: T cell growth factor: parameters of production and a quantitative microassay for activity. J. Immunol. 1978; 120:2027–2032.
Johnson HM, Torres BA: Regulation of lymphokine production by arginine vasopressin and oxytocin: modulation of lymphocyte function by neurohypophysal hormones. J. Immunol. 1985; 135:773s-775s.
Kent S, Bluthé RM, Kelley KW, Dantzer R: Sickness behavior as a new target for drug development. TIPS 1992; 13:24–28.
Kluger M jr: Fever: role of pyrogens and cryogens. Physiol. Rev. 1991; 71:93–127.
Landgraf R: Intracerebrally released vasopressin and oxytocin: measurement, mechanisms and behavioral consequences. J. Neuroendocrinol. 1995; 7:243–253.
Landgraf R, Ludwig M: Vasopressin release within the supraoptic and paraventricular nuclei of the rat brain: osmotic stimulation via microdialysis. Brain Res. 1991; 558:191–196.
Landgraf R, Malkinson TJ, Veale WL, Lederis K, Pittman QJ: Vasopressin and oxytocin in rat brain response to prostaglandin fever. Am. J. Physiol. 1990; 259:R1056–R1062.
Landgraf R, Neumann I, Holsboer F, Pittman QJ: Interleukin-1ß stimulates both central and peripheral release of vasopressin and oxytocin in the rat. Eur. J. Neurosci. 1995; 7:592–598.
Landgraf R, Ramirez AD, Ramirez VD: Positive feedback action of vasopressin on its own release from rat septal tissue in vitro is receptor mediated. Brain Res. 1991; 545:137–141.
Lewis JW, Shavit Y, Terman GW, Nelson LR, Gale RP, Liebeskind JC: Apparent involvement of opioid peptides in stress-induced enhancement of tumor growth. Peptides 1983; 4:635–638.
Markwick AJ, Lolait SJ, Funder JW: Immunoreactive arginine vasopressin in the rat thymus. Endocrinology 1986; 119:1690–1696.
Monihan JA, Ader R, Grota LJ, Schachtman TR: The effects of stress on the development of immunological memory following low-dose antigen priming in mice. Brain Behav. Immun. 1990; 4:1–12.
Mosmann T: Rapid colorimetric assay for cellular growth and survival: application to proliferation and cytotoxicity assays. J. Immunol. Meth. 1983; 65:55–63.
Naylor AM, Ruwe WD, Kohut AF, Veale WL: Perfusion of vasopressin within the ventral septum of the rabbit supresses endotoxin fever. Brain Res. Bull. 1985; 15:209–213.
Neumann I, Ludwig M, Engelmann M, Pittman QJ, Landgraf R: Simultaneous microdialysis in blood and brain: oxytocin and vasopressin release in response to central and peripheral osmotic stimulation and suckling in the rat. Neuroendocrinology 1993; 58:637–645.
Pluznik DH, Sachs L: The cloning of normal mast cells in tissue culture. J. Cell Physiol. 1965; 66:319–324.
Pow DV, Morris JF: Dendrites of hypothalamic magnocellular neurons release neurohypophyseal peptides by exocytosis. Neuroscience 1989; 32:435–439.
Rabin BS, Cohen S, Ganguli R, Lysle DT, Cunnick JE: Bidirectional interactions between the central nervous system and the immune system. Crit. Rev. Immunol. 1989; 9:279–312.
Rettori V, Belova N, Gimeno M, McCann SM: Inhibition of nitric oxide synthase in the hypothalamus blocks the increase in plasma prolaction induced by intraventricular injection of interleukin 1 in the rat. Neuroimmunomodul. 1994; 1:116–120.
Rozengurt E, Legg A, Pettican P: Vasopressin stimulation of mouse 3T3 cell growth. PNAS 1979; 76:1284–1287.
Schöbitz B, Reul JMHM, Holsboer F: The role of the hypothalamic-pituitary-adrenocortical system during inflammatory conditions. Crit. Rev. Neurobiol. 1994; 8:263–291.
Shavit Y, Lewis JW, Terman GW, Gale RP, Liebeskind JC: Opioid peptides mediate the suppressive effect of stress on natural killer cell cytotoxicity. Science 1984; 223:188.
Takahashi H, Nishimura M, Sakamoto M, Ikegaki I, Nakanishi T, Yoshimura M: Effects of interleukin-1ß on blood pressure, sympathetic nerve activity, and pituitary endocrine functions in anesthetized rats. Am. J. Hypertens. 1992; 5:224–229.
Torres BA, Johnson HM: Arginine vasopressin replacement of helper cell requirement in IFN gamma production. J. Immunol. 1988; 140:2179–2183.
Watanobe H, Takebe K: Intrahypothalamic perfusion with interleukin-1-beta stimulates the local release of corticotropin-releasing hormone and arginine vasopressin and the plasma adrenocorticotropin in freely moving rats: a comparative perfusion of the paraventricular nucleus and the median eminence. Neuroendocrinology 1993; 57:593–599.
Whitin JC, Ryan DH, Cohen HJ: Graded responses of human neutrophils induced by serum-treated zymosan. Blood 1985; 66:1182–1188.
de Wied D, Diamant M, Fodor M: Central nervous effects of neurohypophyseal hormones and related peptides. Front. Neuroendocrinology 1993; 14:251–302.
Wotjak, CT, Ludwig M, Landgraf R: Vasopressin triggers its own release into the supraoptic nucleus in vivo. Neuroreport 1994; 5:1181–1184.
Zembala M, Siedlar M, Marcinkiewicz J, Pryjma J: Human monocytes are stimulated for nitric oxide release in vitro by some tumor cells but not by cytokines and LPS. Eur. J. Immunol. 1994; 24:435–439.

Prolaktin und Immunfunktionen

Karl-Heinz Schulz und Holger Schulz

Im folgenden werden nach einer kurzen Charakterisierung des Hormons Prolaktin (PRL) Veränderungen des PRL unter Belastungsbedingungen diskutiert, dessen bisher bekannte, zumeist tierexperimentell untersuchte immunmodulatorische Effekte beschrieben sowie der Zusammenhang von PRL und autoimmunologischen Erkrankungen dargestellt.

Charakterisierung von Prolaktin

Das humane PRL wurde erst 1971 als ein vom Wachstumshormon (GH) verschiedenes Hypophysenvorderlappenhormon charakterisiert, bestehend aus 198 Aminosäuren (Lewis et al., 1971). Das codierende Gen wurde zusammen mit der DNA für das GH Anfang der achtziger Jahre isoliert und sequenziert (Cooke und Baxter, 1982; Truong et al., 1984). Die codierende Nukleotidsequenz für PRL befindet sich auf dem Chromosom 6. PRL besitzt sowohl in seiner Nukleotid- wie auch in der Aminosäuren-Sequenz Homologien mit GH.

Der zelluläre Rezeptor für PRL konnte isoliert und dessen cDNA kloniert werden. Der Rezeptor für PRL wird in verschiedenen Organen wie der Brustdrüse, der Leber, den Ovarien, den Hoden und der Prostata exprimiert. Er weist eine Homologie zum GH-Rezeptor sowie zum Rezeptor einiger Zytokine auf (Goodwin et al., 1990), wirkt nicht über ein G-Protein und besitzt keine Tyrosinkinaseaktivität. Neben PRL vermag auch GH diesen Rezeptor zu aktivieren (Thorner et al., 1992).

Die Sekretion des PRL wird tonisch durch das hypothalamische PRL-inhibierende Hormon Dopamin und verschiedene Prolaktin-Releasing-Faktoren, wie das Thyreotropin-Releasing-Hormon (TRH), das Vasoaktive-Intestinale-Peptid (VIP) und Oxytocin, reguliert. Auch Östrogene stimulieren die PRL-Sekretion entweder über TRH oder über Serotonin (5-Hydroxytryptophan, 5-HT; vgl. Abb. 1). Der primäre inhibierende Faktor ist Dopamin.

Dopamin wird von tuberoinfundibulären Dopaminneuronen sezerniert und stimuliert die D_2-Rezeptoren der laktotrophen Zellen des Hypophysenvorderlappens. Dieses hat eine Hemmung der Adenylatzyklase und konsekutiv der PRL-Synthese und -Sezernierung zur Folge. Während Dopaminagonisten die Sekretion von PRL unterdrücken, wird die Sekretion von GH durch Dopamin und Dopaminagonisten gefördert (Thorner et al., 1992). Noradrenalin und Adrenalin wirken inhibierend über α-adrenerge Rezeptoren und stimulierend über β-adrenerge Rezeptoren, doch ist besonders die Wirkung von Noradrenalin schwer zu evaluieren, da β-Mimetika auch den Dopaminstoffwechsel beeinflussen. Serotonin beeinflußt die PRL-Sezernierung auf verschiedene Weise: es stimuliert die PRL-Sezernierung über eine Hemmung der Dopamin-Freisetzung oder über eine stärkere Freisetzung von VIP und wirkt außerdem direkt stimulierend auf die laktotrophen Zellen des Hypothalamus (siehe Abb. 1). Über muscarinerge und nikotinerge Rezeptoren stimuliert Acetylcholin die Dopamin-Freisetzung und hemmt PRL. Der Neurotransmitter GABA wirkt ebenso, doch auch direkt hemmend auf die laktotrophen Zellen (Brown, 1994). Auch Corticosteroide wirken hemmend auf die PRL-Sezernierung (Gala, 1990). Die Regulation der Expression des PRL-Gens durch die verschiedenen Hormone geschieht über verschiedene intrazelluläre Mechanismen. So wirkt TRH über die Proteinkinase C,

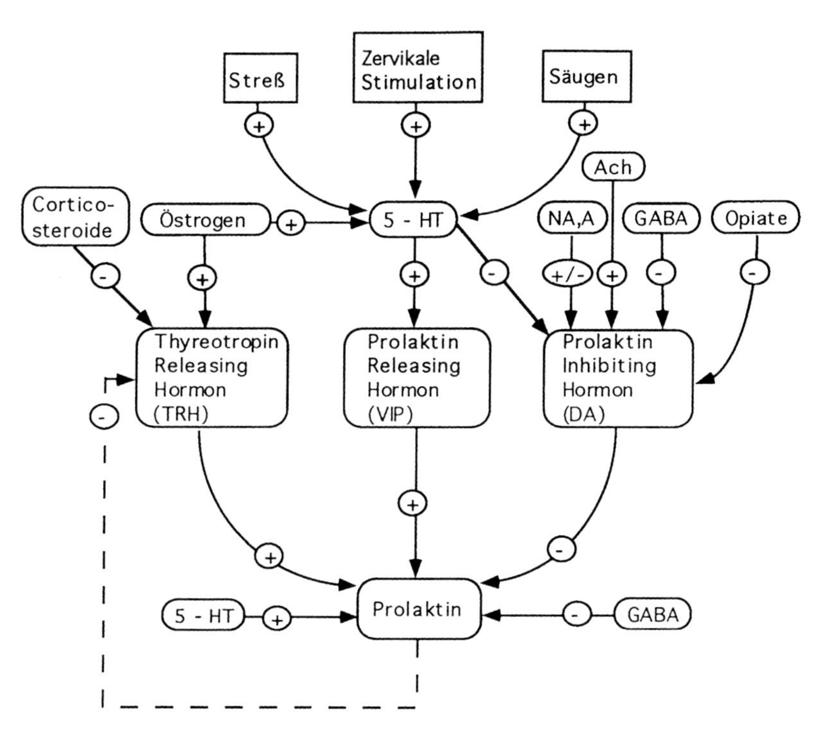

Abbildung 1: Regulation der PRL-Freisetzung (nach Benker et al., 1990; Brown, 1994 und Gala, 1990). A: Adrenalin; Ach: Azetylcholin; GABA: γ-Amino-Buttersäure; NA: Noradrenalin; 5-HT: 5-Hydroxy-Tryptophan; VIP: Vasoaktives Intestinales Peptid; DA: Dopamin.

und VIP aktiviert eine Adenylatzyklase (Benker et al., 1990).

PRL besitzt eine relativ lange Halbwertszeit von 50 min. Normalwerte für PRL im Serum betragen bei Frauen bis zu 20–25 µg/l und bei Männern bis zu 10–15 µg/l (Howanitz und Howanitz, 1991). Während des Schlafens bis zum Erwachen werden die höchsten Konzentrationen gemessen, etwa 10 µg/l höher als die Tageskonzentration (Nokin et al., 1972; Sassin et al., 1972). Dieser Anstieg der PRL-Konzentration ist nicht an bestimmte Schlafphasen oder Tageszeiten gebunden (Tyrrell et al., 1994; Sassin et al., 1973). Die PRL-Konzentration fällt ein bis zwei Stunden nach dem Erwachen auf die um einen Basalwert schwankende Tageskonzentration ab, mit einem Minimum bei 12.00 h und einem langsamen Anstieg ab 18.00 h (Nokin et al., 1972; Sassin et al., 1972), das Maximum liegt bei 2.00 h nachts – Schlafperioden von Mitternacht bis 8.00 h vorausgesetzt. PRL wird pulsatil sezerniert, mit einer Sekretionsphase etwa jede 90 min und einer Amplitude von 4 µg/l (Veldhuis und Johnson, 1988).

Über seine gesicherte Wirkung auf die Brustdrüsen während der Schwangerschaft und der Pubertät bei Mädchen hinaus sind weitere physiologische Eigenschaften des Prolaktins bis heute nur schlecht charakterisiert. Die nichtreproduktive Sekretion von PRL ist zwar ein gut untersuchter endokrinologischer Vorgang (Thorner et al., 1992), für welchen jedoch bisher keine *spezifischen* Zielgewebe definiert sind (Bernton, 1989).

In Tabelle 1 sind physiologische, pathologische und pharmakologische Faktoren zusammengefaßt, die den PRL-Spiegel erhöhen. Neben der reproduktiven Sekretion gilt körperliche und psychische Belastung als physiologischer Reiz für eine PRL-Sekretion (vgl. Abb. 1 und Tab. 1). Auf letzteren Zusammenhang wird im nächsten Abschnitt genauer eingegangen. Die Bedeutung pathologisch erhöhter PRL-Spiegel wird im Abschnitt über PRL und Autoimmunologische Erkrankungen aufgegriffen. Neben der pharmakologischen Steigerung des PRL-Spiegels durch TRH, Östrogene, psychotrope Substanzen und Methyl-

Tabelle 1: Faktoren, die den Serum-PRL-Spiegel erhöhen (nach Reichlin, 1992).

Physiologische	Pathologische	Pharmakologische
Schwangerschaft	PRL-sezernierende Hypophysentumoren	TRH
Zustand nach der Entbindung – nicht-stillende Mütter (1.-7. Tag) – Stillende Mütter nach dem Säugen	Hypothalamisch-hypophysäre Störungen – Tumoren (Kraniopharyngiom), Metastasen – Histiozytose X – Sarkoidose – («funktionell»?)	Psychotrope Substanzen – Dopamin-Antagonisten (Phenothiazine, Reserpin) – MAO-Hemmer
Brustwarzenstimulation (männliche und weibliche)	Durchtrennung des Hypophysenstiels	Orale Kontrazeptiva
Koitus	Hypothyreoidismus	Östrogene
Streß	Nierenversagen	Methyldopa
körperliche Belastung	Ektope Produktion durch maligne Tumoren	Verapamil
Neugeborenenzeit (2–3 Monate)		
Schlaf		

MAO: Monoaminoxidase; TRH: Thyreotropin Releasing Hormon

dopa kann der PRL-Spiegel pharmakologisch durch Levodopa, Apomorphin und Bromocriptin gesenkt werden.

Bromocriptin ist ein halbsynthetisches Mutterkornalkaloid mit dopaminergen Effekten, welches therapeutisch unter anderem zur Behandlung des M.Parkinson und der Akromegalie eingesetzt wird, ebenso wie bei verschiedenen Störungen, die mit einer Hyperpro-laktinämie einhergehen, wie z. B. Galaktorrhoe, prämenstruelle Beschwerden sowie medizinisch indiziertem Abstillen. Es wirkt als Dopamin-Rezeptor-Agonist (D_2-Rezeptor) deutlich inhibitorisch auf die Produktion und Sekretion des Prolaktins: In einer Untersuchung von Rotkvic et al. (1992) konnten bei 16 gesunden Versuchspersonen (8 Männer und 8 Frauen; Altersrange 25–35 Jahre) nach Gabe einer relativ niedrigen Dosis von 2,5 mg Bromocriptin bereits nach einer Stunde ein deutlicher Abfall der Serumkonzentration des Prolaktins bei Männern und ein etwas weniger deutlicher Abfall auch bei Frauen gezeigt werden. Nach zwei Stunden waren die Werte der Männer bereits unter der Nachweisgrenze des Testsystems von 2 µg/l, bei Frauen um die Hälfte der Normalwerte abgesunken.

Inwieweit Bromocriptin auch bei erhöhten Prolaktinspiegeln, wie nach körperlicher oder psychischer Belastung, inhibitorisch wirkt, untersuchten Boisvert et al. (1992) an 15 gesunden Männern: Bereits eine Dosis von 1,25 mg eine oder drei Stunden vor der Belastung gegeben, antagonisierte den in der Placebo-Kontrollgruppe festgestellten Anstieg der PRL-Serumkonzentration, führte jedoch nicht zu einer Reduzierung unterhalb der Baseline-Konzentration. Verminderte Basalwerte zeigten sich in der Verum-Gruppe nur zwei Stunden nach Bromocriptin-Gabe (1,25 bzw. 2,5 mg), nicht jedoch schon nach einer Stunde. Keine Unterschiede zwischen den Gruppen konnten hinsichtlich des belastungsinduzierten Anstieges der Herzrate gefunden werden.

Prolaktin und Streß

Die Prolaktinsekretion wird durch akuten Streß gesteigert (Euker et al., 1975), bei andauernder Belastung jedoch gehemmt (Fekete et al., 1984; Taché et al., 1978). Die vermehrte Sezernierung von PRL ist dabei nicht auf eine Verminderung der tonischen dopaminergen Kontrolle zurückzuführen, vielmehr kann im Tierexperiment bei Ratten auch dann ein Anstieg von PRL festgestellt werden, wenn die Dopaminrezeptoren blockiert werden. Dieser Anstieg wird durch die Sezernierung von PRL-Releasing-Faktoren verursacht, welche wiederum serotoninerger Kontrolle unterliegen (Reichlin, 1988). Serotoninblocker führen dazu, daß der durch akute Belastung eintretende Anstieg von PRL ausbleibt (Krulich, 1979), andererseits stimuliert 5-Hydroxytryptophan (ein Vorläufermolekül des Serotonins) die PRL-Sekretion (Minamitani et al., 1987).

Die biphasische PRL-Antwort auf Belastungssituationen, d. h. Anstieg infolge akuter Belastung und inhibierte Sezernierung bei chronischer Belastung – bedingt durch negative Glukokortikoid-Rückkoppelung (Gala, 1990) –, spiegelt sich auch in den Ergebnissen psychologischer Humanexperimente zur Untersuchung der PRL-Sekretion unter Streß wider. So finden Schedlowski et al. (1992) einen Anstieg von PRL bei Fallschirmspringern nach dem ersten Sprung, nicht aber nach dem zweiten. Bei Rekruten, welche als Nichtschwimmer im Rahmen ihrer Ausbildung in tiefes Wasser springen mußten (Vaernes et al., 1982) oder bei solchen, die einer belastenden 30minütigen mündlichen Prüfungssituation ausgesetzt waren (Meyerhoff et al., 1990; Meyerhoff et al., 1988) stieg PRL ebenfalls an. Zimmermann et al. (1992) finden in einer Einzelfallstudie bei schon erhöhten Cortisolkonzentrationen vor drei Bungee-Sprüngen keine PRL-Veränderungen. Bolm-Audorf et al. (1986) können in einer Stichprobe von n=10 Probanden nach einem öffentlichen Vortrag keine PRL-Veränderungen nachweisen. Dieses könnte neben der geringen statistischen Teststärke auch darauf zurückgeführt werden, daß es sich um eine länger andauernde Belastung handelt. In diesem Sinne könnten auch die Ergebnisse der methodisch differenzierten Arbeit von Malarkey et al. (1991) bei Examensbelastung interpretiert werden, in der keine Veränderungen des PRL-Spiegels gefunden werden konnten. Johansson et al. (1983) hingegen demonstrieren einen Anstieg von PRL vor einem Examen sowie erniedrigte Konzentrationen danach, bei gleichbleibend erhöhten Cortisolwerten. Letzteres könnte darauf zurückgeführt werden, daß durch die erhöhte Cortisolkonzentration die PRL-Sezernierung herabreguliert wurde. Weiterhin besteht ein negatives Feedback von PRL auf die dopaminergen hypothalamischen Neurone (Reichlin, 1992), so daß initial erhöhte Konzentrationen, bedingt durch den schnellen PRL-Turnover (Thorner et al., 1992) wieder herabreguliert werden könnten. Demyttenaere et al. (1989) demonstrieren einen differentiellen Effekt eines belastenden Videofilms auf die PRL-Sekretion: während bei Probanden mit hoher Trait-Angst die PRL-Werte nicht ansteigen, ist dies bei den geringer Ängstlichen der Fall. Parallel dazu liegen die Cortisolkonzentrationen bei den Hochängstlichen schon vor der Belastungssituation deutlich höher – übereinstimmend mit der Hypothese einer refraktären PRL-Antwort unter chronischer Belastung (Gala, 1990).

Prolaktin als Immunstimulator

Als eines der nicht reproduktiven Zielgewebe von PRL können heute die Zellen des Immunsystems angesehen werden (Bernton et al., 1991), wobei Kelley und Dantzer (1991) die Hypothese aufstellen, daß PRL als physiologischer Antagonist immunologischer Effekte von Glukokortikoiden angesehen werden kann. In diesem Zusammenhang von besonderer Bedeutung ist, daß Glukokortikoide andererseits inhibierend auf die Sezernierung von PRL wirken (Copinschi et al., 1975; Gala,

1990), vermutlich über eine Suppression des TRH-induzierten PRL-Anstiegs (Tyrrell et al., 1994).

Die physiologische Bedeutung des Anstiegs von PRL während des Schlafes ist nicht bekannt. Gala (1991) spekuliert jedoch, daß Konzentrationserhöhungen von PRL zusammen mit GH, welches ebenfalls während des Tiefschlafs ansteigt, für die Aufrechterhaltung normaler Immunfunktionen bedeutsam sind: während des Tiefschlafs ist ebenso ein starker Anstieg der IL-1-Konzentration im Plasma festgestellt worden, welches wiederum IL-2-Konzentrationserhöhungen zur Folge hat (Moldofsky et al., 1986). Weiterhin konnte gezeigt werden, daß Schlafdeprivation zu einer eingeschränkten Antikörperproduktion gegen verschiedene Antigene führt (Brown et al., 1992) und eine IL-1-Injektion zusammen mit der Antigengabe diesen Effekt der Schlafdeprivation wieder aufhob (Brown et al., 1989).

Entsprechend der Hypothese einer Beteiligung von PRL an immunregulatorischen Vorgängen konnte der PRL-Rezeptor auf Leukozyten charakterisiert werden (Bellussi et al., 1987; Matera et al., 1988; Pellegrini et al., 1992; Russel et al., 1985). Stimulierende Wirkungen von PRL auf eine Vielzahl von immunologischen Funktionen sind nachgewiesen: so führt eine Hypophysektomie oder die Gabe von Dopamin-Agonisten bei Ratten zu einer Hemmung der Reaktion vom verzögerten Typ, der experimentellen allergischen Enzephalitis und der Adjuvans-Arthritis. Die zusätzliche Gabe von PRL oder eine ektope, syngene Hypophysentransplantation hebt diese immunsuppressiven Effekte auf (Berczi und Nagy, 1987). Bernton et al. (1988) gaben Mäusen ebenfalls einen Dopamin-Agonisten (Bromocriptin): Dies hatte eine erhöhte Mortalität der Tiere nach Infektion mit Bakterien, eine verminderte Interferon-gamma-Produktion und eine abgeschwächte Proliferation der Lymphozyten zur Folge. Wiederum konnten diese Veränderungen durch koinzidente Gabe von PRL verhindert werden. PRL wirkte sich jedoch nicht auf die IL-2-Sekretion aus, jedoch könnte PRL eine Induktion der IL-2-Rezeptor-Expression bewirken (Murkherjee et al., 1990). Bernton et al. (1989) gaben den Versuchstieren in Kontrollexperimenten Cysteamin statt Bromocriptin. Dies inaktiviert PRL über eine Veränderung der Disulfidbrükken des Moleküls und nicht über eine Wirkung am D_2-Rezeptor wie Bromocriptin. Diese Experimente führten zu vergleichbaren Resultaten wie diejenigen mit Bromocriptin, so daß daraus gefolgert wurde, das die PRL-Hemmung das entscheidende Agens für die unterdrückte immunologische Aktivität der Versuchstiere war und nicht eine Wirkung des Bromocriptin selbst (Bernton et al., 1992). Umgekehrt bewirken Gaben von Dopamin-Antagonisten wie Perphenazin oder Metoclopramid Steigerungen von Immunfunktionen (Bernton et al., 1992). Die Implantation eines dauerausscheidenden Pellet von PRL konnte eine durch Glukokortikoide bedingte Immunsuppression aufheben (Bernton et al., 1991).

Bei der Untersuchung von Prolaktin-vermittelten Effekten auf immunologische Funktionen mittels Bromocriptin ist auch die Frage einer direkten immunologischen Wirkung dieses Pharmakons zu diskutieren: Neben den oben bereits erwähnten negativen Befunden zu dieser Fragestellung von Bernton et al. (1989) und Morkawa et al. (1993) konnten in einer ersten dazu vorliegenden Arbeit nach Bromocriptinapplikation *in vitro* dosisabhängig eine verminderte Mitogen-stimulierte Proliferation von B-Lymphozyten, unabhängig von ihrem Aktivierungsgrad, nachweisen. Inwieweit diese Ergebnisse repliziert werden können und welche Bedeutung ihnen für die Aktivität von B-Zellen sowie immunologischen Funktionen insgesamt *in vivo* zukommt, bedarf einer weiteren Prüfung, insbesondere da Lymphozyten keine D_2-Rezeptoren exprimieren (Ovadia und Abramsky, 1987).

PRL wird nicht nur von den laktotrophen Zellen des Hypophysenvorderlappens synthetisiert und sezerniert, sondern ebenfalls von peripheren mononukleären Zellen, für welche es als autokriner Proliferationsfaktor wirkt (Sabharwal et al., 1992). Hartmann et al. (1989) zeigten, daß die Concanavalin A-, Phytohämagglutinin-, Lipopolysaccharid-, IL-2- oder IL-4-induzierte Proliferation von Lymphozyten durch Antiseren gegen PRL blockiert werden können. Antikörper gegen GH, FSH und LH hatten keinen solchen Effekt. Clevenger et al. (1991; 1990) sowie Matera et al. (1992) konnten diese Ergebnisse replizieren. Der autokrinen Sezernierung von PRL kommt auch in der ontogenetischen Entwicklung des Immunsystems eine wesentliche Bedeutung zu. So fördert PRL die Differenzierung von T-Zell-Vorläufern im Thymus, indem es eine erhöhte IL-2-Rezeptor-Expression dieser Zellen bewirkt (Moreno et al., 1994).

Auf der zellulären Ebene führt PRL zu einem Anstieg der Ornithin-Decarboxylase-(ODC-)-Aktivität in Milz und Thymus (Russel und Larson, 1985). ODC ist ein wichtiges Enzym der Polyaminbiosynthese, und ODC-Konzentrationserhöhungen sind charakteristisch für proliferierende Zellen. Die Effekte der PRL-Behandlung auf die ODC-Konzentration konnten durch Cyclosporingabe antagonisiert werden (Russel und Larson, 1985), da Cyclosporin ein kompetetiver Rezeptorantagonist von PRL für die gemeinsame Bindungsstelle auf T-Zellen ist (Russel et al., 1985). Somit könnten immunsuppressive Effekte von Cyclosporin u. a. auf einer Blockierung der PRL-Wirkung auf T-Zellen beruhen. In Tiermodellen war bei autoimmunologisch bedingter Uveitis (Palestine et al., 1987) sowie Diabetes (Mahon et al., 1988) dementsprechend eine kombinierte Cyclosporin und Bromocriptin-Therapie einer hochdosierten Gabe von Cyclosporin allein überlegen.

Berczi et al. (1991) konnten zeigen, daß PRL und GH die mRNA für ein die Zellproliferation aktivierendes Gen (*c-myc*) in Zellen des Thymus und der Milz erhöhen. Zellproliferation ist einer der wichtigsten Schritte in der Effektorphase der Immunantwort, und das *c-myc*-Gen, welches für ein DNA-bindendes nukleäres Protein codiert (Darnell et al., 1986), ist eines der wichtigsten das Zellwachstum regulierenden Gene. Eine Deregulation dieses Protoonkogens, z. B. durch die Insertion eines Enhancers, ist bei einigen Tumorformen, insbesondere Tumoren des lymphatischen Gewebes, nachgewiesen (Weinberg, 1989). Auch auf dieser Ebene wirken Glukokortikoide antagonistisch zum PRL: sie hemmen die *c-myc*-Expression und die DNA-Synthese in Lymphozyten (Carding und Reem, 1987).

Bei Patienten mit einer Hyperprolactinämie ist ein verminderter Prozentsatz von Natürlichen Killerzellen festgestellt worden (Gerli et al., 1986), doch ist die Natürliche- (Matera et al., 1989) und die Lymphokin-aktivierte Killerzellaktivität (Matera et al., 1992) von hyperprolaktinämischen Patienten nicht verschieden von normoprolaktinämischen Vergleichsprobanden. *In vivo* führen also chronisch erhöhte PRL-Konzentrationen bei Patienten mit Hyperprolactinämie zu keiner Einschränkung der Aktivität von Killerzellen. *In vitro* wurde dagegen eine Verminderung der vorgenannten Parameter bei Zugabe sehr hoher vergleichbarer Konzentrationen von PRL (100–200 ng/ml) gefunden (Matera et al., 1990, 1992), wobei die Inkubation der Effektorzellen mit PRL einen Effekt distal der Expression des Il-2-Rezeptors (p75) ausübt, also intrazelluläre Prozesse moduliert (Matera et al., 1992).

Konzentrationserhöhungen von PRL bei Herztransplantierten gelten als Indikator für eine beginnende Abstoßungsreaktion (Carrier et al., 1987), und Bromocriptin (Carrier et al., 1990) oder andere Dopamin-Agonisten (Wilner et al., 1990) können als Adjuvans die immunsuppressiven Effekte von Cyclosporin A in der frühen postoperativen Phase bei Herztransplantierten verbessern oder dieses ersetzen. Die Gabe des Dopamin-Antagonisten Haloperidol dagegen führt zu einer Aufhebung der Immunsuppression durch Cyclosporin (Hiestand et al., 1986).

Prolaktin und autoimmunologische Erkrankungen

In einem Tiermodell für die Multiple Sklerose konnten Dijkstra et al. (1994) zeigen, daß Bromocriptin den klinischen Verlauf der chronischen experimentellen allergischen Enzephalomyelitis verbessert. Sie diskutieren diesen Effekt in Zusammenhang mit der Verminderung der Plasma-PRL-Konzentrationen und der aktivierenden Wirkung von PRL auf mononukleäre Zellen. Dieses tierexperimentelle Ergebnis weist vor dem Hintergrund des erhöhten Risikos von Frauen post partum, welche hohe PRL-Konzentrationen aufweisen, eine Multiple Sklerose zu entwickeln (Birk et al., 1990) und des Zusammenhangs akuter Rezidive der Multiplen Sklerose mit einem Anstieg der PRL-Konzentration im Plasma (Kira et al., 1991) auf eine bedeutende Rolle von PRL für die Entwicklung dieser autoimmunologischen Erkrankung hin. Neben der chronischen konnte auch der Verlauf der akuten experimentellen allergischen Enzephalomyelitis durch die prophylaktische (Riskind et al., 1991) wie die therapeutische Gabe (Dijkstra et al., 1994) des D2-dopaminergen Agonisten Bromocriptin verbessert werden.

Auch für ein Tiermodell des Systemischen Lupus Erythematosus konnten McMurray et al. (1994) zeigen, daß eine durch die Implantation syngener Hypophysen erzeugte Hyperprolaktinämie den Verlauf der Erkrankung beschleunigte, zu erhöhten Immunglobulin M-(IgM-)Konzentrationen und einem früheren Auftreten von anti-DNA-Antikörpern führte und daß die hyperprolaktinämischen Tiere früher verstarben als die Tiere der Kontrollgruppe. Auch eine durch reproduktives Verhalten bedingte physiologische Hyperprolaktinämie akzeleriert die Entwicklung der Autoimmunität in diesem Tiermodell (McMurray et al., 1993). Die Verstärkung der Krankheitsaktivität könnte durch eine vermehrte Produktion der Zytokine IL-4 und IL-6 erfolgen, da die IL-4 und IL-6 codierende mRNA in Milzzellen dieser Tiere vermehrt exprimiert wird (McMurray et al., 1991) und IL-6 darüber hinaus die PRL-Sekretion steigert (Berczi, 1992). IL-4 initiiert die klonale Expansion von B-Zellen (Vitetta et al., 1985), und IL-6 fördert die Produktion von IgM und IgG in B-Zellen (Kishimoto und Hirano, 1988). Zusammengenommen führt dies zu einer Verstärkung der humoralen Immunantwort, welche bei autoimmunologischen Erkrankungen dysreguliert ist. In einer klinischen Studie konnte ein Zusammenhang der Erkrankungsaktivität des Systemischen Lupus Erythematosus mit der PRL-Konzentration im Plasma festgestellt werden (Jara et al., 1992), in einer anderen Studie die Förderung der Krankheitsaktivität durch Östrogen-haltige Kontrazeptiva (Travers und Hughes, 1978). Östrogen ist neben TRH und Serotonin ein bedeutender Stimulator der PRL-Sezernierung (vgl. Abb. 1). Bei Männern mit Lupus Erythematosus ist eine bis zu siebenfach erhöhte Konzentration von PRL gefunden worden (Lavalle et al., 1987).

Insgesamt besitzt PRL also immunstimulatorische Effekte und steht in Zusammenhang mit der Auslösung und dem Verlauf autoimmunologischer Erkrankungen. Es wird durch eine Vielzahl von hormonellen Signalen reguliert und in akuten Streßsituationen vermehrt sezerniert. Neben der durch adrenerge und peptiderge Mechanismen bestimmten Modulation von Immunfunktionen in Streßsituationen könnten auch erhöhte PRL-Spiegel zu diesen Veränderungen beitragen. Für autoimmunologische Erkrankungen wird ein Zusammenhang von akuter Lebensbelastung und einer verstärkten Krankheitsaktivität diskutiert und darüber hinaus auch eine Veränderung neuronaler und psychischer Funktionen aufgrund der autoimmunologischen Erkrankung (Schiffer und Hoffman, 1991). Beides könnte durch erhöhte PRL-Konzentrationen mitbedingt sein. Die experimentelle Manipulation des PRL-Spiegels *in vivo* in akuten Streßsituationen, z. B. mittels Bromocriptin, könnte aufzeigen, welche immunologischen Parameter sich bedingt durch veränderte PRL-Konzentrationen beeinflussen lassen. Eine Durchführung derartiger Studien steht bisher aus.

Literatur

Bellussi G, Muccioli G, Ghé C, DiCarlo R: Prolactin binding sites on human lymphocytes and erythrocytes. Life Sciences 1987; 41:951–959.

Benker G, Jaspers C, Häusler G, Reinwein D: Control of prolactin secretion. Klinische Wochenschrift 1990; 68: 1157–1167.

Berczi I: The immunology of prolactin. Semin Reprod. Endocrinol. 1992; 10:196–219.

Berczi I, Nagy E: The effect of prolactin and growth hormone on hemolymphopoietic tissue and immune function. In: Berczi I, Kovacs K (eds.): Hormones and Immunity. Lancaster, MTP Press, Kluwer Academic, 1987; pp. 145–171.

Berczi I, Nagy E, de Toledo S, Matusik R, Friesen H: Pituitary hormones regulate c-myc and DNA synthesis in lymphoid tissue. Journal of Immunology 1991; 146: 2201–2206.

Bernton E: Prolactin and immune host defenses. Progress in NeuroEndocrinImmunology 1989; 2:21–29.

Bernton E, Bryant H, Holaday J: Prolactin and immune function. In: Ader R, Felten D, Cohen N (eds.): Psychoneuroimmunology. San Diego, Academic Press, 1991; pp. 403–428.

Bernton E, Bryant H, Holaday J, Dave J: Prolactin and prolactin secretagogues reverse immunosuppression in mice treated with cysteamine, glucocorticoids, or cyclosporin-A. Brain, Behavior, and Immunity 1992; 6:394–408.

Bernton E, Meltzer M, Holaday J: Suppression of macrophage activation and T-lymphocyte function in hypoprolactinemic mice. Science 1988; 239:401–404.

Birk K, Ford C, Smeltzer S, Ryan D, Miller R, Rudick R: The clinical course of multiple sclerosis during pregnancy and the puerperium. Arch Neurol 1990; 47:738–742.

Boisvert P, Brisson G, Péronnet F, Gareau R: Acute administration of bromocriptine abolishes the hyperprolactinemic response induced by submaximal exercise in man. Canadian Journal of Physiology and Pharmacology 1992; 70:1379–1383.

Bolm-Audorf U, Schwämmle J, Ehlenz K, Koop H, Kaffarnik H: Hormonal and cardiovascular variations during a lecture. European Journal of Applied Physiology 1986; 54:669–674.

Brown R: Neuroendocrinology. Cambridge, Cambridge University Press, 1994.

Brown R, Pang G, Husband A, King M, Bull D: Sleep deprivation and the immune response to pathogenic and non-pathogenic antigens. In: Husband A (ed.): Behavior and Immunity. Boca Raton, CRC Press, 1992; pp. 127–133.

Brown R, Price R, King M, Husband A: Interleukin-1 ß and muramyl dipeptide can prevent decreased antibody response associated with sleep deprivation. Brain, Behavior, and Immunity 1989; 3:320–330.

Carding S, Reem G: C-myc gene expression and activation of human thymocytes. Thymus 1987; 10:219–223.

Carrier M, Emery R, Wild-Mobley J et al.: Prolactin as a marker of rejection in human heart transplantation. Transplantation Proceedings 1987; 19:3442–3443.

Carrier M, Wild J, Pelletier L, Copeland J: Bromocriptine as an adjuvant to cyclosporin immunosuppression after heart transplantation. Annals of Thoracical Surgery 1990; 49:129–132.

Chikanza I, Panayi G: Hypothalamic-pituitary mediated modulation of immune function: prolactin as a neuroimmune peptide. British Journal of Rheumatology 1991; 30:203–207.

Clevenger C, Altmann S, Prystowsky M: Requirement of nuclear prolactin for interleukin-2-stimulated proliferation of T lymphocytes. Science 1991; 253:77–79.

Clevenger C, Russell D, Appasamy P, Prystowsky M: Regulation of interleukin-2-driven T-lymphocyte proliferation by prolactin. Proceedings of the National Academy of Sciences of the USA 1990; 87:6460–6464.

Cooke N, Baxter J: Structural analysis of the prolactin gene suggests a separate origin of its 5' end. Nature 1982; 297:603–606.

Copinschi G, L'Hermite M, Leclercq R, Golstein J, Vanhaelst L, Virasoro E, Robyn C: Effects of glucocorticoids on pituitary hormonal response to hypoglycemia. Inhibition of prolactin release. Journal of Clinical Endocrinology and Metabolism 1975; 40:442–449.

Crabtree G: Contingent genetic regulatory events in T lymphocyte activation. Science 1989; 243:355–361.

Darnell J, Lodish H, Baltimore D: Molecular Cell Biology. New York, Scientific American, 1986.

Demyttenaere K, Nijs P, Evers-Kiebooms G, Koninckx P: The effect of a specific emotional stressor on prolactin, cortisol, and testosterone concentrations in women varies with their trait anxiety. Fertility and Sterility 1989; 52:942–948.

Dijkstra C, Rouppe van der Voort E, De Groot C, Huitinga I, Uitdehaag B, Polman C, Berkenbosch F: Therapeutic effect of the d2-dopamine agonist bromocriptine on acute and relapsing experimental allergic encephalomyelitis. Psychoneuroendocrinology 1994; 19:135–142.

Euker J, Meites J, Riegle D: Effects of acute stress on serum LH and prolactin in intact, castrate and dexamethasone-treated male rats. Endocrinology 1975; 96:85–92.

Fekete M, Kanyicska B, Szentendrei T, Simonyi A, Stark E: Decrease of morphin-induced prolactin release by a procedure causing prolonged stress. Endocrinology 1984; 101:169–172.

Fleming W, Murphy P, Murphy P, Hatton T, Matusik R, Friesen H: Human Growth Hormone induces and maintains c-myc gene expression in Nb2 lymphoma cells. Endocrinology 1985; 117:2547–2549.

Gala R: The physiology and mechanism of the stress-induced changes in prolactin secretion in the rat. Life Sciences 1990; 46:1407–1420.

Gala R: Prolactin and growth hormone in the regulation of the immune system. Proceedings of the Society for Experimental Biology and Medicine 1991; 198:513–527.

Gerli R, Rambotti P, Nicoletti I, Orlandi S, Migliorati G, Riccardi C: Reduced number of natural killer cells in patients with pathological hyperprolactinemia. Clin. exp. Immunol 1986; 64:399–406.

Goodwin R, Friend D, Ziegler S, Jerzy R, Falk B, Gimpel S, Cosman D, Dower S, March C, Namen A, Park L: Cloning of the human and murine interleukin-7 receptors: demonstration of a soluble form and homology to a new receptor superfamily. Cell 1990; 60:941–951.

Harbuz M, Lightman S: Stress and the hypothalamo-pituitary-adrenal axis: acute, chronic and immunological activation. Journal of Endocrinology 1992; 134:327–339.

Hartmann D, Holaday J, Bernton E: Inhibition of lymphocyte proliferation by antibodies to prolactin. FASEB Journal 1989; 3:2194–2199.

Hiestand P, Mekler P, Nordmann R, Grieder A, Permmongkol C: Prolactin as a modulator of lymphocyte responsiveness provides a possible mechanism of action for cyclosporin. Proceedings of the National Academy of Sciences of the USA 1986; 83:2599–2603.

Howanitz P, Howanitz J: Hormones. In: Howanitz P, Howanitz J (eds.): Laboratory Medicine. Test selection and interpretation. New York, Churchill Livingstone, 1991; pp. 237–306.

Jara L, Gomez-Sanchez C, Silveira L, Martinez-Osuna P, Vasey F, Espinoza L: Hyperprolactinemia in systemic lupus erythematosus: association with disease activity. Am. J. Med. Sci. 1992; 303:222–226.

Johansson G, Karonen S, Laakso M: Reversal of an elevated plasma level of prolactin during prolonged psychological stress. Acta Physiol Scand 1983; 119:463–464.

Kelley K, Dantzer R: Growth hormone and prolactin as natural antagonists of glucocorticoids in immunoregulation. In: Plotnikoff N, Murgo R, Faith R, Wybran J (eds.): Stress and Immunity. Boca Raton, CRC Press, 1991; pp. 433–452.

Kira J, Harada M, Yamaguchi Y, Shida N, Goto I: Hyperprolactinemia in multiple sclerosis. J. Neurol. Sci. 1991; 102:61–66.

Kishimoto T, Hirano T: Molecular regulation of B -lymphocyte response. Ann Rev. Immunol 1988; 6:485–512.

Krulich L: Central neurotransmitters and the secretion of prolactin, GH, LH, and TSH. Annual Review of Physiology 1979; 41:603–615.

Lavalle C, Loyo E, Paniagua R, Bermudez J, Herrera J, Graef A, Gonzalez-Barceny D, Fraga A: Correlation study between prolactin and androgens in male patients with SLE. J Rheumatol. 1987; 14:268–272.

Lewis U, Singh R, Seavey B: Human prolactin: isolation and some properties. Biochem Biophys Res Commun 1971; 44:1169–1176.

Mahon JL, Gunn HC, Stobie K, Gibson C, Garcia B, Dupre J, Stiller CR: The effect of bromocriptine and cyclosporine on spontaneous diabetes in BB rats. Transplantation Proceedings 1988; 20(suppl. 4):197–200.

Malarkey W, Hall J, Pearl D, Kiecolt-Glaser J, Glaser R: The influence of academic stress and season on 24-hour concentrations of growth hormone and prolactin. Journal of Clinical Endocrinology and Metabolism 1991; 73:1089–1092.

Matera L, Cesano A, Bellone G, Oberholtzer E: Modulatory effect of prolactin on the resting and mitogen-induced activity of T, B, and NK lymphocytes. Brain, Behavior, and Immunity 1992; 6:409–417.

Matera L, Cesano A, Muccioli G, Veglia F: Modulatory effect of prolactin on the DNA synthesis rate and NK activity of large granular lymphocytes. Int. J. Neuroscience 1990; 51:265–267.

Matera L, Ciccarelli E, Cesano A, Veglia F, Miola C, Camanni F: Natural killer activity in hyperprolactinemic patients. Immunopharmacology 1989; 18:143–146.

Matera L, Ciccarelli E, Muccioli G, Cesano A, Grottoli S, Oberholtzer E, Camanni F: Normal development of lymphokine actvated killing (LAK) in peripheral blood lymphocytes from hyperprolactinemic patients. Int. J. Immunopharmac. 1992; 14:1235–1240.

Matera L, Muccioli G, Cesano A, Bellussi G, Genazzani E: Prolactin receptors on Large Granular Lymphocytes: dual regulation by cyclosporin A. Brain, Behavior, and Immunity 1988; 2:1–10.

McMurray R, Hoffman R, Walker S: In vivo prolactin manipulation alters in vitro IL-2, IL-4, and IFN-gamma mRNA levels in female B/W mice. Clin. Res. 1991; 39:734.

McMurray R, Keisler D, Izui S, Walker S: Effects of parturition, suckling and pseudopregnancy on variables of disease activity in the B/W Mouse model of systemic lupus erythematosus. J Rheumatol 1993; 20:1143–1151.

McMurray R, Keisler D, Izui S, Walker S: Hyperprolactinemia in male NZB/NZW (B/W)F1 mice: accelerated autoimmune disease with normal circulating testosterone. Clinical Immunology and Immunopathology 1994; 71:338–343.

Meyerhoff J, Oleshansky M, Kalogeras K, Mougey E, Chrousos G, Granger L: Neuroendocrine responses to emotional stress: possible interactions between circulating factors and anterior pituitary hormone release. In: Porter J, Jezova D (eds.): Circulating Regulatory Factors and Neuroendocrine Function. New York, Plenum Press, 1990.

Meyerhoff J, Oleshansky M, Kalogeras K, Mougey E, Chrousos G, Granger L: Neuroendocrine responses to emotional stress: possible interactions between circulating factors and anterior pituitary hormone release. In: Porter J, Jezova D (eds.): Circulating Regulatory Factors and Neuroendocrine Function. New York, Plenum Press, 1990.

Meyerhoff J, Oleshansky M, Mougey E: Psychologic stress increases plasma levels of prolactin, cortisol, and POMC-derived peptides in man. Psychosomatic Medicine 1988; 50, 295–303.

Meyerhoff J, Oleshansky M, Mougey E: Psychologic stress increases plasma levels of prolactin, cortisol, and POMC-derived peptides in man. Psychosomatic Medicine 1988; 50:295–303.

Minamitani N, Minamitani T, Lechan R, Bollinger-Gruber J, Reichlin S: Paraventricular nucleus mediates prolactin secretory responses to restraint stress, ether stress, and 5-Hydroxy-L-Tryptophan injection in the rat. Endocrinology 1987; 120:860–867.

Moldofsky H, Lue FA, Eisen J, Keystone E, Gorczynski RM: The relationship of interleukin-1 and immune functions to sleep in humans. Psychosomatic Medicine 1986; 48:309–318.

Moreno J, Vicente A, Heijnen I, Zapata A: Prolactin and

early T-cell development in embryonic chicken. Immunology today 1994; 15:524–526.
Morkawa K, Oseko F, Morikawa S: Immunosuppressive property of bromocriptine on human B lymphocyte function in vitro. Clinical and Experimental Immunology 1993; 93:200–205.
Murkherjee P, Mastro A, Hymer W: Prolactin induction of interleukin-2 receptors on rat splenic lymphocytes. Endocrinology 1990; 126:88–94.
Murphy W, Durum S, Longo D: Differential effects of growth hormone and prolactin on murine T-cell development and function. J. Exp. Med. 1993; 178:231–236.
Nokin J, Vekemans M, L'Hermite M, Robyn C: Circadian periodicity of serum prolactin concentration in man. British Medical Journal 1972; 3:561–562.
Ovadia H, Abramsky O: Dopamine receptors on isolated membranes of rat lymphocytes. J. Neurosci. Res. 1987; 18:70–74.
Palestine A, Muellenberg-Coulombre C, Kim M, Gelato M, Nussenblatt R: Bromocriptine and low dose cyclosporine in the treatment of experimental autoimmune uveitis in the rat. J. Clin. Invest. 1987; 79:1078–1081.
Pellegrini I, Lebrun J, Ali S, Kelly P: Expression of prolactin and its receptor in human lymphoid cells. Molecular Endocrinology 1992; 6:1023–1031.
Reichlin S: Prolactin and growth hormone secretion in stress. Advances in Experimental Medicine and Biology 1988; 245:353–376.
Reichlin S: Neuroendocrinology. In: Wilson J, Foster D (eds.): Williams Textbook of Endocrinology. Philadelphia, Saunders, 1992; pp. 135–219.
Riskind P, Massacesi L, Doolittle T, Hauser S: The role of prolactin in autoimmune demyelination: suppression of experimental allergic encephalomyelitis by bromocriptine. Ann Neurol 1991; 29:542–547.
Rotkvic I, Hrabar D, Krpan H, Banic M, Brkic T, Duvnjak M, Zjacic V, Sikiric P: Inhibition and stimulation of prolactin release. Delayed response in duodenal ulcer patients. Digestive Diseases and Sciences 1992; 37:1815–1819.
Russel D, Buckley A, Montgomery D, Larson N, Gout P, Beer C, Putnam C, Zukoski C, Kibler R: Prolactin-dependent mitogenesis in NB-2 lymphoma cells. Journal of Immunology 1987; 138:276–284.
Russel D, Kibler R, Matrisian L, Larson D, Poulos B, Magun B: Prolactin receptors on human B and T lymphocytes: antagonism of prolactin binding by cyclosporin. Journal of Immunology 1985; 134:3027–3031.
Russel D, Larson D: Prolactin-induced polyamine biosynthesis in spleen and thymus: specific inhibition by cyclosporine. Immunopharmacology 1985; 9:165–169.
Sabharwal P, Glaser R, Lafuse W, Varma S, Liu Q, Arkins S, Kooijman R, Kutz L, Kelley K, Malarkey W: Prolactin synthesized and secreted by human peripheral blood mononuclear cells: an autocrine growth factor for lymphoproliferation. Proc. Natl. Acad. Sci. USA 1992; 89:7713–7716.
Sassin J, Frantz A, Kapen S, Weitzman A: The nocturnal rise of human prolactin is dependent on sleep. Journal of Clinical Endocrinology and Metabolism 1973; 37:436–440.
Sassin J, Frantz A, Weitzman A, Kapen S: Human prolactin: 24-hour pattern with increased release during sleep. Science 1972; 177:1205–1207.
Schedlowski M, Wiechert D, Wagner T, Tewes U: Acute psychological stress increases plasma levels of cortisol, prolactin and TSH. Life Sciences 1992; 50:1201–1205.
Schiffer R, Hoffman S: Behavioral sequelae of autoimmune disease. In: Ader R, Felten D, Cohen N (eds.): Psychoneuroimmunology. San Diego: Academic Press, 1991; pp. 1037–1066.
Taché Y, Du Ruisseau P, Ducharme J, Collu R: Pattern of adenohypophyseal hormone changes in male rats following chronic stress. Neuroendocrinology 1978; 26:208–219.
Thorner M, Vance M, Horvath E, Kovacs K: (1992). The anterior pituitary. In: Wilson J, Foster D (eds.): Williams Textbook of Endocrinology. Philadelphia, Saunders, 1992; pp. 221–310.
Travers R, Hughes G: Oral contraceptive therapy and systemic lupus erythematosus. J. Rheumatol. 1978; 5:448–451.
Truong A, Duez C, Belayew A et al.: Isolation and charakterization of the human prolactin gene. EMBO J 1984; 3:429–437.
Tyrrell J, Findling J, Aron D: Hypothalamus and pituitary. In: Greenspan F, Baxter J (eds.): Basic and Clinical Endocrinology (4th ed.). East Norwalk/CT, Appleton & Lange, 1994; pp. 64–127.
Vaernes R, Ursin H, Darragh A, Lambe R: Endocrine response patterns and psychological correlates. Journal of Psychosomatic Research 1982; 26:123–131.
Veldhuis J, Johnson M: Operating characteristics of the hypothalamo-pituitary-gonadal axis in men: zirkadian, ultradian, and pulsatile release of prolactin and its temporal coupling with luteinizing hormone. Journal of Clinical Endocrinology and Metabolism 1988; 67:116–123.
Vitetta ES, Ohara J, Myers CD, Layton JE, Krammer PH, Paul WE: Serological, biochemical, and functional identity of B-cell-stimulatory factor 1 and B cell differentiation factor for IgG1. J. Exp. Med. 1985; 162:1726–1731.
Walker S, Allen S, McMurray R: Prolactin and autoimmune disease. Trends Endocrinol Metab 1993; 4:147–151.
Weinberg R: Oncogenes, antioncogenes, and the molecular bases of multistep carcinogenesis. Cancer Research 1989; 49:3713.
Wilner M, Ettenger R, Koyle M, Rosenthal J: The effecof hypoprolactinemia alone and in combination with cyclosporine on allograft rejection. Transplantation 1990; 49:264–268.
Zimmermann U, Loew T, Wildt L: «Stress-hormones» and bungee-jumping. Lancet 1992, 340:428.

Teil III

Klinischer Bezug psychoneuroimmunologischer Forschung

Neuroimmunologie bei Autoimmunerkrankungen

Konrad Schauenstein, Helga S. Haas und Peter M. Liebmann

Autoimmunerkrankungen sind nach wie vor eines der brennendsten Probleme in der Humanmedizin, einerseits weil sie überaus häufig sind, und zum anderen, weil ihre Behandlung unbefriedigend ist. Die Unzulänglichkeiten der Therapie erklären sich aus unserem mangelhaften Verständnis von Ätiologie und Pathogenese dieser Gruppe von Krankheiten, welches bislang die Erstellung spezifischer bzw. ursächlicher therapeutischer Konzepte verhindert hat. Der vorliegende Beitrag soll einen besonderen Aspekt in der Pathogenese von Autoimmunreaktionen diskutieren, nämlich die Rolle des Regelkreises zwischen Immunsystem, Neuroendokrinium und Zentralnervensystem.

Autoimmunität und Autoimmunkrankheit

Autoimmunkrankheiten werden als Manifestationen «unerwünschter» Immunreaktionen gegen körpereigene Strukturen (Autoantigene) aufgefaßt. Hierbei ist zu betonen, daß Autoimmunreaktionen als solche nicht a priori pathogen sind, da sie in jedem gesunden Individuum nachzuweisen und zum Teil für das Funktionieren der normalen Immunabwehr sogar notwendig sind («Physiologische Autoimmunität») (Delves, 1992). Wie durch Untersuchungen an verschiedenen Tiermodellen gezeigt wurde, erfordert das Zustandekommen einer echten Autoimmunkrankheit das Zusammenwirken multipler genetisch festgelegter und epigenetischer (Umwelt) Faktoren («Multifaktorielle Genese»), die sowohl das Immunsystem als auch das betreffende Autoantigen bzw. das Zielgewebe der zugrundeliegenden Autoimmunreaktion betreffen (Wick et al., 1987).

Von seiten des Autoantigens ist bekannt, daß bestimmte exogene mikrobielle Antigene strukturelle Gemeinsamkeiten mit Autoantigenen aufweisen («antigenic mimicry»), was im Gefolge einer Infektion zu einer Autoimmunreaktion auf Grund einer immunologischen Kreuzreaktion führt, die bei entsprechender Disposition eine Autoimmunerkrankung in Gang setzen kann. Eine andere Möglichkeit ist, daß Autoantigene durch äußere Einflüsse, wie z. B. Medikamente, virale oder bakterielle Infektionen, in ihrer Struktur verändert werden und dem Immunsystem als «fremd» erscheinen und auf diese Weise eine Autoimmunreaktion auslösen.

Im Bereich des Immunsystems erscheint die Verhinderung von pathogenen Autoimmunreaktionen («horror autotoxicus») zumindest von zwei Seiten her abgesichert. Einerseits werden normalerweise im Rahmen der T-Zellreifung im Thymus hochaffine autoreaktive T-Lymphozytenvorläufer laufend eliminiert, und zum anderen werden Autoimmunreaktionen in der Peripherie durch verschiedene Mechanismen der Immunregulation laufend unterdrückt (Roitt, 1993). Nach Initiation der kritischen Autoimmunreaktion läuft der Krankheitsprozeß im Gewebe als immunologische Überempfindlichkeitsreaktion vom Typ II, III oder IV ab, deren Verlauf ebenfalls durch verschiedene immunregulatorische Mechanismen moduliert werden kann (Schauenstein, 1992).

Die immun-neuroendokrine Rückkopplung über den Hypothalamus

Besedovsky et al. (1975) waren die ersten, die auf Grund experimenteller Daten eine wechselseitige Kommunikation zwischen Neuroendokrinium und Immunsystem über die Hypothalamus-Hypophysen-Nebennierenrinden-(HHN)-Achse postulierten: Im Gefolge einer Immunisierung «benachrichtigt» das Immunsystem das Zentralnervensystem über seinen Aktivierungszustand durch Abgabe von Zytokinen, die entweder über direkte Bindung an zentralen Rezeptoren oder über Aktivierung peripherer nervaler Afferenzen die Aktivierung von CRH-Neuronen im Nucleus paraventricularis des Hypothalamus auslösen. Dies führt durch Aktivierung der Hypophyse und Nebennierenrinde zu einer vorübergehenden Erhöhung der Plasmaglukokortikoide zum Zeitpunkt der maximalen Immunantwort. Glukokortikoide ihrerseits wirken bekanntlich über verschiedene Mechanismen stark immunsuppressiv, so daß sich hier eine negative Rückkopplung mit dem Immunsystem ergibt. Die gleiche Gruppe hat in der Folge gezeigt, daß diesem Mechanismus offensichtlich ein physiologischer Stellenwert in der Fokussierung der Spezifität der Immunantwort auf das jeweilige, zur Immunisierung verwendete Antigen zukommt: Versuchstiere, die mit einem bestimmten Antigen (z. B. Schaferythrozyten) immunisiert werden, sind zur Zeit der maximalen Immunantwort einem strukturell verwandten, zweiten Antigen (z. B. Pferdeerythrozyten) gegenüber tolerant. Wird der oben erwähnte immun-neuroendokrine Regelkreis zum Beispiel durch Adrenalektomie unterbrochen, so geht dieses Phänomen der «antigenic competition» verloren. Andererseits läßt es sich durch Zugabe von Glukokortikoiden in vitro wieder herstellen (Besedovsky et al., 1979). Die für den Effekt bisher identifizierten verantwortlichen Zytokine («Immunotransmitter») sind vor allem Interleukin(IL)-1, IL-6, Tumornekrosefaktor-(TNF)-alpha (Hu et al., 1993), und, zumindest im Mausmodell, IL-2 (Bateman et al., 1989).

Untersuchungen an Tiermodellen für Autoimmunkrankheiten

Eine mögliche Interpretation der im vorigen geschilderten Befunde war, daß der durch die Immunisierung induzierte Anstieg der Glukokortikoide zu einer Suppression von «mitaktivierten» Lymphozytenklonen niedrigerer Spezifität und Affinität führt und nur die Klone mit der höchsten Spezifität für das Antigen diesem negativen Regulativ widerstehen können. Ausgehend von dieser Hypothese und dem Konzept von Autoimmunität als Folge von immunologischen Kreuzreaktionen gegen mit Autoantigenen strukturell verwandte exogene Antigene haben verschiedene Gruppen die Relevanz dieses Regelkreises in Tiermodellen für Autoimmunkrankheiten untersucht.

In unseren eigenen Untersuchungen am sogenannten «Obese»-Hühnerstamm, dessen Tiere zu über 90% spontan an einer der menschlichen Hashimoto Thyreoiditis weitgehend entsprechenden Autoimmunthyreoiditis erkranken (Wick et al., 1989), konnten wir zum ersten Mal zeigen, daß diese Autoimmunkrankheit eng mit einem Defekt im soeben beschriebenen immun-neuroendokrinen Regelkreis assoziiert ist: Während normale Kontrolltiere sehr deutlich den ursprünglich in Ratten und Mäusen gezeigten Immunisierungseffekt auf die Plasmaglukokortikoide aufwiesen, zeigten die von der Autoimmunthyreoiditis befallenen Tiere des Obese-Stammes keine signifikante Erhöhung des Plasmacorticosterons nach Immunisierung oder nach i.v. Injektion von zytokinhaltigen Kulturüberständen aktivierter Lymphozyten (Schauenstein et al., 1987a und 1987b). Drei wichtige Ergebnisse konnten in der gleichen Studie noch erhoben werden: Erstens wurde gezeigt, daß die durch die Immunisierung hervorgerufene Erhöhung der Glukokortikoide in vivo

Relevanz für die Lymphozytenreaktivität besitzt, d. h. eine signifikante Suppression der polyklonalen Stimulierbarkeit peripherer Blutlymphozyten im Gefolge einer Immunisierung mit sich bringt. Entsprechend der mangelhaften Aktivierung der HHN-Achse fehlt auch dieser Effekt bei den Obese-Hühnern. Zweitens konnte die Lokalisation des zugrundeliegenden Defektes auf das Zentralnervensystem eingegrenzt werden, da die Nebennierenrinde von Obese-Hühnern eine normale Glukokortikoidantwort nach in vivo-Behandlung mit ACTH aufwies, und drittens wurde gefunden, daß Überstände aktivierter Lymphozyten von Obese-Tieren in normalen Hühnern eine adäquate Stimulation der HHN-Achse bewirken. Neben diesem zentralen Defekt in der immunneuroendokrinen Rückkopplung fand sich bei den Obese-Hühnern auch eine generelle Zunahme der Plasmakonzentration von Corticosterone Binding Globulin (CBG), was auf eine generell verminderte in vivo-Verfügbarkeit von freiem, endokrinologisch wirksamem Corticosteron schließen läßt (Faessler et al., 1986).

Ähnliche Defekte im Glukokortikoid-System wurden auch an murinen Tiermodellen mit spontan auftretendem Lupus Erythematodes gefunden, dem NZB/NZW und dem MRL/MP-lpr-Mäusestamm (Hu et al., 1993; Chesnokova et al., 1991), während die Hühner des UCD-200-Stammes, einem spontanen Modell für die humane Sklerodermie, keinerlei Defekt in der IL-1-mediierten Glukokortikoidantwort, jedoch eine verminderte Ansprechbarkeit der Nebennierenrinde auf ACTH aufweisen (Brezinschek et al., 1993).

Eine wichtige Frage, die durch die bisherigen Untersuchungen an Modellen mit spontanen Autoimmunkrankheiten nicht eindeutig beantwortet wurde, ist die nach der ätiologischen Relevanz des zentralen Defekts für den Autoimmunprozess. Hier haben Untersuchungen an Rattenstämmen Aufschluß gegeben, die genetisch bedingte Unterschiede in der Aktivierbarkeit der HPA-Achse aufweisen. Sternberg und Mitarbeiter beschrieben erstmals 1989, daß die Empfänglichkeit gegenüber der Induktion einer experimentellen Autoimmunarthritis (EAA) durch Immunisierung mit Streptokokkenantigenen mit einer verminderten Ansprechbarkeit und Funktion der HPA-Achse eng assoziiert ist: Weibliche Tiere des Stammes LEW/N entwickeln eine experimentelle Autoimmunarthritis und reagieren gleichzeitig mit niedrigen ACTH- und Glukokortikoidspiegeln, sowohl nach Immunisierung mit den Streptokokkenantigenen als auch nach Stimulation mit IL-1, dem Serotonin-Agonist Quipazine, und synthetischem Corticotropin Releasing Hormone(CRH). Umgekehrt sind Tiere des F344/N-Stammes der Induktion der Autoimmunarthritis gegenüber vergleichsweise resistent und zeigen eine ausgeprägte Reaktion der HHN-Achse auf dieselben Stimuli. Exogene Behandlung mit Glukokortikoiden reduzierte die Ausprägung der EAA in LEW/N-Tieren, während die Glukokortikoidrezeptorblockade mit RU486 oder die Behandlung mit dem Serotoninantagonist LY53857 in den Tieren des F344/N Stammes zu einer deutlichen Steigerung in der Ausprägung der EAA führte (Sternberg et al., 1989a). In anschließenden Studien zeigte die gleiche Gruppe, daß der Defekt in der Glukokortikoidregulation des LEW/N-Stammes in einer primären zentralen Nichtansprechbarkeit der CRH-Neurone im Nucleus paraventricularis des Hypothalamus besteht (Sternberg et al., 1989b). Sekundär dazu oder möglicherweise auch als weiterer primärer Faktor scheint bei diesen Tieren auch eine selektive Schwäche auf der Ebene der Hypophyse in Bezug auf die Freisetzung von ACTH zu bestehen (Zelakowski et al., 1992).

Diese Befunde wurden an einem zweiten Rattenmodell mit induzierter Autoimmunkrankheit im wesentlichen bestätigt, nämlich der experimentellen autoallergischen Enzephalitis (EAE), die durch Immunisierung mit basischem Myelinscheidenprotein (MBP) ausgelöst wird und als Tiermodell für die Multiple Sklerose beim Menschen angesehen wird. Hier zeigte die Gruppe um Mason, daß sowohl die Empfänglichkeit gegenüber der Induktion als auch der Verlauf der manifesten Erkrankung sehr deutlich mit genetisch vorgegebenen Unterschieden in der Aktivierung der HHN-Achse korreliert bzw. daß die experimentelle Unterbrechung des immunneuroendokrinen Regelkreises durch Adrenalektomie die Resistenz bestimmter Rattenstämme gegenüber dieser Krankheit beeinträchtigt (Mason et al., 1990; Mason, 1991). Zu ähnlichen Ergebnissen kommt eine andere Gruppe in einer vor kurzem veröffentlichten Studie, in der die Kombination aus Adrenalektomie und RU486-Behandlung vor Immunisierung mit MBP zur Induktion der EAE im ursprünglich resistenten Stamm Brown Norway führte (Peers et al., 1995).

Untersuchungen am Menschen

Wenngleich ein direkter Beleg noch aussteht, so ist es naheliegend anzunehmen, daß die immun-neuroendokrine Wechselwirkung über den Hypothalamus auch beim Menschen in analoger Weise, wie sie bei verschiedenen Tierspezies etabliert wurde, besteht. Berichte über Veränderungen von Parametern der HHN-Achse im Zusammenhang mit menschlichen Autoimmunerkrankungen sind derzeit noch spärlich und teilweise recht wenig konklusiv. Dies spiegelt sicherlich die prinzipiellen Schwierigkeiten in der Erfassung subtilerer endokriner Veränderungen beim Menschen wider, da, zum Unterschied vom definierten Tierexperiment, große physiologische Schwankungsbreiten zum Beispiel im Serumspiegel von Glukokortikoiden bestehen (Derijk und Sternberg, 1994). In diesem Zusammenhang sei angemerkt, daß die immuninduzierte Glukokortikoidantwort im Huhnmodell auch nur nach entsprechender Konditionierung der Tiere an den Streß der Blutabnahme nachzuweisen war (Schauenstein et al., 1987b).

Von den bisherigen Untersuchungen am Menschen erscheinen klinische Fallberichte am überzeugendsten, die das Auftreten von Autoimmunphänomenen nach therapeutischen Eingriffen an der HHN-Achse belegen. So berichten zum Beispiel Takasu et al. zwei Fälle von Autoimmunthyreoiditis in der Folge einer bilateralen Adrenalektomie, sowie nach operativer Entfernung eines ACTH-produzierenden Hypophysenadenoms (Takasu et al., 1993).

An einer kleinen Anzahl von Patientinnen mit rheumatischer Arthritis wurde die ACTH- und Cortisolproduktion nach Stimulation mit ovinem CRH (oCRH) untersucht (Cash et al., 1992). Diese Patientinnen zeigten einerseits eine Rechtsverschiebung der Dosis-Wirkungskurven sowohl für ACTH als auch für Cortisol und zusätzlich einen erhöhten (kompensatorischen?) Basalwert für ACTH, was tatsächlich für eine verminderte Ansprechbarkeit der HHN-Achse sprechen würde. Unklar bleibt jedoch, ob diese quantitativ nicht sehr ausgeprägten Veränderungen als Ausdruck einer primären Disposition oder als Folge des entzündlichen Krankheitsprozesses und/oder der vorangegangenen niedrigdosierten Glukokortikoidtherapie zu interpretieren sind.

In zwei neueren Arbeiten derselben Gruppe wurden Patienten mit Fibromyalgie (FM) und Multipler Sklerose (MS) in analoger Weise untersucht. Hiebei zeigten die FM-Patienten eine normale ACTH-Antwort auf oCRH, jedoch eine verminderte Reaktion des Plasmacortisols, so daß hier eine selektive Schwäche in der Ansprechbarkeit der Nebennierenrinde zu bestehen scheint (Crofford et al., 1994). Im Gegensatz dazu fanden sich bei den MS-Patienten erhöhte Cortisol-Basalwerte, jedoch normale ACTH-Werte nach Stimulation mit oCRH sowie eine normale Cortisolantwort auf ACTH-Stimulation (Michelson et al., 1994). Diese Daten sprechen für eine primär gesteigerte Aktivierung der HPA-Achse, möglicherweise als systemische Folge des chronischen Entzündungsprozesses, und gegen eine pathogenetische Rolle eines endogenen Glukokortikoidmangels, sobald die Krankheit voll ausgeprägt ist. Im Stadium der Optikusneuritis scheint jedoch die frühe therapeutische Intervention mit Glukokortikoiden zu einer signifikanten Abnahme des Auftretens bzw. der Manifestationen von MS zu führen.

Diskussion

Die im Vorigen referierten Ergebnisse an Versuchstieren und beim Menschen belegen, daß chronische entzündliche Erkrankungen als Resultat von Autoimmunreaktionen mit Änderungen in der Aktivität der HHN-Achse assoziiert sind, wobei jedoch die Natur und quantitative Ausprägung dieser Veränderungen bei verschiedenen Krankheitsbildern offensichtlich sehr unterschiedlich sein kann. Dies ist entsprechend der wechselweisen Kommunikation zwischen Zentralnervensystem und Immunsystem über das Neuroendokrinium nicht verwunderlich. So wie eine primäre Insensibilität der HHN-Achse, in welchem Abschnitt auch immer, zu verbotenen Immunreaktionen prädisponieren kann, ist andererseits zu erwarten, daß es im Verlauf von chronisch-entzündlichen Autoimmunprozessen über die erhöhte Freisetzung systemisch wirkender Zytokine zu einer latenten Hyperaktivität der HHN-Achse kommen kann, wie sie zum Beispiel bei der floriden MS gefunden wurde. Die Unterscheidung zwischen primären, eventuell disponierenden Veränderungen in der Glukokortikoidregulation und krankheits- und/oder therapiesekundären diesbezüglichen Phänomenen ist – insbesondere in den Humanstudien – ein prinzipielles logistisches Problem. Hier könnte die Stimulation mit oCRH in Screeninguntersuchungen von Risikofamilien für bestimmte Autoimmunkrankheiten möglicherweise relevante Informationen über den Status der HHN-Achse vor Ausbruch der jeweiligen Krankheit und somit über deren pathogenetische Relevanz erbringen.

Ein weiterer Aspekt, der jedoch die Objektivierung immun-neuroendokriner Regelkreise insbesondere beim Menschen zur Zeit noch sehr erschwert, liegt in der Komplexität der beteiligten Systeme. Neben der HHN-Achse gibt es noch zahlreiche andere Gehirnstrukturen, die am immunneuroendokrinen Dialog teilnehmen, und neben den Glukokortikoiden haben eine Vielzahl von anderen Hormonen, Neurohormonen und Neurotransmittern ausgeprägte negative oder positive immunregulatorische Eigenschaften, auf deren mögliche Relevanz bei Autoimmunprozessen hier nicht im Detail eingegangen werden kann. Von den an der Neuroimmunmodulation beteiligten Gehirnarealen scheinen die Kerngebiete des sogenannten «Limbischen Systems» eine zentrale Rolle zu spielen. Diese werden bekanntlich ganz allgemein als Zentren der inneren Verarbeitung äusserer Einflüsse gesehen, und es gibt viele Hinweise, daß dies auch für afferente Signale vom Immunsystem gilt, welcher Art diese Signale auch sein mögen (Haas und Schauenstein, 1996). Im Zusammenhang mit Autoimmunkrankheiten sind neuere Studien an Mausmodellen für Lupus erythematodes (NZB/NZW) sowie für autoimmunhämolytische Anämie (NZB) zu erwähnen, die über eine drastische Abnahme von IL-1-Rezeptoren im Gyrus dentatus, einem Teilbereich der Hippocampusformation, berichten (Tehrani et al., 1994). Wenngleich die Relevanz dieses Befundes für die Pathogenese des Autoimmunprozesses noch nicht abzuschätzen ist, belegen diese Daten das «Limbische System», den Entstehungsort von

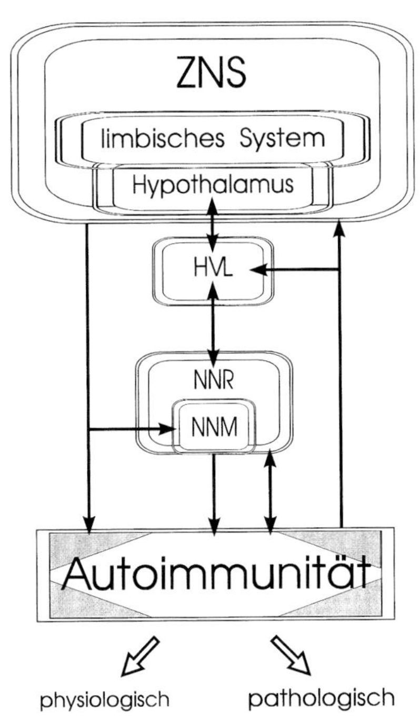

Abbildung 1: Autoimmunität im Netzwerk der Neuroimmunmodulation.

Emotionen und Affekten, als neuroanatomisches Substrat von Psychoimmunmodulation (Haas und Schauenstein, 1996).

Die im vorliegenden Beitrag geschilderten Zusammenhänge des Immunsystems mit der HHN-Achse sind daher – als dem derzeit am besten untersuchten System – als pars pro toto aufzufassen, und umfassende weiterführende Studien sind erforderlich, um ein der Realität angenähertes Gesamtbild – wie in Abbildung 1 schematisch dargestellt – in unserem Verständnis der psychoneuroendokrinen Kommunikation mit dem Immunsystem im allgemeinen und in der Entstehung und im Verlauf von Autoimmunkrankheiten entstehen zu lassen.

Literatur

Bateman A, Singh A, Kral I, Solomon S: The immunohypothalamic-pituitary adrenal axis. Endocrine Reviews 1989; 10:92–112.

Besedovsky HO, Sorkin E, Keller M, Mueller J: Changes in blood hormone levels during the immune response. Proc.Soc.Exp.Biol.Med. 1975; 150:466–470.

Besedovsky HO, Del Rey A, Sorkin E: Antigenic competition between horse and sheep blood cells is a hormone dependent phenomenon. Clin.Exp.Immunol. 1979; 49:273–282.

Brezinschek HP, Gruschwitz M, Sgonc R, Moormann S, Herold M, Gershwin ME, Wick G: Effects of cytokine application on glucocorticoid secretion in an animal model for systemic scleroderma. J. Autoimmun. 1993; 6:719–733.

Cash JM, Crofford LJ, Gallucci WT, Sternberg EM, Gold PW, Chrousos GP, Wilder RL: Pituitary-adrenal axis responsiveness to ovine corticotropin releasing hormone in patients with rheumatoid arthritis treated with low dose prednisone. J.Rheumatol. 1992; 19:1692–1696.

Chesnokova VM, Chukhlib VL, Ignat'eva EV, Ivanova LN: The possible involvement of glucocorticoids in the development of genetically determined autoimmune pathology in NZB mice. Biomed.Sci. 1991; 2:557–561.

Crofford LJ, Pillemer SR, Kalogeras KT, Cash JM, Michelson D, Kling MA, Sternberg EM, Gold PW, Chrousos GP, Wilder RL: Hypothalamic-pituitary-adrenal axis perturbations in patients with fibromyalgia. Arthritis Rheum. 1994; 37:1583–1592.

Delves PJ: Autoimmunity. In: Roitt IM, Delves PJ (Hrsg.): Encyclopedia of Immunology. London, Academic Press, 1992; S. 198–201.

Derijk R, Sternberg EM: Corticosteroid action and neuroendocrine-immune interactions. Ann.N.Y.Acad.Sci. 1994; 746:33–41.

Faessler R, Schauenstein K, Kroemer G, Schwarz S, Wick G: Elevation of corticosteroid binding globulin in obese strain (OS) chickens: Possible implication for the disturbed immunoregulation and the development of spontaneous autoimmune thyroiditis. J.Immunol. 1986; 136:3657–3661.

Haas HS, Schauenstein K: Neuroimmunomodulation at the «Limbic System» – The Neuroanatomy of Psychoimmunology. Prog. Neurobiol. 1996, im Druck.

Hu Y, Dietrich H, Herold M, Heinrich PC, Wick G: Disturbed immuno-endocrine communication via the hypothalamo-pituitary-adrenal axis in autoimmune disease. Int.Arch.Allergy Immunology 1993; 102: 232–241.

Mason D, MacPhee I, Antoni F: The role of the neuroendocrine system in determining genetic susceptibility to experimental allergic encephalomyelitis in the rat. Immunology 1990; 70:1–5.

Mason D: Genetic variation in stress response: susceptibility to experimental autoimmune encephalomyelitis and implications for human inflammatory disease. Immunology Today 1991; 12:57–60.

Michelson D, Stone L, Magiakou MA, Chrousos GP, Sternberg EM, Gold PW: Multiple Sclerosis is associated with alterations in hypothalamic-pituitary-adrenal axis function. J.Clin.Endocrinol.Metab. 1994; 79:848–853.

Peers SH, Duncan GS, Flower RJ, Bolton C: Endogenous corticosteroids modulate lymphoproliferation and susceptibility to experimental allergic encephalomyelitis in the brown Norway rat. Int.Arch.Allergy Immunology 1995; 106:20–24.

Roitt IM: Autoimmunity and autoimmune disease. In: Roitt IM, Brostoff J, Male D (Hrsg.): Immunology. London, Mosby, 1993; S. 24.2–24.11.

Schauenstein K, Faessler R, Kroemer G, Wick G: Dysregulation of the immune system in obese strain chickens with Hashimoto-like thyroiditis: Intrinsic and extrinsic mechanisms. Acta Endocrinol. 1987(a); Suppl 281: 107–110.

Schauenstein K, Faessler R, Dietrich H, Schwarz S, Kroemer G, Wick G: Disturbed immune-endocrine communication in autoimmune disease. Lack of corticosterone response to immune signals in obese strain chickens with spontaneous autoimmune thyroiditis. J.Immunol. 1987(b); 139:1830–1833.

Schauenstein K: Autoimmune disease, pathogenesis. In: Roitt IM, Delves PJ (Hrsg.): Encyclopedia of Immunology. London, Academic Press, 1992; S. 187–190.

Sternberg EM, Hill JM, Chrousos GP, Kamilaris T, Listwak SJ, Gold PW, Wilder RL: Inflammatory mediator-induced hypothalamic-pituitary-adrenal axis activation is defective in streptococcal cell wall arthritis-susceptible Lewis rats. Proc.Nat.Acad.Sci.USA 1989(a); 86:2374–2378.

Sternberg EM, Young WS, Bernardini R, Calogero AE, Chrousos GP, Gold PW, Wilder RL: A central nervous system defect in biosynthesis of corticotropin-releasing hormone is associated with susceptibility to streptococcal cell wall-induced arthritis in Lewis rats. Proc.Nat.Acad.Sci.USA 1989(b); 86:4771–4775.

Takasu N, Ohara N, Yamada T, Komiya I: Development of autoimmune thyroid dysfunction after bilateral adrenalectomy in a patient with Carney's complex and after removal of ACTH producing pituitary adenoma in a patient with Cushing's disease. J.Endocrinol.Invest. 1993; 16:697–702.

Tehrani MJ, Hu Y, Marquette C, Dietrich H, Haour F, Wick G: Interleukin-1 receptor deficiency in brains from NZB and (NZB/NZW)F1 autoimmune mice. J.Neuroimmunol. 1994; 53:91–99.

Wick G, Kroemer G, Neu N, Faessler R, Ziemiecki A, Müller RG, Ginzel M, Beladi I, Kühr T, Hála K: The multifactorial pathogenesis of autoimmune disease. Immunol. Letters 1987; 16:249–258.

Wick G, Brezinschek HP, Hàla K, Dietrich H, Wolf H, Kroemer G: The Obese strain (OS) of chickens. An animal model with spontaneous autoimmune thyroiditis. Advances in Immunology 1989; 47:433–500.

Zelazowski P, Smith MA, Gold PW, Chhrousos GP, Wilder RL, Sternberg EM: In vitro regulation of pituitary ACTH secretion in inflammatory disease susceptible Lewis (LEW/N) and inflammatory disease resistant Fisher (F344/N) rats. Neuroendocrinology 1992; 56: 474–482.

Psychoneuroimmunologie und Hauterkrankungen

O. Berndt Scholz

Bei der Psychodermatologie, insoweit sie sich mit psychoimmunologischen Fragestellungen befaßt, lassen sich zwei Forschungsrichtungen unterscheiden: Zum einen steht der Zusammenhang zwischen *allergologischen* bzw. *atopischen* und psychischen Besonderheiten im Blickpunkt der Betrachtung. Die dabei bevorzugten Hauterkrankungen sind die Urticaria und vor allem die atopische Dermatitis. Zum anderen wird der moderierende Einfluß psychischer Bedingungen auf die *Immunpathologie* von Hauterkrankungen durch Viren, auf Erkrankungen der Talgdrüsen, auf Autoimmunerkrankungen der Haut oder auf Genodermatosen untersucht. Überschneidungen von primär humoralen und primär zellulären psycho-immunologischen Fragestellungen sind naturgemäß die Regel.

Neben dieser Systematik kann man die psychodermatologische Forschung auch noch folgendermaßen unterteilen: Zum einen wird zwischen Fragestellungen unterschieden, die sich auf *allgemeine, übergreifende dermatologische Symptome* beziehen. In diesem Zusammenhang sind Schmerz, Hyperhidrosis und Pruritus zu nennen. Zum anderen ist davon die *syndromspezifische Forschung* zu unterscheiden. Hierbei wird der Reagibilität auf emotionalen Streß eine besondere Bedeutung zugeschrieben. Streß-induzierte Auslösung oder Exazerbation der Hautsymptomatik ist für die atopische Dermatitis (Ullman et al., 1977), für die Urticaria Alopecia areata (Ebling et al., 1986) bzw. für den Herpes simplex (Blank und Brody, 1950) berichtet worden. Deutschsprachige zusammenfassende Darstellungen finden sich bei Borelli (1967), Whitlock (1980), Miltner (1986), Bosse und Gieler (1987), Scholz und Luderschmidt (1989), Schubert (1989), Scholz (1989, 1991) sowie in dem in Vorbereitung befindlichen Themenheft der Zeitschrift für Verhaltensmodifikation und Verhaltenstherapie.

Jegliche Gliederungsversuche sind also uneindeutig. Das ergibt sich nicht nur aus der eben erst im Aufbruch begriffenen psycho-dermato-immunologischen Forschung, sondern auch aus der Natur des Gegenstandes: Die für die Psychoneuroimmunologie relevanten Hauterkrankungen sind Systemerkrankungen. Das will heißen, daß die Haut als ein für externale Einflüsse geradezu prädestiniertes Organsystem unter nervalem und damit psychischem Einfluß, aber auch unter immunologischem und endokrinologischem Einfluß steht (vgl. die Beiträge in Teil II dieses Buches sowie die beiden Reviews von Black, 1994a, b). In Abbildung 1 ist dieser Systembezug dargestellt worden.

Gegenstandsimmanente Überschneidungen werden sich in diesem Beitrag nicht vermeiden lassen. Zunächst soll gezeigt werden, daß das materielle Substrat für die Entstehung von Juckreiz, nämlich Histamin, unter Lernbedingungen steht. Daran anschließend soll ein Beispiel für die kognitive Modifikation des Pruritus gegeben werden, denn der Juckreiz ist als das entscheidende dermatologische Symptom anzusehen, das unter behavioraler Kontrolle steht. Im Vergleich zu den anderen beiden dermatologischen Symptomen Schmerz und Hyperhidrosis – sie werden nachgewiesenermaßen ebenfalls behavioral modifiziert (vgl. Scholz, 1995) – ist zudem die psychodermatologische Literatur wesentlich umfangreicher. Daran anschließend wird das gegenwärtig ver-

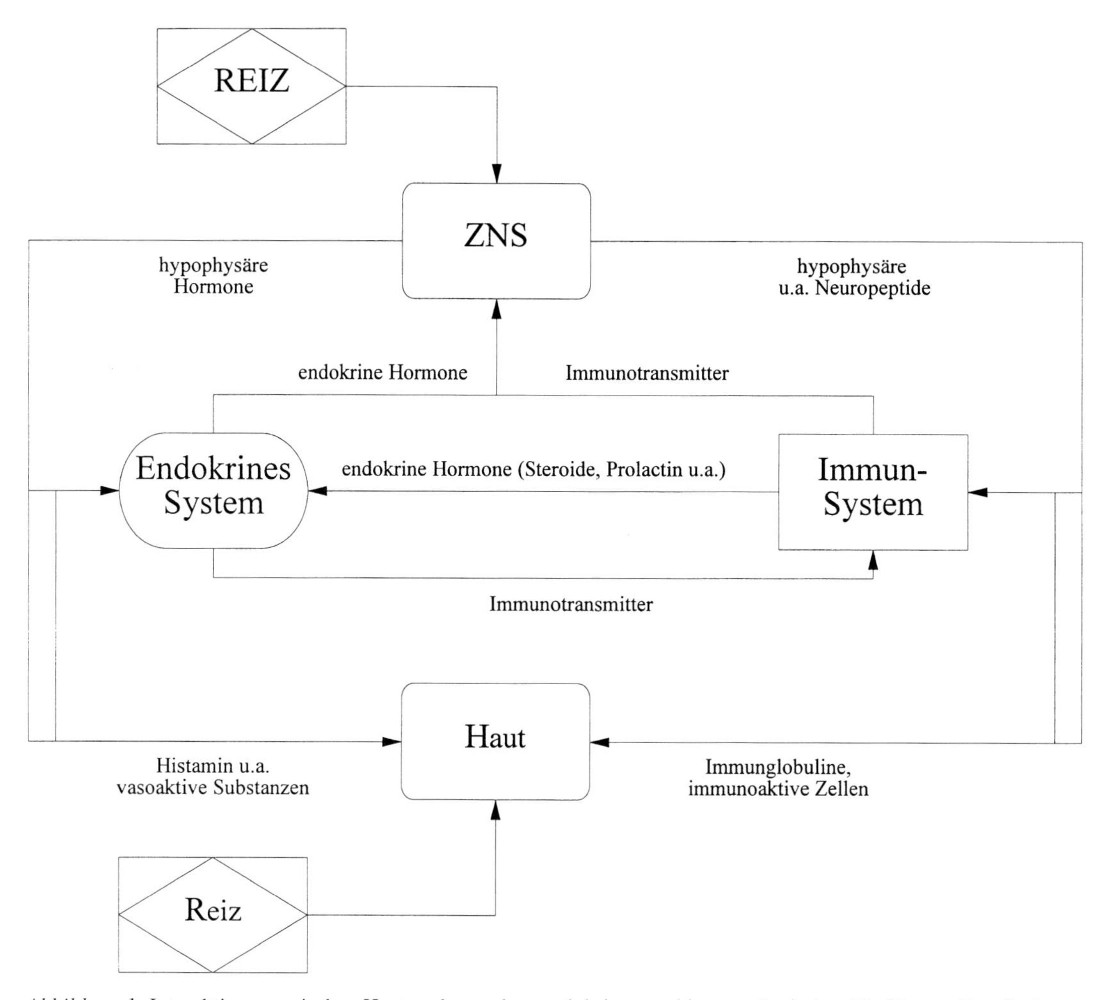

Abbildung 1: Interaktionen zwischen Haut und nervalen, endokrinen und immunologischen Einflüssen. Der direkte Einfluß von Reizen – etwa in Form von Stressoren – wird über hypothalamisch-hypophysäre Peptide und das sympathische autonome Nervensystem vermittelt. Diese Reize beeinflussen die Funktion der Haut auch über bidirektionale Kommunikation zwischen dem ZNS, dem endokrinen System und dem Immunsystem. Daher läßt sich der stimulierende Einfluß auf die Hautfunktion unter Zuhilfenahme der Vorstellungen von Khansari, Murgo und Faith (1990) als regulatorische Feedback-Schleife zwischen ZNS, endokrinem System und Immunsystem beschreiben, deren afferenter und efferenter Ast hier dargestellt ist.

fügbare psycho-immunologische Wissen an Beispieluntersuchungen für die atopische Dermatitis, für die Urticaria, die Psoriasis und die Acne vulgaris dargestellt. Auf verschiedene, nicht minder relevante Syndrome kann aus Platzgründen nicht eingegangen werden. Das gilt beispielsweise für die Herpeserkrankungen. So zeigten Glaser et al. (1985), daß Patienten mit *Herpes genitalis* nach einem erholsamen Sommerurlaub im Vergleich zu ihrer Examenszeit einen signifikant niedrigeren Antikörper-Titer aufwiesen. Hoon et al. (1991) entwickelten ein empirisch gestütztes psychobehaviorales Modell zur Erklärung der Rekurrenz des Herpes genitalis. Die Autoren weisen nach, daß psychosozialer Streß lediglich einen vermittelnden Einfluß hat, wohl aber erhöhen verstärktes arousal seeking und externale Kausalattribution die Vulnerabilität für Herpes genitalis. Zusammenfassende Darstellungen finden sich bei Scholz (1989, 1991).

Histaminfreisetzung

Histamin ist die wohl wichtigste *Mediatorsubstanz* für die Auslösung von Juckreiz. Sie ist Bestandteil der allergischen Sofortreaktion und wird u. a. in den Mastzellen, aber auch in den basophilen Leukozyten synthetisiert und gespeichert. Mastzellen als Gewebszellen sind in der Haut zahlreich zu finden und haben eine wichtige Funktion für die Einleitung der Immunabwehr gegenüber Allergenen und Antigenen. Histamin wirkt über drei Rezeptoren, nämlich über das Endothel und die glatten Muskeln (Hautgefäße), über den Magen und im ZNS. Deswegen kommt es bei Histaminfreisetzung u. a. zur Erregung nozizeptiver Nervenfasern, zur Erhöhung der Endothel-Permeabilität, zur Konstriktion glatter Muskulatur und zu einem Anstieg des intrazellulären cAMP. So ist zu erklären, daß es unter Histaminfreisetzung zu Quaddelbildungen und Juckreiz auf der Haut kommt.

Dark et al. (1987) haben an Meerschweinchen zeigen können, daß die Histaminfreisetzung klassisch konditioniert werden kann. In einem 2 x 2 faktoriellen Design (1. handling in einem engen Plastikkasten der Größe 40 x 24 x 20 cm als Stressor *versus* Streicheln der Tiere; 2. Applikation eines übel riechenden Geruchsstimulus gepaart mit Bovine Serumalbumin, das eine Histaminreaktion auslöst *versus* Applikation eines äquivalenten neutralen Geruchsreizes gepaart mit Bovine Serumalbumin) wurden die Tiere insgesamt zehn Versuchsdurchgängen (fünfmal innerhalb einer Woche) ausgesetzt. Innerhalb der Trials erfolgte zweimal keine Paarung. Das Untersuchungsergebnis bestätigt, daß zum einen die Histaminfreisetzung klassisch konditioniert werden kann und daß zum anderen Streß die Konditionierungseffekte erhöht. Der Histaminspiegel wird also durch *Lernmechanismen* beeinflußt.

Vergegenwärtigt man sich die Tatsache, daß nicht nur psychische Stressoren der untersuchten Art, sondern beispielsweise auch Schockerlebnisse, schwere Traumata, Verbrennungen, respiratorische Insuffizienzen, Intoxikationen und allergische Reaktionen potente Stressoren sind, dann ist die Schlußfolgerung naheliegend, daß schon präparatorische Konditionierungen der Histaminfreisetzung unter Streßbedingungen einen klinisch relevanten Effekt haben können. Das jedenfalls ist einer Studie von Laidlaw et al. (1994) zu entnehmen, in der der *Einfluß von Stimmungen* auf die Variabilität der allergischen Typ-1-Reaktion untersucht wurde. Auf der Basis von Korrelationsanalysen kommen die Autoren zu der Schlußfolgerung, daß emotionale Faktoren bedeutsam zur Größe der Hautreaktion auf einen Allergen-Prick-Test beitragen, wenn beide Variablen über mehrere Tage hinweg gemessen wurden. Dabei variierte die Histaminreaktion bedeutsam weniger als die Allergenreaktion, aber beide Reaktionen sind statistisch signifikant mit einem Stimmungsfaktor korreliert, der als Lebhaftigkeit vs. Teilnahmslosigkeit bezeichnet wurde.

Aufgrund dieser Überlegungen wurde vermutet (Scholz, 1995), daß zumindest bei einem Teil der sogenannten Pseudoallergien die allergische Sofortreaktion eine konditionierte Reaktion ist.

Histamin und Juckreizwahrnehmung

Während in der Arbeit von Dark et al. (1987) der Einfluß von Lernprozessen auf das Ausmaß der Histaminsynthese nachgewiesen wurde, zeigten Hermanns und Scholz (1993), daß die dermatologischen Effekte von Histamin – nämlich Juckreiz und Quaddelbildung – durch *kognitive Bewertungen* wesentlich beeinflußt werden. In dieser Studie bekamen zwei Patientengruppen (n=30) mit atopischer Dermatitis an drei aufeinanderfolgenden Tagen einen Histaminprick am Unterarm gesetzt. Tag 1 galt als Eingewöhnungstag. Gruppe 1 bekam am 2. Tag zusätzlich zum Prick den Hinweis, daß der Histamin-induzierte Juckreiz hinsichtlich Intensität und Verlauf kontrollierbar sei (relativierende Bewertung). Am 3. Tag wurde darauf hingewiesen, daß der Histamin-induzierte Juckreiz unkontrollierbar und unvorhersehbar sei (dramatisierende Bewertung). Gruppe 2 bekam am 2. Tag zusätzlich zum Prick den Hinweis, daß der Histamin-induzierte Juckreiz in Stärke und Verlauf beobachtet werden solle (Aufmerksamkeitsfokussierung). Am 3. Tag sollten die Patienten sich ablenken, um die Effekte von Aufmerksamkeit überprüfen zu können (Aufmerksamkeitsablenkung). Die Kontrolle der Histamin-induzierten Quaddelbildung erfolgte durch Bestimmung der Quaddelgröße. Intensität und Dauer des Juckreizes wurde kontinuierlich mittels eines Schiebeinstruments bestimmt, deren Fläche unterhalb der Juckreiz-Verlaufskurve berechnet wurde. Als zusätzliche abhängige Variablen wurden verschiedene Juckreiz-Fragebögen, psychophysiologische Parameter und klinische Indizes herangezogen. Im Ergebnis des Experimentes zeigte sich, daß Quaddelgröße und Juckreizintensität durch relativierende Bewertung signifikant geringer als durch dramatisierende Bewertung beeinflußt werden. Die Imaginationsfähigkeit hatte keinen substantiellen Moderatoreffekt. Unter der relativierenden Bewertung hatte die Quaddel eine durchschnittliche Fläche von 18,7 mm^2; unter der dramatisierenden Bewertung hingegen eine Fläche von 23 mm^2. Intensität und Verlauf der Juckreizwahrnehmung in Abhängigkeit von den experimentellen Bedingungen sind in Abbildung 2 dargestellt.

Ein signifikanter Einfluß der Aufmerksamkeitslenkung auf Juckreizqualität konnte nicht nachgewiesen werden. Die Interozeptionsfähigkeit hatte dabei keinen substantiellen Moderatoreffekt. Psychophysiologische Parameter und klinische Indizes eigneten sich nicht zur Differenzierung der experimentellen Bedingungen.

Allerdings konnte der signifikante Einfluß der Aufmerksamkeitslenkung auf die durch den Histaminprick erzeugte Quaddelbildung und Juckreizwahrnehmung i.S. eines Gruppeneffektes nur bei 90% der Stichprobe festgestellt werden. Die Responder waren wiederum heterogen in ihrer dermatologischen Reaktion. Von ihnen hatten 46% zusätzlich zu einer größeren Quaddelbildung auch eine intensivere Juckreiz-Wahrnehmung (= globale responder) und 30% von ihnen hatten lediglich eine intensivere Juckreiz-Wahrnehmung (= Juckreiz-responder). Lediglich die Juckreiz-responder

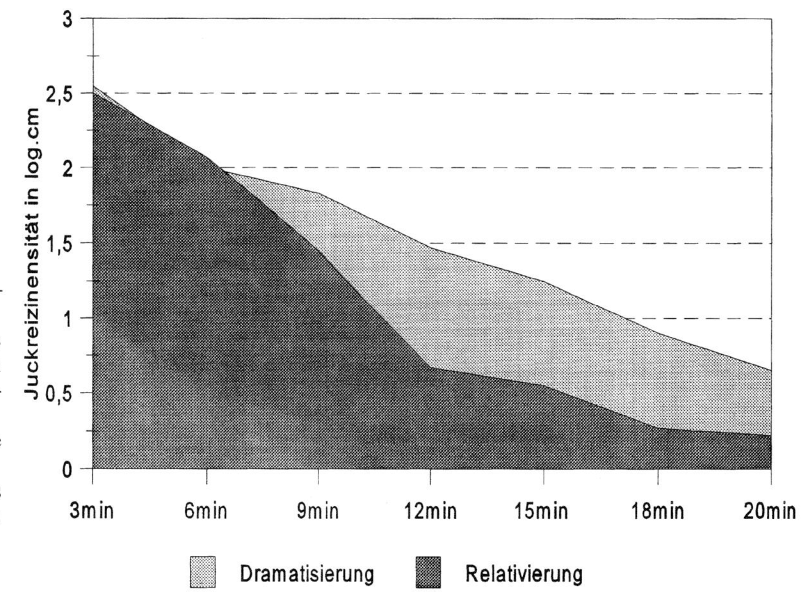

Abbildung 2: Juckreizintensität in Abhängigkeit von der während des Histamin-Pricks gegebenen Begleitinstruktion Dramatisierung vs. Relativierung. Der Juckreizabfall und die Juckreizwirkfläche für die einzelnen Zeitabschnitte kennzeichnen den Verlauf des Experiments unabhängig von der Reihenfolge der experimentellen Bedingungen.

zeigten bezüglich trait-Angst signifikant höhere Werte als die globalen responder. Ihr Leiden und die innere Beteiligung an der Symptomatik (Krankheitsgefühl, krankheitsbedingte soziale Probleme und katastrophisierender Umgang mit der Erkrankung) waren zusätzlich zu den für emotionale Störungen prototypischen Befunden stark ausgeprägt. Da beide responder-Gruppen sich nicht hinsichtlich Krankheitsdauer, Erkrankungsalter, Krankheitsverlauf, atopischer Familienanamnese und Akuität des Krankheitsbildes unterschieden, steht zu vermuten, daß die Patientengruppe der Juckreiz-responder große Affinität zu den somatoformen Störungen hat.

Atopische Dermatitis

Bei dem Krankheitsbild, das verschiedentlich auch als atopisches Ekzem beschrieben wird, handelt es sich um eine chronische oder chronisch rezidivierende, in ihrem morphologischen Aspekt und Gesamtablauf recht verschiedenartige Hauterkrankung mit starkem Juckreiz (Braun-Falco et al., 1984, S. 313). Mit Bezug auf Ring (1988, 1991) besagt das Attribut «atopisch», daß bei diesem Krankheitsbild eine familiär auftretende Überempfindlichkeit von Haut und Schleimhäuten gegen Umweltstoffe, assoziiert mit erhöhter IgE-Bildung und/oder veränderter pharmakologischer Reaktivität zu beobachten ist. Das Krankheitsbild ist durch paradoxe Gefäßreaktionen, Schweißsekretion und Pilomotorikreaktionen sowie durch verminderte Talgsekretion gekennzeichnet. Einen aktuellen Überblick liefert Deilmann (1994).

Unter einer psychoneuroimmunologischen Perspektive werden Störungen der humoralen, zellulären und unspezifischen Immunität diskutiert. Bei der zellulären Immunität zeigt sich die Abwehrschwäche darin, daß die Anzahl der T-Suppressor-Zellen vermindert ist bzw. die Zellen in ihrer Funktion geschwächt sind, was sich in einem ungünstigen *Verhältnis von T-Helfer- und T-Suppressor-Zellen* niederschlägt. Dies hat im Hinblick auf die humorale Immunität zur Folge, daß zu viele Plasmazellen zu viele Antikörper bilden und der IgE-Spiegel sowohl im Serum als auch in den Sekreten und in der Haut erhöht ist.

Eine andere bei Braun-Falco et al. (1984) formulierte Hypothese besagt, daß die Pathogenese atopischer Erkrankungen – also Störungen des zellulären und humoralen Immunsystems, des Mediatorstoffwechsels und die erhöhte Disposition der atopischen Epidermis zur Entzündung – durch einen Mangel an *Prostaglandin-E_1* (PGE_1) erklärt werden kann. Im Hinblick auf den zugrundeliegenden Pathomechanismus gehen die Autoren davon aus, daß die PGE_1-abhängige postpartale Reifungsstörung des zellulären Immunsystems auf einen angeborenen δ-6-Desaturasedefekt zurückzuführen ist. Das hat eine lebenslange Funktionsschwäche der T-Suppressor-Lymphozyten bei gleichzeitiger unzureichender Kontrolle der B-Lymphozyten zur Folge. Der Anspruch dieser Hypothese liegt also darin, die atopische Pathogenese auf einen gemeinsamen Basisdefekt, den endogenen δ-6-Desaturasedefekt, zurückzuführen.

Zwar werden in diesem Erklärungsmodell weder die noch zu beschreibenden ätiopathogenetischen, noch die präventiv-kurativen Ansätze in der Dermatologie und der Verhaltensmedizin, noch psycho-soziale Einflüsse mit Moderatorwirkung in angemessener Form berücksichtigt. Der klinisch-präventive Wert dieser Hypothese ist indessen nicht zu unterschätzen. Er besteht in der Substitution durch γ-Linolensäure, einer ungesättigten Fettsäure, die besonders konzentriert im Nachtkerzenöl vorhanden ist und möglicherweise den symptomlindernden Effekt verschiedener Diäten erklären kann.

Eine weitere dominante Rolle im Zusammenhang mit der Akuität der atopischen Dermatitis wird dem *Immunglobulin E* zugeschrieben, denn das IgE bindet sich insbesondere an die Mastzellen und basophilen Granulozyten. Wenn es zu Kontakten mit Allergenen bzw. Antigenen kommt, dann schütten die Mastzellen große Mengen an Mediatoren aus. Aufgrund ihrer vasoaktiven Funktion werden die Kapillaren und Venolen der Haut geweitet und permeabler, so daß die Mediatoren selbst in das Hautgewebe eindringen können und die Quaddeln, Hautrötungen und den Pruritus bewirken.

Auch der Pathomechanismus der Hyperimmunoglobulinämie E kann nicht als hinreichend gelten, denn entsprechend Stingl und Hinter (1983) liegt der IgE-Spiegel bei 20 bis 57% der Patienten im Normalbereich. Ebenso wurde bereits von Ishizika et al. (1967) nachgewiesen, daß die IgE-Aktivität mit den akutentzündlichen Reaktionen der atopischen Dermatitis korreliert, nicht aber mit anderen krankheitstypischen Symptomen wie Lichenifikation und Schuppung.

Zudem weisen verminderte Talgproduktion und weißer Dermographismus darauf hin, daß das Krankheitsbild mit neurovegetativen Störungen in Zusammenhang zu bringen ist (vgl. Schubert et al., 1988). Das ist beispielsweise der Untersuchung von Münzel und Schandry (1990) zu entnehmen. Die Autoren untersuchten 18 Patienten mit atopischer Dermatitis und 15 hautgesunde Kontrollpersonen in einer standardisierten Belastungssituation. Sie registrierten deren Herzrate, Pulsvolumenamplitude, Unterarm-Hauttemperatur sowie das Hautwiderstandsniveau und die Spontanfluktuationen des Hautwiderstandes. Dabei zeigte sich, daß es sowohl bei den Patienten als auch bei den Hautgesunden während der Belastungssituation zu einem Aktivationsanstieg kam. Aber die Patienten wiesen höhere physiologische Reaktionswerte auf. Da die Ausgangswerte beider Gruppen im wesentlichen gleich waren, sprechen die Ergebnisse für eine erhöhte Reaktivität der Patienten bei kurzfristiger psychischer Belastung. Diese Reaktivität zeigte sich nicht nur während der Präsentation der streßhaften Anforderung, sondern bereits während der Erwartung der Anforderung. Die mentale Vorbereitung auf belastende Anforderungen und ihre Auseinandersetzung damit führt also bereits zu einer erhöhten neurovegetativen Aktivierung.

Diese und zahlreiche weitere Befunde versuchte bereits Szentivanyi (1968) anhand der *partiellen Blockade des β-adrenergen Systems*

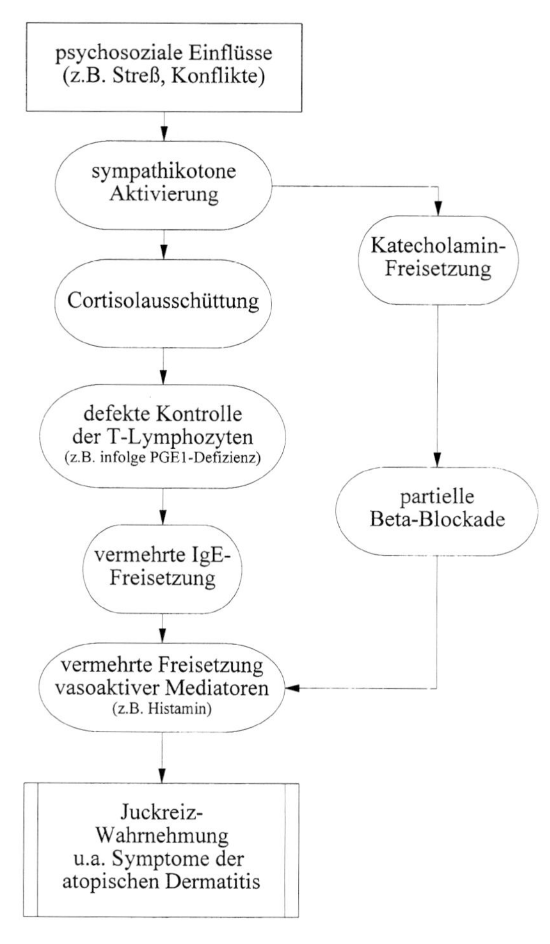

Abbildung 3: Zusammenwirken psychischer, neurovegetativer, endokriner und immunologischer Einflüsse bei der Auslösung von Symptomen der atopischen Dermatitis.

zu erklären, welche von ihm bei Asthmatikern gefunden worden war. Den zugrundeliegenden Pathomechanismus erklärte er damit, daß über die hypothalamo-pituitär-adrenomeduläre Schiene Adrenalin und Noradenalin freigesetzt wird, wenn es zu einer sympathikotonen Erregung kommt. Die Katecholamine werden sowohl von den α-adrenergen als auch von den β-adrenergen Rezeptoren gebunden. Sie haben eine Frequenz- und Kontraktilitätssteigernde Wirkung.

Wenn die β-Rezeptoren nun in ihrer Funktion beeinträchtigt oder gar blockiert sind, dann ist eine vermehrte Vasokonstriktion die zwangsläufige Folge. Dies führt via vermehrter Mediatorfreisetzung zu Schädigungen des Schleimhautepithels und zur Mangeldurchblutung der Haut. Außerdem wird dadurch cAMP vermindert, was wiederum zur vermehrten Freisetzung von Mediatoren führt. Streß- bzw. Krankheitverarbeitung haben also eine hinreichend spezifische psychophysiologische Basis. Deren Effekte sind um so größer, je mehr die Haut vorgeschädigt ist oder je größer die Penetranz einer atopischen Diathese – etwa im Sinne eines angeborenen δ-6-Desaturasedefektes – ist. Mit Abbildung 3 ist versucht worden, den noch nicht in allen Einzelheiten bekannten Vorgang grafisch zu veranschaulichen.

Dieses Modell hat den Vorteil, ganz unterschiedliche, monokausale Vorstellungen von der Ätiopathogenese der atopischen Dermatitis zu integrieren und dabei auch die psychischen Einflüsse im Hinblick auf ihre moderierenden Wirkungen zu berücksichtigen. Die psychischen Faktoren haben in diesem Modell nicht die Bedeutung von Epiphänomenen, sondern finden ihren angemessenen Platz im Determinationskomplex in der für die atopische Dermatitis typischen Symptomatik. Wie notwendig und realitätsgerecht eine solche Betrachtungsweise ist, geht aus der umfangreichen Literaturanalyse von Djuric und Bienenstock (1993) zur *learned sensitivity* hervor. Anhand von mehr als hundert Studien weisen die Autoren nach, daß die Kommunikation zwischen ZNS und Mastzellen gelernt wird. Sensibilisierung ist nachgewiesenermaßen ein biochemischer Prozeß, der sich auf der Grundlage von Lernmechanismen vollzieht.

Urticaria

Das Krankheitsbild der *Urticaria* ist primär durch Quaddelbildungen und Juckreiz gekennzeichnet. Quaddeln sind jene juckenden, erythematösen Effloreszenzen, die als Folge lokaler Vasodilatation (Rötung), Steigerung der kapillaren Permeabilität (Ödembildung) und Erythemen aufgrund von Axonreflexen entstehen. Sie geben mechanischem Druck nach. Die beetartig vorkommenden Quaddeln können sich sehr umschrieben, aber auch breitflächig über den gesamten Körper ausbreiten und zusätzlich zu Zungenschwellungen, Larynx-Ödemen, Asthma-Anfällen, Erbrechen, Durchfällen, Gelenkschwellungen und Temperaturanstiegen führen (Stephansson et al., 1991). Man unterscheidet zwischen akuten, chronischen, chronisch-rezidivierenden und intermittierenden Verlaufsformen. Krankheitsausbruch bzw. Exazerbation sind einer allergischen Reaktion vom Typ 1 (Sofortreaktion) analog. Identische Hautphänomene können bei subkutaner Histamininjektion beobachtet werden. Urticaria ist eine durch Mediatoren der Mastzelle oder der basophilen Granulozyten ausgelöste Entzündungsreaktion der Haut. Die Ätiopathogenese bleibt oft ungeklärt (vgl. Champion et al., 1969). Über diagnostische Möglichkeiten und ihre Schwierigkeiten berichten Abeck und Ring (1995).

Die Pathophysiologie ist vielgestaltig. An den Entzündungsreaktionen sind sowohl immunologische als auch nichtimmunologische Mechanismen beteiligt, nämlich:

1. Als *immunologische Mechanismen* werden sowohl die Bindung von IgE an die Mastzell-Membranen als auch die Bindung von Antigenen an mindestens zwei IgE-Moleküle beschrieben. In beiden Fällen führt dies zur Änderung der Eigenschaften der Mastzell-Membranen, so daß vornehmlich Prostaglandin-D2 und Leukotriene gebildet werden. Diese Prozesse benötigen nur wenige Sekunden und entsprechen der bereits beschriebenen Sofortreaktion.

2. *Nicht-histaminerge Entzündungsmediatoren* wirken vermittelnd. Sie fördern u. a. die Bildung neutrophiler oder eosinophiler Granulozyten, welche ihrerseits entzündungsfördernd wirken. Gorman und Locke (1985) diskutieren ausführlich die Interaktion zwischen dem neuroendokrinen und dem Immunsystem im Zusammenhang mit der chronisch verlaufenden Urticaria. Hide et al. (1993) fanden bei Patienten mit ebenfalls chronisch verlaufender Urticaria Histamin-freisetzende Autoantikörper gegen die α-Untereinheit der hoch affinen

IgE-Rezeptoren. Obschon Details über die Produktion dieser Autoantikörper noch unklar sind, weisen sie auf den Einfluß des neuroendokrinen Systems hin.

Diese Befunde bilden den theoretischen Überbau einer klinischen Studie von Hashiro und Okumura (1994). Die Autoren operationalisierten Besonderheiten des Autonomen Nervensystems (ANS) über die Messung der Angst, der Depression und der Anzahl psychosomatischer Beschwerden sowie des EKGs (R-R-Abstand) an 30 Urticaria-Patienten und 39 Hautgesunden. Während die EKG-Variable nicht zwischen den beiden Stichproben trennen konnte, hatten die Urticaria-Patienten gegenüber den Hautgesunden in allen drei Selbstberichtsmaßen statistisch signifikant höhere Testscores. Die Autoren interpretieren ihre Ergebnisse dahingehend, daß das ANS bei chronisch kranken Urticaria-Patienten eine spezifische Rolle spielen kann. Es wäre sinnvoll gewesen, wenn die Autoren nicht nur untersucht hätten, ob ein Unterschied zwischen den beiden Stichproben besteht, sondern auch was einen solchen Unterschied begründet. So ist es denkbar, daß Streßanfälligkeit oder unangemessenes Copingverhalten einen substantiellen moderierenden Effekt hat, wie den nachfolgend darzustellenden Studien entnommen werden kann.

3. Schließlich werden zahlreiche *nicht-immunologische Trigger-Mechanismen* diskutiert. Die hier relevanten werden in einer klinischen Studie von Teshima et al. (1982) diskutiert. In Auswertung der Krankengeschichten von 53 Urticaria-Patienten stellen die Autoren fest, daß eine *Überstimulation des ZNS* die Immunfunktion der Patienten beeinflußt. Dabei zeigt sich, daß psychische und insbesondere psychosoziale Faktoren zu den wohl am häufigsten vorkommenden Auslösebedingungen und Streßfaktoren zu den aufrechterhaltenden, chronifizierenden Bedingungen zu zählen sind. Dieser Befund stimmt überein mit einem Untersuchungsergebnis von Green et al. (1965), deren 235 Urticaria-Patienten in 22 % der Fälle psychische Faktoren zu den Krankheitsauslösern zählten. Weitere 26 % der Patienten gaben an, daß emotionale Faktoren die Erkrankung wesentlich beeinflussen. Lohnenswert und durchaus möglich wäre es, den psychosozialen bzw. intrapsychischen Einfluß auf die dargestellten immunologischen Pathomechanismen experimentell zu untersuchen.

Psoriasis

Bei der Psoriasis handelt es sich um eine Verhornungsstörung, die durch rötliche Plaques und/oder groblammelläre, zumeist silbrig-weiße Schuppung vor allem an den Streckseiten der Extremitäten, der Sakralregion und der behaarten Kopfhaut gekennzeichnet ist. Ein und dasselbe Hautareal kann einmal psoriatisch verändert sein und während der Krankheitsmanifestation zahlreiche pathophysiologische Merkmale aufweisen, aber nach Abheilung ist dieselbe Stelle nicht mehr von normaler Haut zu unterscheiden. Der pathogenetische Defekt der Psoriasis ist derzeit noch nicht bekannt. Eine positive Familienanamnese ist bei einer Prävalenz von 3 bis 5 % häufig anzutreffen. Angst, Depression, finanzielle Probleme oder Ehekonflikte sind als Trigger-

Tabelle 1: Effekte von Substanz P auf verschiedene kutane Zelltypen (aus Faber, Rein und Lanigan, 1991).

Zelltyp	erhöhte reaktive Funktion
Keratinozyten	Proliferation Zytokinsekretion
Fibroblasten endotheliale Zellen	Proliferation Proliferation Relaxation Permeabilität
Makrophagen Mastzellen	Phagozytose Degranulation Proliferation
Monozyten	Chemotaxis Zytokinsekretion
Neutrophile Lymphozyten	Chemotaxis Proliferation Immunglobulin-Synthese

faktoren von Farber et al. (1986) bzw. von Polenghi et al. (1989) an Stichproben von mehr als 100 Patienten beschrieben worden.

Neuropeptiden kommt nach Farber et al. (1991) eine wichtige Bedeutung bei der Ätiopathogenese der Psoriasis zu, weil die für die Erkrankung typischen neurogenen Entzündungsprozesse durch diese mediiert werden. Sie werden durch exogene und endogene Stimuli freigesetzt. Eine bedeutsame Rolle in diesem Geschehen spielt die *Substanz P*, da sie nicht nur lokale Entzündungsprozesse der Haut bewirkt, sondern auch die Funktion verschiedener Zelltypen der Haut beeinflußt. Dies ist in Tabelle 1 zusammengefaßt worden.

Obwohl der genaue Mechanismus der Wirkung von Substanz P auf diese Zellen im einzelnen noch nicht vollständig geklärt ist, sind alle in Tabelle 1 aufgeführten Zellen bei Psoriasis im Gegensatz zu Hautgesunden funktionell verändert.

Die Beziehungen zwischen psychischen Einflüssen und der Pathophysiologie bzw. Patho-Biochemie von Mastzellen und sensorischen Nerven der Haut haben Harvima et al. (1993) gezeigt. Sie entnahmen von 13 Psoriasis-Patienten je eine Hautbiopsie von einer gesunden und einer erkrankten Hautpartie und untersuchten die Mastzellen sowie die sensorischen Nervenendigungen morphometrisch und histochemisch. Die Patienten wurden im Hinblick auf ihre Streßanfälligkeit in zwei Klassen eingeteilt. Klassifikationskriterien waren die Testscores aus dem General Health Questionnaire (erfaßt nichtpsychotische psychopathologische Beschwerden; 2,1 vs. 7,8), aus der Somatisierungsskala des SCL-90 (9,7 vs. 18,0) und aus dem Life Change Questionnaire (50% vs. 100% berichteten von mehr als zwei relevanten Lebensereignissen während der letzten drei Monate). Schließlich lag der Median für die Schwere der psoriatischen Symptomatik für die Gruppe der weniger streßanfälligen Patienten bei 1 und für die Gruppe der deutlich streßanfälligen Patienten bei 2,5 (1 = leicht; 3 = schwer). Es ergaben sich die in Tabelle 2 zusammengefaßten morphometrischen und histochemischen Resultate.

Eine erhöhte Anzahl der Tryptase-positiven Mastzellen wurde insbesondere für die erkrankten Hautpartien gefunden. Im Gegensatz dazu war die Anzahl der Chymase-positiven Zellen verringert. Tryptase und Chymase sind Enzyme, die für die Freisetzung von Substanz

Tabelle 2: Vorkommen von Tryptase- und Chymase-positiven Mastzellen sowie Nachweis immunoreaktiver Zellen für Substanz P, VIP und CGRP in der gesunden und erkrankten Epidermis von Psoriatikern.

	wenig streßanfällig		**hoch streßanfällig**	
	Hautläsion	**gesunde Haut**	**Hautläsion**	**gesunde Haut**
Anzahl der Mastzellen pro mm²				
(a) chymaseaktivierend	66 ± 49	123 ± 27	25 ± 20	91 ± 53
(b) tryptaseaktivierend	277 ± 191	194 ± 51	199 ± 77	140 ± 69
(c) (a)/(b) in %	24,4 ± 10,9	66,3 ± 21,5	12,9 ± 9,3	66,3 ± 16,8
Substanz P[1]	42,8	0	33,0	0
Vasoaktive intestinale peptide (VIP)[1]	28,6	14,2	66,7	0
Calcitonin-gene-related peptide (CGRP)[1]	14,2	14,2	50,0	16,7

[1] Berechnet wurde der Nachweis der auf das Peptid reagierenden sensorischen Nervenfasern in der Epidermis. Die Biopsie-Stichproben hatten einen Durchmesser von 4 mm. Die hautgesunden Biopsien wurden mindestens 2 cm entfernt von den psoriatisch erkrankten Hautstellen entnommen.

P, dem Vasoaktiven Intestinalen Peptid (VIP) und dem Calcitonin Gene Related Product (CGRP) verantwortlich sind. Beide Enzyme verhalten sich zueinander antagonistisch in dem Sinne, daß Chymase die Produktion von Substanz P und VIP unterstützt und so die neurogene Entzündung fördert, während Tryptase VIP und CGRP hydrolysiert. Wie Tabelle 2 zu entnehmen ist, wurde in den psoriatischen Läsionen der hoch streßanfälligen Patienten die geringste Anzahl an Chymase-positiven Mastzellen und das höchste Vorkommen von VIP- und CGRP-positiven sensorischen Nerven festgestellt. Das Ergebnis spricht für einen suboptimalen negativen Feedback, denn Chymase führt zu einer erhöhten VIP- und vermutlich auch zu einer erhöhten CGRP-Freisetzung. Aufgrund der Ergebnisse bezüglich der Tryptase-positiven Mastzellen vermuten die Autoren, daß diese durch Substanz P und VIP degranuliert werden. Von Substanz P weiß man, daß sie immunstimulierende Funktionen hat, z. B. auf die Proliferation der Lymphozyten und auf die Aktivierung der Makrophagen, deren Aktivität entsprechend den Darlegungen von Adams (1994) ein Schlüsselelement für das umfassende Verständnis einer Vielzahl psychosozial mitbedingter Erkrankungen ist. Im Gegensatz dazu hat VIP immunosuppressive Wirkungen. Das häufigere Vorkommen von VIP-positiven Nervenendigungen bei den hoch streßanfälligen Patienten dieser Studie spricht für einen Zusammenhang dieses Unterschiedes mit psychischer Belastung.

Acne vulgaris

Die Akne ist mit einer Prävalenzrate von durchschnittlich 85% wohl die am häufigsten vorkommende und am weitesten verbreitete Hauterkrankung. Der zugrundeliegende Pathomechanismus kann in einer morphologischen und funktionellen Störung des Talgdrüsenfollikels gesehen werden. Komedonen (primäre Akneeffloreszenzen), Pusteln und Papeln (sekundäre Akneeffloreszenzen) sowie Knoten und Zysten kennzeichnen die Symptomatik des Krankheitsbildes insbesondere in Gesicht und Nacken, aber auch an den Oberarmen und am Oberkörper bis zur Gürtellinie (Plewig und Kligman, 1978).

Ätiopathogenetisch gilt eine genetische Disposition zu *erhöhter Talgproduktion* als gesichert (Kligman, 1974; Fanta, 1980). Talgdrüsen werden von Steroidhormonen, namentlich von Testosteron und insbesondere von Dihydrotestosteron kontrolliert; aber auch adrenale Androgene sind für die Stimulierung der Talgdrüsen mitverantwortlich. Die Produktion von Androgenen wird bekanntlich über verschiedene hypophysäre Hormone gesteuert. Seit Ebeling (1974) unterscheidet man in bezug auf die Acne vulgaris zwischen einer indirekten und einer permissiven Wirkweise der Hormone. ACTH und TSH beeinflussen die Talgproduktion (Sebum) über ihre Zielorgane, die Nebennierenrinden und die Schilddrüse. Ebenso wird die Freisetzung der direkt stimulierenden Hormone, nämlich adrenale Androgene und Thyroxin, davon beeinflußt. Gonadotropin stimuliert die Produktion testikullärer und ovarieller Androgene. Permissive Wirkungen kommen nach Ebeling (1974) den Hypophysenhormonen Somatotropin, Prolaktin und α-MSH zu.

Eingedenk der vielfältigen endokrinen Einflüsse auf die Funktion der Talgdrüse kann man also davon ausgehen, daß das Krankheitsbild entscheidend durch *dysregulatorische endokrine Prozesse* determiniert wird. Grothgar (1991) zitiert zahlreiche Arbeiten, die diese Beziehungen für unterschiedliche Androgene bei der Acne vulgaris nachweisen. Schließlich sind die zuverlässigen Behandlungserfolge bei der papulo-pustulösen Akne mit Hilfe von Hormonen und Hormonderivaten ein Beleg für diese These.

Sultan et al. (1986) kennzeichnen dreierlei Androgenabnormitäten von Patienten mit Acne vulgaris, nämlich:

- Erhöhung der zirkulierenden Plasma-Androgene,

- erhöhter Androgen-Metabolismus der Haut,

- größeres Vorkommen von Androgen-Rezeptoren auf zellulärer Ebene.

Neben der endokrinen Schiene sind aber auch Besonderheiten der *nervalen Versorgung der Talgdrüsen* zu berücksichtigen, denn sie werden von einem feinen cholinergen Fasergeflecht umgeben. Wie bedeutsam die nervale Beteiligung am Krankheitsgeschehen ist, zeigt die Tatsache, daß während und nach emotionalem Streß die Sebumsekretionsrate erhöht ist. Dies geht mit erhöhter Schweißbildung einher. Schweiß bildet mit Sebum eine Emulsion, die sich schnell über die Haut verteilt. Rothman zeigte bereits 1954, daß die Talgsekretion primär durch die sympathikotone Innervation der Schweißdrüsen und sekundär durch eine vasomotorische Innervation bedingt wird. Letztere bewirkt eine Veränderung der Hauttemperatur und hat somit direkten Einfluß auf die Viskosität des Sebums. Insgesamt erfolgt also die Innervation der Talgdrüsen über vier Zugänge:

- die direkte nervale Versorgung der Talgdrüse,
- die vermittelte nervale Versorgung über die Schweißdrüsen,
- die vermittelte vasomotorische Innervation der Venolen und Kapillaren,
- die Piloerektion.

Ein wesentlicher Aspekt zum Verständnis der Ätiopathogenese und des Verlaufes der Acne vulgaris bezieht sich neben der Pathophysiologie der Talgdrüse und der *Keratinisierungsstörung* – hierauf soll aus Platzgründen nicht eingegangen werden – auf die Immunpathologie der Acne vulgaris. Sie steht im Zusammenhang mit dem *Proprionibacterium acnes* und wird relevant, wenn das Entzündungsgeschehen der Acne vulgaris betrachtet wird. Hierbei sind drei Zugänge zu unterscheiden:

1. Kligman (1974) wertet Ansammlungen polymorphkerniger Leukozyten an der Follikelwand als erstes Anzeichen einer Entzündungsreaktion. Die polymorphkernigen Leukozyten werden vermutlich durch einen chemotaktischen Faktor der Bakterien angelockt. Dadurch wird das *Komplementsystem* aktiviert. Komplementfaktoren binden sich an Mastzellen, deren freigesetzte vasoaktiven Mediatoren den Einstrom von Neutrophilen, Eosinophilen und Monozyten beschleunigen. Sie können Bakterien phagozytieren.
2. In einem späteren Entzündungsstadium wird die *humorale Immunabwehr* relevant. Die im Serum befindlichen Antikörper – vornehmlich IgG, deren Titer entsprechend einer Studie von Puhvel et al. (1966) bei Aknepatienten höher ist als bei Gesunden – kommen in Kontakt mit Antigenen und bilden Immunkomplexe. Sie aktivieren das Komplementsystem. Komplementfaktoren haben die Fähigkeit, sich an Neutrophile, Monozyten, B-Lymphozyten und auch an Makrophagen zu heften, um zytolytisch zu wirken oder die Phagozytose einzuleiten (Johnston, 1977). Daß die Aktivität der Makrophagen i.S. einer learned sensitivity gesteigert wird, wurde bereits im Zusammenhang mit der Psychoneuroimmunologie der Psoriasis erläutert (Djuric und Bienenstock, 1993). Anhand dieses Prozesses kann beispielsweise erklärt werden, weshalb viele Aknepatienten papulo-pustulösen Läsionen in Erwartung eines für sie bedeutsamen psychosozialen Ereignisses (dating, Bewerbungsgespräch) zeigen.
3. Das inflammatorische Geschehen wird durch *zellvermittelte Immunität* als Reaktion vom verzögerten Typ stimuliert. Spezifisch sensibilisierte T-Lymphozyten erkennen das Antigen der durch das Follikelepithel gedrungenen Proprionibakterien und proliferieren. Durch die Freisetzung von Lymphozyten werden Makrophagen angelockt und synthetisieren u. a. Enzyme, die eine Zerstörung des umliegenden Gewebes bewirken (Knop, 1980).

Insgesamt gesehen kann die Acne vulgaris als ein prototypisches Krankheitsbild angesehen werden, bei dem das Immunsystem, das endokrine System und auch das Nervensystem miteinander interagieren. Es gilt als breites Lehrbuchwissen der Dermatologie, psychischen Beeinträchtigungen im Zusammenhang mit der Erkrankung den Rang von Sekundäreffekten einzuräumen. Als Sekundäreffekt wird das Leiden an der Entstellung und die sich daraus ergebenden intrapsychischen und psychosozialen Konflikte verstanden. Hinter solchen Lehrbuchmeinungen steht die dualistische, vornehmlich von psychoanalytisch orientierten Psychosomatikern vorgetragene Auffassung, daß Psychisches Somatisches und vice versa Somatisches Psychisches verursache. In diesem Buch ist an zahlreichen Beispielen belegt worden, daß der Organismus und seine zahlreichen Organsystem *offene Systeme* sind, die sich in ständigem Austausch mit ihrer exernalen und internalen Umwelt befinden. Es gehört zu den Eigengesetzlichkeiten solcher Systeme, adaptive Strategien zu entwickeln, um sich ihrer Umwelt ökonomisch anzupassen.

An einer eigenen klinischen Studie (Scholz, 1988) wurde der Zusammenhang suboptimaler

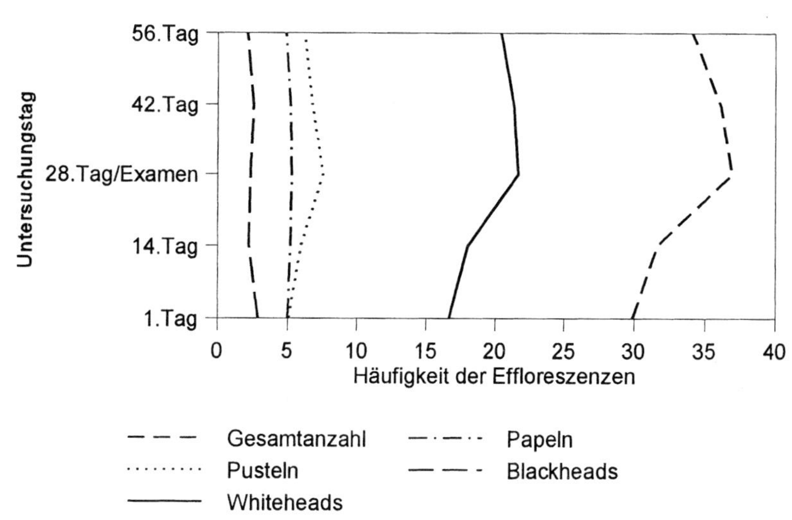

Abbildung 4: Symptomverlauf von neun männlichen Patienten mit Acne vulgaris (Schweregrad 4 nach Cook, Centner und Michaels, 1979) in Abhängigkeit von der Vorbereitung, Konfrontation und Renormalisierung in bezug auf einen hochpotenten Leistungsstressor (Hochschulexamen). Der 28. Tag im Untersuchungsablauf war der Examenstag.

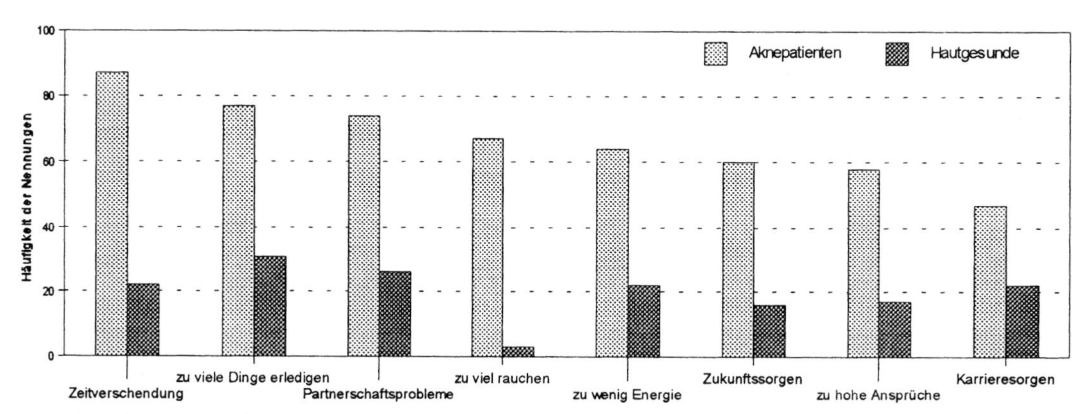

Abbildung 5: Häufigkeit jener daily hassles, die von neun männlichen Patienten mit Acne vulgaris (Schweregrad 4 nach Cook, Centner und Michaels, 1979) in der Daily Hassles Scale (Kanner, Coyne, Scheafer une Lazarus, 1981) im Vergleich zu neun hautgesunden Studenten während des Untersuchungszeitraumes von 56 Tagen am meisten genannt wurden.

Streßkontrolle und einer Aknesymptomatik illustriert. Untersucht wurden neun männliche Studierende im Alter von 24 Jahren, die sich auf ihr unmittelbar bevorstehendes Hochschulexamen vorbereiteten. Prüfungen dieser Art gelten als hochpotente Leistungsstressoren, die um so stärker wirken, je näher der Examenstermin rückt (vgl. Glaser et al., 1985). Der Prüfungstag war der 28. Tag im Untersuchungsablauf. Alle Probanden hatten eine klinisch relevante Akne-Symptomatik vom Grad 4 entsprechend Cook et al. (1979) aufzuweisen. Jeweils am 1., 14., 28., 42. und 56. Tag der Untersuchung wurde die Anzahl der Komedonen (Whiteheads, Blackheads), Pusteln und der Papeln nach den Kriterien von Plewig und Kligman (1978) des gesamten Gesichts von Ohr zu Ohr und vom Haaransatz bis zum Kinnrand ausgezählt.

Wie die Abbildung 4 zeigt, kann der Streßeinfluß für die Anzahl der Blackheads und die Papeln nicht nachgewiesen werden. Anders liegen hingegen die Verhältnisse für die Whiteheads und die Pusteln. Sie weisen eine Zeitcharakteristik auf, der entsprechend die Anzahl dieser Effloreszenzen zum Examenstermin hin ansteigt und ihr jeweiliges Maximum zum Zeitpunkt des Hochschulexamens hat. Im Unterschied zu den Whiteheads ist der positive bitone Trend für die Pusteln statistisch nicht signifikant. Hinsichtlich der Gesamtanzahl aller Akneeffloreszenzen zeigt sich ein starker signifikanter Zeiteffekt.

Welche Ressourcen setzen die Aknepatienten ein, um diesem Stressor zu begegnen, d. h. welches sind die für sie relevanten Copingstrategien? Dazu füllten die Aknepatienten und eine gleich große Gruppe Hautgesunder unter identischen Untersuchungsbedingungen (Alter, Examen) die von Kanner et al. (1981) entwickelte Daily Hassles Scale aus. In Abbildung 5 sind die Befunde im Vergleich zu Hautgesunden dargestellt.

Zunächst fällt auf, daß die Aknepatienten während des Untersuchungszeitraumes in jeder der symptomatischen Kategorien mindestens doppelt so häufig positive Antworten gaben wie die Hautgesunden. Die Unterschiede sind alle statistisch bedeutsam. Die Aknepatienten berichten, daß sie mit der ihnen verfügbaren Zeit unzweckmäßig umgehen, sie haben gleichzeitig zu viele Dinge zu erledigen, haben ein unangemessen hohes Anspruchsniveau und bringen zu wenig Energie auf, um ihre Ansprüche zu realisieren. Aknepatienten haben einen für ihre Bedürfnisse zu hohen Tabakkonsum; Partnerschaftsprobleme sind während der Streßdauer an der Tagesordnung. Schließlich sorgen sie sich um ihre berufliche und persönliche Zukunft. Dies alles zeigt, daß die an der Untersuchung beteiligten Aknepatienten dem Leistungsstressor weitaus unangemessener als Hautgesunde begegnen. Ihre Copingstrategie scheint geeignet, eher Probleme und Konflikte zu erzeugen, denn abzuwehren.

Kann man einen Zusammenhang zwischen den daily hassles und der Aknesymptomatik herstellen? Um diese Frage zu beantworten, wurden der Verlauf der Aknesymptomatik (Gesamtanzahl aller Effloreszenzen) und die bis zum jeweiligen Untersuchungstag aufgelaufene Häufigkeit aller daily hassles kovariiert. Daß diese Kovariation statistisch signifikant war, kann derart interpretiert werden, daß das Ausmaß an daily hassles innerhalb eines definierten Untersuchungsabschnittes mit der Schwere der Aknesymptomatik zusammenhängt. Bei Einzelfall-analytischer Betrachtung wird diese Argumentation noch augenfälliger: Sieben der neun Aknepatienten hatten einen statistisch hoch signifikanten zeitabhängigen Zusammenhang zwischen den vorausgehenden daily hassles und ihrer Akneeffloreszenzen aufzuweisen. Es wäre lohnenswert, diesem Zusammenhang weiter nachzugehen und eine Verbindung mit den weiter vorne beschriebenen endokrinen und immunologischen Parametern herzustellen.

Literatur

Abeck D, Ring J: Medizinische Grundlagen der Behandlung allergischer Hauterkrankungen. In: Petermann F (Hrsg.): Asthma und Allergie. Göttingen, Hogrefe, 1995; S. 192–211.

Adams DO: Molecular biology of macrophage activation: A pathway whereby psychosocial factors can potentially affect health. Psychomatic Medicine 1994; 56:316–327.

Black PL: Central nervous system-immune system interactions: Psychoneurodendocrinology of stress and its immune consequences. Antimicrobial agents and chomotherapy 1994(a); 38:1–6.

Black PL: Immune system-central nervous system interactions: Effect and immunomodulatory consequences of immune system mediators on the brain. Antimicrobial Agents and Chemotherapy 1994(b); 38:7–12.

Blank H, Brody MW: Recurrent herpes simplex: Apsychiatric and laboratory study. Psychosomatic Medicine 1950; 12:254–260.

Borelli S: Psyche und Haut. In: Borelli S (Hrg.): Handbuch für Haut- und Geschlechtskrankheiten. Heidelberg, Springer, 1967.

Bosse KA, Gieler U (Hrsg.): Seelische Faktoren bei Hautkrankheiten. Bern, Huber, 1987.

Braun-Falco O, Plewig G, Wolf H: Dermatologie und Venerologie. Heidelberg, Springer, 1984.

Champion RH, Robert SO, Carpenter RG et al.: Urticaria and angioedema: A review of 554 patients. British Journal of Dermatology 1969; 81:588–597.

Cook CH, Centner RL, Michaels SE: An acne grading method using photographic standards. Archives of Dermatology 1979; 115:571–575.

Dark K, Peeke HVS, Ellman G, Salfi M: Behaviorally conditioned histmine release. Prior stress and conditionability and extinction of the response. annals of the New York Academy of Sciences 1987; 496:578–582.

Deilmann F: Neurodermitis. Praxisnahe Diagnostik, Therapie und Prävention. Landshut, Bosch-Druck, 1994.

Djuric VJ, Bienenstock J: Learned sensitivity. Annals of Allergy 1993; 71:5–14.

Ebeling FJ: Hormonal control and methods of measuring sebaceous gland activity. Journal of Investigative Dermatology 1974; 62:161–171.

Ebling FJ, Dawber R, Rock A: The hair. In: Rook A, Wilkinson DS, Ebling FJ et al. (eds): Textbook of Dermatology. Oxford, Blackwell, 1985–1992, 1986.

Fanta D: Welche Rolle spielt die Seborrhoe in der Akne-Pathogenese? Fette, Seifen, Anstrichmittel 1980; 82:542–544.

Farber EM, Nickologff BJ, Recht B, Fräki JE: Stress, symmetry, and psoriasis: Possible role of neuropeptides. Journal of The American Academy of Dermatology 1986; 14:305–311.

Farber EM, Rein G, Lanigan SW: Stress and psoriasis – psychoneuroimmunologic mechanisms. International Journal of Dermatology 1991; 30:8–12.

Glaser R, Kiecolt-Glaser JK, Speicher CE, Holliday JE: Stress, loneliness, and changes in herpesvirus latency. Journal of Behavioral Medicine 1985; 8:249–260.

Gorman JR, Locke SE: Neural, endocrine, and immune interactions. In: Kaplan HI, Sadock BJ (eds.): Comprehensive Textbook of Psychiatry V., 1985; S. 111–125.

Green G, Koelsche G, Kierland R: Etiology and pathogenesis of chronic urticaria. Annals of Allergy 1965; 23:30–36.

Grothgar B: Quasi-experimentelle Überprüfung der Veränderung psychischer und physiologischer Reaktionen von Acne vulgaris-Patienten im Verlauf von dermatologischen induzierten Hautbildverbesserungen. Frankfurt am Main, Peter Lang, 1991.

Harvima IT, Viinamäki H, Naukkarinen A, Paukkonen K, Neittaanmäki H, Harvima RJ, Horsmanheimo M: Association of cutaneous mast cells and sensory merves with psychich stress in psoriasis. Psychotherapy and Psychosomatics 1993; 60:168–176.

Hashiro M, Okumura M: Anxiety, depression, psychsomatic symptoms and autonomic nervous function in patients with chronic urticaria. Journal of Dermatological Science 1994; 8:129–135.

Hermanns N, Scholz OB: Psychologische Einflüsse auf die atopische Dermatitis – eine verhaltensmedizinische Sichtweise. In: Gieler U, Stangier U, Brähler E (Hrsg.): Jahrbuchder Medizinischen Psychologie, Band 9, Hauterkrankungen in psychologischer Sicht. Göttingen, Hogrefe, 1993.

Hide M, Francis DM, Grattan CEH, Hakimi J, Kochan JP, Greaves MW: Autoantibodies against the high-affinity IgE receptor as a cause of histamin release in chronic urticaria. New England Journal of Medicine 1993; 328:1599–1904.

Hoon EF, Hoon PW, Rand KH, Johnson J, Hall NR, Edwards NB: A psycho-behavioral model of genital herpes recurrence. Journal of Psychosomatic Research 1991; 35:25–36.

Ishizika K, Ishizika T, Hornbrook M: Allergen-binding activity of γE, γG and γA antibodies in sera from atopic patients. The Journal of Immunology 1967; 98:490–501.

Johnston RB: Biology of the complement system with partivular reference to host-defense vs infection: A review. Malnutrition and the Immune Response 1977; 13:295–307.

Kanner AD, Coyne JC, Scheafer C, Lazarus RS: Comparison of two modes of stress measurement: Daily hassles and uplifts versus major life events. Journal of Behavioral Medicine 1981; 4:1–39.

Khansari DN, Murgo AJ, Faith RE: Effects of stress on the immune system. Immunology Today 1990; 11:170–175.

Kligman AM: An overview of acne. Journal of Investigative Dermatology 1974; 62:268–287.

Knop J: Spielen immunologische Gesichtspunkte in der Akne-Pathogenese eine Rolle? Fette, Seifen, Anstrichmittel 1980; 82(Sonderheft):514–519.

Laidlaw TM, Booth RJ, Large RG: The variability of type 1 hypersensitivity reactions: The importance of mood. Journal of Psychosomatic Research 1994; 38:51–61.

Miltner W: Hauterkrankungen und Verbrennungen. In: Miltner W, Birbaumer N, Gerber WD (Hrsg.): Verhaltensmedizin. Springer, Berlin, 1986; S. 355–386.

Münzel K, Schandry R: Atopisches Ekzem: psychophysiologische Reaktivität unter standardisierter Belastung. Der Hautarzt 1990; 3:169–193.

Plewig G, Kligman AM: Akne – Pathogenese, Morphologie, Therapie. Berlin, Springer, 1978.

Polenghi MM, Gala C, Citeri A, Manca G, Guzzi R, Barcella M, Finzi A: Psychoneurophysiological implication in the pathogenesis and treatment of psoriasis. Acta Dermatologiaca et Venerologica (Stockholm), 1989; 146(suppl.):84–66.

Puhvel SM, Hoffmann MD, Sternberg TH: Corynebacterium acnes. Archives of Dermatology 1966; 93:364–366.

Ring J: Atopy: Condition, disease, or syndrome? In: Ruzicka T, Ring J, Przybilla B (eds): Handbook of Atopic Eczema. Berlin, Springer, 1991.

Ring J: Angewandte Allergologie. München, MMM Medizin Verlag, 1988.

Rothman S: Physiology and Biochemistry of the the Skin. Chicago, University of Chicago Press, 1954.

Scholz OB: Verhaltensmedizin allergisch bedingter Hauterkrankungen. In: Petermann F (Hrsg.): Asthma und Allergie. Göttingen, Hogrefe, 1995; S. 225–265.

Scholz OB: Verhaltensmedizin in der Dermatologie. In: Hellhammer DH, Ehlert U (Hrsg.): Verhaltensmedizin: Ergebnisse und Anwendung. Bern, Huber, 1991; S. 35–46.

Scholz OB: Verhaltensmedizin bei Hauterkrankungen. In: Wahl R, Hautzinger M (Hrsg.): Verhaltensmedizin. Köln, Deutscher Ärzteverlag, 1989; S. 95–104.

Scholz OB: Zum Einfluß von Streß und Streßverarbeitung auf das Krankheitsbild der Acne vulgaris. Der Deutsche Dermatologe 1988; 36:154–161.

Scholz OB, Luderschmidt C: Psychische Aspekte dermatologischer Erkrankungen. In: Florin I, Hahlweg K, Haag G, Brack UB, Fahrner EM (Hrsg.): Perspektive Verhaltensmedizin. Berlin, Springer, 1989; S. 43–52.

Schubert HJ. Bahmer F, Laux J, Zaun H: Psychophysiologische Mechanismen beim atopischen Ekzem. Aktuelle Dermatologie 1988; 14:37–40.

Schubert HJ: Psychosoziale Faktoren bei Hauterkrankungen. Göttingen, Vandenhoeck & Rupprecht, 1989.

Stephansson E, Koskimies S, Lokki ML: Exercise-induces urticaria and anaphylaxis. Acta Dermatologica et Venereologica 1991; 71:138–14.

Stingl G, Hinter H: Zellvermittelte Immunität bei atopischer Dermatitis. Der Hautarzt 1983; 34:107–113.

Sultan C, Oliel V, Andran F, Meynadier J: Free and total plasma testosterone in men and women with acne. Acta of Dermatology and Venerology 1986; 66:301–304.

Szentivanyi MD: The beta adrenergic theory of the atopic abnormality in bronchial asthma. Journal of Allergy 1968; 42:203–205.

Teshima H, Kubo C, Kihara H, Imada Y, Nagata S, Ago Y, Ikemi Y: Psychosomatic aspects ofskin diseases from the standpoint of immunology. Psychotherapy and Psychosomatics 1982; 37:165–175.

Ullman KC, Moore RW, Reidy M: Atopic eczema: a clinical psychiatric study. Jormal of Asthma Research 1977; 14:91–99.

Whitlock FA: Psychophysiologische Aspekte bei Hautkrankheiten. Erlangen, Perimed, 1980.

Neuropsychiatrische Erkrankungen und Immunfunktionen

Norbert Dahmen und Christoph Hiemke

Die Interaktion von Gehirn und Immunsystem

Das zentrale Nervensystem ist auf vielfältige Weise mit dem Immunsystem verbunden (vgl. Kapitel «Innervation der immunkompetenten Organe» in diesem Band). Daher können Störungen im Immunsystem Auslöser einer psychopathologischen Symptomatik sein. So treten Depressionen als mögliche Nebenwirkung einer Interleukintherapie auf. Andererseits können Störungen im ZNS Auswirkungen auf Immunfunktionen haben. Das vorliegende Kapitel schildert Befunde zu Veränderungen immunologischer Parameter bei Patienten, die an einer Depression, einer Psychose aus dem schizophrenen Formenkreis oder an einer Demenz vom Alzheimer-Typ leiden. Gleichzeitig wird der Stellenwert der immunologischen Veränderungen für Krankheitsentstehung, Verlauf, Prognose und Therapie diskutiert.

Das Problem psychiatrischer Diagnosen

Die genannten Fragestellungen setzen voraus, daß über die Diagnose der zu untersuchenden Patienten und der Kontrollgruppen allgemeine Einigkeit besteht. Das bedeutet, die Diagnosen müssen objektiv, Untersucher-unabhängig sein, reliabel, d. h. wiederholbar und nachvollziehbar, sowie valide, also inhaltlich richtig, sein.

Die derzeit gültigen Klassifikations- und Diagnosesysteme psychiatrischer Erkrankungen, wie sie in der International Classification of Disease 10 (ICD 10) der WHO und in dem Diagnostic and Statistical Manual (DSM) der Amerikanischen Psychiatrischen Assoziation (APA) in der vierten Auflage, dem DSM-IV, vorliegen, folgen drei Prinzipien:

1. Die Diagnose wird aufgrund des Vorhandenseins oder Nichtvorhandenseins von Kombinationen von Krankheitssymptomen und anderen Kriterien (z. B. Schweregrad, Dauer) gestellt. Die Diagnose erfolgt also syndromal und nicht aufgrund ätiologischer Konzepte.
2. Die Diagnosen stehen zum Teil in einer hierarchischen Beziehung, zum Teil parallel nebeneinander: Die Diagnose Depression z. B. kann nicht gestellt werden, wenn neben den Depressionskriterien auch Schizophreniekriterien erfüllt sind; ähnlich verhält es sich z. B. mit der Unmöglichkeit, eine «Angststörung» bei gleichzeitigem Bestehen von Depressionskriterien zu diagnostizieren.
3. Die Diagnosen können in mehreren voneinander als unabhängig betrachteten «Achsen» gestellt werden. Im DSM-IV z. B entspricht die Achse 1 den klinischen Syndromen, die Achse 2 den überdauernden Persönlichkeitsveränderungen, die Achse 3 Entwicklungsstörungen, die Achse 4 und die Achse 5 beschreiben soziale Stressoren und das Funktionieren des Patienten in seiner sozialen Umgebung.

Der wesentliche Fortschritt dieser Klassifikation liegt in der nun vereinheitlichten und nachvollziehbaren Diagnose und in der Tatsache, daß Diagnosen ohne die Zuhilfenahme umstrittener Theorien wie z. B. psychoanalytischer Modelle gestellt werden können. Dennoch birgt die Klassifkation eine Reihe von Problemen, die gerade für die biologische Psychiatrie von Relevanz sind:

- Viele Erkrankungsdefinitionen überlappen in wesentlichen Bereichen.
- Biologische Parameter gehen in die Diagnosen nicht ein. So ist z. B. das «Serotoninmangelsyndrom» keine gültige Diagnose nach ICD-10 oder DSM IV.
- Psychopathologische Symptome, nach denen vorwiegend diagnostiziert wird, sind nicht notwendigerweise spezifisch für einen pathogenetischen Mechanismus.
- Es ist denkbar, daß einer psychiatrischen Erkrankung (Symptomkonstellation) mehr als ein pathogenetischer Mechanismus zugrunde liegen kann.

Tabelle 1: Übersicht über gängige immunologische Parameter.

Quantitative Immunparameter
Leukozytenzahl
Blutbild
Häufigkeit, Anzahl und Verhältnis von Zellpopulationen und Subpopulationen, z.B. Natural Killer-Zellen, B-Lymphozyten, T-Lymphozyten
Titer von Antikörpern
Funktionsparameter des Immunsystems
Stimulierbarkeit der Lymphozytenproliferation durch Concanavalin A, Phythämagglutinin, Pokeweed Mitogen oder ein Antigen
Mixed Lymphocyte Response
Chemotaxis
Phagozytose
Aktivität der Natural Killer-Zellen
Interleukinproduktion
Bildung von Antikörpern
Induktion einer Spätreaktion
Graft-versus-host response

Aus der Sicht der biologischen Psychiatrie ist die gegenwärtige syndromal-atheoretische Klassifikation ein Provisorium auf dem Weg in die biologische Klassifikation psychiatrischer Erkrankungen, die sich am zugrundeliegenden pathogenetischen Mechanismus orientiert (Benkert et al., 1993).

Messung von Immunparametern

Es sind eine Reihe von Tests entwickelt worden, mit deren Hilfe Immunfunktionen bestimmt werden können. Die Tests können eingeteilt werden in quantitativ-numerische und funktionelle Tests bestimmter Aspekte der Immunfunktion.

Eine Übersicht gängiger Tests gibt Tabelle 1.

Stand der psychoneuroimmunologischen Forschung bei psychiatrischen Krankheitsbildern

Die meisten Untersuchungen psycho-neuroimmunologischer Zusammenhänge bei psychiatrischen Krankheitsbildern beziehen sich auf:

- die Rolle möglicher Infektionen, vor allem Virusinfektionen,
- Interleukine als Mediatoren zwischen dem Immunsystem, dem endokrinen System und dem Zentralnervensystem
- Immunglobuline als Faktoren der nicht-zellgebundenen Immunität,
- T- und B-Lymphozyten als Träger der zellulären Immunität,
- genetisch-immunologische und epidemiologische Faktoren,
- psychopharmakologisch-immunologische Wechselwirkungen.

Im folgenden sind die wesentlichen Befunde zu den drei neuropsychiatrischen Erkrankungen bzw. Störungen Depression, Schizophrenie und präsenile Demenz (Morbus Alzheimer) vorgestellt und ihre Bedeutung im Kontext der klinischen Psychiatrie als auch der aktuellen psychiatrischen Forschung erläutert.

Depression

Leitsymptom der Major Depression (MD) ist die dauerhaft niedergeschlagene und nicht aufhellbare Stimmung, die in den meisten Fällen mit einer motorischen und auch einer Denkhemmung einhergeht. Im Extremfall kann die Denkhemmung zu einer völligen Entschlußlosigkeit bis hin zum depressiven Stupor reichen, in welchem die Patienten oft längere Zeit regungslos, wenig ansprechbar und nach außen teilnahmslos verharren können. Hinter der ruhigen Oberfläche der Hemmung verbergen sich oft innere Unruhe, Angst und Todeswünsche. Bei manchen Patienten fehlt das Symptom der Gehemmtheit, in diesen Fällen spricht man von agitierter Depression. Die Denkinhalte depressiver Patienten sind häufig durch wahnhafte Vorstellungen geprägt, z. B. von der großen eigenen Schuld, dem Versagen, der Überzeugung, unheilbar krank zu sein (auch körperlich), zu verarmen oder andere mit ins eigene Unglück zu ziehen. Neben solchen synthymen, d. h. mit der Depression in gewissem Einklang stehenden Gedanken kann es auch zu parathymen oder bizarren Wahnideen kommen. Daneben bestehen häufig körperliche Depressionszeichen wie Schlafstörungen oder Gewichtszunahme oder -abnahme. Typisch ist auch eine Tagesrhythmik mit einer am Abend verbesserten Befindlichkeit.

«Blunted Immuneresponse»

Eine der ältesten und auch in Laienkreisen bekannten Befunde der immunologischen Depressionsforschung ist die Auffassung, daß depressive Patienten häufiger als andere an Infekten und bösartigen Geschwulsten erkranken und also eine reduzierte Immunkompetenz aufweisen.

Tatsächlich hat die überwiegende Anzahl von Studien sowohl eine in vitro-Reduktion der natürlichen Killerzellaktivität (NKCA) als auch der Mitogen-induzierten in-vitro-Lymphozytenproliferation bei depressiven Patienten beobachtet (Herbert und Cohen, 1993). Diese «blunted immuneresponse» depressiver Patienten gilt somit vielen Autoren als der klassische immunologisch-depressive Befund. Interessanterweise konnten nicht alle Arbeiten einen Abfall der natürlichen Killerzellaktivität und der Mitogen-induzierten Lymphozytenproliferation bei depressiven Patienten bestätigen. Altshuler et al. (1989) z. B. fanden einen Anstieg der Phythämagglutinin (PHA) induzierten Lymphozytenproliferation. In einer sehr sorgfältig angelegten Studie an einem relativ großen Patientenkollektiv von 91 depressiven Patienten und Kontrollen fanden Schleifer et al. (1989) keine signifikanten Unterschiede an der NKCA, der Mitogen-induzierten Lymphozytenproliferation und der Anzahl von T4-Lymphozyten. Aus diesem negativen Befund zogen die Autoren den Schluß, daß die bislang beschriebenen immunologischen Veränderungen nicht generell «depressionsspezifisch» seien, sondern vielmehr in Abhängigkeit von bislang bekannten oder noch unbekannten Subtypen zu sehen seien. Spurrell und Creed (1993) versuchten die Widersprüche aus verschiedenen Lymphozytenproliferationstudien mit der Annahme aufzulösen, daß vor allem leichtere und besonders schwere Depressionen einen Abfall der Lymphozytenproliferation bewirken sollen. Als in-vivo-Parameter der Immunantwort schlugen Hickie et al. (1993) die Hauthypersensitivität vom verzögerten Typ vor und testeten 57 depressive Patienten, von denen 31 die Kriterien für den melancholischen Subtyp erfüllten, gegen eine Kontrollpopulation. Die Gruppe der melancholisch-depressiven Patienten zeigte hierbei eine verminderte Hauthypersensitivität.

Die epidemiologische Befundlage stützt die Annahme einer klinisch bedeutsamen Störung der Immunkompetenz nicht; nach einer Studie an 500 ambulanten Patienten (Martin et al., 1985) ist die Mortalität primär depressiver Patienten nicht gegenüber derjenigen der Normalbevölkerung erhöht, die höherere Mortalität von Patienten mit sekundärer Depression war auf «unnatürliche» Todesursachen zurückzuführen.

Depression und Interleukine

Während in den älteren Arbeiten über immunologische Veränderungen depressiver Patienten zumeist der Aspekt der herabgesetzten Immunantwort betont wird, deuten einige Arbeiten, in denen Interleukine gemessen wurden, darauf hin, daß simplizistische Konzepte, wie Immunaktivierung bzw. Immunsuppression, die Wirklichkeit nur verzerrt beschreiben. In einer Reihe von Studien konnte die Arbeitsgruppe um Maes eine Erhöhung der im Blut zirkulierenden Interleukine-1 (IL-1) und -6 (IL-6) sowie des löslichen Interleukin-2-Rezeptors (sIL-2R) beobachten (Maes, 1993). Da gleichzeitig einige Akute-Phase-Proteine im Serum, darunter das Haptoglobin, erhöht gefunden wurden, zogen die Autoren den Schluß, daß es neben der in Teilbereichen reduzierten Immunantwort bei der Depression auch zu einer zumindest teilweisen «Immunaktivierung» und einer Akute-Phase-Reaktion kommt. In Übereinstimmung mit dieser Auffassung steht ein Befund von Calabrese et al. (1986), nachdem bei Depressiven Prostaglandine im Serum erhöht sind.

Die gemessenen Anstiege und hierbei vor allen von IL-6 (Maes et al., 1993a) waren zum Teil besonders ausgeprägt bei denjenigen Patienten, die post Dexamethason hohe Cortisolwerte aufwiesen, so daß ein Teil der beobachteten Variabilität mit einer herabgesetzten Plastizität des Glukokortikoidsystems zu erklären sein könnte. Die genannten Befunde sind überwiegend von unabhängigen Arbeitsgruppen noch nicht bestätigt worden, interessanterweise fanden Weizman et al. (1994) in einer Untersuchung an isolierten mononukleären Zellen von zehn depressiven Patienten, die unter Zellkulturbedingungen mit Lipopolysaccharid oder Phythämagglutinin stimuliert wurden, eine Erniedrigung der IL-1β-, der IL-2- und der IL-3-Produktion. Nach vierwöchiger Clomipramingabe stiegen die Werte wieder zum Teil auf über Kontrollniveau an. Inglot et al. (1994) untersuchten mit einem biologischen Assay die spontane und induzierte Interferonproduktion von Blutleukozyten und fanden eine herabgesetzte Interferonproduktion von Leukozyten depressiver Patienten.

Depression und numerische Leukozytenparameter

In jüngerer Zeit haben sich Hinweise darauf ergeben, daß die relativen und absoluten Anzahlen verschiedener Blutzellpopulationen im Verlauf einer Depression Veränderungen erleiden könnten. Kronfol und House (1988) untersuchten 40 depressive Patienten und 37 gesunde Kontrollen. Die depressiven Patienten wiesen einen höheren Anteil (%) an neutrophilen Granulozyten ($64 \pm 11{,}5$ vs. $53 \pm 10{,}0$; $p < 0{,}001$) und einen geringeren relativen Anteil von Lymphozyten ($29{,}5 \pm 10{,}7$ vs. $38{,}5 \pm 9{,}7$; $p < 0{,}01$) auf, während die absolute Anzahl an Lymphozyten oder Lymphozyten-Subpopulationen statistisch nicht unterschiedlich war. Der relative Anteil an Monozyten war bei depressiven Patienten erniedrigt ($3{,}6 \pm 1{,}9$ vs. $5{,}0 \pm 2{,}2$; $p < 0{,}05$). Zum Teil ähnliche Befunde fand die Arbeitsgruppe um Maes (Maes et al., 1992) für die vor allem eine Leukozytose, eine Neutrophilie und eine Monozytose typisch («hallmark») für das Vorliegen einer Depression sind. Daneben wurden von einigen Arbeitsgruppen noch weitere durch lymphozytäre Oberflächenmarker charakterisierte Lymphozytenpopulationen ausgezählt (Müller et al., 1993a). Obwohl einige Einzelbefunde, insbesondere ein gesteigertes Verhältnis von T-Helfer zu T-Suppressorzellen während einer

Depression durchaus umstritten sind, scheinen die Ergebnisse auf eine zumindest Teilaktivierung des Immunsystems hinzudeuten. Hierfür spricht auch der Anstieg des Makrophagen-Aktivierungsparameters Neopterin (Dunbar et al., 1992) und der von Akute-Phase-Proteinen (Maes, 1993) sowie die schon beschriebene, zumindest von einigen Autoren gefundene Erhöhung von Interleukinen im Blut depressiver Patienten.

Depression und Antikörper

Obwohl eine Reihe von Antikörpern untersucht wurden, gibt es zur Zeit keine depressionstypischen oder spezifischen Antikörpermuster. Zu den untersuchten Antikörpern gehören solche gegen Viren z. B. Herpes Typ I und II (Amsterdam et al., 1993), Eppstein-Barr und Zytomegalievirus (Maes et al., 1991), Ganglioside (Stevens und Weller, 1992), Antiphospholipid und antinukleäre Antikörper (erhöhte Titer bei depressiven Patienten; Maes et al., 1991), Antisomatostatin (Roy et al., 1988) sowie antithyroidale Antikörper (Haggerty et al., 1987).

Depression und HPA-Achse

Schon Anfang dieses Jahrhunderts fanden Cannon und De La Paz (1911), daß psychologischer Streß zu einer Erhöhung der Katecholamine führt, und identifizierten die Nebenniere als verantwortlich für diese Erhöhung. Während des ersten Weltkriegs wurde festgestellt, daß Verwundete morphologische Veränderungen am Nebennierenmark zeigten. Selye brachte die morphologischen Veränderungen mit einer gesteigerten Produktion und Sekretion von Glukokortikoiden in Verbindung (Selye, 1936). Dieses System, das vom Hypothalamus über Corticotropin Releasing Hormone (CRH) die Hypophyse (pituitary) stimuliert und von dort über freigesetztes Adrenocorticotropin die Nebenniere (adrenal glands) aktiviert, ist heute unter dem Namen HPA-Achse bekannt. Die Stimulation der HPA-Achse bei Streß und Depressionen ist ein Eckpfeiler der psychiatrischen Psychoneuroimmunologie. Die Aktivierung der HPA-Achse führt in vielen Fällen zu einer Veränderung im Dexamethason-Hemmtest. In diesem Test wird Dexamethason verabreicht und die Suppression oder Nichtsuppression des Cortisols im Plasma überprüft. Im Falle einer (streß- oder depressionsbedingt) aktivierten HPA-Achse läßt sich die Cortisolproduktion nicht oder nur unzureichend unterdrücken. Eine molekularbiologische Erklärung des veränderten Dexamethason-Hemmtests bei einer Subpopulation von Depressiven könnte die herabregulierte Expression von Glukokortikoidrezeptoren sein, wodurch das System unempfindlich gegen externe Dexamethasongaben wird. Die Herabregulierung wäre in diesem Falle eine Folge des ständig erhöhten endogenen Cortisols. Zu dieser These passen Befunde, nach denen Antidepressiva die Expression von Corticoidrezeptoren fördern (Pepin et al., 1989) und so zur Korrektur des veränderten Hemmtests beitragen. Obwohl der Dexamethason-Hemmtest ein Maß für die Glukokortikoidempfindlichkeit der HPA-Achse darstellt und positiv mit anderen experimentellen Messungen der Corticoidsensitivität korreliert, ist bei der Anwendung zu beachten, daß auch andere z. B. pharmakokinetische Variablen mit in den Test eingehen und z. B. Non-Suppressoren im Mittel niedrigere Dexamethasonplasmaspiegel aufweisen als Supressoren (Lowy et al., 1988).

Immunkompetente Zellen besitzen Rezeptoren für ACTH, beta-Endorphine, Cortisol und Katecholamine (vgl. die Kapitel von Schedlowski et al. und Wilckens in diesem Band). Zusätzlich liegen eine große Anzahl von Studien vor, die eine Modulation verschiedener Immunfunktionen durch Corticoide belegen. Corticoide werden, allerdings in vergleichsweise hohen Dosen, klinisch als Immunsuppressoren eingesetzt. Sie hemmen u. a. die durch das pflanzliche Lektin Phythämagglutintin und Concanavalin induzierbare Lymphozytenproliferation und führen, allerdings in Abhängigkeit vom immunologischen Ausgangsstatus, zu einer Herabregulierung der Bildung des sIL-2R (Sauer et al., 1993).

Daher ist versucht worden, die Unterschiede im Immunstatus zwischen depressiven Patienten und Kontrollen durch die Überaktivität der HPA-Achse und unterschiedlichen Corticoidsensitivitäten zu erklären (Darko et al., 1989; Rupprecht et al., 1991). Die Daten dieser überwiegend negativen Untersuchungen legen den Schluß nahe, daß eine gestörte Plastizität des Glukokortikoidrezeptorsystems allenfalls bei einer Subgruppe von depressiven Patienten einen meßbaren Einfluß auf die NKCA oder die induzierte Lymphozytenproliferation ausübt.

Eine gewisse Rolle spielt die herabgesetzte Plastizität des Glukokortikoidsystems auf die immunsupprimierende Wirkung exogenen Glukokortikoids: Wodarz et al. (1991) untersuchten in einer Studie mit 12 depressiven Patienten und 13 Kontrollen die induzierbare Lymphozytenproliferation und ihre Beeinflussung durch 10^{-6} und 10^{-10} M Dexamethason in vitro. Während sich unter Basalbedingungen kein Unterschied zwischen Depressiven und Gesunden finden ließ, war die Reduktion der Immunantwort durch Dexamethason bei den depressiven Patienten weniger ausgeprägt als bei den Kontrollen, was als Hinweis für ein desensitiviertes Glukokortikoidsystem gewertet wurde. In einer Folgestudie konnte dann gezeigt werden (Wodarz et al., 1992), daß dieser Unterschied nach der klinischen Remission nicht mehr bestand, also nur im Zustand der akuten Depression gefunden wurde. In diesem Zusammenhang sei auch auf die Studie von Banki et al. (1992) hingewiesen, in der die Liquor-CRH-Werte depressiver Patienten vor und nach der antidepressiven Behandlung sowie nochmals sechs Monate später betrachtet wurden. Nach der Behandlung waren die CRH vor allem bei den Patienten erniedrigt, die auch in den folgenden Monaten keinen klinischen Rückfall erlitten.

Monozyten können durch Thyreotropin (TRH) zu Bildung von Schilddrüsen-stimulierendem Hormon (TSH) angeregt werden, und diese Stimulierbarkeit ist bei Depressiven herabgesetzt (Harbour et al., 1988). Dennoch scheinen Schilddrüsenhormone bei den immunologischen Auffälligkeiten depressiver Patienten eher keine dominierende Rolle zu spielen, und über 95% aller depressiven Patienten sind klinisch euthyreot (Maes et al., 1993b).

Konfundierende Variablen und Befundanalysen

Seit 1978 sind mehr als 100 Arbeiten publiziert worden, die mehr oder weniger ausgeprägte Veränderungen von Immunfunktionen bei depressiven Patienten beschreiben. Die Vielzahl unterschiedlicher und zum Teil widersprüchlicher Ergebnisse legt die Frage nahe, wie es zu einer solchen Pluralität der Versuchsergebnisse kommen kann. Auf die prinzipiellen Schwierigkeiten korrelativer Forschung in Abwesenheit von ätiologisch definierten Krankheitskonzepten wurde schon hingewiesen. Darüber hinaus gibt es eine Reihe von konfundierenden Variablen, die in bisherigen Studien zumeist nicht kontrolliert werden, die sich aber möglicherweise auf die Ergebnisse auswirken. Dazu gehört der Einfluß des Geschlechts der Patienten bzw. Probanden, sozioökonomischer Status und sog. «adverse life events», das Alter, tageszeitliche Abhängigkeiten, die positive oder negative Selbsteinschätzung der Patienten bzw. Probanden, Schlafstörungen, Schweregrad, Hospitalisation, Streß, psychiatrische Komorbidität, Substanzabusus, Lebensgewohnheiten und weitere.

Bislang sind vier Übersichten erschienen, deren Ziel es jeweils ist, die «wahren» Immunveränderungen bei Vorliegen einer Depression von den falsch-positiven und falsch-negativen Befunden zu trennen. Hierzu wurden die publizierten Studien zunächst in solche aufgeteilt, die methodologische Probleme aufweisen und nicht weiter betrachtet werden, und solche, in denen dies nicht der Fall ist. Die Kriterien hierzu waren u. a. Diagnosestellung nach DSM-IIIR oder anhand sog. «Research Diagnostic Criteria», Vorhandensein von vergleichbaren und kontrollierten, gesunden Kontrollgruppen, Ausschluß von Medikationseffekten sowie «robuste» Effektgrößen. Obwohl alle Metaanalysen überlappende Datenbasen haben, d. h. im Prinzip die gleichen Studien untersuchen, sind die Ergebnisse ebenso unterschiedlich wie die Originalarbeiten. Stein et al. (1991) stellen in ihrem kritischen Aufsatz im Journal «Archives of General Psychiatry» fest, «no consistent or reproducible alterations of functional measures of lymphocytes have been reported in patients with MD (p. 173)» und «These findings suggest that alterations in the immune system in MD do not appear to be specific biologic correlates of this disorder (p. 175)». Die Autoren ziehen daraus den Schluß, daß «it may be most meaningful in research concerned with the role of the immune system in relation to behavioral states and physical health and illness to first demonstrate an association between psychiatric disorders prior to considering mechanisms. Such an approach would decrease the likelihood of generating findings in search of meaning (p. 176)». Demgegenüber fand Weisse (1992) in ihrer Literaturübersicht, daß depressive Patienten sowohl einen geringeren prozentualen Anteil als auch eine absolut verringerte Anzahl von Lymphozyten im Blut aufweisen. Um die Widersprüche zu klären, führten Herbert und Cohen (1993) eine statistische Metaanalyse mit den bis dahin durchgeführten Studien durch. Ohne auf die ernsthaften methodologischen Probleme einzugehen, die statistischen Metaanalysen inhärent sind, seien die Ergebnisse widergegeben. Die induzierte Lymphozytenproliferation als auch die NKCA waren demnach in depressiven Gruppen niedriger als in entsprechenden Kontrollen. Bei den Blutzellparametern ergab sich, daß Depression mit einer (geringgradigen) Leukozytose, Neutrophilie und Lymphopenie mit herabgesetzten Anzahlen an Lymphozyten insgesamt, T-Zellen, T-Helferzellen, T-Suppressorzellen, NK-Zellen und granulären Lymphozyten in statistisch signifikanter Weise assoziiert waren. Ausdrücklich weisen die Autoren darauf hin, daß ihre Analyse sich auf die statistische Signifikanz von Korrelationen bezieht und per se keine Rückschlüsse etwa auf eine gemeinsame Ätiologie von Depression und Immunfunktionen erlaubt. Neben anderen Möglichkeiten erscheint ihnen, daß die veränderten Lebensgewohnheiten («health practice») depressiver Menschen eine plausible Erklärungsmöglichkeit für die gefundenen Zusammenhänge bieten. Irwin (1995) stellt in seiner Übersicht besonders die Reduktion der NKCA als mehrfach replizierten Befund heraus.

Schizophrenie

Auch heute noch ist die Schizophrenie von allen psychiatrischen Erkrankungsgruppen die rätselhafteste und für den sogenannten Gesunden die am wenigsten verständliche oder nachvollziehbare. Zu den Symptomen der Schizophrenie gehören Wahnwahrnehmung, Wahn, Sinnestäuschungen (Halluzinationen), Denkstörungen, Störungen der Affektivität, der Persönlichkeit, des Ich-Erlebens sowie der Motorik und des Handelns. Die meisten Betroffenen erkranken in der Zeitspanne zwischen dem Ende des zweiten und dritten Lebensjahrzehnts, wobei bei Frauen ein zweiter postmenopausaler Erkrankungsgipfel vorhanden ist. Durch genetisch-epidemiologische Studien ließ sich zeigen, daß ein Teil des Erkrankungsrisikos vererbt wird, so ist die Wahrscheinlichkeit eineiiger Zwillinge, konkordant zu erkranken, ungefähr viermal so hoch wie die Wahrscheinlichkeit zweieiiger Zwillinge. Daß genetische Faktoren alleine keine hinreichende Bedingung für das Auftreten der Erkrankung sind, zeigt sich unter anderem an dem beträchtlichen Anteil (20–60%) derjenigen eineiigen Zwillinge, die für Schizophrenie diskordant sind. Molekular-genetische Untersuchungen, vor allem Linkage- und Assoziationsstudien, haben bislang nicht zur Identifikation von «Schizophrenie-Genen» geführt. Möglicherweise besteht jedoch ein Suszeptibilitätslocus auf dem kurzen Arm des Chromosoms 6, telomerwärts der für Immunfunktionen bedeutsamen HLA-Region (Wang et al., 1995). Die Ätiologie der Schizophrenie muß bislang als unbekannt gelten, obgleich eine Reihe von Hypothesen formuliert wurden. Aus psychosozialem Blickwinkel wurde vor allem auf den ungünstigen Einfluß bestimmter Beziehungskonstellationen verwiesen, z. B. widersprüchlicher emotionaler Botschaften («double bind») oder Überemotionalität in der Familie («high expressed emotions»). Die derzeit wichtigste Schizophreniehypothese stützt sich vor allem auf die Wirkungsweise antipsychotischer Medikamente und beinhaltet eine Überfunktion dopaminerger Neuronensysteme bzw. ein Ungleichgewicht dieser Systeme mit anderen, vor allem glutamatergen und GABAergen, Systemen. Großes Interesse haben daneben auch verschiedene immunologische Erklärungsmodelle gefunden.

Daher ist in jüngerer Zeit eine Reihe von Studien durchgeführt worden mit dem Ziel, den Zusammenhang von Erkrankungen aus dem schizophrenen Formenkreis und Neuroleptikabehandlungen mit immunologischen Parametern systematisch zu untersuchen.

Schizophrenie und Infektionen

Die Infektionstheorie der Schizophrenie stützt sich unter anderem auf Hinweise, daß Personen, die im Spätwinter oder Frühling geboren werden, ein erhöhtes Risiko aufweisen, an einer Schizophrenie zu erkranken. Dieser Jahreszeiteneffekt könnte – spekulativ – durch die erhöhte allgemeine Infektanfälligkeit zu diesen Jahreszeiten zu erklären sein. Daneben gibt es ebenfalls umstrittene Berichte, daß schizophrene Patienten im Serum und im Liquor im Vergleich zu Kontrollen höhere Antikörpertiter gegen Zytomegalievirus, Herpesvirus, Grippeviren oder Masernviren aufweisen sollen. Der direkte Versuch, «Kandidatenerreger» im post-mortem-Gehirn, in peripheren Blutzellen oder im Liquor konsistent nachzuweisen, gelang bisher nicht. So untersuchten Sierra-Honigmann et al. (1995) post-mortem-Hirngewebeproben von je drei schizophrenen Patienten und Kontrollen sowie Liquor und Blutzellen von 48 Patienten und Kontrollen sowie neun diskordanten eineiigen Zwillingen mittels der sehr sensitiven PCR-Technik auf das Vorhandensein viraler Nukleinsäuren. Getestet wurde für Zytomegalievirus, HIV, Influenza A, Borna disease virus und bovine viral diarrhoe virus. Virale Nukleinsäuren konnten nicht nachgewiesen werden. Diese und weitere, ähnliche Befunde legen den Schluß nahe, daß es sich bei der Schizophrenie nicht um eine akute virale Erkrankung bislang untersuchter Viren handelt, möglich wäre jedoch, daß ehemalige Infektionen z. B. Autoimmunprozesse auslösen, die wiederum das Auftreten einer Psychose begünstigen können. Einen Hinweis auf eine solche indirekte virale Ätiologie könnte aus Studien der drei Grippeepidemien der Jahre 1954, 1957 und 1959 («asiatische Grippe») abgeleitet werden. Verschiedene Autoren fanden, daß Personen, die im zweiten Schwangerschaftstrimenon pränatal möglicherweise Viruskontakt hatten, im weiteren ein höheres Risiko hatten, an einer Schizophrenie zu erkranken (McGrath et al., 1994). Die veröffentlichten Studien blieben jedoch nicht unwidersprochen.

Schizophrenie und Interleukine

Injektion von Zytokinen führt neben der Produktion von Akute-Phase-Proteinen zu einer Reihe von zentral vermittelten Effekten, wie Änderung des Vigilanzzustandes, des Lernverhaltens oder der Temperaturregulation (Hagan et al., 1993; Oitzel et al., 1993). Im Verlauf von Therapien mit Zytokinen sind psychoseähnliche Zustände als Nebenwirkung beschrieben worden. Es wird vermutet, daß die zentrale Wirkung peripher produzierter Zytokine zumindest teilweise über das Organum vasculosum der Lamina terminalis vermittelt wird. Daneben ist für Mäuse ein spezifisches, sättigbares Transportsystem ins Gehirn für IL-1-α und -β sowie TNF-α gezeigt worden (Gutierrez et al., 1993).

Wie die zentralen Effekte der Zytokine vermittelt sind, ist noch unzureichend erforscht. Ein möglicher Mechanismus ist eine Wirkung auf die Hypothalamus-Hypophyse-Nebennierenachse (HPA-Achse). Gesichert ist ein Einfluß verschiedener Zytokine auf das CRH (Hagan et al., 1993).

In verschiedenen Arbeitsgruppen ist bei schizophrenen Patienten eine Verringerung der IL-2-Produktion in immunkompetenten Zellen bei einer gleichzeitigen Erhöhung des löslichen IL-2-Rezeptors im Plasma beschrieben worden (Maes et al., 1994; Villemain et al., 1989). Diese im Plasma erhobenen Befunde scheinen keine vollständige Entsprechung im Liquor zu finden, in welchen die IL-2-Spiegel entweder als unverändert (el-Mallakh et al., 1993) oder sogar als erhöht (Licinio et al., 1993) beschrieben sind. Nach einer Hypothese von Smith (1991) ist eine Störung der IL-2- und der IL-2-Rezeptor-Produktion die primäre Störung der Schizophrenie. Leider wirft diese Spekulation ebenso viele Fragen auf, wie sie beantwortet.

Für andere Zytokine liegen bisher nur vereinzelt Befunde vor: Shintani et al. (1991) berichten über eine erhöhte Streubreite von Interleukin-6-Plasmaspiegeln bei schizophrenen Patienten im Vergleich zu einer gesunden Kontrollpopulation. Nach Untersuchungen von Ganguli et al. (1994) sind die IL-6-Plasmaspiegel während einer schizophrenen Episode erhöht. Über einen Einfluß der neuroleptischen Medikation auf den Gehalt an IL-1α und IL-6 berichten Xu et al. (1994), während ein solcher Einfluß auf IL-1β, IL-2 und den Tumornekrosefaktor-alpha nicht gefunden wurde. Die Bedeutung der von Katila et al. (1989) festgestellten leichten Erniedrigung der stimulierbaren Interferon-alpha-Produktion muß sehr zurückhaltend beurteilt werden, nachdem Folgestudien keine Auffälligkeiten des Interferons-alpha oder -gamma feststellen konnten (Gattaz et al., 1992).

Eine wesentliche Einschränkung der vorgestellten Befunde sind die zum Teil noch ungelösten technischen und methodologischen Schwierigkeiten, die bei Interleukinmessungen wie auch anderen immunologischen Messungen zu zum Teil erheblichen Variabilitäten, auch beim gleichen Autorenteam, führen. So wird der Normalbereich des IL-6 bei gesunden Kontrollen bei Maes et al. (1994) mit 6,0–8,0 pg/ml und bei Maes et al. (1995) mit 1,0–1,9 pg/ml angegeben. In einer eigenen Studie haben wir festgestellt, daß mit venösen Verweilkanülen gemessene Interleukin-6-Spiegel mehr die lokale Interleukinausschüttung widerspiegeln als den systemischen Gehalt. Messungen im Plasma unterschieden sich um bis den Faktor 75 in Abhängikeit von der Art der Blutennahme und vor allem von der Verweildauer der Blutentnahmekanüle (Seiler et al., 1994).

Schizophrenie und Immunglobuline

Wichtige Faktoren der nicht zellgebundenen Immunität stellen die Immunglobuline dar. Die Hoffnung, daß Antikörper gegen definierte Strukturen bedeutsam für die Diagnose oder Pathophysiologie schizophrener Erkrankungen sind, hat sich bislang nicht bestätigt. Von Kirchbach et al. (1987) fanden keine Antikörper gegen Rezeptoren des dopaminergen Systems bei schizophrenen Patienten. Die Bedeutung des von Kilidireas et al. (1992) beobachteten Antikörpers gegen ein 60 kDa Hitzeschockprotein, das in 14 von 32 schizophrenen Patienten, aber nur in 8 von 100 Kontrollpersonen beobachtet wurde, sowie des mutmaßlichen Immunglobulins «50 kDa Prolactin binding protein» (Walker et al., 1992; beobachtet in 12 von 15 schizophrenen Patienten) ist ungeklärt. Keine besonderen oligoklonalen Banden im Liquor Schizophrener fanden Stevens et al. (1990).

Ausgehend von der Vorstellung eines autoimmunologischen Prozesses untersuchten Canoso et al. (1990) neuroleptikabehandelte Langzeitpatienten und stellten bei ihnen höhere Titer an antinukleären Antikörpern (ANA), anti-Phospholipid-Antikörpern (APA), und an Rheumafaktor (RF) fest als bei Kontrollpersonen. Erhöhte Antihiston-Antikörpertiter bei behandelten Schizophrenen fanden Chengappa et al. (1992); erhöhte Titer gegen Einzel- und Doppelstrang-DNA sowie gegen Kernproteine fanden Sirota et al. (1993) gehäuft in den Familien von schizophrenen Patienten. Daneben wurden Kälteagglutinin-Autoantikörper (Spivak et al., 1991a), Autoantikörper gegen Blutplättchen (Shinitzky et al., 1991) und gegen Cardiolipin (Firer et al., 1994) als bei Schizophrenen gehäuft beschrieben. Wichtig erscheint auch die Frage nach gehirnspezifischen Autoantikörpern, die von Heath et al. (1989), Shima et al. (1991) und Henneberg et al. (1993) bei schizophrenen Patienten beschrieben wurden. Ein Teil der Befunde konnte allerdings in Replikationsstudien nicht bestätigt werden (Knight et al., 1990). Insgesamt sollen Schizophrene vom paranoiden Subtyp (Galinowski et al., 1992) sowie linkshändige Schizophrene (Chengappa et al., 1992) die höchsten Titer an Autoantikörpern aufweisen.

Wurde der Zusammenhang zwischen schizophrener Erkrankung oder Neuroleptikabehandlung und den Immunglobulinklassen betrachtet, so wurde ein relativer Anstieg der IgG-Fraktion bei männlichen chinesischen Schizophrenen (Chong-Thim et al., 1993), bei paranoiden Schizophrenen (Bhatia et al., 1992) und schizoaffektiv erkrankten Patienten (Balaita et al., 1992) beobachtet, der zudem noch mit der Anzahl schizophrener Episoden korrelieren soll (Tiwari et al., 1989). Für die anderen Immunglobulinklassen, vor allem IgA, werden uneinheitliche Ergebnisse berichtet. Sane et al. (1990) weisen darauf hin, daß IgG (und IgM) bei psychiatrischen Patienten, aber auch bei nicht-psychiatrischen hospitalisierten Patienten allgemein erhöht sind.

Im einzelnen ist es häufig unmöglich, zwischen den Effekten einer aktuellen oder vorangegangenen Medikation oder einer schizophrenen Erkrankung auf die Antikörperbildung zu unterscheiden: während Ananth et al. (1989) vermuteten, daß eine Neuroleptikabehandlung zu einer Erhöhung antinukleärer Antikörpertiter führen könne, fanden Spivak et al. (1991b) keinen Zusammenhang zwischen langjähriger Haloperidol- oder Lithiumeinnahme und dem Gehalt an IgG. Für Chlorpromazin wurde die sog. Chlorpromazin-induzierte Immunopathie mit erhöhten antinukleären Antikörpern und Anstieg der IgM-Fraktion beschrieben (Zucker et al., 1990).

Schizophrenie und Lymphozyten

Es wurde untersucht, ob Erkrankungen aus dem schizophrenen Formenkreis oder deren Therapie mit einer Veränderung der Zellzahlen von Lymphozyten oder deren Subpopulationen oder mit Veränderungen lymphozytärer Aktivitätsmarker einhergehen. Die interindividuelle Variabilität der T-Lymphozytenzellzahlen ist bei schizophrenen Patienten gegenüber einer Kontrollgruppe erhöht (Henneberg et al., 1990). Unter einer neuroleptischen Therapie kommt es zu einem Anstieg der T-Helfer-Zellen (Müller et al., 1993b). Andere die Lymphozytenzellzahl betreffende Befunde, wie zum Beispiel das vermehrte Auftreten von $CD5^+$ Lymphozyten, konnten nicht repliziert werden (Ganguli und Rabin, 1993). Kontrovers diskutiert werden auch die möglichen Veränderungen der sog. «Natural killer cell activity», die von manchen Autoren als unabhängig von Krankheits- und Behandlungsstatus angegeben wird (McDaniel et al., 1992), während andere eine Verbesserung dieses immunologischen Parameters durch neuroleptische Therapie beschreiben (Ghosh und Chattopadhyay, 1993). Eine reduzierte Response auf Mitogene von aus schizophrenen Patienten isolierten Lymphozyten beschrieben Ganguli et al. (1987) und Monteleone et al. (1991). Seit 1963 wird von einer japanischen Arbeitsgruppe der sogenannte «P-Lymphozyt» beschrieben, der hauptsächlich bei schizophrenen Patienten und deren Angehörigen beobachtet wird, in dieser Population bis zu 60% aller Blut-Lymphozyten ausmachen soll, aber nur von «speziell geschulten» Hämatologen von normalen Lymphozyten unterschieden werden könne (Hirata-Hibi et Hayashi, 1993).

Ein besonders einfach im Plasma meßbarer, wenn auch indirekter, Parameter der zellulären Immunität ist das Neopterin. Neopterin ist eine Pyrazinpyrimidin-Verbindung, welche aus Guanosintriphosphat (GTP) gebildet wird und in vitro von Makrophagen gebildet wird, die mit den Überständen aktivierter T-Lymphozyten stimuliert werden. Der Neopterinspiegel ist bei schizophrenen Patienten nicht erhöht

(Dunbar et al., 1992), steigt aber während der medikamentösen Behandlung an (Sperner-Unterweger et al., 1992).

Genetisch-immunologische Faktoren

Einige Hinweise für eine Beteiligung immunologischer Funktionen in der Pathophysiologie schizophrener Erkrankungen ergeben sich aus der genetischen Epidemiologie. So wurde eine Korrelation zwischen der Auftretenswahrscheinlichkeit einer Schizophrenie mit Allotypen der HLA-Klasse III (Wang et al., 1992) sowie zwischen HLA-DR4-Typen und dem Auftreten einer Spätdyskinesie nach neuroleptischer Behandlung berichtet. Keinen statistisch signifikanten Zusammenhang zwischen den der zu den Klasse II zählenden HLA-DR-Typen 1–14 und dem Bestehen einer Schizophrenie fanden Sasaki et al. (1994). Klasse-II-Varianten fanden u. a. deshalb großes Interesse, da eine hohe Korrelation zwischen bestimmten Varianten und dem Auftreten einer anderen neuropsychiatrischen Erkrankung, der Narkolepsie, besteht. Zusätzlich besteht ein Zusammenhang zwischen Clozapin-induzierter Agranulozytose mit Isotypen der HLA und MHC Loci (siehe unten). Einer der härtesten Befunde der epidemiologischen-immunologischen Schizophrenieforschung ist die negative Assoziation zwischen Schizophrenie und rheumatoider Arthritis, für deren Genese immunologische Faktoren diskutiert werden (Eaton et al., 1992).

Der Sonderfall Clozapin

Bis zu 30% der therapierefraktären Schizophrenien bessern sich unter der Gabe von Clozapin. Im Gegensatz zu den meisten anderen als typisch bezeichneten Neuroleptika kommt es unter Clozapin nicht zu den schwer therapierbaren und für die Patienten belastenden dyskinetischen Bewegungsstörungen. Der allgemeinen Anwendung steht entgegen, daß sich bei 1–2% der (amerikanischen) Patienten unter der Therapie eine Agranulozytose, bei etwa 2,5% eine Neutropenie entwickelt (Pfister et al., 1992). Bis heute ist nicht bekannt, ob diese Effekte des Clozapin auf einer toxischen Wirkung des Clozapin oder eines seiner Metaboliten beruhen oder immunologisch bedingt sind (Gerson et al., 1994). Es ist zusätzlich spekuliert worden, daß genetische Variationen der heat-shock-Proteine zu einer agranulozytotischen Reaktion prädisponieren (Corzo et al., 1994). Bekannt ist, daß Clozapin bei Patienten ein wahrscheinlich entzündlich bedingtes, mildes Fieber auslösen kann, das seinen Höhepunkt etwa zehn Tage nach Neueinstellung mit diesem Medikament erreicht (Müller et al., 1991). Bekannt ist der modulierende Effekt mancher Zytokine auf den neutropenen und agranulozytotischen Effekt von Clozapin (Sperner-Unterweger et al., 1993). Es besteht ein statistischer Zusammenhang zwischen dem MHC- und HLA-genetischen Isotyp und der Auftretenswahrscheinlichkeit einer Clozapin-induzierten Agranulozytose (Lieberman et al., 1990).

Zusammenfassende Beurteilung

Zusammenfassend läßt sich festhalten, daß es eine Vielzahl von Einzelbefunden gibt, die für eine Modulation immunologischer Mechanismen im Verlauf einer schizophrenen Störung und durch neuroleptische Therapien sprechen. Eine Sonderrolle nimmt das Clozapin ein, dessen Anwendung durch mögliche immunologisch bedingte Nebenwirkungen beschränkt ist. In vielen der bislang am Patienten durchgeführten Untersuchungen lassen sich Krankheitsfaktoren von Behandlungsfaktoren, insbesondere Medikation, nicht trennen, und, wie dargestellt, gibt es eine Reihe beschriebener Phänomene, deren Replikation in Folgestudien nicht gelang. Ein möglicher Grund ist die Tatsache, daß viele Studien auf klinischen Querschnittsbeobachtungen beruhen und Studien an standardisierten Tiermodellen völlig fehlen. Inzwischen ist bekannt, daß viele immunologische Stimulationstests, wenn sie am gleichen Patienten wiederholt zu verschiedenen Zeiten durchgeführt werden, zu unterschiedlichen Ergebnissen führen (De Beaurepaire et al., 1994), und es wurde auf die Bedeutung möglicher Änderungen des immunologischen Status vor und nach der klinischen Aufnahme hingewiesen (Sasaki et al., 1994).

Aus den genannten Gründen wurde von verschiedenen Autoren die Entwicklung von Tiermodellen gefordert, mit denen die immunologischen Effekte der Neuroleptika in systematischer Weise verhaltenspharmakologisch und molekularbiologisch untersucht werden können, um so klare Hypothesen für die Untersuchung am Patienten zu generieren (Kirch, 1993).

Alzheimersche Demenz

Die Alzheimersche Erkrankung ist eine meist in der zweiten Lebenshälfte einsetzende, degenerative und zum Tode führende Erkrankung. Nach Schätzungen sind 3–10% der über 65jährigen und etwa 50% der über 85jährigen betroffen (Burns et al., 1995). Zu den Krankheitszeichen gehören die Gedächtnis- und Merkstörung, das Nachlassen der Arbeitsfähigkeit, die Vernachlässigung der eigenen Person sowie die zunehmende Desorientiertheit mit Sich-Verirren in bekannten Straßen oder der eigenen Wohnung. Später werden auch Angehörige verkannt, langjährige Fertigkeiten wie Anziehen oder Rasieren gelingen nicht mehr. Typisch sind eine nächtliche Unruhe sowie sinnlose und ungeordnete Aktivitäten tagsüber. Häufig verbirgt sich die Demenz Außenstehenden relativ lange hinter einer affektiv adäquaten Alltagsfassade (Patient grüßt freundlich und korrekt, weiß aber nicht, wo er ist, was er macht und warum).

Gemeinsames pathologisches Kennzeichen der Gehirne Alzheimer-erkrankter Patienten sind diffus im Extrazellulärraum der Hirnrinde eingestreute Amyloid-Plaques, die vor allem aus dem ß-A4-Peptid-Spaltprodukt des «Amyloid-Precursor-Protein» (APP) bestehen, sowie die sog. «neurofibrilläre Degeneration» kortikaler Nervenzellen. Ultrastrukturell sind intrazelluläre Neurofibrillenbündel nachzuweisen, die aus paarweise helikal verdrehten Filamenten bestehen und als «paired helical filaments (PHF)» bezeichnet werden. Bestandteile der paired helical filaments sind degenerierte Neurofilamente und Mikrotubuliassozierte Proteine (MAPs), darunter besonders das sogenanntc tau-Protein. Das tau-Protein der Neurofibrillenbündel befindet sich im Zustand einer abnormen Hyperphosphorylierung, die zu einer strukturellen Destabilisierung der Mikrotubuli führt. Daneben sind mikroskopische Hirano- und Lewy-Körperchen beschrieben sowie eine «kongophile Angiopathie». Biochemisch fällt vor allem der Ausfall bzw. die Reduktion des cholinergen Systems auf, so ist der Gehalt an Acetylcholin, an Acetylcholinesterase, an präsynaptischen Acetylcholinrezeptoren und die Dichte cholinerger Synapsen bei Alzheimerpatienten reduziert. Ein derzeitiger pharmakologischer Therapieansatz zielt auf die Verbesserung der cholinergen Neurotransmission z. B. durch Hemmung der Cholinesterase. Die Bedeutung anderer Transmittersysteme, insbesondere Serotonin, Glutamat, GABA und Peptidneurotransmitter, wird diskutiert, ist aber weniger gut belegt (Burns et al., 1995).

Wahrscheinlich gibt es keine einheitliche Alzheimer-Ätiologie, vielleicht jedoch eine gemeinsame pathophysiologische «Endstrecke». Nach der Amyloid-Kaskaden-Theorie führen genetische und andere Risiko- und Krankheitsfaktoren zu einer verstärkten Bildung der Amyloidplaques aus ß-A4-Peptiden, die Plaquebildung führt dann zu den anderen Krankheitserscheinungen. Nach neueren Erkenntnissen ist ein größerer Teil der Alzheimer-Erkrankungen als früher angenommen genetisch (mit)bedingt. Es wird geschätzt, daß mehr als die Hälfte aller Alzheimer-Patienten den genetischen Risikofaktor Apolipoprotein ε4 aufweisen (Corder et al., 1993). Für familiär auftretende Alzheimerformen (< 10% aller Erkrankungen) sind weitere «Alzheimergene» bzw. Allelkonstellationen identifiziert bzw. kloniert worden (McLoughlin und Lovestone, 1994). Andere Risikofaktoren beinhalten vorangegangene Depressionen, Kopfverletzungen, Alter, Geschlecht (w > m), Alter der

Eltern, Epilepsie, familiäre Belastung mit Demenz, familiäre Belastung mit Parkinson, familiäre Belastung mit Trisomie 21 und (unsicher) schlechte Ausbildung sowie toxische Effekte (z. B. Aluminiumverbindungen in Deosprays). Schützende Faktoren beinhalten (nach Ansicht einiger Autoren) Rauchen, chronische Kopfschmerzen und Rheuma (Henderson et al., 1992; Van Duijn et al., 1991). Auch Persönlichkeitsmerkmale und psychosoziale Stressoren scheinen eine Rolle zu spielen (Bauer, 1994).

Immunologische Befunde

Obwohl bei Alzheimerpatienten typischerweise keine klinischen Anzeichen einer akut ablaufenden Entzündung gefunden werden, sprechen doch einige Befunde für das Vorliegen eines entzündlichen Prozesses. Hierzu gehört die Erhöhung der Akute-Phase-Proteine α_2-Makroglobulin und α_1-Antichymotrypsin im Serum und der Zerebrospinalflüssigkeit (Liquor) von Alzheimer-Patienten, die allerdings keine gute Korrelation zu neuropathologischen Veränderungen zeigen (Brugge et al., 1992). Der Proteaseninhibitor α_1-Antichymotrypsin findet sich auch in Amyloidplaques und hat dort möglicherweise, ebenso wie das Apolipoprotein ε4, durch Begünstigung der Plaquebildung eine pathophysiologische Bedeutung (Ma et al., 1994). Wie schon erwähnt, werden verschiedene Zytokine, darunter vor allem das IL-1, das IL-6 und der Tumornekrosefaktor-alpha (Kachektin), als die primären Mediatoren einer Akute-Phase-Reaktion angesehen. IL-1 und IL-6 lassen sich in Amyloidplaques nachweisen, der Serumgehalt von Tumornekrosefaktor-alpha ist bei Alzheimer-Patienten gegenüber gleichaltrigen Kontrollgruppen erhöht (Aisen et al., 1994).

Des weiteren lassen sich einige Bestandteile des Komplementsystems, darunter der Membranangriffskomplex C5b–C9, in den Gehirnen verstorbener Alzheimer-Patienten nachweisen. Das entweder durch ß-Amyloidprotein oder andere Mechanismen aktivierte Komplementsystem könnte, z. B. durch den Membranangriffskomplex, Zellen schädigen (Rogers et al., 1992).

Eine wichtige, vielleicht sogar zentrale Rolle bei den beschriebenen immunologischen Vorgängen könnte der hirneigenen Mikroglia zukommen. Mikrogliazellen sind Antigen-präsentierende Zellen mit HLA-DR-Oberflächenmarkern, die zur Phagozytose befähigt sind. In Gehirnschnitten von verstorbenen Alzheimer-Patienten läßt sich eine erhöhte Dichte von aktivierten Mikrogliazellen nachweisen. Diese befinden sich häufig in der Nähe von senilen Plaques und sind befähigt, eine Reihe von Interleukinen und anderen Immunfaktoren zu bilden (Haga et al., 1989). Nachgewiesen wurde u. a. die Bildung von IL-1 durch Mikrogliazellen in den Gehirnen von Alzheimer-Patienten.

In in-vitro-Versuchen zeigte sich, daß in Zellkultur gehaltene Mikroglia durch ß-Amyloidpeptid zur Bildung des Komplementfaktors C3 angeregt wird (Ishii und Haga, 1992). In anderen Zellkulturversuchen wurde durch ß-Amyloid und Interferon-gamma in synergistischer, d. h. überadditiver Weise Mikroglia aktiviert und zur Produktion von Tumornekrosefaktor-alpha sowie toxischen Radikalen angeregt (Meda et al., 1995). In Nervenzell/Mikrogliakokulturen zeigte sich dann der nervenzellschädigende Einfluß der solcherart aktivierten Mikroglia sowohl in der mikroskopisch-morphologischen Analyse als auch durch Messung der herabgesetzten Aufnahme des Neurotransmitters γ-Aminobuttersäure (GABA) durch überlebende Nervenzellen. Nach Ansicht der Autoren könnte die aktivierte Mikroglia auch die Quelle der schon erwähnten anderen Interleukine bei Alzheimer-Patienten sein. Insgesamt wird ein die Mikroglia einbeziehender immunologischer Pathomechanismus als für den Nervenzelluntergang verantwortlich vorgeschlagen (Meda et al., 1995). Nach neueren Befunden könnte die zytotoxische und inflammatorische Reaktion mit einer Wechselwirkung von β-Amyloidpeptid mit bestimmten zellulären Rezeptoren in Zusammenhang stehen (Yan et al., 1996).

Immunmodulation bei der Alzheimerschen Demenz

Nach dem dargestellten heutigen Stand des Wissens ist es nicht möglich, die Bedeutung immunologischer Vorgänge für die zunehmende Neurodegeneration anzugeben. Eine pragmatische Vorgehensweise liegt daher in der Untersuchung immunmodulierender Pharmaka in der Alzheimer-Therapie (Aisen et al., 1994). In einer epidemiologischen Studie war die Prävalenz von Alzheimer bei einer Population von stationären, chronische Arthritispatienten über 64 Jahren im Vergleich zu einer gleichaltrigen Kontrollgruppe deutlich erniedrigt (0,4–0,5% vs. 2,9%; McGeer et al., 1990). Dies könnte auf die Dauermedikation der Arthritispatienten mit nichtsteroidalen Entzündungshemmern zurückzuführen sein. Hierfür sprechen auch die Ergebnisse einer Zwillingsstudie an 50 Zwillingspaaren, bei denen das Auftreten einer dementiellen Symptomatik mit der Einnahme antiinflammatorischer Medikation negativ korrelierte (Breitner et al., 1994). In einer Doppelblindstudie gegen Plazebo erhielten 14 Alzheimer-Patienten sechs Monate das nichtsteroidale Antiphlogistikum Indomethazin. Die kognitive Leistungsfähigkeit der Verumgruppe blieb dabei besser erhalten als die der Plazebogruppe (Rogers et al., 1993).

Weitere Kandidaten für zukünftige immunologische Therapiestudien sind neben (niedrig dosierten) Corticosteroiden, das im akuten Gichtanfall wirksame Colchizin sowie das ursprünglich als Antimalariamittel eingeführte Antirheumatikum Hydroxychloroquin (Aisen et al., 1994).

Zusammenfassung

Das vorangegangene Kapitel gibt einen Überblick über die bekannten immunologischen Auffälligkeiten bei Depressionen, Schizophrenien und der Demenz vom Alzheimer-Typ.

Für die Depression und Schizophrenie haben die immunologischen Befunde für wissenschaftliche Fragestellungen Bedeutung, sie lassen sich zur Zeit diagnostisch oder therapeutisch nur in Einzelfällen anwenden. Unseres Erachtens sollten sich künftige Forschungsvorhaben nicht allein am bislang hauptsächlich verfolgten korrelativen Ansatz orientieren, sondern es sollte geprüft werden, inwieweit sich mit ihrer Hilfe biologisch definierte, diagnostische Subgruppen bilden lassen, die dann weiter charakterisiert werden könnten.

Im Falle der Alzheimerschen Erkrankung lassen sich bereits heute aus immunologischen Erkenntnissen erste klinisch testbare Behandlungsstrategien ableiten.

Literatur

Aisen PS, Davis KL: Inflammatory mechanisms in Alzheimer's disease: implications for therapy. Am-J-Psychiatry 1994; 151 (8):1105–13.

Altshuler LL, Plaeger-Marshall S, Richeimer S, Daniels M, Baxter LR Jr: Lymphocyte function in major depression. Acta-Psychiatr-Scand. 1989; 80(2):132–6.

Amsterdam JD, Hernz WJ: Serum antibodies to herpes simplex virus types I and II in depressed patients. Biol-Psychiatry 1993; 34(6):417–20.

Ananth J, Johnson R, Kataria P, Vandewater S, Kamal M, Miller M: Immune dysfunctions in psychiatric patients. Psychiatr-J-Univ-Ott. 1989; 14(4):542–6.

Balaita C, Iscrulescu C, Sarbulescu A: Serum immunoglobulin levels in schizoaffective disorders (manic and depressive). Rom-J-Neurol-Psychiatry 1992; 30(1):63–71.

Banki CM, Karmacsi L, Bissette G, Nemeroff CB: CSF corticotropin-releasing hormone and somatostatin in major depression: response to antidepressant treatment and relapse. Eur-Neuropsychopharmacol. 1992; 2(2):107–13.

Bauer (Hrsg.): Die Alzheimer-Krankheit: Neurobiologie, Psychosomatik, Diagnostik und Therapie. Stuttgart/New York, Schattauer, 1994.

Benkert O, Wetzel H, Szegedi A: Serotonin dysfunction syndromes: a functional common denominator for classification of depression, anxiety, and obsessive-compulsive disorder. Int-Clin-Psychopharmacol. 1993; 8(Suppl.1):3–14.

Bhatia MS, Dhar NK, Agrawal P, Khurana SK, Neena B, Malik SCB: Immunoglobulin profile in schizophrenia. Indian-J-Med-Sci. 1992; 46(8):239–42.

Breitner JC, Gav BA, Welsh KA, Plassmann BL, McDonald WM, Helms MJ: Inverse association of anti-inflammatory treatments and Alzheimer's disease: initial results of a co-twin control study. Neurology 1993; 43:1609–11.

Brugge K, Katzman R, Hill LR, Hansen LA, Saitoh T: Serological α_1-antichymotrypsin in Down's syndrome and Alzheimer's disease. Ann-Neurol. 1992; 32:193–197.
Burns A, Howard R, Pettit W (Hrsg.): Alzheimer's Disease. Oxford, Blackwell Ltd., 1995.
Calabrese JR, Skwerer RG, Barna B, Gulledge AD, Valenzuela R, Butkus A, Subichin S, Krupp NE: Depression, immunocompetence, and prostaglandins of the E series. Psychiatry-Res. 1986; 17(1):41–7.
Cannon WB, De la Paz D: Emotional stimulationof adrenal secretion. Am. J. Physiol. 1911; 28:64–70.
Canoso RT, De-Oliveira RM, Nixon RA: Neuroleptic-associated autoantibodies. A prevalence study. Biol-Psychiatry 1990; 27(8):863–70.
Chengappa KN, Carpenter AB, Yang ZW, Brar JS, Rabin BS, Ganguli R: Elevated IgG anti-histone antibodies in a subgroup of medicated schizophrenic patients. Schizophrenia-Res. 1992; 7(1):49–54.
Chong-Thim W, Tsoi WF, Saha N: Serum immunoglobulin levels in Chinese male schizophrenics. Schizophrenia Res. 1993; 10:61–66.
Corder EH, Saunders AM, Strittmatter WJ, Schmechel DE, Gaskell PC, Small GW, Roses AD, Haines JL, Pericak-Vance MA: Gene dose of Apolipoprotein E type 4 allele and the risk of Alzheimer's disease in late onset families. Science 1993; 261:921–23
Corzo D, Yunis JJ, Yunis EJ, Howard A, Lieberman JA: HSP70–2 9.0 kb variant is in linkage disequilibrium with the HLA-B and DRB1* alleles associated with clozapine-induced agranulocytosis. J-Clin-Psychiatry 1994; 55(Suppl B):149–52.
Darko DF, Gillin JC, Risch SG, Golshan S, Bulloch K, Baird SM: Peripheral white blood cells and HPA axis neurohormones in major depression. Int-J-Neurosci. 1989; 45(1–2):153–9.
De-Beaurepaire R, Fattal-German M, Kramartz P, Gekiere F, Bizzini B, Rioux P, Borenstein P: Humoral and cellular immunologic reactions in various forms of chronic psychiatric diseases. Encephale 1994; 20(1):57–64.
Dunbar PR, Hill J, Neale TJ, Mellsop GW: Neopterin measurement provides evidence of altered cell-mediated immunity in patients with depression, but not with schizophrenia. Psychol-Med. 1992; 22(4):1051–7.
Eaton WW, Hayward C, Ram R: Schizophrenia and rheumatoid arthritis: a review. Schizophrenia-Res. 1992; 6:181–192.
el-Mallakh RS, Suddath RL, Wyatt RJ: Interleukin-1 alpha and interleukin-2 in cerebrospinal fluid of schizophrenic subjects. Prog-Neuropsychopharmacol-Biol-Psychiatry 1993; 17(3):383–91.
Firer M, Sirota P, Schild K, Elizur A, Slor H: Anticardiolipin antibodies are elevated in drug-free, multiply affected families with schizophrenia. J-Clin-Immunol. 1994; 14(1):73–8.
Galinowski A, Barbouche R, Truffinet P, Louzir H, Poirier MF, Bouvet O, Loo H, Avrameas S: Natural autoantibodies in schizophrenia. Acta-Psychiatr-Scand. 1992; 85(3):240–2.
Ganguli R, Rabin BS, Kelly RH, Lyte M, Ragu U: Clinical and laboratory evidence of autoimmunity in acute schizophrenia. Ann-N-Y-Acad-Sci. 1987; 496:676–85.
Ganguli R, Rabin BS: CD5 positive B lymphocytes in schizophrenia: no alteration in numbers or percentage as compared with control subjects. Psychiatry-Res. 1993; 48(1):69–78.
Ganguli R, Yang Z, Shurin G, Chengappa KN, Brar JS, Gubbi AV, Rabin BS: Serum interleukin-6 concentration in schizophrenia: elevation associated with duration of illness. Psychiatry-Res. 1994; 51(1):1–10.
Gattaz WF, Dalgalarrondo P, Schroder HC: Abnormalities in serum concentrations of interleukin-2, interferon-alpha and interferon-gamma in schizophrenia not detected. Schizophr-Re. 1992; 6(3):237–41.
Gerson SL, Arce C, Meltzer HY: N-desmethylclozapine: a clozapine metabolite that suppresses haemopoiesis. Br-J-Haematol. 1994; 86(3):555–61.
Ghosh N, Chattopadhyay U: Enhancement of immune response by phenothiazine administration in vivo. In-Vivo 1993; 7(5):435–40.
Gutierrez VA, Banks WA, Kastins AJ: Murine tumor necrosis factor alpha is transported from blood to brain in the mouse. J. Neuroimmunol. 19, 47(2):169–76.
Haga S, Akai K, Ishii T: Demonstration of microglial cells in and around senile (neuritic) plaques in the Alzheimer brain: an immunhistochemical study using a novel monoclonal antibody. Acta-Neuropathol. 1989; 77:569–75.
Hagan P, Poole S, Bristow AF: Endotoxin-stimulated production of rat hypothalamic interleukin-1 beta in vivo and in vitro, measured by specific immunoradiometric assay. J-Mol-Endocrinol. 1993; 11(1):31–6.
Haggerty JJ Jr, Simon JS, Evans DL, Nemeroff CB: Relationship of serum TSH concentration and antithyroid antibodies to diagnosis and DST response in psychiatric inpatients. Am-J-Psychiatry 1987; 144(11): 1491–3.
Harbour DV, Anderson A, Farrington J, Wassef A, Smith EM, Meyer WJ: Decreased mononuclear leukocyte TSH responsiveness in patients with major depression. Biol-Psychiatry 1988; 23(8):797–806.
Heath RG, McCarron KL, O'Neil CE: Antiseptal brain antibody in IgG of schizophrenic patients. Biol-Psychiatry 1989; 25(6):725–33.
Henderson A, Jorm A, Qurton A et al.: Environmental risk factors for Alzheimer's disease. Psychol-Med. 1992; 22:429–36.
Henneberg A, Riedl B, Dumke HO, Kornhuber HH: T-lymphocyte subpopulations in schizophrenic patients. Eur-Arch-Psychiatry-Neurol-Sci. 1990; 239(5):283–4.
Henneberg A, Ruffert S, Henneberg HJ, Kornhuber HH: Antibodies to brain tissue in sera of schizophrenic patients-preliminary findings. Eur-Arch-Psychiatry-Clin-Neurosci.1993; 242(5):314–7.
Herbert TB, Cohen S: Depression and immunity: A meta-analytic review. Psychol. Bullet. 1993; 113(3):472–86.
Hickie I, Hickie C, Lloyd A, Silove D, Wakefield D: Impaired in vivo immune responses in patients with melancholia. Br-J-Psychiatry 1993; 162:651–7.
Hirata-Hibi M, Hayashi K: The anatomy of the P lymphocyte. Schizophr-Res. 1993; 8(3):257–62.
Inglot AD, Leszek J, Piasecki E, Sypula A: Interferon responses in schizophrenia and major depressive disorders. Biol-Psychiatry 1994; 35(7):464–73.

Irwin M, Gillin JC: Impaired natural killer cell activity among depressed patients. Psychiatry-Res. 1987; 20(2):181–2.

Irwin M: Psychoneuroimmunology of depression. Psychopharmacology: The fourth generation of progress 1995; Chapter 85:983–998.

Ishii T, Haga S: Complements, microglial cells and amyloid fibril formation. Res-Immunol. 1992; 143:614–16.

Katila H, Cantell K, Hirvonen S, Rimon R: Production of interferon-alpha and gamma by leukocytes from patients with schizophrenia. Schizophr-Res. 1989; 2(4–5):361–5.

Kilidireas K, Latov N, Strauss DH, Gorig AD, Hashim GA, Gorman JM, Sadiq SA: Antibodies to the human 60 kDa heat-shock protein in patients with schizophrenia. Lancet 1992; 340(8819):569–72.

Kirch DG: Infection and autoimmunity as etiologic factors in schizophrenia: a review and reappraisal. Schizophr-Bull. 1993; 19(2):355–70.

Knight JG, Knight A, Menkes DB, Mullen PE: Autoantibodies against brain septal region antigens specific to unmedicated schizophrenia? Biol-Psychiatry 1990; 28(6):467–74.

Kronfol Z, House JD: Immune function in mania. Biol-Psychiatry 1988; 24(3):341–3.

Licinio J, Seibyl JP, Altemus M, Charney DS, Krystal JH: Elevated CSF levels of interleukin-2 in neuroleptic-free schizophrenic patients. Am-J-Psychiatry 1993; 150(9):1408–10.

Lieberman JA, Yunis J, Egea E, Canoso RT, Kane JM, Yunis EJ: HLA-B83, DR4, Dqw3 and clozapine-induced agranulocytosis in Jewish patients with schizophrenia. Arch. Gen. Psychiatry 1990; 47(10):945–8.

Lowy MT, Reder AT, Gormley GJ, Meltzer HY: Comparison of in vivo and in vitro glucocorticoid sensitivity in depression: relationship to the dexamethasone suppression test. Biol-Psychiatry 1988; 24(6):619–30.

Ma J, Yee A, Brewer B, Das S, Potter H: Amyloid-associated proteins α1-antichymotrypsin and apolipoprotein E promote assembly of Alzheimer ß-protein into filaments. Nature 1994; 372:92–94.

Maes M, Bosmans E, Suy E, Vandervorst C, Dejonckheere C, Raus J: Antiphospholipid, antinuclear, Epstein-Barr and cytomegalovirus antibodies, and soluble interleukin-2 receptors in depressive patients. J-Affect-Disord. 1991; 21(2):133–40.

Maes M, Van-der-Planken M, Stevens WJ, Peeters D, De-Clerck LS, Bridts CH, Schotte C, Cosyns P: Leukocytosis, monocytosis and neutrophilia: hallmarks of severe depression. J-Psychiatr-Res. 1992; 26(2):125–34.

Maes M: A review on the acute phase response in major depression. Rev-Neurosci. 1993; 4(4):407–16.

Maes M, Bosmans E, Meltzer HY, Scharpe S, Suy E: Interleukin-1 beta: a putative mediator of HPA axis hyperactivity in major depression? Am-J-Psychiatry 1993(a); 150(8):1189–93.

Maes M, Meltzer HY, Cosyns P, Suy E, Schotte C: An evaluation of basal hypothalamic-pituitary-thyroid axis function in depression: results of a large-scaled and controlled study. Psychoneuroendocrinology 1993(b); 18(8):607–20.

Maes M, Meltzer HY, Bosmans E: Immune-inflammatory markers in schizophrenia: comparison to normal controls and effects of clozapine. Acta-Psychiatr-Scand. 1994; 89:346–51.

Maes M, Bosmans E, Calabrese J, Smith R, Meltzer HY: Interleukin-2 and interleukin-6 in schizophrenia and mania: effects of neuroleptics and mood stabilizers. J-Psychiatr-Res. 1995; 29:141–152.

Martin RC, Cloninger R, Guze S, Clayton PJ: Mortality in a follow-up of 500 psychiatric outpatients. I: total mortality; II: cause-specific mortality. Arch-Gen-Psychiatry 1985; 42:47–54; 58f.

McDaniel JS, Jewart RD, Eccard MB, Pollard WE, Caudle J, Stipetic M, Risby ED, Lewine R, Risch SC: Natural killer cell activity in schizophrenia and schizoaffective disorder: a pilot study. Schizophr-Res. 1992; 8(2):125–8.

McGeer PL, McGeer E, Rogers J, Sibley J: Anti-inflammatory drugs and Alzheimer's disease (letter). Lancet 1990; 335:1037.

McGrath JJ, Pemberton MR, Welham JL, Murray RM: Schizophrenia and the influenza epidemics of 1954, 1957 and 1959: A southern hemisphere study. Schizophrenia-Res. 1994; 14:1–8.

McLoughlin DM, Lovestone S: Alzheimer's Disease: Recent advances in molecular pathology and genetics. Int-J-Geriatric-Psychiatry 1994; 9:431–44.

Meda L, Cassatella MA, Szendrei GI, Otvos L, Baron P, Villala M, Ferrari D, Rossi F: Activation of microglial cells by ß-amyloid protein and interferon-γ. Nature 1995; 374 647–650.

Monteleone P, Valente B, Maj M, Kemal D: Reduced lymphocyte response to PHA and OKT3 in drug-free and neuroleptic-treated chronic schizophrenics. Biol-Psychiatry 1991; 30(2):201–4.

Müller H, Manns M, Hammes E, Hiemke C, Benkert O: Studies on inflammatory side effects of clozapine. Biol. Psychiatry 1991; 29:4155–4159.

Müller N, Hofschuster E, Ackenheil M, Mempel W, Eckstein R: Investigations of the cellular immunity during depression and the free interval: evidence for an immune activation in affective psychosis. Prog-Neuropsychopharmacol-Biol-Psychiatry 1993(a); 17(5):713–30.

Müller N, Hofschuster E, Ackenheil M, Eckstein R: T-cells and psychopathology in schizophrenia: relationship to the outcome of neuroleptic therapy. Acta-Psychiatr-Scand. 1993(b); 87(1):66–71.

Oitzel MS, van Oers H, Schöbitz B, de Kloet ER: Interleukin-1, but not interleukin-6, impairs spatial navigation learning. Brain Res. 1993; 613:160–163.

Pepin MC, Beaulieu S, Barden N: Antidepressants regulate glucocorticoid receptor messenger RNA concentrations in primary neuronal cultures. Brain-Res-Mol-Brain-Res. 1989; 6(1):77–83.

Pfister GM, Hanson DR, Roerig JL, Landbloom R, Popkin MK: Clozapine-induced agranulocytosis in a Native American: HLA typing and further support for an immune-mediated mechanism. J-Clin-Psychiatr. 1992; 53(7):242–4.

Rogers J, Schultz J, Brachova L, Lue LF, Webster S, Bradt B, Cooper NR, Moss DE: Complement activation and ß-amyloid-mediated neurotoxicity in Alzheimer's disease. Res-Immunol. 1992; 143:624–30.

Rogers J, Kirby LC, Hempelman SR, Berry DL, McGeer PL, Kaszniak AW, Zalinski J, Cofield M, Mansukhani L, Willson P, Kogan F: Clinical trial of indomethacin in Alzheimer's disease. Neurology 1993; 43:1609–1611.

Roy BF, Rose JW, Sunderland T, Morihisa JM, Murphy D: Antisomatostatin IgG in major depressive disorder. A preliminary study with implications for an autoimmune mechanism of depression. Arch-Gen-Psychiatry 1988; 45(10):924–8.

Rupprecht R, Wodarz N, Kornhuber J, Wild K, Schmitz B, Braner HU, Muller OA, Riederer P, Beckmann H: In vivo and in vitro effects of glucocorticoids on lymphocyte proliferation in depression. Eur-Arch-Psychiatry-Clin-Neurosci. 1991; 241(1):35–40.

Sane AS, Chawla MS, Chokshi SA, Mathur V, Barad DP, Shah VC, Patel MJ: Serum immunoglobulin status of psychiatric in-patients. Panminerva-Med. 1990; 32(2):88–91.

Sasaki T, Nanko S, Fukuda R, Kawate T, Kunugi H, Kazamatsuri H: Changes of immunological functions after acute exacerbation in schizophrenia. Biol-Psychiatry 1994; 35(3):173–8.

Sauer J, Rupprecht M, Arzt E, Stalla GK, Rupprecht R: Glucocorticoids modulate soluble interleukin-2 receptor levels in vivo depending on the state of immune activation and the duration of glucocorticoid exposure. Immunopharmacology 1993; 25(3):269–76.

Schleifer SJ, Keller SE, Bond RN, Cohen J, Stein M: Major depressive disorder and immunity. Role of age, sex, severity, and hospitalization. Arch-Gen-Psychiatry 1989; 46(1):81–7.

Seiler W, Müller H, Hiemke CH: Interleukin-6 in plasma collected with an indwelling cannula reflects local, not systemic, concentrations. Clin-Chem. 1994; 40(9): 1778–9.

Selye H: Thymus and adrenals in the response of the organism to injuries and intoxications. Brit-J-Exptl-Pathol. 1936; 17:234–48.

Shima S, Yano K, Sugiura M, Tokunaga Y: Anticerebral antibodies in functional psychoses. Biol-Psychiatry 1991; 29(4):322–8.

Shinitzky M, Deckmann M, Kessler A, Sirota P, Rabbs A, Elizur A: Platelet autoantibodies in dementia and schizophrenia. Possible implication for mental disorders. Ann-N-Y-Acad-Sci 1991; 621:205–17.

Shintani F, Kanba S, Maruo N, Nakaki T, Nibuya M, Suzuki E, Kinoshita N, Yagi G: Serum interleukin-6 in schizophrenic patients. Life-Sci. 1991; 49(9): 661–4.

Sierra-Honigmann AM, Carbone KM, Yolken RH: Polymerase Chain Reaction (PCR) search for viral nucleic acid sequences in schizophrenia. Br-J-Psychiatry 1995; 166:55–60.

Sirota P, Firer M, Schild K, Zurgil N, Barak Y, Elizur A, Slor H: Increased anti-Sm antibodies in schizophrenic patients and their families. Prog-Neuropsychopharmacol-Biol-Psychiatry 1993; 17(5):793–800.

Smith RS: Is schizophrenia caused by excessive production of interleukin-2 and interleukin-2 receptors by gastrointestinal lymphocytes? Med-Hypotheses 1991; 34(3):225–9.

Sperner-Unterweger B, Barnas C, Fuchs D, Kemmler G, Wachter H, Hinteruber H, Fleischhacker WW: Neopterin production in acute schizophrenic patients: in indicator of alterations of cell mediated immunity. Psychiatry Res. 1992; 42:121–128.

Sperner-Unterweger B, Gaggl S, Fleischhacker WW, Barnas C, Herold M, Geissler D: Effects of clozapine on hematopoiesis and the cytokine system. Biol-Psychiatry 1993; 34(8):536–43.

Spivak B, Radwan M, Brandon J, Molcho A, Ohring R, Tyano S, Weizman A: Cold agglutinin autoantibodies in psychiatric patients: their relation to diagnosis and pharmacological treatment. Am-J-Psychiatry. 1991(a); 148(2):244–7.

Spivak B, Radwan M, Bartur P, Brandon J, Tyano S, Weizman A: Haloperidol and lithium carbonate treatment did not influence serum immunoglobulin levels in schizophrenic and affective patients. Acta-Psychiatr-Scand. 1991(b); 84(3):225–8.

Spurrell MT, Creed FH: Lymphocyte response in depressed patients and subjects anticipating bereavement. Br-J-Psychiatry 1993; 162:60–4.

Stein M, Miller AH, Trestman RL: Depression, the immune system, and health and illness. Arch-Gen-Psychiatry 1991; 48:171–77.

Stevens A, Weller M: Ganglioside antibodies in schizophrenia and major depression. Biol- Psychiatry 1992; 32(8):728–30.

Stevens JR, Papadopoulos NM, Resnick M: Oligoclonal bands in acute schizophrenia: a negative search. Acta-Psychiatr-Scand. 1990; 81(3):262–4.

Tiwari SC, Lal N, Trivedi JK, Varma SL: Relationship of immunoglobulins with the number & duration of schizophrenic episodes. Indian-J-Med-Res. 1989; 90:229–32.

Van Duijn C, Strijnen T, Hoffmann A: Relation between nicotine intake and Alzheimer's disease: overview of the Eurodem collaborative reanalysis of case control studies. Int-J-Epidem. 1991; 20(2, Suppl. 2):4–12.

Villemain, F, Chatenoud L, Galinowski A, et al.: Aberrant T cell-mediated immunity in untreated patients: deficient interleukin-2 production. Am-J-Psychiatry 1989; 146:609–616.

Von Kirchbach A, Fischer EG, Kornhuber HH: Failure to detect dopamine receptor IgG autoantibodies in sera of schizophrenic patients. Short note. J-Neural-Transm. 1987; 70(1–2):175–9.

Walker AM, Peabody CA, Ho TW, Warner MD: 50 kD prolactin binding protein in schizophrenics on neuroleptic medication. J-Psychiatry-Neurosci. 1992; 17(2): 61–7.

Wang C, Jian BX, Jiang XD, Zhao XZ: Investigation of allotypes of HLA class III (C2, BF and C4) in patients with schizophrenia. Chin-Med-J-Engl. 1992; 105(4): 316–8.

Wang S, Sun C, Walcak CA, Ziegle JS, Kipps BR, Goldin LR, Diehl SR: Evidence for a susceptibility Locus for schizophrenia on chromosome 6pter – p22. Nature Genetics 1995; 10:41–46.

Weisse CS: Depression and immunocompetence: a review of the literature. Psychol-Bull .1992; 111(3):475–89.

Weizman R, Laor N, Podliszewski E, Notti I, Djaldetti M, Bessler H: Cytokine production in major depressed patients before and after clomipramine treatment. Biol-Psychiatry 1994; 35(1):42–7.

Wodarz N, Rupprecht R, Kornhuber J, Schmitz B, Wild K, Braner HU, Riederer P: Normal lymphocyte responsiveness to lectins but impaired sensitivity to in vitro glucocorticoids in major depression. J-Affect-Disord. 1991; 22(4):241–8.

Wodarz N, Rupprecht R, Kornhuber J, Schmitz B, Wild K, Riederer P: Cell-mediated immunity and its glucocorticoid-sensitivity after clinical recovery from severe major depressive disorder. J-Affect-Disord. 1992; 25(1):31–8.

Xu HM, Wie J, Hemmings GP: Changes of plasma concentrations of interleukin-1 alpha and interleukin-6 with neuroleptic treatment for schizophrenia. Br-J-Psychiatry 1994; 164:251–3.

Yan SD, Chen X, Fu J, Chen M, Zhu H, Roher A, Slattery T, Zhao L, Nagashima, M, Morser J, Migheli A, Nawroth P, Stern D, Schmidt AM: RAGE and amyloid-β peptide neurotoxicity in Alzheimer's disease. Nature 1996; 382:685 – 691.

Zucker S, Zarrabi HM, Schubach WH, Varma A, Derman R, Lysik RM, Habicht G, Seitz PM: Chlorpromazine-induced immunopathy: progressive increase in serum IgM. Medicine-Baltimore 1990; 69(2):92–100.

Immunological Changes Induced by Benzodiazepines

Emilio Jirillo, Rosa Calvello, Beatrice Greco, Luigi Caradonna, Marcello Nardini, Gianpaolo Sarno and Angela Bruna Maffione

Drugs when administered to animals or humans very often induce multiple side effects able to modify various functions of the body. According to the Council for International Organization of Medical Sciences (Geneve, 1991), monitoring of drug side effects commonly includes an accurate evaluation of nervous system, cardiorespiratory and gastrointestinal apparatus, genito-urinary tract and coagulation cascade activities. By contrast, other important compartments of the body, such as the immune system, have been less investigated in terms of side effects dependent on the administration of a given drug. Nevertheless, over the past years evidence has been provided that certain drugs, used for other therapeutical purposes, resulted to be very effective as immunoregulators. This is the case of Levamisole, an antiparasite drug, still employed as an immunoadjuvant in cancer patients (Moertel et al., 1990). Recently, another drug, the Pentoxifylline, endowed with hemorrheological and antithrombotic activities, has been reported to decrease the production of Tumor Necrosis Factor (TNF)-α, a cytokine (CK) involved in the pathogenesis of septic shock (Schandene et al., 1992). The same holds true for Propranolol, a β-blocker, which also reduces the release of TNF-α, when administered, e.g. to patients with Migraine without Aura (MWA) (Covelli et al., 1992a).

In the last decade, a few reports have pointed out the capacity of Benzodiazepines (BDZ) to modulate the immune response *in vitro* and/or *in vivo* models. However, until now no attempts have been made to compare the effects of different BDZ on the immune system and to select various classes of BDZ according to the type of immunological effects exerted.

In this review, emphasis will be placed on two main BDZ, widely used in psychiatric disorders, such as Alprazolam and Diazepam. The presence of specific receptors for these drugs on immunocompetent cells has prompted many studies about their immunological potential, as described in the following sections.

Receptors for BDZ

Two types of BDZ receptors have been described until now, the Central BDZ receptors (CBR), present in the brain, and the Peripheral BDZ receptors (PBR), located outside the Central Nervous System (CNS) (Braestrup and Nielsen, 1978; Saano et al., 1989). Diazepam binds to both CBR and PBR, while Clonazepam is free of substituents in position 1 and has no affinity for PBR (Braestrup and Squires, 1989). On the other hand, an agonist of Diazepam, the RO-5-4864, a 4'-chloro-substitued Diazepam, binds to PBR but it is less effective on CNS receptors (Braestrup and Squires, 1989). PBRs have been found in many tissues and cells (i.e. Lymphocytes, Macrophages, Polymorphonuclear cells -PMN- and Glial Cells), being localized in the nuclear (P1) and in the outer membrane of mitochondria (Benavides et al., 1984; Cantor et al., 1984; Anholt, 1986; Verma et al., 1987), while CBRs are distributed in the synaptosomal and P2 fractions (Anholt, 1986; Verma et al., 1987).

PBRs seem to be associated to Voltage-Dependent Anion Channels (VDAC) since calcium antagonists are able to displace RO-5-4864 from PBRs (Bender and Hertz, 1985). In addition, a major component of PBRs is the Isoquinoline binding Protein (IBP) associated to both VDAC and an adenine nucleotide carrier, which may act as a transport system between the inner and the outer mitochondrial membrane (Parola et al., 1993). In this context, it is worth mentioning that CBRs are associated to a GABA receptor-regulated chloride channel which does not share any homology with IBP (Parola et al., 1993).

Just recently, evidence has been provided that Alprazolam possesses central receptors on monocytes, which could have a regulatory role on PBRs (Sacerdote et al., 1993). In fact, Alprazolam and the antagonist RO 15-1788 prevent the binding of both the inverse agonist PG 7142 and RO 15-3505 to PBRs on monocytes, thus inhibiting the enhancement of chemotaxis (Sacerdote et al., 1993). In the same test system, GABA did not influence monocyte chemotaxis, thus confirming the role of PBRs in mediating this function but not of CBRs (Sacerdote et al., 1993).

Different behavior of Diazepam and Alprazolam on the immune system

Patients affected by anxiety disorders or by MWA undergo several infectious events in their life, e.g. clinical and subclinical cutaneous, upper respiratory and/or genito-urinary manifestations (Covelli et al., 1992b and 1993a). This observation led us to investigate on the status of the immune response in these individuals with the aim to correlate infectious events with putative immune dysfunctions. Quite interestingly, many individuals with phobic disorders, panic attacks and/or MWA displayed a profound functional deficit of anti-infectious cellular mechanisms, such as phagocytosis and killing of Candida albicans exerted by PMN and monocytes (MO) and antibacterial activity mediated by $CD4^+$ and $CD8^+$ lymphocytes (Covelli et al., 1990, 1992b and 1993b). Furthermore, in some patients circulating endotoxins from gram-negative bacteria and related proinflammatory CKs, e.g. TNF-α and interleukin-(IL-)1β were detectable (Covelli et al., 1991a and 1991b).

Speculating on the origin of these immune deficits, it became evident that in psychiatric patients the large use of BDZ could be responsible for cellular dysfunctions at different levels. Therefore, we started analysing the *in vitro* effects of two main BDZ employed in the treatment of psychiatric disorders, namely Diazepam and Alprazolam.

In vitro supplementation of Diazepam to PMN and MO, at different concentrations (10^{-7} M to 10^{-5} M), significantly inhibited the phagocytic and killing capacity of PMN and MO (Covelli et al., 1989). This datum was also confirmed by the ability of such a drug to *in vitro* reduce both chemotaxis and respiratory burst of PMN (Pasini et al., 1987; Finnerty et al., 1991; Parola et al., 1993). Moreover, Diazepam could hamper release of IL-1, TNF-α, IL-2 and IL-6 from macrophages and murine T lymphocytes, respectively (Ramseir et al., 1993; Zavala et al., 1990).

Conversely, Alprazolam *in vitro* behaved as an immunoenhancer, upregulating cellular responses (mixed lymphocyte reaction, T cell proliferation, natural killer cell (NK) activity and antibacterial activity) (Fride et al., 1990; Jirillo et al., 1993). Only at high doses this triazoloBDZ could inhibit T cell proliferation in consequence of a toxic effect on cells (Chang et al., 1992).

In clinical terms, in a recent report we provided evidence that administration of Alprazolam to patients with MWA (2 mgs/pro die for 1 month) could improve the depressed phagocytic abilities of PMN and MO (Covelli et al., 1993b). In contrast, the same drug at this dosage was unable to modify the depressed CD4-CD8 dependent antibacterial activity (Covelli et al., 1993b). However, in a matched group of MWA patients, administration of Lorazepam further reduced such an activity (Co-velli et al., 1993b).

In animal studies, administration of Alprazolam led to the regression of metastatic dissemination, to the reduction of surgical stress on the immune system and to the recovery from MTV-induced tumors (Freire-Garabal et al., 1991a, 1991b and 1993). All these experimental effects seem to be mediated by the upregulating activities of Alprazolam on macrophages, T cells and NK cells (Freire-Garabal et al., 1991a, 1991b and 1993).

The overall data suggest that BDZ can also be discriminated on the basis of their immunomodulating activities, representing Diazepam an immunoinhibitor, while triazolobenzodiazepines (Alprazolam and Triazolam) behave as immunoenhancers (Covelli et al., 1989; Jirillo et al., 1993). In this respect, it is postulable that certain mechanisms such as inhibition of calcium uptake, reduction of oxygen dependent systems and/or triggering of a ATP-dependent pathway may play a role in the immunomodulation mediated by BDZ. In contrast to Diazepam the enhancing effect exerted by Alprazolam could be explained with the presence of CBRs on immune cells, i. e. MO, since these receptors seem to regulate PBR function on the same cells by an allosteric interaction (Sacerdote et al., 1993). However, the precise mechanisms accounting for the upregulating effects exerted by Alprazolam on the immune system as well as the metabolic pathways involved are still unknown.

Therapeutical approaches

BDZ possess anxiolytic, hypnotic and anticonvulsant effects which have allowed their wide use in many psychiatric disorders, such as phobic and panic disorders, depression, migraine et cetera (File and Pellow, 1987). With regard to BDZ immunological activities, until now, no evidence has been provided on the molecular structures responsible for their potential side effects on immune cells (Maffione et al., 1994). Since BDZ exert their psychotropic activities via binding to specific receptors, also localized on immune cells, the possibility exists that both psychotropic and immune effects reside on the same molecular structure (Maffione et al., 1994). Therefore, in the light of these concepts, it should be more appropriate to verify the immunomodulating capacities of BDZ in psychiatric patients who also display immunoabnormalities, in order to take maximum therapeutical advantage from these drugs.

In this framework, our recent studies have shown that administration of Alprazolam to individuals affected by MWA could lead to recovery of PMN and MO functions, these immunodeficits being consistently present in this category of patients (Covelli et al., 1993b). This is an example of how Alprazolam can be used either as a psychotropic drug (this drug is often administered to patients with MWA) or, at the same time, as an immunomodulating agent. In fact, in patients with MWA the reduced clearance of exogenous bacteria by phagocytes leads to a sequence of events of pathogenetic relevance. In this respect, in some individuals with MWA bacterial endotoxins are detectable in the circulation and their presence correlates with elevated levels of serum TNF-α (Covelli et al., 1991b). This CK can play an important pathogenetic role in the course of MWA in virtue of its inflammatory, endothelial and hemodynamic effects (Jirillo et al., 1995). Of note, in human volunteers inoculated with TNF-α there is evidence of a typical migraine attack with many neurovegetative symptoms (nausea, vomiting, photofobia) as also described in the course of MWA crisis (Jirillo et al., 1995).

In conclusion, Alprazolam when administered to MWA patients can interrupt the above vicious circle by improving phagocytic performance and then reducing the amount of circulating LPS and related CKs. In this last respect, it is likely that the same drug could even suppress the release of TNF-α, since this observation has been reported in the case of mice injected with endotoxin (Kim et al., 1990).

However, the CK network in patients with MWA deserves further investigation since we found an exaggerated production of IL-1β in mononuclear cell cultures from some patients and, therefore, it is likely that other mediators, such as IL-6 and IL-8 may be produced in the course of this neurological disease (Covelli et al., 1991a). Moreover, the ability of CKs to cross the blood brain barrier may imply an involvement of other immune-like cells such as Astrocytes, Microglial Cells and Oligodendrocytes in the pathogenesis of MWA (Covelli et al., 1991a).

Recently, we determined the *in vitro* effects of Alprazolam on TNF-α release by normal human mononuclear cells (Maffione et al., 1995). No significant effects of Alprazolam on TNF-α release inhibition could be observed, even if, in a few subjects, the supplementation of this BDZ to cell cultures could slightly decrease both spontaneous and LPS-induced production of TNF-α (Maffione et al., 1995).

In the murine model in which Alprazolam could suppress the release of TNF-α, this drug seems to act as an antagonist of Platelet Activating Factor (PAF), but TNF-α inhibition is also mediated by PAF and prostaglandins of the E series (Kim et al., 1990). Therefore, in the described human model, it is likely that all these suppressive factors are not sufficiently released in the cultural milieu or, in alternative, they do not synergistically cooperate in order to decrease TNF-α production (Maffione et al., 1995).

Finally, all the above findings do not rule out the possibility that Alprazolam could be used as a therapeutical agent in pathological conditions featured by an increased production of TNF-α. In this respect, the best appropriate model is the patient with Human Immunodeficiency Virus (HIV) infection, characterized by an endotoxicosis status with an exaggerated release of TNF-α both in blood and in the Cerebro-Spinal Fluid (CSF) (Jirillo et al., 1990; Mastroianni et al., 1992; Jirillo et al., 1994). Moreover, HIV^+ individuals require psychotropic drugs in the course of their disease and, among them, we are running a clinical trial based on the follow-up of relevant immune parameters, before and after Alprazolam administration. In fact, levels of serum and CSF TNF-α, amount of plasmatic LPS and functions of PMN, MO and T cells will be evaluated.

Concluding remarks

All the experimental evidences above reported indicate that Diazepam and Alprazolam may exert immunoregulatory activities as side effects, apparently dissociated from the main psychotropic activities. However, recent results suggest that there is a common pathway of BDZ activity on both CNS and immune system. In fact, BDZ, and especially Alprazolam, are able to reduce stress responses by suppressing Corticotropin Releasing Hormone (CRH) production in the hypothalamus and in the locus coeruleus (Britton et al., 1985). In addition, it is well known that CRH released in exaggerated amounts decreases immune responses in terms of antibody production, lymphocyte proliferation, NK cell activity and antiviral host resistence (Biron et al., 1989; Irwin et al., 1987a; Strausbaugh and Irwin, 1992). In this framework, it is worth mentioning that Diazepam and Alprazolam *in vivo* reversed reduction of murine splenic NK cell cytotoxicity following CRH administration (Irwin et al., 1993).

Furthermore, in view of the notion that Alprazolam binds with high affinity to the central GABA-BDZ receptor chloride channel complex, it is likely that GABA-ergic neurotransmission plays a role in CRH and possibly stress-mediated immunosuppression (Irwin et al., 1993). Of note, the activity of Alprazolam on CRH release is of central type but does not occur at the pituitary level, since this BDZ is unable to influence the external central CRH-induced activation of the pituitary adrenal axis (Irwin et al., 1990a). Furthermore, CRH-induced suppression of NK activity does not correlate with the activation of the pituitary adrenal axis and, at the same time, (BDZ) diminish CRH-mediated immune suppression by reducing catecholamines following stress (Vogel et al., 1984; Irwin et al., 1990b).

In human studies, evidence has been provided that patients with major depression exhibit a reduced NK activity, augmented levels of CRH and a diminished GABA concentration in the CSF (Irwin et al., 1987b; Nemeroff et al.,

1988; Gold et al., 1980). Administration of BDZ in these patients, antagonising the effects of CRH, potentiates the otherwise reduced cellular immune responsiveness, thus giving rise to an immunomodulating effect (Grigoriadis et al., 1989).

Conclusively, the overall data support the concept that BDZ are regulators of the immune response, rather than exerting mere side effects on the immune system. However, in terms of therapeutical potential Alprazolam is easier to be managed since it behaves as an immunoenhancer both at central and peripheral levels. On the contrary, Diazepam because of its immunoinhibitory effects exerted on PBR could be detrimental in psychiatric patients with immunodeficits.

References

Anholt RRH: Mitochondrial benzodiazepine receptors as potential modulators of intermediary metabolism. Trends Pharmacol. Sci. 1986; 7:506–511.

Benavides J, Guilloux F, Rufat et al.: In vivo labelling in several tissues of peripheral type benzodiazepine binding sites. Eur. J. Pharmacol. 1984; 99:1–7.

Bender AS, Hertz L: Pharmacological evidence that non-neuronal diazepam binding site in primary cultures of glial cells is associated with a calcium channel. Eur. J. Pharmacol. 1985; 110:287–288.

Biron CA, Byron KS, Sullivan JL: Severe Herpes Virus infections in adolescent without natural killer cells. N. Engl. J. Med. 1989; 320:1731–1735.

Braestrup C, Nielsen M: Ontogenic development of benzodiazepine receptors in the rat brain. Brain Res. 1978; 174:170–173.

Braestrup C, Squires RF: Specific benzodiazepine receptors in rat brain characterized by high affinity ^{3}H – diazepam binding. Proc. Natl. Acad. Sci. USA 1989; 74:503–514.

Britton KT, Morgan J, Rivier J et al.: Chlordizepoxide attenuates response suppression induced by corticotropin-releasing factor in the conflict test. Psychopharmacology 1985; 86:170–174.

Cantor EH, Kenessey A, Semenuk G: Interaction of calcium channel blockers with non-neuronal benzodiazepine binding sites. Proc. Natl. Acad. Sci. USA 1984; 81:1549–1552.

Chang MP, Castle SC, Norman DC et al.: Mechanism of immunosuppressive effect of Alprazolam: Alprazolam suppresses T-cell proliferation by selectively inhibiting the production of IL-2 but not acquisition of IL-2 receptor. Int. J. Immunopharmacol. 1992; 14:227–237.

Covelli V, Decandia P, Altamura M et al.: Diazepam inhibits phagocytosis and killing exerted by polymorphonuclear cells and monocytes from healthy donors. *In vitro* studies. Immunopharmacol. Immunotoxicol. 1989; 11:701–714.

Covelli V, Maffione AB, Munno I: Alteration of non-specific immunity in patients with common migraine. J. Clin. Lab. Anal. 1990; 4:9–15.

Covelli V, Munno I, Pellegrino NM et al.: Are TNF-α and IL-1β relevant in the pathogenesis of migraine without aura? Acta Neurol. 1991(a); 13:205–211.

Covelli V, Massari F, Fallacara C et al.: Increased spontaneous release of Tumor Necrosis Factor- α / cachectin in headache patients. A possible correlation with plasma endotoxin and hypothalamic-pituitary-adrenal axis. Int. J. Neurosci. 1991(b); 61:53–60.

Covelli V, Munno I, Pellegrino NM et al.: In vivo administration of propranolol decreases exaggerated amounts of serum TNF-α in patients with migraine without aura. Acta Neurol. 1992(a); 14:313–319.

Covelli V, Jirillo E, Antonaci S: Neuroimmune networks and aging of the immune system : biological and clinical significance. Arch. Gerontol. Geriatr. 1992(b); suppl.3:129–144.

Covelli V, Massari F, Conrotto L et al.: Demonstration of an elevated frequency of infectious events in patients with migraine without aura: a correlation with their altered immune status. EOS. J. Immunol. Immunopharmacol. 1993(a); 13:173–175.

Covelli V, Maffione AB, Greco B et al.: In vivo effects of Alprazolam and Lorazepam on the immune response in patients with migraine without aura. Immunopharmacol. Immunotoxicol. 1993(b); 15:415–428.

File SE, Pellow S: Behavorial pharmacology of minor tranquillizers. Pharmacol.Ther. 1987; 35:265–290.

Finnerty M, Marczynski TJ, Amirault HJ et al.: Benzodiazepines inhibit neutrophil chemotaxis and superoxide production in a stimulus dependent manner: PK-11195 antagonizes these effects. Immunopharmacology 1991; 22:185–194.

Freire-Garabal M, Belmonte A, Orallo F et al.: Effects of Alprazolam on T-cell immunosuppressive response to surgical stress in mice. Cancer Letters 1991(a); 58:183–187.

Freire-Garabal M, Nunez MJ, Balboa JL et al.: Effects of Alprazolam on the development of MTV-induced mammary tumors in female mice under stress. Cancer Letters 1991(b); 62:185–189.

Freire-Garabal M, Nunez-Iglesias MJ, Balboa JL et al.: Inhibitory effects of Alprazolam on the enhancement of lung metastates induced by operative stress in mice. Int. J. Oncol. 1993; 3:513–517.

Fride E, Skolnick P, Arora PK: Immunoenhancing effects of alprazolam in mice. Life Sci. 1990; 47:2409–2420.

Gold BI, Bowers MB, Roth RH et al.: GABA levels in cerebrospinal fluid of patients with psychiatric disorders. Am. J. Psychiatry 1980; 137:362–364.

Grigoriadis DE, Pearsall D, Desouza EB: Effects of chronic antidepressant and benzodiazepine treatment on corticotropin-releasing-factor receptors in rat brain and pituitary. Neuropsychopharmacology 1989; 2:53–60.

Irwin MR, Vale W, Britton KT: Central corticotropin-re-

leasing factor suppresses natural killer cytotoxicity. Brain Behav. Immun. 1987(a); 1:81–87.
Irwin M, Smith TL, Gillin JC: Low natural killer cytotoxicity in major depression. Life Sci. 1987(b); 41:2127–2133.
Irwin M, Vale W, Rivier C: Central corticotropin-releasing factor mediates the suppressive effect of stress on natural killer cytotoxicity. Endocrinology 1990(a); 126:2837–2844.
Irwin M, Hauger RL, Jones L et al.: Sympathetic nervous system mediates central corticotropin-releasing factor induced suppression of natural killer cell cytotoxicity. J. Pharmacol. Exp. Ther. 1990(b); 255:101–107.
Irwin M, Hauger RL, Britton K: Benzodiazepines antagonize central corticotropin releasing hormone-induced suppression of natural killer cell activity. Brain Res. 1993; 631:114–118.
Jirillo E, Greco B, Munno I et al.: Demonstration of an exaggerated serum release of tumor necrosis factor-α and interleukin1-β in HIV-infected patients: a possible correlation with circulating levels of bacterial lipopolysaccharides. In: Nowotny A, Spitler JJ, Ziegler EJ (eds): Cellular and Molecular Aspects of Endotoxin Reactions. Amsterdam, Elsevier Science Publishers B.V. (Biomedical Division), 1990: pp. 529–535.
Jirillo E, Maffione AB, Greco B et al.: Triazolobenzodiazepines exert immunopotentiating activities on normal human peripheral blood lymphocytes. Immunopharmacol. Immunotoxicol. 1993; 15:307–319.
Jirillo E, Covelli V, Maffione AB et al.: Endotoxins, cytokines, and neuroimmune networks with special reference to HIV infection. Ann. N. Y. Acad. Sci. 1994; 741:174–184.
Jirillo E, Pellegrino NM, Antonaci S: Role of tumor necrosis factor-α in physiological and pathological conditions. Med. Sci. Res. 1995; 23:75–79.
Kim M, Ferguson-Chanowitz JV, Katocs AS et al.: Platelet-activating factor or a platelet-activating factor antagonist decreases tumor necrosis factor-α in the plasma of mice treated with endotoxin. J. Infect. Dis. 1990; 162:1081–1086.
Maffione AB, Calvello R, Greco B et al.: Immunomodulating role of benzodiazepines. Psychol. Beiträge 1994; 36:138–144.
Maffione AB, Calvello R, Greco B et al.: In vitro effect of Alprazolam on TNF-α release from normal human peripheral blood mononuclear cells. EOS J. Immunol. Immunopharmacol. 1995; 15:120–122.
Mastroianni CM, Paoletti F, Valenti C et al.: Tumor Necrosis Factor (TNF)-α and neurological disorders in HIV infection. J. Neurol. Neurosurg. Psychiatry 1992; 55:219–221.
Moertel CG, Fleming RR, MacDonald JS et al.: Levamisole and fluorouracil for adjuvant therapy of resected colon carcinoma. N. Engl. J. Med. 1990; 322:352–358.
Nemeroff CB, Owens MJ, Bissette G et al.: Reduced corticotropin releasing factor binding sites in the frontal cortex of suicide victims. Arch. Gen. Psychiatry 1988; 45:577–582.
Parola AL, Yamamura HI, Laird HE: Peripheral type benzodiazepine receptors. Life Sci. 1993; 52:1329–1334.
Pasini FL, Ceccatelli L, Capecchi PL et al.: Benzodiazepines inhibit *in vitro* free radical formation from human neutrophils induced by FMLP and A23187. Immunopharmacol. Immunotoxicol. 1987; 9:101–114.
Ramseir H, Lichtensteiger W, Schlumph M: *In vitro* inhibition of cellular immune responses by benzodiazepines and PK-11195. Effects on mitogen – and alloantigen – driven lymphocyte proliferation and on IL-1, IL-2 synthesis and receptor expression. Immunopharmacol. Immunotoxicol. 1993; 15:557–582.
Saano V, Rago L, Raty M: Peripheral benzodiazepine binding sites. Pharmacol. Ther. 1989; 41:503–514.
Sacerdote P, Locatelli LD, Panerai AE: Benzodiazepine induced chemotaxis of human monocytes: a tool for the study of benzodiazepine receptors. Life Sci. 1993; 53:653–658.
Schandene L, Vandenbusche P, Crusiaux A et al.: Differential effects of pentoxifylline on the production of Tumor Necrosis Factor-α (TNF-α) and Interleukin-6 (IL-6) by monocytes and T cells. Immunology 1992; 76:30–34.
Strausbaugh H, Irwin M: Central corticotropin releasing hormone reduces cellular immunity. Brain Behav. Immunity 1992; 6:11–17.
Verma A, Nye JS, Snyder SH: Porphirins are endogenous ligands for the mitochondrial (peripheral type) benzodiazepine receptors. Proc. Natl. Acad. Sci USA 1987; 84:2256–2260.
Vogel WH, Miller J, DeTurck KH et al.: Effects of psychoactive drugs on plasma catecholamines during stress in rats. Neuropharmacology 1984; 23:1105–1108.
Zavala F, Taupin V, Descamps-Latscha B: *In vivo* treatment with benzodiazepines inhibit murine phagocyte oxidative metabolism and production of interleukin-1, tumor necrosis factor and interleukin-6. J. Pharmacol. Exp. Therap. 1990; 225:442–450.

Paper supported in part by grants from M.U.R.S.T. (60% and 40%), Rome, Italy.

Hepatitis, emotionale Befindlichkeit und Immunfunktionen

Matthias Rose, Gudrun Scholler und Burghard F. Klapp

Bereits Anfang der achtziger Jahre nahm man an, daß «alle wesentlichen Organfunktionen oder homöostatischen Immunmechanismen mehr oder weniger dem Einfluß der Umwelt und psychosozialen Faktoren unterliegen» (Ader, 1981). Trotz des gewachsenen Detailwissens versteht man bis heute die Mechanismen der psychobiologischen Interaktionen und insbesondere deren Konsequenzen für Gesundheit und Krankheit jedoch nur wenig. So müssen Ader et al. Anfang der neunziger Jahre resümieren, daß «die immunologischen Zusammenhänge, die zwischen psychosozialen Faktoren und Krankheitsentstehung oder Krankheitsverlauf stehen», bisher nur ungenügend untersucht seien (Ader et al., 1991).

Während sich in Untersuchungen im Labor und an gesunden Probanden unter experimentellen Umgebungsbedingungen psychoimmunologische Interaktionen eindrucksvoll darstellen lassen, sieht man sich im klinischen Feld mit zahlreichen Einflußgrößen konfrontiert, die oft weder erfaßt noch kontrolliert werden können. Darüber hinaus bedingen körperliche Erkrankungen in der Regel individuell verschiedene biomedizinische Interventionen, so daß die Summe der «Störfaktoren» oft so groß wird, daß die durch psychoimmunologische Interaktionen aufklärbare Varianz relativ dazu recht klein erscheint, womit auch die Chance einer wissenschaftlichen Beweisführung sinkt.

Bei der Suche nach einem dennoch aussichtsreichen klinisch-psychoimmunologischen Untersuchungsmodell erschien uns die akute Virushepatitis besonders geeignet, da hier einige der angeschnittenen Probleme nicht zum Tragen kommen: 1. werden die Patienten nicht pharmakologisch therapiert, so daß die «natürliche» Erreger-Wirts-Beziehung beobachtbar wird, 2. sind die Hepatitisviren A und B nicht zytopathisch, womit die Erkrankung selbst unmittelbarer Ausdruck der Immunantwort ist (siehe unten) und 3. variiert der «natürliche» Verlauf interindividuell erheblich, von akut fulminant bis hin zu jahrelangen Chronifizierungen, ohne daß hierfür bisher eine befriedigende somatische Erklärung bereitstünde.

Zudem ermöglicht der in Deutschland übliche stationäre Aufenthalt, die Patienten längerfristig zu beobachten, und führt aufgrund der meist erfolgenden Isolierung in Einzelzimmern zu relativ uniformen Umgebungsbedingungen.

Im Rahmen unserer Studien wurden 110 Patienten (50 an der Justus-Liebig-Klinik in Gießen und 60 am Virchow-Klinikum in Berlin; 59 Männer, 51 Frauen; Alter $x_{0,5}$=28 Jahre, 47 HAV, 40 HBV, 3 HCV, 20 NANB) daraufhin untersucht, ob 1. Zusammenhänge zwischen immunologischer Aktivität und psychischem Befinden bestehen, 2. Einflüsse psychischer Prozesse auf Immunfunktionen und Krankheitsprozeß nachweisbar sind und inwieweit sich 3. prädisponierende psychosoziale Umstände als begünstigende Faktoren für Entwicklung und Verlauf der Hepatitis plausibel machen lassen.

Geschichtlicher Abriß

Bio-psycho-soziale Überlegungen

Bezüge zwischen Gemütslage und Leber- bzw. Gallenfunktion stellte man schon im Altertum her. In den homerischen Epen wurde das Wort «Galle» meist im übertragenen Sinne verwendet und bedeutete «Zorn» (Mani, 1965, S. 20; Ilias 9,436). Für die hippokratischen Ärzte (5.–4. Jhd.), die das Fundament für die Humoralpathologie legten, galt als Ort der Gallebereitung die Leber, wobei man zwischen «gelber» und «schwarzer Galle» unterschied.[1] Damals hatten klinische Beoachtungen den Zusammenhang zwischen Schmerzen in der Lebergegend und der Gelbsucht erkennen lassen, wobei man gleichzeitig einem Disäquilibrium der Säfte Bedeutung für verschiedene Stimmungen zuschrieb. So meinte man: «Wenn Furcht und Schwermut lange Zeit anhalten, so liegt schwarze Galle zugrunde» (Hippokrates zit. n. Mani 1965, S. 34). In der Antike wurde schon der Typ des Melancholikers von Theophrastos von Ephesos (372–287) als kalt, niedergeschlagen, bedrückt charakterisiert und auf ein Überwiegen «schwarzer Galle» zurückgeführt (Siegrist, 1963).

Im 17./18. Jahrhundert verließ die Medizin vor dem Hintergrund der Entdeckung des Blutkreislaufs die alten Positionen, die die Leber insbesondere als metabolisches Organ der Säftebildung ansahen, zugunsten der Vorstellung einer «Blutseparationsmaschine». In der Volksmedizin und -meinung hielt sich jedoch die Vorstellung über psychophysiologische Zusammenhänge, die sich zum Teil noch heute im europäischen Sprachraum in gebräuchlichen Redewendungen widerspiegeln, wie: «dem ist eine Laus über die Leber gelaufen», «something galls me» oder «je vais comme la galle». In vielen Sprachen kommt hier eine gehemmt aggressive Stimmung zum Ausdruck.

Mit der erneuten Hinwendung zur Leber als Stoffwechselorgan in Folge der Beschreibung der Leberzelle und -physiologie und den Arbeiten von Bernard (1813–1878) finden sich im 19. Jahrhundert detaillierte Schilderungen über psychische Symptome bei Lebererkrankungen: Nach Frerichs (1858, S. 113–115) treten mit dem Ikterus «Verstimmung des Allgemeingefühls, große Mattigkeit und Schwäche nebst trüber, verdrießlicher Laune» auf. Osler (1909, S. 371) beschreibt Reizbarkeit, Depression sowie Melancholie als «Symptome» der Gelbsucht, und Umber (1926, S. 30) vermutet, daß die psychische Verstimmung «offenbar Folge der Wirkung der Gallensäuren auf das Nerven- und Muskelsystem» sei.

In den vierziger Jahren wurde die Hepatitis als Infektionskrankheit identifiziert, seither sind Beschreibungen psychischer Begleitsymptome der Hepatitis, wie z. B. Müdigkeit oder Abgeschlagenheit, mit unterschiedlichem Gewicht in allen medizinischen Lehrbüchern zu finden. Als ursächlich für die Symptome werden verschiedene Mechanismen diskutiert, einerseits eine direkte entzündliche ZNS-Alteration, andererseits eine indirekte Beeinflussung über den verminderten Abbau ZNS-toxischer extrahepatisch aufgenommener oder gebildeter Substanzen bzw. eine Freisetzung ZNS-toxischer Substanzen aus der erkrankten Leber selbst.

Sozio-psycho-biologische Überlegungen

In der Antike und zur Zeit der Aufklärung treten auch Vorstellungen von einer ätiologischen Bedeutung psychischer Verstimmungen für Lebererkrankungen auf (Platon, 427–347; Morgagni, 1682–1771). Besonders im letzten Jahrhundert werden als mögliche Krankheitsursachen dafür heftige «Gemüthsbewegungen» oder «Emotionen» diskutiert (Potain, 1879 und 1894). Nach Hovorka und Kornfeld (1909, S. 106) war es «eine im Volk fest eingewurzelte Anschauung», daß durch Zorn und Ärger Gelbsucht *entstehen* könne. Auch Fuchs (1932) diskutiert den «Icterus e emotione» im Zusammenhang mit verschiedenen Kasuistiken.

Seit den fünfziger Jahren finden sich einige systematische Untersuchungen, die neben der

[1] Für den Haushalt der «schwarzen Galle» spielte in diesen Vorstellungen auch die Milz eine entscheidende Rolle.

Beschreibung intramorbid auftretender psychischer Symptome auch deren Signalcharakter bzw. Rückwirkungen für den somatischen Krankheitsprozeß fokussieren. So gibt Efendiev (1956) an, daß von 330 an Virushepatitis Erkrankten 48 zu unterschiedlichen Zeitpunkten an «neuropsychischen» Störungen litten. «Die Erscheinung der neuropsychischen Störungen zeigt auf einen ernsten Verlauf der Erkrankung und diktiert die Notwendigkeit der sofortigen Hospitalisation und die aktivste Behandlung» (zit n. Kipshagen, 1975). Auch Gidaly et al. (1964) oder Wright et al. (1987) halten das Auftreten «neuropsychischer Störungen» für ein prognostisch ungünstiges Zeichen[2].

Manche Autoren gehen weiter und stellen psychosoziale Faktoren *im Vorfeld* der Erkrankung heraus, die als krankheitsdisponierend interpretiert werden. Dabei stehen belastende Lebensereignisse oder eine prämorbide Depressionsneigung im Vordergrund. V. v. Weizsäcker (1951) betont das Zusammentreffen von Lebenskrise und Krankheit in seinen «anthropologischen Vorlesungen». Anhand von einzelnen Ikterusfällen beschreibt er das «Fernliegende, die langsam angehäufte Spannung, die sich ins Körperliche entlädt». Häfner und Freyberger (1955, S. 115) sehen in der Vorgeschichte der Patienten akute Konfliktsituationen, wodurch die Entwicklung der Hepatitis als eine «wohltuende Entlastung von den Forderungen und Spannungen des Daseins erlebt» wird. Caliezi (1980) entwickelt anhand von Kasuistiken die These, daß «die Hepatitis eine Ausweichkrankheit bei (bewußter) Verzweiflung suizidaler Tiefe» sei. Im Rahmen psychoanalytischer Behandlungen rekonstruiert er, daß sich bei allen Patienten die akute Hepatitis in einer Zeit schwerster Depressivität entwickelte. Er sieht die Hepatitis als einen «Depressionsersatz (Äquivalent)». Mitscherlich (1980, S. 166) verstand seine eigene Hepatitis in der ersten Nachkriegszeit als Folge eines schweren Ambivalenzkonfliktes.

Immunologische Situation

Während die zitierten Arbeiten ohne direkte Kenntnis des Immungeschehens auskommen mußten, ist heute das Wissen um die immunologischen Vorgänge recht detailliert und ermöglicht eine repräsentative Auswahl leicht zugänglicher Funktionsmarker, wie sie im folgenden vorgenommen wurde. Daneben besteht ein recht gutes Verständnis der virologischen Eigenschaften und der Interaktion Wirt–Virus, auf die kurz eingegangen werden soll:

Das HB-Virus gehört zur Gruppe der DNA-Viren. Nachdem es in den Organismus gelangt ist, sucht es sich entsprechend seines Tropismus eine Zielzelle durch Bindung an den entsprechenden Rezeptor («preS1-Rezeptor»). Nach Inokulation prozessiert der Hepatozyt das Agens durch endosomale Enzyme und präsentiert hiervon bestimmte Antigene, gekoppelt an Major Histokompatibilitätsantigene (MHC I) an seiner Oberfläche (*endogene Antigenpräsentation*). Hier erkennen zytotoxische T-Zellen ($CD8^+$) das Antigen in Verbindung mit MHC I und lysieren die Zelle mit dem Virus (Peters et al., 1991) (siehe Abb. 1).

Unter Antigen-präsentierenden Zellen (APC) im engeren Sinn versteht man Makrophagen und B-Zellen, die Antigene nach Processing an MHC II-Strukturen koppeln und den $CD4^+$-Zellen zugänglich machen (*exogene Antigenpräsentation*), die ihrerseits die weiteren Abwehrschritte über verschiedene Zytokine koordinieren. Das von den $CD4^+$-Zellen produzierte Interleukin-2 (IL-2) übernimmt im Falle der HBV-Infektion die Funktion der Stimulation zytotoxischer T-Zellen und der Natural Killer Cells, die gemeinsam eine Schlüsselstellung in der Pathogenese der HBV-Erkrankung einnehmen, und bewirkt gemeinsam mit Interleukin-4 (IL-4) die Ausdifferenzierung und Stimulierung der B-Zellen (Feldmann und Male, 1989, S. 8.10). Als Maß für die zelluläre Aktivierung wird in vivo anstelle

[2] Der Anteil an fulminant verlaufenden Hepatitiden ist bei den genannten Autorengruppen nicht gesondert dokumentiert.

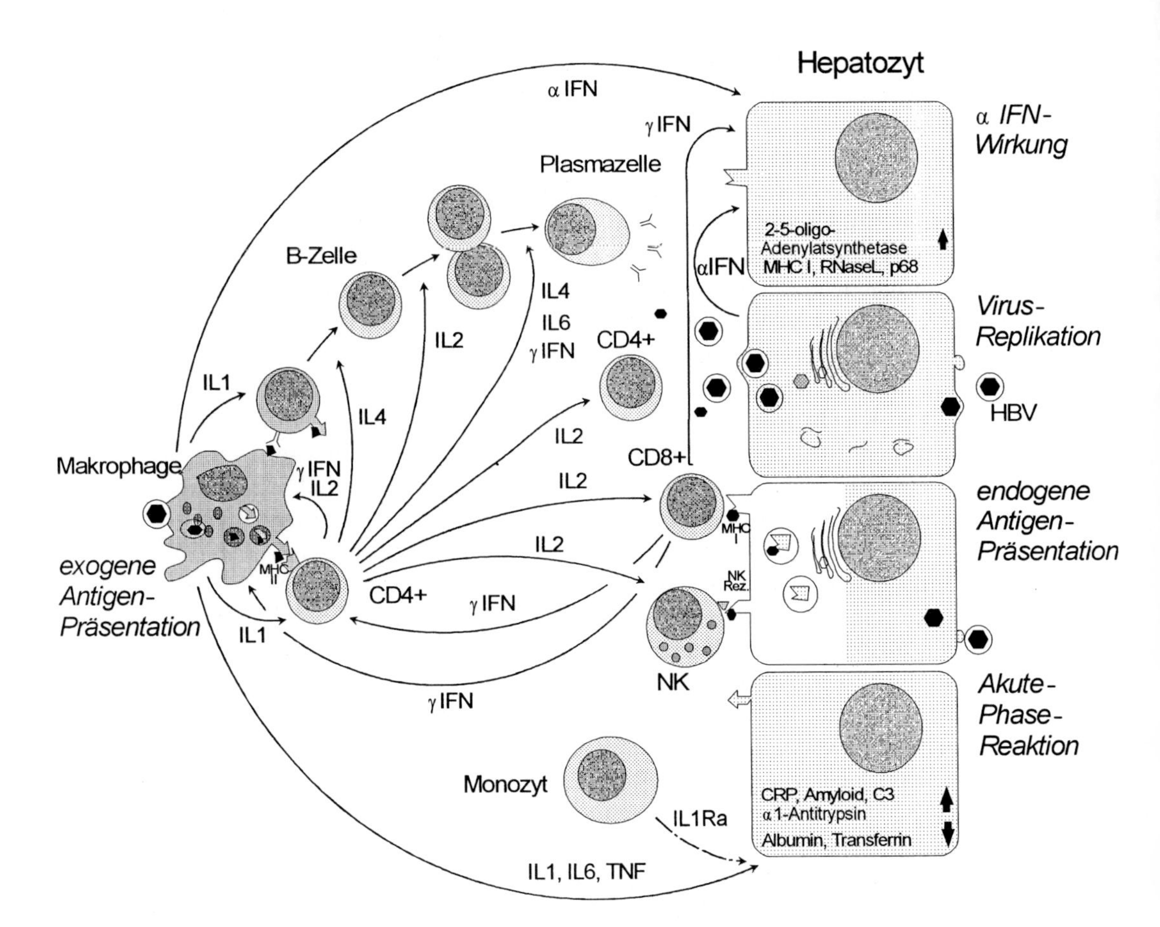

Abbildung 1: Zusammenspiel bekannter Zytokine am Beispiel der Hepatitis B-Infektion. CD4+: T-Helfer-Zelle; CD8+: hier zytotoxische T-Zelle; NK: Natural Killercell; MHC I/II: Major Histokompatibilitätsantigen I/II; NK-Rec.: Natural Killercell-Receptor; IL-1/IL-6: Interleukin-1/-6; TNF: Tumornekrosefaktor; α/γ-IFN: α/γ-Interferon; CRP: C-reaktives Protein; EIF-2: –. Inhaltliche Aussagen nach Peters et al. 1991, Thomas 1990, Feldman und Male 1989, Male und Roitt 1989; grafische Darstellung nach Rose 1994, S. 22. Die CD4+ Zelle kann funktional in TH1-Zellen, welche IL-2, γ-IFN und TNF sezernieren, und TH2-Zellen unterschieden werden, welche IL-4, IL-6 und IL-10 abgeben (Peters, 1993; Barnaba, 1992).

des instabileren IL-2 meist der «gesheddete» IL-2-Rezeptor (sIL-2R) bestimmt, der in direkter Beziehung zur Interleukin-2-Freisetzung steht (Diamantstein et al., 1986).

In unserer Studie finden wir in akuten Krankheitsstadien im Serum stark erhöhte sIL-2R-Konzentrationen (Abb. 2), die sich parallel zur Genesung wieder annähernd normalisieren (Rose, 1994), ohne daß sich die sIL-2R-Spiegel für HAV, HBV oder HCV signifikant unterschieden. Ähnliche Beobachtungen machten Alberti et al. (1989), Onji et al. (1988) und Yamaguchi et al. (1988) an jeweils kleineren Kollektiven.

Das HB-Virus ist selbst nicht zytopathisch (Thomas, 1990), d. h. die infizierte Zelle wird durch die Anwesenheit des Virus allein nicht zerstört und kann ihre Stoffwechselleistungen ohne wesentliche Einschränkung erfüllen. So ist z. B. bei immunsupprimierten Patienten ein Großteil der Zellen besiedelt, die Funktionsfähigkeit jedoch kaum eingeschränkt. Erst die Viruselimination mit begleitendem Angriff der infizierten Zellen durch die Immunzellen führt zu einem im peripheren Blut meßbaren Leberzellschaden, womit die Parameter des Leberschadens indirekte Indikatoren der Immunaktivität werden. So ist zu verstehen, daß sich die

GPT- und Bilirubin-Spiegel in unseren Untersuchungen weitgehend parallel zu den gemessenen sIL-2R-Spiegeln entwickeln, bis auf die Einzelfälle, in denen weitere *extrahepatische* Infektionen hinzutreten, die zusätzlich die sIL-2R-Freisetzung stimulieren (Rose, 1994, S. 81).

Da die HAV-Patienten in den anglo-amerikanischen Staaten nicht stationär behandelt werden, liegen für diese weniger Studien vor. Vallbracht et al. (1993) meinen, eine zytolytische Aktivität auch für das HA-Virus ausschließen zu können. Wie beim HB-Virus wird auch hier das T-zelluläre Immunsystem für die Viruselimination und konsekutiv für den Leberschaden verantwortlich gemacht (Forbes und Williams, 1990)[3]. Die Immunantwort bei der Hepatitis C unterscheidet sich hiervon u. a. aufgrund der eigenen Zytopathogenität des Virus (Choo et al., 1990), weshalb im folgenden nur auf die untersuchten 87 HAV- und HBV-Patienten eingegangen wird[4].

Dem von den $CD8^+$-Zellen und dem infizierten Hepatozyten selbst sezernierten Interferon-alpha (IFN-α) kommt neben immunmodulierenden Funktionen bei beiden Virustypen (HAV und HBV) auch direkt antivirale Bedeutung zu, für die zum Teil einzelne Genaktivierungen nachgewiesen werden konnten. IFN-α bindet an einen zellulären Rezeptor (Uze et al., 1990), was über verschiedene Zwischenschritte sowohl die Virustranslation hemmt (Samuel, 1979) als auch die MHC-Expression sowie die Virusproteinprozessierung steigert und damit die Antigenerkennung verbessert (Foster und Thomas, 1993). Deshalb sieht man u. a. in einem IFN-α-Mangel einen der möglichen Gründe für die verlängerte Viruspersistenz bei der chronischen Hepatitis (Peters et al., 1991)[5].

In unserer Studie können wir im akuten Krankheitsstadium eine annähernd bimodale Verteilung des peripher gemessenen IFN-α-Spiegels feststellen, d. h. einige Patienten weisen trotz der akuten Entzündung *keine* peripher meßbare IFN-α-Produktion auf (Abb. 2); auch hier ohne signifikanten Unterschied zwischen den Virustypen. Ein Einfluß dieser Verteilung auf die Genesungszeit läßt sich bei unserer Stichprobe während der *akuten* Erkrankung statistisch nicht nachweisen.

Dem Interleukin-6 (IL-6) kommen weitere Funktionen der Immunregulation und Entzündungsreaktion zu (Müller und Zielinski, 1992), darunter u. a. die Beteiligung an der Reifung der B-Zellen zur Immunglobulinsynthese, die mit IL-1 synergistische Stimulation der T-Zellen (Houssiau et al., 1988) und die Induktion der «Akute-Phase-Reaktion» an den Hepatozyten (Gauldie et al., 1987). Daneben wirken Zytokin-inhibitorische Substanzen, denen vermutlich eher immunmodulierende Funktion zukommt (Seckinger et al., 1987; Eisenberg et al., 1990; Engelmann et al., 1989). Ein endogener IL-1-«Inhibitor» konnte aus dem Urin gewonnen werden, der die Bindung des IL-1 an seinen Rezeptor ohne intrinsische Aktivität verhindert (Seckinger et al., 1987), so daß er als Interleukin-1-Rezeptorantagonist (IL-1ra) bezeichnet wurde (Eisenberg et al., 1990). Bei einer Vielzahl von Erkrankungen scheint die IL-1ra-Produktion ein Indikator der host response auf eine lokale oder systemische Entzündung zu sein (Dinarello, 1991; Fischer et al., 1992).

In unserer Studie finden sich auch bei IL-6 und IL-1ra ähnliche annähernd bimodale Verteilungen wie beim IFN-α – ohne signifikanten Unterschied zwischen den Virustypen (Abb. 2). Dabei weisen aber nicht die gleichen

[3] Die von uns gemessenen Immunparameter unterscheiden sich nicht von den bei der Hepatitis B gefundenen Werten (s.u.). Lediglich der IgM-Spiegel ist bekanntermaßen bei den Hepatitis-A-Patienten signifikant höher (Dienstag et al. 1987, S. 1331).

[4] Die Untersuchungen zu den HCV- und NANB-Erkrankten wurden gesondert durchgeführt, können in diesem Rahmen jedoch nicht berücksichtigt werden (vergl. hierzu Rose 1994).

[5] Die Behandlung mit IFNα gehört bei den chronischen Hepatitiden mittlerweile zu einem Standardverfahren. Dabei kann bei ca. 30–50% eine Serokonversion von $HBeAG^+$ zu $HBeAk^+$ erreicht werden (Hoofnagle JH 1993, Jacyna & Thomas 1993).

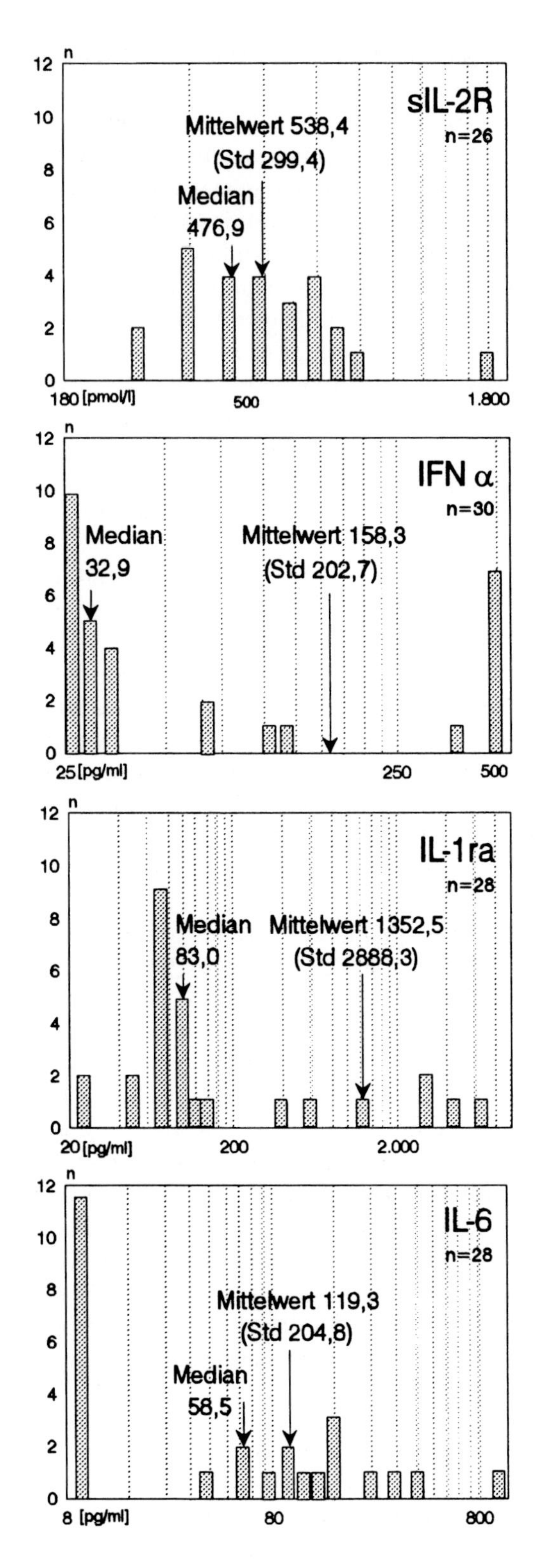

Abbildung 2: Zytokin-Verteilungsmuster bei Krankenhausaufnahme. Für die Berliner HAV- und HBV-Patienten wurden die initialen sIL-2R, α-IFN, IL-6 und IL-1ra-Konzentrationen (erste 8 Krankenhaustage) im peripheren Venenblut bestimmt. Die Untersuchungen erfolgten in der üblichen ELISA-Technik. Eine ausführliche Darstellung der Methodik findet sich bei Rose 1994, Rose et al. 1994, für die IL-6 Bestimmungen bei Jörres et al. 1992.

Patienten generell niedrige bzw. höhere Zytokinspiegel auf, sondern es lassen sich clusteranalytisch vier qualitativ verschiedene «Aktivationstypen» diskriminieren. Ein ähnlicher Befund fand sich auch in in-vitro-Untersuchungen von Eckstein et al. (1990), in denen sich Personen mit verschiedenen quantitativen wie qualitativen Leukozytenstimulationsmustern unterscheiden ließen.

Obwohl die Dauer der Viruselimination und damit die Genesungszeit nahezu ausschließlich von der Immunantwort abhängt, konnte weder ein einzelner der initial untersuchten Immunparameter noch deren clusteranalytische Zusammenfassung den weiteren Genesungsverlauf befriedigend vorhersagen. Eine einzeitige initiale Messung der gewählten einfachen Parameter kann offenbar nicht die angenommene «Immunkompetenz» über eine mittlere Zeitdistanz hinweg widerspiegeln.

Psychische Situation

Das von Patienten geäußerte Befinden ist einerseits Indikator somatischer (z. B. Leberschwellung) und sozialer Veränderungen (z. B. der Isolation), andererseits Ausdruck des individuellen Umgangs mit der Krankheit (Brähler und Scheer, 1984).

Einige Lehrbücher stellen auf der Basis klinischer Beoachtungen die gastrointestinalen Beschwerden bei der Hepatitis heraus. Dabei stünden Gewichtsabnahme, Druck und Völlegefühl im Oberbauch, Appetitverlust und Übelkeit insbesondere in den frühen Phasen im Vordergrund (Knoblauch, 1978; Meyer zum Büschenfelde und Hüttenroth, 1984; Wright et al., 1985), gingen mit Auftreten des Ikterus jedoch schnell zurück, während Müdigkeit und Abgeschlagenheit noch lange Zeit persistieren könnten (McIntyre, 1990).

In unserer Studie finden sich bei systematischer Erfassung mittels des Gießener Beschwerdebogen (GBB, Brähler und Scheer, 1983), ergänzt durch ein ad hoc entwickeltes Modul zur Erfassung spezifischer Leberbeschwerden, als Leitbeschwerden: Ikterus, Schwächegefühl, Erschöpfung, Müdigkeit und abdominale Beschwerden. Zu ähnlichen Ergebnissen kam Friedich-Jänicke (1987). Faktorenanalytisch lassen sich drei Beschwerdekomplexe isolieren (Tab. 1), von denen zwei charakteristische Beschwerden bei Lebererkrankungen kennzeichnen:

- «Oberbauchbeschwerden» (Beschwerden der erkrankten Region),
- «Schwächegefühl» (Beschwerden mit systemischem Charakter, die sowohl typisch für Leber- wie Infektionserkrankungen sind, Siegenthaler 1988) und
- «Allgemeinbeschwerden» (ein Konglomerat verschiedener Beschwerden unterschiedlicher Körperregionen).

Erwartungsgemäß liegen die charakteristischen Leberbeschwerden initial erheblich über den Werten der Eichstichprobe und fallen parallel zur Genesung, während die Allgemeinbeschwerden denen der Eichstichprobe vergleichbar sind. Alle Beschwerden liegen bei Entlassung deutlich *unter* denen der Normalbevölkerung (Tab. 2). Keine Unterschiede zeigen sich hinsichtlich der Hepatitistypen.

Zudem sind zwei Dimensionen der mit dem Berliner Stimmungsfragebogen (BSF, Hörhold und Klapp, 1993) untersuchten Stimmungslage eng mit dem Erkrankungsgeschehen assoziert: zum einen die ängstliche Depressivität (vgl. Gidaly et al., 1964; Kipshagen, 1975; Paar et al., 1987), zum anderen die Müdigkeit, die hoch mit dem Schwächegefühl aus der Beschwerdeerhebung korreliert. Im Verlauf verlieren beide Aspekte an Bedeutung, die Stimmung hellt deutlich auf, so daß die meisten Patienten zur Entlassung eher eine gehobene Stimmungslage zeigen (Tab. 2).

Obwohl sich damit die seit alters her hervorgehobene besondere Depressivität der Leberkrankten zu bestätigen scheint, stellt sich doch die Frage, ob derartige Verstimmungen nicht im Rahmen der Krankheitsverarbeitung und Hospitalisation bei allen Erkrankungen auftreten können. Der Vergleich mit z.T. vital

Tabelle 1: Beschwerdeskalen.
Die Faktorenanalyse erfolgte als varimaxrotierte Hauptkomponentenanalyse unter Einbeziehung aller GBB-Items (Brähler und Scheer, 1984) sowie der Items aus einem adhoc Zusatzmodul (Rose, 1994), die Auswahl der Faktorenzahl nach dem Screetest-Kriterium; zur Auswahl der gelisteten Markieritems, der Faktorenladungen und Kommunalitäten s. Rose 1994, S.87; $r_{i(t-i)}$: part-whole-korrigierte Item-Skalen-Korrelation; n = 85; die Itemwerte haben einen Range von 0-4 (nicht - stark).

	Item		M	$r_{i(t-i)}$
Oberbauchbeschwerden	51	Magenschmerzen	,60	,65
Varianzaufklärung 5,5%	25	Sodbrennen oder saures Aufstoßen	,52	,53
Cronbach α= ,76	54	Gewichtsabnahme	1,02	,48
	23	Aufstoßen	,88	,60
	60	Bauchschmerzen	,76	,42
Schwächegefühl	1	Schwächegefühl	1,75	,85
Varianzaufklärung 20,6%	42	Mattigkeit	1,64	,85
Cronbach α= ,90	29	rasche Erschöpfbarkeit	1,74	,78
	10	Schwindelgefühl	,81	,61
	36	Gefühl der Benommenheit	,73	,64
	18	Übelkeit	,91	,51
	32	Müdigkeit	1,72	,62
	7	übermächtiges Schlafbedürfnis	1,53	,58
	41	Schweregefühl oder Müdigkeit in den Beinen	,74	,59
Allgemeinbeschwerden	14	Gehstörungen	,22	,67
Varianzaufklärung 7,3%	52	Anfallsweise Atemnot	,21	,70
Cronbach α= ,85	2	Herzklopfen, Herzjagen oder Herzstolpern	,56	,64
	37	Taubheitsgefühl (Einschlafen, Absterben, Brennen oder Kribbel in Händen und Füßen)	,35	,51
	45	Stiche, Schmerzen oder Ziehen in der Brust	,44	,69
	56	Anfallsweise Herzbeschwerden	,29	,66
	9	Gelenk- oder Gliederschmerzen	,74	,54
	24	Überempfindlichkeit gegen Kälte	,62	,47
	28	Überempfindlichkeit gegen Wärme	,64	,54
	4	Neigung zum Weinen	,82	,43

Tabelle 2: Beschwerden und Stimmungen im Verlauf.
** $p < 0{,}01$; * $p < 0{,}05$; geprüft im t-Test für verbundene bzw. unverbundene Stichproben; †: die Mittelwerte der Skalen wurden durch Addition der Itemmittelwerte der Eichstichprobe gewonnen; für die Standardabweichungen wurden die Aufnahmedaten der Hepatitispatienten herangezogen, bei geringerer Streuung der Eichstichprobe wird dadurch das Signifikanzniveau eher unterschätzt; die Daten der Herzpatienten wurden uns freundlicherweise von A.Salm überlassen (Salm, 1984).

	Aufnahme	**Entlassung**	**Aufn.vs Entl.**	**Eichstichp.**	**Aufn.vs Eich.**
	M (s)	M (s)	p(t)	M (s)	p(t)
GBB-Hepatitisskalen	[n=67]	[n=58]	[n=51]	[n=1557]	
Oberbauchbeschwerden	0,82 (0,71)	0,27 (0,37)	** (5,80)	0,44 (†)	** (4,29)
Schwächegefühl	1,20 (0,85)	0,40 (0,49)	** (7,80)	0,70 (†)	** (4,72)
Allgemeinbeschwerden	0,45 (0,50)	0,19 (0,36)	** (4,46)	0,59 (†)	
BSF-Skalen				**Herzpat.**	**Aufn.vs Herz.**
	[n=63]	[n=58]	[n=50]	[n=84]	
Müdigkeit	3,10 (1,26)	1,80 (0,98)	** (7,15)	2,08 (1,02)	** (5,42)
ängstliche Depressivität	2,60 (1,09)	2,00 (1,11)	** (3,68)	2,39 (1,03)	
Teilnahmslosigkeit	2,20 (0,77)	1,70 (0,64)	** (4,52)	1,50 (0,70)	** (5,75)
Ärger	1,94 (0,87)	1,85 (0,82)		1,93 (0,94)	
Engagement	3,70 (1,01)	3,71 (1,17)		4,43 (0,71)	** (–5,14)
gehobene Stimmung	2,60 (1,01)	3,05 (1,15)	** (–2,79)	3,62 (1,02)	** (–6,03)

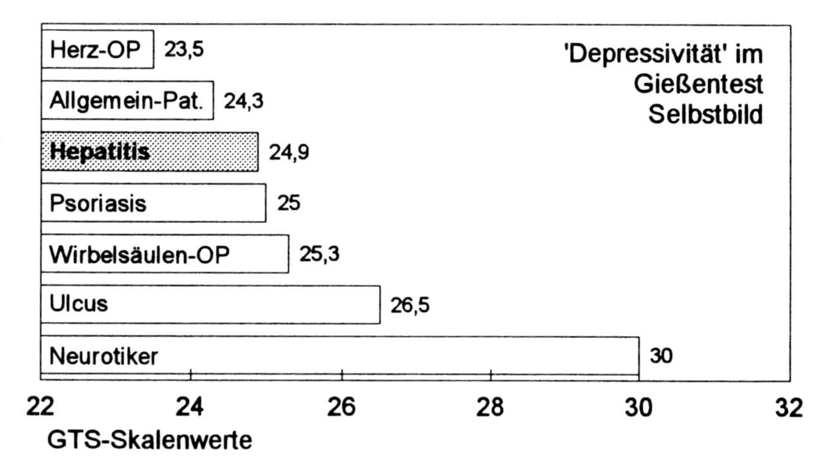

Abbildung 3: Grundstimmungsskala im GTS: Vergleich verschiedener Patientenstichproben. Der Skalenwert 22 entspricht dem Wert der Eichstichprobe; Herz-Pat. n = 55 (Siefen 1982); Allgemein-Praxis n = 31 (Ahrens 1982); Wirbelsäulen-OP n = 55 (Berlin, eigene unveröffentlichte Daten); Psoriasis n = 28 (Gieler et al. 1986); Ulcus n = 35 und Neurotiker n = 235 (Beckmann et al. 1991, S.124–126).

bedrohten Patienten vor Herz-OP und psychoneurotisch-psychosomatisch Kranken legt nahe, daß sich die Hepatitis-Patienten tatsächlich hinsichtlich dysphorischer Stimmungsmerkmale von anderen organisch Kranken, hier den Herzpatienten, abheben und eher psychosomatischen bzw. psychoneurotischen Patientengruppen gleichen (Tab. 2, vgl. Rose, 1994a, S. 102).

Allerdings scheint eine strukturelle, möglicherweise ätiologisch bedeutsame Depressivität, wie Häfner und Freyberger (1955) sie gesehen haben, in dieser Verallgemeinerung eher unwahrscheinlich. Nimmt man nämlich die eher trait-bezogene Messung struktureller Depressivität im Gießentest (GTS, Beckmann et al., 1991) hinzu, zeigt sich, daß sich die absoluten GTS-Depressivitätswerte kaum von denen anderer organisch Kranker unterscheiden (Abb. 3).

Auffällig ist bei unseren Patienten die Häufung vorausgegangener belastender Lebensereignisse, denen Paar et al. (1987) Bedeutung für die Entwicklung einer Hepatitis zuschrieben. Durchschnittlich geben die Patienten in den letzten zwei Jahren vor Krankheitsbeginn vier belastende Lebensereignisse an (bei sich selbst im Median drei plus einem belastenden Ereignis bei nahen Angehörigen) und liegen damit noch über dem Mittelwert der Herzinfarktpatienten (Mittel = 2,7; Untersuchung von Siegrist und Dittmann, 1981), die ihrerseits schon signifikant mehr belastende Ereignisse als gesunde Kontrollpersonen aufwiesen (Mittel = 1,1), was die Beobachtungen von v. Weizsäcker (1951) zu bestätigen scheint.

Psycho-immunologische Interaktionen

Bedeutung immunologischer Aktivität für die subjektiven Beschwerden

In vielen Untersuchungen findet sich nur eine geringe Übereinstimmung von objektiverbarem körperlichen Befund und subjektiven Beschwerden (Brähler und Scheer, 1984; Schwenkmezger, 1992). Beziehungen zwischen Beschwerden und speziellen Immunmediatoren sind im wesentlichen aus der therapeutischen Anwendung dieser Substanzen in außerphysiologischen Mengen als deren «Nebenwirkungen» bekannt. Nach Applikation rekombinanten IL-2 klagen die Patienten über Müdigkeit, Übelkeit, Unbehagen, Fieber und Kopfschmerz (Lotze et al., 1985; Atkins et al., 1986; Onji et al., 1987). Unter IFN-α-Therapie sind insbesondere Fieberanstiege sowie Übelkeit beobachtet worden (Renault und Hoofnagle, 1989).

In unserer Studie zeigt sich, daß im Akutstadium der Virushepatitis die gemessenen Immunparameter ausschließlich mit den subjektiven Oberbauchbeschwerden positiv korrelieren (Abb. 4). Das Schwächegefühl als anderer hepatitistypischer Beschwerdekomplex steht dagegen ausschließlich mit Variablen der Leberschädigung in Beziehung: Es korreliert mit hohen GPT-Spiegeln und niedrigen Leberfunktionswerten (Albumin und TPZ). Eine signifikante direkte Beziehung zu den hier gemessenen Immunparametern weist das Schwächegefühl nicht auf[6].

Damit ergeben sich zwei Schlußfolgerungen:

1. Ein Teil der subjektiven Beschwerden ist offenbar mit objektivierbaren einzelnen somatischen Befunden erklärbar, wobei sich möglicherweise die Intensität des Immungeschehens in den Oberbauchbeschwerden niederschlägt. Denkbar ist, daß die begleitende Entzündungsreaktion mit Gefäßweitstellung und Plasmaexsudation über

[6] Ähnliche Korrelationen ergeben sich in einer von uns durchgeführten Untersuchung an 49 Patienten mit terminaler Leberinsuffizienz vor Lebertransplantation (Leyendecker et al. 1993, Scholler 1994). Hier finden wir, daß insbesondere die Höhe des Bilirubinspiegels in Beziehung zum Schwächegefühl, zur Müdigkeit und verringertem Engagement steht; die Höhe der GOT (GPT-Werte wurden nicht systematisch erfaßt) korreliert mit Angaben gedrückter Stimmung (Korrelationsgrößen $r = 0{,}39–0{,}42$, $p < 0{,}05–0{,}01$).

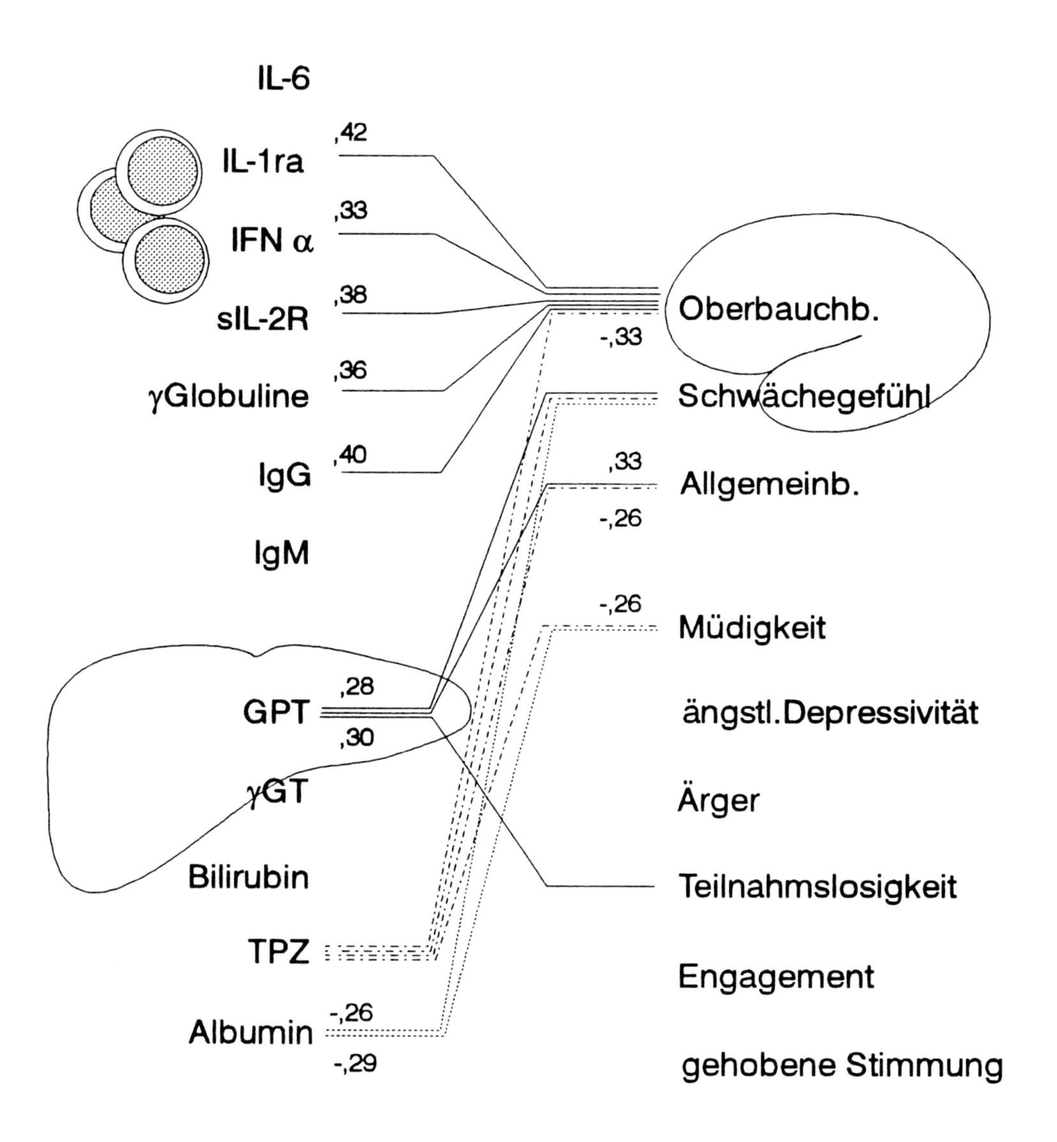

Abbildung 4: Beziehungen zwischen somatischen und psychologischen Parametern. In der Abbildung sind ausschließlich die signifkanten Korrelationen dargestellt, der Übersichtlichkeit halber wurde nicht zwischen $p < 0,01$ und $p < 0,05$ unterschieden. Aus grafischen Gründen wurde die genaue Korrelationshöhe zwischen TPZ und Schwächegefühl nicht angegeben, sie beträgt $r = -0,28$. Die einbezogenen Fallzahlen betragen für die Leberparameter $n = 57–67$, für die nur in Berlin bestimmten Immunparameter $n = 30–37$. In die Korrelationsanalyse eingegangen sind HAV- und HBV-Patienten.

Tabelle 3: Clusteranalyse anhand spezifischer Beschwerden und Befunde.
** p < 0,01; * p < 0,05; + p < 0,1; überprüft durch einfaktorielle Varianzanalyse; keine Unterschiede zwischen in den Immunparametern; abweichende Fallzahlen sind gesondert angegeben; der Parameter «Leberschaden» resultiert aus der Summe der Quartilszugehörigkeiten folgender Leberparameter: GPT, gGT, Bilirubin, Albumin, TPZ, wobei Albumin und TPZ in umgekehrter Orientierung eingehen (s. Rose 1994, S.61); Clusterung anhand der z-standardisierten Werte für Oberbauchbeschwerden, Schwächegefühl und «Leberschaden» der Hepatitis A- und B-Patienten mittels hierachischer Agglomeration der Euklidischen Distanzen nach Ward; Auswahl der Clusteranzahl anhand des Elbow-Kriteriums (Backhaus et al. 1990) (s. a. Rose 1994).

	Normale Kranke I n = 20 M (s)	**Normale Kranke II** n = 18 M (s)	**Scheinbar Gesunde** n = 18 M (s)	p (F)
Oberbauchbeschwerden	1,71 (,51)	0,34 (,26)	0,48 (,43)	** (62,2)
Schwächegefühl	1,91 (,64)	0,78 (,71)	1,14 (,54)	** (15,9)
Allgemeinbeschwerden	0,70 (,57)	0,35 (,55)	0,32 (,34)	* (3,38)
GPT	1182 (459)	753 (588)	1733 (937)	** (9,28)
γGT	97,8 (106,1)	148,3 (98,1)	111,5 (77,1)	
Bilirubin	9,2 (4,8)	4,2 (3,6)	11,8 (6,1)	** (11,0)
Albumin	3,8 (0,6)	3,8 (0,7)	3,7 (0,5)	
TPZ	65,3 (15,6)	98,6 (15,6)	67,5 (15,4)	** (26,4)
«Leberschaden»	2,80 (,33)	2,11 (,35)	3,10 (,34)	** (39,7)
Selbstattribuierung (KUF)	1,16 (0,99) n=19	0,78 (1,03) n=16	0,47 (0,58) n=18	+ (2,76)
Körperattribuierung (KUF)	1,31 (0,67) n=19	0,79 (0,58) n=16	0,75 (0,76) n=18	* (3,81)
Wunsch nach sozialer Potenz (GTI)	16,8 (3,52) n=10	17,5 (4,38) n=10	12,0 (4,69) n=6	* (3,64)
Wunsch nach Gefügigkeit (GTI)	24,8 (2,70) n=10	25,2 (3,64) n=10	29,8 (2,71) n=6	** (5,63)
Geschlecht [m/f]]	11/9	10/8	13/5	
Alter : M/Mdn [j]	28/26	29/26	31/29	
Diagnose [A/B]	12/8	12/6	7/11	
Familienstand [ledig/verheiratet]	18/2	12/3	8/9	
				$p(\chi^2)$
Genesungsverlauf [schnell/verzögert]	12/7	10/7	4/14	* (7,34)

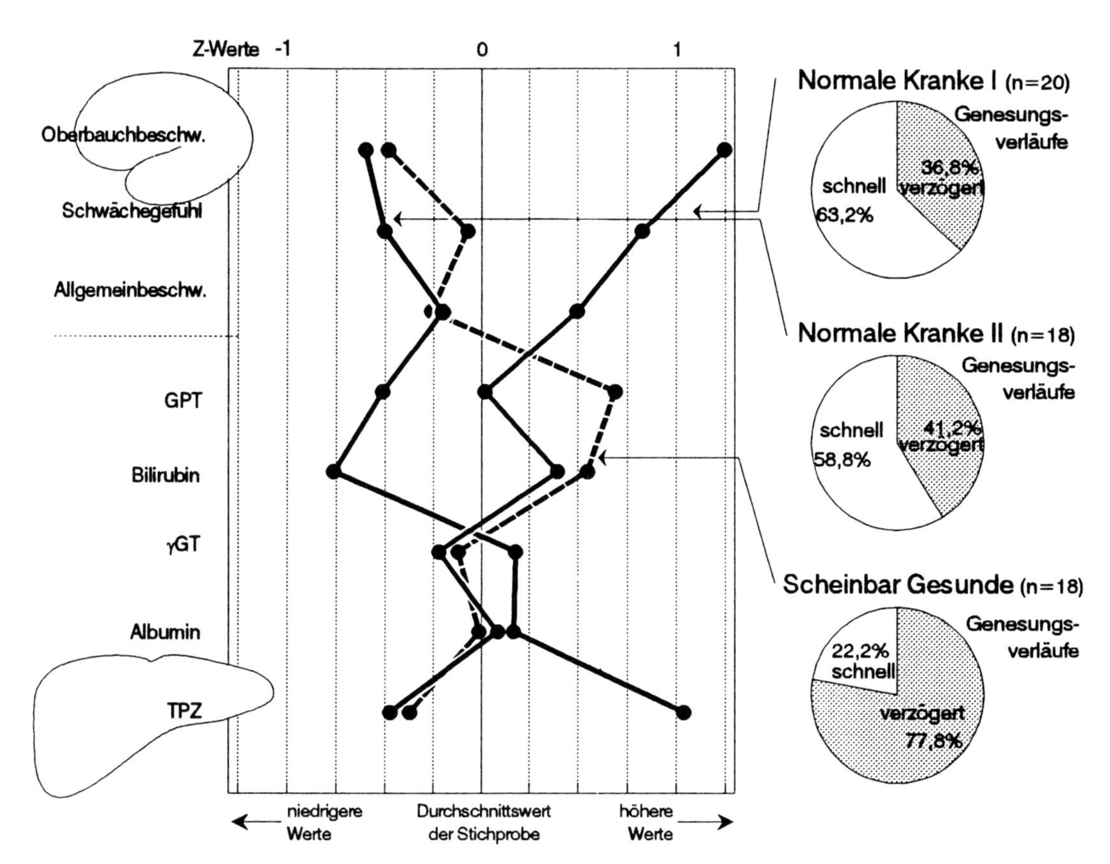

Abbildung 5: Initiale Beschwerde-Befund-Profile und weitere Krankheitsverläufe. Für den Vergleich der Beschwerde-Befund-Gruppen sind deren Mittelwerte der Beschwerdeskalen und Leberparameter (siehe Tab. 3) hier in Form z-transformierter Werte dargestellt. In die Clusterung eingegangen sind HAV- und HBV-Patienten. Im rechten Teil der Abbildung sind die prozentualen Anteile der im Text charakterisierten Genesungsverläufe angegeben; es bestehen signifikante Verteilungsunterschiede zwischen den Normal Kranken I + II und Scheinbar Gesunden hinsichtlich der Genesungsverläufe (Chi2 = 7,34, DF = 2, $p < 0,05$).

Schwellung der Leberkapsel zu den Oberbauchbeschwerden führt, während die Veränderungen, die im Zusammenhang mit den Permeabilitäts- und Funktionsveränderungen der Leberzelle stehen, eher Schwächegefühl und Müdigkeit auslösen könnten.

2. Die Korrelationshöhe von $r \cong 0,30$ zeigt aber, daß hier lediglich schwache Zusammenhänge vorliegen, die sich bei der Einzelfallanalyse durchaus anders darstellen können. Die detailliertere Untersuchung der Stichprobe anhand einer zusammenhängenden Betrachtung subjektiver Beschwerden («Oberbauchbeschwerden», «Schwächegefühl») und objektiver Befunde (GPT, γ GT, Bilirubin, Albumin, TPZ) erlaubt, clusteranalytisch drei verschiedene Subgruppen zu differenzieren (Tab. 3, Abb. 5). In zwei dieser Gruppen, als «Normale Kranke I und II» bezeichnet, bilden sich Konstellationen i. S. der genannten Korrelationen ab: Die erste Gruppe weist initial eher ausgeprägte Leberschäden auf und artikuliert deutliche, «lebertypische» Beschwerden; die zweite Gruppe zeigt einen eher geringen Leberschaden, begleitet von geringen Beschwerden. Im Unterschied dazu klagt eine dritte Gruppe trotz ausgeprägter Leberschädigung kaum über Beschwerden, weshalb sie in Anlehnung an Brähler und Scheer (1984) als «Scheinbar Gesunde» bezeichnet wird.

Diese drei Beschwerde-Befund-Gruppen unterscheiden sich *nicht* signifikant hinsichtlich Alter, Geschlecht, weiteren Erkrankungen, sozialem Status oder Virustyp.

Der individuelle Beschwerde-Befund-Zusammenhang scheint damit weit weniger durch den somatischen Befund determiniert zu sein als durch die psychische Interpretation der viszeralen Signale. Heim (1986, S. 373) veranschaulicht diese Interpretation als «Filter», der über eine «Vorbewältigung» die Signale bewußt werden läßt oder noch vor der Bewußtwerdung und eigentlichen Bewältigung abwehrt. Dabei kann das Ignorieren oder Bagatellisieren von Symptomen als Konsequenz des individuellen Krankheitsmodells erfolgen oder aber, «wenn ihre Konsequenzen vom Individuum psychisch momentan nicht verkraftet werden können. Hier ist das Ignorieren praktisch identisch mit den psychischen Abwehrmechanismen des Verdrängens oder des Verleugnens».

So interessierte die Frage nach zugrundeliegenden Krankheitverarbeitungsstrategien und Persönlichkeitsmerkmalen. Die Untersuchung der Krankheitattribuierungen[7] zeigt Unterschiede zwischen den einzelnen Beschwerde-Befund-Gruppen. Die Patientenruppen mit realitätsnäherer Beschwerde-Befund-Konstellation («Normale Kranke I/II») schreiben eigenen vorausgegangenen körperlichen und psychosozialen Be- und Überlastungssituationen (selbst-/körperbezogene Attribution) eine größere Mitverantwortlichkeit für die Entwicklung der Erkrankung zu als die «Scheinbar Gesunden», die sich als weniger eigenverantwortlich für die Erkrankung erleben.

Ein weiterer Hinweis auf zugrundliegende Persönlichkeitsstrukturen ergibt sich aus den parallel erhobenen Idealselbst-Bildern des Gießentests. Die «Scheinbar Gesunden» weisen im Idealbild einen signifikant größeren Wunsch nach *Gefügigkeit* und *sozialer Potenz* auf, was eine stärkere Außenorientierung im Zusammenhang mit Überich-Ansprüchen nach Unterordnung und Anpassung andeutet.

Keine Unterschiede zeigen die Beschwerde-Befund-Gruppen in weiteren untersuchten Persönlichkeitsmerkmalen (GTS, Beckmann et al., 1991), Genesungserwartung (GEN, adhoc-Instrument), Hoffnungslosigkeit (HSK, Kovacs et al., 1975), Krankheitsverarbeitungsstrategien (KVF, adhoc-Instrument) oder Anzahl belastender Lebensereignisse (ILE, Siegrist und Dittmann, 1981).

Bedeutung psychologischer Parameter für die Immunkompetenz und den Krankheitsverlauf

Die Länge des Krankheitsverlaufes kann vereinfachend als klinisches «Summenmaß» der Immunkompetenz angesehen werden[8]. Dabei ist die Vorstellung bei einer bereits erfolgten Infektion die, daß je effizienter die Immunantwort ist, um so schneller die Viruselimination erfolgt und um so kürzer die Erkrankung selbst imponiert. Zur Evaluation möglicher Einflußgrößen auf die Immunkompetenz unterteilten wir die Patienten nach schneller und verzöger-

[7] Der für die Studie modifizierte Fragebogen zur Ursachenattribution (Plaum, 1968) ließ sich faktorenanalytisch in folgende Bereiche gliedern: 1. Die *selbstbezogene Attribution* beeinhaltet persönlichkeitsorientierte, intrapsychisch zentrierte Aussagen, die Identitätskonflikte ansprechen («inneren Halt finden», «Hemmungen»), sowie Themen der Beziehungsstörung und Verlustproblematik («fehlender Kontakt», «Verlust eines geliebten Menschen») [internale Attribuierung]. 2. In der *umweltbezogenen Attribution* werden Probleme des konkreten Beziehungsgefüges sowie Konflikte des Autonomie- und Leistungsbereiches angesprochen («Schwierigkeiten mit dem Partner», «Überforderung in Studium/Beruf», «Gefühl, daß andere über einen bestimmen») [externale Attribuierung]. 3. Die *körperbezogene Attribution* richtet sich in erster Linie auf Vorstellungen eigener körperlicher Anfälligkeit («allgemeine Kreislaufschwäche», «Erschöpfung», «allgemeine Abwehrschwäche» u. a.) (Kegel 1995).

[8] Es sind einzelne Mutationen des HB Virus beschrieben, die ihrerseits die Immunantwort mit beeinflussen können, diese werden jedoch insbesondere mit einem fulminanten Verlauf der HBV-Infektion in Verbindung gebracht (Thomas 1992).

ter Abheilung (vgl. Leyendecker et al., 1989). Als «schnelle Abheilung» wurden Genesungsverläufe mit steil abfallenden GPT-Kurven klassifiziert, die innerhalb von drei Wochen Werte unter 100 U/l erreichten (n = 39), als «verzögert» wurden GPT-Verläufe angesehen, die längere Zeit auf einer Konzentrationshöhe verharrten oder intermittierend erneut anstiegen und erst nach vier oder mehr Wochen Konzentrationen unter 100 U/l erreichten (n = 44). Wir untersuchten zunächst, ob sich diese Gruppen schon bei Aufnahme anhand biomedizinischer, immunologischer, psychologischer oder soziologischer Variablen unterscheiden. Dabei ergab sich, daß keine der geprüften Einzelvariablen signifikante Unterschiede zwischen den Verlaufsgruppen aufwies, d. h. daß anhand der uns zur Verfügung stehenden Daten keiner der in der Literatur diskutierten Verlaufsprädiktoren bestätigt werden konnte. Weder die prognostisch ungünstige Bedeutung des initial hohen (Dienstag et al., 1987) oder niedrigen (Wright et al., 1985) Bilirubinspiegels noch eine ungünstige Auswirkung depressiver Verstimmung oder «neuropsychischer Störungen» (Paar et al., 1987; Efendiev et al., 1956; Gidaly et al., 1964), noch ein Einfluß vorausgegangener Lebensereignisse (Paar et al., 1987) auf den Verlauf ließ sich statistisch absichern.

Einzig die *integrale Analyse* somatischer und psychischer Maße, d. h. die Analyse der Interaktionen zwischen biomedizinischen und

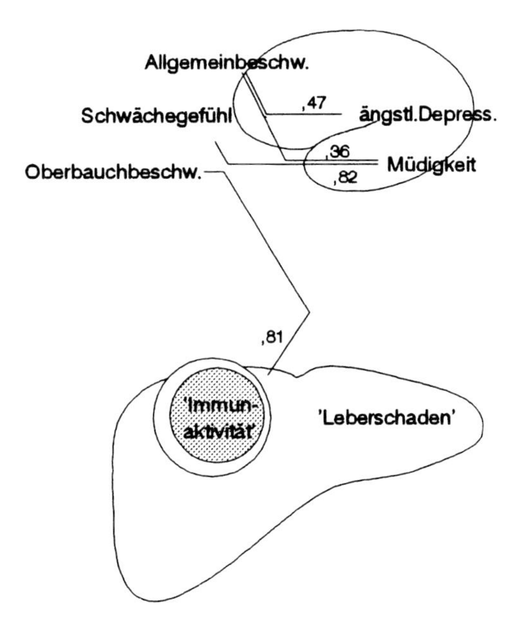

Abbildung 6: Initiale psychoimmunologische Beziehungen bei verschiedener Genesungszeit. Signifikante Korrelationen ($p < 0,05$ / $p < 0,01$) zwischen Parametern des Immunsystems, der Leberschädigung, der Beschwerden und Stimmungen zum Zeitpunkt der stationären Aufnahme bei HAV- und HBV-Patienten. Der Parameter «Immunaktivität» wurde als integrales Maß der aktuellen Immunaktivität aus der Summe der z-standardisierten Werte für sIL-2R, αIFN, IL-6 und IL-1ra errechnet. Korrelationen ähnlicher Größenordnung und Richtung ergeben sich auch bei alleiniger Berücksichtigung des sIL-2R. Die einbezogenen Fallzahlen betragen für die Leberparameter bei den «schnellen Verläufen» $n \geq 25$, bei den «verzögerten Verläufen» $n \geq 28$, für die nur in Berlin bestimmten Immunparameter bei den «schnellen Verläufen» $n \geq 15$, bei den «verzögerten Verläufen» $n \geq 10$.

psychologischen Variablen, zeigt auffällige Unterschiede zwischen den Verlaufsgruppen. So weisen bei Aufnahme die Patienten mit einer schnellen Abheilung deutlich mehr signifikante Korrelationen zwischen immunologischer Aktivität, Leberschaden und lebertypischen Beschwerden auf als die Patienten mit verzögerter Abheilgeschwindigkeit (Abb. 6). Bei den Patienten mit der offenbar effizientesten Immunanwort sind also die somatisch-immunologischen Vorgänge am stärksten psychisch repräsentiert, so daß man eine genesungsförderliche Bedeutung dieser Interaktion vermuten darf (Leyendecker et al., 1990; Klapp et al., 1992), zumal die Analyse der Beschwerde-Befund-Gruppen hinsichtlich der Verlaufsdauer in dieselbe Richtung weist: Von den Patienten, die dem Leberschaden entsprechende Beschwerden äußern («Normal-Kranke»), überwinden signifikant mehr Patienten die Hepatitis schnell als aus der Gruppe der «Scheinbar Gesunden», die trotz ausgeprägtem Leberschaden über kaum Beschwerden klagen (Abb. 5, Tab. 3).

Im Zusammenhang mit den psychologischen Unterschieden zwischen diesen Gruppen (siehe oben) läßt sich hieraus schließen, daß die Reflexion der Krankheitsursachen im biografischen Kontext und eine größere emotionale Durchlässigkeit in der Wahrnehmung und Artikulation der veränderten Körpervorgänge in Form einer «adäquaten» Beschwerde-Befund-Koppelung, mittelfristig eher «immunstimulierende» und genesungsförderliche Interaktionsfaktoren darstellen könnten. Emotionsunterdrückendes Verhalten, erhöhte Bereitschaft zur Anpassung an das (vermeintlich) sozial Erwünschte mit vermehrten Wünschen nach sozialer Anerkennung sowie die Neigung, die gestörte Körperintegrität eher zu verleugnen und sie nicht in den eigenen Lebenskontext zu integrieren, scheint dagegen mittelfristig eher «immunsupprimierende», genesungsverzögernde Wirkungen zu haben.

Entsprechend des heutigen pathophysiologischen Kenntnisstandes ist zu erwarten, daß ein derartiger Effekt über Unterschiede in der immunologischen Kompetenz vermittelt wird. Die Konzentrationen der initial einmalig untersuchten Immunmediatoren zeigen jedoch für die verschiedenen Beschwerde-Befund-Gruppen keine signifikanten Unterschiede. Zum Aufnahmezeitpunkt läßt sich also weder mit Einzel- noch mit Musteranalysen der hier gewählten, im peripheren Blut gemessenen Marker die immunologische Situation für den weiteren Verlauf befriedigend charakterisieren.[9]

Katamnestische Ergebnisse

Bei allen Patienten, die nicht vorzeitig auf eigenen Wunsch die Klinik verließen, heilte die Hepatitis während der stationären Untersuchungphase nach unterschiedlicher Krankheitsdauer aus, bzw. die Patienten wurden mit GPT-Werten < 100 U/l entlassen. Es interessierte u. a., welche Patienten in der poststationären Phase erneut ein Rezidiv erlitten bzw. chronifizierten. Bisher wurde von den insgesamt 50 Gießener Patienten eine Stichprobe von 34 (68 %) katamnestisch untersucht. Die Patienten wurden durchschnittlich 23 Monate nach Entlassung gesehen.

In halbstrukturierten Interviews hielten es etwa zwei Drittel der Patienten rückblickend für wahrscheinlich, daß eigene Verhaltensweisen und Einstellungen, wie «starker Wille» oder «positive Lebenseinstellung», Einfluß auf den Prozeß ihrer Genesung hatten. In bezug auf die körperlichen Beschwerden fanden wir,

[9] Der sIL-2R wurde zusätzlich jeweils wöchendlich parallel zu Stimmungen und Beschwerden bestimmt, αIFN in Einzelfällen. Beide Parameter zeigen, daß bei einigen Verläufen eine längere Immunaktivierung vorliegt. Da die Mediatoren ihrerseits abhängige Variablen sowohl der Virusinfektion als auch vermuteter psychischer Einflußgrößen sind, würde eine mögliche immun*suppressorische* Wirkung psychischer Faktoren zu längerer Viruspersistenz und dadurch auch längerer Immun*stimulation* führen. Damit ist theoretisch ein zeitlich bedingtes Wechselspiel aus aktivierenden – virusbedingten – und supprimierenden – psychosozial bedingten – Faktoren zu erwarten, das Verlaufsmusteranalysen wünschenswert erscheinen läßt, die mit den durchgeführten wöchentlichen Messungen eines Parameters jedoch nicht geleistet werden können.

daß sich die bei Entlassung unterhalb der Eichstichprobe liegenden Beschwerden zum Katamnesezeitpunkt wieder «normalisierten», d. h. wieder auf das Niveau der Normalbevölkerung anstiegen.

In bezug auf Komplikationen und Chronifizierungen zeigt sich folgendes Bild: Während sich unter den erfaßten Hepatitis A und B Patienten keine Personen mit anhaltend erhöhten Leberwerten fanden, wiesen 4 der 14 nachuntersuchten NANB-Patienten (29 %)[10] durchgängig oder erneut erhöhte GPT-Werte auf. Deskriptiv statistisch zeigt sich, daß in der Frühphase der Hepatitis die Patienten mit im weiteren chronifizierten Verläufen eine blandere Entzündungsaktivität aufweisen: So sind ihre GPT-Werte niedriger und die Oberbauchbeschwerden weniger ausgeprägt. Darüber hinaus finden sich – wie bei den HAV- und HBV-Patienten mit verzögerten Verläufen – in der Akutphase weniger ausgeprägte psychosomatische korrelative Zusammenhänge. Allerdings sind die Fallzahlen zu klein, um der statistischen Hypothesenprüfung i.e.S. dienen zu können.

Zusammenfassung

Aufgrund ihrer pathophysiologischen Bedingungen eignet sich die akute Virushepatitis zu einer klinischen psychoimmunologischen Untersuchung und Ergänzung experimentell gewonnener Erkenntnisse.

Wir konnten feststellen, daß somato-psychische Interaktionen i.S. «afferenter» Beziehungen zwischen Leberschaden, Immunaktivität und subjektivem Befinden bestehen. Diese werden jedoch erheblich von individuellen intrapsychischen Faktoren modifiziert. Bei der akuten Hepatitis lassen sich Patienten differenzieren, die Beschwerden adäquat zu somatischen Befunden wahrnehmen, und andere, bei denen eine Diskrepanz zwischen ausgeprägtem Befund und berichteten Beschwerden vorliegt. Dabei können Verleugnungsprozesse in Verbindung mit Selbstwahrnehmungsstörungen wesentlich sein.

Wie erwartet, hatten Einzelparameter auf immunologischer, psychischer oder sozialer Ebene keinen prädiktiven Wert für den Krankheitsverlauf. Aber auch die vernetzte Betrachtung der Zytokine mittels einer Clusteranalyse der Eingangswerte erlaubte keine Vorhersage der «Immunkompetenz» für einen mittleren Zeitraum. Die komplexen Analysen von psychologischen und biomedizinischen Daten ermöglichen jedoch, schon bei Krankenhausaufnahme Annahmen über den weiteren Krankheitsverlauf zu treffen: Patienten, die die Krankenrolle annehmen und dem Leberschaden entsprechende körperliche Beschwerden angeben («Normal Kranke I und II»), zeigen häufiger kürzere Genesungsverläufe als Patienten, die trotz körperlicher Dysfunktion und sozialer Isolation keine subjektive Beeinträchtigung angeben («Scheinbar Gesunde»). Versteht man die Befindensveränderungen als Ausdruck der Krankheitsverarbeitung, so scheint in einem realitätsakzeptierenden psychischen Erleben ein eher genesungsförderlicher Einfluß und in einem realitätsverzerrenden Erleben eine eher ungünstige Beeinflussung des Verlaufes dieser Infektionserkrankung zu liegen

Versuche, anhand katamnestischer Untersuchungen eine Bedeutung dessen für die Chronifizierung statistisch zu belegen, sind bislang aufgrund des geringen Anteils an Chronifizierungen nicht gelungen. Die bisher vorliegenden Kasuistiken stützen eher diese Hypothesen.

[10] Zum Zeitpunkt der Erhebung der Gießener Daten konnten routinemäßig keine HCV-Testungen durchgeführt werden, so daß ein Gutteil der Patienten wahrscheinlich unter einer Hepatitis C litt.

Literatur

Ader R, Felten DL, Cohen N: Preface. In: Ader R, Felten DL, Cohen N (Hrsg): Psychoneuroimmunology, Second Edition. San Diego, Academic Press, 1991.
Ader R: Preface. In: Ader R (Hrsg): Psychoneuroimmunology. San Diego, Academic Press, 1981.
Ahrens S: Empirische Ergebnisse zum Konsultationsver-

halten neurotischer und psychosomatischer Patienten. Z Psychosom Med 1982; 28:242–254.
Alberti A, Chemello L, Fattovich G, Pontisso P, Semenatzo G, Colletta C, Vinante F, Pizzolo G: Serum levels of soluble Interleukin 2 Receptors in Acute and Chronic Viral Hepatitis. Dig Dis Sci 1989; 34:1559–1563.
Atkins MB, Gould JA, Allegretta M, Li JJ, Dempsey RA, Rudders RA, Parkinson DR, Seymour R, Mier JW: Phase I Evaluation of Recombinant Interleukin-2 in Patients With Advanced Malignant Disease. J Clin Oncol 1986; 4(9):1380–1391.
Backhaus K, Erichson B, Plinke W, Weiber R: Multivariate Analysenmethoden: eine anwendungsorientierte Einführung. Berlin, Springer, 1990.
Barnaba V: Zelluläre Immunreaktion gegen Hepatitis B-Oberflächenantigen. In: Meyer zum Büschenfelde KH, Hoofnagle J, Manns M (Wissenschaftliche Leitung): Zusammenfassung der Vorträge – Immunologie und Leber – Falk Symposium Nr.70, Basel, 1992, 22 (zu beziehen über Falk Foundation e.V. Postfach 6529, 7800 Freiburg/Br).
Bartholomew U: Selbstbild, Isolation und Objektbeziehungen bei Patienten mit akuter Virushepatitis. Eine Untersuchung mit dem Role-Repertory-Grid. Gießen, Verlag der Ferber'schen Universitätsbuchhandlung, 1990.
Beckmann D, Brähler E, Richter HE: Der Gießentest (GT): Ein Test für Individual- und Gruppendiagnostik, Handbuch. Bern, Huber, 1991.
Brähler E, Scheer JW: Der Gießener Beschwerdebogen (GBB), Handbuch. Bern, Huber, 1983.
Brähler E, Scheer JW: Subjektive Beschwerden und objektiver Befund. In: Scheer W, Brähler E (Hrsg.): Ärztliche Maßnahmen aus psychologischer Sicht – Beiträge zur medizinischen Psychologie. Berlin, Springer, 1984; S. 189–199.
Brosius G: SPSS/PC^{+} advanced statistics und tables. Hamburg, McGraw-Hill, 1989.
Caliezi JM: Die Hepatitis, eine Ausweichkrankheit bei bewußter Verzweiflung mit suizidaler Tiefe ? (Depressionsersatz). Praxis – Schweiz Rundschau Med 1980; 61:1620–1628.
Choo QL, Weiner AJ, Overby LR, Kuo G, Houghton M, Bradley DW: Hepatitis C virus: The major causative agent of viral non-A, non-B hepatitis. In: Zuckerman AJ (Hrsg.): British Medical Bulletin- A Series of Expert Reviews- Vol 46 N°2 April 1990, Viral Hepatitis. New York, Churchill Livingstone, 1990; pp. 423–441.
Diamantstein T, Osawa H, Mouzaki A, Josimovic-Alasevic O: Regulation of interleukin-2 receptor expression and receptor release. Mol Immunol 1986; 23:1165–1172.
Dienstag JL, Wands JR, Koff RS: Acute hepatitis. In: Braunwald E, Isselbacher KJ, Petersdorf RG, Wilson JD, Martin JB, Fauci AS (Hrsg.): Harrison's principles of internal medicine 1, 11ed. New York, McGraw-Hill Book Company, 1987; pp. 1325–1338
Dinarello CA: Interleukin-1 and interleukin-1 antagonism. Blood 1991; 77:1627–1652.
Eisenberg SP, Evans RJ, Arend WP, Verderber E, Brewer MT, Hannum, CH, Thompson RC: Primary structure and functional expression from complentary DNA of a human interleukin-1 rezeptor antagonist. Nature 1990; 343:341–346.
Engelmann H, Aderka D, Rubinstein M, Rotman D, Wallach D: A tumor necrosis factor-binding protein purified to homogeneity from human urine protects zells from tumor necrosis factor toxicity. J Biol Chem 1989; 264:11974–11980.
Evendiev EM: Neuropsychische Störungen bei der Hepatitis epidemietwa Terap Arch, Moskva 1956; 8:71 (zit.n. Kipshagen 1975).
Feldmann M, Male D: Cell cooperation in the immune response. In: Roitt I, Brostoff J, Male D (Hrsg.): Immunology, 2nd ed. London, Gower Medical Publishing, 1989; 8.1–8.11.
Fischer E, van Zee KJ, Marano MA, Rock CS, Kenney JS, Poutsiaka DD, Dinarello CA, Lowery SF, Moldawer LL: Interleukin-1 rezeptor antagonist circulates in experimental inflammation and in human disease; Blood 1992; 79:2196–2200.
Forbes A, Williams R: Changing epidemiology and clinical aspects of hepatitis A. In: Zuckerman AJ (Hrsg.): British Medical Bulletin- A Series of Expert Reviews- Vol 46 N°2 April 1990, Viral Hepatitis. New York, Churchill Livingstone 1990; pp. 303–318.
Foster GR, Thomas HC: The role of interferon-α in virus elimination: viral inhibitors resulting in persistent infection. In: Meyer zum Büschenfelde KH, Hoofnagle JH, Manns M (Hrsg.): Immunology and Liver. Dordrecht, Kluwer Academic Publishers, 1993; pp. 131–136.
Frerichs FT: Klinik der Leberkrankheiten, Erster Band. Braunschweig, Vieweg, 1858.
Friedich-Jänicke B: Untersuchung zu Art und Verlauf des Beschwerdebildes bei akuten Infektionskrankheiten; Inaugural-Dissertation, Berlin, 1987.
Fuchs J: Icterus e emotione. Inaugural Dissertation, Leipzig, 1932.
Gauldie J Richards C, Harnish D, Landsdrop P, Baumann H: Interferon-β2/B-zell stimulatory factor and regulates the major acute phase protein response in liver cells. Proc Natl Acad Sci USA 1987) 84:7251–7255.
Gidaly M, Gorgan V, Iepureanu A, Sirbu A, Schuster N: Neuro-psychische Erscheinungen bei der Hepatitis infectiosa. Zeitschrift für innere Medizin 1964; 519(12):19–522.
Gieler U, Ernst R, Fritz J: Mein Schuppenpanzer schützt mich! Persönlichkeitsbild und Körperbeschwerden bei Psoriasis-Patienten. Zeitschrift für Hautkrankheiten 1986; 61:572–576.
Häfner H, Freyenberger H: Ikterus als Psychosomatisches Krankheitsbild; Zeitschrift für Psychotherpie und Medizinsche Psychologie 1955; 5:107–118.
Hagedorn E: Psychosomatische Aspekte bei Funktionsstörungen und Erkrankungen der Leber. Zeitschrift für Psychosomatische Medizin 1969; 15:1–31.
Heim E: Krankheitsauslösung – Krankheitsverarbeitung. In: Heim E, Willi J: Psychosoziale Medizin: Gesundheit und Krankheit in bio-psycho-sozialer Sicht, Bd.2. Berlin, Springer, 1986; pp. 343–390.
Hoofnagle JH: Innovative therapies for chronic hepatitis B. In: Meyer zum Büschenfelde KH, Hoofnagle JH,

Manns M: Immunology and Liver. Dordrecht, Kluwer Academic Publishers, 1993; pp. 120–130.
Hörhold M, Klapp BF: Testung der Invarianz und der Hierachie eines mehrdimensionalen Stimmungsmodells auf der Basis von Zweipunkterhebungen an Patienten- und Studentenstichproben. Z med Psychol 1993; 1:27–35.
Houssiau FA, Coulie PG, Olive D, van Snick J: Synergistic activation of human T cels by interleukin-1 and interleukin-6. Eur J Immunol 1988; 18:653–656.
Hovorka O, Kronfeld A: Vergleichende Volksmedizin. Stuttgart, Strecker & Schröder, 1909.
Jacyna MR, Thomas HC: Antiviral Therapy: Hepatitis B. In: Zuckerman AJ (Hrsg.): British Medical Bulletin- A Series of Expert Reviews- Vol 46 N°2 April 1990, Viral Hepatitis. New York, Churchill Livingstone, 1990; 368–382.
Jörres A, Topley N, Steenweg L, Müller C, Köttgen E, Gahl GM: Inhibition of cytokine synthesis by peritoneal dialysate persists throughout the CAPD cycle. Am J Nephrol 1992; 12:80–85.
Kegel B: Krankheits- und Selbstkonzepte von Patienten mit akuter Virushepatitis. Inaugural-Disseration, FU-Berlin, 1995.
Kipshagen H: Psychische Veränderungen bei der akuten Virushepatitis in einer Verlaufsstudie mit dem MMPI-Saarbrücken-Persönlichkeitstest-Test. Inaugural-Dissertation, München, 1975.
Klapp BF, Leyendecker B, Bartholomew U, Jesberg B, Scheer JW: Psychological Factors Influencing the Course of Infectious Disease, e.g. Acute Viral Hepatitis. In: Schmoll HJ, Tewes U, Plotnikoff NP (Hrsg.): Psychoneuroimmunology – Interactions between Brain, Nervous System, Behavior, Endocrine and Immune System. Lewiston, Hogrefe & Huber Publishers, 1992; pp. 199–215.
Knoblauch M: Erkrankungen der Leber. In: Hafter E (Hrsg.): Praktische Gastroenterologie. Stuttgart, Thieme, 1978; 482–570.
Kovacs M, Beck AT, Weismann A: Hopelessness: An indicator of suicidal risk. Life-threatening behavior 1975; 5:98–103.
Leyendecker B, Bartholomew U, Neuhaus R, Hörhold M, Blumhardt G, Neuhaus P, Klapp BF: Quality of life of liver transplant recipients – a pilot study. Transplant 1993; 56:561–567.
Leyendecker B, Klapp BF, Scheer JW, Bartholomew U, Matthes K: Character of initial symptomatology and further course of acute viral hepatitis. Hepatogastroenterology 1990; 37(Suppl.II):136–139.
Leyendecker B, Klapp BF: Hepatitisverlauf im biopsychosozialen Untersuchungsansatz; Medwelt 1989; 40: 1450–1457.
Lotze M, Matory YL, Ettinghausen SE, Rayner AA, Sharrow SO, Seipp CAY, Custer MC, Rosenberg SA: In vivo administration of purified human interleukin 2. J Immunol 1985; 135(4):2865–2875.
Male D, Roitt I: Adaptive and innate immunity. In: Roitt I, Brostoff J, Male D: Immunology, 2nd ed. London, Gower Medical Publishing, 1989; 1.1–1.10.
Mani N: Die historischen Grundlagen der Leberforschung. Teil I: Die Vorstellungen über Anatomie, Physiologie und Pathologie der Leber in der Antike. Basel, Schabe & Co, 1965.
McIntyre N: Clinical presentation of acute viral hepatitis. In: Zuckerman AJ (Hrsg.): British Medical Bulletin- A Series of Expert Reviews- Vol 46 N°2 April 1990, Viral Hepatitis. New York, Churchill Livingstone, 1990; pp. 533–547.
Meyer zum Büschenfelde KH, Hüttenroth TH: Viruserkrankungen der Leber. In: Siegenthaler W, Kaufmann W, Hornbostel H, Waller HD (Hrsg.): Lehrbuch der Inneren Medizin. Stuttgart, Thieme, 1984; 11.147–11.152.
Mitscherlich A: Ein Leben für die Psychoanalyse. Frankfurt, Suhrkamp, 1980.
Morgagni (1682–1771): erwähnt bei Hagedorn, 1969; 3.
Müller C, Zieliniski CC: Interleukin-6 production by peripheral blood monocytes in patients with chronic liver disease and acute viral hepatitis. Journal of Hepatology 1992); 15:372–377.
Muraguchi A, Hirano T, Tang B, Matsuda T, Horii Y, Nakajima K, Kishimoto T: The essential role of B cell stimulatory factor 2 (BSF-2/IL-6) for the terminal differentiation of B cell. J Exp Med 1988; 167:332–344.
Onji M, Kondo H, Horijke N, Yamaguchi S, Ogawa Y, Kumon I, Otha Y: Effect of recombinant interleukin 2 on hepatitis B e antigen positive chronic hepatitis. Gut 1987; 28:1648–1652.
Onji M, Kondo H, Otha Y: Serial Observation of Lymphocyte Subpopulations and Interleukin 2. Hepatogastroenterolgy 1988; 35:10–13.
Osler W: Lehrbuch der Internen Medizin. Berlin, Urban & Schwarzenberg, 1909.
Paar GH, Schaefer A, Drexler W: Über das Mitwirken psychosozialer Faktoren bei Ausbruch und Verlauf der akuten Virushepatitis – Bericht über eine Pilotstudie. Psychother Med Psychol 1987; 37:23–30.
Peters M, Veirling J, Gershwin ME, Milich D, Chisari FV, Hoofnagle JH: Immunology and the liver. Hepatology 1991; 13(5):977–994.
Peters M: Actions of cytokines on immune response and virus replication – an overview. In: Meyer zum Büschenfelde KH, Hoofnagle JH, Manns M (Hrsg.): Immunology and Liver. Dordrecht, Kluwer Academic Publishers, 1993; 117–119.
Platon (427–347): Timaios. In: Otto W, Grassi E, Plamböck G (Hrsg.): Sämtliche Werke 5, nach der Übersetzung von Friedich Schleiermeier und Hieronymus Müller. Hamburg, Rowohlt, 1987; pp. 141–213.
Plaum FG: Krankheittheorien und Behandlungserwartungen psychosomatischer Patienten. Inaugural-Disseration, Gießen, 1968.
Potain M: De l'ictère émotif. La semaine médicale, Paris 1894; 381–382.
Potain M: De l'ictère spasmodique secondaire. Gazette des Hôpitaux, Paris 1879; 834–837.
Renault PF, Hoofnagle JH: Side effects of alpha interferon. Semin Liver Dis. 1989; 9:273–278.
Rose M: Die akute Virushepatitis im biopsychosozialen Kontext: Emotionale und immunologische Parameter im Krankheitsverlauf. Gießen, Verlag der Ferber'schen Universitätsbuchhandlung, 1994.
Rose M, Leyendecker B, Jörres A, Klapp BF: Complaints

and Peripherally Measurable Cytokines in Acute Viral Hepatitis. In: Kugler J, Schedlowski M, Schulz KH (Hrsg.): Psychoneuroimmunology – How the brain and the immune system communicate with each other. Psychologische Beiträge (1/2) 1994; 36:213–222.

Salm A: Angstverarbeitung und Stimmungsverlauf vor und nach Herzoperationen. In: Tewes U (Hrsg.): Angewandte Medizinpsychologie. Frankfurt/M, Fachbuchhandlung für Psychologie, Verl.-Abt., 1984; S. 333–342.

Samuel CE: Mechanisms of interferon action. Phosphorylation of protein synthesis initiation factor eIF-2 in interferon treated cells by a ribosome associated kinase processing site specificity similar to hemin-regulated rabbit reticuloxyte kinase. Proc Natl Acad Sci USA 1979; 76:600–604.

Scholler G: Lebensqualität bei Patienten vor und im ersten Jahr nach Lebertransplantation: Eine biopsychosoziale Studie. Gießen, Verlag der Ferber'schen Universitätsbuchhandlung, 1994.

Schulz KH, Ferstl R: Psychoimmunologische Forschung in der Bundesrepublik Deutschland 1987. In: Florin I, Hahlweg K, Haag G, Brack UB, Fahrner EM (Hrsg.): Perspektive Verhaltensmedizin. Berlin, Springer, 1989, S. 20–32.

Schwenkmezger P: Emotion und Gesundheit. Zeitschrift für Klinische Psychologie 1992; XXI(1):4–16.

Seckinger P, Lowenthal JW, Williamson K, Dayer JM, MacDonald HR: A urine inhibitor of interleukin 1 activity that blocks ligand binding. J Immunol 1987; 139:1546–1549.

Siefen RG: Psychosoziale und gesundheitliche Veränderungen nach Operationen am Offenen Herzen. Inaugural-Dissertation, Gießen, 1982.

Siegenthaler W, Steurer J, Vogt M: Anamnese, klinischer Blick und wichtige subjektive Symptome. In: Siegenthaler W (Hrsg.): Differentialdiagnose innerer Krankheiten. Stuttgart, Thieme, 1988; 2.1.-2.15.

Siegrist HE: Anfänge der Medizin. Zürich, Europa-Verlag, 1963.

Siegrist J, Dittmann K: Lebensveränderungen und Krankheitsausbruch. Kölner Zeitschrift für Soziologie und Sozialpsychologie 1981; 33:132–147.

Sommer G, Fydrich T: Soziale Unterstützung. DGVT-Materialien Nr. 22. Tübingen, Deutsche Gesellschaft für Verhaltenstherapie, 1989.

Theophrastos von Ephesos (372–287): Problemata, XXX, 1 [zit.n. Siegrist 1963].

Thomas HC: Does the precore mutant of HBV cause fulminant hepatitis? Hepatology 1992; 15(1):166–167.

Thomas HC: The hepatitis B virus and the host response. J Hepatol 1990; 11(Suppl.1):S83–S89.

Umber F: Erkrankungen der Leber, der Gallenwege und des Pankreas. In: v.Bergmann G et al.: Erkrankungen der Verdauungsorgane – Handbuch der Inneren Medizin Bd.III, Teil 2. Berlin, Springer, 1926.

Uze G, Lutfalla G, Gresser I: Genetic transfer of a functional human interferon α rezeptor into mouse zells: cloning and expression of its cDNA. Zell 190; 60:225–234.

Vallbracht A, Stierhof YD, Fleischer B: Immunopathogenesis of hepatitis A virus infection. In: Meyer zum Büschenfelde KH, Hoofnagle JH, Manns M (Hrsg.): Immunology and Liver. Dordrecht, Kluwer Academic Publishers, 1993; pp. 85–89.

v.Weizsäcker V: Fälle und Probleme. Stuttgart, Enke, 1951.

Wright R, Millward-Sadler GH, Bull FG: Acute Viral Hepatitis. In: Wright R, Millward-Sadler GH, Alberti KGMM, Karran S (Hrsg.): Liver and Biliary Disease: Pathophysiology, Diagnosis, Mangement. London, Baillière Tindall, 1985; pp. 677–768.

Yamaguchi S, Onji M, Ohta Y: Increased serum soluble IL-2 receptor levels in patients with viral liver diseases. Hepatogastroenterolgy 1988; 35:245–248.

Klinische Anwendungen der klassischen Konditionierung von Immunfunktionen

Ursula Stockhorst und Sibylle Klosterhalfen

In ihrem Review «Psychoneuroimmunology. The interface between behavior, brain, and immunity» nennen Maier et al. (1994) *zwei Fragen, die im Zentrum der aktuellen Forschung zur konditionierten Immunmodulation stehen.* Die eine richtet sich auf die *involvierten Mechanismen:* Es ist zu klären, ob Immunveränderungen direkt konditioniert werden oder ob Prozesse konditioniert werden, die für die Immunveränderungen verantwortlich sind (wie Furcht, Angst, Aversion oder Glukokortikoidfreisetzung). Die zweite Frage betrifft die *potentiellen praktischen Implikationen* einer konditionierten Immunmodulation. Hier wäre zu klären, ob und inwieweit konditionierte Immunreaktionen in natürlichen Situationen auftreten und möglicherweise Krankheitsprozesse beeinflussen und somit Konditionierungsmechanismen in der klinischen Anwendung genutzt werden können. Grochowicz et al. (1991) fordern entsprechend: «If conditioned immunomodulation is to be of practical benefit it must induce changes in immunity sufficient to modify the course of a functional immune response» (S. 353). Neben der Ausnutzung einer therapeutisch intendierten konditionierten Immunreaktion (etwa einer Immunsuppression bei einer Autoimmunerkrankung) könnte zudem die Konditionierung therapeutisch nicht-intendierter Nebenwirkungen (etwa der antizipatorischen Immunsuppression bei Chemotherapie) verhindert werden (Stockhorst et al., 1993a). *Ziel der vorliegenden Arbeit* ist die Zusammenfassung der klinisch relevanten Ergebnisse zur konditionierten Immunmodulation. Es werden sowohl tierexperimentelle Befunde als auch Daten aus dem Humanbereich zu solchen Immunveränderungen zusammengestellt, die jeweils einer klinischen Erkrankung zuzuordnen sind und somit über eine Darstellung der Veränderung einzelner Immunparameter hinausgehen. Sowohl intendierte als auch nichtintendierte konditionierte Effekte werden dargestellt und ggf. Therapievorschläge aus dem Konditionierungsmodell abgeleitet.

Klassische Konditionierung

Grundlagen

Die Entstehung einer klassisch konditionierten Reaktion (conditioned response, CR) basiert auf der kontingenten Kopplung zweier Reize, nämlich eines zunächst neutralen Stimulus und eines sog. unkonditionierten Stimulus (US), der ungelernt eine unkonditionierte Reaktion (UR) des Organismus hervorruft. Durch die kontingente Paarung wird der neutrale Reiz zu einem konditionierten Stimulus (conditioned stimulus, CS) und löst auch ohne den US eine nun konditionierte Reaktion aus. Die als US in Experimenten zur Konditionierung von Immunparametern eingesetzten Reize lassen sich einteilen in 1. pharmakologische Substanzen (vor allem Cyclophosphamid, aber auch Cyclosporin, Methotrexat oder Morphin); 2. Substanzen des Immunsystems (z. B. Zytokine [wie Interleukine, IL]) oder Antigene; und 3. Stressoren. Als abhängige Variablen werden Parameter der humoralen Abwehr (wie Antikörpertiter und Immunglobuline), Parameter der zellulären Abwehr (wie Abstoßungsreaktionen und Überempfindlichkeitsreaktionen) und sog. «nonimmunologically specific reactions» erfaßt, zu denen die in-vitro-Aktivität der natürlichen Killerzellen (NK) und die Mitogen-induzierte Lymphozytenproliferation gerechnet werden (vgl. Ader und Cohen, 1993).

Konditionierte Geschmacksaversion

In der Mehrzahl der tierexperimentellen Untersuchungen zur klassischen Konditionierung von Immunfunktionen wird ein immunsuppressives Pharmakon, Cyclophosphamid (CY), als US und Saccharin (Sac) als CS benutzt. Diese Versuchsanordnung wurde in Konditionierungsexperimenten ursprünglich zur Auslösung einer sog. konditionierten Geschmacksaversion (conditioned taste aversion, CTA) eingesetzt. Die CTA wurde erstmals in einem Experiment von Garcia et al. (1955) beschrieben: ein neuer gustatorischer Stimulus (Saccharinlösung) diente als CS und wurde mit einer übelkeitsauslösenden Behandlung (Gamma-Bestrahlung) als US gekoppelt. Es zeigte sich schon nach einer Paarung eine Aversion gegen den CS. Nachfolgend wurden Lithium-Chlorid (LiCl) (Garcia und Koelling, 1966) und auch CY als US zur Auslösung der CTA (zf. Riley und Tuck, 1985) benutzt. In dieser Cyclophosphamid-Versuchsanordnung entdeckten Ader und Cohen (1975) zunächst zufällig, daß Ratten, die dem aversiven CS Saccharinlösung (Sac) reexponiert wurden, nicht nur eine starke Aversion gegen Sac zeigten, sondern auch eine erhöhte Mortalität aufwiesen, was auf eine Immunsuppression schließen ließ. Das Paradigma der CTA wird insbesondere auch zur Erklärung der unterschiedlichen konditionierten Reaktionen im Rahmen chemotherapeutischer Behandlung, nämlich der gelernten Nahrungsmittelaversion (learned food aversion, LFA), der antizipatorischen Übelkeit und des antizipatorischen Erbrechens (anticipatory nausea and vomiting, ANV) und der antizipatorischen Immunsuppression (AIS) herangezogen. Inwieweit diese Effekte gleichartig oder unterschiedlich mediiert werden, ist noch zu klären.

Empirische Arbeiten 1: Tierexperimentelle Befunde

Dem eingangs genannten Ziel entsprechend werden die Befunde zur Bedeutung der klassischen Konditionierung von Immunfunktionen nach Erkrankungsbildern und Interventionen, die das Immunsystem betreffen, gruppiert. Was die tierexperimentellen Befunde betrifft, werden die wichtigsten Anwendungen der klassischen Konditionierung bei 1. Autoimmunerkrankungen, 2. Tumorwachstum und Tumortherapie, 3. Abstoßungsreaktionen nach Organtransplantationen und 4. allergischen Reaktionen dargestellt. Tabelle 1 stellt die Experimente zu den Anwendungen 1 bis 3 zusammen, indem die untersuchte Erkrankung, die Merkmale des Versuchsaufbaus (Art der Konditionierung, CS, US) und die Ergebnisse angegeben werden (sowohl in bezug auf die immunologischen Reaktionen als auch die Entstehung einer CTA).

Autoimmunerkrankungen

Lupus erythematodes (LE): Beim LE kommt es zu einer Bildung von Autoantikörpern vor allem gegen Antigene der Zellkerne, u. U. auch gegen Blutzellen und andere Gewebe. Es entstehen lösliche Immunkomplexe, die im Blutkreislauf zirkulieren. Sie lagern sich in Gefäßwände ein und lösen dadurch eine Gefäßentzündung aus mit ggf. charakteristischen Veränderungen an Haut, Gelenken und inneren Organen. Ader und Cohen führten 1982 ein erstes Tierexperiment durch, das die therapeutische Bedeutung der klassischen Konditionierung von Immunfunktionen zeigt: Bei Mäusen wurde zunächst systemischer LE induziert. Die Entwicklung des LE (operationalisiert über Proteinurie und Mortalitätsrate) wurde dadurch reduziert, daß die Mäuse eine konditionierte Immunsuppression erlernten. Die Versuchstiere (Vte) wurden per Zufall einer von vier Behandlungen zugeteilt: Vte der Gruppe 1 (C100) stellten eine Referenz für die standard-

Tabelle 1: Tierexperimente zur klassisch konditionierten Immunmodulation.

Autor(inn)en	Jahr	Krankheit		Tier	Art der Kondit.	CS	US	Ergebnisse	
		allgemein	spezifisch					immunol. Reaktion(en)	CTA
Ader & Cohen	1982	Autoimmun-krankheit	Lupus erythematodes	Mäuse	gepaart/ ungep.	Sac-Lösg.	CY (30)	Proteinurie C<NC Mortalitätsrate C<NC	(nein)
Klosterhalfen & Klosterhalfen	1983	Autoimmun-krankheit	Adjuvans-Arthritis	Ratten	gepaart/ ungep.	Sac.-Van. Lösg.	CY (100) (80)	Pfotenschwellung C<NC C<NC	 ja ja
Klosterhalfen & Klosterhalfen	1985	Autoimmun-krankheit	Adjuvans-Arthritis	Ratten	gepaart/ ungep.	Sac.-Van. Lösg.	CY (80/100) (30)	Pfotenschwellung C<NC, C<NC C>NC	 ja, ja ja
Klosterhalfen & Klosterhalfen	1990	Autoimmun-krankheit	Adjuvans-Arthritis	Ratten	diff. Kondit. (prä) diff. Kondit.	Cyclamat vs. Essig-Lösg.	CyS	Pfotenschwellung $CS^+<CS^-$ $CS^+<CS^-$	nein nein
Gorczynski et al.	1985	Tumor-wachstum	synergist. Plasmocytom	Mäuse	gepaart/H_2O	Sac-Lösg.	CY (125)	Tumorgröße CS>H_2O Mortalitätsrate CS<H_2O	(ja)
Ghanta et al.	1987	Tumor-wachstum	Plasmocytom: MOPC 104 E Myelom-Zellen	Mäuse	gepaart/ CS nicht	Kampfer-geruch	Poly I:C	Überlebensrate d. Mäuse CS>CS nicht (tendentiell signifikant)	–
Ghanta et al.	1990	Tumor-wachstum	YC8-T-Zellen-lymphom	Mäuse	gepaart/ CS nicht 2–4x	Kampfer-geruch	allogene Milzzellen	Tumorgröße CS<CS nicht Überlebenszeit CS>CS nicht	–
Hiramoto et al.	1991	Tumor-wachstum	YC8-T-Zellen-lymphom	Mäuse	gepaart/ CS nicht	Kampfer-geruch	allogene Milzzellen	Tumorgröße CS<CS nicht Überlebenszeit CS>CS nicht	–
Gorczynski	1990	Abstoßungs-reaktion	(allogenes) Haut-transplantat	Mäuse	gepaart/H_2O	Sac-Lösg.	post: CY (100)	Überlebenszeit Transplantat CS>H_2O	(ja)
			Haut-transplantat				post: CY (100) prä: CY (50)+ Transfusion v. Spenderblut	CS>H_2O	(ja)
Grochowicz et al.	1991	Abstoßungs-reaktion	heterotop. Herz-transplantation	Ratten	gepaart/H_2O	Sac-Lösg.	CyS	Überlebenszeit Herztrans-plantat CS>H_2O	ja

Abkürzungen: C: konditioniert(e Gruppe); CS: konditionierter Stimulus; CTA: konditionierte Geschmacksversion; CY: Cyclophosphamid, intraperitoneal injiziert, in Klammern Dosis in mg/kg; CyS: Cyclosporin; diff. Kond.: differentielle Konditionierung; NC: nicht konditioniert(e Gruppe); Poly I:C polyinosinische: polycytidylische Säure; Sac: Saccharin; US: unkonditionierter Stimulus; > oder <: signifikanter Gruppenunterschied.

«gepaart/CS nicht» oder «gepaart/H_2O» bedeutet, daß für die Experimentalgruppe CS und US gekoppelt wurden und die Kontrollen außer dem US den CS nicht oder statt dessen H_2O (Wasser) erhielten.

mäßig applizierte pharmakologische Therapie dar und erhielten über acht Wochen einmal wöchentlich eine Injektion CY (30 mg/kg, intraperitoneal [i. p.]), was den US darstellte. Als CS diente das kurz zuvor verabreichte Sac. Für den Konditionierungsnachweis interessant sind die gepaarte und die ungepaarte, d. h. inkontingent verstärkte Gruppe, die an jeweils vier der acht Termine den US, an den übrigen Terminen (Zufallsauswahl) eine Kochsalzlösung erhielten. Der CS ging dem US entweder unmittelbar voran (Gruppe C50), oder CS und US wurden ungepaart (Gruppe NC50) an verschiedenen Tagen verabreicht. Gruppe NCOND erhielt als Plazebokontrolle eine ungepaarte Vorgabe von Sac und Kochsalzlösung. Die Tiere der gepaarten Gruppe (C50) entwickelten die Proteinurie langsamer als die Tiere der ungepaarten Gruppe (NC 50). Letztere unterschieden sich nicht von den unbehandelten Tieren der Gruppe NCOND. Vergleichbare Ergebnisse zeigten sich in der Mortalitätsrate. CTA wurde hier nicht untersucht, ist aber auch nach Ader und Cohen (1982) bei dieser geringen CY-Dosis nicht zu erwarten. Die Ergebnisse legen nahe, daß eine Konditionierung der CY-Wirkung an einen CS die immunologische Reaktivität supprimieren und den Ausbruch einer Autoimmunerkrankung verzögern kann und sich die pharmakologische Dosis immunsuppressiver Medikation ggf. reduzieren läßt.

Adjuvans-Arthritis (AA): Eine weitere Autoimmunerkrankung, in deren Therapie CY eingesetzt wird, ist die rheumatoide Arthritis, eine systemische Erkrankung des Bindegewebes mit Befall großer und kleiner Gelenke und ggf. Beteiligung extraartikulärer Strukturen. Ein anerkanntes tierexperimentelles Modell ist die Adjuvans-Arthritis, die durch Injektion von komplettem Freundschem Adjuvans (CFA) induziert wird (vgl. Klosterhalfen und Klosterhalfen, 1983). Bei Injektion von CFA kommt es innerhalb von 24 Stunden zu einer deutlichen Schwellung an der Injektionsstelle, in den hier referierten Tierexperimenten eine der Hinterpfoten. Im Intervall von zwölf Tagen nach der Injektion finden sich aber auch Entzündungszeichen an den nicht-injizierten Pfoten. Die Bedeutung der klassischen Konditionierung für die Modifikation der AA untersuchten Klosterhalfen und Klosterhalfen (1983, 1985, 1990). Sie verglichen die Effekte einer gepaarten vs. ungepaarten CS-US-Vorgabe und des Zeitpunkts der CS-Reexposition auf den Verlauf der AA (Klosterhalfen und Klosterhalfen, 1983). Zunächst erhielten die Vte aller drei Gruppen zehn Tage vor der Induktion der CFA eine Injektion CY (100 mg/kg, i.p.). Der CS (Verbundreiz: Saccharin-Vanillelösung) wurde in den beiden kontingent verstärkten Gruppen (C, C2) unmittelbar vor der CY-Injektion verabreicht; in der ungepaarten Kontrollgruppe (NC) wurde der CS bereits zwei Tage vor dem US gegeben. Im Test erfolgten drei weitere Präsentationen des CS, die entweder 30 Minuten (Gruppen C, NC) oder erst zwei Tage nach der Antigenstimulation (C2) begannen. Die Gruppen unterschieden sich nicht im Ausmaß der Schwellung der Pfote, in die das Antigen (CFA) injiziert wurde. Unterschiede zeigten sich demgegenüber in der Schwellung der nichtinjizierten Hinterpfote: Bei Tieren der gepaarten Gruppe C lag keine Ausbreitung der Entzündung auf die nichtinjizierte Hinterpfote vor, wohl aber bei der Hälfte der Tiere in den Gruppen NC und C2. Auch bei Verwendung einer geringeren CY-Dosis (80 mg/kg) ließ sich das Ergebnismuster nachweisen; CTA trat in beiden Versuchen auf. In einer weiteren Versuchsreihe (Klosterhalfen und Klosterhalfen, 1985) konnten an einem Inzuchtstamm unter Verwendung anderer zeitlicher Abstände zwischen Konditionierung und Induktion der AA Gruppenunterschiede an der injizierte Pfote nachgewiesen werden (Experiment [Exp.] 1 und 2) und der Hinweis auf die klinische Relevanz der konditionierten Immunmodulation noch erweitert werden: In Exp. 3 wurde mit 30 mg/kg CY eine geringere Dosierung eingesetzt. Das Ergebnis weist hier auf eine Konditionierbarkeit der Immunstimulation hin: Die Schwellungen waren in der kontingent verstärkten Gruppe höher als in der Kontrollgruppe. Tiere beider Gruppen entwickelten geringe Schwellungen auch in der nicht-injizierten Pfote. Es trat wiederum CTA auf. Klosterhalfen und

Klosterhalfen (1990) führten folgende Modifikationen ein: Es wurde ein differentielles Konditionierungsprotokoll eingesetzt, und mit Cyclosporin (CyS) wurde eine Substanz verwendet, die *nicht* zu einer CTA gegen die eingesetzten CS (Cyclamat und Essig, alternierend als CS^+ resp. CS^- fungierend) führt. Diesmal wurden sowohl die therapeutischen Effekte (Exp. 1) und als auch die präventiven (Exp. 2) Effekte einer klassischen Konditionierung bei Ratten untersucht, bei denen die AA vor dem ersten Akquisitionsdurchgang bereits induziert worden war (Exp. 1), und bei Ratten, bei denen die AA erst nach dem Lernprotokoll induziert wurde (Exp. 2). In Übereinstimmung mit den Konditionierungsvorhersagen ließ sich bei *Exposition des CS^+ eine reduzierte Symptomatik* aufweisen, nicht aber bei Vergabe des CS^-. Dieser Effekt wurde in beiden Experimenten erzielt.

Tumorwachstum und Tumortherapie

Besondere Bedeutung hat der Einsatz von Konditionierungsprotokollen sicher im Zusammenhang mit Tumorinduktion und auch bei der Optimierung der Tumorbehandlung. Gorczynski et al. (1985) untersuchten dabei sowohl die Frage der Konditionierbarkeit des Tumorwachstums als auch der Vermittlung der Effekte über den Histamin-Typ II-Antagonisten Cimetidin. Mäuse erhielten CY-Behandlungen im Abstand von 21 Tagen. Dabei wurden fünf Versuchsgruppen benutzt: 1. die CY-Behandlung (US) wurde kontingent mit Sac (CS) gekoppelt, 2. nur der US mit Wasser (H_2O) vorgegeben, 3. nur der CS mit Kochsalzlösung (NaCl) verabreicht, 4. eine komplette Plazebokontrolle (H_2O, NaCl) eingesetzt, oder es erfolgte 5. keine Behandlung. Anschließend wurde eine Provokation mit einem Tumor und ggf. eine CS-Reexposition vorgenommen. Ein gesteigertes Tumorwachstum und eine erhöhte Mortalität ergab sich bei den Tieren, die eine CS (i.e. Sac) Reexposition erhalten hatten. Die vor der Tumorprovokation induzierte Immunsuppression ließ sich also an den CS koppeln, und seine Reexposition begünstigte das Tumorwachstum. Der Effekt wurde durch konditionierte Exposition des Histamin-II-Antagonisten Cimetidin aufgehoben.

Es gibt erste Hinweise auf die Ausnutzung der klassischen Konditionierung i.S. einer Immunstimulation und somit auf therapeutische Effekte der klassischen Konditionierung bei tumorerkrankten Organismen (Ghanta et al., 1985 und 1987). In den nachfolgend aufgeführten Experimenten wurde *nicht* mit CY gearbeitet. Ghanta et al. (1987) induzierten bei Mäusen durch Injektion von Tumorzellen ein Myelom (Typ MOPC 104E) und benutzten eine Substanz, die bei Mäusen die NK-Aktivität anregt, nämlich Poly I:C (polyinosinische: polycytidilische Säure) als US. Als CS diente ein Kampfergeruch. Mäuse in der Konditionierungsgruppe, die eine CS-Reexposition erhalten hatten, zeigten eine längere Überlebensrate als die Kontrolltiere (tendentiell signifikant); zwei der zehn konditionierten Tiere zeigten sogar eine Resistenz gegen das Tumorwachstum. In einer weiteren Untersuchungsreihe nutzten Ghanta et al. (1990) den tierexperimentell belegten Effekt, daß eine Immunisierung mit allogenen DBA/2-Milzzellen einen protektiven Effekt auf Tumorwachstum und Mortalitätsrate bei YC8-Lymphomen hat: Es wurde geprüft, inwieweit ein mit der Immunisierung durch DBA/2-Milzzellen (US) assoziierter CS (erneut Kampfergeruch) geeignet ist, die Effekte der Immunisierungsbehandlung (US) zu steigern. Dazu wurde eine zweimalige, dreimalige und viermalige CS-US-Kopplung an verschiedenen Tagen nach der Injektion der Tumorzellen durchgeführt. Anschließend wurden die Vte der Experimentalgruppe dem CS (ohne den US) noch mehrfach (4–6mal) exponiert. Die Vte der Kontrollgruppen erhielten entweder nur die Immuntherapie (US) oder die Injektion einer Kochsalzlösung über den gesamten Zeitraum. Infolge der CS-Exposition zeigten sich eine geringere Tumorgröße und geringeres Tumorwachstum. Auch Überlebensrate und Heilungsrate waren bei den CS-exponierten Tieren höher. Kritisch muß jedoch gesagt werden (vgl. Newman, 1990), daß in diesen Untersuchungen nicht genügend kontrolliert wurde: So hätte z. B. in der nur durch den US-immunisierten Gruppe der Effekt des Kampfergeruchs nach der Immunisierung geprüft werden müssen, indem der Geruch auch in dieser Gruppe in der Testphase verabreicht wird. Es ist nämlich nicht auszuschließen, daß Kampfergeruch nach Immunisierung allein schon (ohne vorangegangene Konditionierung) Effekte hat.

Ein vergleichbares Ergebnis erzielten Hiramoto et al. (1991) ebenfalls bei Verwendung allogener Milzzellen als US und Kampfer als CS an YC8-Lymphom-erkrankten Tieren. Die Befunde legen also insgesamt nahe, daß ein mit einem Impfprotokoll (Injektion von Milzzellen) assoziierter, reexponierter CS die Funktion des Antigens übernehmen kann.

Abstoßungsreaktionen nach Organtransplantationen

Organtransplantationen stellen eine wichtige Behandlungsform bei einer Reihe organischer Erkrankungen dar. Ein Problem ist aber die Abstoßungsreaktion des Transplantats durch den Empfänger (vgl. Gorczynski, 1990). Da die zur Verhinderung der Abstoßung eingesetzten Immunsuppressiva (häufig wiederum CY) auch starke Nebenwirkungen haben, sind bessere Modelle zu entwickeln. Ein vielversprechendes Vorgehen besteht darin, dem Empfänger zusätzlich zu CY bereits vor der Transplantation eine Transfusion des Spenderbluts zu verabreichen. Gorczynski (1990) untersuchte die Frage, inwieweit *Konditionierung die Überlebensdauer eines Hauttransplantats bei immunsuppressiver Therapie mit CY (US)* erhöht und inwieweit die vorangehende Transfusion von Spenderblut plus CY-Vergabe in geringer Dosis einzeln und in Kombination mit der Konditionierung wirksam wird. Es zeigte sich zum einen ein positiver Effekt eines Konditionierungsprotokolls: die Reexposition des CS, der zuvor dreimal mit CY (US) gekoppelt worden war, erhöhte die Überlebensdauer des Transplantats. Weiterhin ergab sich eine synergistischer Effekt von Transfusion vor der Transplantation plus CS-US-Kopplung über den Einzeleffekt von Transfusion und Konditionierung hinaus. Die Behandlung mit Milzzellen zuvor transfundierter, konditionierter Tiere hatte keinen Effekt auf die Abstoßungsreaktionen.

Grochowicz et al. (1991) konnten zeigen, daß die Überlebensdauer von Herztransplantaten dann erhöht werden konnte, wenn den Vte ein zunächst (zweimal) mit dem Immunsuppressivum CyS gekoppelter CS (Sac) ohne den US einen Tag vor und drei Tage nach der Transplantation gegeben wurde. Der CS bewirkte eine konditionierte Immunsuppression und verlängerte damit das Überleben des Herztransplantats signifikant im Vergleich zu den drei Kontrollgruppen. Die Effekte waren im Ausmaß zwar gering, was aber auch auf die geringe Zahl von nur zwei CS-US-Paarungen und CS-Reexpositionen zurückgeführt werden kann. Es zeigte sich auch eine CTA in der Konditionierungsgruppe, deren Ausmaß aber nicht mit der Überlebensdauer korreliert war.

Allergische Reaktionen

Auch die Untersuchung der Konditionierbarkeit allergischer Reaktionen ist von klinischem Interesse. Nach Djuric und Bienenstock (1993) betrifft dabei allerdings die Mehrzahl der Untersuchungen die Konditionierung immun*un*spezifischer Reaktionen (z. B. Abnahme der Vitalkapazität, Anstieg des Atemwegwiderstands). Zwei Experimente setzten an spezifischeren Immunparametern an: Russell et al. (1984) konnten in einem differentiellen Konditionierungsprotokoll an Meerschweinchen zeigen, daß eine *Histaminausschüttung* konditionierbar ist. Das biogene Amin Histamin ist ein Mediator für Entzündungen und allergische Reaktionen. Als US fungierte eine Injektion von Rinderserum Albumin. Vier Wochen vor dem Training wurden die Vte immunologisch auf Albumin sensitiviert, indem ihnen Albumin (gelöst in Freundschem Adjuvans und NaCl) injiziert wurde. Das Konditionierungstraining umfaßte zehn Kopplungen im Abstand von einer Woche (5 CS^+-US; 5 CS^--NaCl-Kopplungen, randomisierte Abfolge). Im Test zeigten die Vte signifikant höhere Histaminausschüttungen auf den CS^+ als auf den CS^-. Es zeigte sich auch ein Extinktionsverlauf (geringere Reaktionen auf den zweiten CS^+). Nach Djuric und Bienenstock (1993) kann aber allein der Nachweis einer konditionierten Histaminfreisetzung nicht i.S. einer Konditionierung der Hypersensitivität interpretiert werden, da Histamin von vielen Zellen außer den Mastzellen gebildet wird. Nur in einem Experiment (MacQueen et al., 1989) wurde bisher spezifisch ein Anstieg der Mastzellen klassisch konditioniert: Als CS dienten audiovisuelle Reize; als US fungierte die Antigen-Vorgabe. Die Vte wurden auf Eieralbumin (US) hypersensitiviert. Über drei Wochen fand einmal wöchentlich eine CS-US-Kopplung statt. Gemessen wurde die Mastzell-Protease (Serum RMCPII), ein Enzym, dessen Vorkommen auf die mucosalen Mastzellen beschränkt ist. Es ergab sich ein konditionierter Anstieg von Serum RMCPII auch bei CS-Plazebo-Injektion. Die Werte der konditionierten Gruppe waren denen der Vte vergleichbar, die weiterhin die Antigenexposititon erhielten und höher als bei den für die Konditionierung relevanten Kontrollgruppen. Die Befunde werden dahingehend interpretiert, daß eine Kommunikation zwischen den Elementen des *ZNS und den Elementen des Immunsystems vorliegt, die in die unmittelbare Hypersensitivität einbezogen* sind. Die Befunde konnten allerdings von V. Djuric (persönl. Mitteilung, März 1995) nicht repliziert werden.

Empirische Arbeiten 2: Humanstudien

Für den Humanbereich werden Befunde zu einer Autoimmunerkrankung, zu Allergien und Tumorerkrankungen bzw. klassisch konditionierten Symptomen bei chemotherapeutisch behandelten Patienten berichtet. Eine Zusammenstellung der Befunde der Untersuchungen, in denen CY und/oder weitere Zytostatika eingesetzt wurden, ist Tabelle 2 zu entnehmen. Es werden die Erkrankungen, die als CS und US ausgewählten Reize sowie die Ergebnisse (konditionierte immunologische Reaktionen und – analog zur CTA im Tierexperiment – die konditionierte Nausea) angegeben.

Autoimmunerkrankungen

Olness und Ader publizierten 1992 einen Fallbericht zum Einsatz klassischer Konditionierung im Rahmen der Pharmakotherapie einer an LE erkrankten Patientin: Es wurde zunächst einmal monatlich CY verabreicht. Als CS wurden ein Geschmacksreiz (Lebertran) und ein Geruchsreiz (Rosenduft) eingesetzt. Die CS-US-Kopplung erfolgte über drei konsekutive Behandlungen. In den nachfolgenden Behandlungen wurde der US nur noch jedes dritte Mal mitverabreicht, in den anderen Fällen statt dessen ein Plazebo, so daß über den Behandlungszeitraum von einem Jahr das Pharmakon nur noch sechsmal appliziert und somit die Gesamtdosis auf die Hälfte reduziert wurde. Der Erfolg der Therapie war dem einer reinen Pharmakonbehandlung vergleichbar: das klinische Bild verbesserte sich, und auch nach einem Follow up von fünf Jahren gab es keine Auffälligkeiten. Wie erwartet entwickelte die Patientin auch eine starke konditionierte Übelkeit gegen die CS, insbesondere den Geschmacksreiz. Die Interpretation der Daten ist aus methodischer Sicht (Einzelfallstudie ohne Kontrolle) deutlich eingeschränkt, legt aber nahe, *Konditionierungseffekte mit dem Ziel einer Dosisreduktion von Pharmaka* therapeutisch auszunutzen.

Allergien

Bereits 1886 berichtete MacKenzie ein Fallbeispiel, das auf die Beteiligung von klassischer Konditionierung an der Auslösung von Asthmaattacken schließen läßt: Eine Patientin, die gegen Rosen allergisch war, zeigte auch beim

Tabelle 2: Humanuntersuchungen unter Verwendung von Cyclophosphamid und/oder weiteren Zytostatika als US.

Autor(inn)en	Jahr	Krankheit	CS	US	Ergebnisse	
					Kond.immunol Reaktion(en)	Kond. Nausea
Olness & Ader	1992	Lupus erythematodes	Rosenduft/Lebertran	Cyclophosphamid	(Verbesserung d. klin. Status)	ja
Stockhorst et al.	1993b	Tumoren	Klinikreize u. ä.	Zytostatika	n. e.	ja
Redd et al.	1993	Brust-Krebs	Vorstellung u. Beschreibung der Szene Chemotherapie vs. Kontrollszenen	(Zytostatika)	n. e.	ja
Bovbjerg et al.	1992	Brust-Krebs	EG: salientes Getränk (Klinik und zu Hause)	Zytostatika	n. e.	ja
			KG: (nicht in d. Klinik)	Zytostatika		nein
Wiener	1993	Tumoren	EG: aromat. Getränke in diff. Pappbechern	Zytostatika	n. e.	nein
			KG: stilles Wasser	Zytostatika		ja
Bovbjerg et al.	1990	Ovarial-Krebs	Klinikreize vs. Reize zu Hause	Zytostatika	T-Zell-Proliferation: auf PHA und ConA↓	ja
Fredrikson et al.	1993a	Brust-Krebs	Klinikreize vs. Reize zu Hause	Zytostatika	n weiße Bluzellen↑ mediiert durch n Granu.↑	ja
		Gesunde Kontrollen	dto.	–	–	nein
Lekander et al.	1995	Ovarial-Krebs	Klinikreize vs. Reize zu Hause	Zytostatika (ohne Cyclophosphamid)	% Lymph. + Mono.↓ % Granu.↑ ConA↑	Präv: 0%
Lekander et al.	1994	Brust-Krebs	Kochsalzlösg.-Injektion	(Zytostatika)	NK-Zellen-Aktivität↑	n. e.
		Gesunde Kontrollen	dto.	–	–	n. e.

Abkürzungen: ConA: ConcanavalinA; CS: konditionierter Stimulus; EG: Experimentalgruppe; Granu.: Granulozyten; KG: Kontrollgruppe; Lymph.: Lymphozyten; Mono.: Monozyten; n: Anzahl; n. e.: nicht erfaßt; NK-Zellen: natürliche Killerzellen; PHA: Phythämagglutinin; Präv.: Prävalenz; US: unkonditionierter Stimulus.

Anblick einer künstlichen Rose Heuschnupfenasthma. Dekker und Groen (1956) befragten Asthmatiker nach den Bedingungen, die sie als Gründe für die Asthmaattacken annahmen. Dabei wurden auch emotionale Reize genannt. Bei der Hälfte der insgesamt zwölf Patienten, die dann emotionalen Reizen im Labor exponiert wurden, zeigte sich eine vorübergehende Abnahme der Vitalkapazität und geringe Asthmasymptome infolge der Reizvorgabe. Drei dieser Patienten entwickelten sogar deutliche asthmatische Attacken, die nicht von spontanen Asthmaattacken zu unterscheiden war. Diese «psychogenen» Attacken, die als konditioniert interpretiert wurden, waren pharmakologisch behandelbar. Weitere Belege für die *konditionierte Auslösung von Asthmaattacken* lieferten Dekker et al. (1957): Zwei der auf emotionale Reize reagierenden Patienten, die unter starkem Bronchialasthma litten, entwikkelten nach anfänglicher Inhalation des Allergens (US) im Labor auch dann Asthmaattakken, wenn sie über die Apparatur ein neutrales Aerosol einatmeten, oder sogar auf Sauerstoff und auch auf das Einführen des Glasmundstücks (als CS fungierend). In den obengenannten Untersuchungen wurden allerdings nur immun*un*spezifische Reaktionen gemessen. In Anlehnung an die im Kapitel «Tierexperimentelle Befunde» aufgeführten Tierexperimente untersuchten Gauci et al. (1993) die *Konditionierbarkeit einer allergischen Rhinitis* (Nasenschleimhautentzündung) beim Menschen unter Verwendung eines Hausstaubmilbenallergens als US. Die Versuchspersonen aller Gruppen wurden zunächst mit dem US, der über eine Kochsalzspülung auf die Nasenschleimhaut eingebracht wurde, vor der Konditionierung sensitiviert. Als CS diente ein neuartig schmekkendes, blaugefärbtes Getränk. Eine einzige CS-US-Kopplung resultierte bei der so behandelten Gruppe im Vergleich zu den beiden Kontrollgruppen (nur CS, nur US: Hausstaubmilbenallergen) in einer erhöhten Freisetzung von Mastzell-Tryptase (Indikator der allergischen Responsivität) in der Testphase, in der der CS mit einer Kochsalzspülung kombiniert vorgegeben wurde. Die Daten legen laut Gauci et al. (1993) eine Kommunikation zwischen ZNS und Mastzellen der nasalen Mucosa nahe. Die Art der Mediierung (IgE vs. neurogen) muß noch weiter untersucht werden.

Tumorerkrankungen und Therapie-assoziierte Symptome

Wie oben dargestellt, gehört CY zu den am häufigsten untersuchten Substanzen mit immunologischem Effekt im Tierexperiment. CY ist auch Bestandteil zahlreicher Chemotherapieprotokolle zur Behandlung onkologischer Patienten. In Generalisierung der Grundlagenexperimente liegen Belege dafür vor, daß antizipatorische Übelkeit und antizipatorisches Erbrechen, gelernte Geschmacksaversion und gelernte Nahrungsmittelaversion (zf. auch Bernstein, 1991) sowie antizipatorische Immunsuppression, die bei chemotherapeutisch behandelten Patienten beobachtet werden, als klassisch konditioniert interpretiert werden können. In diesen Fällen sind also unerwünschte Nebenwirkungen immunsuppressiver und übelkeitsauslösender Substanzen Gegenstand der Konditionierung (Stockhorst et al., 1993a).

Antizipatorische Übelkeit und antizipatorisches Erbrechen (ANV): Das Auftreten von Übelkeit und/oder Erbrechen, noch bevor eine erneute Infusion stattgefunden hat, wird als antizipatorische Übelkeit (auch konditionierte Nausea) und antizipatorisches Erbrechen (anticipatory nausea and vomiting, ANV) bezeichnet. Einem Übersichtsreferat von Morrow und Dobkin (1988) folgend, zeigen 14 % bis 63 % der chemotherapeutisch behandelten Patienten antizipatorische Übelkeit (anticipatory nausea, AN) und 9 % bis 27 % antizipatorisches Erbrechen (anticipatory vomiting, AV). Im Humanbereich liegen fast ausschließlich korrelative Studien vor. Wir haben ebenfalls unter Verwendung eines *korrelativen Untersuchungsdesigns* (Stockhorst et al., 1993b) *aus dem Konditionierungsmodell abgeleitete Thesen* geprüft: Patienten, die in der Mehrzahl an systemischen Tumoren (z. B. Non-Hodgkin-Lymphome, Hodgkin-Lymphome) erkrankt waren, füllten Symptomlisten (9 Symptome, u. a. Übelkeit und Erbrechen) über einen Zeitraum von 48 Stunden nach einem Zyklus (n) und 48 Stunden vor dem nachfolgenden Zyklus (n+1) aus. In Übereinstimmung mit Vorhersagen des Konditionierungsmodells zeigte sich 1. eine statistisch signifikante Assoziation zwischen posttherapeutischer Übelkeit und Erbrechen (als UR) und AN (als CR), 2. nahm die Häufigkeit von AN mit der Emetogenität des Chemotherapieprotokolls (i. e., Intensität des US) zu, und zeigten 3. Patienten, die AN ausbildeten, eine stärkere Symptomintensität mit zeitlicher Nähe zur Infusion (i. e., Kontiguität von CS und US). Einen guten Einblick in die Faktoren, die das Risiko von ANV begünstigen (i. e. zweitägige statt eintägiger Chemotherapie, Distress während vorangehender Blutabnahmen, Gedächtnis für Gerüche), liefern Hursti et al. (1994) am Beispiel von Patientinnen, die Chemotherapie zur Behandlung eines Ovarial-Ca erhalten. Eine von Redd et al. (1993) publizierte Studie legt nahe, daß auch mentale Vorstellungsbilder – und zwar spezifisch die Vorstellung der Chemotherapie im Vergleich zu Kontrollreizen (Vorstellung einer Naturszene und einer neutralen medizinischen Prozedur) – als CS zur Auslösung von AN wirksam sind, und zwar nur bei solchen Patientinnen, die AN vor einer Chemotherapie entwickelt haben und auch aktuell noch AN im Rahmen ihrer Chemotherapie aufweisen. (Da in der Untersuchung der US «Zytostatika» nicht akut verabreicht wurde, ist der US eingeklammert in Tabelle 2 aufgeführt; ebenso bei Lekander et al., 1994.)

Einen *ersten experimentellen Beleg für die klassische Konditionierung der AN bei Chemotherapie* legten Bovbjerg et al. (1992) vor: An Brustkrebs erkrankte Patientinnen wurden randomisiert auf eine Experimentalgruppe (EG) und eine Kontrollgruppe (KG) verteilt. Die Patientinnen der EG wurden klassisch konditioniert: sie konsumierten vor Beginn jeder Infusion in der Klinik einen neuartigen Geschmacksreiz, nämlich ein Zitrone-Limetten-Getränk (CS). Es fanden mehrfache CS-US-Kopplungen statt. Patientinnen der KG nahmen kein Getränk zu sich. Der Test erfolgte zu Hause, also in der (erwartungsgemäß) CS-freien Umgebung, in der nun beide Gruppen das Getränk erhielten. Vor der Konsumation des Getränks unterschieden sich die Gruppen nicht im Ausmaß der Übelkeit; nach der Konsumation reagierten nur die Patientinnen der EG mit einem Anstieg der Übelkeit. Dies legt nahe, daß die Assoziation des Getränks mit dem US «Chemotherapie» für diese antizipatorische Übelkeit relevant war.

Basierend auf der Annahme, daß die Entstehung der ANV der klassischen Konditionierung folgt, wurde in unserer Arbeitsgruppe (Stockhorst et al., 1994, in Vorbereitung; Wiener, 1993) der Effekt eines aus der Konditionierungstechnik der *Überschattung* (Pavlov, 1927) abgeleiteten Vorgehens *zur Verhinderung antizipatorischer Übelkeit* geprüft: Sechzehn Patienten, die an Tumoren erkrankt waren und die mit Beginn unserer Untersuchung ihre erste Chemotherapie erhielten (10 der 16 Patienten) oder maximal zwei vorangehende Chemotherapien erhalten hatten (6 Patienten), wurden – gematcht nach Erkrankung (und damit implizit Chemotherapieprotokoll) sowie Altersgruppe – einer von zwei Versuchsbedingungen zugeteilt: Sie erhielten entweder (in der EG) ein jedesmal wechselndes, aromatisches Getränk mit einem salienten (neuartigen) Geschmack (z. B. Holunder, Hagebutte) oder (in der KG) ein nicht-salientes und damit erwartungsgemäß nicht als Überschattungsreiz wirksames Getränk (jeweils Wasser): Die Patienten wurden dazu aufgefordert, die in immer wechselnden bunten Pappbechern dargebotenen Getränke (jeweils 250 ml) im Zeitraum von 10 Minuten vor bis 10 Minuten nach dem Start der Infusion zu konsumieren. Die Akquisition umfaßte alle Infusionen zweier konsekutiver Chemotherapiezyklen; in Zyklus 3 erhielten Patienten beider Gruppen Wasser. Erfaßt wurden wiederum subjektive Symptome (vgl. Stockhorst et al., 1993b) im jeweiligen Meßzeitraum von 48 Stunden vor der ersten Infusion (antizipatorische Symptome, CR) und 48 Stunden nach der letzten Infusion eines Chemotherapiezyklus (posttherapeutische Symptome, UR). Im Test trat ANV in der EG nicht auf, während in der KG zwei Patienten AN angaben. Der Unterschied in der Prävalenz (0/8 vs. 2/8 Patienten) läßt sich zwar aufgrund des geringen Stichprobenumfangs statistisch nicht absichern; es ist aber zu beachten, daß der Anteil Patienten mit AN in der KG durchaus der üblichen Prävalenz von AN entspricht, während AN nach Überschattung in der EG nicht auftrat.

Antizipatorische Immunmodulation bei chemotherapeutisch behandelten Patienten: Die erste Arbeit, die der Frage der konditionierten Immunmodulation an einer klinischen Stichprobe nachging, ist die korrelative Studie von Bovbjerg et al. (1990): Bei chemotherapeutisch behandelten Patientinnen, die an Ovarial-Ca erkrankt waren, wurde zweimal vor der Chemotherapie – und somit vor der Vergabe des US – Blut entnommen: 1. in der häuslichen Umgebung (im Mittel 4,4 Tage vor der Chemotherapie) und 2. am Tag der Chemotherapie in der Klinik. Lerntheoretisch handelt es sich hierbei um den Vergleich einer CS-freien Umgebung (zu Hause) und der Klinikumgebung, die zuvor mehrmals mit dem US gekoppelt war und somit also als CS-haltig bezeichnet werden kann. Es wurden sowohl funktionale Immunparameter (NK-Aktivität und proliferative Reaktionen auf die Mitogene PHA [Phythämagglutinin], ConA [Concanavalin A], und SPA [Staphylococcus aureus Protein A]) als auch quantitative Assays (Lymphozytensubsets) erhoben. In zwei der funktionalen Parameter zeigte sich eine konditionierte immunsuppressive Reaktion: die proliferativen Reaktionen auf die T-Zell-Mitogene PHA und ConA waren in der Klinikumgebung signifikant geringer als in der häuslichen Umgebung. Auch das Ausmaß von AN war in der Klinik höher, und es bestand weiterhin eine Assoziation zwischen antizipatorischer Immunsuppression (AIS) und antizipatorischer Übelkeit (AN): Patientinnen, die AIS entwickelten, hatten in der Klinik stärkere AN als zu Hause; Patientinnen, die keine AN entwickelten, reagierten nicht differentiell auf die häusliche Umgebung vs. Klinik.

Fredrikson et al. (1993a) erzielten weniger einheitliche Befunde an einer Stichprobe von 27 Brustkrebspatientinnen. Kontrollpersonen waren nicht-chemotherapeutisch behandelte, gesunde weibliche Angestellte des Hospitals. Verglichen wurden wieder die Immunparameter zwei Tage vor und am Tag der Chemotherapie (Zyklen 4 und 5). Es wurden erneut quantitative Immunparameter (periphere Blutzellen) und funktionale Parameter (ConA-induzierte Lymphozytenproliferation, NK-Aktivität) erfaßt. Nur die Patientinnen reagierten auf den Kontextwechsel von der häuslichen Umgebung in die Klinik mit einem Anstieg der weißen Blutkörperchen. Dies ging auf einen Anstieg der Granulozyten zurück; Lymphozyten und Monozyten änderten sich nicht. Die Patientinnen zeigten eine – über beide Zeitpunkte gemittelt – höhere NK-Aktivität als die Kontrollpersonen. Innerhalb der Patientengruppe zeigte sich eine statistische Assoziation zwischen Ausmaß der Trait-Angst (gemessen im state-trait-anxiety inventory [STAI] nach Spielberger) und Immunsuppression: Patientinnen mit hoher Trait-Angst (Mediansplit) wiesen eine geringere Zahl und einen geringeren prozentualen Anteil der Monozyten auf als die niedrig Ängstlichen. Nur die ängstlichen Patientinnen reagierten differentiell auf die Situationen (Klinik vs. zu Hause) mit einem geringeren Anteil von T-Helfer-Zellen relativ zu T-Inducer-Zellen in der Klinik. Ein Mediansplit der Zustandsangst erbrachte demgegenüber keine Differenzierung. Weiterhin zeigte sich eine positive statistische Assoziation zwischen AN und AIS: Nur Patientinnen mit AN wiesen im Hospital einen reduzierten Anteil von T-Helfer/T-Inducer-Zellen auf. Auch zwischen AN und Trait-Angst ergab sich ein positiver Zusammenhang. Im Unterschied zu den Ergebnissen von Bovbjerg et al. (1990) konnte in dieser Untersuchung ein genereller immunsuppressiver Effekt der Klinikreize bei Krebspatientinnen allerdings nicht bestätigt werden. In der NK-Aktivität ergab sich sogar ein ge-

genteiliges Ergebnis, indem die Patientinnen eine höher antizipatorische NK-Aktivität als die Kontrollen zeigten. Gründe können laut Fredrikson et al. (1993a) in methodischen Unterschieden der Studien liegen: In der Untersuchung von Bovbjerg et al. (1990) erhielten die Patientinnen eine stärkere immunsuppressive Therapie, und sie kamen bereits am Vorabend der Chemotherapie in die Klinik und konnten somit ggf. eine stärkere CR ausbilden. Der Befund, daß nur die Trait-Angst, nicht aber die Zustandsangst mit dem Auftreten der Immunsuppression assoziiert war, wird dahingehend interpretiert, daß die Immunsuppression nicht streßmediiert ist, sondern auf Konditionierung zurückzuführen ist.

Lekander et al. (1995) untersuchten das Auftreten von AIS bei Patientinnen, die an Ovarial-CA erkrankt waren und eine chemotherapeutische Medikation erhielten, die kein CY beinhaltete. In der Klinik lagen eine Reduktion des prozentualen Anteils der Lymphozyten und Monozyten und ein Anstieg des prozentualen Anteils der Granulozyten im Vergleich zur häuslichen Umgebung vor. Dies entspricht weitgehend den Befunden von Fredrikson et al. (1993a). Die proliferative Antwort auf ConA war in der Klinik erhöht. Es ergab sich erneut *keine* Assoziation zwischen AIS und Zustandsangst, so daß auch hier eine streßmediierte Enstehung der AIS unwahrscheinlich ist. AN wurde in dieser Untersuchung bei keinem Patienten beobachtet (Prävalenz 0%).

Zur Trennung einer streßinduzierten von einer konditionierungsbezogenen Mediierung der AIS wird vorgeschlagen, Chemotherapiepatienten in der Klinik eine *Plazeboinfusion* zu verabreichen und sie auch darüber aufzuklären. Unter diesen Bedingungen sollten Angst und streßbedingte Effekte minimiert werden, und evtl. Unterschiede zwischen der Reaktion zu Hause vs. in der Klinik müßten auf Konditionierung zurückzuführen sein. Diese Versuchsanordnung wurde von Lekander et al. (1994) realisiert: Patientinnen, die eine Chemotherapie zur Behandlung von Brustkrebs abgeschlossen hatten, erhielten eine Plazebo (Kochsalz)-Infusion in der Klinik. Dreimal wurde Blut abgenommen, nämlich 1. zu Hause, 2. in der Klinik kurz vor der «Infusion» und 3. kurz nach der «Infusion». Eine Kontrollgruppe gesunder Frauen erhielt ebenfalls die «Infusion» und die beiden Klinikblutabnahmen; Daten dieser Versuchsgruppe werden aber von den Autoren nicht weiter berichtet. Patientinnen reagierten vom Meßzeitpunkt zu Hause bis zur Klinik mit einem Anstieg der NK-Aktivität und einem reduzierten Verhältnis von Suppressor-/zytotoxischen Zellen. Patientinnen mit hoher Trait-Angst wiesen in dieser Untersuchung einen höhere Anzahl von Monozyten auf als die wenig ängstlichen Patientinnen, ein Befund der sich nicht mit den bisherigen Daten deckt. Ein Anstieg in der Zahl der Granulozyten bei Reexposition der Klinikreize wurde diesmal nicht beobachtet. Es ergaben sich auch keine Effekte in der ConA-induzierten Proliferation. Kritisch muß allerdings angemerkt werden, daß die Patientinnen die Chemotherapie zum Zeitpunkt der Plazeboinfusion schon komplett abgeschlossen hatten. Das Auftreten antizipatorischer Reaktionen ist aber eher zu erwarten, wenn die Patienten dem US aktuell noch exponiert sind und auch aktuell AN aufweisen (vgl. Redd et al., 1993).

Insgesamt sind die Ergebnisse zur konditionierten Immunmodulation im Rahmen der Chemotherapie aber noch weit entfernt von einer Klärung. So kann nicht ausgeschlossen werden, daß die *konditionierte T-Zell-Reaktion bidirektional* ist, indem zunächst ein Anstieg, dann eine Abnahme der Aktivität auftritt (Lekander et al., 1995). Damit ließen sich auch die unterschiedlichen Befunde der Arbeiten von Bovbjerg et al. (1990) mit Veränderungen i.S. einer *Suppression* und Fredrikson et al. (1993a) sowie Lekander et al. (1994, 1995) mit Effekten einer *Stimulation* von Immunfunktionen erklären. Möglicherweise ergeben sich darüber hinaus auch bei konditionierten Immunreaktionen *kompensatorische CR* (vgl. Siegel, 1989 zu kompensatorischen CR), indem unkonditonierte und konditionierte Reaktionen entgegengerichtet verlaufen.

Das gemeinsame Auftreten von antizipatori-

scher Übelkeit und antizipatorischer Immunsuppression bei chemotherapeutisch behandelten Patienten wurde in drei der o.g. Arbeiten erfaßt: Bovbjerg et al. (1990) sowie Fredrikson et al. (1993a) zeigten eine statistisch signifikante Assoziation zwischen dem Auftreten von AN und AIS. In der Untersuchung von Lekander et al. (1995) entwickelte keine der untersuchten Patientinnen AN (Prävalenz 0), wohl aber trat AIS auf. Tierexperimentelle Daten, in denen gleichzeitig CTA und Immunparameter erfaßt wurden, verweisen teilweise auf eine Dissoziation der AIS und CTA (zf. Ader und Cohen, 1993) sowie eine Dissoziation zwischen Konsumation des CS (als Indikator für CTA) und der konditionierten Überlebensdauer der Implantate (Grochowicz et al., 1991).

Mediierende Faktoren

Sowohl in den dargestellten tierexperimentellen Arbeiten als auch in den Humanuntersuchungen bleiben noch Fragen nach den mediierenden Mechanismen der konditionierten Immunmodulation offen (vgl. Ader und Cohen, 1993; Maier et al., 1994). Einen wichtigen Stellenwert nimmt die Annahme der *streßmediierten Immunmodulation* ein. Dabei wird einerseits von Befunden ausgegangen, wonach eine Vielzahl von Stressoren immunologische Parameter modifiziert (vgl. zf. Maier et al., 1994). Der zweite Ansatzpunkt für die Einbeziehung von Streßeffekten ist das in den Tierexperimenten häufig benutzte Paradigma der CTA: Hier liegen Daten vor, daß die auftretende Aversion teilweise mit einer Erhöhung der Glukokortikoide einhergeht. Klosterhalfen und Klosterhalfen (1993) unterscheiden in diesem Zusammenhang zwei Aspekte der Streßhypothese: So kann einerseits die CTA-provozierte Erhöhung des Plasmacorticosterons zu einer Suppression von Immunfunktionen führen. Es können aber auch klassisch *konditionierte Streßeffekte* auftreten: Durch den CS, der zuvor mit CY, LiCl oder auch einem Stressor assoziiert war, entsteht demnach eine konditionierte Freisetzung von ACTH, Cortisol, IL-1 oder eine konditonierte Reduktion der Immunreaktionen. Dabei sind neben Glukokortikoiden auch andere Mediatoren der Streßreaktion (z. B. Opioide) dringend einzubeziehen (Klosterhalfen und Klosterhalfen, 1993). Es ist auch zu beachten, daß konditionierte Immunsuppression auch bei Pharmaka erzielt wird, die keine CTA hervorrufen (vgl. Tab. 1 und 2). Die bisherigen Befunde stützen – was die Bedeutung von Stressoren für das Immunsystem betrifft – eher die Annahme, daß Stressoren humorale und neurale Zustände modifizieren, die dann wieder Einfluß auf das Immunsystem haben (Maier et al., 1994). In diesem Sinne ist auch klassische Konditionierung von Immunfunktionen mit Einsatz von Stressoren als US zu verstehen: So konnte gezeigt werden (Lysle et al., 1990), daß Vte auch auf die Kontextreize der Konditionierungskammer (CS), die mit dem als US eingesetzten Elektroschock gekoppelt waren, mit einer nun konditionierten Immunsuppression reagierten. Wichtig ist auch der Zeitpunkt des Stressors relativ zur Verabreichung des Antigens: Zalcman et al. (1989) zeigten an Mäusen, die mit Schafserythrozyten immunisiert worden waren, daß die zeitliche Position des Stressors (unvermeidbare Elektroschocks als US) relativ zur Antigenvergabe für die Richtung der CR (Immunsuppression oder Immunstimulation) relevant war.

Während im Tierexperiment bei der Frage der Mediierung insbesondere die Freisetzung von Hormonen im Vordergrund steht, wird in den *Humanstudien bisher häufig der Zugang über die Moderatorvariable «Angst»* hergestellt, sowohl als überdauernde Angst (Trait-Angst) als auch als Zustandsangst (State-Angst). Die Daten von Fredrikson et al. (1993a) und von Lekander et al. (1994) legen nahe, daß das Auftreten von antizipatorischer Immunmodulation begünstigt wird bei Patienten, die ein hohes Ausmaß an Trait-Angst haben. Die Zustandsangst war demgegenüber in den genannten Untersuchungen nicht als Prädiktor für AIS und auch nicht für AN (Bovbjerg et al., 1990) geeignet.

Ausblick

Für nachfolgende Untersuchungen wäre vermehrt zu fordern, gleichzeitig verschiedene konditionierte Symptome im Zusammenhang mit der Vergabe immunmodulierender US zu erfassen. In bezug auf den US «Chemotherapie» heißt das, es sollten AIS, ANV und ggf. auch LFA erfaßt werden. In einer momentan von uns durchgeführten Studie werden pädiatrische, chemotherapeutisch behandelte Patient(inn)en über zwei konsekutive Chemotherapiezyklen untersucht. Dabei werden subjektive Symptome vor, während und nach jeder der Chemotherapien erfaßt und die konsumierte Nahrung kontinuierlich im gesamten Meßzeitraum sowie das Auftreten von LFA vor und nach der jeweiligen Chemotherapie erhoben. Weiterhin werden immunologische Daten analysiert: Im zweiten Chemotherapiezyklus erfolgen Blutabnahmen (u. a. zur Bestimmung der NK-Aktivität) sowohl in der häuslichen Umgebung des Kindes zwei Tage vor der Therapie als auch in der Klinik am Therapietag. Zusätzlich erfassen wir die Cortisolausschüttung (24 Stunden-Sammelurin) an den beiden dem zweiten Zyklus vorangehenden Tagen. Neben der Untersuchung der Frage, wie die unterschiedlichen konditionierten Reaktionen auf den US Chemotherapie interkorreliert sind und ob sich ggf. «multiple» konditionierte Reaktionen auf zytotoxische, chemotherapeutische Substanzen auch beim Menschen ausbilden (vgl. Bovbjerg et al., 1990; Jacobsen et al., 1995), sollen auch die *physiologischen Merkmale der «konditionierbaren» vs. «nicht-konditionierbaren» Patienten* ermittelt werden. Diese Forderung nach Auffinden von physiologischen Prädiktoren für AN (vgl. Stockhorst et al., 1994) findet auch in anderen Arbeitsgruppen Berücksichtigung (z. B. Fredrikson et al., 1993b; Kvale et al., 1991; Kvale und Hugdahl, 1994) und sollte auch auf die Frage der konditionierten Immunmodulation ausgeweitet werden. Im Tierexperiment wiesen Gorczynski und Kennedy (1987) durch Inzuchtstudien die Aktivität im offenen Feld als Eigenschaft aus, die als Prädiktor für spätere Konditionierbarkeit der Immunsuppression herangezogen werden kann.

Auch im Humanbereich sollte die Frage der Konditionierbarkeit von allergischen Reaktionen sowie der stützenden Wirkung der klassischen Konditionierung bei der Vergabe von Immunsuppressiva bei Organtransplantationen geprüft werden. Insgesamt stellt die klinische Anwendung konditionierter Immunfunktionen ein herausforderndes Untersuchungsgebiet dar.

Literatur

Ader R, Cohen N: Behaviorally conditioned immunosuppression. Psychosomatic Medicine 1975; 37:333–340.

Ader R, Cohen N: Behaviorally conditioned immunosuppression and murine systemic lupus erythematosus. Science 1982; 215:1534–1536.

Ader R, Cohen N: Psychoneuroimmunology: conditioning and stress. Annual Review of Psychology 1993; 44:53–85.

Bernstein IL: Aversion conditioning in response to cancer and cancer treatment. Clinical Psychology Review 1991; 11:185–191.

Bovbjerg DH, Redd WH, Jacobsen PB, Manne SL, Taylor KL, Surbone A, Crown JP, Norton L, Gilewski TA, Hudis CA, Reichman BS, Kaufman RJ, Currie VE, Hakes TB: An experimental analysis of classically conditioned nausea during cancer chemotherapy. Psychosomatic Medicine 1992; 54:623–637.

Bovbjerg DH, Redd WH, Maier LA, Holland JC, Lesko LM, Niedzwiecki D, Rubin SC, Hakes TB: Anticipatory immune suppression and nausea in women receiving cyclic chemotherapy for ovarian cancer. Journal of Consulting and Clinical Psychology 1990; 58:153–157.

Dekker E, Groen J: Reproducible psychogenic attacks of asthma. Journal of Psychosomatic Research 1956; 1:58–67.

Dekker E, Pelser HE, Groen J: Conditioning as a cause of asthmatic attacks: A laboratory study. Journal of Psychosomatic Research 1957; 2:97–108.

Djuric VJ, Bienenstock J: Learned sensitivity. Annals of Allergy 1993; 71:5–15.

Fredrikson M, Fürst CJ, Lekander M, Rotstein S, Blomgren H: Trait anxiety and anticipatory immune reactions in women receiving adjuvant chemotherapy for breast cancer. Brain, Behavior, and Immunity 1993a; 7:79–90.

Fredrikson M, Hursti T, Salmi P, Börjeson S, Fürst CJ, Peterson C, Steineck G: Conditioned nausea after cancer chemotherapy and autonomic nervous system conditionability. Scandinavian Journal of Psychology 1993b; 34:318–327.

Garcia J, Kimeldorf DJ, Koelling RA: Conditioned aversion to saccharin resulting from exposure to gamma radiation. Science 1955; 122:157–158.
Garcia J, Koelling RA: Relation of cue to consequence in avoidance learning. Psychonomic Science 1966; 4:123–124.
Gauci M, Husband AJ, Saxarra H, King MG: Pavlovian conditioning of allergic rhinitis in humans. In: Husband AJ (Ed.): Psychoimmunology, CNS-immune interactions. Boca Raton, CRC Press, 1993; pp. 121–125.
Ghanta VK, Hiramoto NS, Solvason HB, Soong SJ, Hiramoto RN: Conditioning: a new approach to immunotherapy. Cancer Research 1990; 50:4295–4299.
Ghanta VK, Hiramoto RN, Solvason HB, Spector NH: Neural and environmental influences on neoplasia and conditioning of NK activity. The Journal of Immunology 1985; 135:848s-852s.
Ghanta V, Hiramoto RN, Solvason B, Spector NH: Influence of conditioned natural immunity on tumor growth. Annals of the New York Academy of Sciences 1987; 496:637–646.
Gorczynski RM: Conditioned enhancement of skin allografts in mice. Brain, Behavior, and Immunity 1990; 4:85–92.
Gorczynski RM, Kennedy M: Behavioral trait associated with conditioned immunity. Brain, Behavior, and Immunity 1987; 1:72–80.
Gorczynski RM, Kennedy M, Ciampi A: Cimetidine reverses tumor growth enhancement of plasmacytoma tumors in mice demonstrating conditioned immunosuppression. The Journal of Immunology 1985; 134:4261–4266.
Grochowicz PM, Schedlowski M, Husband AJ, King MG, Hibberd AD, Bowen KM: Behavioral conditioning prolongs heart allograft survival in rats. Brain, Behavior, and Immunity 1991; 5:349–356.
Hiramoto RN, Hiramoto NS, Rish ME, Soong SJ, Miller DM, Ghanta VK: Role of immune cells in the Pavlovian conditioning of specific resistance to cancer. International Journal of Neuroscience 1991; 59:101–117.
Hursti T, Fredrikson M, Fürst CJ, Börjeson S, Peterson C, Steineck G: Factors modifying the risk of acute and conditioned nausea and vomiting in ovarian cancer patients. International Journal of Oncology 1994; 4:695–701.
Jacobsen PB, Bovbjerg DH, Schwartz MD, Hudis CA, Gilewski TA, Norton L: Conditioned emotional distress in women receiving chemotherapy for breast cancer. Journal of Consulting and Clinical Psychology 1995; 63, 108–114.
Klosterhalfen S, Klosterhalfen W: Conditioned immunopharmacologic effects and adjuvant arthritis: further results, In: Spector NH (Ed.): Neuroimmunomodulation: proceedings of the first international workshop on NIM. Bethesda, IWGN 1985; pp. 183–187.
Klosterhalfen S, Klosterhalfen W: Conditioned cyclosporine effects but not conditioned taste aversion in immunized rats. Behavioral Neuroscience 1990; 104:716–724.
Klosterhalfen S, Klosterhalfen W: The conditioning of immunopharmacological effects: critical remarks and perspectives. In: Husband AJ (Ed.): Psychoimmunology, CNS-immune interactions. Boca Raton, CRC Press, 1993; pp. 149–162.
Klosterhalfen W, Klosterhalfen S: Pavlovian conditioning of immunosuppression modifies adjuvant arthritis in rats. Behavioral Neuroscience 1983; 97:663–666.
Kvale G, Hugdahl K, Asbjørnsen A, Rosengren B, Lote K, Nordby H: Anticipatory nausea and vomiting in cancer patients. Journal of Consulting and Clinical Psychology 1991; 59:894–898.
Kvale G, Hugdahl K: Cardiovascular conditioning and anticipatory nausea and vomiting in cancer patients. Behavioral Medicine 1994; 20:78–83.
Lekander M, Fürst CJ, Rotstein S, Blomgren H, Fredrikson M: Does informed adjuvant Plazebo chemotherapy for breast cancer elicit immune changes? Oncology Reports 1994; 1:699–703.
Lekander M, Fürst CJ, Rotstein S, Blomgren H, Fredrikson M: Anticipatory immune changes in women treated with chemotherapy for ovarian cancer. International Journal of Behavioral Medicine 1995; 2:1–12.
Lysle DT, Cunnick JE, Kucinski BJ, Fowler H, Rabin BS: Characterization of immune alterations induced by a conditioned aversive stimulus. Psychobiology 1990; 18:220–226.
MacKenzie JN: The production of the so-called «rose cold» by means of an artificial rose. American Journal of the Medical Sciences 1886; 91:45–57.
MacQueen G, Marshall J, Perdue M, Siegel S, Bienenstock J: Pavlovian conditioning of rat mucosal mast cells to secrete rat mast cell protease II. Science 1989; 243:83–85.
Maier SF, Watkins LR, Fleshner M: Psychoneuroimmunology. The interface between behavior, brain, and immunity. American Psychologist 1994; 49:1004–1017.
Morrow GR, Dobkin PL: Anticipatory nausea and vomiting in cancer patients undergoing chemotherapy treatment: prevalence, etiology, and behavioral interventions. Clinical Psychology Review 1988; 8:517–556.
Newman ME: Can an immune response be conditioned? Journal of the National Cancer Institute 1990; 82:1534–1535.
Olness K, Ader R: Conditioning as an adjunct in the pharmacotherapy of lupus erythematosus. Journal of Developmental and Behavioral Pediatrics 1992; 13:124–125.
Pavlov IP: Conditioned Reflexes. Oxford, Oxford University Press, 1927.
Redd WH, Dadds MR, Futterman AD, Taylor KL, Bovbjerg DH: Nausea induced by mental images of chemotherapy. Cancer 1993; 72:629–636.
Riley AL, Tuck DL: Conditioned taste aversions: A behavioral index of toxicity. Annals of the New York Academy of Sciences 1985; 443: 272–292.
Russell M, Dark KA, Cummins RW, Ellman G, Callaway E, Peeke HVS: Learned histamine release. Science 1984; 225:733–734.
Siegel S: Pharmacological conditioning and drug effects. In: Goudie AJ, Emmett-Oglesby MW (Eds.): Psychoactive Drugs. Clifton/NJ, Humana Press, 1989; pp. 115–180.
Stockhorst U, Klosterhalfen S, Klosterhalfen W, Stein-

grüber HJ: Konditionierte pharmakologische Reaktionen bei Tumorpatienten: Lerntheoretische Grundlagen und klinische Anwendung, In: Montada L (Hrsg.): Bericht über den 38. Kongreß der Deutschen Gesellschaft für Psychologie in Trier 1992, Band 2. Göttingen, Hogrefe, 1993a; S. 385–398.

Stockhorst U, Klosterhalfen S, Klosterhalfen W, Winkelmann M, Steingrueber HJ: Anticipatory nausea in cancer patients receiving chemotherapy: classical conditioning etiology and therapeutical implications. Integrative Physiological and Behavioral Science 1993b; 28:177–181.

Stockhorst U, Wiener JA, Klosterhalfen S, Aul C, Steingrüber HJ: Overshadowing as a therapeutical technique to prevent anticipatory nausea in cancer patients. Poster presented at the third International Congress of Behavioral Medicine. Amsterdam, July 6–9, 1994.

Wiener JA: Effekte einer Überschattungsprozedur zur Modifikation antizipatorischer Übelkeit bei Tumorpatienten unter Chemotherapie. Diplomarbeit, Heinrich-Heine-Universität Düsseldorf, 1993.

Zalcman S, Richter M, Anisman H: Alterations of immune functioning following exposure to stressor-related cues. Brain, Behavior, and Immunity 1989; 3:99–109.

Herausgeber:

Dr. med. Dr. phil. Dipl.Psych. Karl-Heinz Schulz
Universitätskrankenhaus Eppendorf
Medizinische und Chirurgische Klinik
Abteilung Medizinische Psychologie
Martinistr. 52/ Pavillon 69
20246 Hamburg

Dr. med. Dipl.-Psych. Joachim Kugler
Institut für Medizinische Psychologie
Universitätsklinikum der RWTH
Pauwelsstr. 30
52057 Aachen

PD. Dr. rer. biol. hum. Manfred Schedlowski
Zentrum Öffentliche Gesundheitspflege
Abteilung Medizinische Psychologie
Medizinische Hochschule Hannover
Konstanty-Gutschow-Str. 8
30625 Hannover

Autoren:

Dr. rer. nat. Robert J. Benschop
Abteilung Klinische Immunologie
Medizinische Hochschule Hannover
Konstanty-Gutschow-Str. 8
30625 Hannover

Prof. Dr. rer. soc. Jan Born
Medizinische Universität zu Lübeck
Klinische Forschergruppe
Klinische Neuroendokrinologie-Psychoendokrinologie
Haus 23a
Ratzeburger Allee 160
23538 Lübeck

Dr. rer. nat. Angelika Buske-Kirschbaum
Forschungszentrum für Psychobiologie
und Psychosomatik
Universität Trier
54296 Trier

Rosa Calvello, PhD
University of Bari
Anatomia Umana Normale
I-70124 Bari

Luigi Caradonna, PhD
Psichiatria
University of Bari
Medical School
I-70124 Bari

Dr. rer. nat. Dipl-Chem. Hans-Willi Clement
Klinikum der Philipps Universität
Institut für Physiologische Chemie
Abteilung Neurochemie
Hans Meerwein-Str.
35033 Marburg

Dr. med. Dipl.-Chem. Norbert Dahmen
Neurochemisches Labor der Psychiatrischen Klinik
Universität Mainz
Untere Zahlbacherstr. 8
55101 Mainz

Mirjana Dimitrijevic, MD
Immunology Research Center
Vojvode Stepe 458
11221 Belgrade
Yugoslavia

Prof. Dr. rer. nat. Karl Drößler
Max Planck Institut für Psychiatrie
Klinisches Institut
Abteilung für Neuroendokrinologie
Kraepelinstr. 2
80804 München

Dr. phil. Frank Eggert
Institut für Psychologie
Christian-Albrechts-Universität zu Kiel
Olshausenstr. 40
24098 Kiel

Dr. rer. nat. Mario Engelmann
Max Planck Institut für Psychiatrie
Klinisches Institut
Abteilung für Neuroendokrinologie
Kraepelinstr. 2
80804 München

Dr. rer. nat. Volker Enzmann
Max Planck Institut für Psychiatrie
Klinisches Institut
Abteilung für Neuroendokrinologie
Kraepelinstr. 2
80804 München

Prof. Dr. med. Horst-Lorenz Fehm
Medizinische Universität zu Lübeck
Ratzeburger Allee 160
23538 Lübeck

Prof. Dr. phil. Roman Ferstl
Institut für Psychologie
Christian-Albrechts-Universität zu Kiel
Olshausenstr. 40
24098 Kiel

Prof. em. Dr. med. vet. Klaus Gärtner
Medizinische Hochschule Hannover
Institut für Versuchstierkunde
Zentrales Tierlabor
30625 Hannover

Beatrice Greco, PhD
Psichiatria
University of Bari
Medical School
I-70124 Bari

Helga S. Haas
Universität Graz
Institut für Allgemeine und Experimentelle Pathologie
Mozartgasse 14
A- 8010 Graz

Dr. rer. nat. Andreas Haemisch
Freie Universität Berlin
Institut für Neuropsychopharmakologie
Ulmenallee 30
14050 Berlin

Dr. med. Kirsten Hansen
Medizinische Universität zu Lübeck
Klinische Forschergruppe
Klinische Neuroendokrinologie-Psychoendokrinologie
Haus 23a
Ratzeburger Allee 160
23538 Lübeck

Dipl.-Chem. Christoph Hasse
Klinikum der Philipps Universität
Institut für Physiologische Chemie
Abteilung Neurochemie
Hans Meerwein-Str.
35033 Marburg

Prof. Dr. phil. Dirk Hellhammer
Forschungszentrum für Psychobiologie
und Psychosomatik
Universität Trier
54296 Trier

Prof. Dr. med. Christoph Hiemke
Neurochemisches Labor der Psychiatrischen Klinik
Universität Mainz
Untere Zahlbacherstr. 8
55101 Mainz

Dr. med. Stephan von Hörsten
Abt. Funktionelle Anatomie
Medizinische Hochschule Hannover
Konstanty-Gutschow-Str. 8
30625 Hannover

Prof. Dr. Dietrich v. Holst
Lehrstuhl für Tierphysiologie
Universität Bayreuth
Universitätsstraße 30
95440 Bayreuth

cand. med. Waldemar Hosch
Abteilung Klinische Immunologie
Medizinische Hochschule Hannover
Konstanty-Gutschow-Str. 8
30625 Hannover

Dr. rer. nat. Hans Dieter Hutzelmeyer
Lehrstuhl für Tierphysiologie
Universität Bayreuth
Universitätsstraße 30
95440 Bayreuth

Dr. rer. nat. Roland Jakobs
Abteilung Klinische Immunologie
Medizinische Hochschule Hannover
Konstanty-Gutschow-Str. 8
30625 Hannover

Prof. Branislav D. Jankovic, MD
Immunology Research Center
Vojvode Stepe 458
11221 Belgrade
Yugoslavia

Prof Dr. Emilio Jirillo, M.D. Direktor
University of Bari
Instituto di Microbiologia Medica
Piazza G. Cesare
Policlinico
I-70124 Bari

Dipl. Biol. Christiane Kaiser
Lehrstuhl für Tierphysiologie
Universität Bayreuth
Universitätsstraße 30
95440 Bayreuth

Prof. Dr. med. Burghard F. Klapp
Freie Universität Berlin
Universitätsklinikum Rudolf Virchow
Standort Charlottenburg
Medizinische Klinik und Poliklinik
Abt. f. Psychosomatische Medizin und Psychotherapie
Spandauer Damm 130
14050 Berlin

Dr. rer. soc. Sybille Klosterhalfen
Institut für Medizinische Psychologie
Heinrich Heine Universität Düsseldorf
Postfach 10 10 07
40001 Düsseldorf

Olgica Laban, MD
Max Planck Institut für Experimentelle Medizin
Abt. Molekulare Neuroendokrinologie
Herrmann-Rein-Str. 3
37075 Göttingen

Prof. Dr. rer. nat. Rainer Landgraf
Max Planck Institut für Psychiatrie
Klinisches Institut
Abteilung für Neuroendokrinologie
Kraepelinstr. 2
80804 München

Dr. med. vet. Bernd Lecher
Johannes-Gutenberg-Universität Mainz
Inst. f. Physiologie und Pathophysiologie
Fachbereich Medizin
Duesbergweg 6
55099 Mainz

Mag. Dr. rer. nat. Peter Michael Liebmann
Rheinische Friedrich-Wilhelms-Universität Bonn
Psychologisches Institut
Abteilung für Klinische Psychologie
Ulmer Str. 164
53117 Bonn

PD Dr. sportwiss. Helmut Lötzerich
Institut f. Experimentelle Morphologie
Lehrstuhl für Morphologie und Tumorforschung
Deutsche Sporthochschule Köln
Carl-Diem Weg 6
50933 Köln

Angela Bruna Maffione, PhD
University of Bari
Anatomia Umana Normale
I-70124 Bari

Prof. Branislav M. Markovic, MD
Immunology Research Center
Vojvode Stepe 458
11221 Belgrade
Yugoslavia

Dr. Alexandra Montkowski
Max Planck Institut für Psychiatrie
Klinisches Institut
Abteilung für Neuroendokrinologie
Kraepelinstr. 2
80804 München

Prof. Marcello Nardini, M.D.
Psichiatria
University of Bari
Medical School
I-70124 Bari

Prof. Gerd Novotny, PhD
Heinrich Heine Universität Düsseldorf
Medizinische Einrichtungen
Institut für Neuroanatomie
Universitätsstr. 1
40225 Düsseldorf

cand. med. Reiner Oberbeck
Abteilung Klinische Immunologie
Medizinische Hochschule Hannover
Konstanty-Gutschow-Str. 8
30625 Hannover

Dr. sportwiss. Christiane Peters
Institut f. Rehabilitation und Behindertensport
Deutsche Sporthochschule Köln
Carl-Diem Weg 6
50933 Köln

Dr. med Dr. phil. Ingo Rinner
Universität Graz
Institut für Experimentelle Pathologie
Mozartgasse 14
A- 8010 Graz

cand. med. Mario Rodriguez-Feuerhahn
Abteilung Klinische Immunologie
Medizinische Hochschule Hannover
Konstanty-Gutschow-Str. 8
30625 Hannover

Dr. med. Matthias S. Rose
Freie Universität Berlin
Universitätsklinikum Rudolf Virchow
Standort Charlottenburg
Medizinische Klinik und Poliklinik
Abt. f. Psychosomatische Medizin und Psychotherapie
Spandauer Damm 130
14050 Berlin

Gianpaolo Sarno, M.D.
Upjohn S.p.A. Caponago
I-20040 Milano

Prof. Dr. med. Konrad Schauenstein
Universität Graz
Institut für Allgemeine und Experimentelle Pathologie
Mozartgasse 14
A- 8010 Graz

Dr. phil. Dipl.-Psych. Michael Schieche
Institut für Psychologie
Universität Regensburg
Universitätsstr. 31
93040 Regensburg

Prof. Dr. med. Reinhold E. Schmidt
Abteilung Klinische Immunologie
Medizinische Hochschule Hannover
Konstanty-Gutschow-Str. 8
30625 Hannover

Dr. Bernd Schöbitz
Max Planck Institut für Psychiatrie
Klinisches Institut
Abteilung für Neuroendokrinologie
Kraepelinstr. 2
80804 München

Dr. med. Gudrun Scholler
Freie Universität Berlin
Universitätsklinikum Rudolf Virchow
Standort Charlottenburg
Medizinische Klinik und Poliklinik
Abt. f. Psychosomatische Medizin und Psychotherapie
Spandauer Damm 130
14050 Berlin

Prof. Dr. O. Berndt Scholz
Rheinische Friedrich-Wilhelms-Universität Bonn
Psychologisches Institut
Abteilung für Klinische Psychologie
Ulmer Str. 164
53117 Bonn

Dr. phil. Holger Schulz
Universitätskrankenhaus Eppendorf
Medizinische Klinik
Abteilung Medizinische Psychologie
Martinistr. 52/ Pavillon 69
20246 Hamburg

PD Dr. phil. Dipl.-Psych. Gottfried Spangler
Institut für Psychologie
Universität Regensburg
Universitätsstr. 31
93040 Regensburg

Dr. rer. nat. Ursula Stockhorst
Institut für Medizinische Psychologie
Heinrich Heine Universität Düsseldorf
Postfach 10 10 07
40001 Düsseldorf

Prof Dr. med. Gerhard Uhlenbruck
Universität Köln
Institut f. Immunbiologie
Kerpener Str. 15
50924 Köln

Dipl. Biol. Andreas Vitek
Lehrstuhl für Tierphysiologie
Universität Bayreuth
Universitätsstraße 30
95440 Bayreuth

Prof. Dr. rer nat. Dipl-Chem. Wolfgang Wesemann
Klinikum der Philipps Universität
Institut für Physiologische Chemie
Abteilung Neurochemie
Hans Meerwein-Str.
35033 Marburg

Dr. med. Thomas Wilckens
Institut für Hormon- und Fortpflanzungsforschung
Grandweg 64
22529 Hamburg

Sachregister[1]

1 Für die hervorragende Hilfe bei der Erstellung des Stichwortverzeichnisses danken wir besonders Frau cand. psych. **Anja Mehnert** und Herrn cand. psych. **Johannes Trabert**.

T

U

V

W

Z

Arbeitskreis OPD:
(Hrsg.)
OPD
Operationalisierte
Psychodynamische
Diagnostik
Grundlagen und Manual
Hans Huber

Einführung in die Psychosomatische und Psychotherapeutische Medizin
Jores
Praktische
Psychosomatik
Dritte vollständig neue Auflage
Psycho
somatik
Verlag Hans Huber

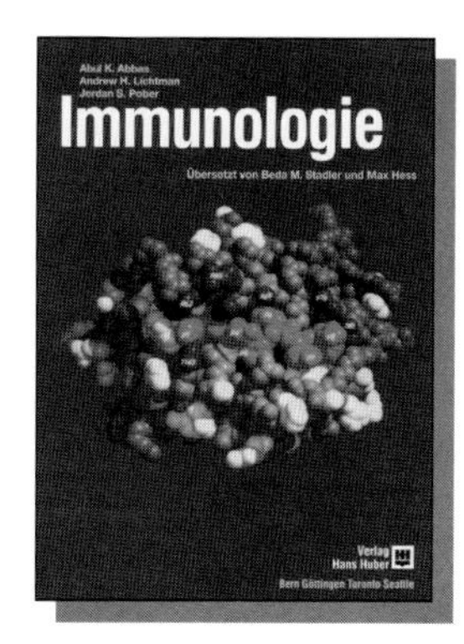

Abul K. Abbas / Andrew H. Lichtman / Jordan S. Pober

Immunologie

Aus dem Amerikanischen übersetzt von Beda M. Stadler und Max Hess. 1996. 536 Seiten, 253 Abbildungen, 64 Tabellen, 37 Infoboxen, gebunden DM 89.– / Fr. 84.– / öS 650.– (ISBN 3-456-82596-X)

Die Immunologie, Grundlagenwissenschaft für viele Bereiche der Medizin, machte in den letzten Jahren rasante Fortschritte. Wie kaum einem anderen gelingt es dem vorliegenden Lehrbuch, das in den USA begeistert aufgenommen wurde und nun zum ersten Mal auf Deutsch vorliegt, mit dieser Entwicklung Schritt zu halten. Durch die klare und verständliche Darstellung der Experimente, die zur Entwicklung der zentralen immunologischen Konzepte geführt haben, wird auch der Anfänger in den derzeitigen Stand der Forschung eingeführt; der Einbezug wissenschaftshistorischer Aspekte erleichtert das Verständnis des immunologischen Jargons.

Tino Hess (Herausgeber)

Hadorn – Lehrbuch der Therapie

8., vollständig überarbeitete Auflage 1994.
Mit einer Einführung von Prof. Marco Mumenthaler.
840 Seiten, 36 Abbildungen, 298 Tabellen, kartoniert
DM 98.– / Fr. 96.– / öS 715.– (ISBN 3-456-82421-1)

Das Buch behandelt sämtliche Gebiete der Inneren Medizin. Darüber hinaus enthält es Beiträge über Neurologie, Psychiatrie, Kinderheilkunde, Augenheilkunde, Hals-, Nasen- und Ohrenkrankheiten, Urologie, Dermatologie und Frauenheilkunde.
Der Leser/die Leserin erhält klare Informationen mit prägnanten diagnostischen Hinweisen und kompetenten Therapievorschlägen, die ihm/ihr die tägliche Arbeit in der Praxis und am Krankenbett erleichtern. Dabei werden aktuelle und umstrittene Therapiefragen sachlich und praxisorientiert beantwortet.
Im Text werden durchwegs die internationalen Kurzbezeichnungen der Medikamente verwendet; in einem speziellen Verzeichnis sind die wichtigsten in Deutschland, Österreich und der Schweiz verschriebenen Markenpräparate aufgeführt.

Verlag Hans Huber
Bern Göttingen Toronto Seattle

http://www.HansHuber.com